TRIZ实战

机械创新设计方法及实例

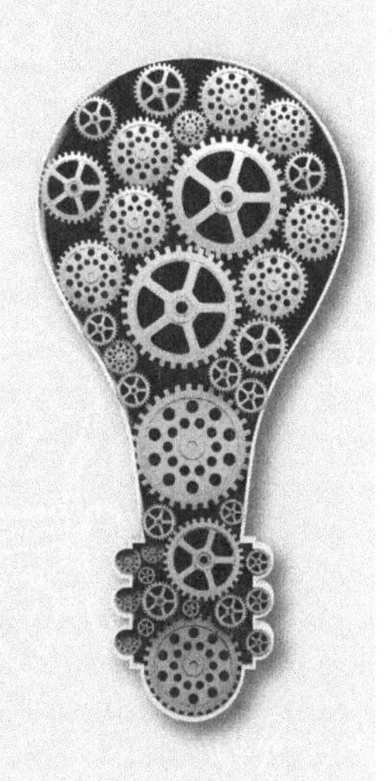

潘承怡　姜金刚　编著

化学工业出版社

·北京·

图书在版编目（CIP）数据

TRIZ 实战：机械创新设计方法及实例/潘承怡，姜金刚编著.
—北京：化学工业出版社，2019.10（2023.5 重印）
ISBN 978-7-122-34992-7

Ⅰ.①T… Ⅱ.①潘…②姜… Ⅲ.①机械设计 Ⅳ.①TH122

中国版本图书馆 CIP 数据核字（2019）第 166276 号

责任编辑：贾　娜　　　　文字编辑：陈　喆
责任校对：杜杏然　　　　装帧设计：王晓宇

出版发行：化学工业出版社（北京市东城区青年湖南街 13 号　邮政编码 100011）
印　　装：北京科印技术咨询服务有限公司数码印刷分部
787mm×1092mm　1/16　印张 21　插页 3　字数 523 千字　　2023 年 5 月北京第 1 版第 4 次印刷

购书咨询：010-64518888　　售后服务：010-64518899
网　　址：http://www.cip.com.cn
凡购买本书，如有缺损质量问题，本社销售中心负责调换。

定　　价：98.00 元　　

TRIZ 前言

近年来，我国将“大众创业、万众创新”列为重要发展战略之一，提倡在全国范围内增进创新意识、提高创新能力、开发创新技术，实现“人人创新”。创新是一个国家长远发展的必经之路，21 世纪世界各国经济和科技的竞争日益激烈，创新能力的高低已成为衡量一个国家综合国力强弱的重要因素。掌握一定的创新方法与技能对每一位创新工作者都非常有益，方法好则事半功倍。经过多年的研究和实践，人们发现起源于苏联的 TRIZ 理论具有鲜明的优势，在发明创新中表现突出，越来越受到人们的欢迎和重视。

TRIZ（发明问题解决理论）是苏联发明家根里奇·阿奇舒勒及其带领的一批科研人员在研究了大量高水平专利的基础上，提出的一套具有完整理论体系的创新方法。TRIZ 曾是苏联的国家机密，在军事、工业、航空航天等领域均发挥了巨大作用，成为创新的“点金术”，让西方发达国家一直望尘莫及。直到苏联解体，大批 TRIZ 专家移居其他发达国家，TRIZ 才被传播到美国、欧洲、日本、韩国等国家和地区，为世人所知。近几年，TRIZ 在我国开始获得广泛关注，在各行各业都有应用。

TRIZ 理论与工业联系密切，而机械创新设计是工业创新的重要组成部分，可以说只要是有实体结构的地方就有机械。为能更好地进行机械创新并提高 TRIZ 与专业知识连接的紧密性，本书综合介绍了运用 TRIZ 与机械创新设计方法进行实战的方法和实例，旨在帮助读者提高 TRIZ 实战能力和创新设计能力。

首先，介绍了 TRIZ 理论知识体系和主要工具，包括 40 个发明原理、技术矛盾与矛盾矩阵、物理矛盾与分离原理、物-场模型分析等。其次，阐述了机械创新设计基本方法及其与 TRIZ 的关联，主要包括机构创新、机械结构创新、机械产品创新及反求创新。对创新的思维基础——批判思维和创新思维与技法（包括 TRIZ 理论的思维方法）进行了较为详细的说明。然后，通过大量创新实例详细分析 TRIZ 实战的方法。

本书还介绍了专利申请的有关知识，专利是发明创新成果的最好体现，同时也是对知识产权的保护，对于有志于创新的广大学者、工程技术人员和创新爱好者将会有所帮助。书中最后部分，给出了一些创新测试题目，选题趣味、新颖，着力体现创新思维特征的训练，旨在培养读者良好的思维习惯，开发宝贵的创新意识和潜能。

本书与工程实战紧密结合，给出了大量 TRIZ 理论在机械创新设计中的应用实例与方法，所选案例很多来自笔者多年来的教研与科研成果，以及哈尔滨理工大学的师生在全国“TRIZ”杯大学生创新方法大赛和全国机械创新设计大赛中的获奖作品（均已申请专利）。通过案例分析，详尽地说明了创新过程及方法，内容翔实，图文并茂，通俗易懂，对读者有一定的启发和示范作用，对创新意识和能力的培养有一定指导意义。

本书由潘承怡、姜金刚共同编著完成。潘承怡编著第1章的1.2.1、1.2.2、1.2.7、1.2.8，第2章，第3章的3.1、3.2，第4章，第5章的5.3.4～5.3.6，第8章；姜金刚编著第1章的1.1、1.2.3～1.2.6，第3章的3.3，第5章的5.1、5.2、5.3.1～5.3.3，第6章，第7章。

本书在编写过程中得到了哈尔滨理工大学教务处、研究生处的大力支持，在本书的酝酿和编写过程中还得到了张永德、张简一、杜海艳、张莉、金信琴、鲍玉冬、史耀军、杨从晶、韩桂华、张中然、艾萌萌等多位老师的热情帮助和支持，还有很多哈尔滨理工大学的本科生和研究生参加了获奖作品的设计，在此一并表示衷心的感谢！

限于编者水平，书中难免有不足之处，欢迎读者批评指正。

编　者

TRIZ 目录

第1章 TRIZ理论创新方法

1.1 概述

1.1.1 TRIZ 理论的起源与发展

(1) TRIZ 理论的起源

TRIZ 是俄文"теории решения изобретательских задач"转换为拉丁文"Teoriya Resheniya Izobreatatelskikh Zadatch"的首字母缩写，其英文全称为 Theory of Inventive Problem Solving，英文缩写为 TIPS，译成中文为"发明问题解决理论"。划时代的"发明问题解决理论"——TRIZ 的出现为人们提供了一套全新的创新理论，揭开了人类创新发明史的新篇章。TRIZ 利用创新的规律使得创新走出了盲目的、高成本的试错和灵光一现式的偶然，使得发明创造不再是"智者"的专利，不再是灵感爆发的结果。TRIZ 是苏联发明家根里奇·阿奇舒勒（G. S. Altshuller）带领一批学者从 1946 年开始，经过 50 多年对世界上 250 多万份专利文献加以搜集、研究、整理、归纳、提炼，建立的一整套系统化、实用性的解决发明问题的理论、方法和体系。阿奇舒勒以新颖的方式对专利进行分类，特别研究专利发明家解决发明问题的思路和方法，从而发现 250 多万份专利中只有 4 万份是发明专利，其他都是某种程度的改进与完善。经过研究，他们发现：技术系统的发展不是随机的，而是遵循一些相同的进化规律，人们根据这些进化规律就可以预测技术系统未来的发展方向。他们也发现：技术创新所面临的基本问题和矛盾是相似的，而大量发明创新过程都有相似的解决问题的思路。因此，阿奇舒勒等人指出，创新所寻求的科学原理和法则是客观存在的，大量发明创新都依据同样的创新原理，并会在后来的一次次发明创新中被反复应用，只是被使用的技术领域不同而已。所以发明创新是有理论根据的、是完全有规律可以遵循的。

TRIZ 是一门科学的创造方法学。它是基于本体论、认识论和自然辩证法产生的，也是基于技术系统演变的内在客观规律来对问题进行逻辑分析和方案综合的。它可以定向一步一步地引导人们去创新，而不是盲目的、随意的。它提供了一系列的工具，包括解决技术矛盾的 40 个发明原理和矛盾矩阵，解决物理矛盾的 4 个分离原理和 11 个方法，76 个发明问题的标准解法和发明问题解决算法（ARIZ），以及消除心理惯性的工具和资源-时间-成本算子等。它使人们可以按照解决问题的不同方法，针对不同问题，在不同阶段和不同时间去操作和执行，因此发明就可以被量化进行，也可被控制，而不是仅凭灵感和悟性来完成。

重要的是，借助 TRIZ 理论，人们能够打破思维定式，拓宽思路，正确地发现产品或系统中存在的问题，激发创新思维，找到具有创新性的解决方案。同时，TRIZ 理论可以有效地消除不同学科、工程领域和创造性训练之间的界限，从而使问题得到发明创新性的解决。TRIZ 理论已运用于各行各业，三星等世界 500 强中的多数企业都已经成功地运用 TRIZ 理论获得了发明成果。所有这一切都证明了 TRIZ 理论在广泛的学科领域和问题解决之中的有效性。

(2) TRIZ 理论的发展

TRIZ 理论发源于苏联，发展于欧美。通常将 1985 年之前的阶段称为“经典 TRIZ 理论”发展阶段，之后的阶段称为“后经典 TRIZ 理论”发展阶段。

① 经典 TRIZ 理论发展阶段。

TRIZ 理论属于苏联的国家机密，在军事、工业、航空航天等领域均发挥了巨大作用，成为创新的“点金术”，让西方发达国家一直望尘莫及。

经典 TRIZ 理论发展阶段是从 1945 年 TRIZ 理论的创始人苏联海军专利部根里奇·阿奇舒勒着手进行发明创造方法研究开始，直至 1985 年完成发明问题解决算法 ARIZ-85 为止，共经历了 40 年的时间。

在 TRIZ 理论诞生之前，人们通常认为发明创造是“智者”的专利，是灵感爆发的结果。纵观人类的发明史，一项发明创造或创新往往是“摸着石头过河”，没有明确的思路或方向，需要经历漫长的过程和无数次失败才能获得成功，且往往是不能够使问题得到彻底解决。

阿奇舒勒从一开始就坚信，发明创造的基本原理是客观存在的，这些原理不仅能被确认，而且还能通过整理形成一种理论，掌握该理论的人不仅能提高发明的成功率，缩短发明的周期，还可以使发明问题具有可预见性。从 1946 年开始，阿奇舒勒和他的同事们对不同工程领域中的 250 万份发明专利文献进行研究、整理、归纳、提炼，发现技术系统创新是有规律可循的，并在此基础上建立了一整套体系化的、实用的解决发明问题的方法——TRIZ 理论。

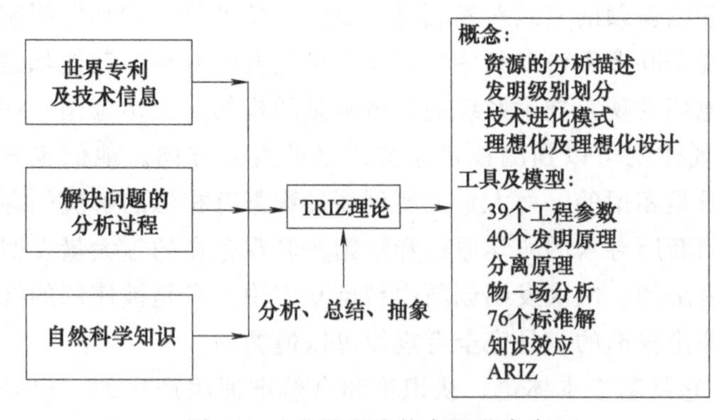

图 1-1　TRIZ 理论的来源及内容

TRIZ 理论的来源及内容如图 1-1 所示。

TRIZ 理论的法则、原理、工具主要形成于 1946 至 1985 年间，也就是阿奇舒勒亲自或直接指导他人开发的，我们称之为经典 TRIZ 理论。

阿奇舒勒早期的研究成果只是确认发明问题（即还没有已知解决方法的问题）至少包含着一种矛盾。因此，如果工程设计人员能在自己的系统中解决潜在的根本矛盾，那么发明问题便能得到解决，系统也能沿着自身的进化路线发展。

阿奇舒勒最早开发的 TRIZ 工具是 ARIZ（发明问题解决算法）。ARIZ 采用循序渐进的方法对问题进行分析，目的是揭示、列出并解决各种矛盾。ARIZ 最初版本比较简单，仅有 5 个步骤，到 1985 年，已扩大至 9 个步骤。

与此同时，阿奇舒勒分析归纳出 39 个工程参数，辨别出 1250 多种技术矛盾，并归纳出了 40 个发明原理，创建了矛盾矩阵表。之后，阿奇舒勒确定了解决物理矛盾的一套分离原理。

1975 年前后，阿奇舒勒开发出物-场分析法和 76 个标准解法。同 40 个发明原理一样，标准解法与特定的技术领域无关，具有不同技术领域的“通用性”。

阿奇舒勒认识到，对于困难的发明问题来说，通过运用物理、化学、几何和其他效应，通常能大大提高解决方案的理想度，易于方案的实施。因此，他开发出集多种技术效应和现象的综合性知识库，并从过去的发明数据库中归纳出涵盖各个技术领域的大量创新实例，以协助 TRIZ 理论使用者有效应用 TRIZ 创新工具。

1985 年，TRIZ 理论的创建达到了顶峰，之后阿奇舒勒转向其他创新领域的研究而不是技术领域，从而结束了经典 TRIZ 理论时代。

② 后经典 TRIZ 理论发展阶段。

1989 年苏联解体后，大批 TRIZ 理论专家移居欧美等发达国家，TRIZ 理论被传播到美国、欧洲、日本、韩国等地，被世人所知。欧洲以瑞典皇家工科大学（KTH）为中心，集中十几家企业开始实施利用 TRIZ 理论进行创造性设计的研究计划。日本从 1996 年开始不断有杂志介绍 TRIZ 理论方法及应用实例。在美国，有关 TRIZ 的研究咨询机构相继成立，TRIZ 理论的方法在多个跨国公司迅速得以推广并为之带来巨大收益。例如：福特汽车公司遇到了推力轴承在大负荷时出现偏移的问题，通过运用 TRIZ 理论，产生了 28 个新概念(问题的解决方案)。其中一个非常吸引人的概念是利用热胀系数小的材料制造轴承，从而很好地解决了推力轴承在大负荷时出现偏移的问题。波音公司邀请 25 名苏联 TRIZ 理论专家，对波音 450 名工程师进行了为期两星期培训和组织讨论，取得了 767 空中加油机研发的关键技术突破，从而战胜空中客车公司，赢得 15 亿美元空中加油机订单。2003 年，“非典型肺炎”肆虐中国及全球的许多国家，新加坡的 TRIZ 理论研究人员利用 40 个发明创新原理，提出了防止“非典型肺炎”的一系列方法，其中许多措施被新加坡政府采用，收到了非常好的效果。

TRIZ 理论引入中国的时间较短，20 世纪 80 年代，我国的少数科研人员和学者开始了解 TRIZ 理论并进行自发研究和应用，如 1987 年，魏相和徐明泽翻译出版了阿里特舒列尔(也有译为阿奇舒勒）的著作《创造是精确的科学》。20 世纪 90 年代，以刘思平和刘树武为代表的黑龙江学者出版了一系列创新方法的教育丛书，其中的《创造方法学》中介绍了 TRIZ 理论。河北工业大学以檀润华教授为首的创新方法研究所早在 21 世纪初就开展了深入的 TRIZ 理论研究工作。2001 年，亿维讯公司将 TRIZ 理论培训引入中国，开始了 TRIZ 理论在中国的应用和推广。2007 年 5 月，黑龙江省被国家科技部批准为 TRIZ 理论首批试点省。2007 年 8 月，科技部正式批准黑龙江省和四川省为科技部技术创新方法试点省。2007 年 9 月，黑龙江省科技厅充分发挥与俄罗斯一江之隔的地域优势，在黑河市举办了“黑龙江省第一期技术创新方法（TRIZ 理论）培训班”，聘请俄罗斯共青城工业大学 TRIZ 理论专家授课，从此真正开始了 TRIZ 理论的中国时代。

2008 年 1 月，由黑龙江省科学技术厅、黑龙江省教育厅联合主办，黑龙江中俄科技合作及产业化中心承办的黑龙江省高校技术创新方法（TRIZ 理论）培训班在哈尔滨市举办。2008 年 3 月开学伊始，黑龙江省各高校相继在本科生中开始了 TRIZ 理论选修课的教学工作。黑龙江省几所大学相继建立“TRIZ 理论实验室”，成立“TRIZ 理论研究所”，开展了对俄科技交流合作，聘请俄罗斯资深TRIZ理论专家为顾问，开展TRIZ理论的研究与推广工作。至此，TRIZ理论在高校的推广工作在黑龙江省已经全面展开。

TRIZ理论的发展历史见表1-1。

表1-1 TRIZ理论的发展历史

发展阶段	时间/年	TRIZ理论发展内容
经典TRIZ理论发展阶段	1945～1950	阿奇舒勒开始研究TRIZ并首次举办TRIZ培训课程。他已经意识到解决技术矛盾对于提出创造性解决方案的关键作用
	1950～1954	1950年，阿奇舒勒给苏联领导人斯大林写信，尖锐地批判了苏联创新的体制，导致他被作为一名政治犯遭到监禁。1954年，他被释放并且恢复名誉
	1956	1956年，阿奇舒勒和R. 沙皮罗在《心理学的问题》杂志第6期上发表《关于技术创造力》一文，这是TRIZ理论第一次正式发表，其中介绍了技术矛盾、理想度、创造性的系统思考[目前被称为系统操作法(System Operator)或多屏幕思维(Multi-Screen Diagram of Thinking)]的概念，技术系统的完备性法则和发明原理 同年，提出支撑创造性解决问题过程的算法(ARIZ)，其中包括10个步骤和最初的5个发明原理(1963年成为今天普遍所熟知的40个发明原理的一部分)，用来有针对性地进行类比方案的寻找，由此，开始了更广泛的新发明原理的研究和总结
	1956～1959	进一步的ARIZ算法包括15个步骤和18个发明原理(包含子原理)；引入"最终理想解IFR"步骤
	1963	引入"ARIZ"术语，改进的算法被命名为"ARIZ"，算法包括18个步骤和7个发明原理(包含39个发明子原理) 阿奇舒勒首次公布技术系统的进化法则
	1964	ARIZ算法包括18个步骤、31个发明原理和第一版解决技术矛盾的一般技术参数矛盾矩阵(16×16参数)
	1964～1968	ARIZ的下一个版本包括25个步骤、35个发明原理和解决技术矛盾矩阵(32×32参数) 在这个时期，除把发明解决问题发展为一件工具之外，阿奇舒勒和他的同事把相当多的注意力放到发展和创造性想象(Creative Imagination Development)的开发和教学上(例如焦点对象法，Fantograma，Size-Time-Cost，STC算子) 阿奇舒勒还介绍了"理想机器"(Ideal Machine)的定义
	1969	阿奇舒勒创建了AZOIIT(阿塞拜疆发明创造力公共学院)，成为苏联第一个TRIZ理论培训和研究中心 阿奇舒勒建立了OLMI(一个发明方法的公共实验室)，第一个致力于倡议在全国范围内努力发展TRIZ的公开开放资源
	1971	ARIZ-71包括35个步骤、40个发明原理(88个子原理)以及解决技术矛盾的39×39工程参数矛盾矩阵 ARIZ-71是TRIZ发展进程中的一个关键阶段。它引入了"时间、尺寸、成本"，是聪明小人法的第一个版本，并且引用了物理效应解决发明问题；同时，已经开始由Yuri Gorin开发物理效应库，把一般的技术功能与具体的物理效应和现象联系起来
	1974	在米特罗法诺夫(V. Mitrofanov)主持下建立圣彼得堡(苏联)TRIZ学校，这个学校是苏联最有影响力的TRIZ学校
	1975	引入一种解决发明问题的新方法：物质-场模型(也称为Su-field Model，简称物-场模型)；阿奇舒勒公布前5个标准解(后来扩充到76个标准解)；ARIZ-75 B包括35个步骤，其中有几个新的主要TRIZ概念：物理矛盾和物质-场模型。阿奇舒勒意识到寻找最理想的技术解决方案，利用矩阵解决技术矛盾是不够的，他认为这虽然很好，但仍然是一种变异的试错法。因此他从ARIZ主体中排除解决技术矛盾矩阵(只作为补充材料)，并且把解决发明问题上的主要精力致力在物理矛盾的建立和消除上
	1977	ARIZ-77包括31个步骤，并且引入物质矛盾的微观层的概念，提出组件冲突对、操作时间和操作区域。虽然解决技术矛盾的矩阵仍然保留作为ARIZ的一个补充材料，但它的使用是有限的 提出了18个标准解
	1979	阿奇舒勒出版了《创造是精确的科学》，至今仍然被视为他在TRIZ方面的主要著作。与此同时，阿奇舒勒确定技术系统进化的理论(俄文缩写TRTS)作为一个单独的研究课题，并且确定了一些技术系统的进化路线，后来被称为9个技术系统进化的法则

续表

发展阶段	时间/年	TRIZ 理论发展内容
经典 TRIZ 理论发展阶段	1982	ARIZ-82 包含了 34 个步骤，并首次引入 X 元素(X-element)和最小问题(mini-problem)的概念，以及典型的冲突、解决物理矛盾的原理、聪明小人法等。解决技术矛盾的矛盾矩阵和 40 个发明原理被完全从 ARIZ 中排除。阿奇舒勒把 ARIZ 定位为解决“非标准的”发明问题的工具，而剩余的“标准”的发明问题可以用标准解来解决。标准解不是解决问题的单独独立模式，它们映射了技术系统进化趋势。因此，新发现标准解隐含了技术系统进化趋势的思想。在 TRIZ 理论体系的完善方面，对发明问题的标准解以及技术系统进化趋势进行了相当广泛的研究 提出了 54 个标准解 阿奇舒勒还发起了一项新的生物效应研究，使之作为物理效应的类比；TRIZ 的应用不仅在技术领域，也在向其他领域延伸扩展，如艺术和数学
	1985	ARIZ-85 的出现是 TRIZ 进化过程中的一个关键的阶段。即使在今天，它依然是唯一被正式广泛接受的 ARIZ 的版本。它包括 32 个步骤，并且引入了许多新的规则和建议，并特别关注利用时间、空间和物质场资源来获得最理想的解决方案。在 ARIZ 的几个步骤中涉及采用标准解 发明的标准解系统按照技术系统的结构分为 5 个大类，其中包括 76 个标准解(至今仍在使用) 除物理效应库之外，发展了几何和化学效应库 阿奇舒勒认为 ARIZ 是解决发明问题的一个较为完善的工具，并且没有必要再进一步作大的改进，因为它已经经过数千个真实问题的应用检验并证明了其有效性。现在他考虑 ARIZ 的进一步进化和技术系统进化的理论以 OTSM(强有力思考的一般理论，是俄语缩写，英文全称为 General Theory of Powerful Thinking)作为主要阶段 同时，一批 TRIZ 专家，包括 B. Zlotin，S. Litvin 和 V. Guerassimov 为分析技术系统和产品开发了功能成本分析法(Function-Cost Analysis，FCA)，同时一个新的 TRIZ 扩展版本被命名为“FCA-TRIZ”(目前 FCA 主要涉及功能分析，FCA-TRIZ 名不再广泛的使用，FCA 被认为是 TRIZ 理论的一部分) 与此同时，在 TRIZ 技术系统进化规律方面进行研究，确定了许多具体趋势和技术进化路线 在当时“公众”接受的 FCA-TRIZ 的版本包括：ARIZ，物理、几何和化学效应库，76 个标准解，系统技术进化法则，功能分析，功能理想化(也称为剪裁法) 新技术替代系统合并，提出了颠覆分析、发明情境的功能分析；TRIZ 工具的应用延伸至专利规避的领域
	1986	阿奇舒勒转移了他的关注焦点(从发展技术 TRIZ 到研究人的创造性)，他和同事 I. Vertkin 研究了大量的优秀创造性人才的传记，并开始制定“人的创造性发展的理论”(俄文简称 TRTL)，识别出创造性的人才在一生中所面临的矛盾类型以及他们怎样解决这些矛盾 开发关于 TRIZ 的儿童版本，并且在学校和幼儿园进行实验 如果在过去 TRIZ 被大部分人认为是 ARIZ，这是因为过去是有组织地同时使用不同的 TRIZ 技术，现在一些 TRIZ 技术经常独立使用(例如标准解、物理效应)
后经典 TRIZ 理论发展阶段	1989	首个 TRIZ 软件“Invention Machine™”由 Invention Machine 实验室发布(后来逐步开发演变为“TechOptimizer™”和“Goldfire Innovator™”)，其中包括功能分析，40 个发明原理，解决技术矛盾的矛盾矩阵，76 个标准解，物理、化学和几何效应库和特性传递(Feature Transfer)(也被称为替代系统合并，Alternative Systems Merging)。该软件把解决技术矛盾矩阵作为一个独立的工具，使得 TRIZ 初学者通过它就可简单地使用 同时，技术效应库被指明把技术功能与具体的技术相联系起来 N. Khomenko 对 OTSM 开始进行大量研究，其中提出了适合孩子和成年人“强大”思考的原则和技能 俄罗斯 TRIZ 协会成立
	1990	杂志 TRIZ Journal 俄文版出版(由于财政原因在 1997 年中断，2005 年重新出版)
	1990～1994	阿奇舒勒和 I. Vertkin 出版了《创造性人的人生策略》，总结了他们致力于关于创造性人发展的理论 美国 Ideation International 公司发布了一个新的 TRIZ 软件包 Innovation Workbench™，包括首次引入 TRIZ 技术发明情境因果模型：问题阐述和问题重建，基于发明原理、标准解和物理效应(Ideation 公司提供各种各样系列的与 TRIZ 有关的软件包) V. Timokhov 出版了生物效应库

续表

发展阶段	时间/年	TRIZ 理论发展内容
后经典 TRIZ 理论发展阶段	1994～1998	俄罗斯 TRIZ 协会成为国际 TRIZ 协会 1998 年，阿奇舒勒去世 *TRIZ Journal* 杂志于 1996 年启动
	1998～2004	不同组织 TRIZ 专家开发了属于自己版本的 TRIZ(I-TRIZ、TRIZ＋、xTRIZ、CreaTRIZ、OTSM-TRIZ)，为避免混淆，1998 年以前在阿奇舒勒的引导下发展的各种 TRIZ 工具命名为"经典 TRIZ"(Classical TRIZ) Creax(比利时)公司发布的第一个版本的 Innovation Suite 软件 TRIZ 在其他领域继续延伸研究和应用，开发的多数是商业和管理的、儿童 OTSM-TRIZ 和教育 TRIZ 虽然旧的矛盾矩阵在经典 TRIZ 正式放弃，但出现了解决技术矛盾的新版矛盾矩阵(例如 2003 版矛盾矩阵)，以及适应在不同应用领域(商业、艺术、建筑、具体的行业等)使用的 40 个发明原理，但是旧的矛盾矩阵和 40 个发明原理仍然是最流行的 TRIZ 的工具，尽管它们的适用性是有局限的 TRIZ 简化版本出现，系统的创新思考(Systematic Inventive Thinking，SIT)和它的演化[例如，高级系统的创新思考(Advanced Systematic Inventive Thinking，ASIT)和统一结构创造性思维(Unified Structured Inventive Thinking，USIT)]，由于过于简单化和消除了一些关键 TRIZ 的概念，不能得到 TRIZ 界广泛的赞成 欧洲 TRIZ 协会(ETRIA)、法国 TRIZ 协会和意大利 TRIZ 协会相继成立 致力于 TRIZ 研究的 Altshuller 研究院在美国成立
	2004～至今	一些帮助复杂问题的分析和管理的新工具出现，而这仍然是 TRIZ 的薄弱环节：分解发明问题的根本冲突分析(RCA)，问题流程技术，为了复杂问题涉及矛盾网状的问题网络。基于以前的研究基础上出现的新工具，例如混合(进一步发展为替代系统合并)、功能线索(Functional Clues)、失效预测分析(Anticipatory Failure Determination，AFD)、功能导向搜寻 FOS、商业系统标准解、系统进化趋势雷达图 ARIZ 的新实验版本出现，由于复杂性和必要性进行大量问题测试，它们的使用是有限的 提出了 150 个标准解系统 不同技术进化趋势版本的出现，以及新的技术进化趋势路线的提出：例如，目前 Ideation International 公司提出的方向进化(Directed Evolution)技术系统进化包含 400 条左右进化路线 许多学者尝试把 TRIZ 和现代质量管理的方法进行整合(例如质量功能展开，QFD)，如六西格玛(TRIZ 与六西格玛设计 DFSS 的集成) 日本 TRIZ 协会成立 中国的 U-TRIZ，以功能为导向，以属性为核心；独创 SAFC 模型，统一了物场、功能、因果、属性 4 个分析模型；汇总 900 多个科学效应；提出人机合一进化趋势

③ TRIZ 的未来发展。

目前，TRIZ 理论主要应用于技术领域的创新，实践已经证明了其在创新发明中的强大威力和作用。而在非技术领域的应用尚需时日，这并不是说 TRIZ 理论本身具有无法克服的局限性，任何一种理论都有一个产生、发展和完善的过程。TRIZ 理论目前仍处于"婴儿期"，还远没有达到纯粹科学的水平，称之为方法学是合适的，它的成熟还需要一个比较漫长的过程，就像一栋摩天大楼，基本的构架已经树立起来，但还需要进一步加工和装修。其实就经典 TRIZ 理论而言，它的法则、原理、工具和方法都是具有"普适"意义的，例如，我们完全可以应用 40 个发明原理解决现实生活中遇到的许多"非技术性"的问题。

TRIZ 理论作为知识系统最大的优点在于：其基础理论不会过时，不会随时间而变化，就像运算方法是不会变的，无论你是计算上班时间还是计算到火星的飞行轨迹。

由于 TRIZ 理论本身还远没有达到"成熟期"，其未来的发展空间是巨大的，归纳起来主要有 5 个发展方向。

a. 技术起源和技术演化理论。

b. 克服思维惯性的技术。

c. 分析、明确描述和解决发明问题的技术。

d. 指导建立技术功能和特定设计方法、技术和自然知识之间的关系。

e. 先进技术领域的发展和延伸。

此外，TRIZ 理论与其他方法相结合，以弥补 TRIZ 理论的不足，已经成为设计领域的重要研究方向。

需要重点说明的是，TRIZ 理论在非技术领域应用研究的前景是十分广阔的，我们认为，只有达到了解决非技术问题的工具水平，TRIZ 理论才是真正地进入“成熟期”。

1.1.2 推广 TRIZ 理论的意义

学习和推广 TRIZ 理论对于我国“建设创新型国家”战略目标的实现具有重要意义。目前世界上主要有三种发展类型的国家。

① 资源型国家。主要依靠自身丰富的自然资源，增加国民财富，即使很富，但不会强，更难以持久。

② 依附型国家。主要依附于发达国家的资本、市场和技术，过着“寄生虫”的生活，跟在发达国家背后亦步亦趋。

③ 创新型国家。把鼓励自主创新作为国家基本战略，矢志不渝地提高国家创新能力，形成日益强大的竞争优势。

当今中国已经成长为世界上重要的经济体之一。但是，如何从“制造大国”向“创新大国”转变依然是我们面临的重要问题。

科学思维、科学方法和科学工具总称为创新方法。人类发展和科学技术演变的历程表明，重大的历史跨越和重要的科技进步都是与思维创新、方法创新、工具创新密切相关的。第一，科学思维的创新是科学技术取得突破性、革命性进展的先决条件。科学思维不仅是一切科学研究和技术发展的起点，而且始终贯穿于科学研究和技术发展的全过程，是创新的灵魂。第二，科学方法的突破是实现科学技术跨越式发展的重要基础。只有掌握一批具有自主知识产权的关键方法和核心技术，降低对国外关键方法和技术的依赖，才能真正提高自主创新能力。第三，科学工具的创新是开展科学研究和实现发明创造的必要手段。科学工具是最重要的科技资源之一，一流的科学研究和技术发展往往离不开一流的科学工具。现代科技的重大突破越来越依赖于先进的科学工具，掌握了最先进的科学工具就掌握了科技发展的主动权。创新理论和创新实践都一再证明，创新能力是可以经过一定的学习和训练得到激发和提升的。实践证明：创新活动和其他活动一样，也具有自身一套内在的规律和方法。熟知和掌握这些创新规律与原理知识对于提升我们的创新水平和效率具有重要的实际价值和现实意义。

推广 TRIZ 理论对培养创新型人才具有重要意义。高等学校在提升自主创新能力、创建新型国家中是义不容辞的，重要性也是不言而喻的，一方面，高等学校是培养和造就高素质创新人才的摇篮，肩负着培养具有创新精神和实践能力的高级专门人才的重任；另一方面，高等学校在基础研究、前沿技术研究方面有着非常好的基础条件，肩负着发展科学技术、促进社会主义现代化建设的重任。TRIZ 理论是对辩证唯物主义观念的应用和对前人经验的归纳总结所形成的理论、工具与方法，这使其具有了深厚的理论根基和实践基础。TRIZ 理论不仅是强大的创新工具，而且是培养创新思维的强大工具，这正是创新教育所需要的。

1.1.3 TRIZ 理论的主要内容与解题模式

(1) TRIZ 理论的主要内容

TRIZ 理论建立在辩证唯物主义观点之上，是辩证唯物主义在工程技术领域的最好诠释。其核心的观点就是技术系统在产生和解决矛盾中不断进化。TRIZ 理论包含着许多系统、科学且富有可操作性的创造性思维方法和发明问题的分析方法。TRIZ 理论几乎可以应用于产品的整个生命周期，包括从项目的确定到产品性能的改善，直至产品进入衰退期后新的替代产品的确定。TRIZ 理论已经成为一套解决新产品开发实际问题的经典理论体系。概括地说，TRIZ 理论主要包括以下几个方面。

① 技术系统进化法则：预测技术系统的进化方向和路径。

阿奇舒勒的技术系统进化论可以与自然科学中的达尔文生物进化论和斯宾塞的社会达尔文主义齐肩，被称为“三大进化论”。技术系统进化理论主要研究产品在不同阶段的特点和可能进化的方向，以便于确定对策，给出产品的可能改进方式和手段。TRIZ 的技术系统八大进化法则分别是提高理想度法则、完备性法则、能量传递法则、协调性法则、子系统的不均衡进化法则、向超系统进化法则、向微观级进化法则、动态性和可控性进化法则。它们主要应用于产生市场需求，定性技术预测，产生新技术，专利布局和选择企业战略制定的时机等，也可以用来解决难题，预测技术系统，产生并加强创造性问题的解决工具。

② 最终理想解（IFR）：系统的进化过程就是创新的过程，即系统总是向着更理想化的方向发展，最终理想解是进化的顶峰。

TRIZ 理论在解决问题之初，首先抛开各种客观限制条件，通过理想化来定义问题的最终理想解（Ideal Final Result，IFR），以明确理想解所在的方向和位置，保证在问题解决过程中沿着此目标前进并获得最终理想解，从而避免了传统创新设计方法中缺乏目标的弊端，提升了创新设计的效率。最终理想解是 TRIZ 理论保证解法过程收敛性的重要手段。最终理想解有 4 个特点：a. 保持了原系统的优点；b. 消除了原系统的不足；c. 没有使系统变得更复杂；d. 没有引入新的缺陷。

③ 40 个发明原理：浓缩 250 万份专利背后所隐藏的共性发明原理。

阿奇舒勒对大量的专利进行了研究、分析和总结，提炼出了 TRIZ 中最重要的、具有普遍用途的 40 个发明原理。它们主要应用于解决系统中存在的技术矛盾，为一般发明问题的解决提供了强有力的工具。

④ 39 个工程参数和矛盾矩阵：直接解决技术矛盾（参数间矛盾）的发明工具。

在对专利分析和研究过程中，阿奇舒勒发现，有 39 个工程参数在彼此相对改善和恶化，而这些专利都是在不同的领域上解决这些工程参数的冲突与矛盾。这些矛盾不断地出现，又不断地被解决。将这些发明原理组成一个由 39 个改善参数与 39 个恶化参数构成的矩阵，矩阵的横轴表示希望得到改善的参数，纵轴表示某技术特性改善引起恶化的参数，横纵轴各参数交叉处的数字表示用来解决系统矛盾时所使用创新原理的编号，这就是技术矛盾矩阵。问题解决者只要明确定义问题的工程参数，就可以从矛盾矩阵表中找到对应的、可用于解决问题的发明原理。

⑤ 物理矛盾的分离原理：解参数内矛盾的发明原理。

当一个技术系统的工程参数具有相反的需求，就出现了物理矛盾。例如，要求系统的某个参数既要出现又不存在，或既要高又要低，或既要大又要小等。相对于技术矛盾，物理矛盾是一种更尖锐的矛盾，创新中需要加以解决。物理矛盾所存在的子系统就是系统的关键子系统，系统或关键子系统应该具有为满足某个需求的参数特性，但另一个需求要求系统或关键子系统又不能具有这样的参数特性。分离原理是阿奇舒勒针对物理矛盾的解决而提出的，分离方法共有 11 种，归纳概括为四大分离原理，分别是空间分离、时间分离、条件分离和整体与部分的分离。

⑥ 物-场模型：用于建立与已存在系统或新技术系统问题相联系的功能模型。

阿奇舒勒认为每一个技术系统都可由许多功能不同的子系统组成，因此，每一个系统都有它的子系统，而每个子系统都可以再进一步地细分，直到分子、原子、质子与电子等微观层次。无论超系统、子系统、还是微观层次都具有功能，所有的功能都可分解为两种物质和一种场（即二元素组成）。在物-场模型的定义中，物质是指某种物体或过程，可以是整个系统，也可以是系统内的子系统或单个的物体，甚至可以是环境，取决于实际情况，场是指完成某种功能所需的方法或手段，通常是一些能量形式，如磁场、重力场、电能、热能、化学能、机械能、声能、光能等。物-场分析是 TRIZ 理论中的一种重要分析工具，用于建立与已存在的系统或新技术系统的问题相关联的功能模型，它通过研究系统构成的完整性，构成系统各要素之间作用的有效性，以帮助问题解决者更好地了解系统并获得解决问题的方向。

⑦ 标准解法：分 5 级 18 个子级共 76 个标准解法，可以将标准问题在一两步中快速进行解决。

标准解法主要用于条件和约束确定后的发明问题的解决，主要针对物-场模型，是阿奇舒勒于 1985 年创立的，各级中解法的先后顺序反映了技术系统必然的进化过程和进化方向。标准解法可以将标准问题在一两步中快速进行解决，它是阿奇舒勒后期进行 TRIZ 理论研究的最重要的课题，同时也是 TRIZ 高级理论的精华。标准解法也是解决非标准问题的基础，非标准问题主要应用 ARIZ 来进行解决，而 ARIZ 的主要思路是将非标准问题通过各种方法进行变化，转化为标准问题，然后应用标准解法来获得解决方案。

⑧ 发明问题解决算法（ARIZ）：针对非标准问题而提出的一套解决算法。

ARIZ（Algorithm for Inventive Problem Solving）称为发明问题解决算法，是 TRIZ 的一种主要工具，是解决发明问题的完整算法，该算法采用一套逻辑过程逐步将初始问题程式化。ARIZ 最初由阿奇舒勒于 1977 年提出，ARIZ-85 包括九大步骤：分析问题；分析问题模型；陈述 IFR 和物理矛盾；用物-场资源；应用知识库；转化或替代问题；分析解决物理矛盾的方法；利用解法概念；分析问题解决的过程。

⑨ 科学效应和知识库：将解决方案、物理现象和效应应用在问题解决过程中。

TRIZ 理论是基于知识的方法，科学效应和知识库是知识的重要组成部分。科学效应和知识库对发明问题的解决具有超乎想象的、强有力的帮助。应用科学效应和知识库可以很好地选择并构建对象作用所需要的场，同时确定相互作用的对象。

经典 TRIZ 理论建立在强大的实践基础之上。下面的三个实践发现成为 TRIZ 理论的基石。

TRIZ 理论认为所有实际问题都可以被浓缩为三种不同的类型，即管理问题、技术问题、物理问题，并表现为三种相应的结构模型。

① 管理问题。问题的情境是通过指出缺点或目标的形式给出的，其中缺点应该克服，目标应当达到，而与此同时，却并不指出产生缺点的原因、消除缺点的方法和达到所需目标的方法。

② 技术问题。问题的情境是通过指出不兼容的系统功能或功能属性给出的，其中一个功能（或属性）促进全系统的主要有益功能（系统目标）的实现，而第二个功能阻碍其实现。

③ 物理问题。问题的情境是通过指出系统某个组分的一个属性或整个系统的物理属性的形式给出的，该属性的某一个值对于达到系统的某项特定功能来说是必须的，而其另一个值则是针对另一个功能的。但是，与此同时，这两个值又是不兼容的，对于各自的改善来说，它们都具有相互反方向排斥的属性。

针对每种问题，TRIZ 理论都给出了精确的功能-结构模型：管理模型、技术模型、物理矛盾模型。其中技术模型和物理矛盾模型具有最好的结构性，因为它们的解决直接得到了 TRIZ 理论这一工具的支持。管理模型要么是通过与 TRIZ 理论没有直接关系的其他方法解决，要么就是要求转化为其他两种结构模型后再解决。

所有已知的建立在转化基础上的解决方案都可以归结为四类：a. 解决技术矛盾的直接模型；b. 解决物理矛盾的直接模型；c. 物-场模型；d. 科学效应和知识库。

TRIZ 理论的核心思想主要体现在 3 个方面：首先，无论是一个简单产品，还是复杂的技术系统，其核心技术都是遵循着客观的规律发展演变的，即具有客观的进化规律和模式。其次，各种技术难题、矛盾和矛盾的不断解决是推动这种进化过程的动力。最后，技术系统发展的理想状态是用尽量少的资源实现尽量多的功能。图 1-2 列出了 TRIZ 理论的体系。

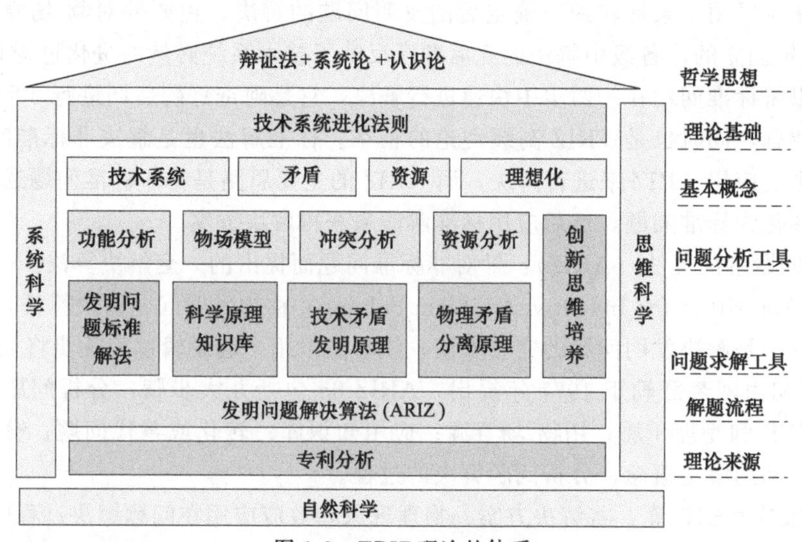

图 1-2　TRIZ 理论的体系

(2) TRIZ 理论的解题模式

TRIZ 理论解决问题的一般步骤是：在进化法则的指导下，分析原始问题，确定最终理想解；然后将问题转化为 TRIZ 理论的标准问题模型（问题建模），再应用相应的 TRIZ 工具获得解决方案模型，经类比应用得到解决方案；最后对方案进行验证。

为了更好地理解 TRIZ 理论的解题过程，让我们首先分析一个简单的乘法运算的例子，如图 1-3 所示。这个简单的例子告诉我们，数学问题解题的一般过程是：具体的问题首先要转化为标准的数学模型（算式），然后再应用数学的运算工具（如乘法表）得出结果，再将结果转换成具体问题的答案。数学模型（运算的过程）是固定的，不依赖于具体的问题。任何具体问题只要转换为标准的数学模型，就可以通过数学的方法得到需要的结果。

与此类似，TRIZ 的理论、方法、工具是从实践中总结出来的，具有“普适性”。千差万别的创新问题正是“标准化”为 TRIZ 理论问题后，才能通过“通用的”TRIZ 工具获得解的模型，最后再转化为具体的解决方案。TRIZ 理论的解题模式如图 1-4 所示。

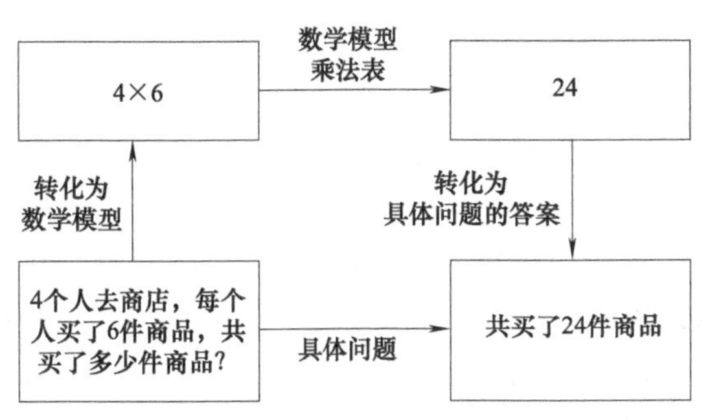

图 1-3　数学问题的解题模式

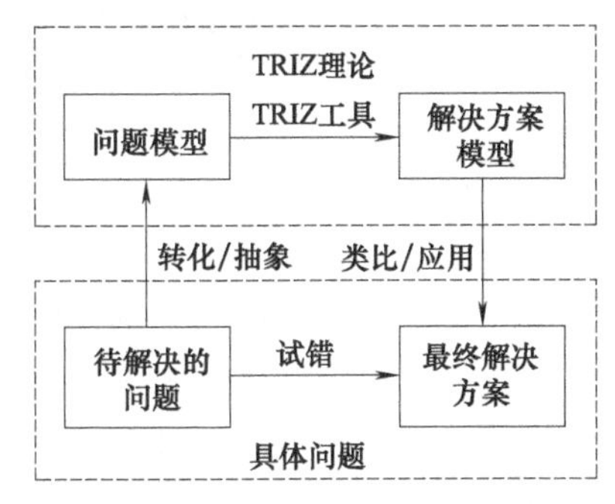

图 1-4　TRIZ 理论的解题模式

1.1.4　创新的等级

创新是人类社会发展进程中永恒不变的主题。任何现代技术系统都经历了成百上千的发明才最终确立的，甚至像铅笔这样的“系统”都有 20000 多个专利。

当 TRIZ 理论的创始人阿奇舒勒对 250 多万份专利进行研究时，发现各国家不同的发明专利内部蕴涵的科学知识、技术水平具有很大的差异。以往，在没有分清这些发明专利的具体内容时，很难区分出不同发明专利的知识含量、技术水平、应用范围、重要性、对人类贡献大小等问题。因此，把发明依据其对科学的贡献程度、技术应用范围及社会经济效益等情况划分一定的等级加以区别，以便判断识别并更好地加以推广应用。

根据创新程度的不同，TRIZ 理论将这些专利技术解决方法分为 5 个“创新等级”。

第 1 级：技术系统的简单改进。

第 2 级：包括技术矛盾解决方法的小型发明。

第 3 级：包含物理矛盾解决方法的中型发明。

第 4 级：包含突破性解决方法的大型发明（新技术）。

第 5 级：新现象的发现。

创新等级及特征指标见表 1-2，其中最具概括性的特征指标是新颖性水平。

表 1-2　创新等级及特征指标

创新等级 \ 特征指标	第 1 级	第 2 级	第 3 级	第 4 级	第 5 级
	简单改进	小型发明	中型发明	大型发明	新现象的发现
初始条件	明确的单参数问题	多参数问题；有直接的结构类似模型	问题结构复杂；只有功能的类似模型	众多因素未知；没有类似功能结构模型	主要目标要素未知；无类似模型
问题复杂度	无矛盾问题	标准问题	非标准问题	极端问题	独一无二的问题
转化标准	工程优化	包含技术矛盾，建立在典型（标准）模型基础上的工程问题	包含物理矛盾，建立在复合方法上的发明	建立在整合科学技术“效应”基础上的发明	科技发现
解决问题的资源	资源可见并易于获取	资源虽不可见，但存在于系统中	资源常常取自其他系统或水平分类	资源来自不同知识门类	资源不详和（或）其应用方法不详
知识范围	所要求技术在系统相关的某行业范围内	要求与系统相关的不同行业知识	要求与系统相关行业以内的知识	要求不同科学领域知识	要求超强的创造动力

续表

特征指标 \ 创新等级	第 1 级	第 2 级	第 3 级	第 4 级	第 5 级
	简单改进	小型发明	中型发明	大型发明	新现象的发现
新颖性水平	组分发生细微的参数变化	不改变功能原理的独创性功能结构解决方案	“强大的”发明，并伴有功能原理替代的系统效应	出色的发明，并伴有显著改变周围的系统效应	最大型发明，并伴有彻底改变文明的系统效应
占总专利比重	32%	45%	18%	4%	1%

注：系统效应是指发明产生前未知的，现发明所包含的原始系统矛盾的解决直接关联的一种结果，反映在具体发明上即为创新点。

由表 1-2 可知：有 95%的发明专利是应用了行业内的知识，只有少于 5%的发明专利应用了行业外及整个社会的知识。发明创造的级别越高，所需的知识就越多，这些知识所涉及的领域就越宽，搜索有用知识的时间就越长。同时，随着社会的发展，科学技术水平的提高，原来高级的发明创造会逐渐成为人们熟悉和了解的知识，其等级就会随时间而不断降低。

对于第 1 级，阿奇舒勒认为不算是创新；而对于第 5 级，他认为：如果一个人在旧的系统还没有完全失去发展希望时，就选择一个完全新的技术系统，则成功之路和被社会接受的道路是艰难而又漫长的。因此发明几种在原来基础上的改进系统是更好的策略。他建议将这两个等级排除在外，TRIZ 理论工具对于其他 3 个等级创新作用更大。一般来说，第 2 级和第 3 级称为“革新（Innovative）”；第 4 级称为“创新（Inventive）”。

1.2 TRIZ 理论的主要工具

1.2.1 40 个发明原理

阿奇舒勒通过对大量发明专利进行研究发现，很多发明用到的技术是重复的，即发明问题的规律是可以在不同产业领域通用的，如果人们掌握这些规律，就可以使发明问题更具有可预见性，并能提高发明的效率、缩短发明的周期。为此，阿奇舒勒对大量的专利进行了研究、分析、总结，将发明中存在的共同规律归纳成 40 个发明原理。应用这 40 个发明原理，可以有意识地引导创新思维，使创新有规律可循，彻底改变创新靠灵感、靠顿悟，一般人难以做到的状况。

(1) 40 个发明原理名称及使用窍门

① 40 个发明原理名称。

40 个发明原理（Inventive Principle，IP）是 TRIZ 理论中最重要的、具有普遍用途的发明工具，是解决技术问题的关键，与技术矛盾的解决和矛盾矩阵的应用有着更密切的联系。每个发明原理对应有一个序号，该序号与下一节将要介绍的矛盾矩阵中的号码是相对应的。40 个发明原理的名称如表 1-3 所示。

② 40 个发明原理使用窍门。

虽然 40 个发明原理为发明者指出了的指导性思维方向，但如果发明时将 40 个发明原理逐个试用，也是比较浪费时间和精力的。因此，为提高 40 个发明原理的有效利用率，研究者总结了一些使用窍门。

据统计，40 个发明原理被使用的频率并不一样，有的经常在已有的专利中得到应用，可有的却极少用到，表 1-4 列出它们被使用的频率次序（由高到低）。发明人在解决技术系统中的问题和矛盾时，可以直接使用频率次序靠前的发明原理来尝试创新构思，可能会获得“走捷径”的效果。

表 1-3 40 个发明原理的名称

序号	原理名称	序号	原理名称
1	分离原理(Segmentation)	21	急速动作原理(Rushing Through)
2	抽取原理(Extraction)	22	变害为利原理(Convert a Harm into a Benefit)
3	局部质量原理(Local quality)	23	反馈原理(Feedback)
4	不对称原理(Asymmetry)	24	借助中介物原理(Intermediary)
5	组合原理(Merging)	25	自服务原理(Self-service)
6	多用性原理(Universality)	26	复制原理(Copying)
7	嵌套原理(Nesting)	27	廉价替代品原理(Cheap Short-living)
8	重量补偿原理(Anti-weight)	28	机械系统替代原理(Mechanics Substitution)
9	预先反作用原理(Preliminary Anti-action)	29	气压和液压结构原理(Pneumatics or Hydraulic Construction)
10	预先作用原理(Preliminary Action)	30	柔性壳体或薄膜原理(Flexible Shells and Thin Films)
11	预先防范原理(Cushion in Advance)	31	多孔材料原理(Porous Materials)
12	等势原理(Equipotentiality)	32	颜色改变原理(Change the Color)
13	反向作用原理(Inversion)	33	同质性原理(Homogeneity)
14	曲面化原理(Spheroidality)	34	抛弃与再生原理(Discarding and Recovering)
15	动态化原理(Dynamicity)	35	物理或化学参数改变原理(Transform the Physical or Chemical State)
16	未达到或过度作用原理(Partial or Excessive Actions)	36	相变原理(Phase Transitions)
17	维数变化原理(Shift to a New Dimension)	37	热膨胀原理(Thermal Expansion)
18	机械振动原理(Mechanical Vibration)	38	强氧化剂原理(Strong Oxidants)
19	周期性作用原理(Periodic Action)	39	惰性环境原理(Inert Environment)
20	有效作用的连续性原理(Continuity of Useful Action)	40	复合材料原理(Composite Material)

表 1-4 40 个发明原理被使用的频率次序

频率次序	原理序号和原理名称	频率次序	原理序号和原理名称
1	35 物理或化学参数改变原理	21	14 曲面化原理
2	10 预先作用原理	22	22 变害为利原理
3	1 分离原理	23	39 惰性环境原理
4	28 机械系统替代原理	24	4 不对称原理
5	2 抽取原理	25	30 柔性壳体或薄膜原理
6	15 动态化原理	26	37 热膨胀原理
7	19 周期性作用原理	27	36 相变原理
8	18 机械振动原理	28	25 自服务原理
9	32 颜色改变原理	29	11 预先防范原理
10	13 反向作用原理	30	31 多孔材料原理
11	26 复制原理	31	38 强氧化剂原理
12	3 局部质量原理	32	8 重量补偿原理
13	27 廉价替代品原理	33	5 组合原理
14	29 气压和液压结构原理	34	7 嵌套原理
15	34 抛弃与再生原理	35	21 急速动作原理
16	16 未达到或过度作用原理	36	23 反馈原理
17	40 复合材料原理	37	12 等势原理
18	24 借助中介物原理	38	33 同质性原理
19	17 维数变化原理	39	9 预先反作用原理
20	6 多用性原理	40	20 有效作用的连续性原理

为了方便发明人有针对性地利用40个发明原理，德国TRIZ专家统计出40个发明原理中特别适合用于三类情况，其分类如表1-5所示。三类情况包括：a. 走捷径即可求解（同表1-4中的前10个）；b. 有利于设计结构（13个）；c. 有利于大幅降低成本（10个）。

表1-5 40个发明原理特别适用的三类情况

走捷径即可求解(10个)	有利于设计结构(13个)	有利于大幅降低成本(10个)
35 物理或化学参数改变原理	1 分离原理	1 分离原理
10 预先作用原理	2 抽取原理	2 抽取原理
1 分离原理	3 局部质量原理	3 局部质量原理
28 机械系统替代原理	4 不对称原理	6 多用性原理
2 抽取原理	26 复制原理	10 预先作用原理
15 动态化原理	6 多用性原理	16 未达到或过度作用原理
19 周期性作用原理	7 嵌套原理	20 有效作用的连续性原理
18 机械振动原理	8 重量补偿原理	25 自服务原理
32 颜色改变原理	13 反向作用原理	26 复制原理
13 反向作用原理	15 动态化原理	27 廉价替代品原理
	17 维数变化原理	
	24 借助中介物原理	
	31 多孔材料原理	

为便于使用，还有TRIZ学者按40个发明原理的主要内容和作用将其分为四大类：a. 提高系统效率；b. 消除或强调局部作用；c. 易于操作和控制；d. 提高系统协调性，如表1-6所示。

表1-6 40个发明原理按主要内容和作用分类

序号	原理作用	原理序号
1	提高系统效率	10,14,15,7,18,19,20,28,29,35,36,37,40
2	消除或强调局部作用	2,9,11,21,22,32,33,34,38,39
3	易于操作和控制	12,13,16,23,24,25,26,27
4	提高系统协调性	1,3,4,5,6,7,8,30,31

以上几个表格的分类只是简单概括，具体创新时，还应该根据实际情况灵活运用这40个发明原理，以取得更好的结果。

有人可能会问，仅仅40个发明原理能够解决多少问题？事实上，每种新发明的产品所用到的常常不仅仅是1个发明原理，而很可能是应用了若干个发明原理，也就是说，一个发明可能是集几个发明原理于一身才出现的创新成果。40个原理可以组成780种不同的“二法合一”、9880种不同的“三法合一”、超过90000种不同的“四法合一”……这体现了组合的复杂性和设计的综合性。

(2) 40个发明原理详解

下面简述TRIZ理论的40个发明原理及其用法。

原理1：分离原理

分离原理也称分割原理，即将整体切分。该原理有以下三方面的含义。

① 将物体分成相互独立的部分。

② 将物体分成容易组装和拆卸的部分。

③ 增加物体的分割程度。

[案例] 自行车、摩托车等的链条是一个个链节相接的，每个链节都是可以取下来的，可以随时调节链的长度；电风扇的三片叶片是三个独立的个体，可方便拆卸和冬天存放；机

械产品中尽量选用标准件，如滚动轴承、联轴器、离合器等，这些标准部件作为装配的单元被分离出来，易于组装、拆卸，并有利于提高互换性，如图 1-5 所示。

图 1-6 所示为精密机械中用于消除齿轮啮合侧隙的齿轮结构。这种结构将原有齿轮沿尺宽方向分割成两个齿轮，两半齿轮通过弹簧连接并可以相对转动，径向通过销钉定位，由于弹簧产生的扭矩，两半齿轮分别与相啮合的齿轮的不同齿侧相啮合，消除了轮齿的啮合侧隙，并可以及时补偿由于磨损造成的齿厚变化，始终保持无侧隙啮合，消除传动系统的空回。这种齿轮传动由于实际作用齿宽较小，承载能力较小，通常用于以传递运动为主的较精密的传动系统中。

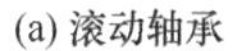

(a) 滚动轴承

(b) 链式联轴器

图 1-5 标准件的分离结构

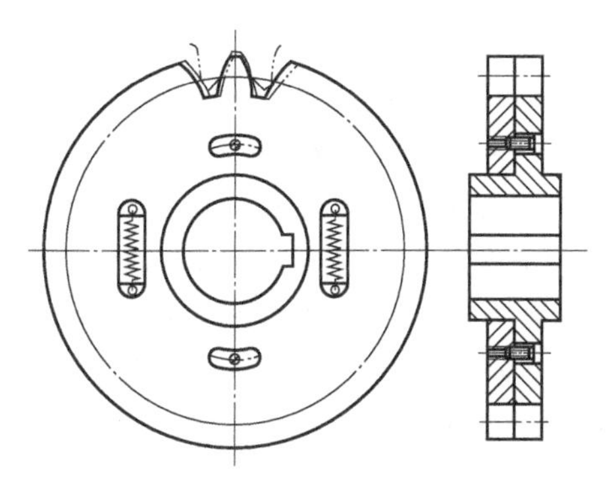

图 1-6 消除齿轮啮合侧隙的齿轮结构

原理 2：抽取原理

抽取原理也称提取原理，即将物体中有用或有害的部分抽取出来，进行相应的处理。该原理有以下两方面的含义。

① 从物体中抽出产生负面影响的部分或属性。

[案例] 用在建筑中的隔音材料将噪声吸收或隔离，从而使噪声被分离出我们所处的环境。避雷针将雷电引入地下，减少其危害。空调的压缩机分离出来放在室外，减少噪声对工作和生活环境的干扰。

② 从物体中抽出必要的部分或属性。

[案例] 把彩喷打印机中的墨盒分离出来以便更换；用光纤或光波导分离主光源，以增加照明点；用滤波器提取出有效的波形。

原理 3：局部质量原理

在物体的特定区域改变其特征，从而获得必要的特性。该原理有以下三方面的含义。

① 从物体或外部介质（外部作用）的一致结构过渡到不一致结构。

② 物体的不同部分应当具有不同的功能。

③ 物体的每一部分均应处于最有利于其工作的条件。

[案例] 微型蜗轮喷气发动机的增压器叶轮安装好后要做动平衡调试，通过计算机测试，把需要调整局部质量的叶片磨去很少一点材料，如图 1-7 所示，以达到动平衡，避免高速回转时产生振动；采用温度、密度或压力的梯度，而不用恒定的温度、密度或压力，如按摩浴缸不同位置的喷水孔能调节出不同的喷水压力，正反面不同硬度的床垫采用了变密度的海绵；对零件的不同部位，采用不同的热处理方式或表面处理方式，使其具有特殊功能特征，以适应设计功能对这个局部的特殊要求，如刀具刃口的局部淬火、金刚石涂层刀具（图 1-8）。

图 1-7　叶轮动平衡调试的局部处理

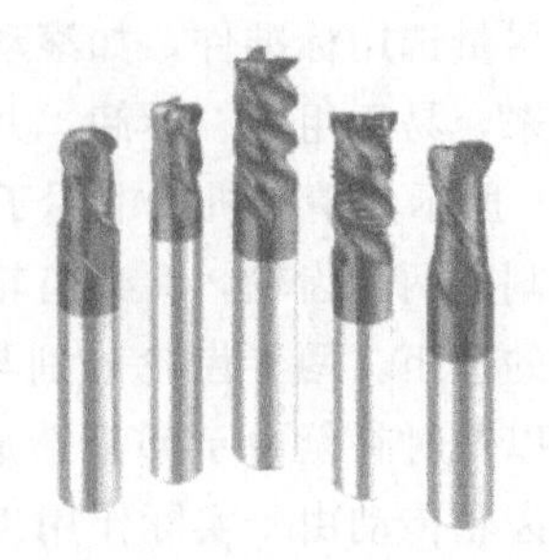

图 1-8　金刚石涂层刀具

原理 4：不对称原理

利用不对称性进行创新设计。该原理有以下两方面的含义。

① 将物体的对称形式转为不对称形式。

② 如果物体已经是不对称的，则加强它的不对称程度。

［案例］ 铁道转弯处内外铁轨间有高度差以提供向心力，减少对轨道挤压造成的危害；为增强密封性，将圆形密封圈做成椭圆的。

又如，输送松散物料的漏斗［图 1-9（a）］在工作过程中经常容易发生堵塞，经分析发现，物料的堵塞原因在于轴对称方向上的物料水平分力大小相等、方向相反，因此在水平方向上不能运动，在垂直方向上力和速度分量分别相同，导致物料颗粒之间没有相对运动，易结块，产生堵塞现象。为此，将原来的对称形状改成不对称形状［图 1-9（b）］，使堵塞现象得到缓解。图 1-10 所示的带轮结构也是用不对称原理解决了轮毂与轴的定位问题。

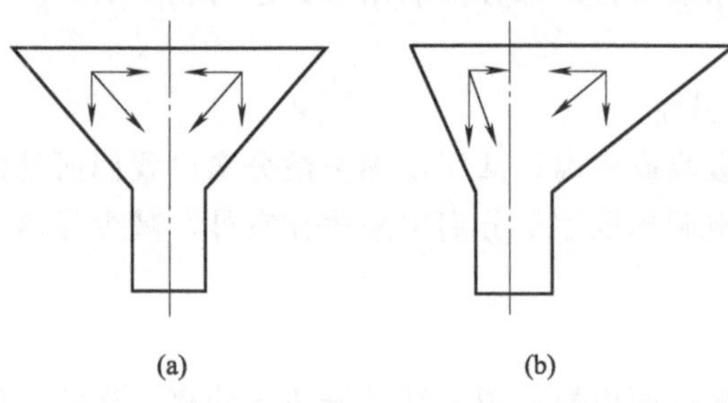

图 1-9　利用不对称原理改进的漏斗结构

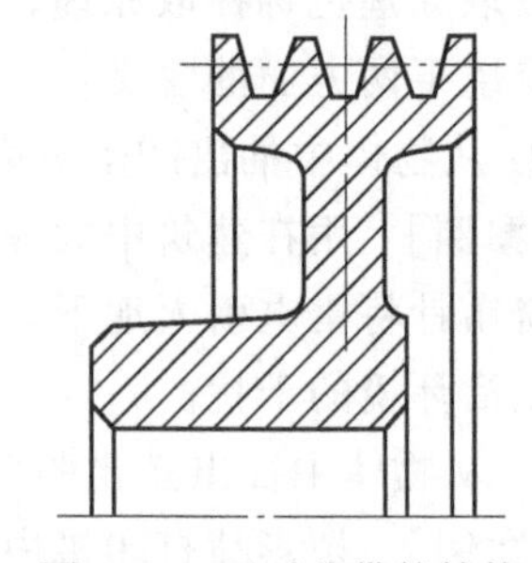

图 1-10　不对称带轮结构

原理 5：组合原理

在不同的物体或同一物体内部的各部分之间建立一种联系，使其有共同的唯一的结果。该原理有以下两方面的含义。

① 在空间上把相同或相近的物体或操作加以组合。

② 把时间上相同或类似的操作联合起来。

［案例］ 集成电路板上的电子芯片；并行计算的多个 CPU；联合收割机；组合工具；冷热水混水的水龙头；组合插排；计算机反病毒软件在扫描病毒的同时完成隔离、杀毒、移动或复制文件等操作。图 1-11 所示的利用组合原理设计的冲压机构，将多套相同结构的连杆组组合使用，实现冲压板受力均衡，机构工作平稳。图 1-12 所示是利用组合原理设计的厨用工具，这是一种集四种功能于一体的工具，最左边的尖角用于挖土豆等的坑窝，左边的刃口用于削皮，中间突起的半圆孔用于插丝，右边的波浪形刃口用于切波浪形蔬菜丝。

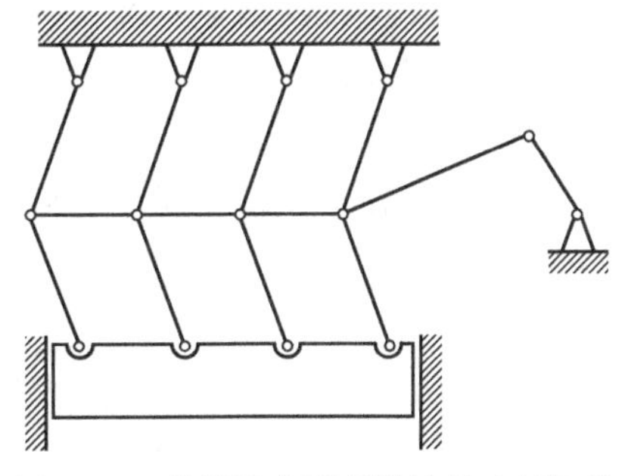

图 1-11　利用组合原理设计的冲压机构

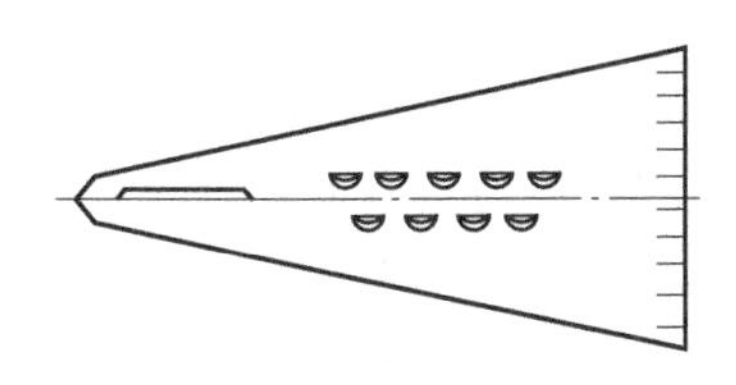

图 1-12　利用组合原理设计的厨用工具

原理 6：多用性原理

使一个物体能够执行多种不同功能，以取代其他物体的介入。

[案例] 办公一体机可打实现印复印、扫描、打印多种功能；牙刷的柄内装上牙膏；手机集成了照相、摄像、上网等功能；凳子折叠成拐杖，方便老年人的出行和休息；椅子变形成梯子，具有双重功能（图 1-13）；著名的瑞士军刀是一物多用的最典型例子，功能最多的可有 30 多种用途，如图 1-14 所示。

图 1-13　多功能椅子

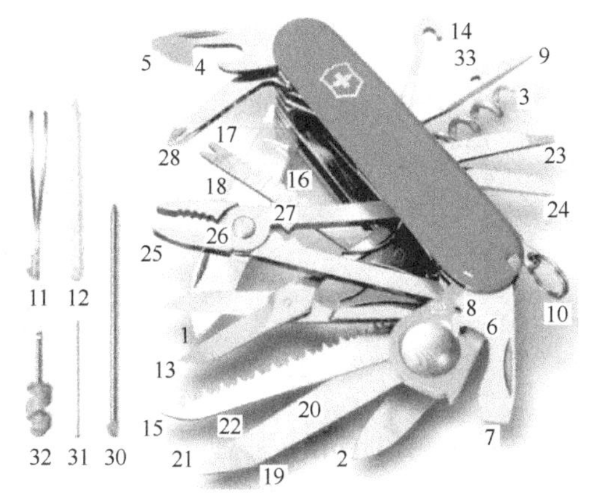

图 1-14　多功能瑞士军刀（图上数字说明用途多）

原理 7：嵌套原理

嵌套原理也称套叠原理，是设法使两个物体内部相契合或置入。该原理有以下两方面的含义。

① 一个物体位于另一物体之内，而后者又位于第三个物体之内等。

② 一个物体通过另一个物体的空腔。

[案例] 收音机天线；教鞭笔（图 1-15）；工程车（图 1-16）；液压起重机；照相机伸

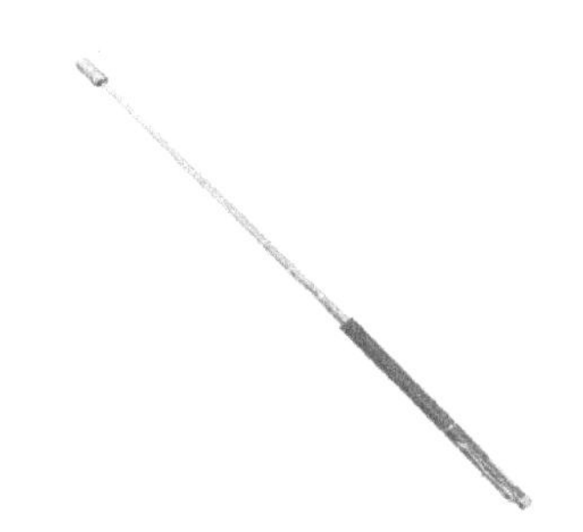

图 1-15　教鞭笔

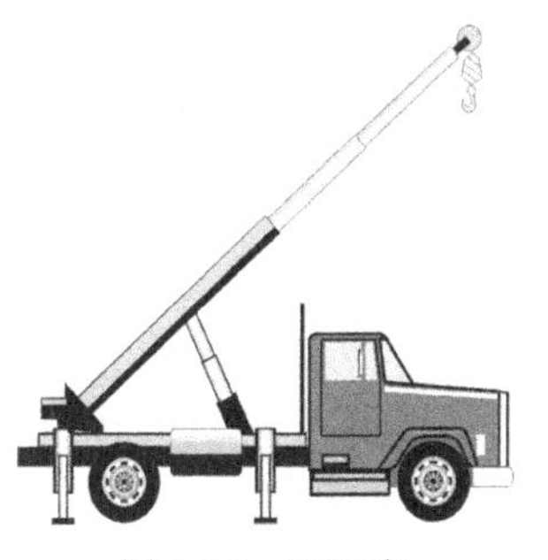

图 1-16　工程车

缩式镜头；雨伞柄；多层伸缩式梯子；可升降的工作台；汽车安全带在闲置状态下将带卷入卷收器中；地铁车厢的车门开启时，门体滑入车厢壁中，不占用多余空间。

原理 8：重量补偿原理

重量补偿原理也称为巧提重物原理，是对物体重量进行等效补偿，以实现预期目标。该原理有以下两方面的含义。

① 将物体与具有上升力的另一物体结合以抵消其重量。

[案例] 为电梯配置起重配重和滑轮可以降低对动力及传动装置的工作能力要求；带有螺旋桨的直升机；利用氢气球悬挂广告条幅。对于精密导轨，为了减小导轨的载荷，提高精度，降低摩擦阻力，可采用图 1-17 所示的导轨卸载结构，通过弹性支承的滚子承担大部分载荷，通过精密滑动导轨为零件的直线运动提供精密的引导。

② 将物体与介质（空气动力、流体动力或其他力等）相互作用以抵消其重量。

[案例] 液压千斤顶用液压油顶起重物；流体动压滑动轴承（图 1-18）利用油膜内部压力将轴托起，用于高速重载场合；磁悬浮列车利用磁场磁力托起车身；潜水艇利用排放水实现升浮；风筝利用风产生升力。

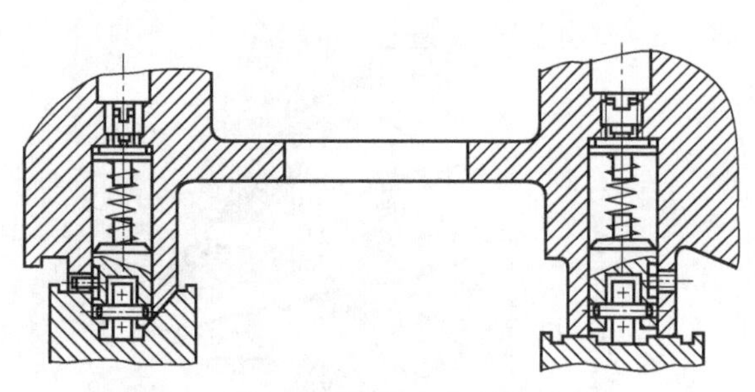

图 1-17　导轨卸载结构

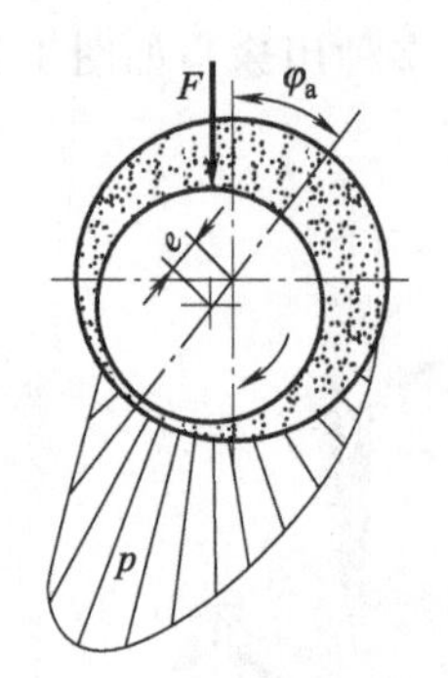

图 1-18　流体动压滑动轴承

原理 9：预先反作用原理

预先了解可能出现的故障，并设法消除、控制故障的发生。该原理有以下两方面的含义。

① 实现施加反作用，用来消除不利影响。

② 如果一个物体处于或即将处于受拉伸状态，预先施加压力。

[案例] 梁受弯矩作用时，受拉伸的一侧容易被破坏，如果在梁受弯曲应力作用之前对其施加与工作载荷相反的预加载荷，使得梁在受到预加载荷和工作载荷的共同作用时应力较小，则有利于避免梁的失效。

机床导轨磨损后，中部会下凹，为延长导轨使用寿命，通常将导轨做成中部凸起形状。

原理 10：预先作用原理

在事件发生前执行某种作用，以方便其进行。该原理有以下两方面的含义。

① 预先完成要求的作用（整体的或部分的）。

[案例] 为防止被连接件在载荷作用下发生松动，在施加载荷之前对螺纹连接进行预紧，对于受震动载荷的情况，在预紧的同时还采取防松措施，如用弹性垫圈、止动垫片等。为提高滚动轴承的支承刚度，可以在工作载荷作用之前对轴承进行预紧；为防止零件受腐蚀，在装配前对零件表面进行防腐处理。

② 预先将物体安放妥当，使它们能在现场和最方便地点立即完成所需要的作用。

［案例］ 停车场的电子计时表；公路上的指示牌；电话的预存话费；正姿笔握笔处利用人体工学设计的形态。

原理 11：预先防范原理

事先做好准备，做好应急措施，以提高系统的可靠性。

［案例］ 降落伞备用伞包；汽车的安全气囊和备用轮胎，电闸上的熔丝；建筑物中的消火栓和灭火器；各种预防疾病的疫苗；企业的安全教育；枕木上涂沥青以防止腐朽等。

组合式蜗轮的轮缘为青铜、轮芯为铸铁或钢，在接合缝处加装 4～6 个紧定螺钉（骑缝螺钉），但为使螺钉安装到正好骑缝的位置，钻孔时不能钻在接合缝上，如图 1-19（a）所示。因为轮缘与轮芯硬度相差较大，加工时刀具易偏向材料较软的轮缘一侧，很难实现螺纹孔正好在接合缝处，为此，应将螺纹孔中心由接合缝向材料较硬的轮芯部分偏移 $x=1\sim2$mm，如图 1-19（b）所示。

减速器箱体在放油塞螺孔加工前要预先用扁铲铲出一个小凹坑，目的是避免在钻孔时偏钻或打刀，如图 1-20 所示。

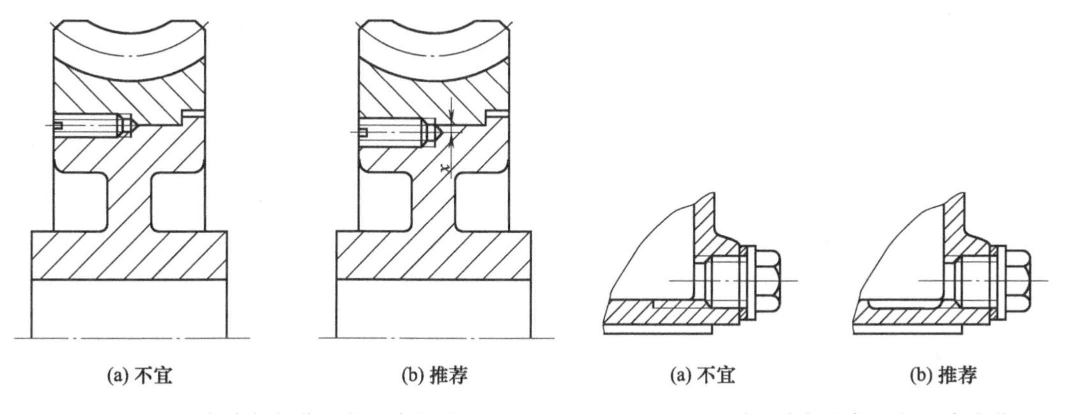

(a) 不宜　(b) 推荐

图 1-19　紧定螺钉位置的预先防范

(a) 不宜　(b) 推荐

图 1-20　放油塞螺孔加工的预先防范

原理 12：等势原理

在势场内应避免位置的改变，如在重力场中通过改变工作状态以减少物体提升或下降，可以减少不必要的能量损耗。

［案例］ 工厂中的生产线将传送带设计成与操作台等高，避免了将工件搬上搬下；汽车修理厂的升降架可以减少工人多次爬到车底下去维修，如图 1-21 所示。图 1-22 所示为利用等势法的鹤式起重机的机构运动简图，$ABCD$ 为双摇杆机构，主动杆 AB 摆动时，从动杆

图 1-21　汽车修理厂的升降架

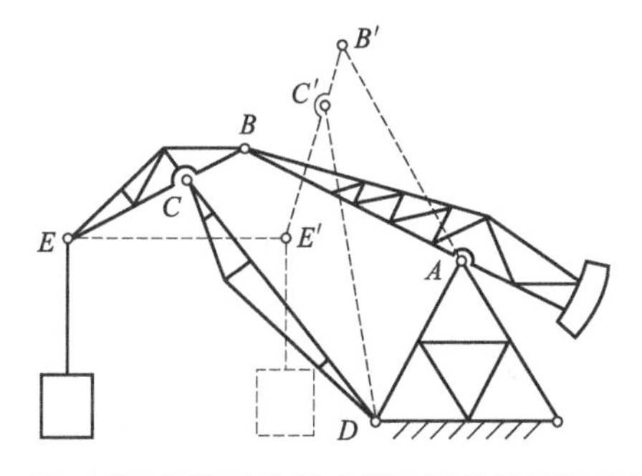

图 1-22　利用等势法的鹤式起重机的机构运动简图

CD 随之摆动，位于连杆 BC 延长线上的重物悬吊点 E 沿近似水平线移动，不改变重物的势能，避免了重物提升再下降的能量损耗。

原理 13：反向作用原理

施加相反的作用，或使其在位置、方向上具有相反性。该原理有以下三方面的含义。

① 用与原来相反的动作代替常规动作，达到相同的目的。

[案例] 冲压模具的制造中，通常采用提高模硬度的方法减少磨损和提高使用寿命，但是，随着材料硬度的提高，模具加工愈加困难。为了解决这一矛盾，人们发明了一种新的模具制造方法，即用硬材料制造凸模，用软材料制造凹模，虽然在使用的过程中不可避免地会发生磨损，但软材料的塑性变形会自动补偿由于磨损造成的模具间隙变化，可以在很长的使用时间内保持适当的间隙，延长模具的使用寿命。

② 使物体或外部介质的活动部分成为不动的，而使不动的成为可动的。

[案例] 人在跑步机上运动时，人相对不动，而是机器动；在加工中心上旋转的是工件，而不是旋转刀具。螺杆和螺母的相对运动关系通常是螺母固定、螺杆转动并移动，如图 1-23（a）所示，多用于螺旋千斤顶或螺旋压力机。如果反过来，将螺杆的轴向移动限制住，改变为螺杆转动、螺母移动，如图 1-23（b）所示，则可用于机床的进给机构。

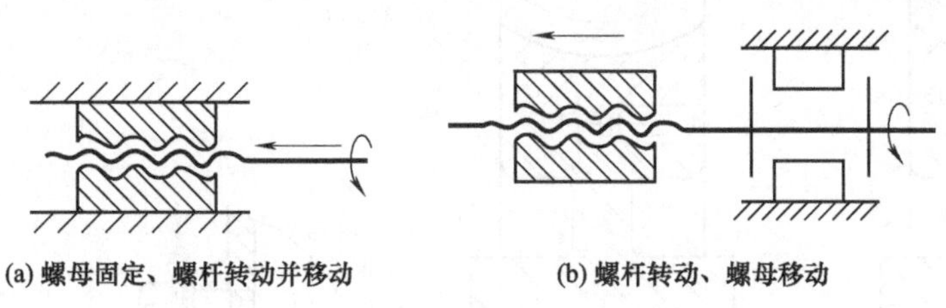
(a) 螺母固定、螺杆转动并移动　　(b) 螺杆转动、螺母移动

图 1-23　螺旋传动方式的反向作用

③ 将物体或过程进行颠倒。

[案例] 在洗瓶机上，将瓶子倒置，从下面冲入水来实现冲洗动作；切割机器人与工作台全部倒置，可防止碎屑落到机器里边产生故障。采用沉头座和凸台结构，同样可以起到减少螺栓附加弯矩的作用，可在适当的时候分别选用，如图 1-24 所示。

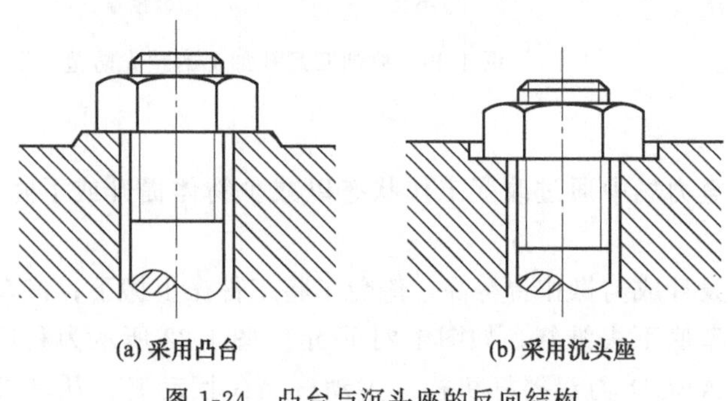
(a) 采用凸台　　(b) 采用沉头座

图 1-24　凸台与沉头座的反向结构

原理 14：曲面化原理

利用曲线、曲面或球形等获得特殊性能，改善原有系统。该原理有以下三方面的含义。

① 将直线部分用曲线替代，将平面用曲面替代，将立方体结构改成球形结构。

[案例] 移动凸轮机构［图 1-25（a）］通过将直线移动轨迹绕在圆柱体上，演化为圆柱凸轮机构［图 1-25（b）］，可以节省空间，并使原动件做回转运动，更利于驱动。建筑中的拱形穹顶增加了强度；汽车、飞机等采用流线型造型，以降低空气阻力。

② 利用滚筒、球体、螺旋等结构。

[案例] 滚动轴承利用球形滚动体形成滚动摩擦，运动时比滑动轴承更灵活；椅子和白

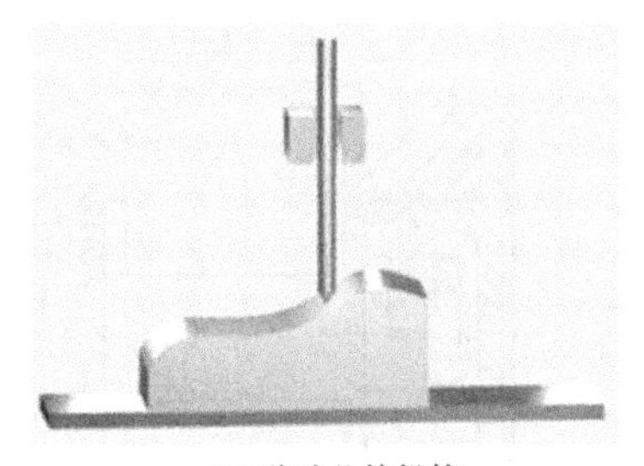

(a) 移动凸轮机构

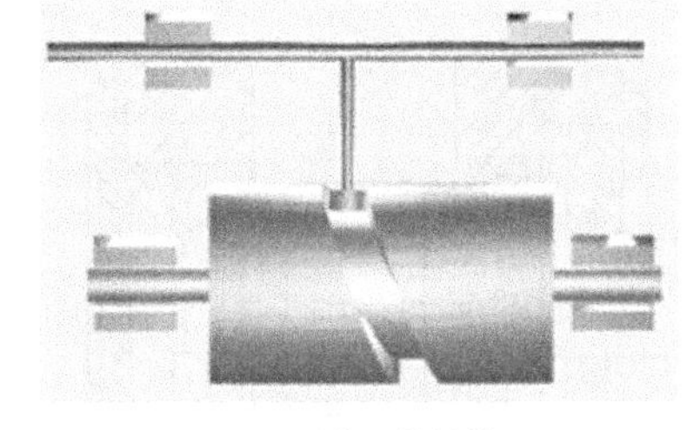

(b) 圆柱凸轮机构

图 1-25 利用曲面化原理的凸轮机构演化

板等的底座安装滚轮使移动更方便；丝杠将直线运动变为回转运动等。

③ 从直线运动过渡到旋转运动，利用离心力。

［案例］ 机械设计中实现连续的回转运动比实现往复直线运动更容易，一般原动机均采用电动机，电动机可以带动轴旋转，齿轮传动、带传动、链传动等都传递回转运动，而往复的直线运动就需要利用曲柄滑块机构、齿轮齿条机构或螺旋传动等去转换，结构和设计都更复杂。旋转运动的离心力可以实现一些特殊的功能，如洗衣机中的甩干筒，离心铸造等。

原理 15：动态化原理

通过运动或柔性等处理，以提高系统的适应性。该原理有以下三方面的含义。

① 调整物体或外部环境的特性，使其在各个工作阶段都呈现最佳的特征。

［案例］ 医院的可调节病床；汽车的可调节座椅；可变换角度的后视镜；飞机中的自动导航系统；变后掠翼战斗轰炸机的机翼后掠角在起飞—加速—降落过程的动态调节（图 1-26）。图 1-27 所示为利用动态化原理的天窗自动控制装置，它应用形状记忆合金弹簧控制室温天窗。当室内温度升高时，形状记忆合金弹簧伸长，将天窗打开，与室外通风，降低室内温度；当室内温度降低时，形状记忆合金弹簧缩短，将天窗关闭，室内升温。

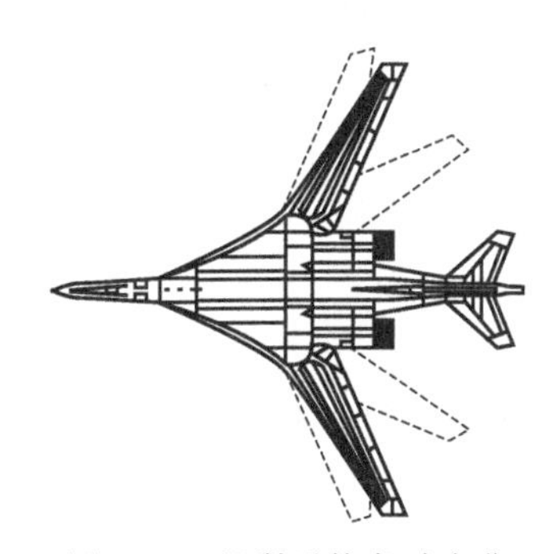

图 1-26 机翼后掠角动态化

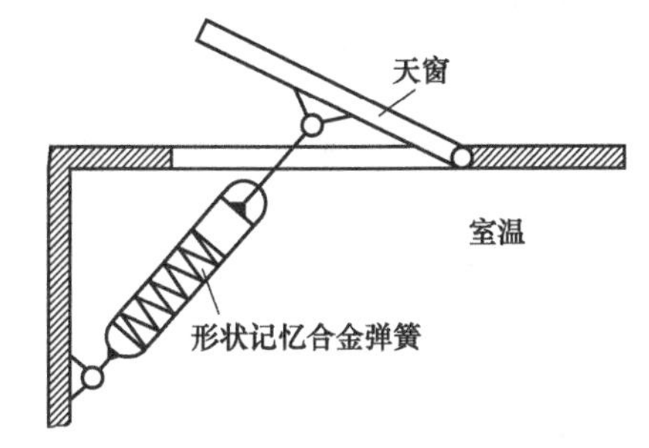

图 1-27 利用动态化原理的天窗自动控制装置

② 将物体分成彼此相对移动的几个部分。

［案例］ 可折叠的桌子或椅子；笔记本电脑；折叠伞；折叠尺；折叠晾衣架等。

③ 将物体不动的部分变为动的，增加其运动性。

［案例］ 洗衣机的排水管；用来检查发动机的柔性内孔窥视仪；医疗检查中的肠镜、胃镜。图 1-28 所示为轴系固定形式应用动态化原理的演化，轴系固定有两种形式：图 1-28（a）所示为轴跨距较短且工作温度不高时采用的两端固定形式，如果轴跨距较长且工作温度较高，则需将其中一端设计成游动的，方能适应轴热胀冷缩的要求，如图 1-28（b）所示。

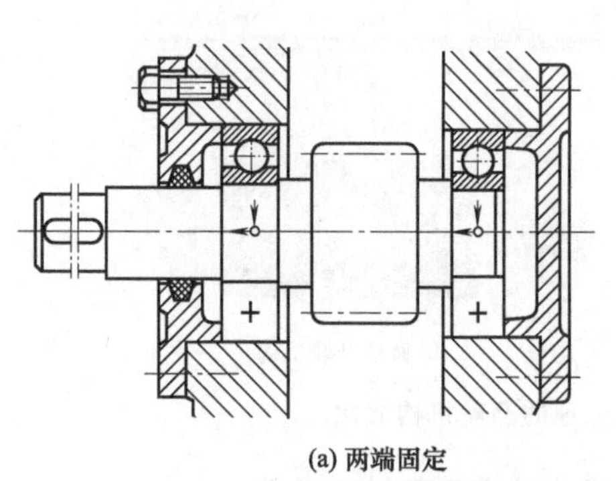

(a) 两端固定

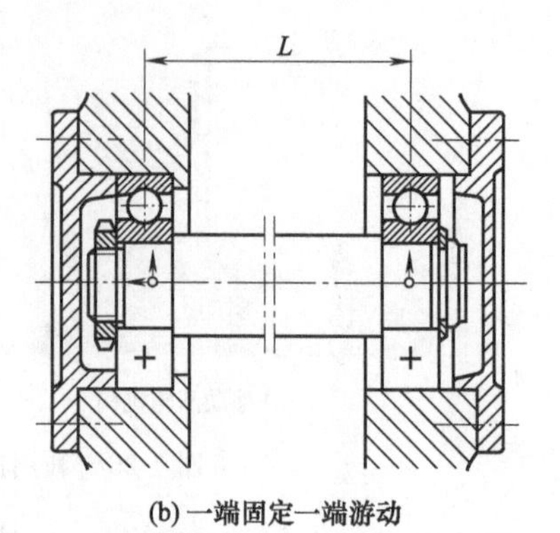

(b) 一端固定一端游动

图 1-28　轴系固定形式应用动态化原理的演化

原理 16：未达到或过度作用原理

如果期望的效果难以百分之百地实现，则应当达到略小或略大于的理想效果，借此来使问题简单化。

［案例］ 为使滚动轴承内圈与轴的连接更可靠，国家标准规定滚动轴承内孔的公差带在零线之下，而圆柱公差标准中基准孔的公差带在零线之上，所以轴承内圈与轴的配合比圆柱公差标准中规定的基孔制同类配合要紧得多，如图 1-29 所示，对于轴承内孔与轴的配合而言，圆柱公差标准中的许多过渡配合在这里实际成为过盈配合，而有的间隙配合，在这里实际变为过渡配合。

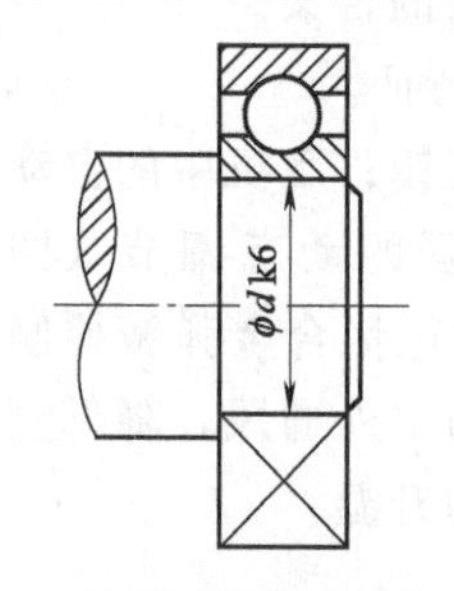

(a) 轴承与轴的配合

轴外径公差带

n6 m6 k6 j6 js6 + 0 −

轴承内径公差带

(b) 轴与轴承的公差带

图 1-29　齿轮宽度的过度作用

又如，普通 V 带传动中带是易损件，需经常更换。如果工作一段时间后，其中某一根带达到疲劳寿命接近失效状态，此时应将同一带轮上的几根带全部更换新带，才能保证各个 V 带受力均衡。否则，如果只更换失效的一根带，由于安装在带轮上的新带和旧带长度有差异，易使带轮及轴受力不均，产生偏载，对工作不利。

机器中的润滑油、冷却液等一般不能达到与机器等寿命，工作若干时间后，通常需要更换或补充。

原理 17：维数变化原理

维数变化原理也称多维原理，通过改变系统的维度变化来进行创新的方法。该原理有以下四方面的含义。

① 如果物体做线性运动或分布有问题，则使物体在二维平面上移动。相应地，在一个平面上的运动或分布有问题，可以过渡到三维空间。

［案例］ 多轴联动加工中心可以准确完成三维复杂曲面的工件的加工等。

② 利用多层结构替代单层结构。

［案例］ 北方多采用双层或三层的玻璃窗来增加保暖性；多层扳手（图 1-30）；立体车库（图 1-31）等。

③ 将物体倾斜或侧置。

［案例］ 自动卸料车等，如图 1-32 所示。

④ 利用指定面的反面或另一面。

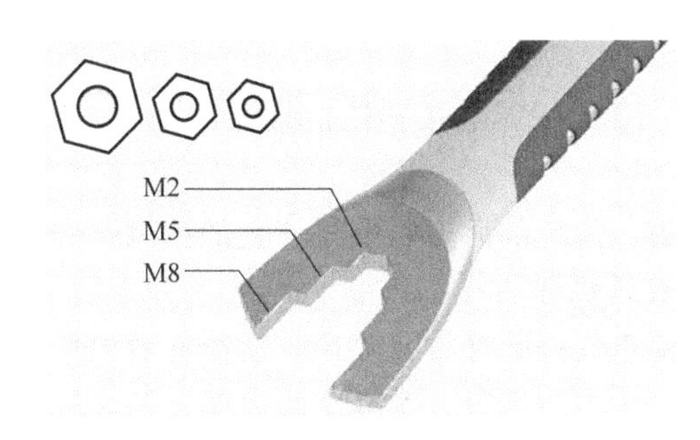

图 1-30　多层扳手

图 1-31　立体车库

［**案例**］ 可以两面穿的衣服；印制电路板经常采用两面都焊接电子元器件的结构，比单面焊接节省面积。

原理 18：机械振动原理

利用振动或振荡，以便将一种规则的周期性的变化包含在一个平均值附近。该原理有以下五方面的含义。

① 使物体处于振动状态。

［**案例**］ 手机用振动替代铃声；电动剃须刀；电动按摩椅；甩脂机；振动筛；电动牙刷（图 1-33）。

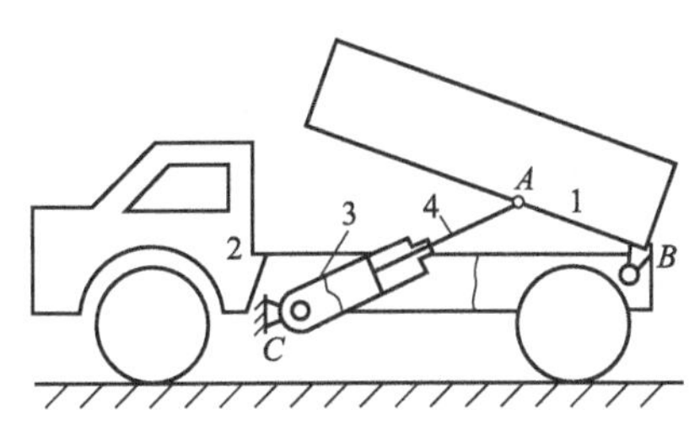

图 1-32　自动卸料车

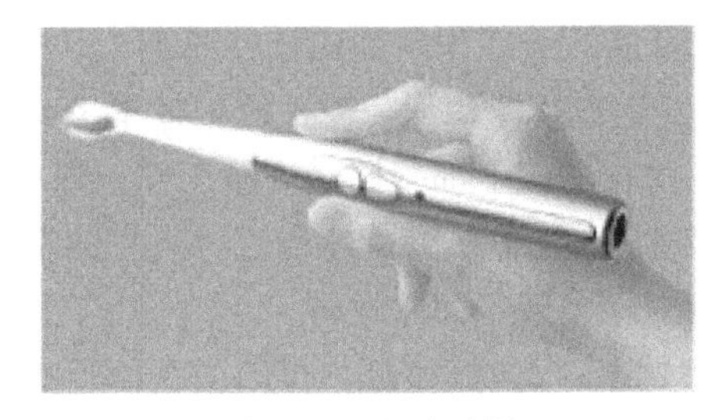

图 1-33　电动牙刷

② 如果已在振动，则提高它的振动频率（可以达到超声波频率）。

［**案例**］ 超声振动清洗器；运用低频振动减少烹饪时间。

③ 利用共振频率。

［**案例**］ 吉他等乐器的共鸣箱；核磁共振检查病症；击碎胆结石的超声波碎石机；微波加热食品；火车过桥时要放慢速度等。

④ 用压电振动器替代机械振动器。

［**案例**］ 石英晶体振荡驱动高精度钟表等。

⑤ 利用超声波振动同电磁场耦合。

［**案例**］ 超声焊接；超声波洗牙；超声波振动和电磁场共用，在电熔炉中混合金属，使混合均匀等。

原理 19：周期性作用原理

可以用周期性动作代替连续动作；对已有的周期性动作改变动作频率。该原理有以下三方面的含义。

① 从连续作用过渡到周期性作用或脉冲作用。

[**案例**] 自动灌溉喷头做周期性的回旋动作；自动浇花系统做间歇性动作；一些报警铃声或鸣笛声呈现周期性变化，比连续的声音更具有提醒性和容易引起人的警觉。

② 如果作用已经是周期的，则改变其频率。

[**案例**] 用频率调音代替摩尔电码；使用 AM、FM、PWM 来传输信息等。

③ 利用脉冲的间歇完成其他作用。

[**案例**] 下大雪后要及时清除飞机跑道上的积雪，传统的洒融雪剂法产生的雪融化的水对飞机跑道安全构成威胁，而用装在汽车上的强力鼓风机除雪在积雪量大时效果并不明显。利用周期性作用原理，在鼓风机上加装脉冲装置，使空气按脉冲方式喷出，就能有效地把积雪吹离跑道，还可以优化选择最佳的脉冲频率、空气压力和流量。工程实际表明，脉冲气流除雪效率是连续气流的两倍，改进前后的状态如图 1-34 所示。

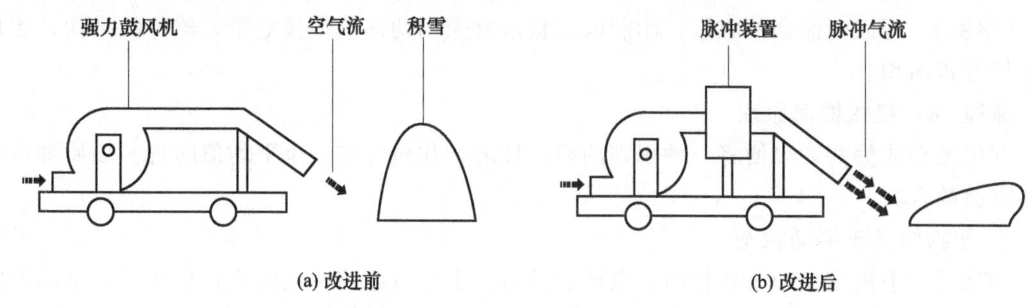

图 1-34 使用脉冲装置更有效地除雪

原理 20：有效作用的连续性原理

因发生连续性动作，使系统的效率得到提高。该原理有以下三方面的含义。

① 物体的各个部分同时满载工作，以提供持续可靠的性能。

[**案例**] 汽车在路口停车时，飞轮储存能量，以便汽车随时启动等。

② 消除空转和间歇运转。

[**案例**] 双向打印机，打印头在回程也执行打印；给墙壁刷漆的滚刷。

③ 将往复运用改为转动。

[**案例**] 卷笔刀以连续旋转代替重复削铅笔；苹果削皮器用旋转运动代替重复切削。

原理 21：急速动作原理

高速越过某过程或其个别（如有害的或危险的）阶段的操作。

[**案例**] 焊接过程中，对材料的局部加热会造成焊接结构变形，减少高温影响区域、缩短加温时间是减小焊接变形的有效方法，可以采用具有高能量密度的激光束作为热源的激光焊接法。又如，闪光灯只在使用瞬间获得强光；锻造使工件变形但是支撑工件的砧板不变形；牙医使用高速钻头来减少患者的痛苦等。

原理 22：变害为利原理

有害因素已经存在，设法用其来为系统增加有益的价值。该原理有以下三方面的含义。

① 利用有害因素（特别对外界的有害作用）获得有益的效果。

② 通过有害因素与另外几个有害因素的组合来消除有害因素。

③ 将有害因素加强到不再是有害的程度。

[**案例**] 机械设计时应考虑各种零件可以方便地拆卸，以使机器报废时回收可以再利用的材料，变废物为资源。垃圾中包含的各种可以被重复利用的物质，采用适当方法将它们分

离出来可以变害为利，并减少垃圾总量，保护环境。图 1-35（a）所示的高压容器罐口的密封结构使罐内压力对密封有害，削弱密封效果，结构不合理。图 1-35（b）所示的结构则是罐内压力变为加强密封效果，是有益的，因此更合理。

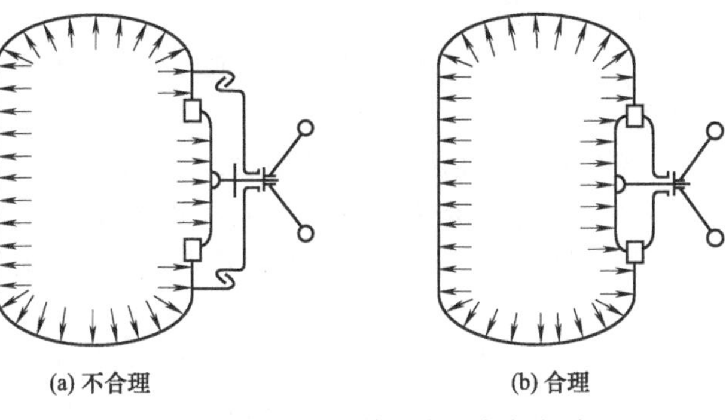

图 1-35 高压容器罐口密封变害为利

原理 23：反馈原理

利用反馈进行创新。该原理有以下两方面的含义。

① 建立反馈，进行反向联系。

② 如果已有反馈，则改变它。

［**案例**］ 很多能自动识别、自动检测、自动控制的电子仪器和设备以及机器人等机电一体化产品都具有自动反馈功能；汽车驾驶室仪表盘对速度、温度、里程、油量、发动机转速等的显示和提醒也都时刻进行着信息和系统状态的反馈；还有自动开关的感应门、声控灯；随节拍变化的音乐喷泉；人行道盲道上的特殊纹理；利用声呐来发现鱼群、暗礁、潜艇；钓鱼时的鱼标；根据环境变化亮度的路灯等。

原理 24：借助中介物原理

借助中介物原理也称中介原理，是利用中间载体进行发明创新的方法。该原理有以下两方面的含义。

① 利用可以迁移或有传送作用的中间物体。

［**案例**］ 自动上料机；自拍杆；弹琴用的拨片；门把手；中介公司等。

机械传动中多通过轮与轮之间的接触实现传动功能，如果要在较远的距离之间传递运动，就需要直径较大的轮（见图 1-36 中的虚线），使结构尺寸大，机器笨重。但如果采用带或者链作为中介物（见图 1-36 中的实线），则可以不用大尺寸的齿轮或多个轮，带传动和链传动都特别适合传递远距离两轴之间的运动，这是挠性传动的一个优点。

② 把另一个（易分开的）物体暂时附加给某一物体。

［**案例**］ 化学反应中的催化剂能加强、加速两种化学物质的反应，是典型的中介物；在机器的机架与地面之间加装具有弹性的中介物，可以缓解机器工作中的振动和冲击，吸收振动能量，通常称为隔振器或隔振垫，隔振器中的弹性元件可以是金属弹簧，也可以是橡胶弹簧，是一种简便易行的中介物，某机器的隔振结构如图 1-37 所示。

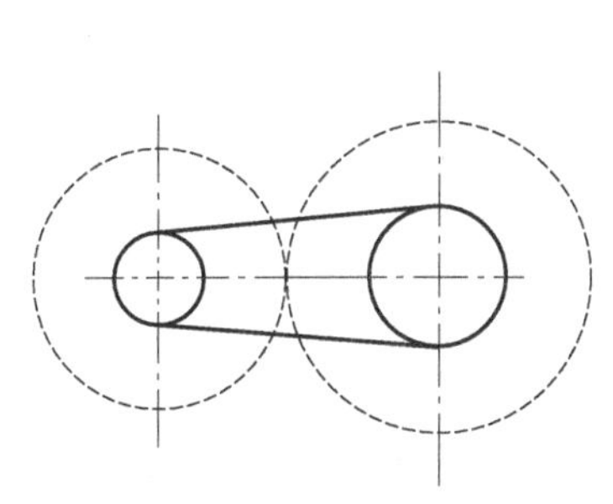

图 1-36 采用带作为中介物

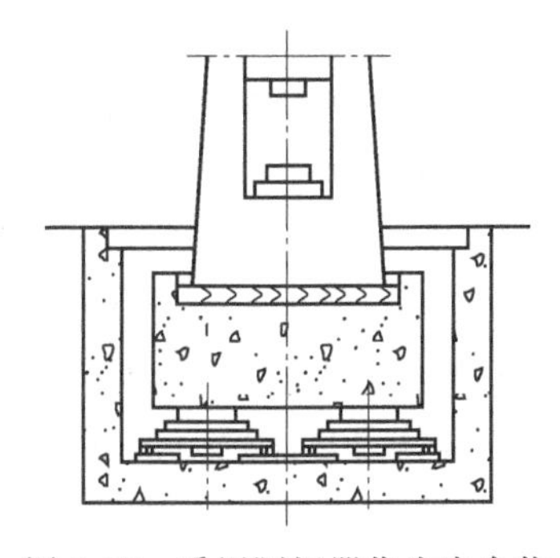

图 1-37 采用隔振器作为中介物

原理 25：自服务原理

系统在执行主要功能的同时，完成了其他的辅助性的功能，或其他相关功能。该原理有以下两方面的含义。

① 物体应当为自我服务，完成辅助和修理工作。

[案例] 智能家居系统能使主人在外面通过手机控制家中的门锁、灯、窗、窗帘、空调、电视、摄像头等的开关；全自动洗衣机有能自动进水、放水、筒自洁等功能；全自动电饭煲按预定好的时间做好饭等。

带传动通常要有张紧轮，自动张紧带传动使用方便，比人工定期张紧减少了人的重复性劳动，图 1-38 所示为一种自动张紧带传动，张紧轮宜装于松边外侧靠近小带轮，以增大包角，提高承载能力，并使结构紧凑，但对带寿命影响较大，且不能逆转。

采用自润滑轴承材料能使轴承在不需要维护的条件下长时间工作，而不需要润滑和辅助供油装置，如镶嵌式自润滑铜石墨轴承（图 1-39）。这种自润滑轴承的润滑原理是，在轴与轴承的滑动摩擦过程中，石墨颗粒的一部分转移到轴与轴承的摩擦表面上，形成了一层较稳定的固体润滑隔膜，防止轴与轴承的直接黏着磨损。

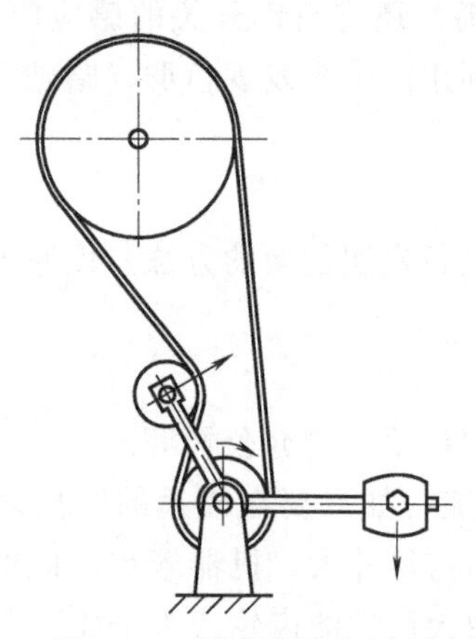

图 1-38　自动张紧带传动

图 1-39　镶嵌式自润滑铜石墨轴承

② 利用废弃的材料、能量或物质。

[案例] 种用麦秸秆填埋做下一季的肥料；利用电厂余热供暖等。

原理 26：复制原理

利用拷贝、复制品、模型等来替代原有的高成本物品。该原理有以下三方面的含义。

① 用简单而便宜的复制品代替难以得到的、复杂的、昂贵的、不方便的或易损坏的物体。

[案例] 模拟驾驶舱替代现实驾舱；虚拟装配系统可以发现实际无法装配的错误；虚拟制造系统模拟零件的制造过程可以发现不利于制造的设计缺陷；在实验室条件进行地震、水坝垮塌实验等。这些用廉价复制品代替昂贵的或有危险的实际物品可以用很小的代价获得有意义的结果。利用仿生学设计的仿动物的机械产品也属于复制原理的利用，如军用蛇形侦察机器人、蜘蛛探雷机器人、隐形飞机等。

② 用光学拷贝（图像）代替物体或物体系统，此时要改变比例（放大或缩小复制品）。

[案例] 医生采用 X 光片进行论断；用卫星图片代替实地考察；3D 虚拟城市地图；做科学试验时所拍摄的各种照片、录像等。

③ 如果利用可见光的复制有困难，则转为红外线的或紫外线的复制。

［案例］ 紫外线灭蚊灯。

原理 27：廉价替代品原理

廉价替代品原理也称替代原理。用若干廉价物品代替昂贵物品，同时放弃或降低某些品质或性能方面的要求，如持久性。

［案例］ 一次性纸杯；一次性纸尿布等；纸制购物袋；假牙；假发；用人造密度板、刨花板代替实木制作家具；用塑料模具代替金属模具；用模型试验代替实物试验。洗衣机中采用带传动比采用齿轮传动的价格低，但是，一方面，可能出现带的打滑，传动能力和寿命不如齿轮式的；而另一方面，带打滑能在过载时对电机和其他零部件起到保护作用，所以更廉价的带式洗衣机的市场份额还是不小的。

原理 28：机械系统替代原理

利用物理场或其他的形式、作用、状态来替代机械系统的作用。可以理解为是一种操作上的改变。该原理有以下四方面的含义。

① 用光学、声学、味学等设计原理代替力学设计原理。

［案例］ 安装了光电传感器的感应式水龙头代替传统机械式手动水龙头，更加方便，还节约用水；用激光切割代替水切割使环境更清洁；用光电点钞机代替人工点钞，既准确，又轻松。

② 用电场、磁场和电磁场同物体相互作用。

［案例］ 用电动机调速取代复杂的机械传动变速系统；用电磁制动取代机械制动；用磁力搅拌代替机械搅拌；静电除尘；电磁场代替机械振动使粉末混合均匀。

③ 由恒定场转向不定场，由时间固定的场转向时间变化的场，由无结构的场转向有一定结构的场。

［案例］ 早期的通信系统用全方位检测，现在用特定发射方式的天线。

④ 利用铁磁颗粒组成的场。

［案例］ 用不同的磁场加热含磁粒子的物质，当温度达到一定程度时，物质变成顺磁，不再吸收热量，来达到恒温的目的。

原理 29：气压和液压结构原理

气压与液压结构原理也称压力原理。用气体或液体代替物体的固体部分，如充气或充液的结构，气垫，液体静力的和流体动力的结构等。

［案例］ 流体静压轴承；液压缸；液压千斤顶；消防高压水枪；气垫船；喷气飞机；气垫运动鞋；射钉枪；气浮轴承；气动机械手等。液压和气压技术的应用随着现代机械的不断发展，所涉及的领域越来越广，已成为工业发展的重要支柱。

原理 30：柔性壳体或薄膜原理

柔性壳体或薄膜原理也称柔化原理。将传统构造改成薄膜或柔性壳体构造，或充分利用薄膜或柔性材料使对象产生变化。该原理有以下两方面的含义。

① 利用软壳和薄膜代替一般的结构。

［案例］ 农业上的塑料大棚种菜；儿童的充气玩具；柔性计算机键盘；塑料瓶代替玻璃或金属瓶；机械设备中常配有塑料或有机玻璃的观察窗，以便观察润滑油的油面高度或润滑剂状态等。

② 用软壳和薄膜使物体同外部介质隔离。

［**案例**］ 食品的保鲜膜；在蓄水池表面漂浮一层双极材料（一面为亲水性，另一面为疏水性）的薄膜，减少水的蒸发；真空铸造时，在模型和砂型间加一层柔性薄膜，以保持铸型有足够的强度；铝合金型材或塑钢门窗型材表面贴塑料薄膜进行保护；手机和电脑的屏幕保护膜。

原理 31：多孔材料原理

多孔材料原理也称孔化原理。通过多孔的性质改变气体、液体或固体的存在形式。该原理有以下两方面的含义。

① 把物体做成多孔的或利用附加多孔元件（镶嵌、覆盖等）。

② 如果物体是多孔的，则利用多孔的性质产生有用的物质或功能。

［**案例**］ 空心砖，利用多孔减轻重量；海绵床垫利用多孔增加其弹性；泡沫金属减轻了金属重量，但保持了其强度；活性炭吸收有害气体等。

图 1-39 所示的石墨铜套轴承综合了金属合金与非金属减磨材料的各自性能优点，进行互补，即有金属的高承载能力，又得到了减磨材料的润滑性能。所以特别适用于不加油、少加油、高温、高负载或水中等环境中。类似的自润滑轴承还有用粉末冶金材料制造的含油轴承，材料中含有很多微孔。轴承在工作时，由于温度升高，金属热胀，使含在微孔中的润滑剂被挤出；不工作时，由于温度降低，润滑剂被吸回到微孔中，防止流失。

在零件结构中载荷较小的地方打孔，可以减轻重量，如孔板式结构的齿轮、带轮、链轮以及带有孔的杆件等。

原理 32：颜色改变原理

颜色改变原理也称色彩原理。通过改变系统的色彩，借以提升系统价值或解决问题。该原理有以下四方面含义。

① 改变物体或外部环境的颜色。

② 改变物体或外部环境的透明度或可视性。

③ 为了观察难以看到的物体或过程，利用染色添加剂。

④ 如果已采用了这种添加剂，则借助发光物质。

［**案例**］ 机器的紧急停车按钮通常采用比较鲜艳的红色，以引起警觉；需要操作者关注的重要部位可以做成透明结构，使操作者方便地观察到机器的运行情况；环卫工人身上的荧光色彩；军用品的迷彩；随着光线改变颜色的眼镜片；防紫外线的眼镜片；测试酸碱度的 pH 试纸；透明医用绷带；紫外光笔可辨别真伪钞；发光的斑马线让夜间通过具有安全性。

原理 33：同质性原理

同质性原理也称同化原理。同指定物体相互作用的物体应当用同一（或性质相近的）材料制作而成。

［**案例**］ 相同材料相接触不会发生化学或电化学反应；相同材料制造的零件具有相同的热胀系数，在温度变化时，不容易发生错动；同一产品中大量零件采用相同材料，有利于生产准备，在产品报废后，还有利于材料回收，减少分离不同材料的附加成本。

原理 34：抛弃与再生原理

抛弃与再生原理也称自生自弃原理，是指抛弃与再生的过程合二为一，在系统中除去的同时对其进行恢复。该原理有以下两方面含义。

① 已完成自己的使命或已无用的物体部分应当剔除（溶解、蒸发等）或在工作过程中直接变化。

② 消除的部分应当在工作过程中直接利用。

[案例] 火箭发动机采用分级方式，燃料用完直接抛弃分离；冰灯自动融化；用冰做射击用的飞碟，不用回收打碎的飞碟；自动铅笔的替换铅芯；药品的糖衣，在消化中直接消除。

原理 35：物理或化学参数改变原理

物理或化学参数改变原理也称性能转换原理。改变系统的属性，以提供一种有用的创新。该原理有以下四方面的含义。

① 改变系统的物理状态。

② 改变浓度或密度。

③ 改变系统的灵活度。

④ 改变系统的温度或体积。

[案例] 用液态运输气体，以减少体积和成本；固体胶比胶水更方便使用；用液态的肥皂水代替固体肥皂，可以定量控制使用，并且减少交叉污染；硫化橡胶改变了橡胶的柔性和耐用性；为提高锯木的生产率，建议用超高压频率电流对锯口进行加热；低温保鲜水果和蔬菜；金属材料进行热处理，淬火、调质、回火等利用不同温度获得不同的机械性能；机床根据被加工零件的要求确定主轴转速、刀具进给量等。

原理 36：相变原理

利用相变时发生的现象，例如体积改变，放热或吸热。

[案例] 水在固态时体积膨胀，可利用这一特性进行定向无声爆破；日光灯在灯管中的电极上利用液态汞的蒸汽；加湿器产生水蒸气的同时使室内降温。

原理 37：热膨胀原理

将热能转换为机械能或机械作用。该原理有以下两方面的含义。

① 利用材料的热胀冷缩的性质。

② 利用一些热胀系数不同的材料。

[案例] 通过材料的热膨胀，实现对过盈连接的转配；热双金属弹簧（图 1-40）将热膨胀系数不同的两片材料贴合在一起，当温度变化时，材料发生弯曲变形，常用作电路开关或驱动机械运动；内燃机（图 1-41）的作用是将燃气的热能转换为机械能，雾化的汽油在气缸里燃烧爆炸产生的推力带动活塞，再通过连杆带动曲轴转动，输出机械能；热气球利用热气上升；铁轨中的预留缝隙能适应天气温度变化。

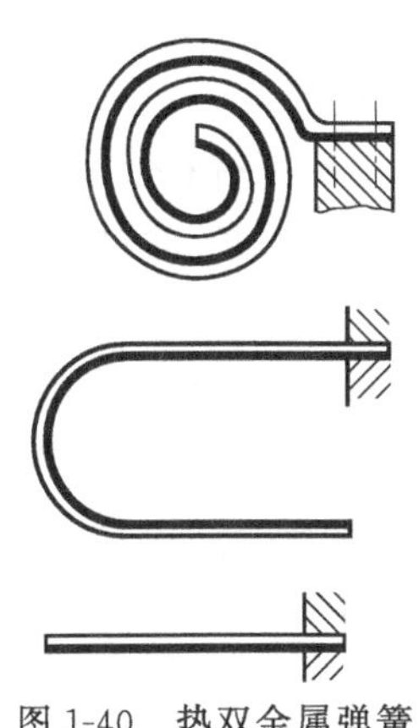

图 1-40　热双金属弹簧

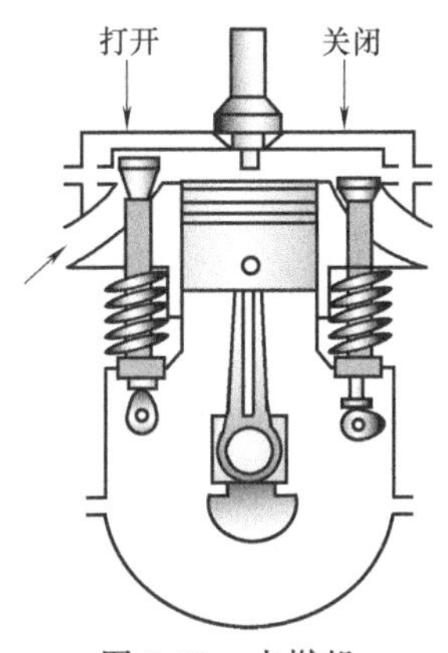

图 1-41　内燃机

原理 38：强氧化剂原理

强氧化剂原理也称加速氧化原理。加速氧化过程，以期得到应有的创新。该原理有以下四方面的含义。

① 用富氧空气代替普通空气。

② 用纯氧替换富氧空气。

③ 用电离辐射作用于空气或氧气，使用离子化的氧。

④ 用臭氧替换臭氧化的（或电离的）氧气。

［**案例**］ 为持久在水下呼吸，水中呼吸器中储存浓缩空气；用乙炔-氧代替乙炔-空气切割金属；用高压纯氧杀灭伤口厌氧细菌；空气过滤器通过电离空气来捕获污染物；使用离子化气体加速化学反应；臭氧消毒；臭氧溶于水中可去除船体上的有机污染物；潜水艇压缩舱的发动机用臭氧做氧化剂，可使燃料得到充分燃烧。

原理 39：惰性环境原理

制造惰性的环境，以支持所需要的效应。该原理有以下三方面的含义。

① 用惰性介质代替普通介质。

② 添加惰性或中性添加剂到物体中。

③ 在真空中进行某一过程。

［**案例**］ 用惰性气体处理棉花，用以预防棉花在仓库中燃烧；霓虹灯内充满了惰性气体发出不同颜色的光；用惰性气体填充灯泡，防止灯丝氧化；真空吸尘器；真空包装；真空镀膜机。

原理 40：复合材料原理

用复合材料代替均质材料。

［**案例**］ 复合地板；焊接剂中加入高熔点的金属纤维；用玻璃纤维制成的冲浪板；超导陶瓷；碳素纤维；铝塑管；防弹玻璃等。

同一零件的不同部分有不同的功能要求，使用同一种材料很难同时满足这些要求。通过不同材料的复合，可以使零件的不同部分具有不同的特性，以满足设计要求。带传动中的带需要承受很大的拉力，因此其材料应具有较高的强度；带在轮槽内要弯曲，因此应具有较好的弹性，使弯曲应力较小；带与轮之间存在弹性滑动，为防止带的磨损失效，带材料应耐磨损。很难找到一种材料同时满足以上要求。V 带通过多种材料的复合可以满足以上这些要求，即芯部采用拉伸强度较好的线绳或帘布结构（强力层 1），材质有棉、化纤、钢丝等，主体采用橡胶材料（受拉层 2、受压层 3），表层采用耐磨性好的帆布材料（包布层 4），如图 1-42 所示。

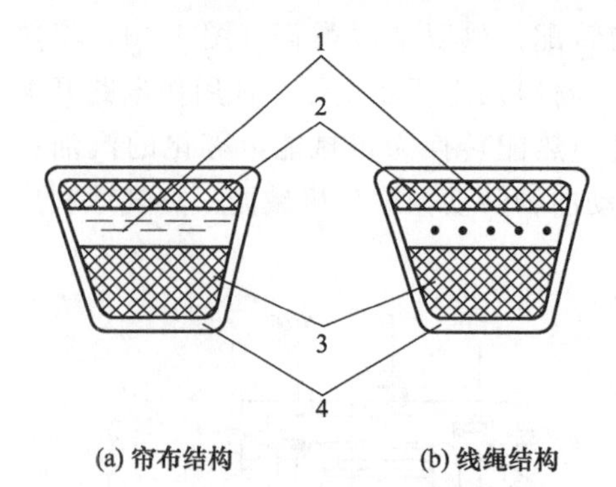

图 1-42　V 带的复合材料结构

1—强力层；2—受拉层；3—受压层；4—包布层

补充说明以上 40 个发明原理属于经典 TRIZ 理论，现代 TRIZ 研究人员通过进一步研究将发明原理增加到 77 个，新增加的 37 个发明原理如表 1-7 所示。

（3）40 个发明原理的应用实例

当我们有创新发明的打算时，借助于 40 个发明原理，将极大促进创新思维的形成和提高创新发明的成功率。通常的做法是，设计者从 40 个发明原理中选出与所要发明的产品有可能产生联系的某一个或几个，再结合产品功能或技术进行分析和设计，最终获得发明方案。其实，我们身边很多新产品中都包含着一些发明原理。下面是一些例子（表 1-7）。

表 1-7 新增加的 37 个发明原理

序号	原理名称	序号	原理名称
41	减少单个零件重量、尺寸	60	导入第二个场
42	零部件分成重(大)与轻(小)	61	使工具适应于人
43	运用支撑	62	为增加强度变换形状
44	运输可变形状的物体	63	转换物体的微观结构
45	改变运输与存储工况	64	隔绝/绝缘
46	利用对抗平衡	65	对抗一种不希望的作用
47	导入一种储藏能量因素	66	改变一个不希望的作用
48	局部/部分预先作用	67	去除或修改有害源
49	集中能量	68	修改或替代系统
50	场的取代	69	增强或替代系统
51	建立比较的标准	70	并行恢复
52	保留某些信息供以后利用	71	部分/局部弱化有害影响
53	集成进化为多系统	72	掩盖缺陷
54	专门化	73	实施探测
55	减少分散	74	降低污染
56	补偿或利用损失	75	创造一种适合于预期磨损的形状
57	减少能量转移的阶段	76	减少人为误差
58	推迟作用	77	避开危险的作用
59	场的变换		

1）应用 40 个发明原理发明新型雨伞

① 双人雨伞。应用组合原理（5）、不对称原理（4）、维数变化原理（17）。适合两个人共同使用，尤其是情侣，只需一个人手持，并比用两个单人雨伞节省空间，如图 1-43 所示。

(a) (b)

图 1-43 双人雨伞

② 反向雨伞。应用维数变化原理（17）、反向作用原理（13）。采用双层伞布和伞骨，伞收起时有雨水的一面朝里，干的一面朝外，避免了带水的雨伞不好收起的问题，如图 1-44 所示。

③ 空气雨伞。应用气压和液压结构原理（29）、动态化原理（15）、嵌套原理（7）。这种雨伞没有传统意义上的伞布，而只有“伞把”，打开电源开关，“伞把”向上喷出空气，在雨滴和人之间形成一道空气屏障，从而起到挡雨的作用。气流的大小可以调节，伞杆长度也可以调节，关闭电源时就是一根杆子，携带非常方便。这种伞颠覆了传统雨伞的概念，是一种“隐形雨伞”，虽然对旁边的人来说有点影响，但不失其娱乐性，如图 1-45 所示。

④ 自行车雨伞。应用柔性壳体或薄膜原理（30）、不对称原理（4）、曲面化原理（14）。

骑车人像背包一样将伞背在身上，解放了双手，不影响骑车，挡雨面积大，走路时也不用手持，很方便，如图 1-46 所示。

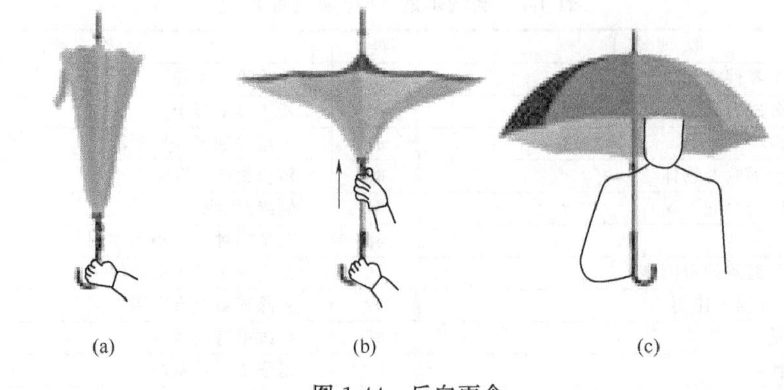

(a) (b) (c)

图 1-44 反向雨伞

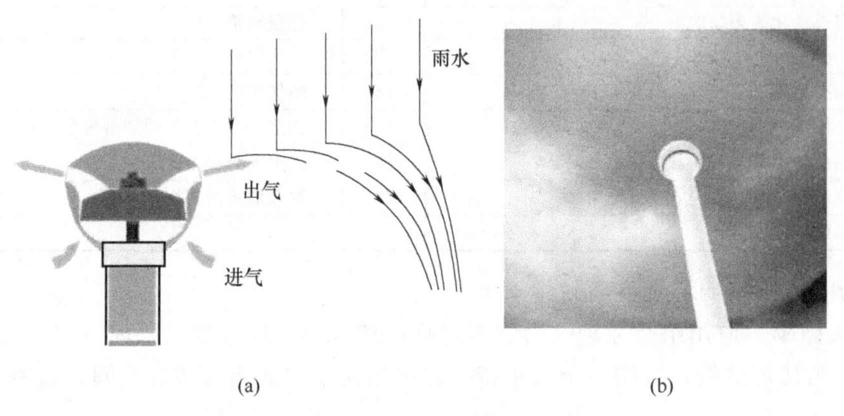

(a) (b)

图 1-45 空气雨伞

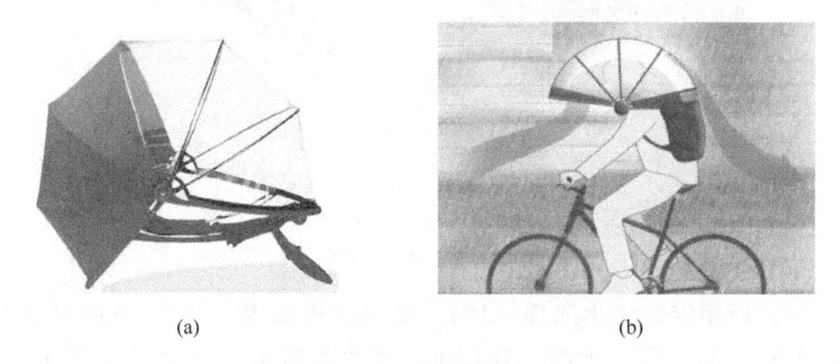

(a) (b)

图 1-46 自行车雨伞

⑤ 解放双手雨伞。应用借助中介物原理（24）、自服务原理（25）、局部质量原理（3）。伞把上附加手持器或肩夹，可以解放人的双手，便于操作手机或提重物等，如图 1-47 所示。

⑥ 照明和聚水雨伞。应用局部质量原理（3）、多用性原理（6）、组合原理（5）。伞把有照明电筒，便于夜间视物，伞布边缘有立起的小挡边，只有一块伞布没有这种挡边，雨水被汇聚后，从没有挡边的伞部处流出，避免打湿衣服，如图 1-48 所示。

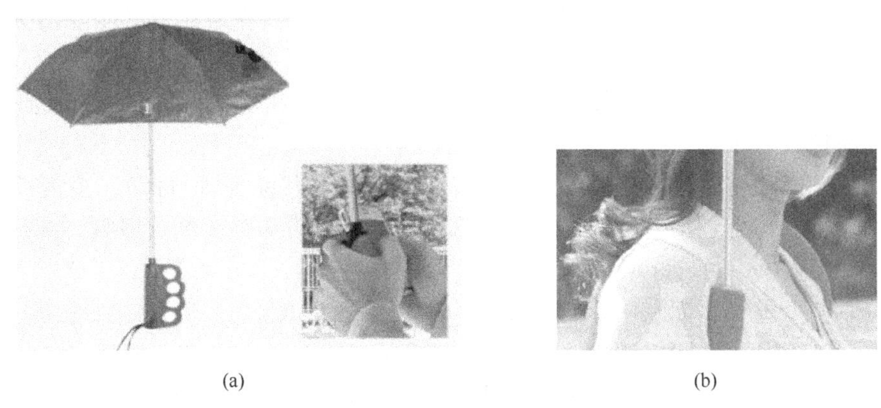

(a) (b)

图 1-47 解放双手雨伞

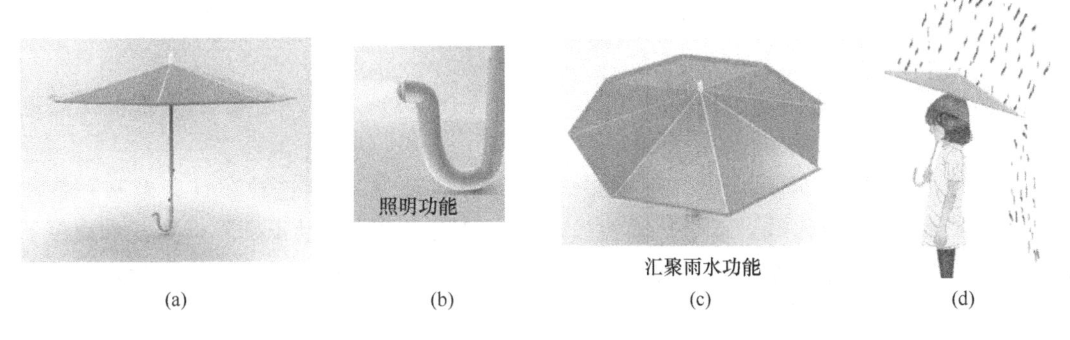

(a) (b) (c) (d)

图 1-48 照明和聚水雨伞

⑦ 头盔雨伞。应用不对称原理（4）。形状像摩托车头盔，能使人身体受到更大面积的保护，还不影响人的视线，如图 1-49 所示。

⑧ 自立雨伞。应用局部质量原理（3）、自服务原理（25）。伞顶部有一个三叉形支座，被雨淋湿的雨伞能自己立于地面，而不用靠在墙上面等，如图 1-50 所示。

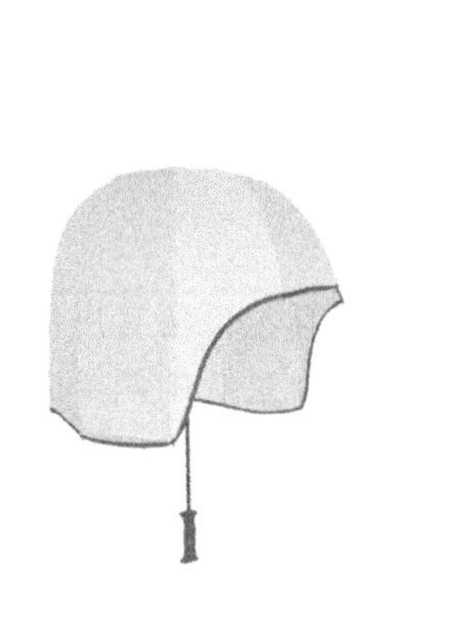

图 1-49 头盔雨伞

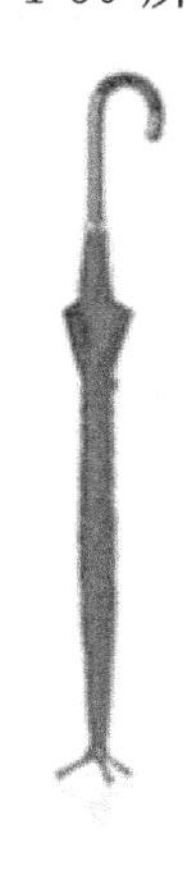

图 1-50 自立雨伞

⑨ 盲人雨伞。应用反馈原理（23）、多用性原理（6）。在伞柄上加装红外线探测器，前方有障碍时，可以发出声音提醒，并能警示其他行人。

⑩ 夜光雨伞，应用颜色改变原理（32）。伞面的荧光材料涂层在夜里能发出荧光，起安全作用。

⑪ 音乐雨伞。应用多用性原理（6）、分离原理（1）。在伞柄上加装音乐播放器，可以在撑伞的同时播放音乐。

⑫ 一次性雨伞。应用抛弃与再生原理（34）、廉价替代品原理（27）。多为纸质的，成本低廉，用于公共场合，用后可以不归还，直接抛弃，也可作为废纸被回收，比共享雨伞更方便。

2）应用40个发明原理发明新型自行车

① 折叠自行车。应用动态化原理（15）、嵌套原理（7）、维数变化原理（17）。车把手、车座、车架等都可以弯折和伸缩，用时打开，不用时折叠，节省空间，便于存放和携带，有的还能折叠成手推车。

② 水陆两用自行车。应用气压和液压结构原理（29）、柔性壳体或薄膜原理（30）、动态化原理（15）、曲面化原理（14）、预先作用原理（10）。车轮上可以安装附加气囊和叶轮，想在水上行驶时，先将气囊充气再安装。

③ 箱式自行车。应用动态化原理（15）、嵌套原理（7）。自行车的各部分都能折叠进一个箱子里，外面只留车把作拉手。

④ 自行走自行车。应用反馈原理（23）、自服务原理（25）。这种车具有电脑系统，能够通过电脑系统设计好路线，或进行遥控设定行走路线，并能自动识别障碍物，自动停下或绕过，车上安装有自平衡系统，因此，虽然只有两个车轮，但却能自动保持平衡，不会因为受到来自侧面的推力而倒下。

⑤ 无链自行车。应用机械系统替代原理（28）。通过电磁系统让车轮旋转，去掉传统的机械式驱动力链。

⑥ 双、三人自行车。应用维数变化原理（17）、组合原理（5）。是指两人或三人同骑的自行车，通常在公园等娱乐场所使用。

1.2.2 技术矛盾与矛盾矩阵

TRIZ理论认为，发明问题的核心是解决矛盾，系统的进化就是不断发现矛盾并解决矛盾，从而向理想化不断靠近的过程。阿奇舒勒通过对大量发明专利的研究，总结出工程领域内常用的表述系统性能的39个通用工程参数和由其组成的矛盾矩阵，能有效解决系统中的技术矛盾，是TRIZ理论的重要组成部分。

（1）技术矛盾

技术矛盾是指一个作用同时导致有用及有害两种结果，也可指有用作用的引入或有害效应的消除导致一个或几个子系统或系统变坏。技术矛盾是由系统中两个因素导致的，这两个因素相互促进、相互制约。所有的人工系统、机器、设备、组织或工艺流程，它们都是相互联系、相互作用的各种因素的综合体。TRIZ理论将这些因素总结成通用参数，用来描述系统性能，如速度、强度、温度、可靠性等。如果改善系统中某一个参数，而引起了系统中另一个参数的恶化，就产生了技术矛盾，技术矛盾是同一系统的两个不同参数之间的矛盾。

例如，织物印花操作装置中的技术矛盾。图1-51是织物印花操作装置原理图，该装置由橡胶辊、图案辊、染料溶液、染料槽、刮刀组成，橡胶辊与图案辊处于旋转状态，并驱动待印花织物运动。待印花织物通过橡胶辊与图案辊之间时，由于橡胶辊对图案辊的压力，使图案辊的图案凹陷处出现真空，真空使染料溶液吸附到织物上，从而完成印花的功能。本装置的制品是印花织物，织物被两个辊子驱动的线速度与织物的成本有直接关系。线速度越高，生产率越高，织物成本越低，设备的生产能力越高，这是任何企业都需要的。但提高线速度时，会使织物上图案的颜色深度降低，即制品质量降低。如何既提高织物的线速度，又不降低制品质量，是改进图 1-51 所示织物印花操作装置的设计应考虑的问题，该问题形成一个技术矛盾。

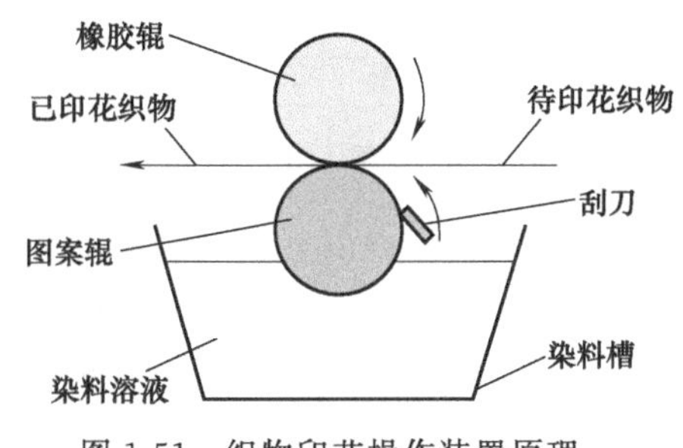

图 1-51 织物印花操作装置原理

技术矛盾出现的几种情况如下。

① 在一个子系统中引入一种有用功能，导致另一个子系统产生一种有害功能，或加强已存在的一种有害功能。

② 消除一种有害功能，导致另一个子系统有用功能变坏。

③ 有用功能的加强或有害功能的减少，使另一个子系统或系统变得太复杂。

对于一个技术系统，通常先对系统的内部构成和主要功能进行分析，并用语言进行描述，再确定应该改善或去除的特性以及由此带来的不良反应，最后确定技术矛盾，再用 TRIZ 理论解决技术矛盾的专门方法进行解决。

(2) 39 个通用工程参数

为使技术矛盾的参数标准化、通用化，TRIZ 理论提出用 39 个通用工程参数描述矛盾。实际应用中，首先要把一组或多组矛盾均用 39 个通用工程参数来表示，利用该方法把实际工程设计中的矛盾转化为一般的或标准的技术矛盾。

不同领域中，虽然人们所面临的矛盾问题不同，但如果用 39 个通用工程参数来描述矛盾，就可以把一个具体问题转化为一个 TRIZ 问题，然后用 TRIZ 的工具方法去解决矛盾。通用工程参数是连接具体问题与 TRIZ 理论的桥梁，是开启问题之门的第一把“金钥匙”。

39 个通用工程参数代表的意义通常不只包括其字面意思的简单内涵，还包括其扩展外延含义。下面给出 39 个通用工程参数的定义（见表 1-8）。

表 1-8 39 个通用工程参数的定义

编号	参数	定 义
1	运动物体的重量	重力场中的运动物体，作用在防止其自由下落的悬架或水平支架上的力。重量常常表示物体的质量
2	静止物体的重量	重力场中的静止物体，作用在防止其自由下落的悬架、水平支架上或者放置该物体的表面上的力。重量常常表示物体的质量
3	运动物体的长度	运动物体上的任意线性尺寸，不一定是最长的长度。它不仅可以是一个系统的两个几何点或零件之间的距离，而且可以是一条曲线的长度或一个封闭环的周长
4	静止物体的长度	静止物体上的任意线性尺寸，不一定是最长的长度。它不仅可以是一个系统的两个几何点或零件之间的距离，而且可以是一条曲线的长度或一个封闭环的周长
5	运动物体的面积	运动物体被线条封闭的一部分或者表面的几何度量，或者运动物体内部或者外部表面的几何度量。面积是以填充平面图形的正方形个数来度量的。面积不仅可以是平面轮廓的面积，也可以是三维表面的面积，或一个三维物体所有平面、凸面或凹面的面积之和
6	静止物体的面积	静止物体被线条封闭的一部分或者表面的几何度量，或者静止物体内部或者外部表面的几何度量。面积是以填充平面图形的正方形个数来度量的。面积不仅可以是平面轮廓的面积，也可以是三维表面的面积，或一个三维物体所有平面、凸面或凹面的面积之和

续表

编号	参数	定　义
7	运动物体的体积	以填充运动物体或者运动物体占用的单位立方体个数来度量。体积不仅可以是三维物体的体积,也可以是与表面结合、具有给定厚度的一个层的体积
8	静止物体的体积	以填充静止物体或者静止物体占用的单位立方体个数来度量。体积不仅可以是三维物体的体积,也可以是与表面结合、具有给定厚度的一个层的体积
9	速度	物体的速度或者效率,或者过程、作用与时间之比
10	力	物体(或系统)间相互作用的度量。在牛顿力学中力是质量与加速度之积,在 TRIZ 理论中力是试图改变物体状态的任何作用
11	应力,压强	单位面积上的作用力,也包括张力。例如,房屋作用于地面上的力,液体作用于容器壁上的力,气体作用于气缸和活塞上的力。压强也可以理解为无压强(真空)
12	形状	形状是一个物体的轮廓或外观。形状的变化可能表示物体的方向性变化或者物体在平面和空间两方面的形变
13	稳定性	物体的组成和性质(包括物理状态)不随时间而变化的性质。物体的完整性或者组成元素之间的关系。磨损、化学分解及拆卸都代表稳定性降低
14	强度	物体在外力作用下抵制使其发生变化的能力,或者在外部影响下抵抗破坏(分裂)和不可逆变形的性质
15	运动物体的作用时间	运动物体具备其性能或者完成作用的时间、服务时间,以及耐久力等。两次故障之间的平均时间也是作用时间的一种度量
16	静止物体的作用时间	静止物体具备其性能或者完成作用的时间、服务时间,以及耐久力等。两次故障之间的平均时间也是作用时间的一种度量
17	温度	物体所处的热状态,代表宏观系统热动力平衡的状态特征。还包括其他热学参数,如影响温度变化速率的热容量
18	照度	照射到某一表面上的光通亮与该表面面积的比值,也可以理解为物体的适当亮度、反光性和色彩等
19	运动物体的能量消耗	运动物体执行给定功能所需的能量。经典力学中能量指作用力与距离的乘积,包括消耗超系统提供的能量
20	静止物体的能量消耗	静止物体执行给定功能所需的能量。经典力学中能量指作用力与距离的乘积,包括消耗超系统提供的能量
21	功率	物体在单位时间内完成的工作量或者消耗的能量
22	能量损失	做无用功消耗的能量。减少能量损失有时需要应用不同的技术来提升能量利用率
23	物质损失	部分或全部,永久或临时,物体材料、物质、部件或者子系统的损失
24	信息损失	部分或全部,永久或临时,系统数据的损失,后序系统获取数据的损失,经常包括气味、材质等感性数据
25	时间损失	一项活动持续的时间,改善时间损失一般指减少活动所费时间
26	物质的量	物体(或系统)的材料、物质、部件或者子系统的数量,它们一般能全部或部分、永久或临时改变
27	可靠性	物体(或系统)在规定的方法和状态下完成规定功能的能力。可靠性常常可以理解为无故障操作概率或无故障运行时间
28	测量精度	系统特性的测量结果与实际值之间的偏差程度。如减小测量中的误差可以提高测量精度
29	制造精度	所制造产品的性能特征与图纸技术规范和标准所预定参数的一致性程度
30	作用于物体的有害因素	环境(或系统)其他部分对于物体的(有害)作用,它使物体的功能参数退化
31	物体产生的有害因素	降低物体(或系统)功能的效率或质量的有害作用。这些有害作用一般来自物体或者作为其操作过程一部分的系统
32	可制造性	物体(或系统)制造构建过程中的方便或者简易程度
33	操作流程的方便性	操作过程中需要的人数越少,操作步骤越少,以及工具越少,代表方便性越高,同时还要保证较高的产出
34	可维修性	对于系统可能出现失误所进行的维修要时间短、方便和简单
35	适应性,通用性	物体(或系统)积极响应外部变化的能力,或者在各种外部影响下,以多种方式发挥功能的可能性

续表

编号	参数	定　义
36	系统的复杂性	系统元素及其之间相互关系的数目和多样性，如果用户也是系统的一部分，将会增加系统的复杂性，掌握该系统的难易程度是其复杂性的一种度量
37	控制和测量的复杂性	测量或者监视一个复杂系统需要高成本、较长时间和较多人力去实施和使用，或者部件之间关系太复杂而使得系统的检测和测量困难。为了低于一定测量误差而导致成本提高也是一种测试复杂性增加
38	自动化程度	物体(或系统)在无人操作时执行其功能的能力。自动化程度的最低级别是完全手工操作工具。中等级别则需要人工编程，监控操作过程，或者根据需要调整程序。而最高级别的自动化则是机器来自动判断所需操作任务、自动编程和对操作自动监控
39	生产率	单位时间系统执行的功能或者操作的数量，或者完成一个功能或操作所需时间以及单位时间的输出，或者单位输出的成本等

为应用方便和便于掌握规律，按参数自身定义的特点，将 39 个通用工程参数分为以下三大类。

① 物理及几何参数：是描述物体的物理及几何特性的参数，共 15 个。

② 技术负向参数：是指这些参数变大时，使系统或子系统的性能变差，共 11 个。

③ 技术正向参数：是指这些参数变大时，使系统或子系统的性能变好，共 13 个。

通用工程参数的分类见表 1-9。

表 1-9　通用工程参数的分类

物理及几何参数(15 个)		技术负向参数(11 个)		技术正向参数(13 个)	
编号	通用工程参数名称	编号	通用工程参数名称	编号	通用工程参数名称
1	运动物体的重量	15	运动物体的作用时间	13	稳定性
2	静止物体的重量	16	静止物体的作用时间	14	强度
3	运动物体的长度	19	运动物体的能量消耗	27	可靠性
4	静止物体的长度	20	静止物体的能量消耗	28	测量精度
5	运动物体的面积	22	能量损失	29	制造精度
6	静止物体的面积	23	物质损失	32	可制造性
7	运动物体的体积	24	信息损失	33	操作流程的方便性
8	静止物体的体积	25	时间损失	34	可维修性
9	速度	26	物质的量	35	适应性，通用性
10	力	30	作用于物体的有害因素	36	系统的复杂性
11	应力，压强	31	物体产生的有害因素	37	控制和测量的复杂性
12	形状			38	自动化程度
17	温度			39	生产率
18	照度				
21	功率				

需要补充说明的是，现代 TRIZ 学者将通用工程参数又补充了 9 个，使总数达到 48 个。新增工程参数的名称及含义如下。

① 信息的数量：一种（附属）系统的信息资源（资料）的数量。

② 运行效率：涉及一个物体或系统的主要有用功能或相关功能。

③ 噪声：涉及物理噪声或与噪声数据有关。例如标准、频率和音色等的参数。

④ 有害的散发：一个系统或物体产生任何形式的污染物或向环境扩散。

⑤ 兼容性/可连通性：该系统和其他系统能够联合的程度。

⑥ 安全性：系统或物体保护自己的能力，免受未获准的进入、使用、窃取或其他不利影响。

⑦ 易受伤性：一个物体或系统保护自己或它的用户不受危害的能力或一个物体或系统抵抗外部损坏的能力。

⑧ 美观：一个物体或系统的外观是否漂亮。

⑨ 测量难度：测量工作复杂、昂贵、耗时，测量困难、精度高。

(3) 矛盾矩阵

消除矛盾的重要途径之一就是使用40个发明原理，问题是消除矛盾时，需要用到哪些原理？其中哪些原理最有效？是不是每次都需要将40个发明原理从头到尾都分析一遍？有没有一种方法或工具，在我们确定了一个技术矛盾后，能引导我们快速地找到相应的发明原理呢？答案是有的，那就是应用阿奇舒勒矛盾矩阵（见附录6）。

阿奇舒勒通过对大量发明专利的研究，总结出工程领域内常用的表述系统性能的39个通用工程参数，并由39×39个通用工程参数和40个创新原理构成了矛盾矩阵表——阿奇舒勒矛盾矩阵。在阿奇舒勒的矛盾矩阵中，将39个通用工程参数横向、纵向顺次排列，横向代表恶化的参数，纵向代表改善的参数。在工程参数纵横交叉的方格内的数字，表示建议使用的40个发明原理的序号，这些原理是最有可能解决问题的原理与方法，是解决技术矛盾的关键所在。在工程参数纵横交叉的方格内存在三种情况：第一种情况是方格内有1～4组数，表示建议使用的40个发明原理的序号；第二种情况是在没有数的方格中，“＋”方格处于相同参数的交叉点，系统矛盾由一个因素导致，这是物理矛盾，不在技术矛盾的应用范围之内；第三种情况是在没有数的方格中，“－”方格处于不同参数的交叉点，表示暂时没有找到合适的发明原理来解决这类技术矛盾。例如，欲改善“运动物体的长度”（附录6中纵向第3项），往往会使“运动物体的体积”（附录6中横向第7项）特性恶化。为了解决这一矛盾，TRIZ提供的4个发明原理编号分别为7、17、4、35。

2003年的矛盾矩阵表是由美国科技人员在引入TRIZ理论基础上，对1500万件专利加以分析、研究、总结、提炼和定义的结果（见附录7）。与经典TRIZ相比，增加了9个通用工程参数，而且2003年的矛盾矩阵表上不再出现有空格，物理矛盾与技术矛盾的求解同时在矛盾矩阵表中显现，不仅为设计者解决技术矛盾，也为解决物理矛盾提供了快速、高效、有序的方法。2003年矛盾矩阵表上提供的通用工程参数矩阵关系由原来的1263个提高到2304个，在每一个矩阵关系中所提供的发明原理个数也有所增加，为人们提供了更多的解决发明问题的方法，可更加高速、有效、大幅度提高创新的成功率。但使用时需注意：2003年矛盾矩阵表与经典TRIZ理论的矛盾矩阵表的通用工程参数编号是不同的，使用时不要混淆。通用工程参数新旧对照关系如表1-10所示。

在矛盾矩阵表中，只要我们清楚了待改善的参数和恶化的参数，就可以在矛盾矩阵中找到一组相对应的发明原理序号，这些原理就构成了矛盾的可能解的集合。矛盾矩阵表所体现的最基本的内容，就是创新的规律性。需要强调的是矛盾矩阵所提供的发明原理，往往并不能直接使技术问题得到解决，而只是提供了最有可能解决技术问题的探索方向。在解决实际技术问题时，还必须根据所提供的原理及所要解决问题的特定条件，探求解决技术问题的具体方案。如果所查找到的发明原理都不适用于具体的问题，需要重新定义工程参数和矛盾，再次应用和查找矛盾矩阵。

表 1-10　通用工程参数新旧对照关系表

编号	名称	编号	名称	编号	名称
1(1)	*运动物体的重量*	17(20)	静止物体的消耗能量	**33**	**兼容性/连通性**
2(2)	*静止物体的重量*	18(21)	功率	34(33)	使用方便性（操作流程的方便性）
3(3)	*运动物体的长度*	19(11)	张力/压力（应力，压强）	35(27)	可靠性
4(4)	*静止物体的长度*	20(14)	强度	36(34)	易维护性（可维修性）
5(5)	*运动物体的面积*	21(13)	结构的稳定性	**37**	**安全性**
6(6)	*静止物体的面积*	22(17)	温度	**38**	**易受伤性**
7(7)	*运动物体的体积*	23(18)	明亮度（照度）	**39**	**美观**
8(8)	*静止物体的体积*	**24**	**运行效率**	40(30)	外来有害因素（作用于物体有害因素）
9(12)	形状	25(23)	物质的浪费（损失）	41(32)	可制造性（制造性）
10(26)	物质的数量	26(25)	时间的浪费	42(29)	制造的准确度（精度）
11	**信息的数量**	27(22)	能量的浪费	43(38)	自动化程度
12(15)	运动物体的耐久性（作用时间）	28(24)	信息的遗漏	44(39)	生产率
13(16)	静止物体的耐久性（作用时间）	**29**	**噪声**	45(36)	装置的复杂性
14(9)	速度	**30**	**有害的散发**	46(37)	控制的复杂性
15(10)	力	31(31)	有害的副作用（物体产生的有害因素）	**47**	**测量难度**
16(19)	运动物体的能量消耗	32(35)	适应性	48(28)	测量的准确度（精度）

注：斜体为编号相同的；粗体为新增的；其余为编号有变动的，括号内为原编号。

为了更好地说明技术矛盾的解决和阿奇舒勒矛盾矩阵的应用方法，举例说明如下。

［实例 1］ 法兰螺栓连接问题

很多铸件或管状结构是通过法兰连接的，如图 1-52（a）、（b）所示。为了机器或设备维护，法兰连接处常常要被拆开，有些连接处还要承受高温、高压，且要求密封良好。有的重要法兰需要很多个螺栓连接，如一些汽轮透平机械的法兰需要 100 多个螺栓。为了满足密封良好的要求，设计过程中，要采用较多的螺栓。但为了减少重量，或减少安装时间，或维修时减少拆卸的时间，螺栓越少越好。传统的设计方法是在螺栓数目与密封性之间取得折中方案。

本实例的技术矛盾为：

① 如果密封性良好，则操作时间长且结构的重量增加；

② 如果质量轻，则密封性变差；

③ 如果操作时间短，则密封性变差。

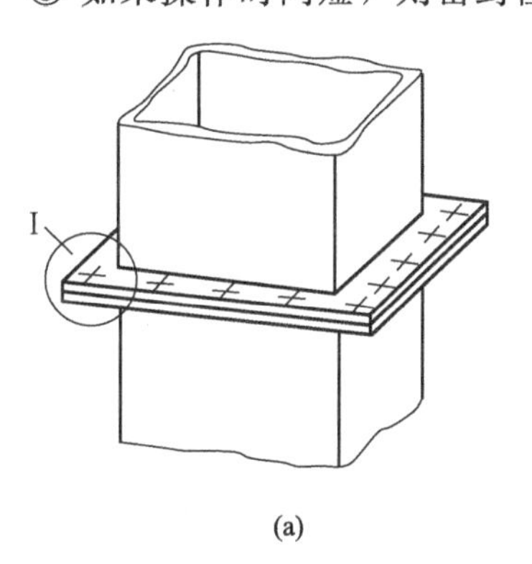

(a)

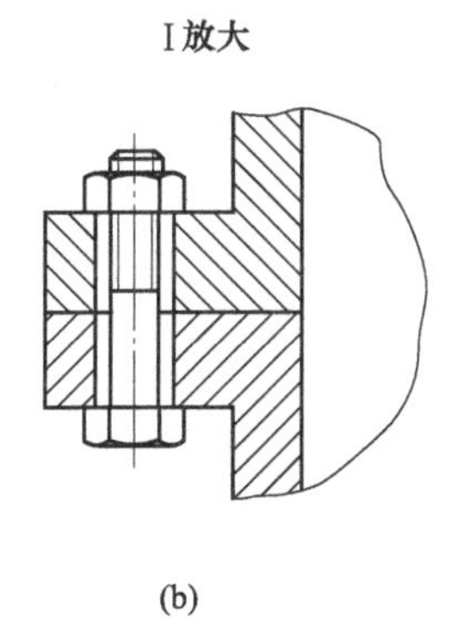

(b)

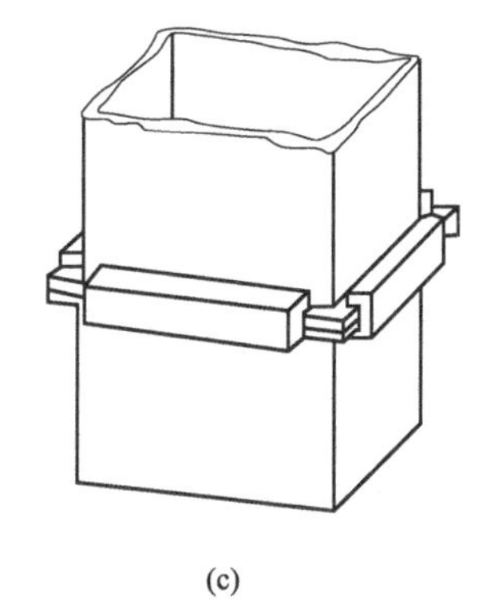

(c)

图 1-52　法兰的螺栓连接

一方面，系统中希望减少螺栓个数，即想要减轻重量、拆装方便性好、系统复杂性低。另一方面，螺栓连接常拆卸属于系统稳定性差，螺栓个数少使密封性变差，意味着系统可靠性差。因此，以上矛盾用通用工程参数描述如下。

① 改善参数为：静止物体的重量（2）；操作流程的方便性（33）；系统的复杂性（36）。

② 恶化参数为：稳定性（13）；可靠性（27）。

查矛盾矩阵（附录 6），结果列于表 1-11。在获得的发明原理中选择分离原理（1）、局部质量原理（3）和维数变化原理（17），采用将原结构中的螺栓组改为卡条结构的方案，安装方便、快捷、重量轻，如图 1-52（c）所示。还有一种方案是选用机械系统替代原理（28），利用电磁系统将法兰吸住，连接结构更简单，但需要另外附加电磁系统。

表 1-11　法兰螺栓连接问题矛盾矩阵表

恶化参数 改善参数	稳定性(13)	可靠性(27)
静止物体的重量(2)	26,39,1,40	10,28,8,3
操作流程的方便性(33)	32,35,30	17,27,8,40
系统的复杂性(36)	2,22,17,19	13,35,1

［实例 2］　振动筛的筛网问题

振动筛的筛网损坏是设备报废的主要原因之一，尤其是分垃圾用的振动筛更是如此。经分析认为，筛网面积大，筛分效率高，是有利的一个方面，但由此筛网接触物料的面积也增大，则物料对筛网的伤害也就增大。

本实例的技术矛盾为：

① 如果筛网面积增大，则物料对筛网的伤害增大；

② 如果提高筛分效率，则物料对筛网的伤害增大。

物料对筛网的伤害属于系统其他部分对于物体的有害作用，它使物体的功能参数退化，属于作用于物体的有害因素。筛分效率高，意味着生产率高。因此，以上矛盾用通用工程参数描述如下。

① 改善参数为：运动物体的面积（5）；生产率（39）。

② 恶化参数为：作用于物体的有害因素（30）。

查矛盾矩阵（附录 6），结果列于表 1-12。在获得的发明原理中选择分离原理（1）、同质性原理（同化法 33）、借助中介物原理（24）。分离原理：将筛网制成小块，再连成一体，局部损坏，局部更换；同质性原理：筛网易损的主要原因是物料的沾湿性和腐蚀性，筛网材料用耐腐蚀的聚氨酯；借助中介物原理：筛网上涂耐腐蚀涂层。

表 1-12　振动筛筛网问题矛盾矩阵表

恶化参数 改善参数	作用于物体的有害因素(30)
运动物体的面积(5)	22,33,28,1
生产率(39)	22,35,13,24

［实例 3］　破冰船问题

冬天必须在约 3m 厚的冰封航道上运送货物。传统方式是由破冰船在前面破出一条航道，然后由其他轮船跟随前进。某破冰船原来每小时只行驶 2km，现在需要将速度提至每小时至少 6km，以提高运输效率（其他运输方式不可取）。通过调查了解到破冰船的发动机功率是当时最高的，如果提高功率，则轮船的其他部件将会产生连锁反应——容纳发动机的空间要加大，轮船的重量要增加等。问题是在不改变破冰船基本条件下，怎样提高破冰船的速度？

本实例的技术矛盾为：

① 如果要提高破冰船的速度，则船的发动机动力就要加大，而发动机动力无法加大；

② 如果要提高运输效率，则船的发动机动力要加大。

提高运输效率即提高生产率，体现发动机动力的性能参数就是发动机的功率。因此，以上矛盾用通用工程参数描述如下。

① 改善参数为：速度（9）；生产率（39）。

② 恶化参数为：功率（21）。

查矛盾矩阵（附录6），结果列于表1-13。在获得的发明原理中，选择周期性作用原理（19）、物理或化学参数改变原理（35）、预先作用原理（10）。周期性作用原理：让船不是一直破冰前进，而是通过振动破冰，然后前进；物理或化学参数改变原理：改变体积，将船尽量做小，减少破冰阻力。预先作用原理：船体两侧安装两排薄型竖直刀片，可以更容易破冰。

表1-13 破冰船问题矛盾矩阵表

恶化参数 改善参数	功率(21)
速度(9)	19,35,38,2
生产率(39)	35,20,10

[实例4] 波音737飞机发动机整流罩改进问题

波音737飞机为加大航程而需要加大发动机功率，但出现的问题是飞机的发动机整流罩也必须做相应的改进，因为在加大功率的情况下，发动机需要进更多的空气，从而使发动机整流罩的面积加大，并导致整流罩尺寸的加大，整流罩与地面的距离将会缩小，飞机起降的安全性就会降低，而起落架的高度是无法调整的。现在的问题是如何改进发动机的整流罩，而不致降低飞机的安全性，如图1-53（a）所示。

通过分析，设定改善的通用工程参数是增大“与运动物体的面积”，随之被恶化的通用工程参数是“运动物体的长度（3）”，根据纵坐标上的改善参数“运动物体的面积”与横坐标上的恶化参数“运动物体的长度”查找矛盾矩阵表，得到的可能的创新原理序号是[14，15，18，4]。对照提供的这4组数查找40个创新原理，可以得到推荐的创新原理，分别是：创新原理14——曲面化原理，此方案对解决问题无效；创新原理15——动态化原理，此方案对解决问题无效；创新原理18——机械振动原理，此方案对解决问题无效；创新原理4——不对称原理，此方案可做选择。具体方案是使飞机发动机整流罩的纵向尺寸保持不变，而加大横向尺寸，即让整流罩变成上下不对称的“鱼嘴”形状，这样飞机发动机整流罩的进

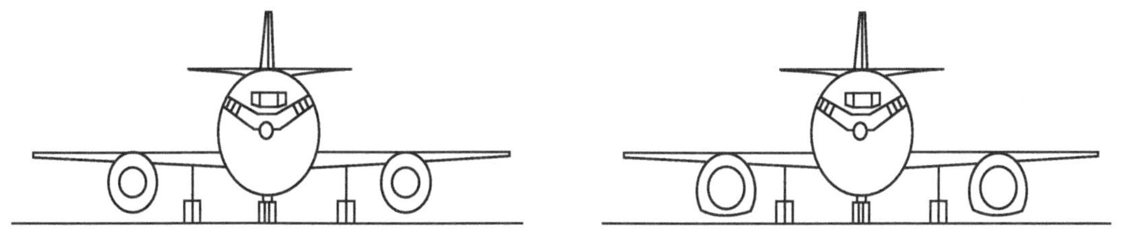

(a) 改进前　　(b) 改进后

图1-53 波音737飞机发动机整流罩示意图

风面积加大了，而其底部与地面之间仍可以保持一个安全的距离，因此飞机的安全性并不会受到影响。如图 1-53（b）所示，最终飞机发动机整流罩设计的解决方案就是采用了“鱼嘴”形状，解决了发动机面积的增大，又解决了整流罩与地面距离太近的问题。

［实例 5］ 新型开口扳手的设计问题

扳手在外力的作用下可以拧紧或松开一个六角螺钉或螺母。由于螺钉或螺母的受力集中到两条棱边，容易使它们产生变形，从而在后续使用中，使螺钉或螺母的拧紧或松开困难。开口扳手在使用过程中容易损坏螺钉或螺母的棱边，如图 1-54（a）所示。如何克服传统设计中的这一缺陷呢？下面应用技术矛盾可以解决这一问题。

通过分析，设定改善的通用工程参数是改善“物体产生的有害因素（31)”，随之被恶化的通用工程参数是“制造精度（28)”，根据纵坐标上的改善参数“物体产生的有害因素”与横坐标上的恶化参数“制造精度”查找矛盾矩阵表，得到的可能的创新原理序号是［4，17，34，26］。可以得到推荐的创新原理，分别是：创新原理 4——不对称原理；创新原理 17——维数变化原理；创新原理 34——抛弃或再生原理；创新原理 26——复制原理。

对维数变化原理及不对称原理两条发明原理进行深入分析，可以得到如下启示：如果扳手工作面的一些点能与螺母或螺钉的侧面接触，而不只是与其棱边接触，问题就可以解决。美国的一项发明专利正是基于上述原理设计出来的，如图 1-54（b）所示。

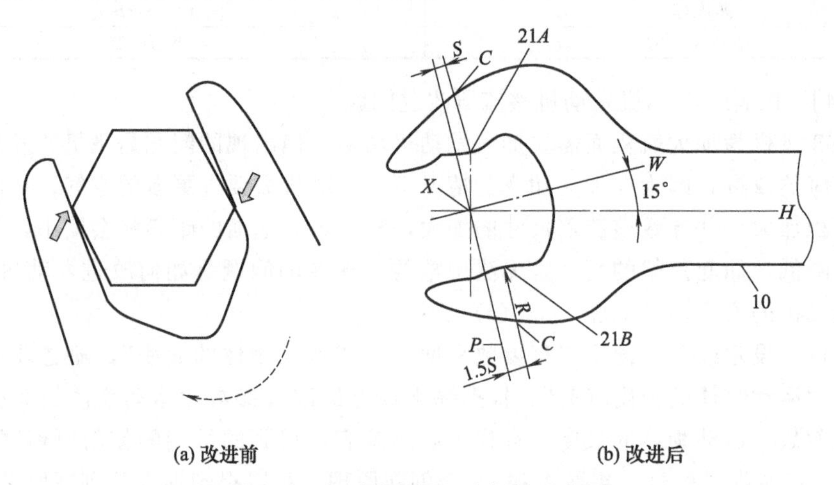

(a) 改进前　　(b) 改进后

图 1-54　扳手拧紧螺母或螺钉示意图

需要指出的是，要应用矛盾矩阵解决技术问题，一方面，要熟练掌握矛盾矩阵的使用方法，尤其是恰当选用 39 个通用工程参数准确定义技术矛盾；另一方面，也需要在技术实践中反复使用，积累经验，才能提高矛盾矩阵的使用效果和效率。

1.2.3　物理矛盾与分离原理

一般的技术系统中经常存在的是技术矛盾。如果矛盾中欲改善的参数与被恶化的正、反两个工程参数是同一个参数时，这就属于 TRIZ 中所称的物理矛盾。解决物理矛盾可应用分离原理，即空间分离原理、时间分离原理、条件分离原理及整体和局部分离原理。每个分离原理都可以与 40 个发明原理中的若干个原理相对应。

(1) 物理矛盾的意义

在阿奇舒勒矛盾矩阵表中，对角线上的方格中都没有对应的发明原理序号，而是“+”

号。当你遇到这样的矛盾时，就是物理矛盾。当对系统中的同一个参数提出互为相反的要求时，就存在物理矛盾。物理矛盾是同一系统同一参数内的矛盾，即参数内矛盾。例如，我们需要温度既要高又要低，尺寸既要长又要短。

对于某一个技术系统的元素，物理矛盾有以下三种情况。

第一种情况：这个元素是通用工程参数，不同的设计条件对它提出了完全相反的要求，例如：刮板输送机的减速器既要体积大以实现传递大的功率和较大的传动比，又要体积小使机器结构紧凑；皮带输送机的皮带既要厚度大，强度高，又要厚度小，从而弯曲应力小。

第二种情况：这个元素是通用工程参数，不同的情况条件对它有着不同（并非完全相反）的要求。例如：要实现压力达到 50Pa，又要实现压力达到 100Pa；玻璃既要透明，又不能完全透明等。

第三种情况：这个元素是非工程参数，不同的情况条件对它有着不同的要求。例如：门既要经常打开，又要经常保持关闭；矿山机械的配件既要多又要少；比赛的奖项既要设立得多，又要设立得少等。

为了更详细准确地描述物理矛盾，Savransky 于 1982 年提出了如下的描述方法。

① 子系统 A 必须存在，子系统 A 不能存在。

② A 具有性能 B+，同时应具有性能 B－，B+与 B－是相反的性能。

③ 子系统 A 必须处于状态 C+及状态 C－，C+与 C－是不同的状态。

④ 子系统 A 不能随时间变化，子系统 A 要随时间变化。

1988 年，Teminko 提出了基于需要的或有害效应的物理矛盾描述方法。

① 实现关键功能，子系统要具有一定有用功能（Useful Function，UF），但为了避免出现有害功能（Harmful Function，HF），子系统又不能具有上述有用功能。

② 关键子系统的特性必须是一大值以能取得有用功能 UF，但又必须是一小值以避免出现有害功能 HF。

③ 子系统必须出现以取得某一有用功能，但又不能出现以避免出现有害功能。物理矛盾可以根据系统所存在的具体问题，选择具体的描述方式来进行表达。

总结归纳物理学中的常用参数，主要有几何类、材料及能量类、功能类三大类，三大类中的具体参数和物理矛盾如表 1-14 所示。除此之外，其他领域还有管理类。

表 1-14　三大类中的具体参数和物理矛盾

类别	物理矛盾			
几何类	长与短 圆与非圆	对称与非对称 锋利与钝	平行与交叉 窄与宽	厚与薄 水平与垂直
材料及能量类	多与少 时间长与短	密度大与小 黏度高与低	导热率高与低 功率大与小	温度高与低 摩擦系数大与小
功能类	喷射与堵塞 运动与静止	推与拉 强与弱	冷与热 软与硬	快与慢 成本高与低

定义物理矛盾的步骤如下。

第一步：技术系统的因果轴分析。

第二步：从因果轴定义技术矛盾“A+、B－”或“B+、A－”。

第三步：提取物理矛盾，在这对技术矛盾中找到一个参数，及其相反的两个要求“C+”“C－”。

第四步：定义理想状态，提取技术系统在每个参数状态的优点，提出技术系统的理想状态。

(2) 分离原理

相对于技术矛盾，物理矛盾是一种更尖锐的矛盾，其解决方法一直是 TRIZ 理论研究的重要内容，解决物理矛盾的核心思想是实现矛盾双方的分离。阿奇舒勒在 20 世纪 70 年代提出了 11 种分离方法，20 世纪 80 年代 Glazunov 提出了 30 种分离方法，20 世纪 90 年代 Savransky 提出了 14 种分离方法，现代 TRIZ 理论在总结各种方法的基础上，归纳概括为四大分离原理。在介绍分离原理之前，首先了解一下阿奇舒勒经典 TRIZ 理论解决物理矛盾的 11 种分离方法。

1）经典 TRIZ 理论解决物理矛盾的 11 种分离方法

① 相反需求的空间分离。从空间上进行系统或子系统的分离，以在不同的空间实现相反的需求。

[案例] 矿井中，喷洒弥散的小水滴是一种去除空气中粉尘的有效方式，但是小水滴会产生水雾，影响可见度。为解决这个问题，建议使用大水滴锥形环绕小水滴的喷洒方式。

② 相反需求的时间分离。从时间上进行系统或子系统的分离，以在不同的时间段实现相反的需求。

[案例] 根据运煤张力的变化，调整刮板输送机的链轮中心距，使刮板链张力随时间变化，从而获得最佳的运行张力。

③ 系统转换 1a。将同类或异类系统与超系统结合。

[案例] 在矿井排水中，将中间水平的矿水引入井底水仓，由主泵集中抽排。

④ 系统转换 1b。从一个系统转变到相反的系统，或将系统和相反的系统进行组合。

[案例] 为止血，在伤口上贴上含有不相容血型血的纱布垫。

⑤ 系统转换 1c。整个系统具有特性“F”，同时，其零件具有相反的特性，即“－F”。

[案例] 自行车链轮传动结构中的链条，其链条中的每颗链节是刚性的，多颗链节连接组成的整个链条却具有柔性。

⑥ 系统转换 2。将系统转变到继续工作在微观级的系统。

[案例] 液体洒布装置中包含一个隔膜，在电场感应下允许液体穿过这个隔膜（电渗透作用）。

⑦ 相变 1。改变一个系统的部分相态，或改变其环境。

[案例] 煤气压缩后以液体形式进行储存、运输、保管，以便节省空间，使用时压力释放下转化为气态。

⑧ 相变 2。改变动态的系统部分相态（依据工作条件来改变相态）。

[案例] 热交换器包含镍钛合金箔片，在温度升高时，交换镍钛合金箔片位置，以增加冷却区域。

⑨ 相变 3。联合利用相变时的现象。

[案例] 为增加模型内部的压力，事先在模型中填充一种物质，这种物质一旦接触到液态金属就会气化。

⑩ 相变 4。以双相态的物质代替单相态的物质。

[案例] 抛光液由含有铁磁研磨颗粒的液态石墨组成。

⑪ 物理-化学转换。物质的创造-消灭，是作为合成-分解、离子化-再结合的一个结果。

[案例] 热导管的工作液体在管中受热区蒸发并产生化学分解。然后，化学成分在受冷

区重新结合恢复为工作液体。

2）物理矛盾分离原理

TRIZ 理论按照空间、时间、条件、系统级别，将分离原理概括为空间分离、时间分离、基于条件分离、整体与部分分离 4 个分离原理。

① 空间分离。所谓空间分离，是将矛盾双方在不同的空间上分离开来，以获得问题的解决或降低解决问题的难度。使用空间分离前，先确定矛盾的需求在整个空间中是否都在沿着某个方向变化。如果在空间中的某一处，矛盾的一方可以不按一个方向变化，则可以使用空间分离原理来解决问题，即当系统矛盾双方在某一空间出现一方时，空间分离是可能的。

［实例 6］ 交叉路口的交通。在交叉路口，不同方向行驶的车辆会因混乱而影响通行效率，甚至出现交通事故。这就要求道路必须交叉，以使车辆驶向目的地（A），道路一定不得交叉，以避免车辆相撞（非 A），从而形成物理矛盾。

运用空间分离原理解决交叉路口的交通问题。利用桥梁、隧洞把道路分成不同层面，交叉路口空间分离方案如图 1-55 所示。

［实例 7］ 在打桩的过程中，希望桩头锋利，以便打桩容易被打入土中；同时在结束打桩后，又不希望桩头继续保持锋利，因为在桩到达位置后，锋利的桩头不利于桩承受较重的负荷。

运用空间分离原理解决打桩问题。在桩的上部加上一个锥形的圆环，并将该圆环与桩固定在一起，从空间上将矛盾进行分离，既保证了钢桩容易打入，同时又可以承受较大的载荷，如图 1-56 所示。

图 1-55　交叉路口空间分离方案

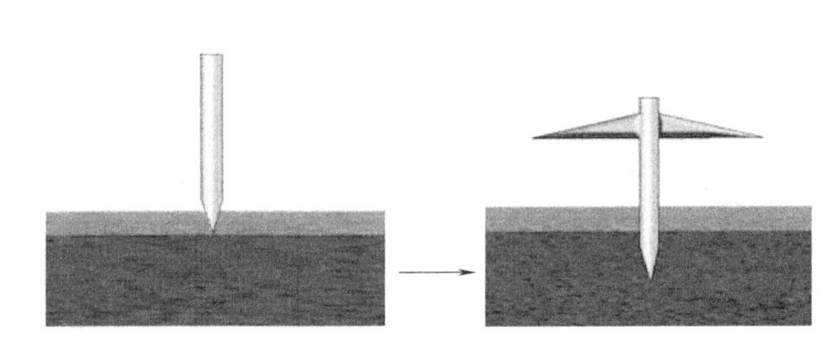

图 1-56　打桩问题空间分离方案

［实例 8］ 鱼雷引擎必须足够大以充分驱动鱼雷，又必须小，以适配鱼雷的体积。鱼雷引擎既要大又要小形成了物理矛盾。

利用空间分离原理得到解决方案：引擎分离，放置在岸边，通过缆线给鱼雷传递能量。

［实例 9］ 在利用轮船进行海底测量工作过程中，早期是把声呐探测器安装在轮船上的某个部位。这样在实际测量时，轮船本身就成为干扰源，影响到测量的精度和准确性。解决的方法之一是，轮船利用电缆拖曳千米之外的声呐探测器，以在黑暗的海洋中感知外部世界信息。因此，被拖曳的声呐探测器与产生噪声的轮船之间在空间上就处于分离状态，互不影响，实现了物理矛盾的合理解决。

［实例 10］ 一些患有屈光不正的中老年人看远、近物体时，需要佩戴不同度数的两副眼镜，这种情况多见于远视眼合并老花眼或近视眼合并老花眼。如 50 岁的 100 度近视眼，看远处物体需用 100 度近视眼镜，看近处物体则需 100 度老花眼镜。如果佩戴两副眼镜，更换时摘下和佩戴又不方便。在眼镜历史上，美国的富兰克林首先提倡双光眼镜，又称富兰克林型眼镜。所谓双光眼镜，是指这些眼镜在同一镜片上有两种屈光度数（近视及远视），矫

正远距离视力的屈光度数通常在镜片的上方，矫正近距离视力的屈光度数则设在镜片的下方。由于同一镜片上同时包括远和近的两种屈光度数，交替看远处和近处物体时，不需更换眼镜，比单光老花眼镜更为方便。

［实例 11］ 自行车链轮与链条传动是一个采用空间分离原理的典型例子。在链轮与链条发明之前，自行车的脚蹬子是与前轮连在一起的。这种早期的自行车存在的物理矛盾是骑车人既要快蹬（脚蹬子）提高车轮转速，又要慢蹬以感觉舒适。链条、链轮及飞轮的发明解决了这个物理矛盾。在空间上将链轮（脚蹬子）和飞轮（车轮）分离，再用链条连接链轮和飞轮，链轮直径大于飞轮，链轮只需以较慢的速度旋转，就可以使飞轮以较快的速度旋转。因此，骑车人可以较慢的速度蹬踏脚蹬，同时，自行车后轮又将以较快的速度旋转。

② 时间分离。所谓时间分离，是将矛盾双方在不同的时间段分离开来，以获得问题的解决或降低解决问题的难度。

使用时间分离前，先确定矛盾的需求在整个时间段上是否都沿着某个方向变化。如果在时间段的某一段，矛盾的一方可以不按一个方向变化，则可以使用时间分离原理来解决问题，即当系统矛盾双方在某时间段中只出现一方时，时间分离是可能的。

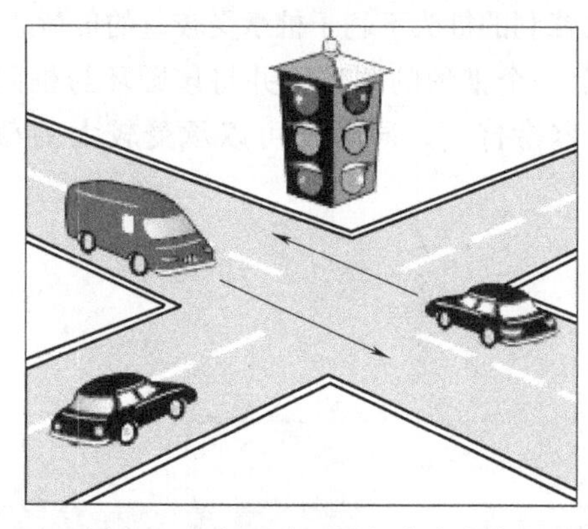

图 1-57 交叉路口时间分离方案

［实例 12］ 运用时间分离原理解决交通问题。解决交叉路口交通问题最传统的方法是通过交警的指挥在时间上分流车辆。普遍使用的是交通信号灯按设定的程序将通行时间分成交替循环的时间段，使车辆按顺序通过。显然，在这里占主导地位的是时间资源。交叉路口时间分离方案如图 1-57 所示。

［实例 13］ 运用时间分离原理解决打桩问题。在钢桩的导入阶段，采用锋利的桩头将桩导入，到达指定的位置后，将桩头分成两半或者采用内置的爆炸物破坏桩头，使得桩可以承受较大的载荷，如图 1-58 所示。

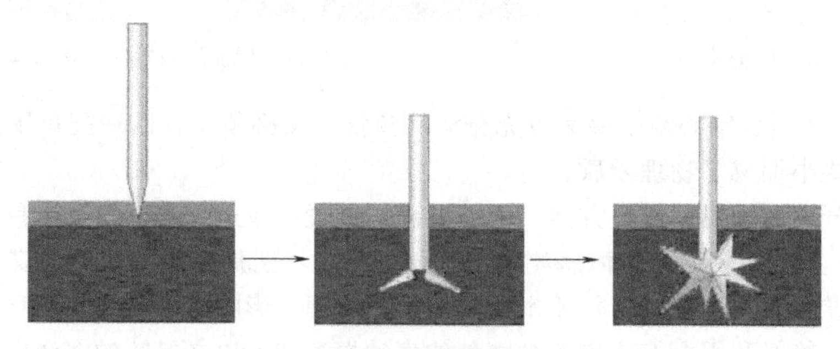

图 1-58 打桩问题时间分离方案

［实例 14］ 自行车在行走时体积要大，以便载人；在存放时要小，以节省空间。自行车既大又小的矛盾发生在行走与存放两个不同的时间段，因此采用了时间分离原理，得到折叠式自行车的解决方案，如图 1-59 所示。

［实例 15］ 在喷砂处理工艺中，必须使用研磨剂，但是，在完成喷砂工艺之后，产品内部或一些凹处会残留一些研磨剂。由于研磨剂的存在将影响后续的工艺，所以，喷砂工艺之后，研磨剂的存在对于产品而言是不需要的，在喷砂处理工艺中的砂粒聚集的问题可以采

(a) (b)

图 1-59 自行车使用和存放状态

用时间分离的方法。一个有效的解决方案是采用干冰块作为研磨剂。喷砂工艺结束后，干冰块将会由于升华而消失，从而解决了砂粒聚集问题。

③ 基于条件分离。所谓条件分离，是将矛盾双方在不同的条件下分离，以获得问题的解决或降低解决问题的难度。

基于条件分离前，先确定矛盾的需求在各种条件下是否都沿着某个方向变化。如果在条件下，矛盾的一方可以不按一个方向变化，则可以使用基于条件分离原理来解决问题，即当系统矛盾双方在某一条件只出现一方时，基于条件分离是可能的。

[实例 16] 利用基于条件的分离原理解决交通问题。车辆只能直行，转弯走环岛。交叉路口基于条件分离方案如图 1-60 所示。

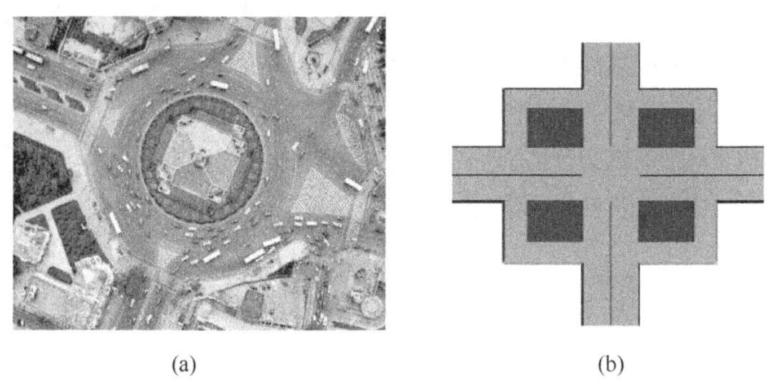
(a) (b)

图 1-60 交叉路口基于条件分离方案

[实例 17] 运用基于条件的分离原理解决打桩问题。在钢桩上加入一些螺纹，将冲击式打桩改为将桩螺旋拧入的方式。当将桩旋转时，桩就向下运动；不旋转桩时，桩就静止，从而解决了方便地导入桩与使桩承受较大的载荷之间的矛盾，如图 1-61 所示。

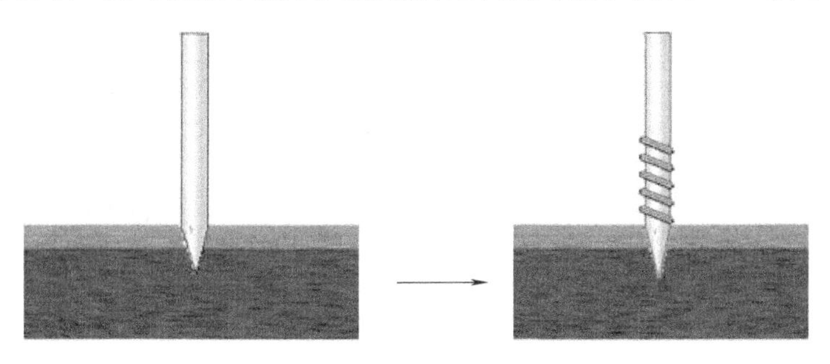

图 1-61 打桩问题基于条件分离方案

［实例 18］ 高台跳水运动员的保护。高台跳水训练时，没有经验的运动员不以正确的姿势入水会受伤，有没有一个改善的方法使运动员在训练的时候少受伤呢？

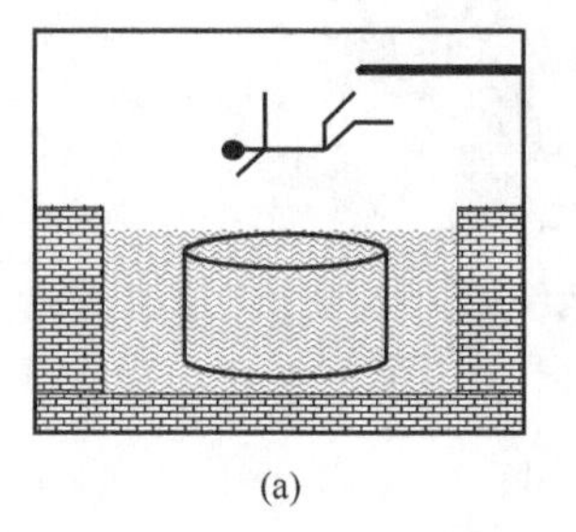

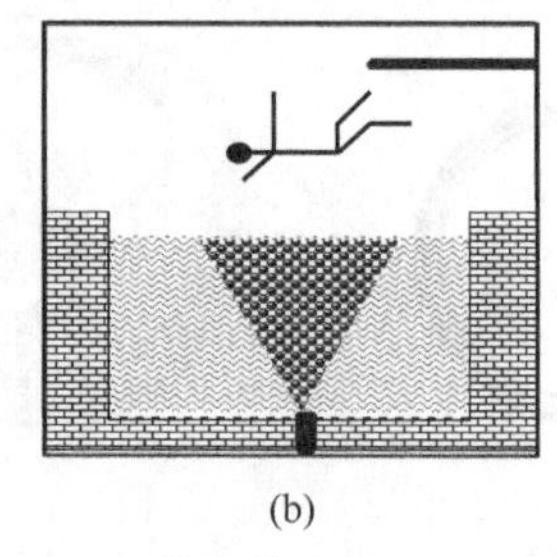

(a)　　　　　　(b)

图 1-62　跳水训练池改进的前与后

在水与跳水运动员组成系统中，水既是硬物质，又是软物质，这主要取决于运动员入水的速度，速度大则水就“硬”，反之就“软”。但在本系统中，运动员的入水速度是不能被改变的，需要改变的是水，如图 1-62（a）所示。

矛盾：水要有一定的强度，这是水的特性所决定的；水又要是软的，因为需要保护运动员。那么水在什么条件下会变成“软”的物质，我们第一个想到的就是泡沫或海绵，就希望有个像海绵或泡沫的水存在。分析一下泡沫和海绵的结构，于是我们在水中注入大量的空气，水就变“软”了，解决方案如图 1-62（b）所示。

［实例 19］ 在厨房中使用笊篱，对于水而言是多孔的，允许水流过，而对于食物而言则是刚性的，不允许通过。

［实例 20］ 水射流可以用来淋浴，也可以用来进行金属切割。水射流既可以是硬物质，又可以是软物质，取决于水射流的速度。

［实例 21］ 加油机在高空中给受油机加油时，受油探头在高空中要进入受油机的油箱中。由于加油机和受油机在高空中存在着相对位移，会使受油探头振动，轻微的振动不影响加油的正常进行；但是在突发情况下，剧烈的振动会使受油机的受油探头喷嘴断裂，使加油机的结构受损，甚至会造成整个加油机机毁人亡的事故。要求在剧烈振动下，受油探头喷嘴可以折断，使加油机和受油机分离。这就产生了物理矛盾，要求受油机受油探头喷嘴既要强，以保证加油过程的顺利进行，又要弱，以便在突发剧烈振动情况下，使加油机和受油机分离。

采用条件分离方法，使用一些螺栓紧固受油机探头喷嘴，螺栓具有一定的强度，可以保证轻微振动下受油探头喷嘴加油的正常进行。当振动超过一定的载荷值后，受油探头喷嘴的紧固螺栓的强度不足，受油探头喷嘴自动断裂，从而使得加油机和受油机分离。

④ 整体与部分分离。所谓整体与部分分离，是将矛盾双方在不同的系统级别分离开来，以获得问题的解决或降低解决问题的难度。

当系统或关键子系统的矛盾双方在子系统、系统、超系统级别内只出现一方时，整体与部分分离是可能的。

［实例 22］ 利用整体与部分的分离原理解决交通问题。将十字路口设计成两个丁字路口，延缓一个方向的行车速度，加大与另外一个方向的避让距离。交叉路口整体与部分分离方案如图 1-63 所示。

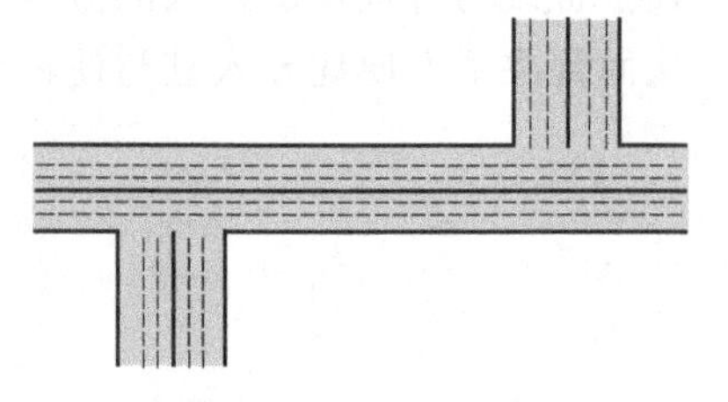

图 1-63　交叉路口整体与部分分离方案

［实例 23］ 运用整体与部分的分离原理解决打桩问题。将原来的一个较粗的钢桩用一组较细的钢桩来代替，从而解决方便地导入桩与使桩承受较重的载荷之间的矛盾，如图 1-64 所示。

［实例 24］ 自行车链条微观层面上是刚性的，宏观层面上是柔软的。

[实例 25] 自动装配生产线与零部件供应的批量化之间存在矛盾，自动生产线要求零部件连续供应，但零部件从自身的加工车间或供应商运到装配车间时要求批量运输。专用转换装置接受批量零部件，但连续的零部件运输给自动生产线。

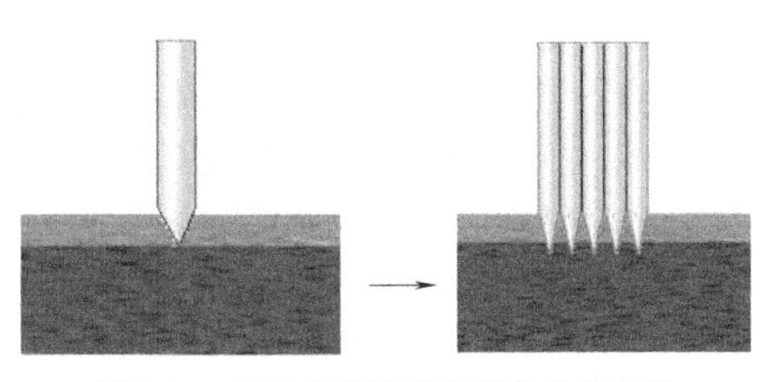

图 1-64　打桩问题整体与部分分离方案

(3) 分离原理与 40 个发明原理的关系

最近几年的研究成果表明，4 个分离原理与 40 个发明原理之间是存在一定关系的。如果能正确理解和使用这些关系，我们就可以把 4 个分离原理与 40 个发明原理做一些综合应用，这样可以开阔思路，为解决物理矛盾提供更多的方法与手段。

下面我们把 4 个分离原理与 40 个发明原理之间的关系做一下对应。

1）空间分离原理

可以利用以下 10 个发明原理，用来解决与空间分离有关的物理矛盾。

① 发明原理 1：分离。

② 发明原理 2：抽取。

③ 发明原理 3：局部质量。

④ 发明原理 4：不对称。

⑤ 发明原理 7：嵌套。

⑥ 发明原理 13：反向作用。

⑦ 发明原理 17：维数变化。

⑧ 发明原理 24：借助中介物。

⑨ 发明原理 26：复制。

⑩ 发明原理 30：柔性壳体或薄膜。

[案例] 教师讲课用的教鞭，在使用时希望它长，而在讲完课后又希望它短，携带方便。人们使用发明原理 7，即嵌套原理，比较好地解决了这个问题，让教鞭能够呈嵌套状，自由伸缩。

2）时间分离原理

可以利用以下 12 个发明原理，用来解决与时间分离有关的物理矛盾。

① 发明原理 9：预先反作用。

② 发明原理 10：预先作用。

③ 发明原理 11：预先防范。

④ 发明原理 15：动态化。

⑤ 发明原理 16：未达到或过度作用。

⑥ 发明原理 18：机械振动。

⑦ 发明原理 19：周期性作用。

⑧ 发明原理 20：有效作用的连续性。

⑨ 发明原理 21：急速动作。

⑩ 发明原理 29：气压和液压结构。

⑪ 发明原理 34：抛弃与再生。

⑫ 发明原理 37：热膨胀。

[案例] 自行车在使用的时候体积要足够大，以便载人骑乘；在存放的时候体积要小，以便不占用空间。于是，人们利用发明原理 15，即动态化原理，解决方案就是采用单铰接或者多铰接车身结构，让刚性的车身变得可以折叠，形成了当前比较流行的折叠自行车。

3）基于条件分离原理

可以利用以下 13 个发明原理，用来解决与基于条件分离有关的物理矛盾。

① 发明原理 1：分离。

② 发明原理 5：组合。

③ 发明原理 6：多用性。

④ 发明原理 7：嵌套。

⑤ 发明原理 8：重量补偿。

⑥ 发明原理 13：反向作用。

⑦ 发明原理 14：曲面化。

⑧ 发明原理 22：变害为利。

⑨ 发明原理 24：借助中介物。

⑩ 发明原理 25：自服务。

⑪ 发明原理 27：廉价替代品。

⑫ 发明原理 33：同质性。

⑬ 发明原理 35：物理或化学参数改变。

[案例] 船在水中高速航行，水的阻力是很大的。作为水运工具的船，必须在水中行进，而为了降低水的阻力、提高船的速度，船又不应该在水中行进。利用发明原理 35，即物理或化学参数改变原理，可以在船头和船身两侧预留一些气孔，以一定的压力从气孔往水里打入气泡，这样可以降低水的密度和黏度，因此也就降低了船的阻力。

4）整体与部分分离原理

可以利用以下 9 个发明原理，用来解决和整体与部分分离有关的物理矛盾。

① 发明原理 12：等势。

② 发明原理 28：机械系统替代。

③ 发明原理 31：多孔材料。

④ 发明原理 32：颜色改变。

⑤ 发明原理 35：物理或化学参数改变。

⑥ 发明原理 36：相变。

⑦ 发明原理 38：强氧化剂。

⑧ 发明原理 39：惰性环境。

⑨ 发明原理 40：复合材料。

[案例] 采煤机操作时，为了控制采煤效果，操作控制装置必须处于采煤机上，人随采煤机一起移动，但薄煤层空间小、工人行动不便，应用发明原理 28，即机械系统替代原理，利用无线遥控实现薄煤层开采，改善工人工作环境。

1.2.4 功能分析与裁剪

功能分析是价值工程的核心内容，是对价值工程研究对象的功能进行抽象的描述，并进行分类、整理、系统化的过程，也是通过功能与成本匹配关系定量计算对象价值大小，确定改进对象的过程。功能分析应用在产品概念创新设计阶段，其主要目的是将抽象的系统或设计创意转化成具体的系统组件之间的相互作用关系，以便于设计者了解产品所需具备的功能与特性。

以俄罗斯系统工程师索伯列夫（Sobolev）为代表的 TRIZ 研究者基于价值工程的功能分析方法，提出了基于组件的功能分析方法，实现了对已有技术系统的功能建模。通过对已有技术系统进行分解，得到正常功能、不足功能、过剩功能和有害功能，以帮助工程师更详细地理解技术系统中部件之间的相互作用。其目的是优化技术系统功能，简化技术系统结构，以对系统进行较少的改变就能解决技术系统的问题，并最终实现技术系统理想度的提升。基于组件的功能分析作为 TRIZ 识别问题与分析问题的工具引入，极大地丰富了 TRIZ 的知识体系。

(1) 技术系统的概念

技术系统是由相互联系的组件与组件之间的相互作用以及子系统所组成，以实现某种（些）功能作用的组件与子系统的集合。技术系统存在的目的是实现某种（些）特定的功能（Function），而这种（些）功能的实现是通过一系列组件的集合实现的。例如，汽车是一个技术系统，发动机、车体、车厢、座位、轮胎等则是构成这一技术系统的子系统和系统组件。

组件（Component）是指组成工程技术系统或者超系统的一个部分，是由物质或者场组成的一个物体，如汽车发动机属于汽车系统的组件。在基于组件的 TRIZ 功能分析中，物质（Substance）是指拥有净质量的物体，而场（Fields）是没有净质量的物体，但是场可以传递物质之间的相互作用。

超系统（Super System）是将已经分析过的技术系统作为组件的系统，或不属于系统本身但是与系统及其组件有一定相关性的系统。例如，汽车在行驶过程中，需要驾驶员的操作，需要道路的支撑，同时也会受到空气阻力的影响，驾驶员、道路、空气等则是汽车系统的超系统。由于超系统不属于已有的技术系统本身，因此无法对超系统进行改变，这是由超系统本身的特性所决定的。

① 超系统不能裁剪或改变。

② 超系统可能对技术系统产生问题。

③ 超系统可以作为技术系统的资源来利用，即解决问题的工具。

④ 一般只考虑对技术系统产生影响的超系统。

(2) 功能定义的表达及分类

功能定义的表达是指如何采用合适的动词来对功能进行定义，以描述功能载体对功能对象的作用。

在 TRIZ 理论中，功能定义为“功能载体改变或者保持功能对象的某个参数的行为”，功能结果就是参数改变是沿着期望的方向变化还是背离了期望的方向，即功能是有用的还是有害的。

有用功能是指功能载体对功能对象的作用沿着期望的方向改变功能对象的参数，这种期望是改善，是设计者、使用者希望达到的功能。技术系统中的有用功能在实际过程中对功能对象参数的改善值可能和期望的改善值之间存在一定的差异，称为有用功能的“性能水平（Performance)”。当实际的改善达到所期望的改善时，称为“正常功能（Normal Function，N)”；当实际的改善大于所期望的改善时，称为“功能过度（Excessive Function，E)”；当实际的改善小于所期望的改善时，称为“功能不足（Insufficient Function，I)。任何局部必要功能的缺少或不足，都将影响整体功能的发挥，对功能系统具有破坏性，影响用户使用效果。功能定义阶段需要确定各有用功能的性能水平，以便为后续功能分析和裁剪提供依据。功能的性能水平过度和不足都是技术系统的不利因素，除功能载体自身原因导致功能不足和功能过度外，多数情况下是由根原因产生的，经过功能链的传导而产生差异。因此，多数情况下，应用TRIZ的因果分析查找出产生问题的根原因并加以消除，那么经由功能链传导而产生的功能不足和功能过度可随之消失。

有害功能是功能载体提供的功能不是按照期望的方向对功能对象的参数进行改善，而是恶化了该参数。有害功能是导致技术系统出现问题的主要原因。通过功能分析与因果分析，找出产生有害作用的根本原因，通过裁剪等工具实现对系统进行较小的改变就能解决技术系统的问题，并最终实现技术系统理想度的提升。因此，对于有害作用不用确定其等级，也不用确定其性能水平。在TRIZ的功能分析中，不采用折中方法（即减少有害作用的影响），而是必须消除有害功能。

功能按照级别分类，可以分为主要功能、基本功能和辅助功能。主要功能反映系统的主要有用功能（系统功能），是系统创建和设计的目的和目标，它的功能载体是技术系统本身。基本功能保证完成主要功能的组件功能，功能载体是直接作用于系统作用对象的组件。辅助功能是保证完成基本功能的组件功能，功能载体是系统或超系统中的组件。

(3) 功能分析的定义及目的

功能分析是识别系统或超系统组件的功能、特点以及成本的一种分析工具。功能分析是指对已有技术系统（或已有产品）或开发新系统时确定系统要完成或实现的主要功能进行功能分解，系统明确各组件的有用功能及功能等级、性能水平（正常功能、过度功能、不足功能）和有害功能，帮助工程技术人员更详细地理解技术系统中组件之间的相互作用，建立组件功能模型。功能分析是TRIZ中大多数工具的基础，包括因果链分析、裁剪、技术矛盾、物理矛盾、物-场模型甚至ARIZ等。在TRIZ中，功能分析是识别系统及超系统组件的功能、等级、性能水平及成本的一种分析工具，主要内容包括：①确定技术系统所提供的主功能；②研究各组件对系统功能的贡献；③分析系统中的有用功能及有害功能；④对于有用功能，确定功能等级与性能水平（正常、不足、过度）；⑤建立组件功能模型，绘制功能模型图。

功能分析的作用：①发现系统中存在的多余的、不必要的功能；②采用TRIZ其他方法和工具（如矛盾分析、物-场分析、裁剪等），完善及替代系统中的不足功能，消除有害功能；③裁剪系统中不必要的功能及有害功能；④改进系统的功能结构，提高系统功能效率，降低系统成本。基于组件的功能分析分三步进行：首先，识别技术系统的组件及其超系统组件，建立组件列表，分析组件的层级关系；其次，识别组件之间的相互作用，进行组件相互作用分析，建立相互作用矩阵；最后，依据功能定义三要素原则，在相互作用矩阵的基础上对组件功能进行定义，并识别和评估组件的等级和性能水平，建立功能模型。

功能分析的目的：①从完成功能的角度搞清发明事务所应具备的全部功能；②识别出产品的不足功能、有害功能等；③扩大方案创造的设计思路，以功能分析为核心进行方案设计，能够有效地拓宽思路，构思出价值更高、效果更好的方案。

(4) 组件分析

组件是技术系统或超系统的组成部分。组件可以是物质与场，物质是拥有净质量的对象，场是一种传递物质之间相互作用的无净质量的对象（如热场、电场、磁场等）。

功能技术系统作用对象是技术系统功能的承受体，属于特殊的超系统组件。

组件分析是识别技术系统的组件及其超系统组件，得到系统和超系统组件列表（见表1-15），即技术系统是由哪些组件构成的，这是识别问题的第一步。组件列表中明确技术系统的名称、技术系统的主要功能以及系统组件和超系统组件。

表 1-15　组件列表

技术系统	主要功能	组件	超系统组件
技术系统的名称	To/Verb/Target	组件 1 组件 2 ⋮ 组件 n	组件 1 组件 2 ⋮ 组件 m

(5) 结构分析

结构分析即组件相互作用关系分析，用于识别技术系统以及超系统的组件间的相互作用。结构分析的结果就是构建组件列表中的系统组件和超系统组件的相互作用矩阵，用以描述和识别系统组件和超系统组件之间的相互作用关系。相互作用就是接触（包括场的相互接触）。

结构矩阵的第一行和第一列均为组件列表中的系统组件和超系统组件，如表 1-16 或图 1-65 所示。如果组件 i 和组件 j 之间有相互作用关系，则在相互作用矩阵表中两组件交汇单元格中填写“＋”，否则填写“－”。判断组件 i 和组件 j 存在相互作用的依据是组件 i 和组件 j 必须存在相互接触（Touch）。

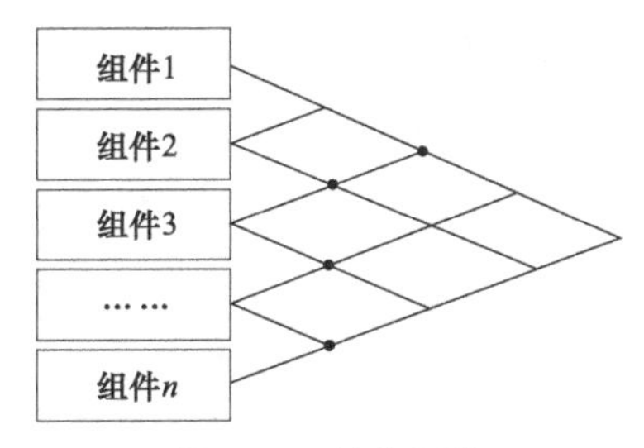

图 1-65　结构矩阵

表 1-16　结构矩阵

项目	组件 1	组件 2	组件 3	…	组件 n
组件 1		－	＋	－	－
组件 2			＋	－	－
组件 3				＋	＋
⋮					＋
组件 n					

确定组件之间的相互作用是否存在，必要条件是两个组件之间存在相互接触。当按照相同的顺序将组件列表中的组件和超系统组件构造结构矩阵的行和列之后，依次去识别不同的行元素和列元素之间是否存在相互作用。如果某一行（列）与其他元素均不存在相互作用，需要移除这一行（列），同时在组件列表中移除该组件。

一般情况下，结构矩阵的左下角和右上角呈对称状态，组件 i 对组件 j 产生一个作用，那么，组件 j 对组件 i 必产生一个反作用，这种情况下一般不列出反作用，但是，在后续功能分析过程中，必须识别是否需要考虑反作用影响。如果组件间存在多个相互作用，在构造矩阵列表时，不用特别指出，但是，在后续的功能分析中，必须全部指出并进行相关分析工作。

(6) 功能模型

任何系统内的组件必有其存在的目的，即提供功能。运用功能分析，可以重新发现系统组件的目的和其表现，进而发现问题的症结，并运用其他方法进一步加以改进。功能分析为创新提供了可能性，为后续技术系统实现突破性创新提供可能，功能分析的结果是功能模型。

功能模型（Functional Mocleling）描述了技术系统和超系统组件的功能，以及有用功能、性能水平及成本水平。建立功能模型的流程：①识别系统组件及超系统组件；②使用相互作用矩阵，识别及确定指定组件的所有功能；③确定及指出功能等级；④确定及指出功能的性能水平，可能的话，确定实现功能的成本水平；⑤对其他组件重复步骤①～④。

功能模型可以用列表或图例等方式表达，表 1-17 为功能模型常用图例，其中，不足的功能、过度的功能、有害功能统称为问题功能，问题功能承载组件称为问题组件。

表 1-17　功能模型常用图例

功能分类	功能等级	功能类型	图形符号
有用功能	基本功能	充分的功能	———→
	辅助功能	不足的功能	- - - - →
	附加功能	过度的功能	—+—+—+—→
有害功能	有害功能		～～～→

功能模型有两种表示方法，分别为功能列表和功能模型图。功能列表如表 1-18 所示。功能模型图如图 1-66 所示，代表超系统，代表元件，代表制品，它们分别代表不同的系统组件。

表 1-18　功能列表

序号	主动组件	作用	被动组件	参数	功能类型
1					
2					
3					
⋮					
n					

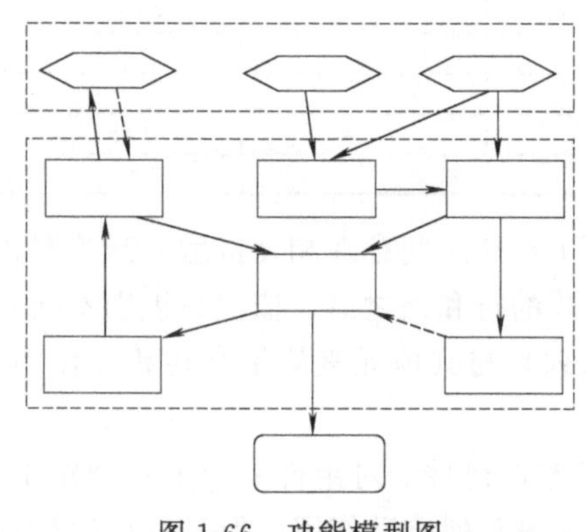
图 1-66　功能模型图

建立功能模型时的注意事项：①针对特定条件下的具体技术系统进行功能定义；②组件之间只有相互作用才能体现出功能，所以在功能定义中必须有动词来表达该功能且采用本质表达方式，不建议使用否定动词；③严格遵循功能定义三要素原则，缺一不可；④功能对象是物质，不能仅仅使用物质的参数。

(7) 功能裁剪

如果技术系统需要删减某些组件，同时保留这些组件的有用功能，从而实现降低成本，提高系统理想度的目的，就称为技术系统的功能裁剪。对技术系统裁剪的关键在于“确保被裁剪的组件有用功能得到重新分配”。针对技术系统实施裁剪，可以简化系统结构，提高理想度。在企业实施专利战略的过程中，裁剪方法也是进行专利规避的重要手段，有用功能得以保留和加强，降低成本，产生新的设计方案。裁剪的作用：①精减组件数量，降低系统的组件成本；②优化功能结构，合理布局系统架构；③体现功能价值，提高系统实现功能效率；④消除过度、有害、重复功能，提高系统理想化程度。按照功能分析的结果，对各组件进行价值评价，通常选择价值最低的组件作为裁剪对象实施系统裁剪，如提供辅助功能的组件、实现相同功能的组件、具有有害功能的组件等，不能选取超系统组件作为裁剪对象。

1.2.5 物-场模型分析

(1) 物-场模型的类型

物-场模型有助于使问题聚焦于关键子系统上，并确定问题所在的特别“模型组”，事实上，任何物-场模型中的异常情况（见表 1-19）都来自这些模型组中存在的问题上。

表 1-19 常见的物-场异常情况

异常情况	举例	异常情况	举例
期望的效果没有产生	过热火炉的炉瓦没有进行冷却	期望的效应不足或无效	对炉瓦的冷却低效，因此，加强冷却时可能的
有害效应产生	过热火炉的炉瓦变得过热		

为建立直观的图形化模型描述，要用到系列表达效应的几何符号，常见的效应图形表示符号见表 1-20。

表 1-20 常用的效应图形表示符号

符号	意义	符号	意义
————	必要的作用或效应	════	最大或过渡的作用或效应
- - - - - -	不足、无效的作用或效应	= = = = =	最小的作用或效应
∿∿∿∿	有害的作用或效应	≋≋≋≋	过渡有害作用或效应
——→	作用方向	∿∿∿∿（上加直线）	有益的和有害的同时存在
⟹	物-场转换方向		

TRIZ 理论中，常见的物-场模型有 4 种类型。

1）有效完整模型

功能的 3 个元素都存在且都有效，是设计者追求的效应。

[**实例 26**] 盾构掘进机

盾构掘进机物-场模型如图 1-67 所示。

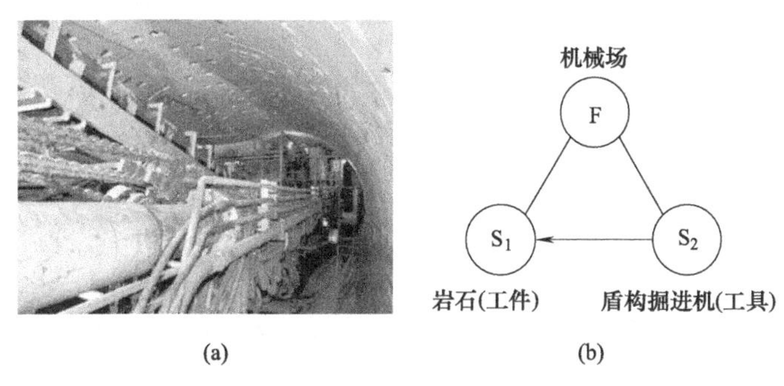

图 1-67 盾构掘进机物-场模型

2）不完整模型

组成功能的元素不全，可能缺少场，也有可能是缺少物质。

［实例 27］ 防电脑辐射。电脑辐射成为当今白领身体健康的主要杀手，人们知道电脑有辐射，但却不知道如何防辐射，如何将辐射转化成其他可利用的能量，防电脑辐射物-场模型如图 1-68 所示，只有物质 S_1，却没有工具 S_2 和场 F。

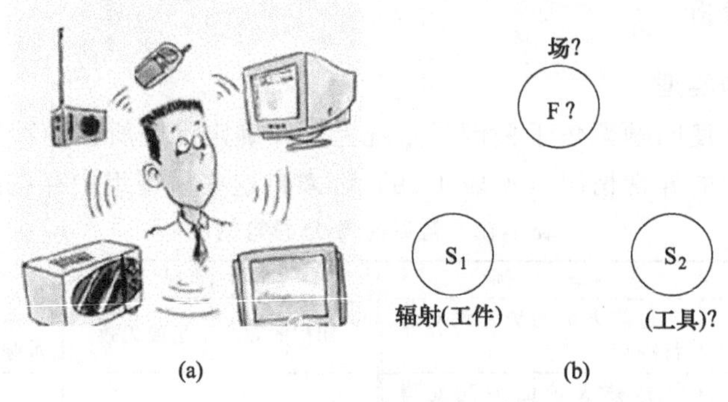

图 1-68 防电脑辐射物-场模型

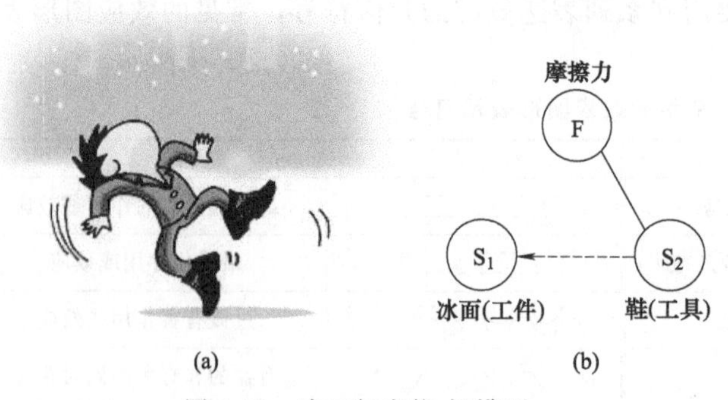

图 1-69 冰面行走物-场模型

3）效应不足的完整模型

3 个元素齐全，但设计者所追求的效应未能有效实现，或效应实现的不足。

［实例 28］ 冰面行走。在冰面上行走时，由于摩擦力不足，人会打滑甚至摔倒，如图 1-69 所示。

4）有害效应的完整模型

3 个元素齐全，但产生了与设计者所追求的目标相差较大的、有害的效应，需要消除这种有害效应。

［实例 29］ 隐形眼镜。隐形眼镜不仅从外观上和方便性方面给患者带来了很大的好处，而且视野宽阔，视物逼真，此外在控制青少年近视、散光发展等方面也发挥了特殊的功效。但是，由于它覆盖在角膜表面，会影响角膜的直接呼吸，而且佩戴隐形眼镜易造成眼睛分泌物增加，也会引起眼睛的不适，如磨痛、流泪，有些人甚至会引起暂时性的结膜充血、角膜知觉减退等（图 1-70）。

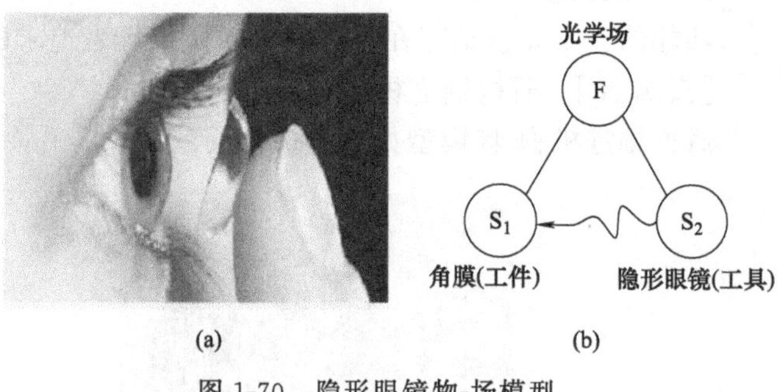

图 1-70 隐形眼镜物-场模型

TRIZ 理论中，重点关注的是不完整模型、效应不足的完整模型、有害效应的完整模型这 3 种非正常模型，并提出了物-场模型的一般解法和 76 种标准解法。

（2）物-场模型分析的一般解法

物-场分析方法产生于 1947～1977 年，经历了多次循环改进，每一次循环改进都增加了可利用的知识。现在，已经有了 76 种标准解，这 76 种标准解是最初解决方案的浓缩精华。因此，物-场分析为人们提供了一种方便快捷的方法。针对物-场模型，TRIZ 提出了对应的一般解法。物-场模型分析的一般解法共有 6 种，下面逐一进行阐述。

1）不完整模型

一般解法 1：①补齐所缺失的元素，增加场 F 或工具，如图 1-71 所示；②系统地研究各种能量场，如机械能—热能—化学能—电能—磁能。

[实例 30] 浮选法选煤。从井口中采出的煤炭（S_1）中存在着矸石，使用浮选机选煤（增加机械场 F），将矸石从煤中分解出来（图 1-72）。

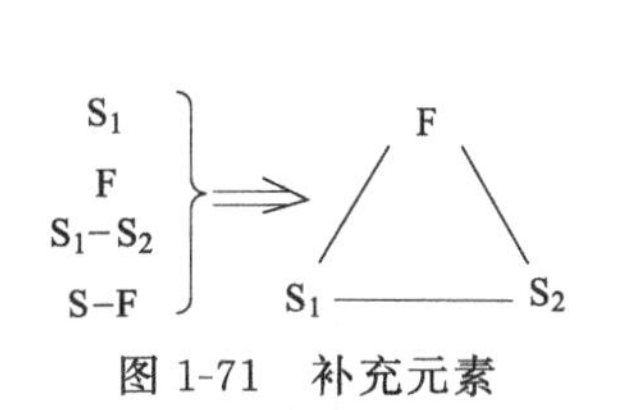

图 1-71 补充元素

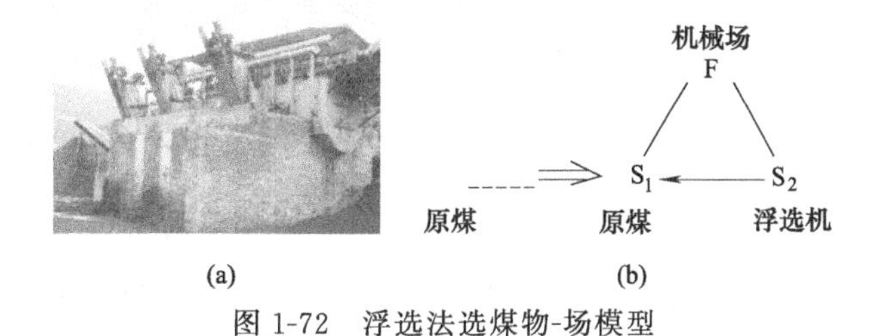

图 1-72 浮选法选煤物-场模型

2）有害效应的完整模型

有害效应的完整模型元素齐全，但 S_1 和 S_2 之间相互作用的结果是有害的或不希望得到的，因此，场 F 是有害的。

一般解法 2：加入第 3 种物质 S_3，S_3 用来阻止有害作用。S_3 可以通过 S_1 或 S_2 改变而来，或者 S_1/S_2 共同改变而来，如图 1-73 所示。

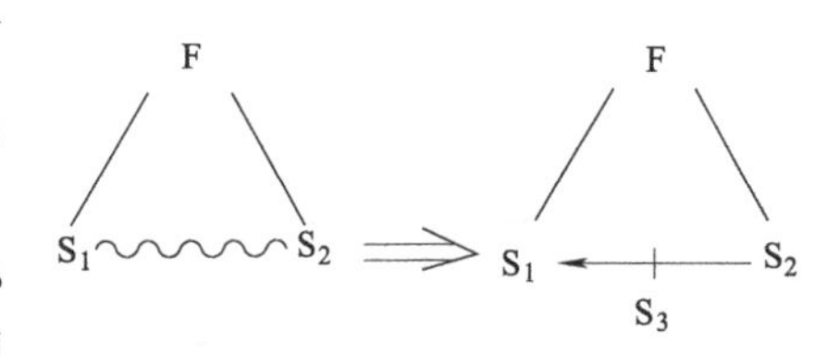

图 1-73 加入 S_3 阻止有害作用

[实例 31] 办公室的玻璃。要增加办公室的隐私性，可将窗户玻璃进行磨砂处理，变成半透明的，如图 1-74 所示。

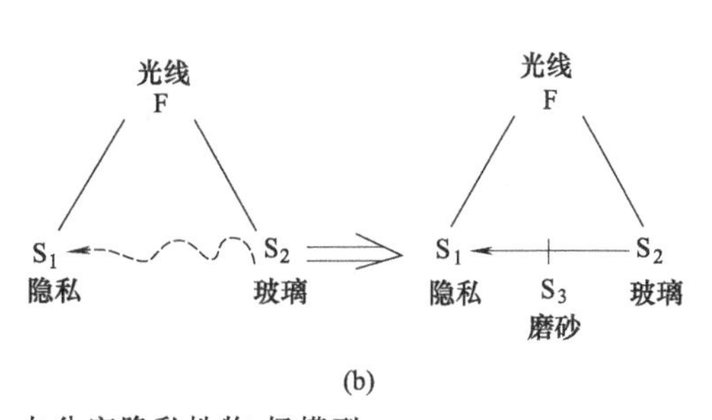

(a) (b)

图 1-74 办公室隐私性物-场模型

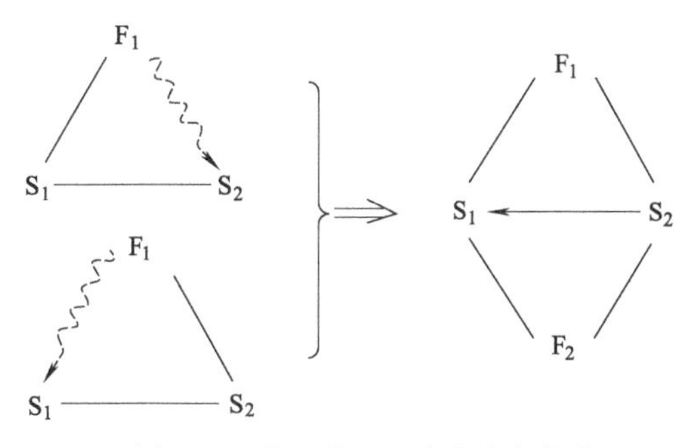

图 1-75 加入场 F_2 消除有害效应

一般解法 3：增加另外一个场 F_2 来抵消原来有害场 F 的效应，如图 1-75 所示。

[实例 32] 精密切削防止细长轴的变形。在切削过程中，为了防止细长轴工件的变形，引入与长轴协同的支架产生的反作用力来防止细长轴的变形，如图 1-76 所示。

3）效应不足的完整模型

效应不足的模型是指构成物-场模型的元素是完整的，但有用的场 F 效应不足，如太弱、太慢等。

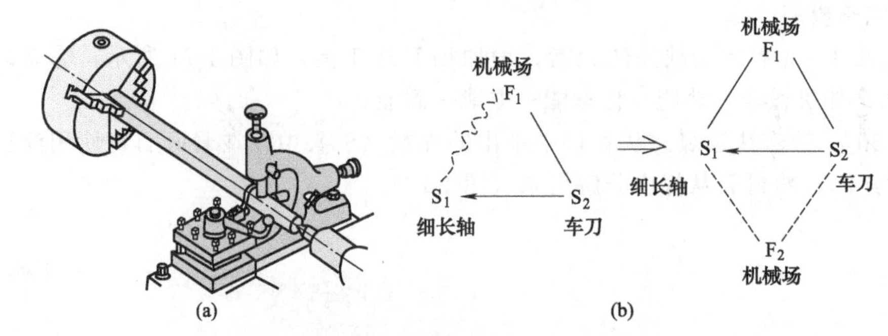

图 1-76 消除细长轴加工缺陷物-场模型

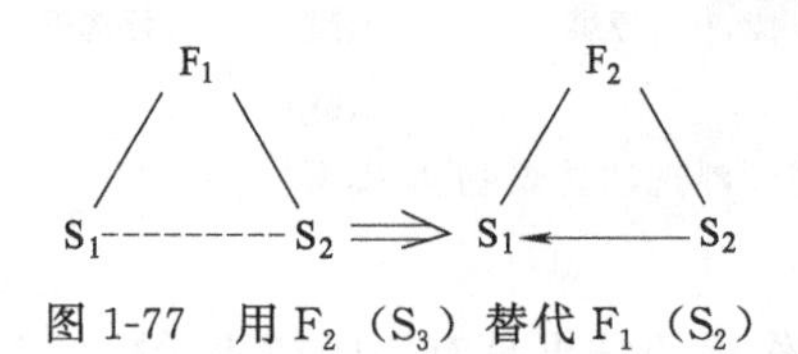

图 1-77 用 F_2（S_3）替代 F_1（S_2）

一般解法 4：用另一个场 F_2（或者 F_2 和 S_3 一起）代替原来的场 F_1（或者 F_1 及 S_2），如图 1-77 所示。

［实例 33］ 电牵引采煤机。链牵引采煤机功率小，故障率高，故采用无链电牵引采煤机替代液压牵引采煤机来实现大功率、快速切割，如图 1-78 所示。

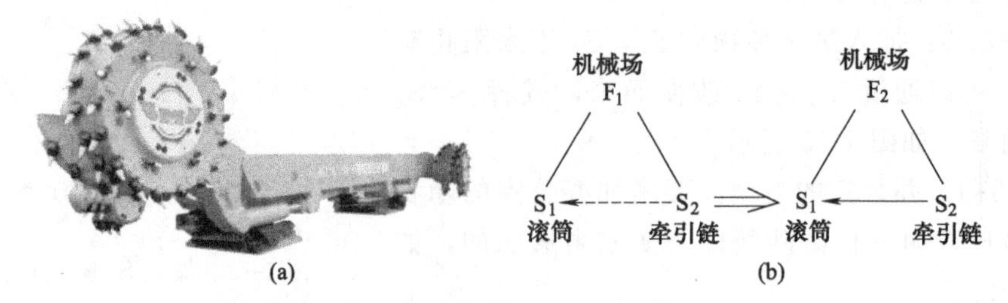

图 1-78 采煤机牵引问题物-场模型

一般解法 5：①增加另外一个场 F_2 来强化有用的效应，如图 1-79 所示；②系统地研究各种能量场，如机械能—热能—化学能—电能—磁能。

［实例 34］ 骨折的处理。当一个人发生骨折后，医生通过钢钉等机械将病人的骨骼固定，在骨骼长好前，要打上石膏、缠上绷带进行封闭，石膏的束缚力就是外加的场 F_2，如图 1-80 所示。

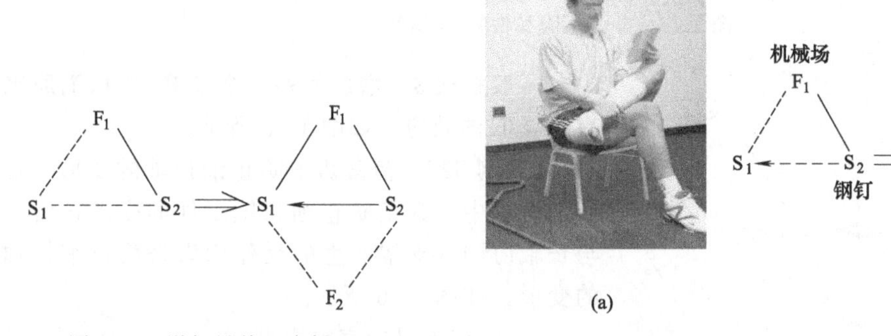

图 1-79 增加另外一个场 F_2

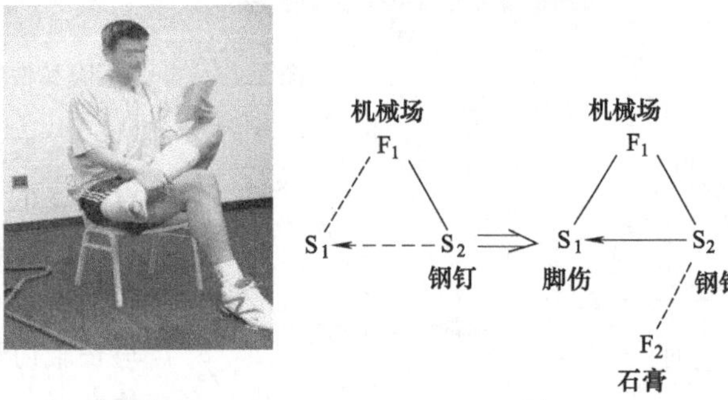

图 1-80 骨折后的辅助处理

一般解法 6：①插进一个物质 S_3，并加上另一个场 F_2。来提高有用效应，如图 1-81 所示；②系统地研究各种能量场，如机械能—热能—化学能—电能—磁能。

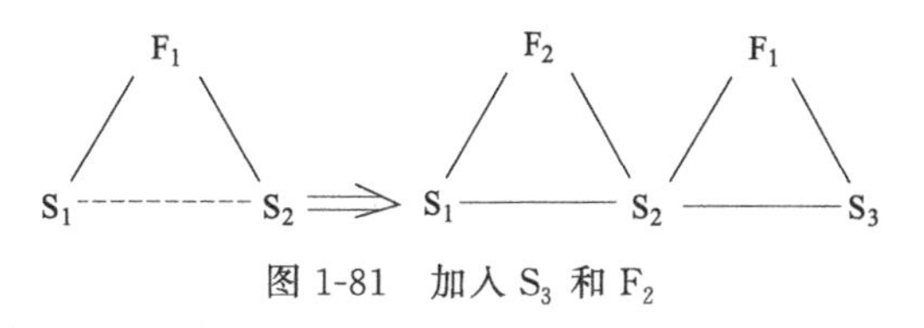

图 1-81　加入 S_3 和 F_2

［实例 35］　电过滤网。为了过滤空气，通常使用金属网的过滤器。但过滤网只能隔离大颗粒的物质。通过给过滤器加装集尘板和电场可以有效吸附细小的粒子，提高过滤效果，如图 1-82 所示。

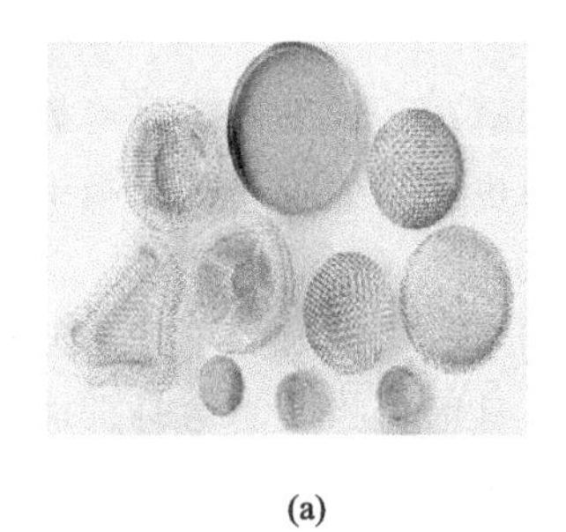

(a)

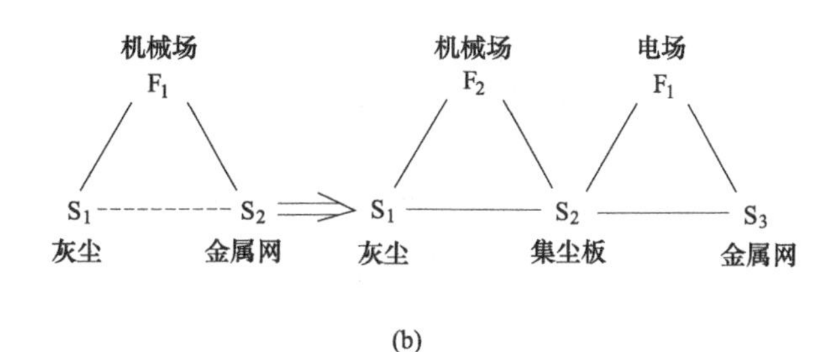

(b)

图 1-82　电过滤网物-场模型

1.2.6　技术系统进化法则及应用

(1) 技术系统进化曲线

阿奇舒勒通过分析大量的发明专利发现，技术系统的进化和生物系统进化一样，都满足S-曲线进化规律。S-曲线按时间描述了一个技术系统的完整生命周期，所以也可以认为是技术系统成熟度的预测曲线。一个技术系统的进化过程经历：婴儿期、成长期、成熟期和衰退期 4 个阶段，每个阶段会呈现出不同的特点。如图 1-83 所示，横轴代表时间，纵轴代表技术系统的某个重要的性能参数。TRIZ 理论从性能参数、专利数量、专利等级、经济收益 4 个方面描述技术系统在各个阶段所表现出来的特点，如图 1-84 所示，以帮助人们有效了解和判断一个产品或行业所处的阶段，从而制定有效的产品策略和企业发展战略。

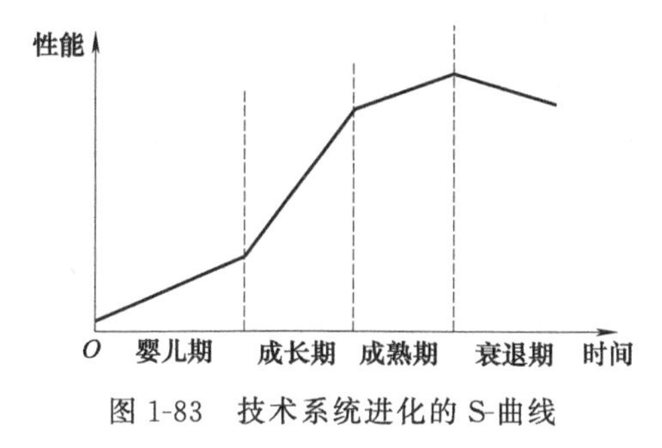

图 1-83　技术系统进化的 S-曲线

① 婴儿期

当有一个新的需求，而且这个需求是有意义的，那么一个新的技术系统就会诞生，系统就进入了第一阶段——婴儿期。处于婴儿期的技术系统尽管能够提供新的功能，但该阶段的系统明显处于初级，存在效率低、可靠性差或一些尚未解决的问题。人们对它的未来比较难以把握，而且

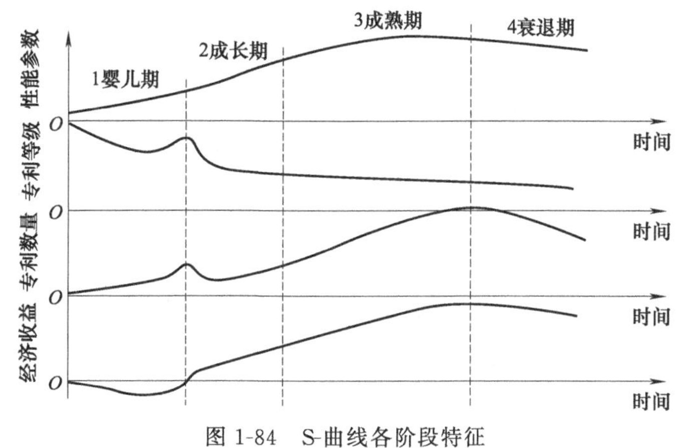

图 1-84　S-曲线各阶段特征

风险大，只有少数眼光独到者才会进行投资，处于此阶段的系统所能获得的人力、物力上的投入非常有限。

处于婴儿期的系统所呈现的特征是性能的完善非常缓慢，此阶段产生的专利级别很高，但专利数量较少，系统在此阶段的经济收益为负。婴儿期的战略：充分利用已有技术系统中的部件和资源；与已有的其他先进系统或部件相结合；重点解决阻碍产品进入市场的瓶颈问题。

② 成长期

进入成长期的技术系统，其原来存在的各种问题逐步得到解决，效率和产品可靠性得到较大程度的提升，其价值开始获得社会的广泛认可，发展潜力也开始显现，从而吸引了大量的人力、财力，大量资金的投入会推进技术系统获得高速发展。

处于成长期的系统，其性能得到急速提升，此阶段产生的专利级别开始下降，但专利数量出现上升。系统在此阶段的经济收益快速上升并突显出来，这时候投资者会蜂拥而至，促进技术系统的快速完善。成长期的战略：将新产品推向市场，抢占先发优势，并不断地拓宽产品的应用领域；不断对新产品进行改进，不断推出基于该核心技术的性能更好的产品，到成长期结束，要使其主要性能指标（性能参数、效率、可靠性等）基本达到最优，对产品的轻微优化可以显著地提高产品的价值；尽可能找到折中和降低劣势的解决方案。

③ 成熟期

在获得大量资源的情况下，系统会从成长期快速进入成熟期，这时技术系统已经趋于完善，所进行的大部分工作只是系统的局部改进和完善。

处于成熟期的系统，其性能水平达到最佳。这时仍会产生大量的专利，但专利级别会更低，甚至是垃圾专利。处于此阶段的产品已进入大批量生产，并获得巨额的财务收益，此时，需要警惕系统将很快进入下一个阶段——衰退期，因此应着手布局下一代产品，制定相应的企业发展战略，以保证本代产品淡出市场时，有新的产品来承担起企业发展的重担。成熟期的战略：近期和中期是降低成本，发展服务组件，提高美观设计；长期是产品或其组件通过转变工作原理来克服限制并解决矛盾；发展处于早期阶段的主要性能参数；简化产品，和其他产品或技术相结合。

④ 衰退期

成熟期后，系统面临的是衰退期。此时技术系统已达到极限，不会再有新的突破，该系统因不再有需求的支撑而面临市场的淘汰。此阶段系统的性能参数、专利等级、专利数量、经济收益 4 个方面均呈现快速的下降趋势。衰退期的战略：寻找新的仍有竞争力的领域，如体育、娱乐等；重点投入资金，寻找、选择和研究能够进一步提高产品性能的替代技术；近期和中期是降低成本，发展服务组件，提高美观设计；长期是产品或其组件通过转变工作原理来克服限制并解决矛盾；深度裁剪，集成替代系统，集成向超系统转移的技术和产品。

当一个技术系统的进化完成 4 个阶段以后，必然会出现一个新的技术系统来替代它（如图 1-85 中的系统 B、C），如此不断地替代，就形成了 S-曲线跃迁。

(2) 技术系统进化法则

技术系统的进化并非随机的，而是遵循着一定的客观进化模式。所有的技术都是向“最终理想解”进化的，系统进化的模式可以在过去的发明中发现，并可以应用于其他系统的开发中。TRIZ 理论所具有的辩证思维，使人们可以在不确定的情况下有针对性地寻找解决发明问题的办法。

TRIZ 理论确定的技术系统的进化法则分别是：系统完备性法则；系统能量传递法则；提高理想度法则；子系统不均衡进化法则；协调性法则；动态性进化法则；向微观级进化法则；向超系统进化法则。

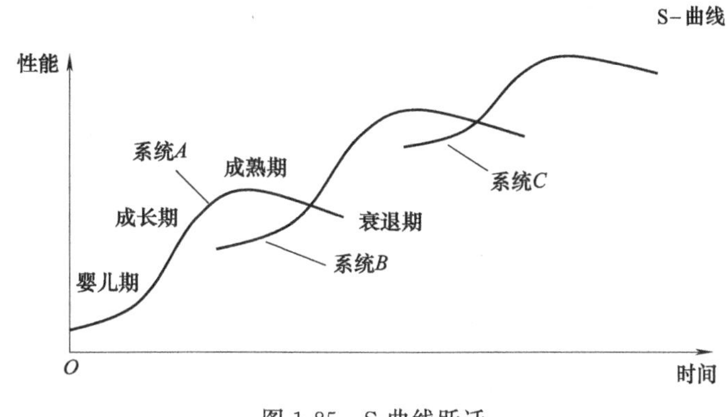

图 1-85　S-曲线跃迁

1）系统完备性法则

为了实现系统功能，系统必须具备最基本的要素，各要素间又存在着不可分割的联系，而系统具有单独要素所不具备的系统特性。

系统是为实现功能而建立的，履行功能是系统存在的目的。一个完整的系统包括动力装置、传动装置、执行装置和控制装置四大基本要素，如图 1-86 所示。这是系统存在的最低配置，缺一不可。它们的目标是使产品能够达到最理想的功能与状态。

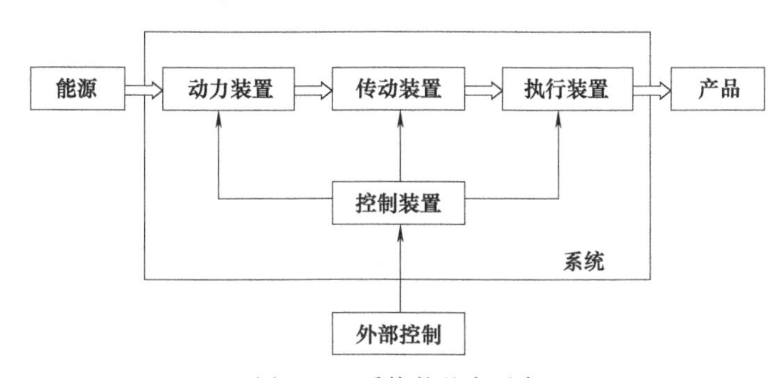

图 1-86　系统的基本要素

① 动力装置。从能量获取能量，并将能量转换为系统所需要的形式的装置。

② 传动装置。将能量输送到执行装置的装置。

③ 执行装置。直接作用于产品的装置。TRIZ 理论中划分了两个概念：产品和工具。产品是指系统完成其功能的产物，也称工件或对象；工具是指系统直接作用于产品的部分，即执行装置。因此，工具与产品间相互作用的效率直接影响系统的工作效率。

④ 控制装置。协调和控制系统其他要素的装置。完全自动的系统是不存在的，需要利用系统外部的控制来指挥系统内部的控制装置。

系统的各部分间存在着物质、能量、信息和职能的联系。技术系统从能量源获得能量，并将能量转换，传递到需要能量的部件，作用到对象上，即“能源—动力装置—传动装置—执行装置—产品”的工作路线，控制装置改变系统中的能量流，加强或减弱某个要素，从而协调整个系统。系统如果缺少其中的任一部件，都不能称为一个完整的技术系统；如果系统中的任一部件失效，将导致整个技术系统崩溃；技术系统存在的必要条件是基本要素都存在，并具有最基本的工作能力。

完备性法则有助于确定实现所需技术功能的方法并节约资源，利用它可以对效率低下的技术系统进行简化。

2）系统能量传递法则

技术系统要实现其功能，必须保证能量能够贯穿系统的所有部分。每个技术系统都是一个能量传递系统，将能量从动力装置经传动装置传递到执行装置，为了实现技术系统的某一部分可控性，必须保证该部分与控制装置之间的能量传导。

技术系统能量传递法则主要表现在两个方面：a. 能量能够从能量源流向技术系统的所有元件。如果技术系统中某个零件不能接收能量，就会影响其发挥作用，整个技术系统就不能执行其有用功能或者使有用功能的发挥大打折扣。b. 技术系统的进化应该沿着使能量流动路径缩短的方向发展，以减少能量损失。

掌握了系统能量传递法则，有助于减少技术系统的能量损失，保证其在特定阶段提供最大的效率。

3）提高理想度法则

理想化是推动系统进化的主要动力。技术系统向最终理想解的方向进化，趋向更加简单、可靠、有效。TRIZ 理论中最理想的技术系统是：不存在物理实体，也不消耗任何资源，但是却能够实现所有必要的功能。

提高理想度法则是技术系统进化法则的核心，代表着所有技术系统进化法则的最终方向。TRIZ 中理想化的应用包含理想机器、理想方法、理想过程、理想物质和理想系统等。

技术系统提高理想度法则包含以下四方面含义：a. 一个系统在实现功能的同时，必然有有益作用和有害作用两方面的作用；b. 理想度是指有益作用和有害作用的比值；c. 系统改进的一般方向是最大化理想度比值；d. 在建立和选择发明解法的同时，需要努力提升理想度水平。

提高系统理想度有三个基本方向：①提高有益参数。②降低有害参数。③提高有益参数的同时降低有害参数。对于复杂系统，理想度的提高依赖于两个相反的过程——展开和收缩，展开是通过使系统复杂化来提升所执行功能的数量和品质；收缩是在对系统进行相对简化的同时，提升（保持）所执行功能的数量和品质。

4）子系统不均衡进化法则

技术系统由多个实现各自功能的子系统（元件）组成，每个子系统以不同的速率进化，因此产生子系统进化不均衡现象。系统越复杂，其各部分的发展就越不均衡。主要表现在：①每个子系统都是沿着自己的 S 曲线进化的；②不同的子系统将依据自己的时间进度进化；③不同的子系统在不同的时间点到达自己的极限，这将导致子系统间出现矛盾；④系统中最先达到其极限的子系统将抑制整个系统的进化，系统的进化水平取决于该子系统；⑤需要考虑系统的持续改进来消除矛盾。

通常设计人员容易犯的错误是花费精力专注于系统中已经比较理想的重要子系统，而忽略了“木桶效应”中的短板，结果导致系统的发展缓慢。子系统不均衡进化法则，可以帮助人们及时发现并改进系统中最不理想的子系统，从而提升整个技术系统的进化。

5）协调性法则

在技术系统的进化过程中，子系统的匹配和不匹配交替出现，以改善性能或补偿不足。技术系统的进化是沿着各子系统之间，以及技术系统和其超系统之间更协调的方向发展。

① 协调。系统的各子系统有节奏的协调，是技术系统基本生命力的必要条件。技术系统的协调类型包括结构上的协调、节奏（频率）上的协调、性能参数的协调以及材料的协调。

a. 结构上的协调。技术系统发展过程中，为了优化功能，系统各部分之间以及系统与同其相互作用的客体之间的结构应相互协调。结构上，同一性协调体现在系统与其相互作用的客体具有相同形式的结构及结构的标准化；补充性协调体现在系统可以对其他客体进行补充以达到一定外形的结构；互补性协调体现在系统可以与其作用的客体很好地结合起来的结构；保证特殊种类的相互作用体现在系统地获得取决于与其作用的客体的性能和行动特点，允许其保证特殊种类相互作用的结构。

b. 节奏（频率）上的协调。技术系统发展过程中，系统工作节奏（频率）与其相互作用客体的工作节奏（频率）和性能应相互协调。节奏（频率）上，同一性协调体现在系统和其他客体以共同节拍活动；互补性协调体现在系统是其他客体活动间歇时间活动；保证特殊种类的相互作用体现在系统地获得取决于与其作用的客体的性能和行动特点，允许其保证特殊种类相互作用的节律。

c. 性能参数的协调。技术系统发展过程中，发生技术系统各部分之间以及技术系统与其超系统之间性能参数相互协调。性能参数上，同一性协调体现在系统各部分之间以及与其子系统之间的同一类型性能参数的协调，参数不一定相等，但它们的值应该协调一致；非同一性协调体现在系统各部分之间以及与其子系统之间的各种类型参数的协调；内部协调体现在技术系统发展过程中自身参数的协调；外部协调体现在技术系统发展过程中系统参数与其他客体参数的协调；直接协调体现在系统参数与其作用客体参数的协调；相对协调体现在系统与不和系统做相互作用的客体的参数协调。

d. 材料的协调。技术系统发展过程中，系统各部分之间以及技术系统与其超系统之间发生材料协调。材料方面，同一性协调体现在系统或其部分可以用与其作用的客体材料生产；相同性协调体现在系统可以具有其他系统特性的材料生产系统或其部分；惰性协调体现在系统可以用于其相互作用的客体呈惰性的材料生产系统或其部分；移动性协调体现在系统可以用具有其他客体特性，但这些特性具有其他意义的材料生产系统或其部分；对立性体现在系统可以用具备与其他客体特征呈对立性特性的物质生产系统或其部分；协调作用体现在系统对其他被开始使用材料的客体的协调作用。

② 失调。在系统进化中协调的下一个阶段，为改善性能或补偿不足，参数发生有针对性的变化，开始出现失调，协调与失调会交替出现，形成动态的协调-失调。提高系统协调性的机制就是提高动态性。

技术系统的失调类型包括被动失调、专业失调和动态协调-失调：a. 被动失调是因系统中的一个子系统结构未按期完成任务（或环境、超系统要求发生变化）而失调。b. 专业失调是为保障取得好的效益而有意识的失调。c. 动态协调-失调是系统循环进化中的最后阶段，此时系统参数发生可控（自控）变化，以根据工作条件获得最佳值。

6）动态性进化法则

技术系统的进化是朝着结构柔性、可移动性和可控性方向发展，这就是动态性进化法则。动态性法则主要包括：①向结构动态化方向进化，技术系统应该沿着结构动态化的方向进化，将整体系统的结构划分为多个工作区域，不同的区域赋予不同的性能，必要时，相互作用，重新转向需要的区域。②向移动性增强的方向进化，技术系统应该沿着系统整体可移动性增强的方向进化，系统沿着固定的不可移动部分—可移动进化—整体可移动的路线发展。③向增加自由度的方向进化。技术系统应该沿着系统的自由度增加的方向发展，使系统柔性化。系统沿着刚体单铰链—多铰链柔性体—气体—液体场的路线发展。④系统功能的动态变化。技术系统应该沿着系统功能在数量以及作用客体等方面动态变化的方向进化。⑤向提高可控性的方向进化。技术系统应该沿着系统整体可控制性增强的方向进化。系统沿着直接控制—间接控制—反馈控制—自我控制的路线发展。

7）向微观级进化法则

技术系统及其子系统在进化发展过程中向着减小原件尺寸的方向发展，这就是向微观级进化法则。技术系统向微观级进化的进化路线包括：①规模微观化，即元件从最初的尺寸向原子、基本粒子的尺寸进化，同时能更好地实现系统的功能。②增加离散度，通过改变物质的关联性，使物质的分散程度加大，体现在向多孔毛细管物质转变和加大物质中空程度。③引入孔洞，通过引入其他材料或孔洞于单块物体中，然后将孔洞分割成几个部分，孔洞数目增多，重量就会减轻，并且催化物质和场可以引入毛孔中，可以提高系统的元件占用空间有效利用率，减轻系统重量及降低成本等。

8）向超系统进化法则

当一个系统自身发展到极限时，系统将与其他系统联合，向超系统进化，使原系统突破极限，向更高水平发展。向超系统进化法则是重要且被经常使用的法则，系统在向超系统进化过程中，系统参数的差异性、系统的主要功能、系统的联合深度以及联合系统的数量等均会逐渐增加。

① 系统参数的差异性逐渐增加。包括：系统与其主要功能相同的系统联合，以增强系统原有的功能；系统与其功能互补的系统联合，以增加系统的功能；系统与可消除原系统中缺点的系统联合（这个系统没有能力完成主要功能，但能抑制原系统的缺点），以消除系统发展的障碍。沿着相同系统联合—同类差异系统联合—同类竞争系统联合的路线发展。

② 系统的主要功能逐渐增加。有用功能作用客体相近的系统，使用条件相近的系统，工艺流程相近的系统，可以相互利用资源的系统，以及具有相反功能的系统联合组成超系统，使联合系统比原系统具备更多的功能。沿着竞争系统—关联系统—不同系统—相反系统的路线发展。

③ 系统的联合深度逐渐增加。系统的联合深度由零联系向物理联系、逻辑联系逐渐增加，将系统的功能逐渐渗透、转移到超系统中。沿着无连接—有连接—局部简化—完全简化的路线发展。

④ 联合系统的数量逐渐增加。在系统的发展过程中，有的物体不能有效地完成所需的功能，这就要引入一个或多个物体到系统中。系统沿着单系统—双系统—多系统的路线发展。

(3) 技术系统进化法则的应用

技术系统进化法则可以应用到以下几个方面。

1）产生市场需求

产品需求的传统获得方法一般是市场调查，调查人员基本聚焦于现有产品和用户的需求，缺乏对产品未来趋势的有效把握，所以问卷的设计和调查对象的确定在范围上非常有限，导致市场调查所获取的结果往往比较主观、不完善。调查分析获得的结论对新产品市场定位的参考意义不足，甚至出现错误的导向。

TRIZ 的技术系统进化法则是通过对大量的专利研究得出的，具有客观性的跨行业领域的普适性。技术系统的进化法则可以帮助市场调查人员和设计人员从进化趋势确定产品的进化路径，引导用户提出基于未来的需求，实现市场需求的创新。从而立足于未来，抢占领先位置，成为行业的引领者。

2）定性技术预测

技术进化理论不仅能预测技术的发展，而且还能展现预测结果实现的产品的可能结构状态，使产品开发具有可预见性，可引导设计者尽快发现新的核心技术，提高产品创新的成功率，缩短发明周期。

针对目前的产品，技术系统的进化法则可为研发部门提出预测。a. 对处于婴儿期和成长期的产品，在结构、参数上进行优化，促使其尽快成熟，为企业带来利润。同时，也应尽快申请专利进行产权保护，以使企业在今后的市场竞争中处于有利的位置。b. 对处于成熟期或衰退期的产品，避免进行改进设计的投入或进入该产品领域，同时应关注于开发新的核心技术以替代已有的技术，推出新一代的产品，保持企业的持续发展。c. 明确符合进化趋势的技术发展方向，避免错误的投入。d. 定位系统中最需要改进的子系统，以提高整个产品的水平。e. 跨越现有系统，从超系统的角度定位产品可能的进化模式。

应用技术系统进化法则进行技术预测的一般步骤：a. 分析当前系统，确定系统在生命周期S曲线的位置；b. 根据分析结果，作出相应的决策，改进现有系统或者开发新一代系统；c. 应用系统进化规律预测系统的发展方向，通过解决相关冲突，实现系统的改进或更新。

3）产生新技术

产品进化过程中，虽然产品的基本功能维持不变或略有增加，但其他功能需求和实现形式一直处于持续的进化和变化中，尤其是一些令顾客喜悦的功能变化得非常快。因此，按照进化理论可以对当前产品进行分析，以找出更合理的功能实现结构，帮助设计人员完成对系统或子系统基于进化的设计。

4）专利布局

技术专利首先可以对技术进行保护，同时也可以通过专利来获得高附加的收益。我国企业在走向国际化的道路上，几乎都遇到了国外同行在专利上的阻拦。技术系统的进化法则，可以有效确定未来的技术系统走势，对于当前还没有市场需求的技术，可以预先进行有效的专利布局，以保证企业未来的长久发展空间和专利发放所带来的可观收益。

5）选择企业战略制定的时机

技术系统进化法则，尤其是S-曲线对选择一个企业发展战略制定的时机具有积极的指导意义。企业也是一个技术系统，成功的企业战略能够将企业带入一个快速发展的时期，完成一次S-曲线的完整发展过程。但是，当这个战略进入成熟期以后，将面临后续的衰退期，所以企业面临的是下一个战略的制定。

1.2.7 科学效应和现象

TRIZ将高难度的问题和所要实现的功能进行了归纳和总结，得出了最常见的30个功能，以及实现这些功能经常要用到的100个科学效应和现象，并提出了应用方法。

(1) TRIZ定义的30个功能

传统的科学效应多为按照其所属领域进行组织划分，侧重于效应的内容、推导和属性的说明。由于发明者对除自身领域之外的其他领域知识通常具有相当的局限性，造成了效应搜索的困难。

TRIZ理论中，按照“从技术目标到实现方法”的方式组织效应库，发明者可根据TRIZ的分析工具决定需要实现的“技术目标”，然后选择需要的“实现方法”，即相应的科学效应。TRIZ的效应库的组织结构，便于发明者对效应进行应用。

通过对250多万份全世界高水平发明专利的分析研究，阿奇舒勒指出在工业和自然科学中的问题和解决方案是重复的、技术进化模式是重复的，只有百分之一的解决方案是真正的发明，而其余部分只是以一种新的方式来应用以前已存在的知识或概念。因此，对于一个新的技术问题，绝大多数情况都能从已经存在的原理和方法中找到该问题的解决方案。基于对世界专利库的大量专利的分析，TRIZ理论总结了大量的物理、化学和几何效应，每一个效应都可能用来解决某一类问题。常见的共有30个功能，并赋予每个功能以相对应的一个代码，如表1-21所示。

(2) 科学效应和现象清单

在TRIZ理论中，针对常用的30个功能，推荐了100个实现这些功能经常要用到的科学效应和现象，表1-21所示为摘录的部分内容。

(3) 科学效应和现象的应用实例

应用科学效应和现象的步骤有6个：a. 明确问题；b. 确定功能；c. 查找功能代码；d. 查询科学效应库；e. 效应筛选；f. 形成解决方案。如果问题没能得到解决或功能无法实现，请重新分析问题或查找合适的效应。举例说明如下。

[实例36] 某灯泡厂的厂长将厂里的工程师召集起来开会，他让工程师们看了顾客写来的一叠批评信，顾客对灯泡的质量非常不满意。下面对此问题应用科学效应和现象按步骤进行分析和解决。

① 明确问题。工程师们觉得灯泡里的压力有些问题。压力有时比正常的高，有时比正常的低。

② 确定功能。灯泡是在通电的情况下工作的，为准确测量灯泡内部气体的压力，可确定功能为探测电场和磁场。

③ 查找功能代码。通过查找表1-21，可知探测电场和磁场的功能代码为F25。

④ 查找科学效应库。从表1-22中，查找F25功能代码下TRIZ推荐的科学效应和现象包括渗透、电晕放电、压电效应、驻极体（电介体）、电-光和磁-光现象、巴克豪森效应等。

⑤ 效应筛选。经过对以上效应逐一分析，只有"电晕放电（E31）"的出现依赖于气体成分和导体周围的气压，所以电晕放电能够适合测量灯泡内部气体的压力。

⑥ 形成解决方案。用电晕放电效应测量灯泡内部气体的压力。如果灯泡灯口加上额定高电压，气体达到额定压力就会产生电晕放电。

表1-21 功能代码表

序号	实现的功能	功能的代码
1	测量温度	F1
2	降低温度	F2
3	提高温度	F3
4	稳定温度	F4
5	探测物体的位移和运动	F5
6	控制物体位移	F6
7	控制液体及气体的运动	F7
8	控制浮质(气体中的悬浮微粒,如烟、雾等)的流动	F8
9	搅拌混合物形成溶液	F9
10	分解混合物	F10
11	稳定物体位置	F11
12	产生/控制力,形成高的压力	F12
13	控制摩擦力	F13

续表

序号	实现的功能	功能的代码
14	解体物体	F14
15	积蓄机械能与热能	F15
16	传递能量	F16
17	建立移动的物体和固定的物体之间的交互作用	F17
18	测量物体的尺寸	F18
19	改变物体尺寸	F19
20	检查表面状态和性质	F20
21	改变表面性质	F21
22	检查物体容量的状态和特征	F22
23	改变物体空间性质	F23
24	形成要求的结构,稳定物体结构	F24
25	探测电场和磁场	F25
26	探测辐射	F26
27	产生辐射	F27
28	控制电磁场	F28
29	控制光	F29
30	产生及加强化学变化	F30

表 1-22　科学效应和现象清单

<table>
<tr><th>功能代码</th><th>实现的功能</th><th colspan="2">TRIZ 推荐的科学效应和现象</th><th>科学效应和现象序号</th></tr>
<tr><td rowspan="7">F1</td><td rowspan="7">测量温度</td><td colspan="2">热膨胀</td><td>E75</td></tr>
<tr><td colspan="2">热双金属片</td><td>E76</td></tr>
<tr><td colspan="2">热电现象</td><td>E71</td></tr>
<tr><td colspan="2">热辐射</td><td>E73</td></tr>
<tr><td colspan="2">电阻</td><td>E33</td></tr>
<tr><td colspan="2">居里效应</td><td>E60</td></tr>
<tr><td colspan="2">⋮</td><td>⋮</td></tr>
<tr><td>F2</td><td>降低温度</td><td colspan="2">⋮</td><td>⋮</td></tr>
<tr><td rowspan="4">F3</td><td rowspan="4">提高温度</td><td colspan="2">电磁感应</td><td>E24</td></tr>
<tr><td colspan="2">电弧</td><td>E25</td></tr>
<tr><td colspan="2">热辐射</td><td>E73</td></tr>
<tr><td colspan="2">⋮</td><td>⋮</td></tr>
<tr><td rowspan="3">F4</td><td rowspan="3">稳定温度</td><td colspan="2">一级相变</td><td>E94</td></tr>
<tr><td colspan="2">二级相变</td><td>E36</td></tr>
<tr><td colspan="2">居里效应</td><td>E60</td></tr>
<tr><td>F5</td><td>⋮</td><td colspan="2">⋮</td><td>⋮</td></tr>
<tr><td rowspan="3">F6</td><td rowspan="3">控制物体位移</td><td colspan="2">磁力</td><td>E15</td></tr>
<tr><td colspan="2">振动</td><td>E98</td></tr>
<tr><td colspan="2">⋮</td><td>⋮</td></tr>
<tr><td>⋮</td><td>⋮</td><td colspan="2">⋮</td><td>⋮</td></tr>
<tr><td rowspan="4">F15</td><td rowspan="4">积蓄机械能与热能</td><td colspan="2">弹性变形</td><td>E85</td></tr>
<tr><td colspan="2">惯性力</td><td>E49</td></tr>
<tr><td colspan="2">一级相变</td><td>E94</td></tr>
<tr><td colspan="2">二级相变</td><td>E36</td></tr>
<tr><td rowspan="6">F16</td><td rowspan="6">传递能量</td><td rowspan="4">对于机械能</td><td>形变</td><td>E85</td></tr>
<tr><td>共振</td><td>E47</td></tr>
<tr><td>振动</td><td>E98</td></tr>
<tr><td>⋮</td><td>⋮</td></tr>
<tr><td>对于热能</td><td>⋮</td><td>⋮</td></tr>
<tr><td>⋮</td><td>⋮</td><td>⋮</td></tr>
</table>

续表

功能代码	实现的功能	TRIZ推荐的科学效应和现象	科学效应和现象序号
⋮	⋮	⋮	⋮
F25	探测电场和磁场	渗透	E77
		电晕放电	E31
		压电效应	E89
		驻极体，电介体	E100
		电-光和磁-光现象	E27
		巴克豪森效应	E3
⋮	⋮	⋮	⋮
F30	产生及加强化学变化	⋮	⋮

[**实例37**] 传统四轮运输车结构简图如图1-87所示，运送货物时，由人力推动或电力驱动。现欲改善其驱动状况，既不需人力，也不需其他形式的能源，利用车的自身结构特点驱动其载重前进，并能在卸货后使其自动返回，操作人员仅停留在运输的起始和终止点，将货物搬上车和卸下即可。

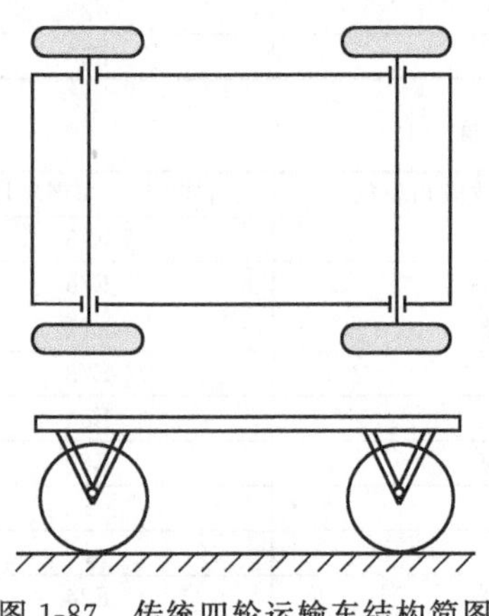

图1-87 传统四轮运输车结构简图

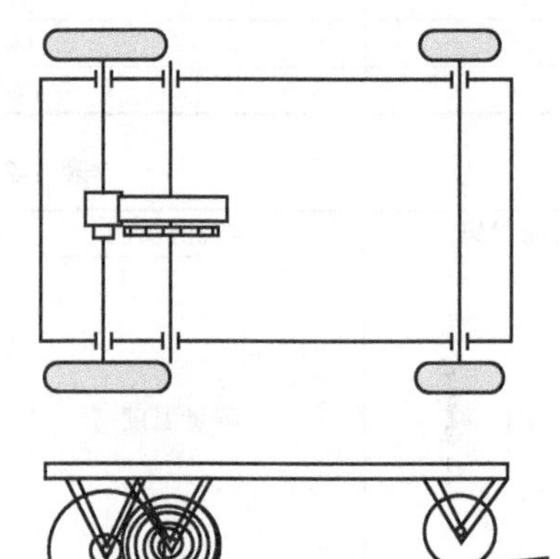

图1-88 自返式运输车结构简图

哈尔滨理工大学学生设计了一种“无能源自驱动省力车”，具有利用货物自重驱动和自动返回的特点，获第二届全国“TRIZ”杯大学生创新方法大赛二等奖。在理想情况下，该运输车既不需要人力，也不需要其他形式的能源，是一种纯机械装置，本着无能源消耗和不产生任何废物排出的绿色设计理念设计而成，尤其适合多次重复往返运送货物的工作场合。

自返式运输车创新设计从运动、储能和能量传递三方面考虑，应用科学效应和现象，按步骤分析过程列于表1-23。所创新设计的自返式运输车结构简图如图1-88所示。

表1-23 自返式运输车创新设计步骤

步骤	分析过程		
(1)明确问题	实现自动往返	自动提供机械能	自动传递能量
(2)确定功能	控制物体位移	积蓄机械能与热能	传递能量
(3)查找功能代码	查表1-20，得F6	查表1-20，得F15	查表1-20，得F16
(4)查找科学效应库	查表1-21，可知磁力、电子力、压强、浮力、液体动力、振动、惯性力、热膨胀、热双金属片	查表1-21，可知弹性变形、惯性力、一级相变、二级相变	查表1-21，可知对于机械能：形变、弹性波、共振、驻波、振动、爆炸、电液压冲压、电水压震扰；对于热能：热电子发热、对流、热传导；对于辐射：反射；对于电能：超导性
(5)效应筛选	选取：振动(E98)	选取：弹性变形(E85)	选取：形变(E85)、振动(E98)

续表

步骤	分析过程
(6)形成解决方案	将运输车的使用场地改成斜面,当载有重物时,利用货物的重力使车自行前进,同时平卷簧卷紧储存机械能,而当运至目的地卸下货物时,平卷簧放松,驱动运输车自动返回,具有急回特性。这种运输车一般用于短距离轻载运输,在连续往复运输时优势比较明显。运输车在斜坡上往复运动应用了弹簧的振动性能(E98)和弹性变形性能(E85)

科学效应和现象在 TRIZ 理论中是一种基于知识的解决问题工具。随着科学的发展，各种目前未知的效应将被进一步发现，能实现某种功能的效应也将越来越多，科学效应库也将越来越丰富。

1.2.8 标准解法与 ARIZ 算法

TRIZ 通过对大量专利的分析研究发现，发明问题共分为两大类，即标准问题和非标准问题。标准问题可以在一、两步中快速获得解决，这些针对标准问题的解决法被称为发明问题的标准解法。对于那些问题情境复杂、矛盾不明显的非标准问题，ARIZ 算法则更加可行，但由于该算法比较复杂，不易被掌握，其应用不如其他工具广泛。

(1) 标准解法的构成

TRIZ 中的标准解法分 5 级，18 个子级，共计 76 个，如表 1-24 所示。各级中解法的先后顺序也反映了技术系统必然的进化过程和进化方向。

表 1-24　标准解法的分级

级别	名　称	子级数	标准解数
1	建立或拆解物-场模型	2	13
2	强化物-场模型	4	23
3	向超系统或微观级转化	2	6
4	检测和测量的标准解法	5	17
5	简化与改善策略	5	17
合计	5 级	18	76

发明问题的标准解法详细构成如表 1-25～表 1-29 所示。为便于检索和应用，对 76 个标准解进行编号。编号的方法：S 代表“标准解”；后边第一位表示所属“级”；第二位表示所属“子级”；第三位表示解的“序号”。例如 S2.4.6 代表“标准解第 2 级第 4 子级的第 6 个解法”。

1）第 1 级

第 1 级主要是建立和拆解物-场模型，共有 2 个子级，13 个标准解法，见表 1-25。

表 1-25　第 1 级：建立或拆解物-场模型

序号	名　称	编号	所属子级	所属级
1	建立物-场模型	S1.1.1	S1.1　建立物-场模型	第 1 级建立和拆解物-场模型
2	内部合成物-场模型	S1.1.2		
3	外部合成物-场模型	S1.1.3		
4	与环境一起的外部物-场模型	S1.1.4		
5	与环境和添加物一起的物-场模型	S1.1.5		
6	最小模式	S1.1.6		
7	最大模式	S1.1.7		
8	选择性最大模式	S1.1.8		
9	引入 S_3 消除有害效应	S1.2.1	S1.2　拆解物-场模型	
10	引入改进的 S_1 或(和)S_2 来消除有害效应	S1.2.2		
11	排除有害作用	S1.2.3		
12	用场 F_2 来抵消有害作用	S1.2.4		
13	切断磁影响	S1.2.5		

第 1 级建立或拆解物-场模型解法从两方面考虑：创建需要的效应（建立物-场模型）或消除不希望出现的效应（拆解物-场模型）。

① 建立物-场模型。如果系统的组成元件不完整，则添加功能要素，创建需要的效应，形成完整功能系统。

［实例 38］ 假定系统仅有锤子，则什么也不能发生。假如系统仅有锤子与钉子，也什么都不能发生。完整系统必须包括锤子、钉子及使锤子作用于钉子上的机械能。

［实例 39］ 办公室里的计算机工作使室温增加，可能使其不能正常工作，空调可改变环境温度，使其正常工作。

［实例 40］ 盛注射液的玻璃瓶是用火焰密封的，但火焰的温度将降低药液的质量，密封时将玻璃瓶放在水中进行，可保持药液在合适的温度。

② 拆解物-场模型。在一个系统中有用和有害效应同时存在，则拆解物-场模型消除不希望出现的有害效应。如解决办法之一是使 S_1 和 S_2 不必直接接触，引入 S_3 消除有害效应。

［实例 41］ 房子用的支撑木 S_2 将损害承重梁 S_1，在两者之间设置一块钢板 S_3，将分散负载，保护承重梁。

2）第 2 级

第 2 级主要是强化物-场模型，共有 4 个子级，23 个标准解法，见表 1-26。

表 1-26　第 2 级：强化物-场模型

序号	名　称	编号	所属子级	所属级
1	链式物-场模型	S2.1.1	S2.1　向合成物-场模型转化	第 2 级强化物-场模型
2	双物-场模型	S2.1.2		
3	使用更可控制的场	S2.2.1	S2.2　加强物-场模型	
4	物质 S_2 的分裂	S2.2.2		
5	使用毛细管和多孔的物质	S2.2.3		
6	动态性	S2.2.4		
7	构造场	S2.2.5		
8	构造物质	S2.2.6		
9	匹配场 F、S_1、S_2 的节奏	S2.3.1	S2.3　通过匹配节奏加强物-场模型	
10	匹配场 F_1 和 F_2 的节奏	S2.3.2		
11	匹配矛盾或预先独立的动作	S2.3.3		
12	预-铁-场模型	S2.4.1	S2.4　铁磁-场模型（合成加强物-场模型）	
13	铁-场模型	S2.4.2		
14	磁性液体	S2.4.3		
15	在铁-场模型中应用毛细管结构	S2.4.4		
16	合成铁-场模型	S2.4.5		
17	与环境一起的铁-场模型	S2.4.6		
18	应用自然现象和效应	S2.4.7		
19	动态性	S2.4.8		
20	构造	S2.4.9		
21	在铁-场模型中匹配节奏	S2.4.10		
22	电-场模型	S2.4.11		
23	流变学的液体	S2.4.12		

第 2 级标准解的特点是通过对描述系统物-场模型的较大改变来改善系统。

① 向合成物-场模型转化。将系统改变到复杂的物-场模型，向合成物-场模型转化。

［实例 42］ 锤子直接破碎岩石效率很差，可通过串接另一物-场而得到改善。在锤子与岩石之间加一凿子，锤子的机械能直接加到凿子上，凿子将机械能传递到岩石。

② 加强物-场模型。对于可控性差的场，用一易控场代替，或增加一易控场。如由重力场变为机械场，由机械场变为电场或电磁场。其核心是由物体的物理接触到场的作用。

[实例 43] 很难设计一支撑系统将重力均匀分布在不平的表面上，而充液胶囊能将重利均匀分布。

③ 通过匹配节奏加强物-场模型。使 F 与 S_1 或 S_2 的自然频率匹配或故意不匹配。

[实例 44] 将肾结石暴露在与其自然频率相同的超声波之中，可在体内破碎结石。

④ 铁磁-场模型。在一个系统中增加铁磁材料和（或）磁场。

[实例 45] 增加铁磁材料及磁场，可使橡胶模具的刚度被控制。

[实例 46] 将一个涂有磁性材料的橡胶垫子放在汽车内，使工具放到该垫子上，使用方便。同样的装置也可用于医疗器械。

[实例 47] 磁共振影像是利用调频振动磁场探测特定的细胞核振动，所产生影像的颜色将说明某些细胞集中的程度。如肿块的含水密度不同于正常组织，所以其颜色也不同，因此就可探测出来。

3）第 3 级

第 3 级主要是向超系统或微观级转化，共有 2 个子级，6 个标准解法，见表 1-27。

表 1-27 第 3 级：向超系统或微观级转化

序号	名　　称	编号	所属子级	所属级
1	系统转化 1a：创建双、多系统	S3.1.1	S3.1 向双系统和多系统转化	第 3 级向超系统或微观级转化
2	加强双、多系统内的连接	S3.1.2		
3	系统转化 1b：加大元素间的差异	S3.1.3		
4	双、多系统的简化	S3.1.4		
5	系统转化 1c：系统整体或部分的相反特征	S3.1.5		
6	系统转化 2：向微观级转化	S3.2.1	S3.2 向微观级转化	

第 3 级标准解的特点是系统转化到双系统、多系统或微观水平。

① 向双系统和多系统转化。可通过创建更复杂的双系统或多系统来加强原系统，也可加强双系统或多系统内的连接等。

[实例 48] 为了处理方便，多层布叠在一起同时被切成所需要的形状。

[实例 49] 对于四轮驱动的汽车，前、后轮差速器具有动态的连接关系。

② 向微观级转化。系统转化到微观级水平。

[实例 50] 在玻璃生产线中，传递玻璃板的辊子已被锡液代替，使玻璃表面平整光滑。

4）第 4 级

第 4 级主要是检测和测量的标准解法，共有 5 个子级，17 个标准解法，见表 1-28。

表 1-28 第 4 级：检测和测量的标准解法

序号	名　　称	编号	所属子级	所属级
1	以系统的变化代替探测或测量	S4.1.1	S4.1 间接方法	第 4 级探测和测量的标准解法
2	应用拷贝	S4.1.2		
3	测量当作二次连续检测	S4.1.3		
4	测量的物-场模型	S4.2.1	S4.2 建立测量的物-场模型	
5	合成测量的物-场模型	S4.2.2		
6	与环境一起的测量的物-场模型	S4.2.3		
7	从环境中获得添加物	S4.2.4		

续表

序号	名　称	编号	所属子级	所属级
8	应用物理效应和现象	S4.3.1	S4.3　加强测量物-场模型	第4级探测和测量的标准解法
9	应用样本的谐振	S4.3.2		
10	应用加入物体的谐振	S4.3.3		
11	测量的预-铁-场模型	S4.4.1	S4.4　向铁-场模型转化	
12	测量的铁-场模型	S4.4.2		
13	合成测量的铁-场模型	S4.4.3		
14	与环境一起的测量的铁-场模型	S4.4.4		
15	应用物理效应和现象	S4.4.5		
16	向双系统和多系统转化	S4.5.1	S4.5　测量系统的进化方向	
17	进化方向	S4.5.2		

检测与测量是典型的控制环节。检测是指检查某种状态发生或不发生。测量具有定量化及一定精度的特点。一些创新解是采用物理的、化学的、几何的效应完成自动控制，而不是采用检测与测量。

① 间接方法。采用物理的、化学的、几何的效应间接完成自动控制等。

［实例 51］ 采用热偶合或双金属片制造的开关可能实现热系统的自调节。

② 建立测量的物-场模型。假如一个不完整物-场系统不能被检测或测量，增加单或双物-场，且一个场作为输出。

假如已存在的场是非常有效的，在不影响原系统的条件下，改变或加强该场。加强了的场应具有容易检测的参数，这些参数与设计者所关心的参数有关。

［实例 52］ 塑料制品上的小孔很难被检测到，将塑料制品内充满气体并密封，之后置于水中，如果有气泡出现，则说明存在小孔。

③ 加强测量物-场模型。利用自然现象。如果利用系统中出现的已知科学效应，通过观察效应的变化，决定系统的状态。

［实例 53］ 有限元分析中，将一定的频率范围内变化的力加到物体的不同位置上，计算不同位置所产生的应力，以评价设计是否合理。

④ 向铁-场模型转化。在遥感、微装置、光纤、微处理器应用之前，为测量引入铁磁材料是流行的方法。

增加或利用铁磁物质或系统中的磁场以便测量。

［实例 54］ 交通通常是通过红绿灯控制的，如果想知道何时有车辆等待及等待的车队有多长，在人行道内置传感器（含有铁磁部件），将使检测变得很容易。

⑤ 测量系统的进化方向。传递到双或多系统。假如单一测量系统不能给出足够的精度，可应用双系统或多系统。

［实例 55］ 为了测量视力，验光师使用一系列的仪器测量远处聚焦、近处聚焦、视网膜整体的一致性。

5）第 5 级

第 5 级主要是简化与改善策略，共有 5 个子级，17 个标准解法，见表 1-29。

第 5 级标准解是简化或改进上述标准解，以得到简化的方案。

① 引入物质。间接方法，使用无成本资源，如空气、真空、气泡、泡沫、空洞、缝隙等。

表 1-29　第 5 级：简化与改善策略

序号	名　　称	编号	所属子级	所属级
1	间接方法	S5.1.1	S5.1　引入物质	第 5 级简化与改善策略
2	分裂物质	S5.1.2		
3	物质的“自消失”	S5.1.3		
4	大量引入物质	S5.1.4		
5	可用场的综合使用	S5.2.1	S5.2　引入场	
6	从环境中引入场	S5.2.2		
7	利用物质可能创造的场	S5.2.3		
8	相变 1:变换状态	S5.3.1	S5.3　相变	
9	相变 2:动态化相态	S5.3.2		
10	相变 3:利用伴随的现象	S5.3.3		
11	相变 4:向双相态转化	S5.3.4		
12	状态间作用	S5.3.5		
13	自我控制的转化	S5.4.1	S5.4　应用物理效应和现象的特性	
14	放大输出场	S5.4.2		
15	通过分解获得物质粒子	S5.5.1	S5.5　根据实验的标准解法	
16	通过结合获得物质粒子	S5.5.2		
17	应用标准解法 5.5.1 及标准解法 5.5.2	S5.5.3		

[**实例 56**]　制造水下潜水用的潜水服。为了保持温度，传统的想法是增加橡胶的厚度，其结果是增加了其质量，这是不合适的设计。使橡胶产生泡沫，不仅减轻了质量，还提高了保暖性，这是目前的设计。

② 引入场。使用一种场来产生另一种场。

[**实例 57**]　在回旋加速器中，加速度产生切伦克夫辐射，这是一种光，变化的磁场可以控制光的波长。

③ 相变。相变即替代状态。

[**实例 58**]　利用物质的气、液、固三态。为了运输某种气体，使其变为液态，使用时再变成气态。

④ 应用物理效应和现象的特性。假如一物体必须具有不同的状态，应使其自身从一个状态传递到另一个状态。自控制传递。

[**实例 59**]　摄影玻璃在有光线的环境中变黑，在黑暗的环境中变得透明。

⑤ 根据实验的标准解法。产生高等或低等结构水平的物质，通过分解或结合获得物质粒子。

[**实例 60**]　假如系统中需要的氢不存在，则用电离法将水转变成氢与氧。

(2) 标准解法的应用

76 个标准解法的应用流程如图 1-89 所示。在应用标准解法的过程中，必须紧紧围绕系统所存在的问题的最终理想解，并考虑系统的实际限制条件，灵活进行应用，追求最优化的解决方案。很多情况下，综合应用多个标准解法，对问题的解决彻底程度具有积极意义，尤其是第 5 级的 17 个标准解法。

[**实例 61**]　气孔直径小于 3mm 的混凝土被称为多孔混凝土，在建筑工程中被广泛应用。微孔能占据混凝土材料近 90%的体积。多孔混凝土有很多优点：重量轻，绝好的保温性、气体穿透性、阻燃性和无毒性，可以随便锯割、钻孔或是钉钉子。但生产这种混凝土需要价格高昂的设备，如热压罐、泡沫发生器以及研磨机组等，且设备耗电量极大。此外，微孔尺寸具有较大的偏差，而且在混凝土中分布不够均匀。

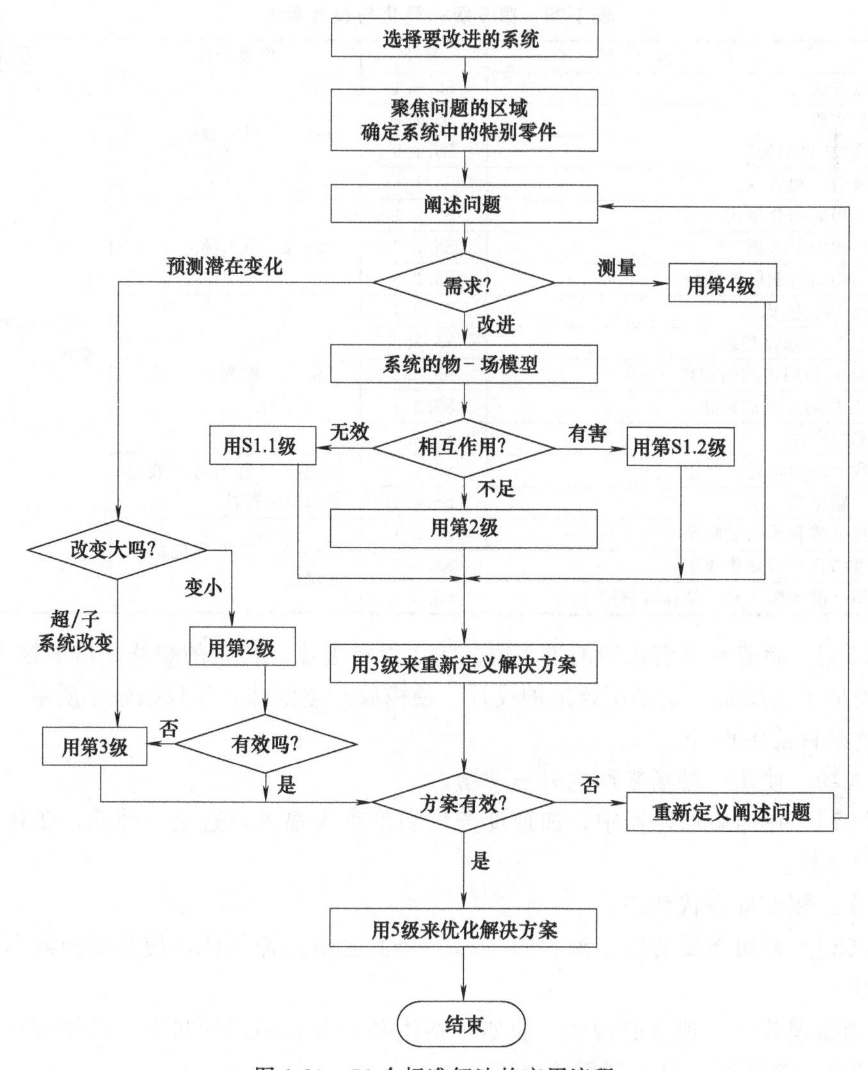

图 1-89　76 个标准解法的应用流程

针对以上问题，俄罗斯莫斯科混凝土和钢筋混凝土研究院研制出了一种工艺：不使用上述结构复杂、价格昂贵且高能耗的设备，而是利用专门的化学添加剂在混凝土制品内制造出大小一致并分布均匀的微孔。

本例应用标准解法主要有以下几个。具体步骤这里不详述。

S2.2.3　使用毛细管和多孔的物质。

S1.1.2　内部合成物-场模型。在系统中引进物质，并在需要的时候将其分离出来。

S3.2.1　系统转化 2：向微观级转化。获得了微小均匀的气孔。化学添加剂的应用使系统高度压缩，不再使用耗电量大且效率不高的昂贵设备。

(3) ARIZ 算法的应用

非标准问题主要应用 ARIZ 算法来解决，而 ARIZ 算法的重要思路是将非标准问题通过各种方法进行变化，转化为标准问题，然后应用标准解法来获得解决方案。在对成千上万的发明进行分析的基础上，TRIZ 理论为问题原始情境的合理化研究、问题模型的构建、适合的转化模型的选择、候选方案正确性的检验等步骤建立了顺序，这个顺序流程被称为发明问题解决算法（ARIZ）。经典 TRIZ 理论中，该算法的最后版本完成于 1985 年，称为发明问题解决算法-1985（ARIZ-85）。ARIZ-85 算法流程如图 1-90 所示。

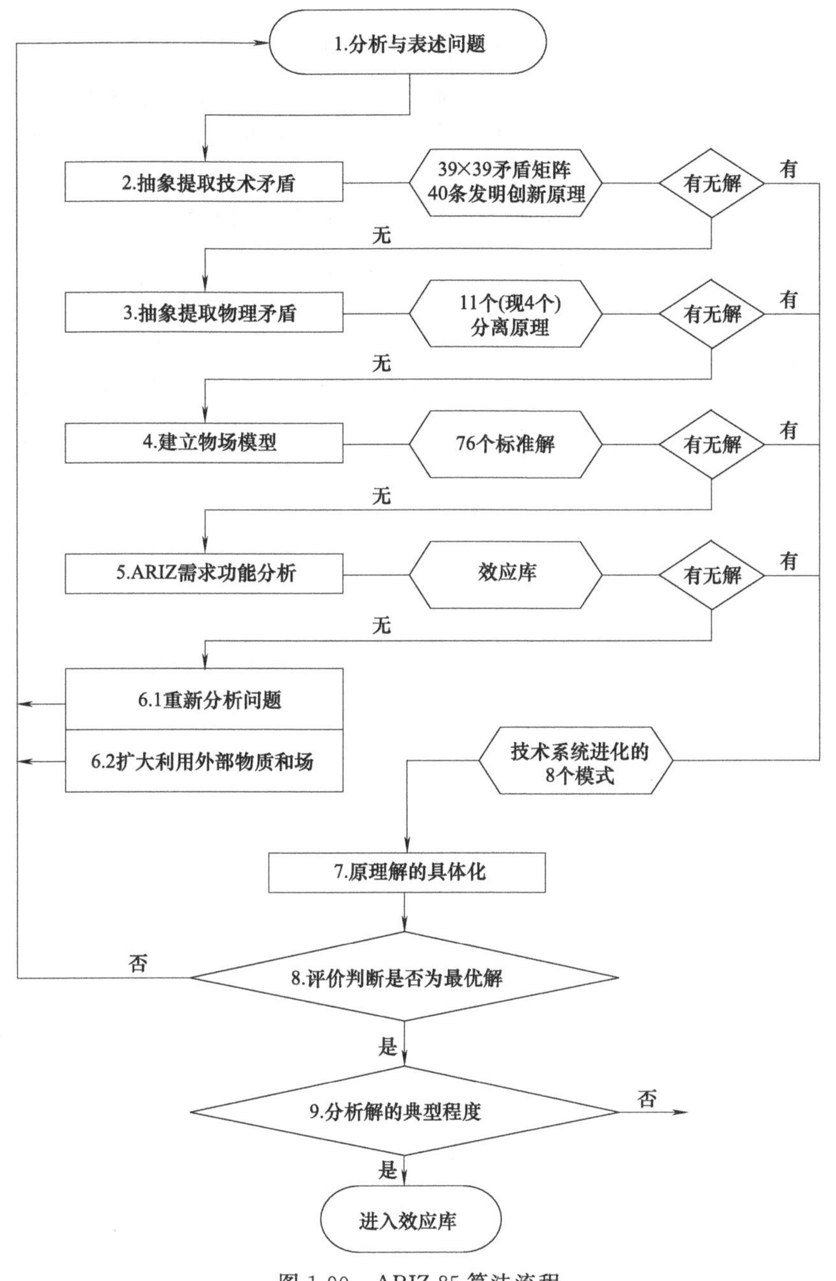

图 1-90　ARIZ-85 算法流程

下面用 ARIZ 算法解决实际技术发明问题。

［**实例 62**］　2008 年初的一场大雪众所周知，电线上堆积的冰凌和大雪压断了电线，甚至压倒了电线杆和电线铁塔。如何解决这一问题，避免以后灾难重演呢？

首先，分析技术矛盾。此问题没有明显的技术矛盾。

结论：失败。

其次，提取物理矛盾。在气温 0℃以下的下雪天，电线上必然会积雪，雪会生成冰凌。

但人们又希望电线上没有雪。电线上存在雪和不应该存在雪构成了物理矛盾。

物理矛盾可采用四个分离原理解决，但苦思冥想后没有得出实际有效的解决办法。

结论：失败。

最后，改用物-场模型分析。提取物-场模型：S_1 为雪和冰凌，场 F 为导线中交变电流在导线周围产生电磁场。仅有两个基本条件，缺少元件 S_2，无法建立物-场模型。

分析：补充元件 S_2，构成基本的物-场模型。如果场 F 作用于 S_2，S_2 使 S_1 融化而离开电线即可解决矛盾。由表 1-21，查功能代码 F_3 和 F_4，得 E24 电磁感应和 E60 居里效应。交变电磁场在磁性物体中产生的磁涡流因磁阻转化为热量，机械行业中的高频淬火就是应用此原理。

解决方案：高压线中都存在高压交变电流，在电线上加一个磁性材料做成的套。一般情况下温度高，磁性材料为顺磁性，导线有电时，套中无电磁涡流；当温度低于一定值（居里点）时，磁性材料表现为磁性，导线通电时套中产生磁涡流，进而产生热，堆积在套表面的雪融化、脱离，矛盾得以解决。

第2章 机械创新设计基本方法及其与TRIZ的关联

在各种产品的创新设计过程中，经常涉及产品的机械部分，机械有“工业之母”之称，因而进行工业创新实践以及各种各样的创新活动中，不可避免地要进行机械创新。机械创新设计包括的内容很多，限于篇幅，本章只介绍机械创新设计的基本方法，主要是机构创新和结构创新两方面，并对机构创新与 TRIZ 作关联分析。

2.1 机构创新设计及其与 TRIZ 的关联

2.1.1 常见机构的运动及性能特点

一个机械的工作功能，通常是要通过传动装置和机构来实现。机构设计具有多样性和复杂性，一般在满足工作要求的条件下，可采用不同的机构类型。在进行机构设计时，除要考虑满足基本的运动形式、运动规律或运动轨迹等工作要求外，还应注意以下几点。

① 机构尽可能简单。可通过选用构件数和运动副较少的机构、适当选择运动副类型、适当选用原动机等方法来实现。

② 尽量缩小机构尺寸，以减少重量和提高机动、灵活性能。

③ 应使机构具有较好的动力学性能，提高效率。

在实际设计时，要求所选用的机构能实现某种所需的运动和功能，表 2-1 和表 2-2 归纳介绍了常见机构实现的运动类型和性能特点，可为人们设计时提供参考。

表 2-1 常见机构实现的运动类型

运动类型	连杆机构	凸轮机构	齿轮机构	其他机构
匀速转动	平行四边形机构	—	可以实现	摩擦轮机构 有级、无级变速机构
非匀速转动	铰链四杆机构 转动导杆机构	—	非圆齿轮机构	组合机构
往复移动	曲柄滑块机构	移动从动件凸轮机构	齿轮齿条机构	组合机构 气、液动机构
往复摆动	曲柄摇杆机构 双摇杆机构	摆动从动件凸轮机构	齿轮式往复运动机构	组合机构 气、液动机构

续表

运动类型	连杆机构	凸轮机构	齿轮机构	其他机构
间歇运动	可以实现	间歇凸轮机构	不完全齿轮机构	棘轮机构 槽轮机构 组合机构等
增力及夹持	杠杆机构 肘杆机构	可以实现	可以实现	组合机构

表 2-2 常见机构的性能特点

指标	具体项目	特点			
		连杆机构	凸轮机构	齿轮机构	组合机构
运动性能	运动规律、轨迹	任意性较差，只能实现有限个精确位置	基本上任意	一般为定比转动或移动	基本上任意
	运动精度	较低	较高	高	较高
	运转速度	较低	较高	很高	较高
工作性能	效率	一般	一般	高	一般
	使用范围	较广	较广	广	较广
动力性能	承载能力	较大	较小	大	较大
	传力特性	一般	一般	较好	一般
	振动、噪声	较大	较小	小	较小
	耐磨性	好	差	较好	较好
经济性能	加工难易	易	难	较难	较难
	维护方便	方便	较麻烦	较方便	较方便
	能耗	一般	一般	一般	一般
结构紧凑性能	尺寸	较大	较小	较小	较小
	重量	较轻	较重	较重	较重
	结构复杂性	复杂	一般	简单	复杂

2.1.2 机构的变异与演化

(1) 运动副的变异与演化

运动副用来连接各种构件，转换运动形式，同时传递运动和动力。运动副特性对机构功能和性能从根本上产生影响，因而，研究运动副的变异与演化对机构创新具有重要意义。

1) 运动副尺寸变异

① 转动副扩大。是指将组成转动副的销轴和轴孔在直径上增大，而运动副性质不变，仍是转动副，形成该转动副的两构件之间的相对运动关系没有变。由于尺寸增大，提高了构件在该运动副处的强度与刚度，常用于冲床、泵、压缩机等。

如图 2-1 所示的颚式破碎机，转动副 B 扩大，其销轴直径增大到包括转动副 A，此时，曲柄就变成了偏心盘，该机构实为一曲柄摇杆机构。类似的机构还有图 2-2 所示的冲压机构，也采用了偏心盘，该机构实为一曲柄滑块机构。

图 2-3 所示为另一种转动副扩大的形式，转动副 C 扩大，销轴直径增大至与摇块 2 合为一体，该机构实为一种曲柄摇块机构，实现旋转泵的功能。

② 移动副扩大。是指组成移动副的滑块与导路尺寸增大，并且尺寸增大到将机构中其他运动副包含在其中。因滑块尺寸大，则质量较大，将产生较大的冲压力。常用在冲压、锻压机械中。

图 2-2 所示的冲压机构中，移动副扩大，并将转动副 O、A、B 均包含在其中。大质量的滑块将产生较大的惯性力，有利于冲压。

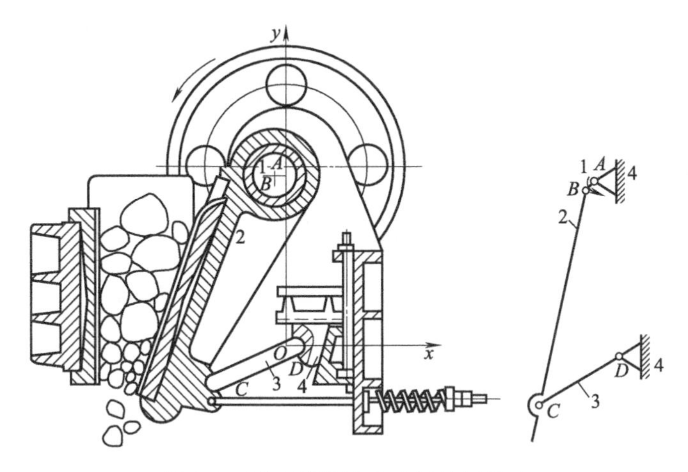

图 2-1　颚式破碎机中的转动副扩大

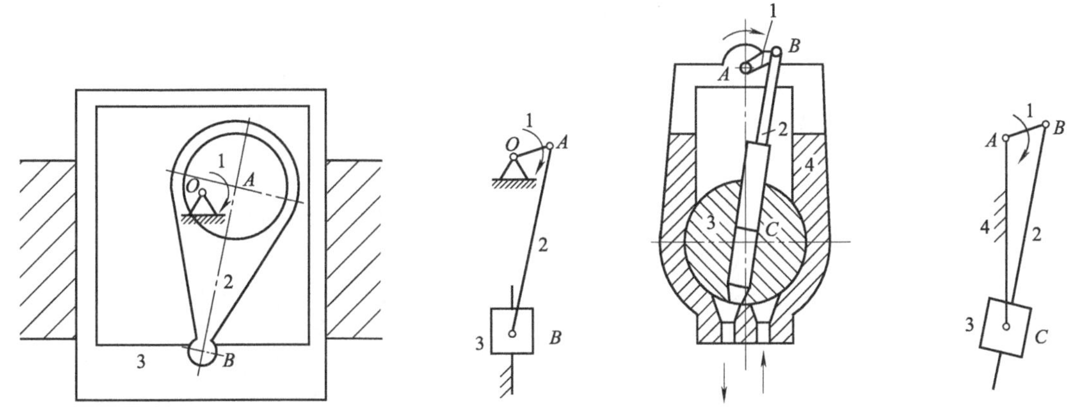

图 2-2　冲压机构中的转动副扩大和移动副扩大　　　图 2-3　旋转泵中的转动副扩大

图 2-4 所示为一曲柄导杆机构，通过扩大水平移动副 C 演化为顶锻机构，大质量的滑块将会产生很大的顶锻压力。

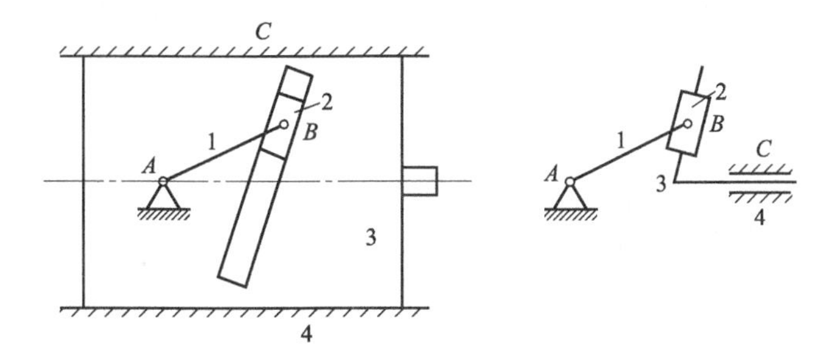

图 2-4　顶锻机构中的移动副扩大

2）运动副形状变异

① 运动副形状通过展直将变异、演化出新的机构。图 2-5 所示为曲柄摇杆机构通过展直摇杆上 C 点的运动轨迹演化为曲柄滑块机构。

图 2-6 所示为一不完全齿条机构，不完全齿条为不完全齿轮的展直变异。不完全齿条 1

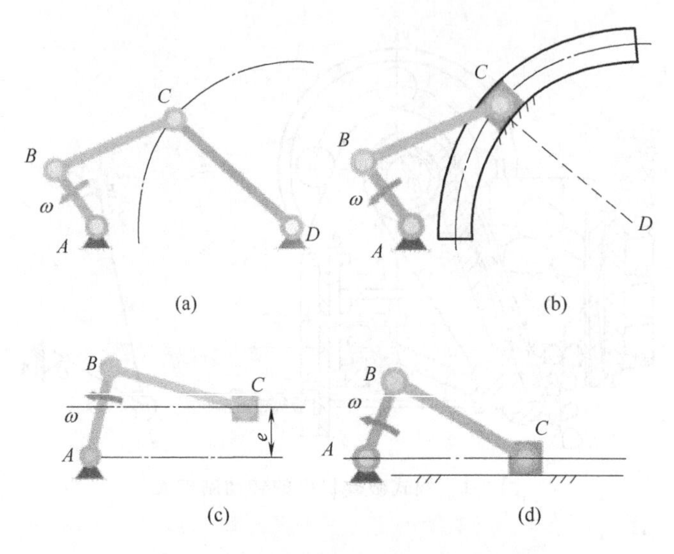

图 2-5　转动副通过展直演化为移动副

主动，做往复移动，不完全齿扇做往复摆动；图 2-7 是槽轮机构的展直变异。拨盘 1 主动，做连续转动，从动槽轮被展直并只采用一部分轮廓，成为从动件 2，从动件 2 做间歇移动。

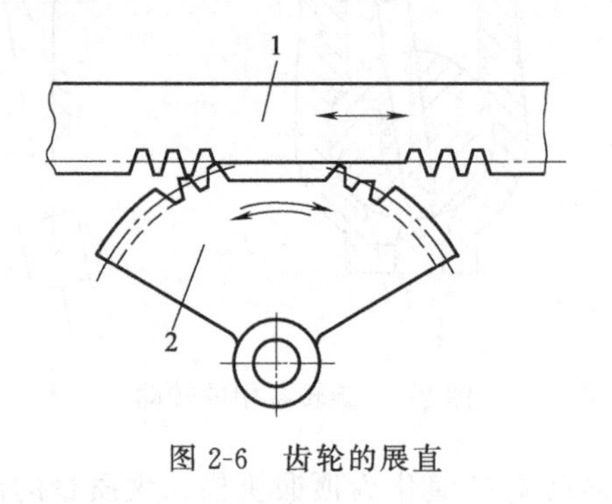

图 2-6　齿轮的展直

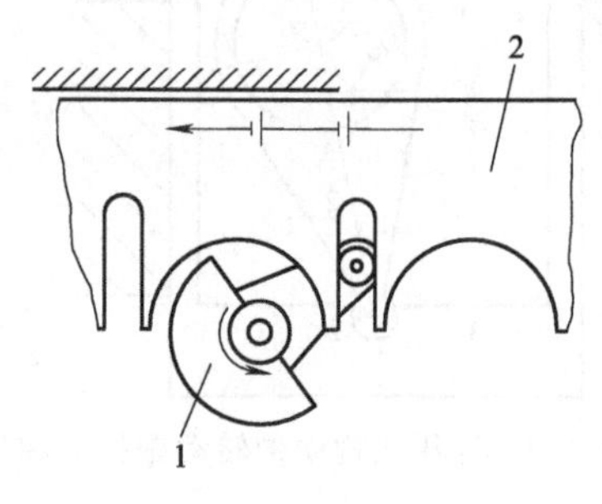

图 2-7　槽轮的展直

1—拨盘；2—从动件

② 运动副形状通过挠曲将变异、演化出新的机构。楔块机构的接触斜面若在其移动平面内进行挠曲，则演化成盘形凸轮机构的平面高副；若在空间上挠曲，就演化成螺旋机构的螺旋副，如图 2-8 所示。

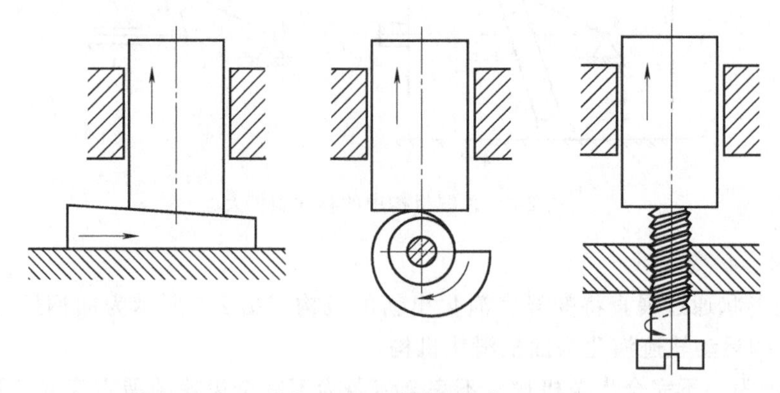

图 2-8　运动副的挠曲

3）运动副性质变异

① 滚动摩擦的运动副变异为滑动摩擦的运动副。组成运动副的各构件之间的摩擦、磨损是不可避免的，对于面接触的运动副采用滚动摩擦代替滑动摩擦可以减小摩擦系数，减轻摩擦、磨损，同时也使运动更轻便、灵活，运动副性质由移动副变异为滚滑副，如图 2-9 所示。

滚动副结构常见于凸轮机构的滚子从动件、滚动轴承、滚动导轨、滚珠丝杠、套筒滚子链等。

实际应用中，这种变异是可逆的，由移动副替代滚滑副可以增加连接的刚性。

② 空间副变异为平面副。更容易加工制造。图 2-10 所示的球面副具有三个转动的自由度，它可用汇交于球心的三个转动副替代，更容易加工和制造，同时也提高了连接的刚度，常用于万向联轴器。

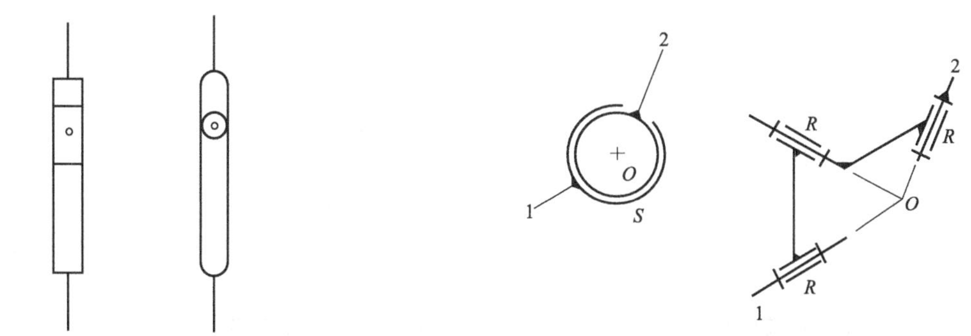

图 2-9　移动副变异为滚滑副

图 2-10　球面副变异为转动副

③ 高副变异为低副。可以改善受力情况。高副为点接触，单位面积上受力大，容易产生构件接触处的磨损，磨损后运动失真，影响机构运动精度。低副为面接触，单位面积上受力小，在受力较大时亦不会产生过大的磨损。如图 2-11 所示为偏心盘凸轮机构通过高副低代形成的等效机构。图 2-11（a）和图 2-11（b）运动等效，图 2-11（c）和图 2-11（d）运动等效。

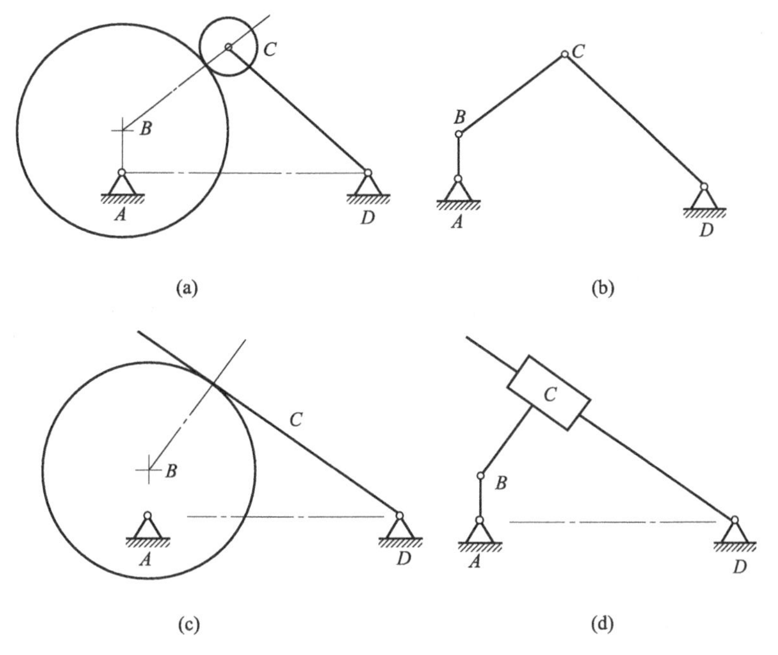

图 2-11　高副低代的变异

(2) 构件的变异与演化

机构中构件的变异与演化通常从改善受力、调整运动规律、避免结构干涉和满足特定工作特性等方面考虑。

图 2-12 所示的周转轮系中系杆形状和行星轮个数产生了变异，图 2-12（a）的构件形式比图 2-12（b）的构件形式受力均衡，旋转精度高。

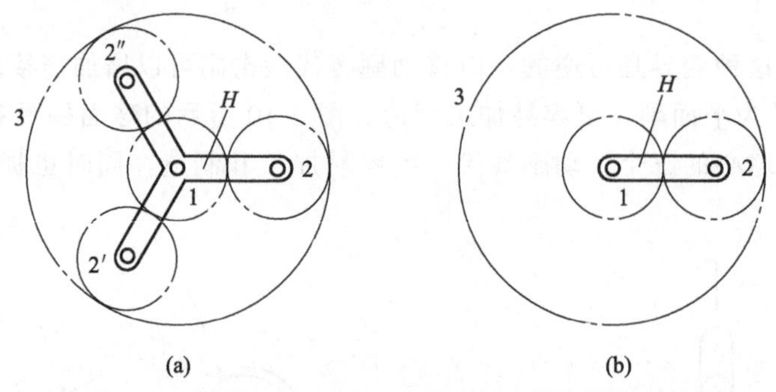

图 2-12　周转轮系中系杆形状和行星轮个数的变异

图 2-13 所示的摆动导杆机构中，若将导杆 2 的导槽一部分做成圆弧状，并且其槽中心线的圆弧半径等于曲柄 OA 的长度，当曲柄的端部销 A 转入圆弧导槽时，导杆则停歇，实现了单侧停歇的功能，结构简单。

图 2-14 所示将滑块设计成带有导向槽的结构形状，直接驱动曲柄做旋转运动，形成无死点的曲柄机构，可用于活塞式发动机。

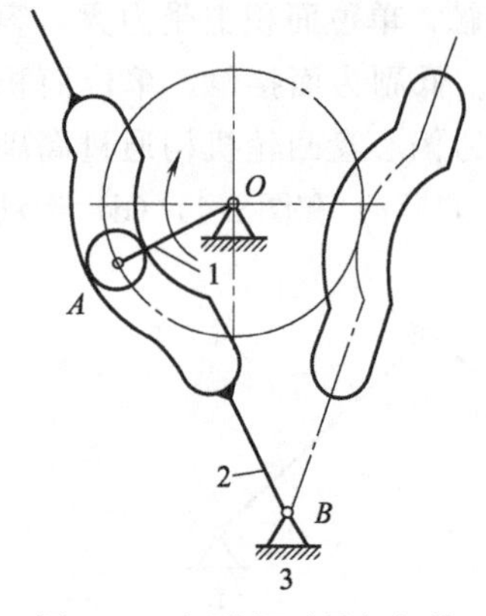

图 2-13　间歇摆动导杆机构

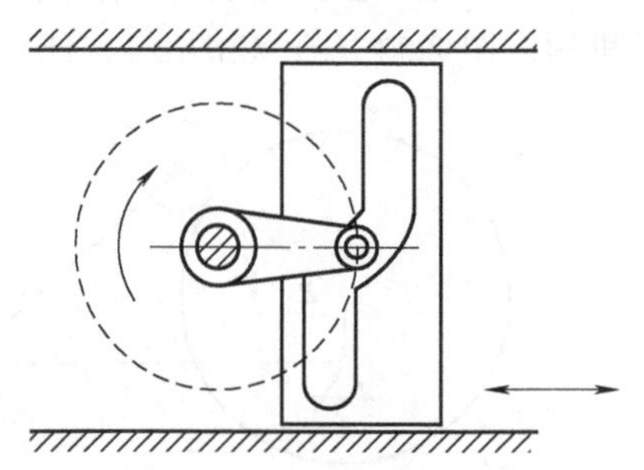

图 2-14　无死点曲柄机构

图 2-15 所示为避免摆杆与凸轮轮廓线发生运动干涉，经常把摆杆做成曲线状或弯臂状。图 2-15（a）为原机构，图 2-15（b）、（c）为摆杆变异后的机构。

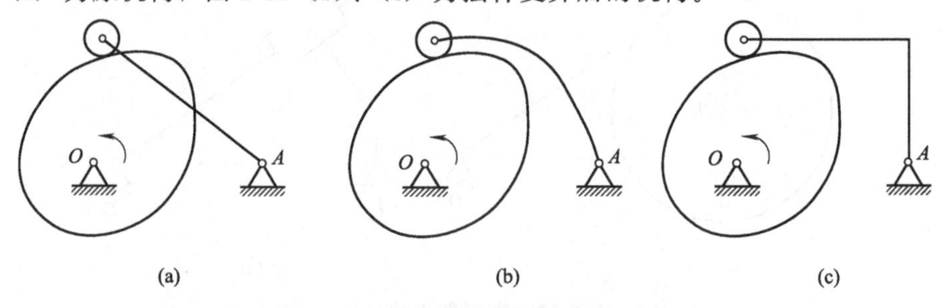

图 2-15　凸轮机构中摆杆形状的变异

图 2-16 所示为凸轮机构中从动件末端形状的变异，常用的末端形状有尖顶、滚子、平面和球面等，不同的末端形状使机构的运动特性各不相同。

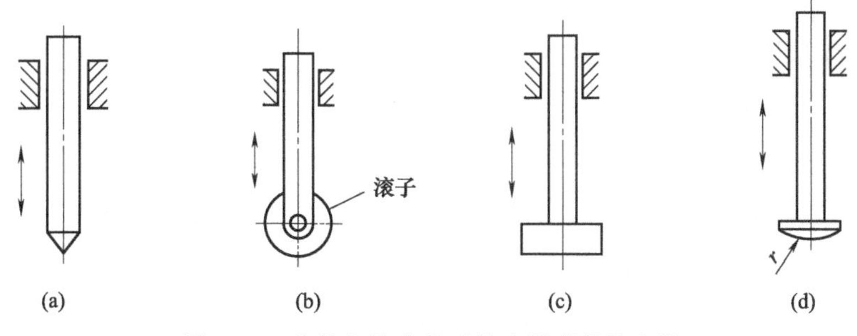

图 2-16　凸轮机构中从动件末端形状的变异

构件形状变异的形式还有很多，如齿轮有圆柱形、截锥形、非圆形、扇形等；凸轮有盘形、圆柱形、圆锥形、曲面体等。总体来讲，构件形状的变异规律，一般由直线形向圆形、曲线形以及空间曲线形变异，以获得新的功能。

(3) 机架的变换与演化

图 2-17 所示为铰链四杆机构取不同的构件为机架时得到的曲柄摇杆机构 [图 2-17 (a)、(b)]、双曲柄机构 [图 2-17 (c)]、双摇杆机构 [图 2-17 (d)]。

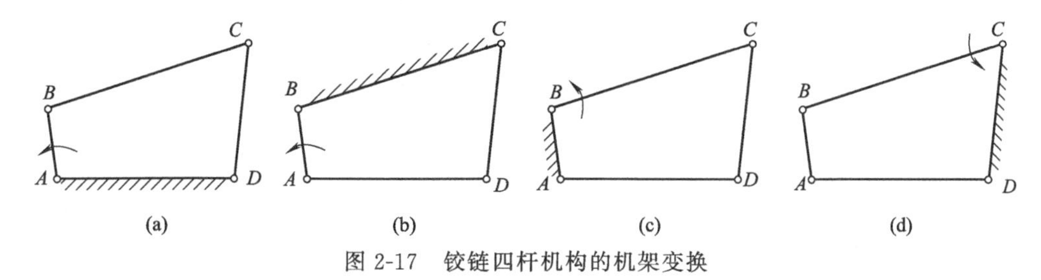

图 2-17　铰链四杆机构的机架变换

图 2-18 为含一个移动副的四杆机构取不同构件为机架时得到的曲柄滑块机构 [图 2-18 (a)]、转（摆）动导杆机构 [图 2-18 (b)]、曲柄摇块机构 [图 2-18 (c)]、定块机构 [图 2-18 (d)]。

图 2-19 为含两个移动副的四杆机构取不同构件为机架时得到的双滑块机构 [图 2-19 (a)]、正弦机构 [图 2-19 (b)]、双转块机构 [图 2-19 (c)]。

凸轮机构机架变换后可产生很多新的运动形式。图 2-20 (a) 所示为一般摆动从动件盘形凸轮机构，凸轮 1 主动，摆杆 2 从动；若变换主动件，以摆杆 2 为主动件，则机构变为反凸轮机构 [图 2-20 (b)]；若变换机架，以摆杆 2 为机架，构件 3 主动，则机构成为浮动凸轮机构 [图 2-20 (c)]；若将凸轮固定，构件 3 主动，则机构成为固定凸轮机构 [图 2-20 (d)]。

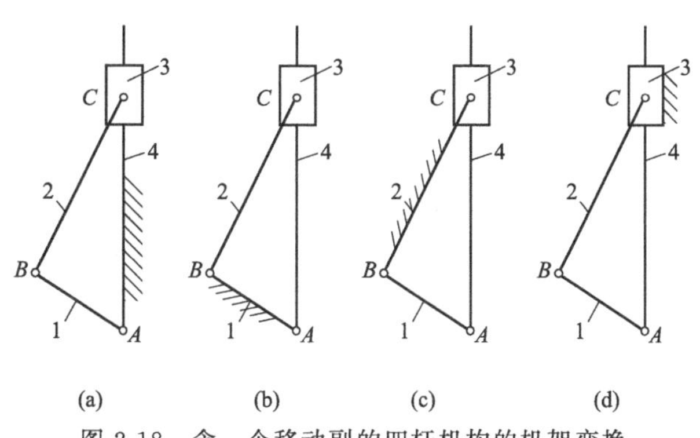

图 2-18　含一个移动副的四杆机构的机架变换

图 2-21 所示为反凸轮机构的应用，摆杆 1 主动，做往复摆动，带动凸轮 2 做往复移动，凸轮 2 是采用局部凸轮轮廓（滚子所在的槽）并将构件形状变异成滑块。图 2-22 是固定凸

轮机构的应用，圆柱凸轮 1 固定，构件 3 主动，当构件 3 绕固定轴 A 转动时，构件 2 在随构件 3 转动的同时，还按特定规律在移动副 B 中往复移动。

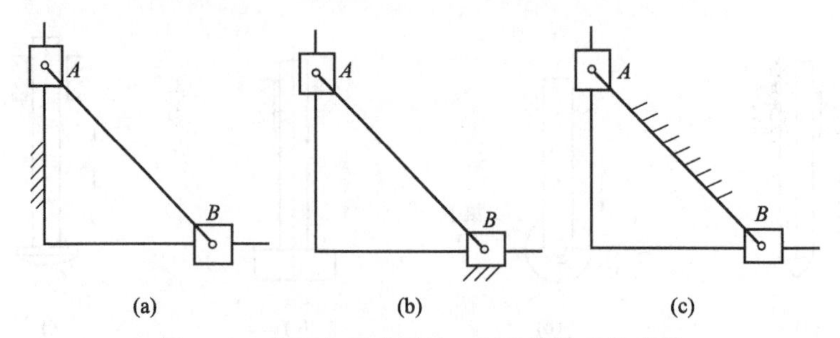

图 2-19　含两个移动副的四杆机构的机架变换

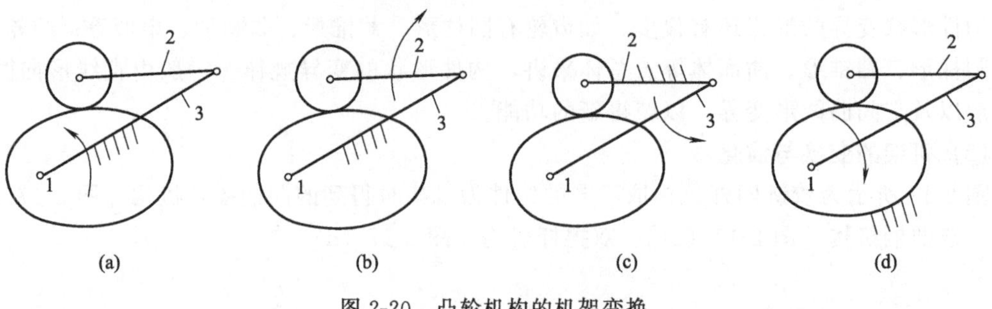

图 2-20　凸轮机构的机架变换

1—凸轮；2—摆杆；3—构件

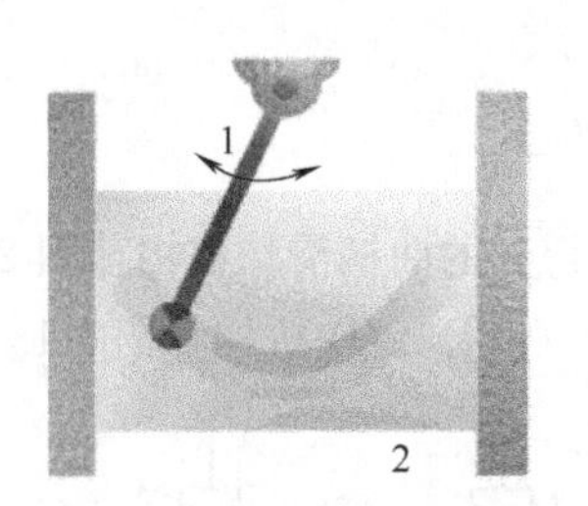

图 2-21　反凸轮机构的应用

1—摆杆；2—凸轮

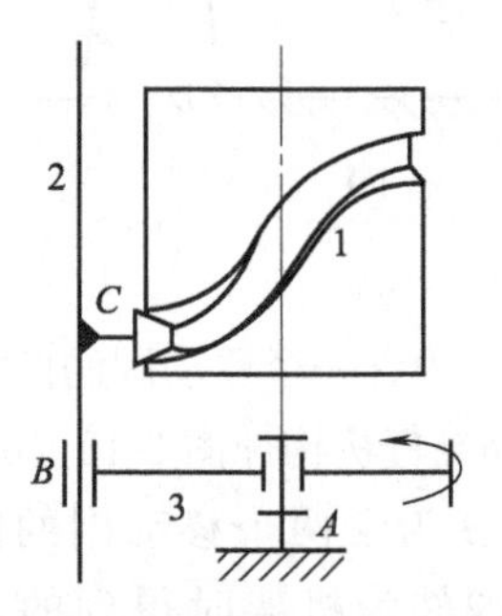

图 2-22　固定凸轮机构的应用

1—圆柱凸轮；2,3—构件

一般齿轮机构［图 2-23（a）］机架变换后就生成了行星齿轮机构［图 2-23（b）］。齿型带或链传动等挠性传动机构［图 2-24（a）］机架变换后也生成了各类行星传动机构［图 2-24（b）］。

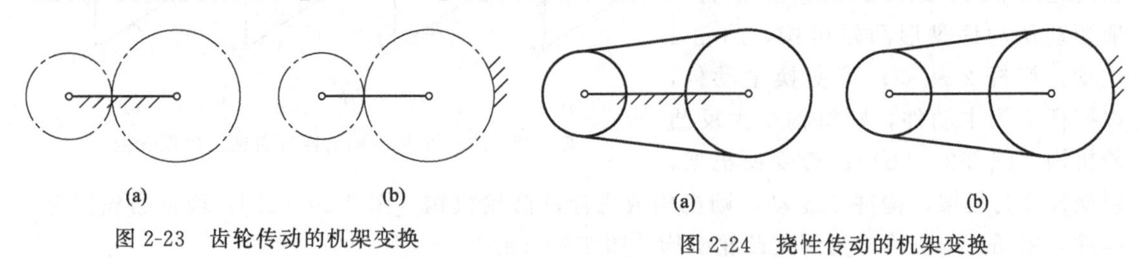

图 2-23　齿轮传动的机架变换

图 2-24　挠性传动的机架变换

图 2-25 所示为挠性件行星传动机构的应用，用于汽车玻璃窗清洗。其中挠性件 1 连接

固定带轮 4 和行星带轮 3，转臂 2 的运动由连杆 5 传入。当转臂 2 摆动时，与行星带轮 3 固结的杆 a 及其上的刷子做复杂平面运动，实现清洗工作。

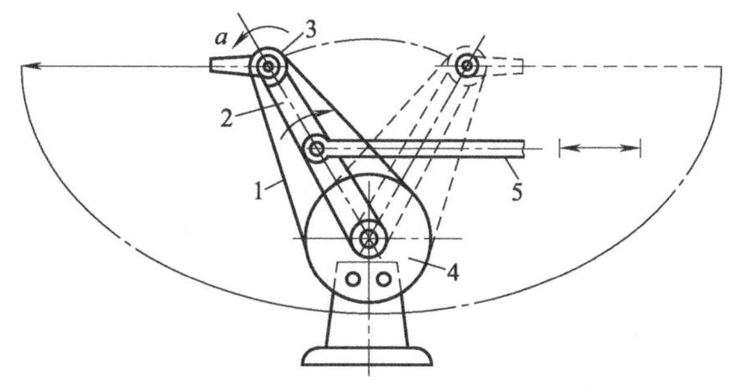

图 2-25　挠性件行星传动机构的应用

1—挠性件；2—转臂；3—行星带轮；4—固定带轮；5—连杆；a—杆

图 2-26 所示为螺旋传动中固定不同零件时得到的不同运动形式，包括螺杆转动、螺母移动 [图 2-26 (a)]；螺母转动、螺杆移动 [图 2-26 (b)]；螺母固定、螺杆转动并移动 [图 2-26 (c)]；螺杆固定、螺母转动并移动 [图 2-26 (d)]。

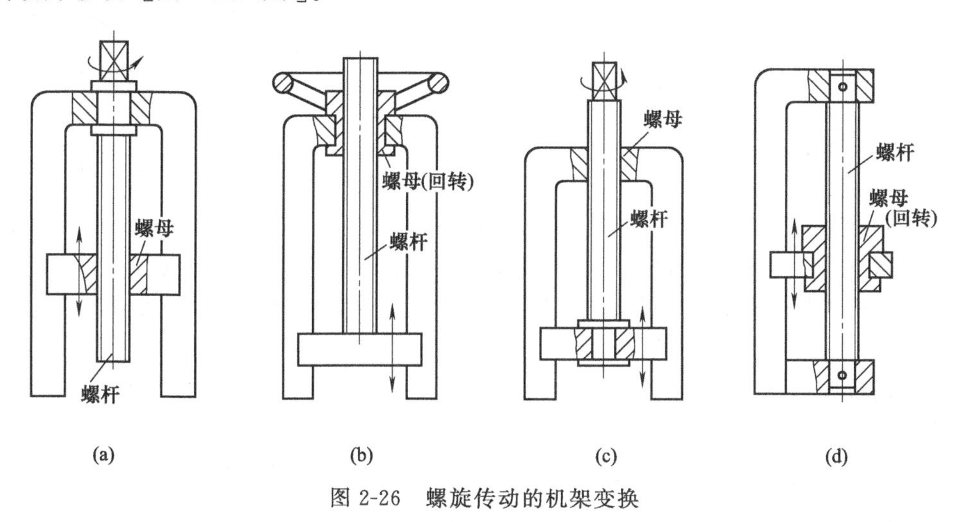

图 2-26　螺旋传动的机架变换

2.1.3　机构的组合方法

(1) 机构组合的基本概念

在工程实际中，单一的基本机构应用较少，而基本机构的组合系统却应用于绝大多数机械装置中。因此，机构的组合是机械创新设计的重要手段。

任何复杂的机构系统都是由基本机构组合而成的。这些基本机构可以通过互相连接组合成各种各样的机械，也可以是互相之间不连接的单独工作的基本机构组成的机械系统，但各组成部分之间必须满足运动协调条件，互相配合，准确完成各种各样的所需动作。

图 2-27 所示的药片压片机包含互相之间不连接的 3 个独立工作的基本机构。送料凸轮机构与上、下加压机构之间的运动不能发生运动干涉。送料凸轮机构必须在上加压机构上行到某一位置、下加压机构把药片送出型腔后，才开始送料，当上、下加压机构开始压紧动作时，返回原始位置不动。

图 2-28 所示的内燃机包括曲柄滑块机构、凸轮机构和齿轮机构，这几种机构通过互相连接组成了内燃机。

机械的运动变换是通过机构来实现的。不同的机构能实现不同的运动变换，具有不同的运动特性。这里的基本机构主要有各类四杆机构、凸轮机构、齿轮机构、间歇运动机构、螺旋机构、带传动机构、链传动机构、摩擦轮机构等。

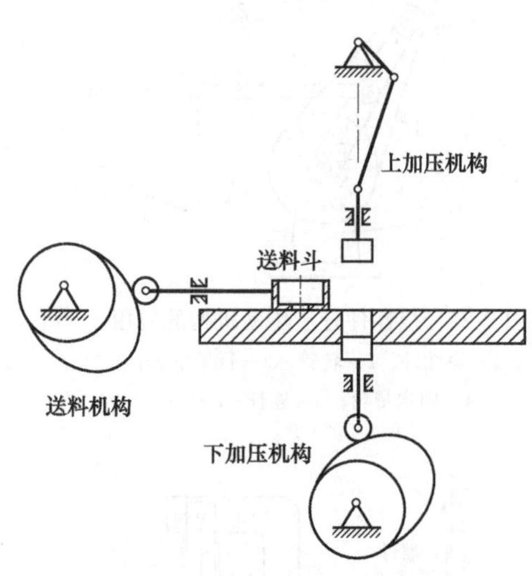

图 2-27　基本机构互不连接的组合

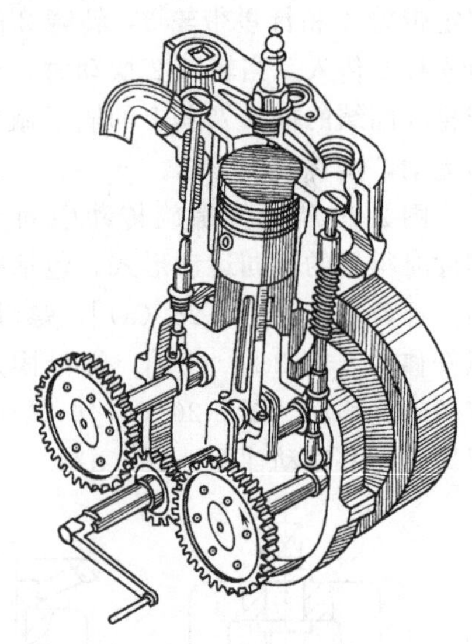

图 2-28　基本机构互相连接的组合

只要掌握基本机构的运动规律和运动特性，再考虑到具体的工作要求，选择适当的基本机构类型和数量，对其进行组合设计，就为设计新机构提供了一条最佳途径。

基本机构的连接组合方式主要有串联组合、并联组合、叠加组合和混合组合等，下面分别进行讨论。

(2) 常用机构的组合方法

1）串联组合

串联组合是应用最普遍的组合。串联组合是指若干个基本机构顺序连接，每一个前置机构的输出运动是后置机构的输入，连接点设置在前置机构输出构件上，可以设在前置机构的连架杆上，也可以设在前置机构的浮动构件上。串联组合原理框图如图 2-29 所示。

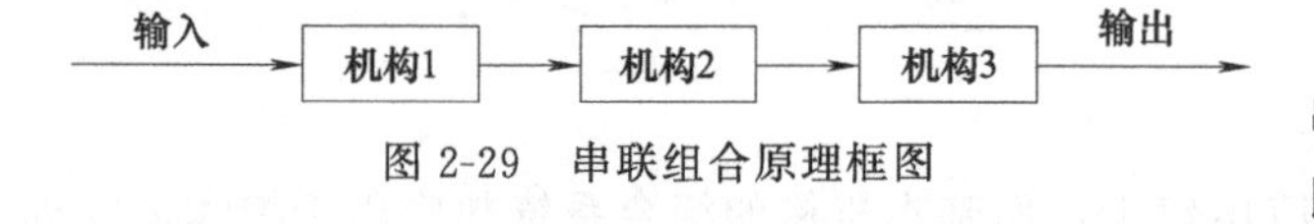

图 2-29　串联组合原理框图

串联组合可以是两个基本机构的串联组合，也可以是多级串联组合，即指 3 个或 3 个以上基本机构的串联。串联组合可以改善机构的运动与动力特性，也可以实现工作要求的特殊运动规律。

图 2-30 (a) 所示为双曲柄机构与槽轮机构的串联组合，双曲柄机构为前置机构，槽轮机构的主动拨盘固连在双曲柄机构的 $ABCD$ 从动曲柄 CD 上。对双曲柄机构进行尺寸综合设计，要求从动曲柄 E 点的变化速度能中和槽轮的转速变化，实现槽轮的近似等速转位。如图 2-30 (b) 所示为经过优化设计获得的双曲柄槽轮机构与普通槽轮机构的角速度变化曲线的对照。其中横坐标 α 是槽轮动程时的转角，纵坐标 i 是从动槽轮与其主动件的角速度比。可以看出，经过串联组合的槽轮机构的运动与动力特性有了很大改善。

工程中应用的原动机大都采用转速较高的电动机或内燃机，而后置机构一般要求转速较低。为实现后置机构的低速或变速的工作要求，前置机构经常采用齿轮机构与齿轮机构 [图 2-31 (a)]、V 带传动机构与齿轮机构 [图 2-31 (b)]、齿轮机构与链传动机构 [图 2-31 (c)] 等进行串联组合，实现后置机构的速度变换。

图 2-32 所示为一个实现间歇运动特性的连杆机构串联组合。前置机构为曲柄摇杆机构 $OABD$，其中连杆 E 点的轨迹如图中虚线所示。后置机构是一个具有两个自由度的五杆机

构 $BDEF$。因连接点设在连杆的 E 点上，所以，当 E 点运动轨迹为直线时，输出构件将实现停歇；当 E 点运动轨迹为曲线时，输出构件再摆动，实现了工作要求的特殊运动规律。

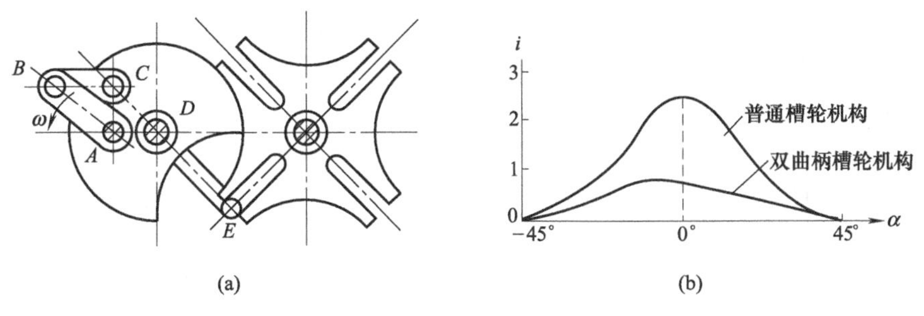

图 2-30　双曲柄机构与槽轮机构的串联组合

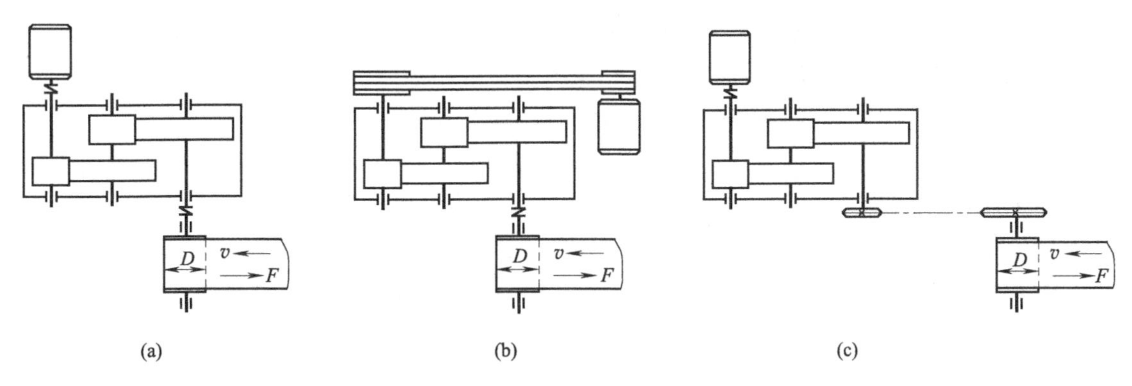

图 2-31　实现速度变换的串联组合

图 2-33 所示家用缝纫机的驱动装置为连杆机构和带传动机构的串联组合，实现了将摆动转换成转动的运动要求。

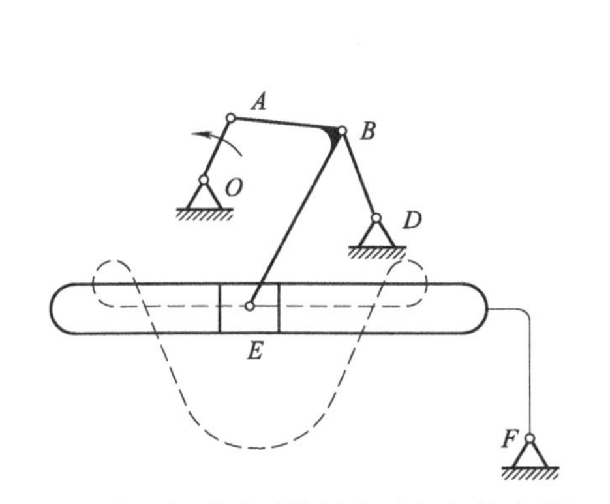

图 2-32　实现间歇运动特性的连杆机构串联组合

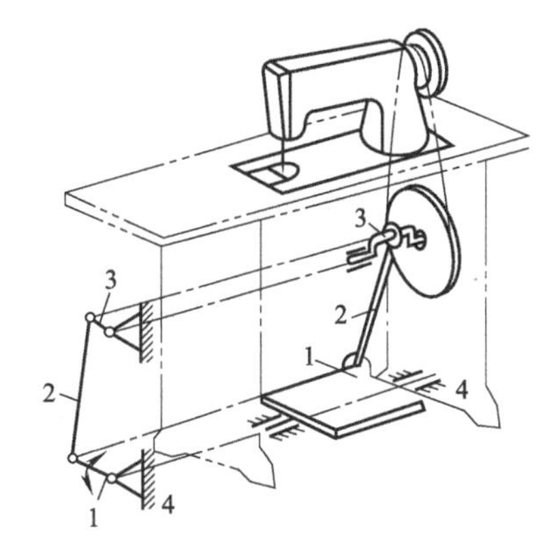

图 2-33　连杆机构和带传动机构的串联组合

2）并联组合

并联组合是指两个或多个基本机构并列布置，运动并行传递。机构的并联组合可实现机构的平衡，改善机构的动力特性，或完成复杂的需要互相配合的动作和运动。如图 2-34 所示，并联组合的类型有并列式［图 2-34（a）］、时序式［图 2-34（b）］和合成式［图 2-34（c）］。

① 并列式并联组合。并列式并联组合要求两个并联的基本机构的类型、尺寸相同，对

称布置。它主要用于改善机构的受力状态、动力特性、自身的动平衡、运动中的死点位置以及输出运动的可靠性等问题。并联的两个基本机构常采用连杆机构或齿轮机构，它们输入或输出构件一般是两个基本机构共用的，有时是在机构串联组合的基础上再进行并联式组合。

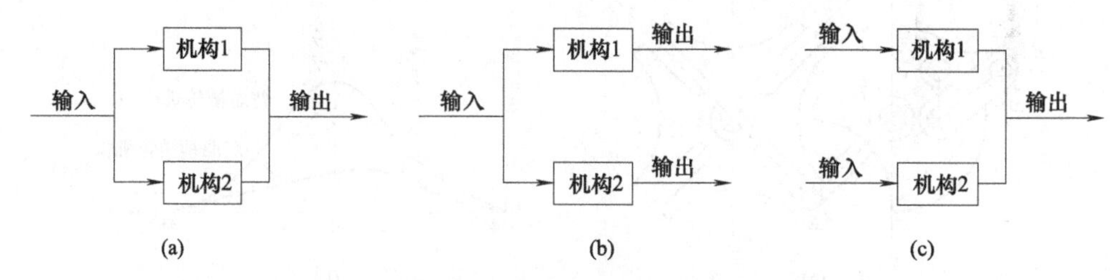

图 2-34 并联组合机构的类型

图 2-35 所示是活塞机的齿轮连杆机构的并联组合。其中两个尺寸相同的曲柄滑块机构 ABE 和 CDE 并联组合，同时与齿轮机构串联。AB 和 CD 与气缸的轴线夹角相等，并且对称布置。齿轮转动时，活塞沿气缸内壁往复移动。若机构中两齿轮与两个连杆的质量相同，则气缸壁上将不会受到因构件的惯性力而引起的动压力。

图 2-36 所示为一压力机的螺旋连杆机构的并联组合。其中两个尺寸相同的双滑块机构 ABP 和 CBP 并联组合，并且两个滑块同时与输入构件 1 组成导程相同、旋向相反的螺旋副。输入构件 1 转动，使滑块 A 和 C 同时向内或向外移动，从而使构件 2 沿导路 P 上下移动，完成加压功能。由于并联组合，使构件 2 沿导路移动时滑块与导路之间几乎没有摩擦阻力。

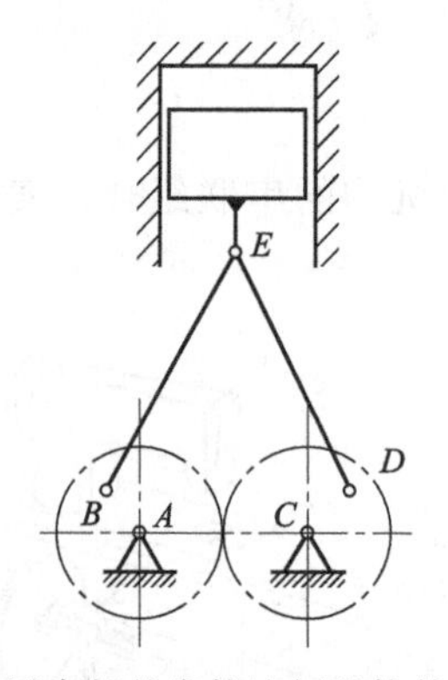

图 2-35 活塞机的齿轮连杆机构的并联组合

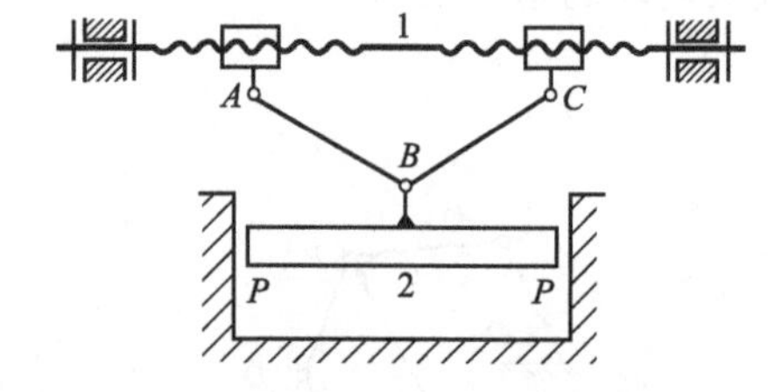

图 2-36 螺旋连杆机构的并联组合

1,2—构件

图 2-37 所示为铁路机车车轮的两套曲柄滑块机构的并联组合，它利用错位排列的两套曲柄滑块机构使车轮通过死点位置。

图 2-38 所示为某飞机上采用的襟翼操纵机构。它是由两个齿轮齿条机构并列组合而成，

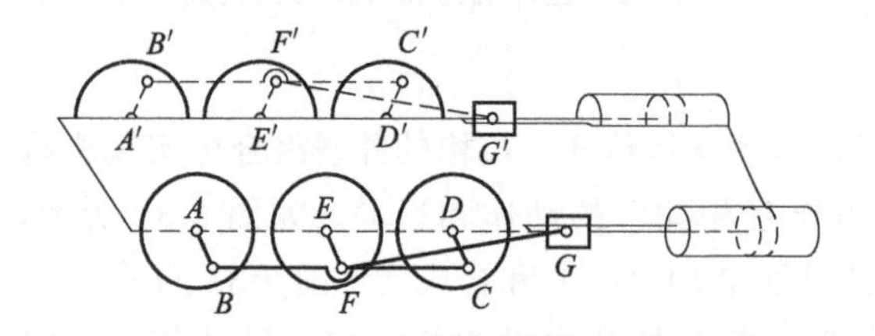

图 2-37 机车车轮的两套曲柄滑块机构并联组合

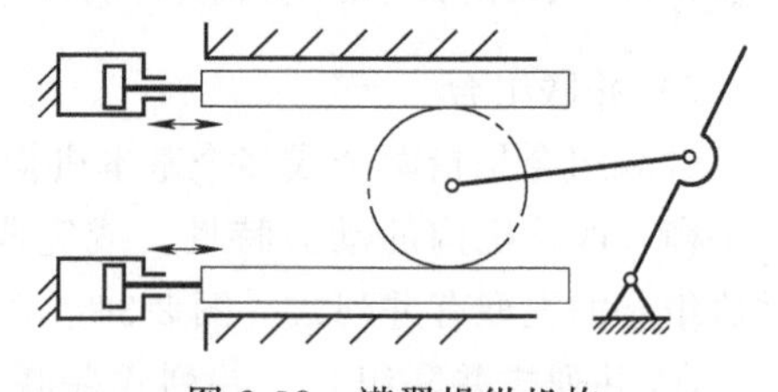

图 2-38 襟翼操纵机构

用两个直移电动机驱动。这种机构的特点是：两台电动机共同控制襟翼，襟翼的运动反应速度快，而且如果一台电动机发生故障，另一台电动机可以单独驱动（这时襟翼摆动速度减半），这样就增大了操纵系统的安全程度，即增强了输出运动的可靠性。

② 时序式并联组合。时序式并联组合要求输出的运动或动作严格符合一定的时序关系，它一般是同一个输入构件，通过两个基本机构的并联，分解成两个不同的输出，并且这两个输出运动具有一定的运动或动作的协调。这种并联组合机构可实现机构的惯性力完全平衡或部分平衡，还可实现运动分流。

图 2-39 所示为两个曲柄滑块机构的并联组合，把两个机构曲柄连接在一起，成为共同的输入构件，两个滑块各自输出往复移动。这种采用相同结构对称布置的方法，可使机构总惯性力和惯性力矩达到完全平衡，从而提高连杆的强度和抗振性。

图 2-40 所示为某种冲压机构的并联组合，齿轮机构先与凸轮机构串联，凸轮左侧驱动一摆杆，带动送料推杆；凸轮右侧驱动连杆，带动冲压头（滑块），实现冲压动作。两条驱动路线分别实现送料和冲压，动作协调配合，共同完成工作。

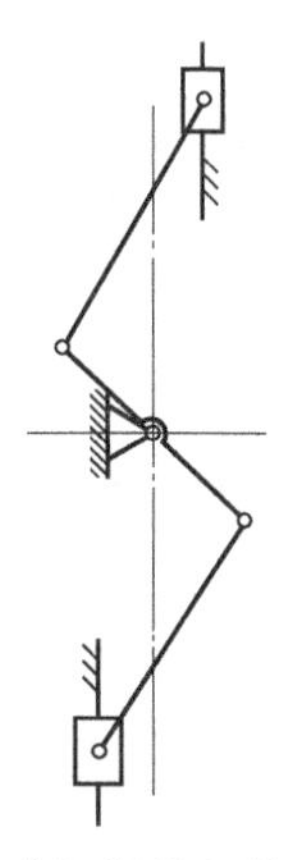

图 2-39　曲柄滑块机构并联组合

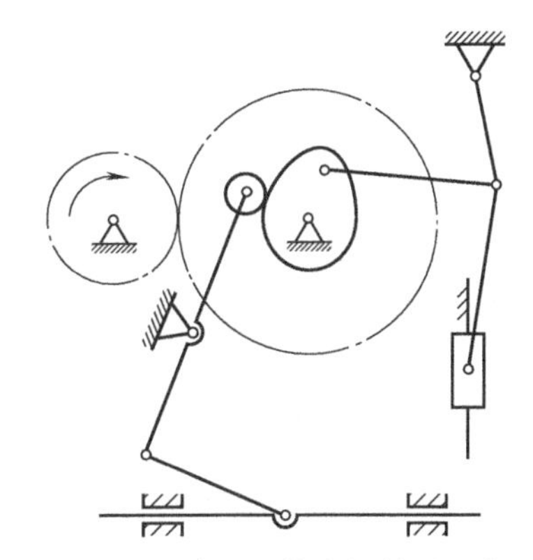

图 2-40　冲压机构中的并联组合

图 2-41 所示的双滑块驱动机构为摇杆滑块机构与反凸轮机构并联组合。共同的原动件是做往复摆动的摇杆 1，一个从动件是大滑块 2，另一个从动件是小滑块 4。两滑块运动规律不同。工作时，大滑块在右端位置先接受工件，然后左移，再由小滑块将工件推出。需进行运动的综合设计，使两滑块的动作协调配合。

图 2-42 所示为一冲压机构中的并联组合，该机构是移动从动件盘形凸轮机构与摆动从动件盘形凸轮机构的并联组合。共同的原动件是凸轮 1，凸轮 1 上有等距槽，通过滚子带动推杆 2，靠凸轮 1 的外轮廓带动摆杆 3。工作时，推杆 2 负责输送工件，滑块 5 完成冲压。

③ 合成式并联组合。合成式并联组合是将并联的两个基本机构的运动最终合成，完成较复杂的运动规律或轨迹要求。两个基本机构可以是不同类型的机构，也可以是相同类型的机构。其工作原理是两基本机构的输出运动互相影响和作用，产生新的运动规律或轨迹，以满足机构的工作要求。

图 2-43 所示为一大筛机构中的并联组合，原动件分别为曲柄 1 和凸轮 7，基本机构为连杆机构和凸轮机构，两机构并联，合成生成滑块 6（大筛）的输出运动。

图 2-44 所示为钉扣机的针杆传动机构，它由曲柄滑块机构和摆动导杆机构并联组合而成。原动件分别为曲柄 1 和曲柄 6，从动件为针杆 3，可以实现平面复杂运动，以完成钉扣

动作。设计时两个主动件一定要配合协调。

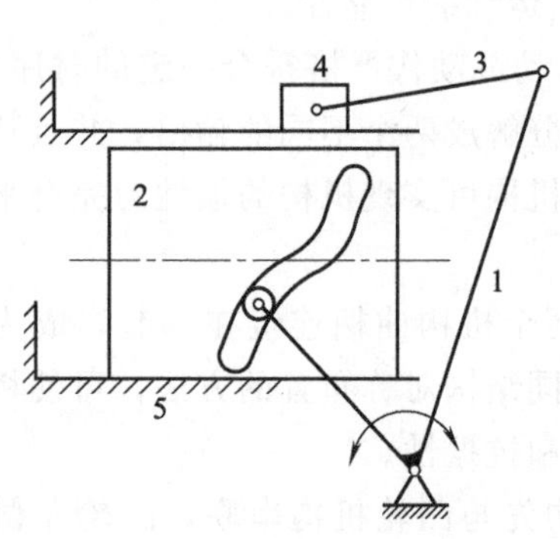

图 2-41　双滑块驱动机构的并联组合

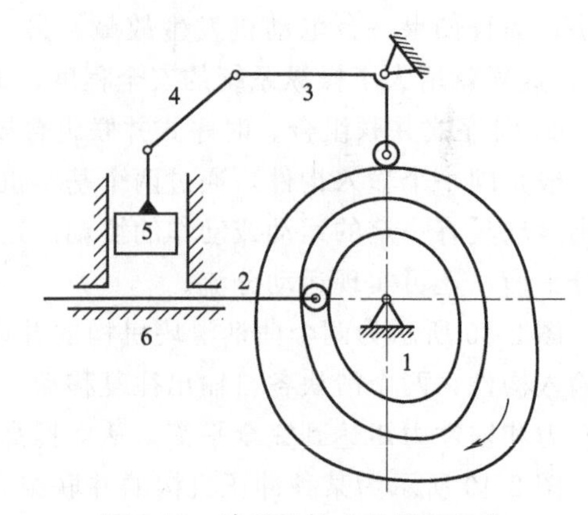

图 2-42　冲压机构中的并联组合

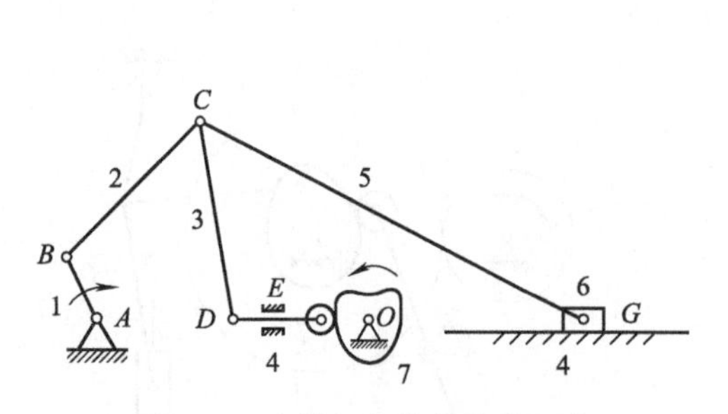

图 2-43　大筛机构中的并联组合

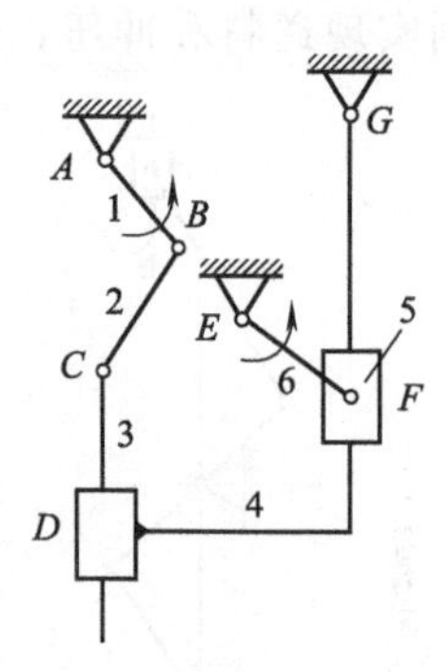

图 2-44　针杆传动机构中的机构并联组合

图 2-45 所示为缝纫机送布机构，原动件分别为凸轮 1 和摇杆 4，基本机构为凸轮机构和连杆机构，两机构并联，合成生成送布牙 3 的平面复合运动。

图 2-46 所示为小型压力机机构，它由连杆机构和凸轮机构并联组合而成。齿轮 1 上固连偏心盘，通过偏心盘带动连杆 2、3、4；齿轮 6 上固连凸轮，通过凸轮带动滚子 5 和连杆 4，运动在连杆 4 上被合成，连杆 4 再带动压杆 8 完成输出动作。

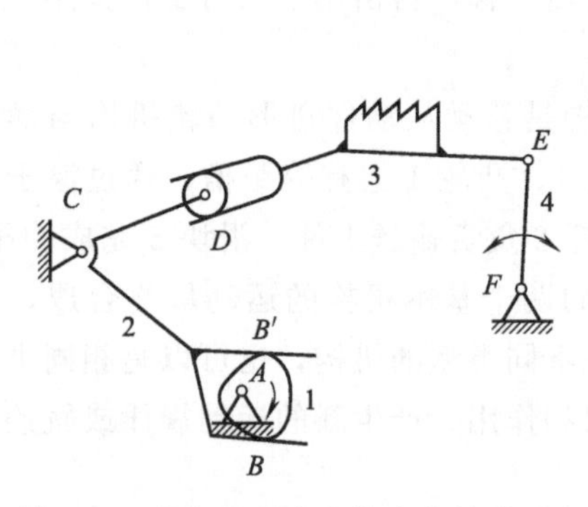

图 2-45　缝纫机送布机构中的并联组合

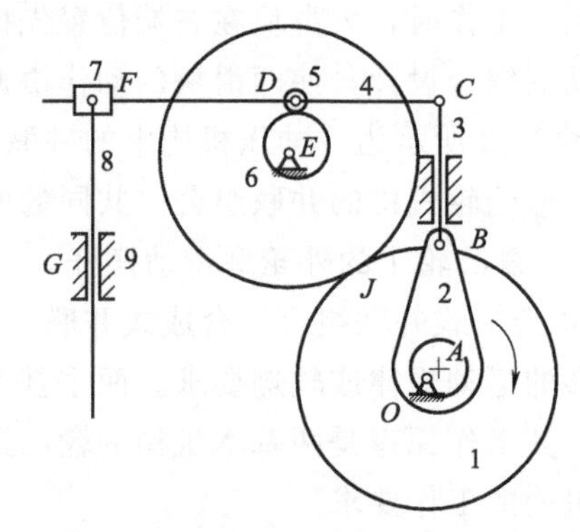

图 2-46　小型压力机机构中的并联组合

3）叠加组合

机构叠加组合是指在一个基本机构的可动构件上再安装一个及以上基本机构的组合方式。把支撑其他机构的基本机构称为基础机构，安装在基础机构可动构件上的机构称为附加机构。

机构叠加组合有两种类型：具有一个动力源的叠加组合［图 2-47（a）］；具有两个及两个以上动力源的叠加组合［图 2-47（b）］。

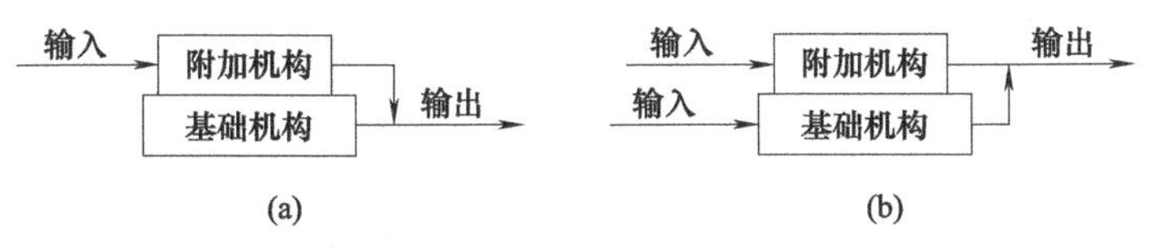

图 2-47　叠加组合机构的类型

① 具有一个动力源的叠加组合。是指附加机构安装在基础机构的可动件上，附加机构的输出构件驱动基础机构运动的某个构件，同时也可以有自己的运动输出。动力源安装在附加机构上，由附加机构输入运动。

具有一个动力源的叠加组合机构的典型应用有摇头电风扇（图 2-48）和组合轮系（图 2-49）。

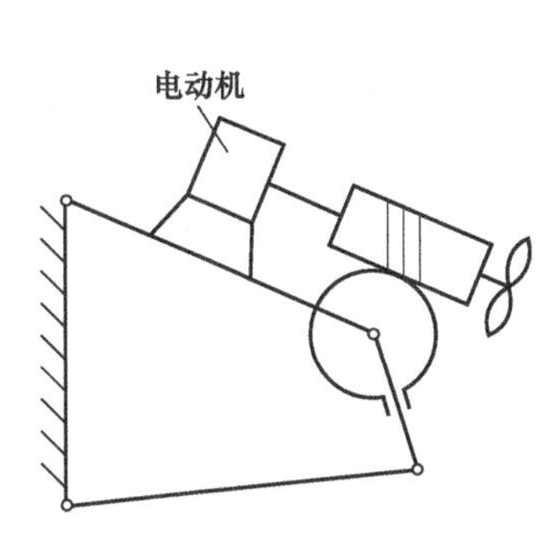

图 2-48　摇头电风扇机构中的叠加组合

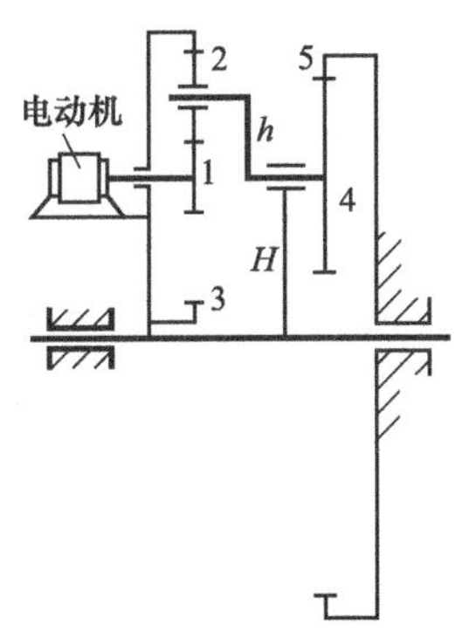

图 2-49　组合轮系机构中的叠加组合

② 具有两个及两个以上动力源的叠加组合。是指附加机构安装在基础机构的可动件上，再由设置在基础机构可动件上的动力源驱动附加机构运动。附加机构和基础机构分别有各自的动力源，或有各自的运动输入构件，最后由附加机构输出运动。进行多次叠加时，前一个机构即为后一个机构的基础机构。

具有两个及两个以上动力源的叠加组合机构的典型应用有户外摄影车（图 2-50）、机械手（图 2-51）。

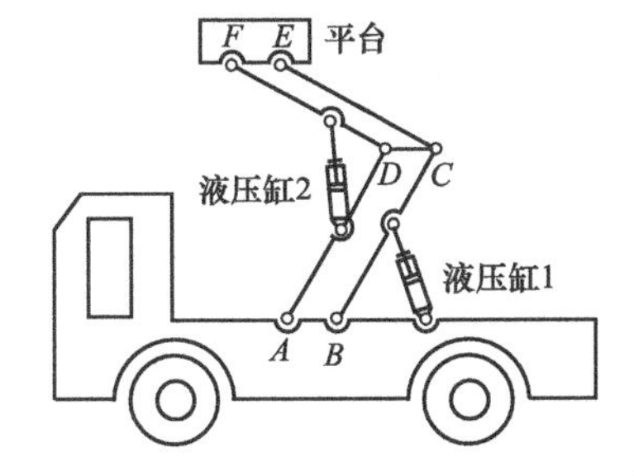

图 2-50　户外摄影车机构中的叠加组合

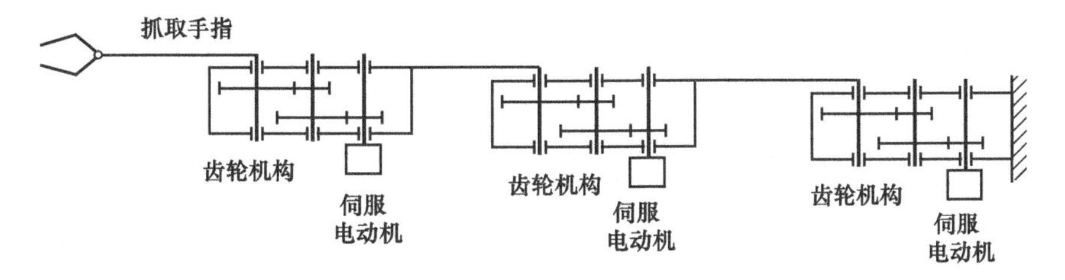

图 2-51　机械手机构中的叠加组合

机构的叠加组合为创建新机构提供了坚实的理论基础，特别是在要求实现复杂的运动和特殊的运动规律时，机构的叠加组合有巨大的创新潜力。

4）混合组合

机构的混合组合是指联合使用上述组合方法。如串联组合后再并联组合，并联组合后再串联组合，串联组合后再叠加组合等。前例的图 2-40、图 2-42、图 2-43、图 2-46、图 2-51 所示的机构中都存在着混合组合。

2.1.4 机构创新中常用的技巧型机构

在进行机构创新设计过程中，有一些技巧型机构对实际工程设计很有帮助，本节就其中常用的几种进行简单介绍，如增力机构、增程机构、夹紧机构、自锁机构、抓取机构等。

(1) 增力机构

① 杠杆机构　利用杠杆机构是获得增力的最常见办法。杠杆增力机构如图 2-52 所示，当 $l_1<l_2$ 时，用较小的 P 可得到较大的力 F。力的计算公式为

$$F=\frac{l_2}{l_1}P \tag{2-1}$$

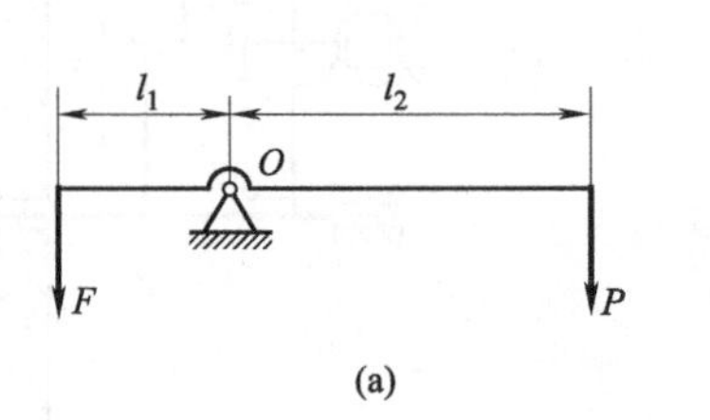

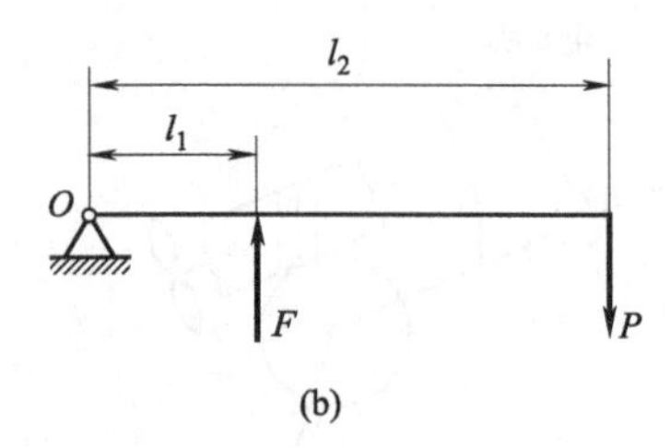

图 2-52　杠杆增力机构

图 2-53 所示下水道盖的开启工具就是杠杆机构的一种应用实例。人们日常生活中使用的剪子、钳子、扳手等工具也都利用了杠杆机构。

② 肘杆机构　图 2-54 所示的肘杆机构也是一种增力机构。F 与 P 的关系可根据平衡条件求出

$$F=\frac{P}{2\tan\alpha} \tag{2-2}$$

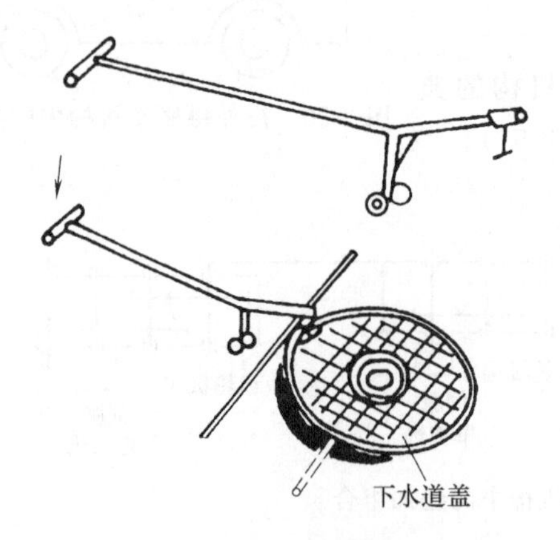

图 2-53　下水道盖的开启工具

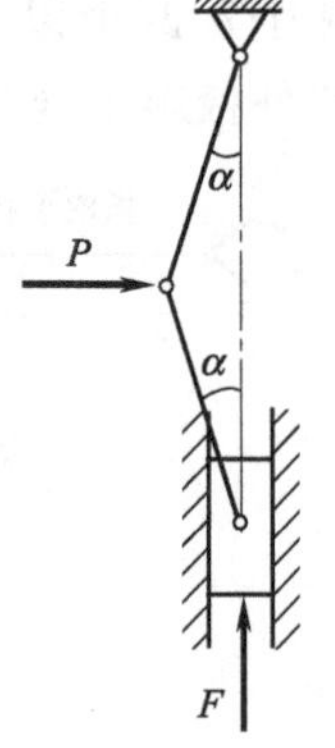

图 2-54　肘杆机构

可见，当 P 一定时，随着滑块的下移，α 越小，获得的力 F 越大。

③ 螺旋机构　利用螺旋机构可以在其轴向方向获得增力。螺旋机构如图 2-55 所示，若螺杆中径为 d_2，螺旋升角为 λ，当量摩擦角为 ρ_v，当在螺杆上施加扭矩 T，则在螺杆轴向产生推力 F，F 的计算式为

$$F=\frac{2T}{d_2\tan(\lambda+\rho_v)} \tag{2-3}$$

螺旋千斤顶是典型的螺旋增力机构的应用，如图 2-56 所示。

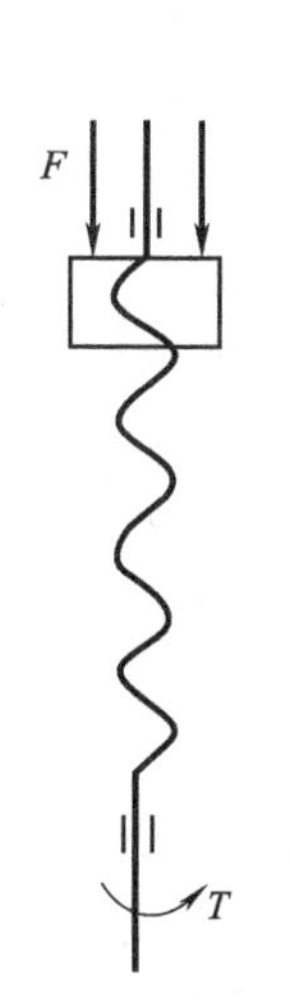

图 2-55　螺旋机构

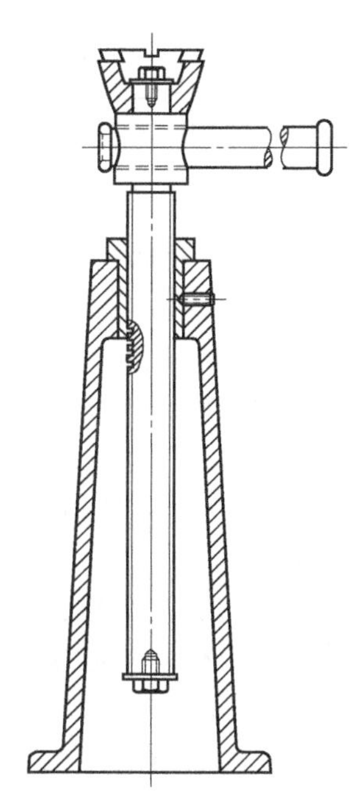

图 2-56　螺旋千斤顶

除上述增力机构外，通常还可以利用斜面、楔面、滑轮和液压等方法实现增力。

④ 二次增力机构　杠杆机构、肘杆机构、螺旋机构等通过组合能获得二次增力机构，增力效果更为显著。

图 2-57 所示为杠杆二次增力机构，使杠杆效应二次放大。图 2-58 所示简易拔桩机利用肘杆（绳索）实现二次增力。

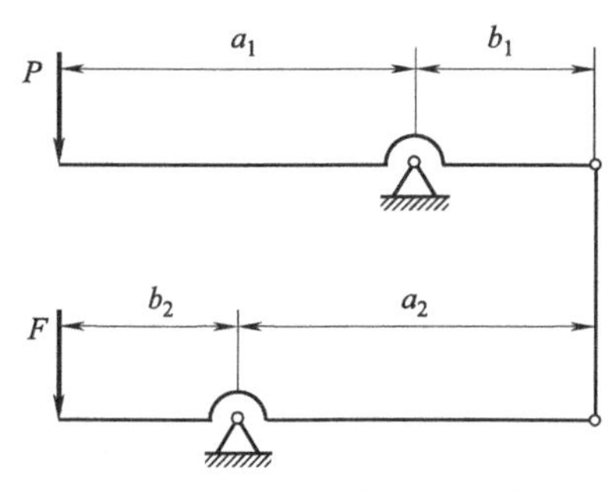

图 2-57　杠杆二次增力机构

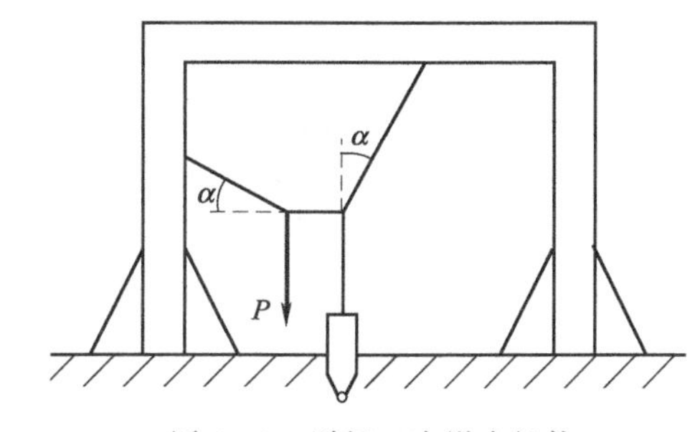

图 2-58　肘杆二次增力机构

图 2-59 所示为手动压力机，它利用杠杆机构和肘杆机构组合实现二次增力。图 2-60 所示千斤顶利用螺旋和肘杆实现二次增力。

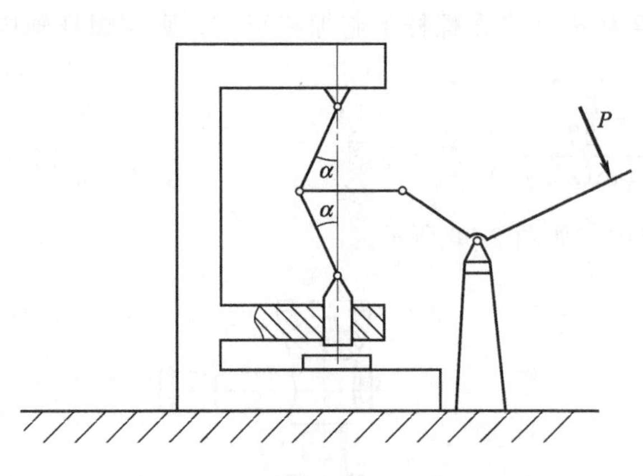

图 2-59　杠杆和肘杆二次增力机构

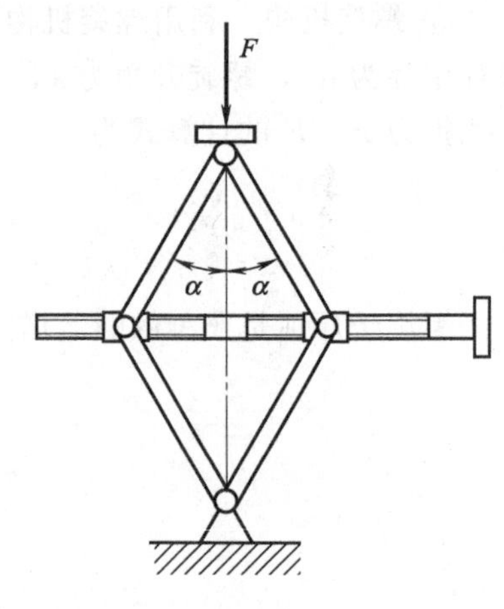

图 2-60　螺旋和肘杆二次增力机构

(2) 增程机构

增程机构分位移增程和转角增程两种，经常采用机构的串联组合来实现增程，机构中连杆机构、齿轮机构的参与比较多。

① 增加位移　图 2-61 所示的用于增程的连杆齿轮机构中，曲柄滑块机构 OAB 与齿轮齿条机构串联组合。其中齿轮 5 空套在 B 点的销轴上，它与两个齿条同时啮合，在下面的齿条固定，在上面的齿条能做水平方向的移动。当曲柄 1 回转一周，滑块 3 的行程为 2 倍的曲柄长，而齿条 6 的行程又是滑块 3 的 2 倍。该机构常用于印刷机械中。

图 2-62 所示为自动针织横机上导线用的连杆机构，因工艺要求实现大行程的往复移动，所以将曲柄摇杆机构 $ABCD$ 和摇杆滑块机构 DEG 串联组合，E 点的行程比 C 点的行程有所增大，则滑块 5 的行程可实现大行程往复移动的工作要求。调整摇杆 DE 的长度，可相应调整滑块的行程，因此，可根据工作行程的大小来确定 DE 的杆长。

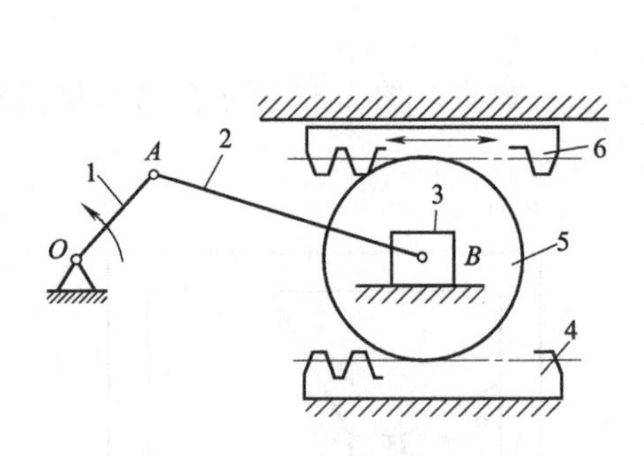

图 2-61　用于增程的连杆齿轮机构

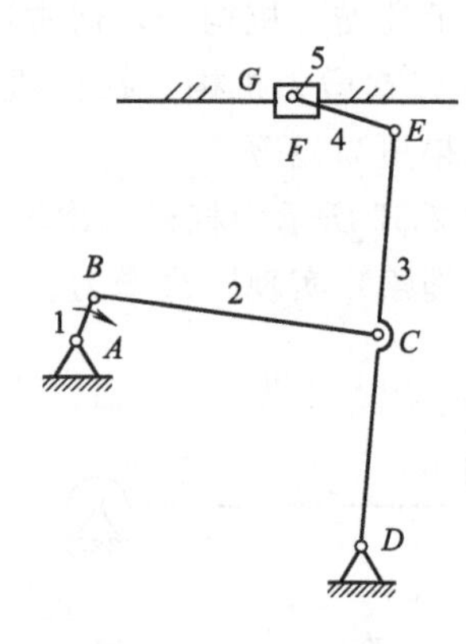

图 2-62　用于增程的连杆机构

图 2-63 所示的杠杆增程机构对于位移放大也是一种可行的简单机构，力臂长的一端垂直位移也大，常用于测量仪器。图 2-63（a）为正弦型（$y=l_1\sin\alpha$），图 2-63（b）为正切型（$y=l_1\tan\alpha$）。

② 增加转角　很多测量仪器中常用齿轮机构来增加转角。如图 2-64 所示百分表的增程机构，它是齿轮齿条机构和齿轮机构的串联组合。齿条（测头）移动，带动左边小、大齿轮

转动，再把运动传递给指针所在的小齿轮。由于大齿轮的齿数是小齿轮齿数的 10 倍，因而指针的转角被放大了 10 倍，用于测量微小位移。

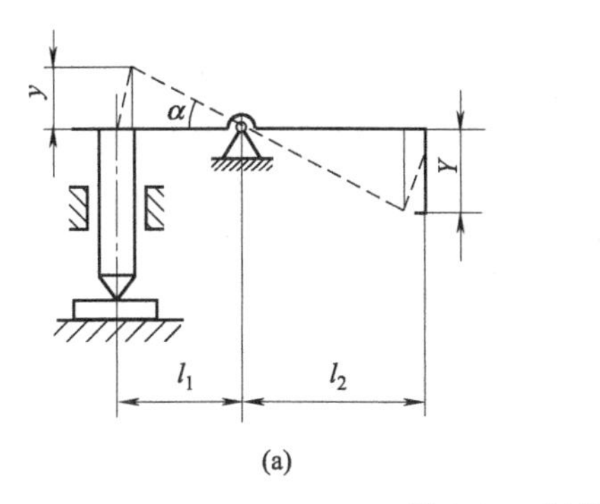

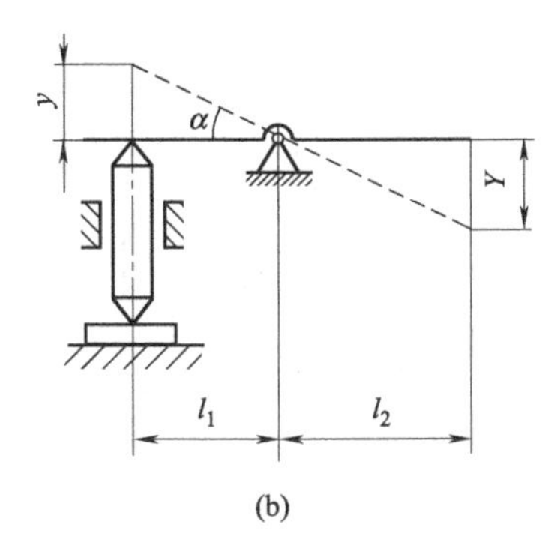

图 2-63　杠杆增程机构

图 2-65 所示的是香烟包装机中的推烟机构，它是由凸轮机构、齿轮机构和连杆机构串联组合而成。由于凸轮机构的摆杆行程较小，后面利用齿轮机构和连杆机构进行了两次运动放大。构件 2 为部分齿轮，相当于大齿数齿轮，而齿轮 3 的齿数较少，因而 2 和 3 组成的齿轮机构将转角进行了第一次放大；杆件 4 是一个杠杆，其上段比下段长，对位移实现了第二次放大。

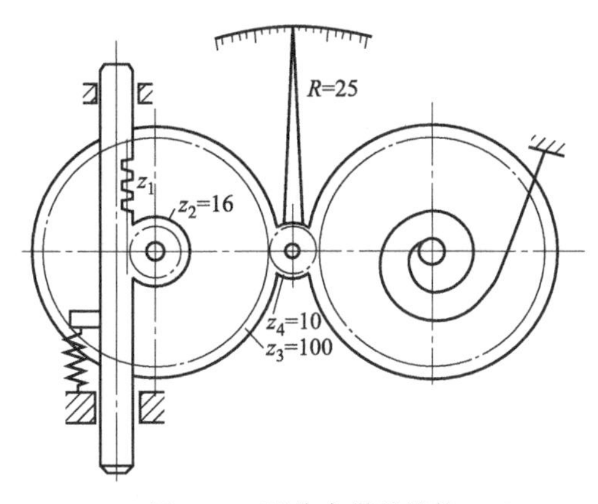

图 2-64　百分表增程机构

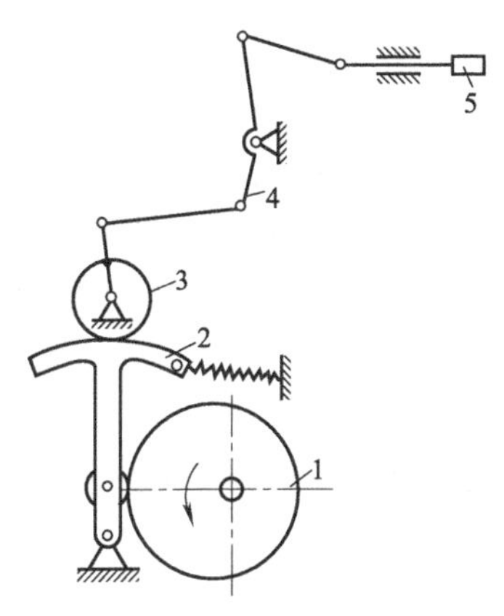

图 2-65　齿轮连杆增程机构

(3) 夹紧机构

夹紧机构一般在机床装卡工件时用，通常要求快速夹紧。

图 2-66 是利用连杆机构的死点位置快速夹紧。图 2-67 所示为利用凸轮机构快速夹紧机构。

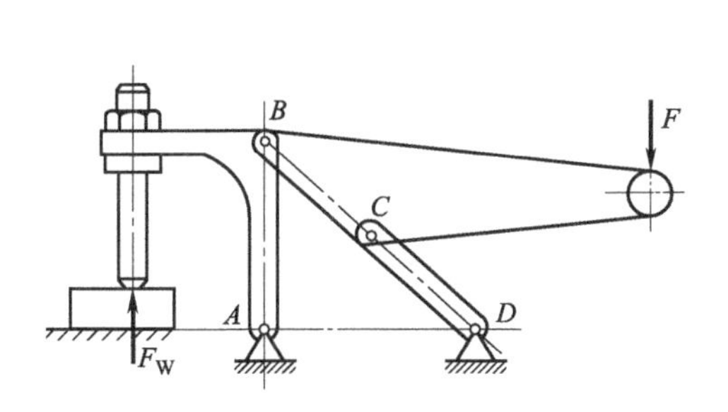

图 2-66　利用连杆机构的死点位置快速夹紧机构

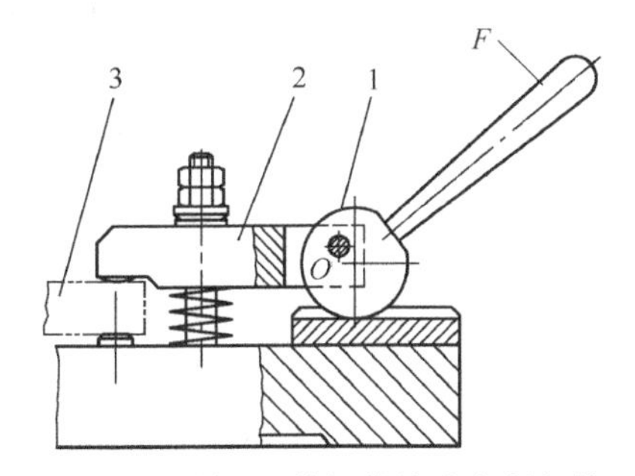

图 2-67　利用凸轮机构快速夹紧机构

图 2-68 所示为创新设计的 3 种双向快速夹紧夹具，它们操作简单，夹紧快速、方便。利用夹具体各构件的运动关系，工件在一方向受力夹紧时，另一方向也同时夹紧，构思巧妙。

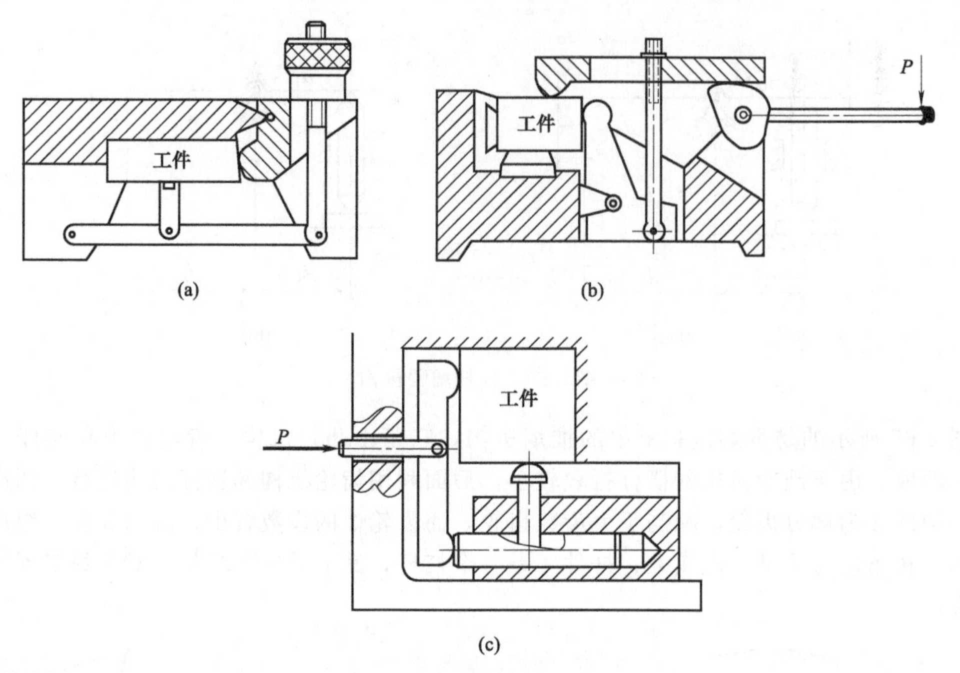

图 2-68　3 种双向快速夹紧夹具

(4) 自锁机构

一些有反向制动要求或安全性要求的机械装置中常需用到自锁机构。

① 自锁螺旋机构　自锁螺旋机构用于螺旋千斤顶、螺旋压力机等。理论上，螺旋传动自锁条件为

$$\psi \leqslant \rho_v \tag{2-4}$$

式中　ψ——螺旋升角；

ρ_v——当量摩擦角。

需要指出的是，滑动螺旋传动设计时，不能按理论自锁条件来计算，如螺旋千斤顶、螺旋转椅等，因为当稍有转动，静摩擦系数变为动摩擦系数，摩擦系数降低很多，导致 ψ 大于 ρ_v，螺杆就会自行下降。为了安全起见，必须将当量摩擦角减小 1°，即应满足 $\psi \leqslant \rho_v - 1°$。而取 $\psi \approx \rho_v$ 是极不可靠的，也是不允许的。

自锁螺旋机构的效率较低，可以通过理论证明，自锁螺旋传动的效率低于 50%，因而，只有当设计中有自锁要求时，才设计成自锁螺旋，反之，则不必。

② 自锁连杆机构　连杆机构在设计适当时也可以自锁。图 2-69 所示的简易夹砖装置，为保持砖在装夹搬运过程中不掉下，在设计时应具有自锁特性，其自锁条件为：

$$a \leqslant f(l-b) \tag{2-5}$$

式中　f——砖夹与砖之间在接触处的摩擦系数。

图 2-70 所示为摆杆齿轮式自锁性抓取机构，该机构以气缸为动力带送齿轮，从而带动手爪做开闭动作。当手爪闭合抓住工件，在图示位置时，工件对手爪的作用力 G 的方向线在手爪回转中心的外侧，故可实现自锁性夹紧。

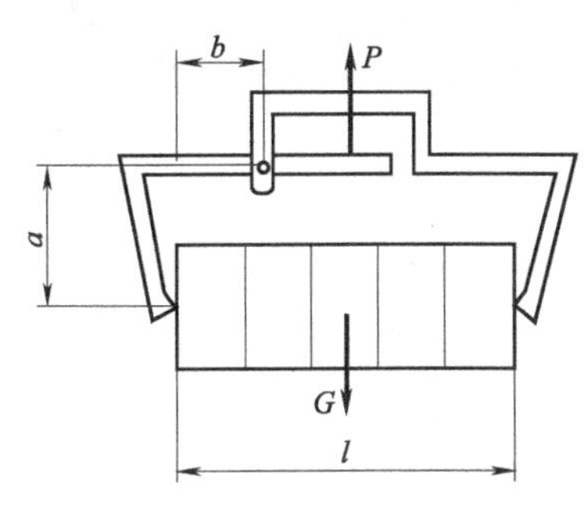

图 2-69　简易夹砖自锁机构

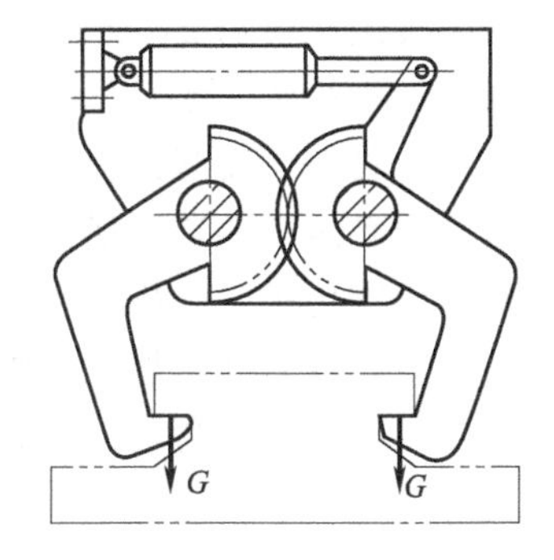

图 2-70　摆杆齿轮式自锁性抓取机构

③ 自锁棘轮机构　棘轮机构常用作防止机构逆转的停止器，起反向自锁的作用。棘轮反向自锁机构广泛用于卷扬机、提升机以及运输机中。图 2-71 所示为提升机中的棘轮反向自锁机构。

另外，还可以利用摆动的楔形块获得反向自锁。如图 2-72 所示摩擦式棘轮反向自锁机构，1 为主动棘爪，2 为从动棘轮，机构的反向自锁通过制动棘爪 3 来完成。这种反向自锁机构具有能实现任意位置自锁的优点，结构简单，使用方便，工作平稳，噪声小，但其接触表面间容易发生滑动，运动准确性差。图 2-73 所示为家用缝纫机中皮带轮上的反向自锁机构。

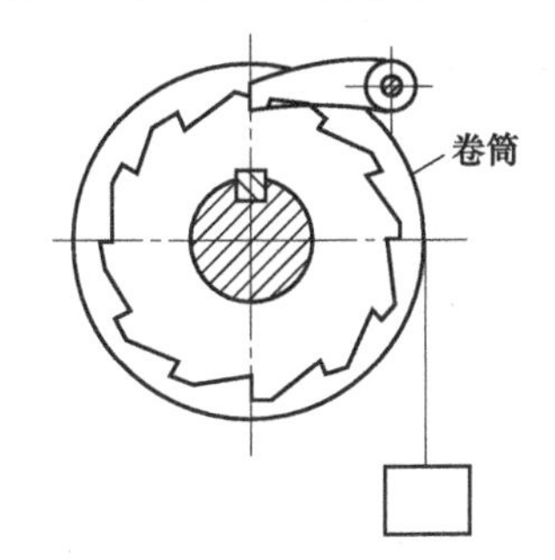

图 2-71　棘轮反向自锁机构

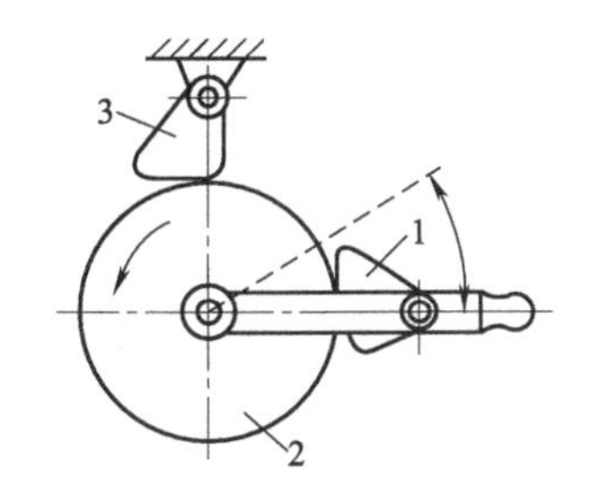

图 2-72　摩擦式棘轮反向自锁机构
1—主动棘爪；2—从动棘轮；3—制动棘爪

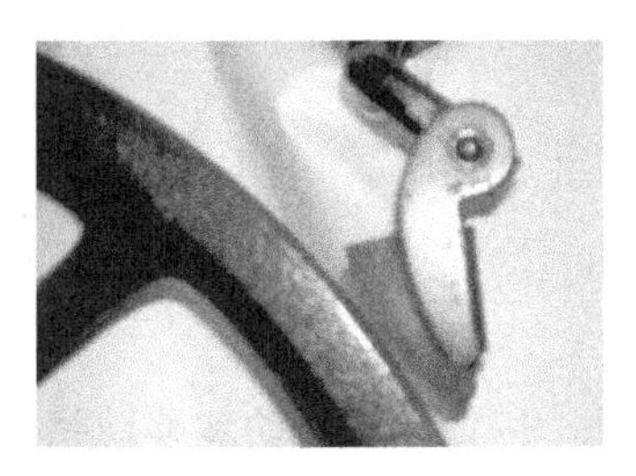

图 2-73　缝纫机皮带轮上的反向自锁机构

除以上几种，少齿差大传动比轮系在反向运动时通常也会产生自锁，这类机构都是用于降速的，由于摩擦力问题，想反向驱动获得大传动比的增速几乎是不可能的。

考虑到安全、可靠性，有时即便是自锁的机构，也可同时采用制动器或抱闸装置。

(5) 抓取机构

图 2-74 所示为杠杆式抓取机构，当活塞杆向右移动时，手爪抓紧，反之放开。图 2-75 所示的柔性抓取机构，抓取物体时，可以仿物体轮廓进行变形，使抓紧更可靠。当抓紧电动

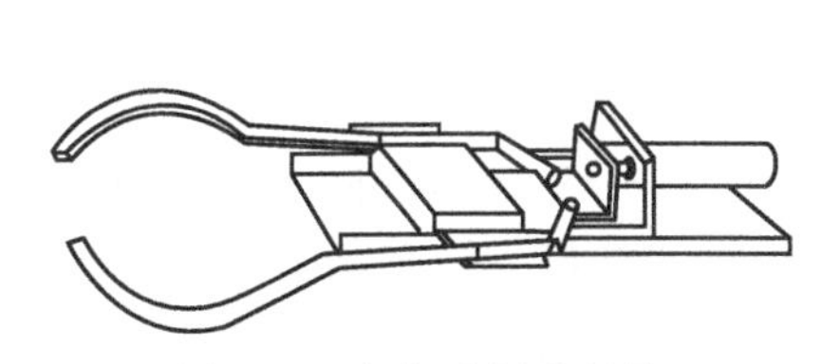

图 2-74　杠杆式抓取机构

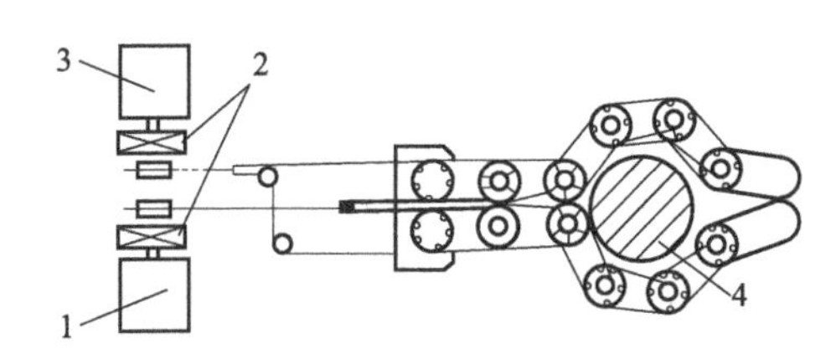

图 2-75　柔性抓取机构
1—抓紧电动机；2—离合器；3—放松电动机；4—物体

机 1 运转时，接通离合器 2，将缆绳收紧，使其各链节包络物体 4；当放松电动机 3 运转时，接通离合器 2，将缆绳放松，手爪松开工件。如在手爪外包覆海绵手套，就能模仿人手的动作，对所抓取的物体还能起到更好的保护作用。

(6) 实现间歇运动的连杆机构

常用间歇机构包括棘轮机构、槽轮机构、不完全齿轮机构等，但连杆机构也具有非常好的间歇运动特性，容易受到惯性思维的影响，经常容易被人忽视。连杆机构由于是由低副组成，通常能传递较大的载荷，并且经济性、耐用性、易加工性和和易维护性都比较好。缺点是尺寸较大。因此，在尺寸没有严格限制的情况下，选择间歇型运动时，不宜将连杆机构排除在外，而应给以充分的重视。

例如，连杆机构可利用摆杆上的一段弧形实现短暂停歇。图 2-32 所示的串联组合连杆机构，利用滑块运动轨迹中的一段直线实现摆杆的间歇运动。再如，钢材步进输送机的驱动机构实现了横向移动间歇运动，如图 2-76 所示，当曲柄整周转动时，$E(E')$ 点的运动轨迹为图中点画线所示连杆曲线，$E(E')$ 点行经该曲线上部水平线时，推杆推动钢材前进，$E(E')$ 点行经该曲线的其他位置时，钢材都停止不动。

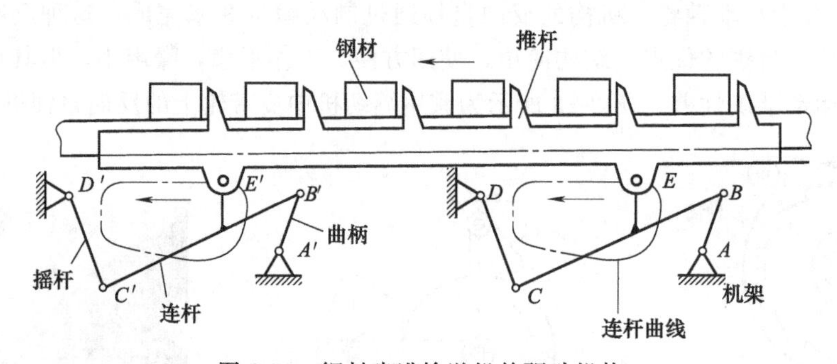

图 2-76 钢材步进输送机的驱动机构

(7) 实现转动和移动相互转换的机构

在需要实现转动和移动相互转换时，通常可采用连杆机构、齿轮-齿条机构或凸轮机构，然而这些机构亦有其不适合的情况，选择时要注意避开其缺点。如连杆机构运动精度低、尺寸相对较大，不适合要求高精度且结构紧凑的场合；齿轮-齿条机构比连杆机构加工成本高，在精度要求一般时不是首选，且不适合在较大尺寸时应用；凸轮机构不适合传递大的载荷，它主要是用作控制机构，精度较高，一般不用于传力。另外，凸轮机构也不适合从动件移动距离较大的场合，否则容易导致凸轮过大，且凸轮加工成本相对较高，维护也比较麻烦。

除上述 3 种机构外，螺旋传动机构在将转动转换为移动方面也是不错的选择。螺旋传动机构经济性较好，结构紧凑，并在传递大载荷方面有比较好的优越性，且能自锁，防止反向运动，对机构有安全保护作用，但注意自锁时传动效率较低，在要求效率较高时，不宜采用螺旋传动。

利用上述机构的组合机构还可以在机构创新设计中获得更加灵活方便的功能，它综合了单一机构的缺点。如图 2-77 所示的酒瓶开启器，即螺旋传动机构与齿轮-齿条机构的组合机构。图 2-77 (a) 为初始状态，旋转螺杆，利用螺旋传动将螺杆旋入酒瓶软木塞，旋转过程中，两侧手柄逐渐升高，摆动至最高点 [图 2-77 (b)]，手柄相当于齿轮，螺杆亦相当于齿条，齿条带动齿轮转动，使手柄升高；然后，用力向下压两侧的手柄，则将螺杆和软木塞一起从酒瓶拔出 [图 2-77 (c)]，直至图 2-77 (a) 所示状态。该机构将螺旋传动机构与齿轮-

齿条机构进行组合，利用螺杆和齿条合二为一，有效完成启瓶功能，使结构紧凑，利用了螺旋传动的自锁特性，同时又利用齿轮-齿条机构工作效率高的特性，克服了自锁螺旋效率低的缺点。

(a)

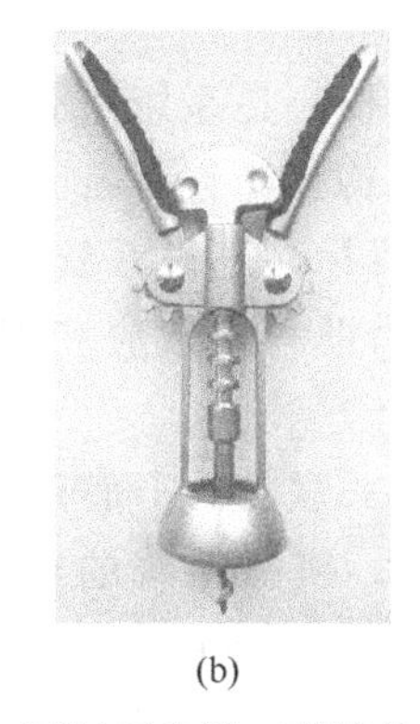
(b)

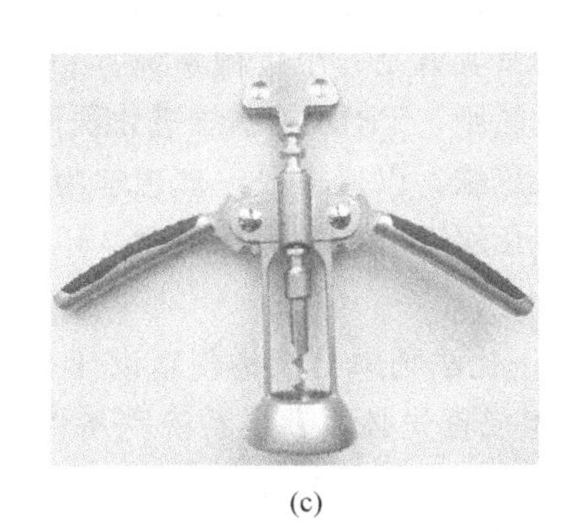
(c)

图 2-77　酒瓶开启器（螺旋传动机构与齿轮-齿条机构组合）

(8) 实现急回运动的连杆机构

机构的急回运动有利于减少非工作时间，从而提高工作效率。表 2-3 列出了常用有急回特性的机构类型及图解说明。

表 2-3　常用有急回特性的机构类型及图解说明

机构类型	曲柄摇杆机构	连杆机构	偏置曲柄滑块机构	摆动导杆机构	双导杆机构	大摆角急回机构
机构图解	A B C D	A B C D E F	A B C e	A B C	F G D A B C E	O_2 B A O_1
运动说明	曲柄匀速转动，摇杆做急回运动	曲柄匀速转动，滑块做急回运动	曲柄匀速转动，滑块做急回运动	曲柄匀速转动，导杆做急回运动	曲柄匀速转动，滑块 G 做急回运动	曲柄匀速转动，小齿轮做大摆角急回运动

2.1.5　机构创新设计与 TRIZ 的关联

机械从业人员如果想将创新做得更好，则有必要将机构创新设计与 TRIZ 的思维和方法进行关联，找到二者合适的切入点，撞出灵感的火花，才能起到积极的发酵作用，而不是生搬硬套，勉强嫁接。

由于 TRIZ 是关于方法的科学，具有普遍适用性，在任何科学领域都可以使用，所以它的方法与专业知识的联系不是很紧密，很多时候只是给发明者一种启发，或一种思考方向上的提示，对产品概念性设计作用更明显一些，而在具体的技术性设计方面往往显得动力不足。也就是说，将 TRIZ 与专业知识进行完美链接这一工作并不好完成，这也一直是困扰着爱好 TRIZ 的机械创新设计人员的一个棘手的问题。机构是机械的重要组成部分，机械中可动的部分都涉及机构，因此，为使 TRIZ 与机械创新设计更好融合，必须找到方法，将 TRIZ 与机构创新设计进行有机的关联。

(1) 机构创新设计与系统进化法则的关联

一个机构其实就是一个机械系统，TRIZ 的核心是系统进化法则，那么机构创新也就要遵循系统进化法则，TRIZ 的系统进化法则对机构创新设计都是适用的。另外，设计时首先必须打破惯性思维，以追求最终理想解为设计目标，遵循系统完备性法则设计和搭建机构，并利用其他进化法则分析和优化机构，还可以借助科学效应和现象库，找到最适合的功能，进行合理化设计。

TRIZ 的进化法则中与机构创新设计有明显关联的有下面几个。

① 机构组成首先必须满足系统完备性法则。机械系统的组成如图 2-78 所示，与 TRIZ 的系统完备性分析是非常相近的。机构担负着将原动机的运动和动力传递到执行部分的重要任务，即传动部分和执行部分都离不开各种机构。那么，在机构创新设计过程中，就需要按 TRIZ 的系统完备性法则来进行。

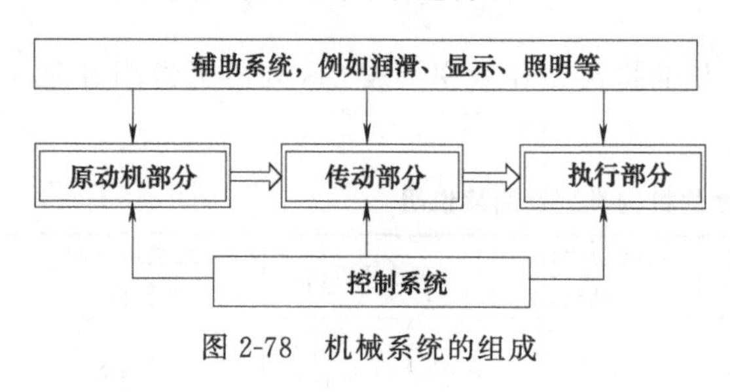

图 2-78 机械系统的组成

首先，要了解原动机的运动形式和性能特点；然后，通过执行部分要求输出的执行构件运动形式来选取可采用的机构；最后进行机构的详细设计。常用原动机的运动形式及其性能与特点如表 2-4 所示，采用不同原动机实现各种执行运动的可选机构如表 2-5 所示。

表 2-4 常用原动机的运动形式及其性能与特点

序号	运动形式	原动机类型	性能与特点
1	连续运动	电动机、内燃机	结构简单、价格便宜、维修方便、单机容量大、机动灵活性好，但初始成本高
2	往复移动	直线电动机、活塞式液压缸或气缸	结构简单、维修方便、尺寸小、调速方便，但速度低、运转费用较高
3	往复摆动	双向电动机、摆动活塞式液压缸或气缸	结构简单、维修方便、尺寸小、易调速，但速度低、运转费用较高

表 2-5 采用不同原动机实现各种执行运动的可选机构

序号	原动机类型	执行构件运动形式	可采用的机构
1	电动机	连续转动	双曲柄机构、齿轮机构、转动导杆机构、万向联轴器等
2	电动机	往复摆动	曲柄摇杆机构、摆动导杆机构、摆动从动件凸轮机构、曲柄摇块机构等
3	电动机	往复移动	曲柄滑块机构、直动从动件凸轮机构、齿轮齿条机构等
4	电动机	单向间歇转动	槽轮机构、曲柄摇杆机构与棘轮机构串联的组合机构、不完全齿轮机构等
5	摆动活塞式气缸	往复摆动	平行四边形机构、曲柄摇杆机构、双摇杆机构、双曲柄机构等
6	摆动活塞式气缸	单向间歇转动	棘轮机构、曲柄摇杆机构与槽轮机构的组合机构、曲柄摇杆机构与不完全齿轮机构的组合机构等

机构的各部分都在运动和动力的传递中起到重要作用，缺少任何一个都不能将最终功能实现，如果任何一个机构或构件失效都将导致整个机械系统崩溃，因此系统完备性法则是机

构创新设计的最基本原则。

应用系统完备性法则对机构运动传递系统进行协调化设计，有助于确定实现所需技术功能的方法并节约动能损耗，可以对效率低下的技术系统进行优化和改进。

② 机构设计要满足系统能量传递法则。机构要使能量从原动构件传递到输出构件，应使能量传递路线最短，尽量减少能量损耗，提高传动效率。首先，机构在满足工作要求时应力求结构简单、尺寸适度，在整体布置上占的空间尽量小，使机构布局紧凑，即从主动件到从动件的运动链要短，构件和运动副数尽量少。其次，要考虑机构的传动效率。齿轮传动的效率通常较高；带传动和链传动次之；连杆机构的效率更低一些，尽量少采用移动副，移动副不但效率低，而且容易发生楔紧或自锁现象；蜗杆传动和螺旋传动效率更低，自锁情况下，其效率低于 50%。采用带高副的机构，可以减少运动副和构件的数目，但高副形状一般较为复杂，制造不如低副容易，因此成本会相对高些。

③ 机构设计要遵循提高理想度法则。TRIZ 理论认为理想化是推动系统进化的主要动力，技术系统总是向着最终理想化的方向进化，趋向更加简单、可靠、有效。机构设计必须遵循提高理想度法则，才能获得最佳的效果。TRIZ 理论中最理想的技术系统是：不存在物理实体，也不消耗任何资源，但却能够实现所有必要的功能，这也是机构创新设计的最高境界。

TRIZ 理论的最终理想解法为我们提供了操作方法上的指导。理想化方法有部分理想化和全部理想化两种，部分理想化比较具体，侧重局部，而全部理想化更强调从根本上进行改变，可以考虑功能剪切或运动链简化，去掉烦琐复杂的中间传动部分，直达功能，效果更加明显。因此，在进行机构创新设计时，通过全部理想化方法可能会获得完全不同的机构系统。

全部理想化包括功能剪切、系统剪切、原理改变、系统换代。

应用功能剪切或系统剪切，可以使运动链简化。例如，常见的冲压机构经常有这样的动作，即先推送工件，再冲压工件，如将完成推送功能的机构剪切掉，改换成专门的上料机送料，则机构系统就将得到很大简化，机构设计将更简捷。

如果应用原理改变方法，则机构选型将出现很大的改变。例如，我们常见的薯条加工机，传统办法是采用切削刀具马铃薯，通常是电动机驱动，那么设计将电动机的转动变成刀具的往复移动的机构就可以了。而创新设计的薯条制作方法是使将马铃薯去皮后压碎，再通过挤压的方法加工利用模具挤出人造薯条，改变加工原理后，薯条尺寸更均匀，但是这就需要设计曲柄滑块机构或螺旋压力机构，而不是切片以后再切丝，工艺和机构都更简单一些。

应用系统换代方法往往能获得创新性更强的结果，系统进化程度也更高。例如，机床的电主轴，用伺服电机控制速度，可以实现任何所需工作转速，而不再需要传统的各种变速机构，机构系统得到极大的简化，并能得到很高的加工精度。电主轴是齿轮等变速机构系统的换代产品，具有高速、高精度、无级变速等优点，如未来能解决成本比较高的问题，则必将给机构创新设计带来革命性的改变。

④ 机构设计要满足提高动态性和可控性法则。提高一个机构的动态性可以获得更好的工作性能，如连杆机构的杆长可调能调整输出运动范围，带传动的电机底座可调能调整带的张紧力，弹簧的预紧力可调能调整拉伸特性等。可控性强调系统整体的直接控制、间接控制、反馈控制和自我控制，随着机电一体化产品的不断发展，现代机械中的各种控制显得越来越不可或缺，自动化程度也越来越强，控制成为机构创新设计时必须考虑的一个方面。

⑤ 机构设计要满足向超系统进化法则。机械系统的功能越强大，参与其中的机构越多，系统的复杂程度也越高，系统之间将产生联合，向超系统进化，向更高水平发展。复杂机械系统需要多个机构联合，可能串联、并联或叠加，各部分要协调配合，运动参数等都会产生关联性改变，这将会加大机构设计的难度，需要设计者进行机构的综合性分析，包括多体运动分析和各种作用的耦合，以及材料和加工工艺等多方面的问题。每一个机构都是一个系统，整个机器是一个超系统，机器所处的环境是更大的超系统，向超系统进化的目的是强化和增加主功能，提高容量，提高效率，提高载荷能力，超系统的联合深度及联合数量等均会逐渐增加，例如数控加工中心、大飞机、航空母舰等。总之，以简单机构为单元不断向超系统进化，以获得更加强大而先进的机械系统将是机械发展的一个重要方向。

(2) 机构创新设计与发明原理的关联

机构创新设计与 TRIZ40 个发明原理中很多原理都有密切的关联，在 1.2.1 节已列举了一些应用的实例。设计过程中可用的发明原理也很多，创新设计一个机构系统常常需要同时用到 2 个或 2 个以上的发明原理，发明原理组合应用有利于创新，限于篇幅，下面仅对 40 个发明原理中互相有关联并可能组合起来用于机构创新设计的作简要分析。

① 分离原理与组合原理。这两个原理有互逆的关系，使用时也容易混淆，其实二者的主要区别是看发明的最终目的是什么，是要分离后的结果？还是要组合后的结果？对于机构的组合，当然是要组合后的结果，但设计时是要对每个基本机构都进行分析的，所以组合机构的设计是利于组合原理进行总体设计，利用分离原理进行具体分析，二者经常是分不开的。

② 曲面化原理与维数变化原理。将直线运动变成曲线运动，将平面运动变成空间立体运动，都涉及维数变化，直线是一维，平面是二维，立体是三维。因此，曲面化原理与维数变化原理的联系是比较密切的。机构创新设计涉及曲线、曲面运动的时候很多，空间机构也很多，所以，将这两个发明原理结合起来进行机构创新设计，对产生新型机构是非常有益的。

③ 局部质量原理与不对称原理。从运动传递的角度来讲，机构的运动链极有可能是不对称的，为起到某种特殊的功能通常需要做局部的机构设计。也就是说，局部质量会导致不对称，不对称也会导致局部质量，二者是很难分开的。机构创新设计时，要注意这两个发明原理的联合使用。

④ 动态化原理与反馈原理。动态化原理在机构中不是指机构本身的运动，而是指机构用于提高自身适应性所做的动态调整，利用信息反馈系统提高机构自动化控制和自动调整是现代机械设计的重要手段，也是机构设计中所要考虑的。

⑤ 机械振动原理与周期性作用原理。当机构需要使用弹性元件、振摆等，则很可能会用到机械振动原理。机械振动是有周期性的，它能提供周期性变化的运动轨迹、力，还能储存机械能，再进行周期性的释放。在机构创新设计中，经常将拉伸弹簧、扭转弹簧、涡卷弹簧等作为储能元件。

⑥ 急速动作原理与变害为利原理。机构经常利用快速运动来消除一些有害作用，甚至把原本有害的作用变成有利的作用。例如，冲压机构就是利用重锤快速下落产生的惯性进行工作；提高轴的转速以快速越过一阶临界转速，防止引起共振和对机器造成损害。

⑦ 借助中介物原理与自服务原理。机构的一些附加部分可以是随时安装或拆下的，这种暂时性的物体就是中介物，它可以起到自服务的作用，在机器完成主功能的同时完成辅助

功能。例如，安装在机器人手臂机构末端的抓取机构，作为中介物在加工中心完成车、铣、钻、焊等主加工过程之外的移动工件的辅助工作；冲压机构的主体部分是进行冲压的机构，推料机构是辅助机构，也是中介物，同时进行机构的自服务。

(3) 机构创新设计与科学效应和现象的关联

设计机构目的是为了实现一定的科学效应，以科学效应完成机构的功能，如果效应选取不合理，那功能也将失去设计的意义。所以，机构创新设计有必要借助科学效应和现象清单，找到最适合的功能，进行合理化设计。例如，功能 F15，储蓄机械能与热能，涉及 E85 弹性变形、E49 惯性力；功能 F16，传递能量，涉及 E85 形变、E47 共振、E98 振动等与机械能相关联的效应和现象；功能 F6，控制物体位移，涉及 E15 磁力和 E98 振动；功能 E13，控制摩擦力；功能 F12，产生/控制力，形成高的压力等。

2.2 机械结构创新设计及其与 TRIZ 的关联

2.2.1 机械结构设计的概念与步骤

(1) 机械结构设计的概念

机械结构设计就是将原理方案设计结构化，即把机构系统转化为机械实体系统，这一过程需要确定结构中零件的形状、尺寸、材料、加工方法、装配方法等。

一方面，原理方案设计需要通过机械结构设计得以具体实现；另一方面，机械结构设计不但要使零部件的形状和尺寸满足原理方案的功能要求，还必须解决与零部件结构有关的力学、工艺、材料、装配、使用、美观、成本、安全和环保等一系列问题。机械结构设计时，需要根据各种零部件的具体结构功能构造它们的形状，确定它们的位置、数量、连接方式等结构要素。

在结构设计的过程中，设计者不但应该掌握各种机械零部件实现其功能的工作原理，提高其工作性能的方法与措施，以及常规的设计方法，还应该根据实际情况善于组合、分解、移植、变异、类比、联想等结构设计技巧，追求结构创新，才能更好地设计出具有市场竞争力的产品。

(2) 机械结构设计的步骤

机械结构设计是一个从抽象到具体、从粗略到精确的过程，它根据既定的原理方案，确定总体空间布局、选择材料和加工方法，通过计算确定尺寸、检查空间相容性，由主到次逐步进行结构的细化。另外，机械结构设计还具有多解性特征，因此需反复、交叉进行分析、计算和修改，寻求最好的设计方案，最后完成总体方案结构设计图。

机械结构设计过程比较复杂，大致的设计步骤如下。

① 明确决定结构的要求及空间边界条件。决定结构的要求主要包括：a. 与尺寸有关的要求，如传动功率、流量、连接尺寸、工作高度等；b. 与结构布置有关的要求，如物料的流向、运动方位、零部件的运动分配等；c. 与确定材料有关的要求，如耐磨性、疲劳寿命、抗腐蚀能力等。空间边界条件主要包括装配限制范围、轴间距、轴的方位、最大外形尺寸等。

② 对主功能载体进行初步结构设计。主功能载体就是实现主功能的构件，如减速器的轴和齿轮、机车的主轴、内燃机的曲轴等。在结构设计时，应首先对主功能载体进行粗略构

形，初步确定主要形状、尺寸，如轴的最小直径、齿轮直径、容器壁厚等，并按比例初步绘制结构设计草图。设计的结构方案可以是多个，要从功能要求出发，选出一种或几种较优的草案，以便进一步修改。

③ 对辅功能载体进行初步结构设计。主要对轴的支承、工件的夹紧装置、密封、润滑装置等进行初步设计，初步确定主要形状、尺寸，以保证主功能载体能顺利工作。设计中应尽可能利用标准件、通用件。

④ 对设计进行可行性和经济性的综合评价。从多个初步结构设计草案中选择满足功能要求、性能优良、结构简单、成本低的较优方案。必要时还可返回上两个步骤，修改初步结构设计。

⑤ 对主功能载体、辅功能载体进行详细结构设计。详细设计时，应遵循结构设计的基本要求，依据国家标准、规范，通过设计计算获得较精确的计算结果，完成细节设计。

⑥ 结构方案的完善和检查错误。消除综合评价时发现的弱点，检查在功能、空间相容性等方面是否存在缺陷或干扰因素（如运动干扰），应注意零件的结构工艺性，如轴的圆角、倒角、铸件壁厚、拔模斜度、铸造圆角等，必要时对结构加以改进，并可采纳已放弃方案中的可用结构，通过优化的方法来进一步完善。

⑦ 完成总体结构设计方案图。绘制全部生产图纸（装配图、零件图），结构设计的最终结果是总体结构设计方案图，它清楚地表达产品的结构形状、尺寸、位置关系、材料与热处理、数量等各要素和细节，体现了设计的意图。

2.2.2 机械结构元素的变异与演化

结构元素在形状、数量、位置等方面的变异可以适应不同的工作要求，或比原结构具有更好和更完善的功能。下面简述几种有代表性的结构元素变异与演化。

（1）杆状构件结构元素变异

① 适应运动副空间位置和数量的连杆结构。图 2-79 所示为一般连杆结构的几种形式。

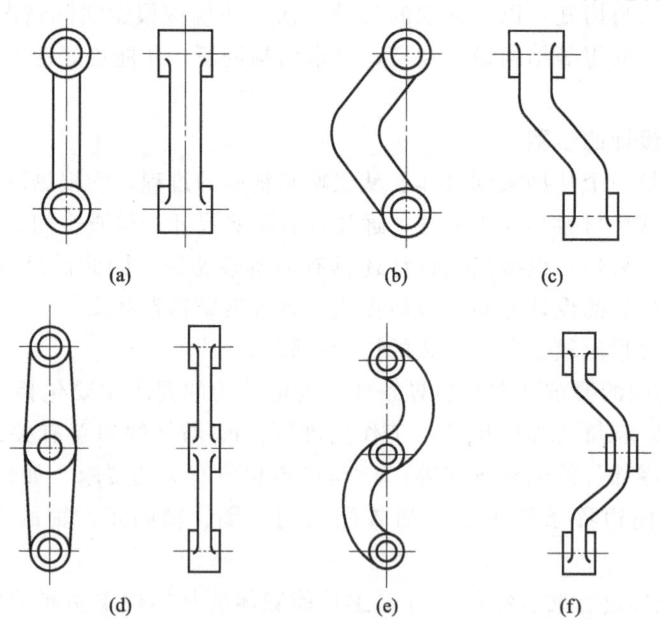

图 2-79　适应运动副空间位置和数量的连杆结构

因运动副空间位置和数量不同，连杆的结构形状也随之产生变异。

② 提高强度的连杆结构。当 3 个转动副同在一个杆件上且构成钝角三角形时，应尽量避免做成弯杆结构。图 2-80（a）、（b）所示结构强度较差，图 2-80（c）所示结构强度一般，图 2-80（d）、（e）所示结构强度较好。

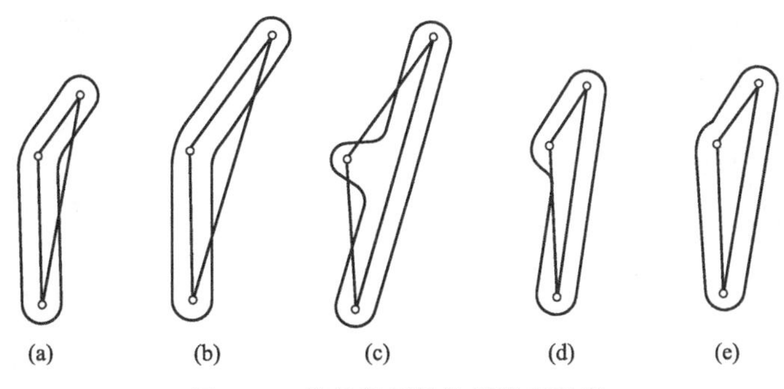

图 2-80　避免弯杆结构以提高强度

③ 提高抗弯刚度的连杆结构。杆件可采用圆形、矩形等截面形状，如图 2-81（a）和图 2-79 所示，结构较简单。若需要提高构件的抗弯刚度，可将截面设计成工字形［图 2-81（b）］、T 形［图 2-81（c）］或 L 形［图 2-81（d）］。

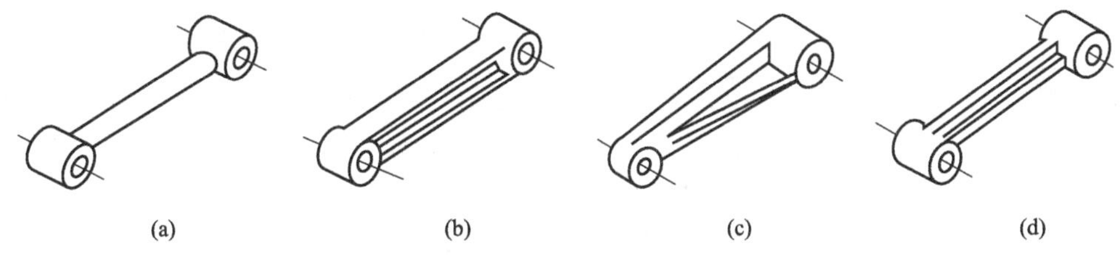

图 2-81　杆件截面形状利于提高刚度

④ 提高抗振性的连杆结构。有些工作情况有频繁的冲击和振动，对杆件的损害较大，这种情况下图 2-81 所示的连杆结构抗振性不好。在满足强度要求的前提下，采用图 2-82 所示结构，杆细些且有一定弹性，能起到缓冲吸振的作用，可提高连杆的抗振性。

⑤ 便于装配的连杆结构。与曲轴中间轴颈连接的连杆必须采用剖分式结构，因为如果采用整体式连杆将是无法装配的。这种结构形式在内燃机、压缩机中经常采用。剖分式连杆的结构如图 2-83 所示，连杆体 1、连杆盖 4、螺栓 2 和螺母 3 等几个零件共同组成一个连杆。

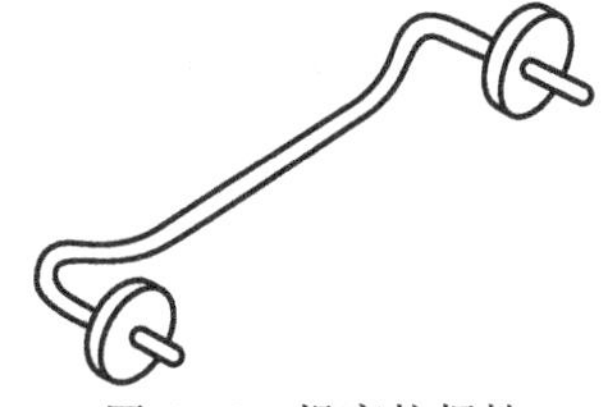
图 2-82　提高抗振性的连杆结构

⑥ 桁架式结构提高经济性和制造性。当构件较长或受力较大，采用整体式杆件不经济或制造困难时，可采用桁架式结构，如图 2-84 所示。不但提高了经济性和制造性，还节省了材料，减轻了重量。

(2) 螺纹紧固件结构元素变异

常用的螺纹紧固件有螺栓、螺钉、双头螺柱、螺母、垫圈等，如图 2-85 所示。在不同的应用场合，由于工作要求不同，这些零件的结构就必须变异出所需的结构形状。

六角头螺栓拧紧力比较大，紧固性好，但需和螺母配用，且需一定扳手操作空间，因而所占空间大；圆头螺钉拧紧后，露在外面的钉头比较美观；盘头螺钉可以用手拧，可作调整螺钉；沉头螺钉的头部能拧进被连接件表面，使被连接件表面光整；内六角螺钉比外六角螺

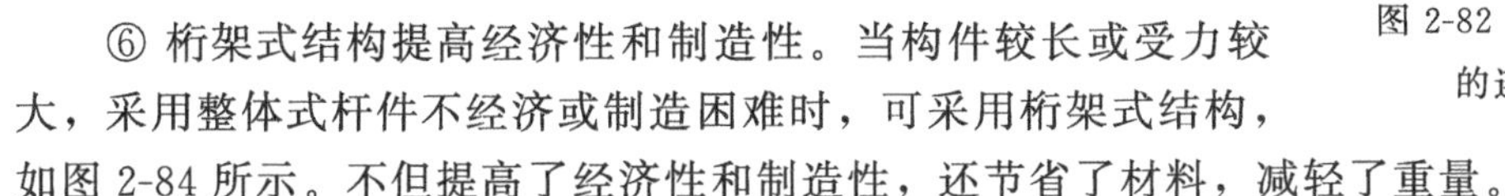

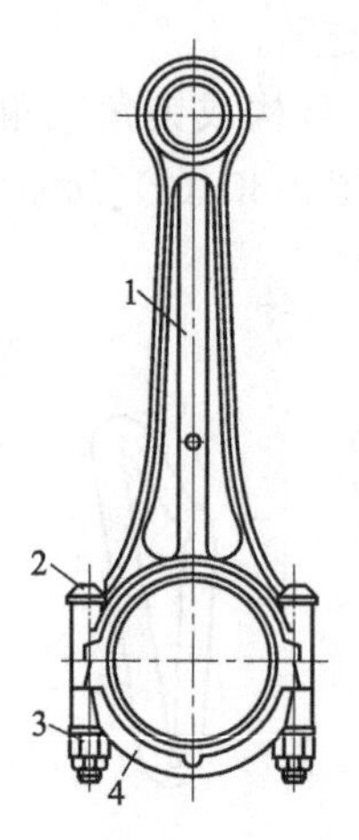

图 2-83　剖分式连杆的结构

1—连杆体；2—螺栓；3—螺母；4—连杆盖

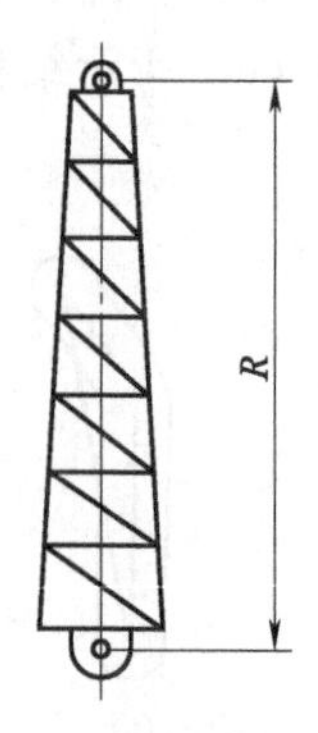

图 2-84　桁架式结构

(a) 六角头螺栓

(b) 双头螺柱

(c) 开槽圆头螺钉

(d) 开槽盘头螺钉

(e) 开槽沉头螺钉

(f) 内六角头螺钉

(g) 开槽锥端紧定螺钉

(h) 六角螺母

(i) 六角开槽螺母

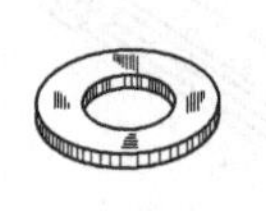

(j) 平垫圈

(k) 弹簧垫圈

(l) 止动垫圈

图 2-85　螺纹紧固件结构元素变异

钉头部所占空间小，拧紧所需操作空间也小，因而适合要求结构紧凑的场合。双头螺柱适合经常拆卸的场合；紧定螺钉用来确定零件相互位置和传力不大的场合。开槽螺母是用来防松的，平垫圈用来保护承压面，弹簧垫圈和止动垫圈都是用来防松的。

(3) 齿轮结构元素变异

齿轮的结构元素变异包括齿轮的整体形状变异、轮齿的方向变异、齿廓形状变异，见图2-86。

为传递不同空间位置的运动，齿轮整体形状可变异为圆柱形、圆锥形、齿条、蜗轮等；为实现两轴的变转速，齿轮整体形状可变异为非圆齿轮和不完全齿轮。

为提高承载能力和平稳性，轮齿的方向可变异为直齿、斜齿、人字齿和曲齿等。

为适应不同的传力性能，齿廓形状可变异为渐开线形、圆弧形、摆线形等。

(4) 棘轮结构元素变异

棘轮结构元素变异如图 2-87 所示。图 2-87（a）为最常见的不对称梯形齿形，齿面是沿径向线方向，其轮齿的非工作齿面可做成直线形或圆弧形，因此齿厚加大，使轮齿强度提高。

图 2-87（b）为棘轮常用的三角形齿，齿面沿径向线方向，其工作面的齿背无倾角。另外也有三角形齿形的齿面具有倾角 θ 的齿形，一般 $\theta=15^\circ\sim20^\circ$。三角形齿形非工做面可做成直线形［图 2-87（b）］和圆弧形［图 2-87（c）］。

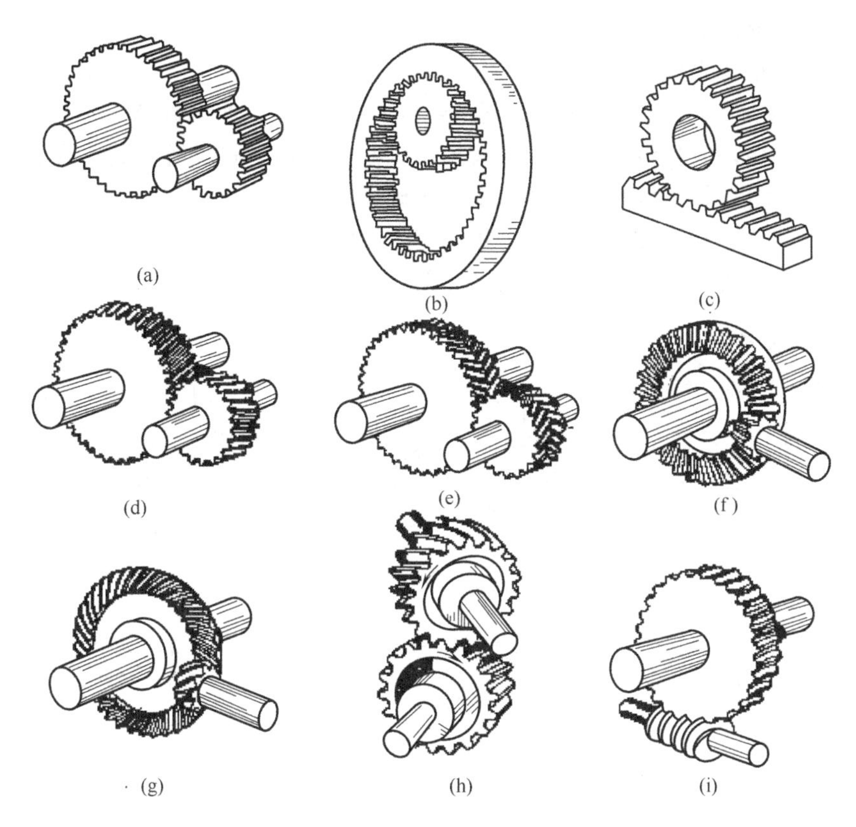

图 2-86　齿轮结构元素变异

图 2-87（d）为矩形齿齿形，矩形齿齿形双向对称，同样对称的还有梯形齿齿形［图 2-87（e）］。

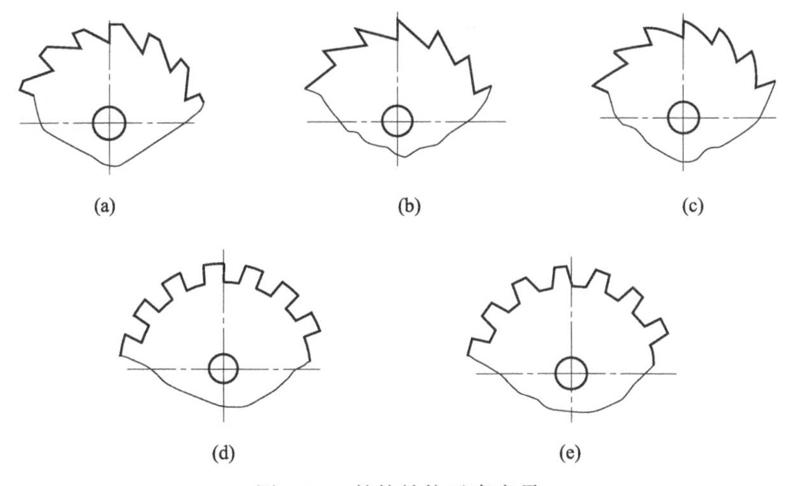

图 2-87　棘轮结构元素变异

设计棘轮机构在选择齿形时，要根据各种齿形的特点，单向驱动的棘轮机构一般采用不对称形齿，而不能选用对称形齿形。

当棘轮机构承受载荷不大时，可采用三角形齿形。具有倾角的三角形齿形，工作时能使棘爪顺利进入棘齿齿槽且不容易脱出，机构工作更为可靠。

双向式棘轮机构由于需双向驱动，因此常采用矩形或对称梯形齿齿形作为棘轮的齿形，而不能选用不对称形齿形。

(5) 轮毂连接结构元素变异

轴毂连接的主要结构形式是键连接。单键的结构形状有平键和半圆键等［图 2-88（a）、（b）］。平键通常是单键连接，但当传递的转矩不能满足载荷要求时，需要增加键的数量，就变为双键连接。若进一步增加其工作能力，就出现了花键［图 2-88（c）、（d）］。花键的形状又有矩形、梯形、三角形，另外还有滚珠花键。将花键的形状继续变换，由明显的凸凹形状变换为不明显的，就产生了无键连接，即成形连接［图 2-88（e）］。

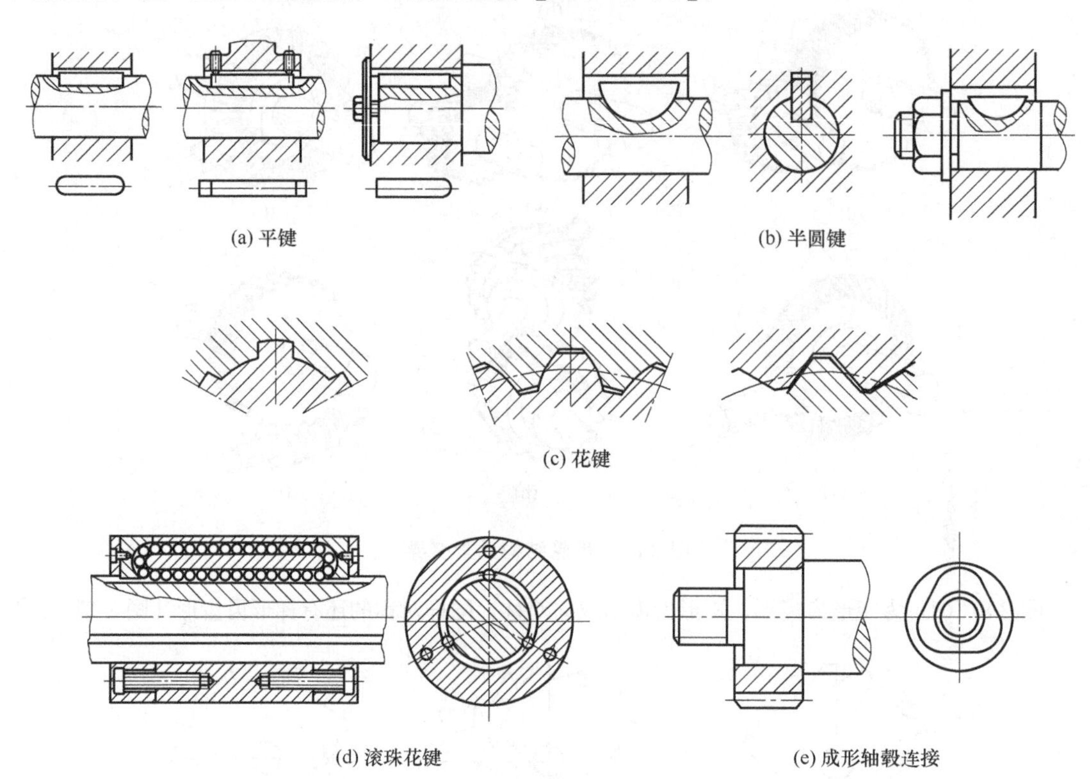

(a) 平键　(b) 半圆键

(c) 花键

(d) 滚珠花键　(e) 成形轴毂连接

图 2-88　键连接结构元素变异

(6) 滚动轴承结构元素变异

滚动轴承的一般结构如图 2-89 所示。图 2-89（a）所示轴承滚动体为球形，图 2-89（b）

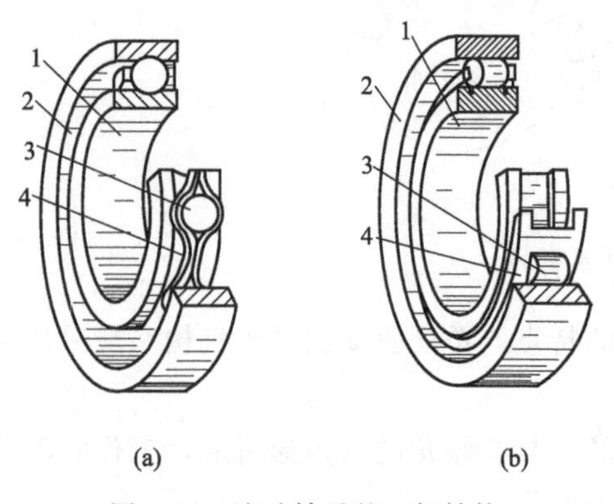

图 2-89　滚动轴承的一般结构

1—内圈；2—外圈；3—滚动体；4—保持架

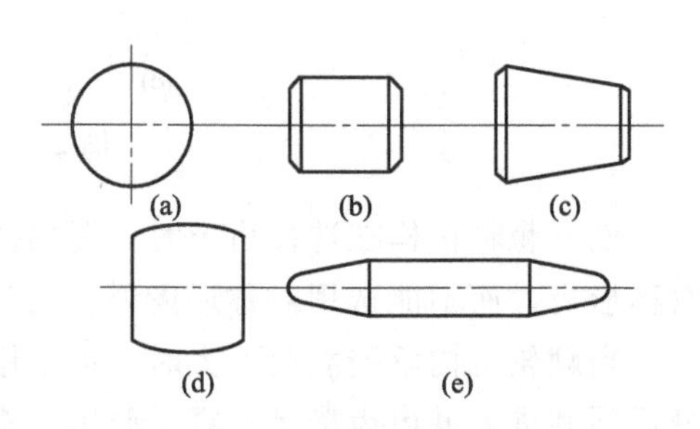

图 2-90　滚动体结构元素变异

所示轴承滚动体为圆柱滚子。球形滚动体便于制造，成本低，摩擦力小，但承载能力不如圆柱滚子。根据工作要求，滚动体还可以变异为其他形式，如圆锥滚子［图 2-90（c）］、鼓形滚子［图 2-90（d）］和滚针［图 2-90（e）］等。滚动体的数量随轴承规格不同而变异，在类型上有单排滚动体和双排滚动体。

当滚动体的结构变异后，与其配合的保持架、内圈和外圈在形状、尺寸上也都将产生相应的变异。

2.2.3 机械结构创新设计的基本要求

在机械结构创新设计过程中，从功能准确、使用可靠、容易制造、简单方便、经济性高等角度出发，要充分考虑以下各方面的基本要求。

(1) 实现功能要求

机械结构设计就是将原理设计方案具体化，即构造一个能够满足功能要求的三维实体的零部件及其装配关系。概括地讲，各种零件的结构功能主要是承受载荷、传递运动和动力，以及保证或保持有关零部件之间相对位置或运动轨迹关系等。功能要求是结构设计的主要依据和必须满足的要求。设计时，除根据零件的一般功能进行设计外，通常可以通过零件的功能分解、功能组合、功能移植等技巧来完成机械零件的结构功能设计。主要设计方法如下。

① 零件功能分解。

每个零件的每个部位各承担着不同的功能，具有不同的工作原理。若将零件的功能分解、细化，则会有利于提高其工作性能，有利于开发新功能，也使零件整体功能更趋于完善。

例如，螺钉的功能可分解为螺钉头、螺钉体、螺钉尾三个部分。如前所述，螺钉头的不同结构类型，分别适用于不同的拧紧工具和连接件表面结构要求（图 2-85）。螺钉体有不同的螺纹牙形，如三角形螺纹（粗牙、细牙）、倒刺环纹螺纹等，分别适用于不同的连接紧固性。螺钉体除螺纹部分外，还有无螺纹部分。无螺纹部分也有制成细杆的，被称为柔性螺杆。柔性螺杆常用于冲击载荷，因为在冲击载荷作用下，这种螺杆将会提高疲劳强度，如发动机连杆的连接螺栓。为提高其疲劳寿命，可采用降低螺杆刚度的方法进行构型，例如，采用大柔度螺杆和空心螺杆，如图 2-91 所示。螺钉尾部有带倒角起到导向作用，带有平端、锥端、短圆柱端或球面等形状的尾部保护螺纹尾端不受碰伤与紧定可靠，还可设计成有自钻自攻功能的尾部结构，如图 2-92 所示。

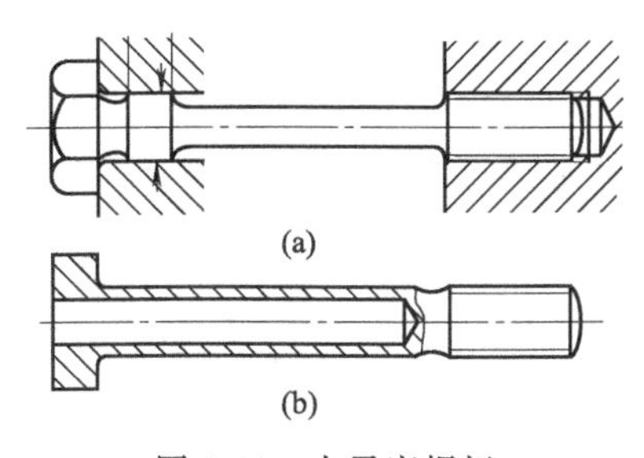

图 2-91　大柔度螺杆

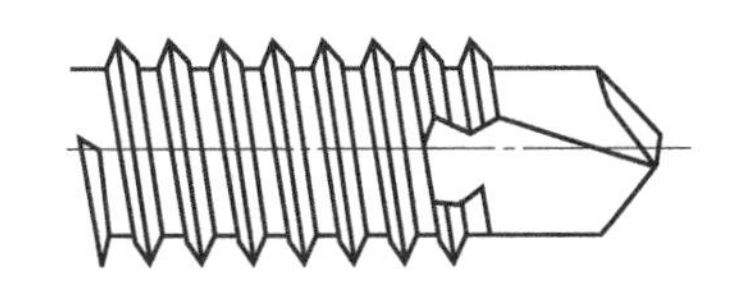
图 2-92　自钻自攻螺钉尾部结构

轴的功能可分解为轴环与轴肩，用于定位；轴身用于支撑轴上零件；轴颈用于安装轴承；轴头用于安装联轴器。

滚动轴承的功能可分解为内圈与轴颈连接；外圈与座孔连接；滚动体实现滚动功能；保

持架实现分离滚动体的功能。

齿轮的功能可分解为轮齿部分的传动功能、轮体部分的支撑功能和轮毂部分的连接功能。

零件结构功能的分解内容是很丰富的，为获得更完善的零件功能，在结构设计时，可尝试进行功能分解的方法，再通过联想、类比与移植等进行功能扩展或新功能的开发。

② 零件功能组合。

零件功能组合是指一个零件可以实现多种功能，这样可以使整个机械系统更趋于简单化，简化制造过程，减少材料消耗，提高工作效率，是结构设计的一个重要途径。

零件功能组合一般是在零件原有功能的基础上增加新的功能，如前文提到的具有自钻自攻功能的螺纹尾（图 2-92），将螺纹与钻头的结构组合在一起，使螺纹连接结构的加工和安装更为方便。图 2-93 所示为三合一结构的防松螺钉，它是外六角头、法兰和锯齿的组合，不仅实现了支撑功能，可以提高连接强度，还能防止松动。

图 2-94 所示是用组合法设计的一种内六角花形、外六角与十字槽组合式的螺钉头，可以适用于 3 种扳拧工具，方便操作，提高了装配效率。

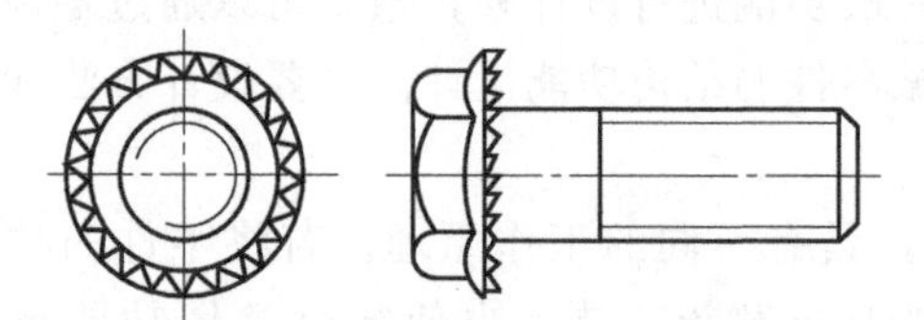

图 2-93　三合一结构的防松螺钉

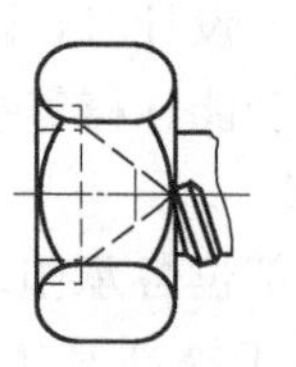

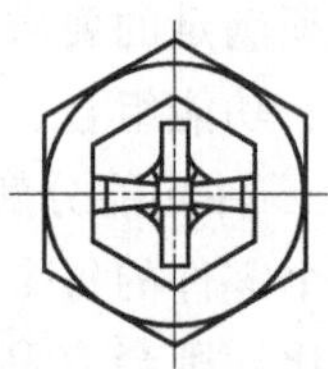

图 2-94　组合式螺钉头

许多零件本身就有多种功能，例如花键既具有静连接又具有动连接的功能；向心推力轴承既具有承受径向力又具有承受轴向力的功能。

③ 零件功能移植。

零件功能移植是指相同的或相似的结构可实现完全不同的功能。例如，齿轮啮合常用于传动，如果将啮合功能移植到联轴器，则产生齿式联轴器。同样的还有滚子链联轴器。

齿的形状和功能还可以移植到螺纹连接的防松装置上，螺纹连接除借助于增加螺旋副预紧力而防松外，还常采用各种弹性垫圈。诸如波形弹性垫圈［图 2-95（a)］、齿形锁紧垫圈［图 2-95（b)］、锯齿锁紧垫圈［图 2-95（c)、(d)］等，它们的工作原理：一方面是依靠垫圈被压平产生弹力，弹力的增大又使结合面的摩擦力增大而起到防松作用；另一方面也靠齿嵌入被连接件而产生阻力防松。

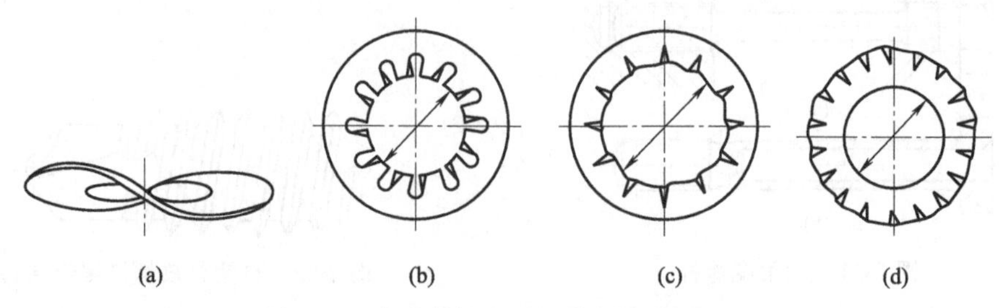

图 2-95　波形弹性垫圈与带齿的弹性垫圈

(2) 满足使用要求

对于承受载荷的零件，为保证零件在规定的使用期限内正常地实现其功能，在结构设计中应使零部件的结构受力合理，降低应力，减小变形，减轻磨损，节省材料，以利于提高零件的强度、刚度和延长使用寿命。

① 受力合理。

图 2-96 所示为铸铁悬臂支架，其弯曲应力自受力点向左逐渐增大。图 2-96（a）所示结构强度差；图 2-96（b）所示结构虽然强度高，但不是等强度，浪费材料，增加重量；图 2-96（c）所示为等强度结构，由于其符合铸铁材料的特点，铸铁抗压性能优于抗拉性能，故肋板应设置在承受压力一侧。

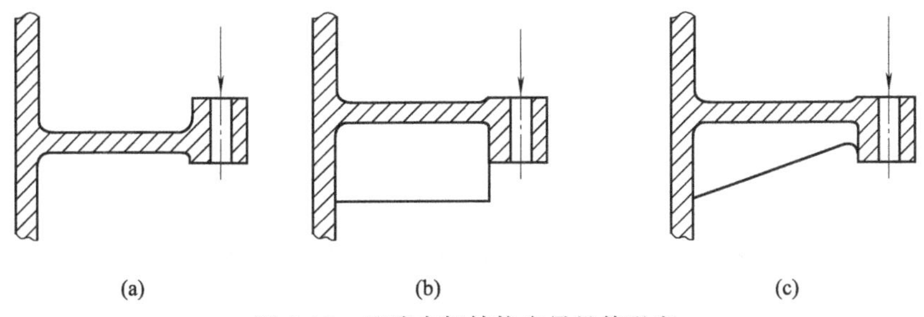

图 2-96　悬臂支架结构应尽量等强度

图 2-97 所示的转轴，动力由轮 1 输入，通过轮 2、3、4 输出。按图 2-97（a）所示布置，轴所受的最大转矩为 $T_{max}=T_2+T_3+T_4$；若按图 2-97（b）所示布置，将输入轮 1 的位置放置在输出轮 2 和 3 之间，则轴所受的转矩 T_{max} 将减小为 T_3+T_4。因此，图 2-97（b）的布置方案更合理。合理布置轴上零件能改善轴的受力情况。

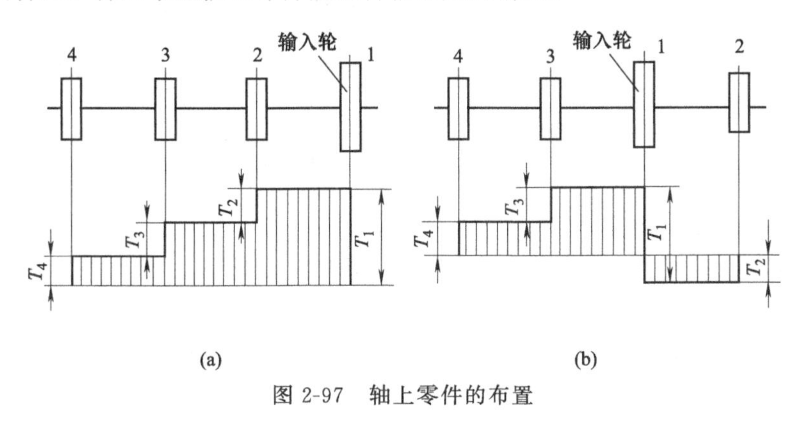

图 2-97　轴上零件的布置

图 2-98（a）所示双级斜齿圆柱齿轮减速器的中间轴上两斜齿轮螺旋线方向相反，则两轮轴向力方向相同，将使中间轴右端的轴承受力较大，螺旋线方向不合理。欲使中间轴 II 两端轴承受力较小，应使中间轴上两齿轮的轴向力方向相反，如图 2-98（b）所示，由于中间轴上两个斜齿轮旋转方向相同，但一个为主动轮，另一个为从动轮，因此两斜齿轮的螺旋线方向应相同，才能使中间轴受力合理。

② 降低应力。

图 2-99 所示的结构中，从图 2-99（a）到图 2-99（c）的高副接触中综合曲率半径依次增大，接触应力依次减小，因此图 2-99（c）所示结构有利于改善球面支承的接触强度和刚度。

若零件两部分交接处有直角转弯，则会在该处产生较大的应力集中，如图 2-100 所示。设计时可将直角转弯改为斜面和圆弧过渡，这样可以减少应力集中，防止热裂等。图 2-100（a）

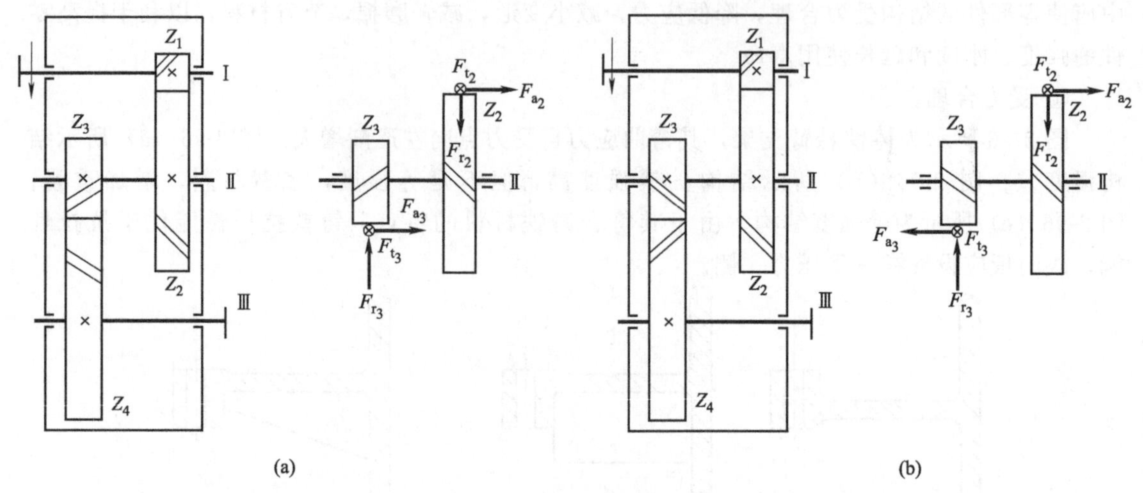

图 2-98　中间轴上的两斜齿轮螺旋线方向的确定

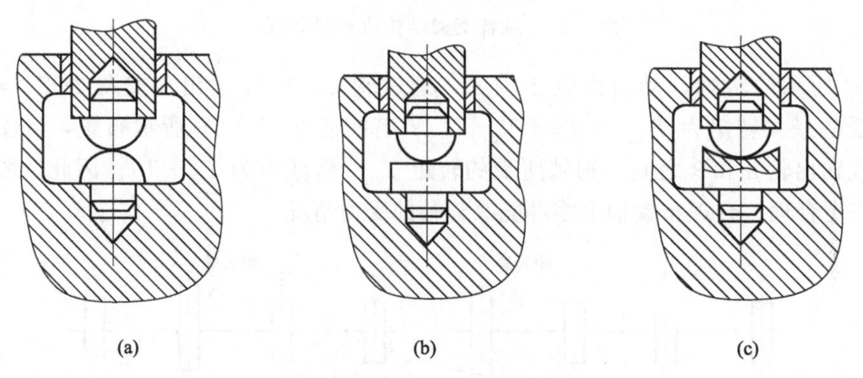

图 2-99　零件接触处综合曲率半径影响接触应力

结构较差，图 2-100（b）结构合理。

如图 2-101 所示，在盘形凸轮类零件上开设键槽时，应特别注意选择开键槽的方位，禁止将键槽开在薄弱的方位上［图 2-101（a)］，而应开在较强的方位上［图 2-101（b)］，避免应力集中，以延长凸轮的使用寿命。

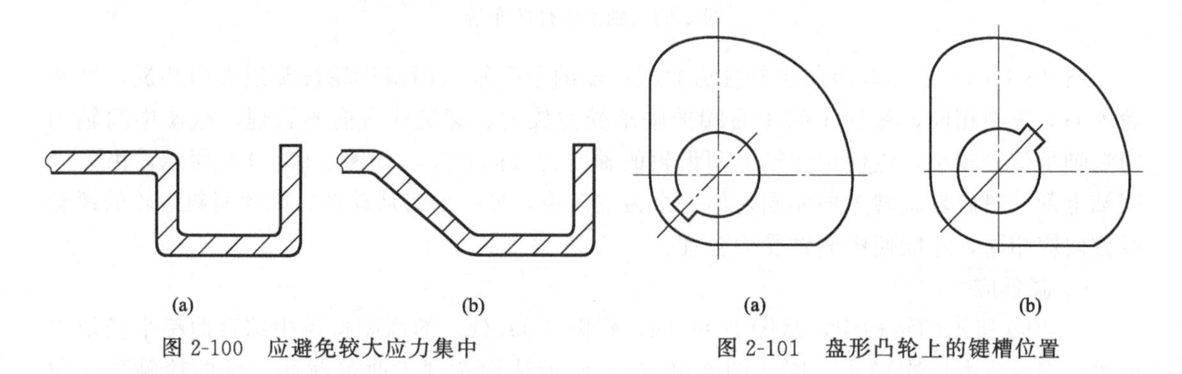

图 2-100　应避免较大应力集中　　　　图 2-101　盘形凸轮上的键槽位置

③ 减小变形。

用螺栓连接时，连接部分可有不同的形式，如图 2-102 所示。其中图 2-102（a）的结构简单，但局部刚度差，为提高局部刚度以减小变形，可采用图 2-102（b）的结构形式。

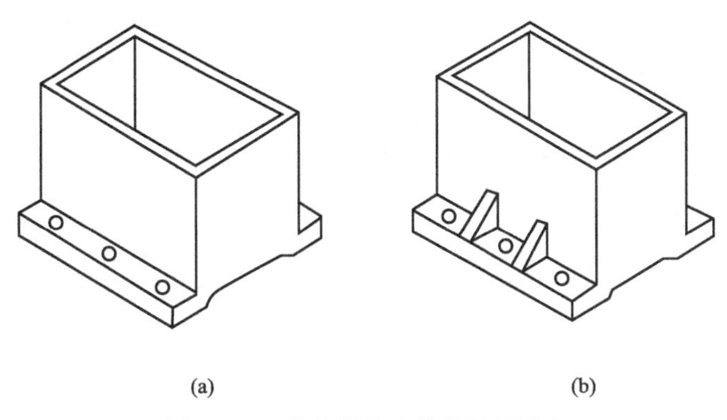

图 2-102　提高螺栓连接处局部刚度

图 2-103（a）为龙门刨床床身，其中 V 形导轨处的局部刚度低，若改为如图 2-103（b）所示的结构，即加一纵向肋板，则刚度得到提高，工作中受力时导轨处不容易发生变形，精度提高。

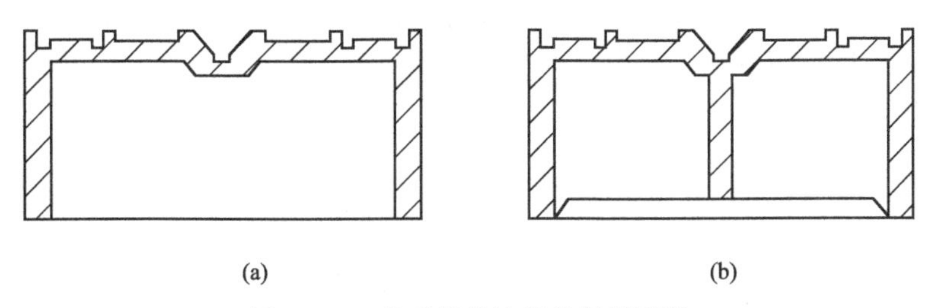

图 2-103　提高导轨连接处局部刚度

图 2-104 所示为减速器地脚底座，用螺栓将底座固定在基础上。图 2-104（a）所示地脚底座局部刚度不足。设计时应保证底座凸缘有足够的刚度，为此，图 2-104（b）中相关尺寸 C_1、C_2、B、H 等应按设计手册荐用值选取，不可随意确定。

④ 减轻磨损。

对高速、轻载及精度不高的齿轮传动，为了降低噪声，常用非金属材料，如夹布塑胶、尼龙等做小齿轮，由于非金属材料的导热性差，与其啮合的大齿轮仍用钢和铸铁制造，以利于散热。为了不使小齿轮在运行过程中发生阶梯磨损［图 2-105（a)］，小齿轮的齿宽应比大齿轮的齿宽小些［图 2-105（b)］，以免在小齿轮上磨出凹痕。

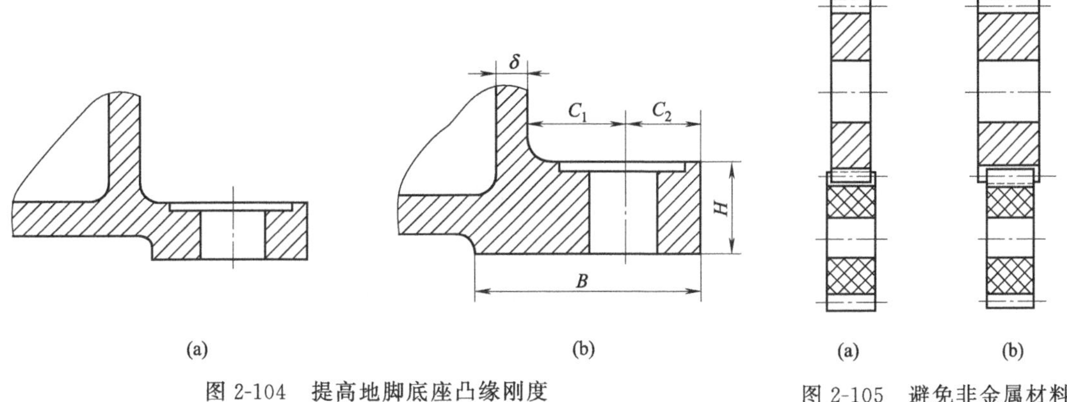

图 2-104　提高地脚底座凸缘刚度

图 2-105　避免非金属材料齿轮阶梯磨损

图 2-106 所示的滑动轴承，当轴的止推环外径小于轴承止推面外径时［图 2-106（a)]，会造成较软的轴承合金层上出现阶梯磨损，应尽量避免，改成图 2-106（b）的结构好些。原则上设计的尺寸应使磨损多的一侧全面磨损，但在有的情况下，由于事实上不可避免双方都受磨损，最好是能够避免修配困难的一方（例如轴的止推环）出现阶梯磨损［图 2-106（c)]，图 2-106（d）所示较为合理。

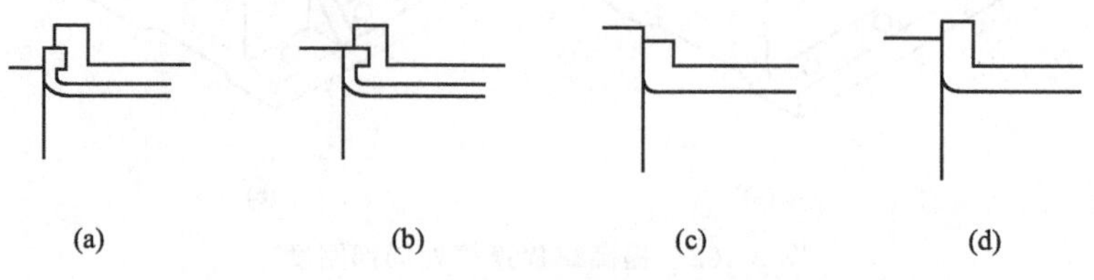

图 2-106　轴承侧面的阶梯磨损

非液体摩擦润滑止推轴承的外侧和中心部分滑动速度不同，止推面中心部位的线速度远低于外边，磨损很不均匀，若轴颈与轴承的止推面全部接触［图 2-107（a)、(b)]，则工作一段时间后，中部会较外部凸起，轴承中心部分润滑油更难进入，造成润滑条件恶化，工作性能下降，为此可将轴颈或轴承的中心部分切出凹坑［图 2-107（c)、(d)]，不仅使磨损趋于均匀，还改善了润滑条件。

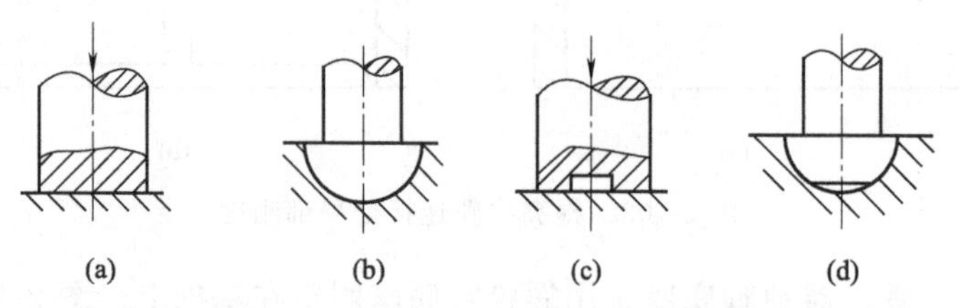

图 2-107　止推轴承与轴颈不宜全部接触

⑤ 节省材料。

圆柱齿轮传动中一般要求小齿轮齿宽比大齿轮齿宽宽 5～10mm，以防止大小齿轮因装配误差或工作中产生轴向错位时，导致啮合宽度减小而使强度降低。采用大、小齿轮宽度相等是错误的［图 2-108（a)]，大齿轮宽度比小齿轮宽的设计也是错误的［图 2-108（b)]，因为此方案虽然避免了装配或工作时因错位导致的强度降低，但因为大齿轮比小齿轮直径大，将大齿轮加宽会浪费材料。图 2-108（c）所示为正确结构，满足工作要求并节省材料。

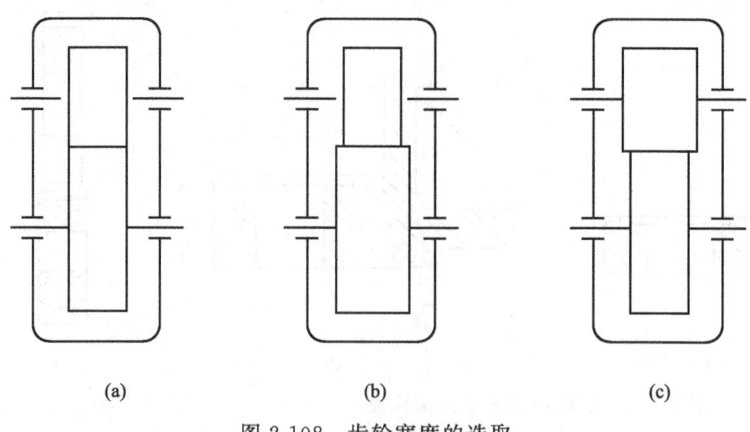

图 2-108　齿轮宽度的选取

对于大直径圆截面轴，做成空心环形截面能使轴在受弯矩时的正应力和受扭转时的切应力得到合理分布，使材料得到充分利用，如采用型材，则更能提高经济效益。如图 2-109 所示，解放牌汽车的传动轴 AB 在同等强度的条件下，空心轴的重量仅为实心轴重量的 1/3，节省大量材料，经济效益好。汽车的传动轴方案对比列于表 2-6。

表 2-6　汽车的传动轴方案对比

项　目	空　心　轴	实　心　轴
材　料	45 钢管	45 钢
外　径/mm	90	53
壁　厚/mm	2.5	—
强　度	相　同	
重　量　比	1∶3	
结构性能	合　理	不合理

对于传递较大功率的曲轴，也可采用中空结构，不但可以节省材料，减轻重量，减小其旋转惯性力，还可以提高曲轴的疲劳强度。若采用图 2-110（a）的实心结构，不但浪费材料，应力集中还比较严重，尤其是在曲柄与曲轴连接的两侧处，对曲轴承受疲劳交变载荷极为不利。图 2-110（b）结构不但可使原应力集中区的应力分布均匀，使圆角过渡部分应力平坦化，而且有利于后工艺热处理所引发的残余应力的消除，因此结构更为合理。

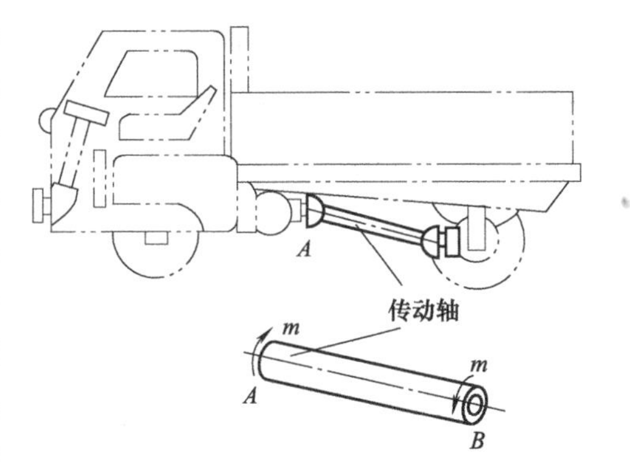

图 2-109　汽车的空心传动轴

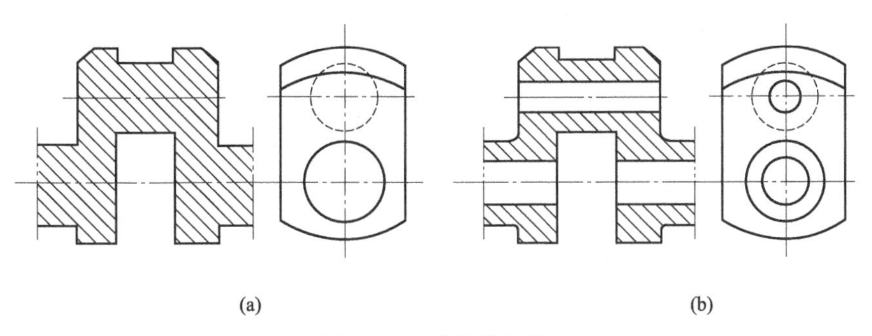

图 2-110　曲轴的结构

(3) 满足结构工艺性要求

组成机器的零件要能最经济地制造和装配，应具有良好的结构工艺性。机器的成本主要取决于材料和制造费用，因此工艺性与经济性是密切相关的。通常应考虑：a. 采用方便制造的结构；b. 便于装配和拆卸；c. 零件形状简单合理；d. 合理选用毛坯类型；e. 易于维护和修理等。

1）采用方便制造的结构

结构设计中，应力求使设计的零部件制造加工方便，材料损耗少、效率高、生产成本低、符合质量要求。

在零件的形状变化并不影响其使用性能的条件下，在设计时应采用最容易加工的形状。图 2-111（a）所示的凸缘不便于加工，图 2-111（b）采用的是先加工成整圆、切去两边，再加工两端圆弧的方法，便于加工。

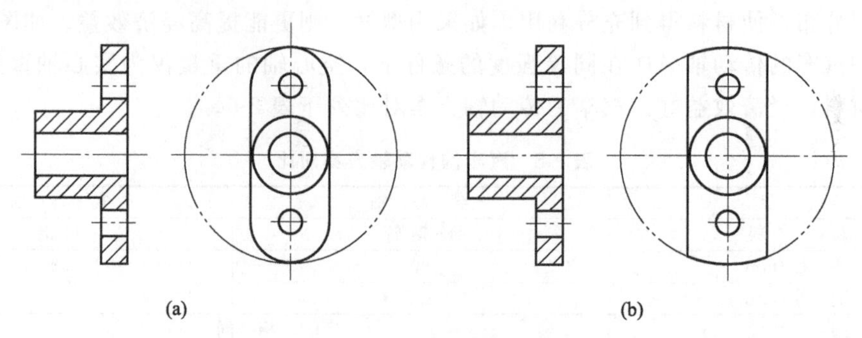

图 2-111　凸缘结构应方便制造

图 2-112（a）所示陡峭弯曲结构的加工需使用特殊工具，成本高。另外，曲率半径过小，易产生裂纹，在内侧面上还会出现皱褶。改为图 2-112（b）所示的平缓弯曲结构就要好一些。

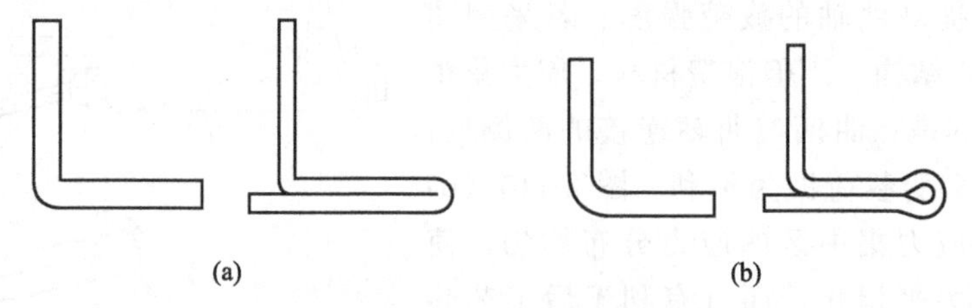

图 2-112　弯曲结构应利于加工

考虑节约材料的冲压件结构，可以将零件设计成能相互嵌入的形状，这样既不降低零件的性能，又可以节省很多材料。如图 2-113 所示，图 2-113（a）的结构较差，图 2-113（b）的结构较好。

图 2-114（a）所示的零件采用整体锻造，加工余量大。修改设计后，采用铸锻焊复合结构，将整体分为两部分，如图 2-114（b）所示，下半部分为锻成的腔体，上半部分为铸钢制成的头部，将两者焊接成一个整体，可以将毛坯质量减轻一半，机加工量也减少了 40%。

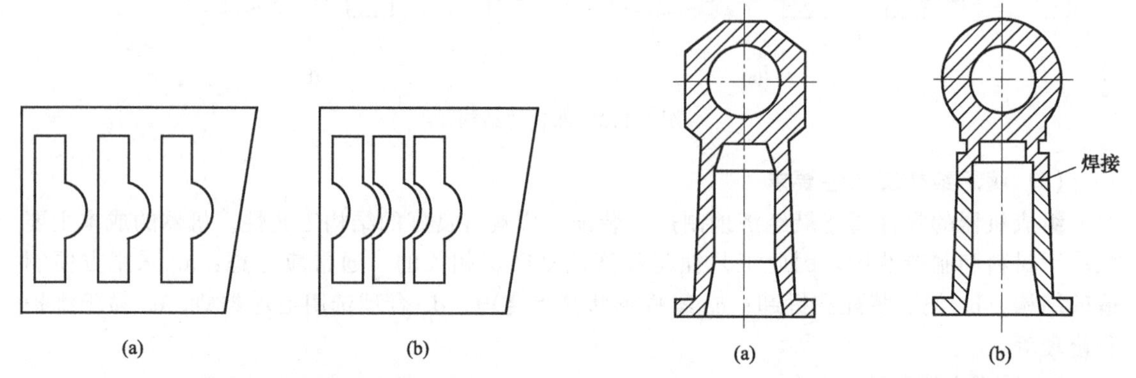

图 2-113　冲压件结构应考虑节约材料

图 2-114　整体锻造改为铸锻焊结构更好

为减少零件的加工量、提高配合精度，应尽量减少配合长度，如图 2-115 所示。如果必须要有很长的配合面，则可将孔的中间部分加大，这样中间部分就不必精密加工，加工方便，配合效果好。图 2-115（a）结构较差，图 2-115（b）、（c）结构较好。

2）便于装配和拆卸

加工好的零部件要经过装配才能成为完整的机器，装配质量对机器设备的运行有直接的影响。同时，考虑机器的维修和保养，零部件结构通常设计成方便拆卸的。

在结构设计时，应合理考虑装配单元，使零件得到正确安装，图 2-116（a）所示的两法兰盘用普通螺栓连接，无径向定位基准，装配时不能保证两孔的同轴度，图 2-116（b）中结构以相配合的圆柱面为定位基准，结构合理。

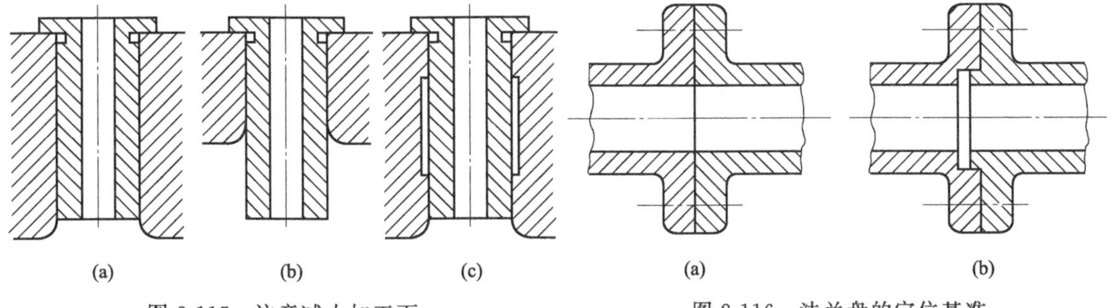

图 2-115　注意减小加工面　　图 2-116　法兰盘的定位基准

对配合零件应注意避免双重配合。图 2-117（a）中零件 A 与零件 B 有两个端面配合，由于制造误差，不能保证零件 A 的正确位置，应采用图 2-117（b）所示的合理结构。

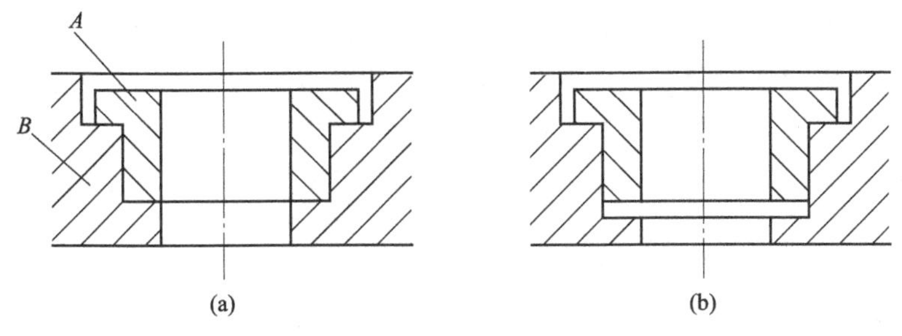

图 2-117　避免双重配合

如图 2-118（a）所示的结构，在底座上有两个销钉，上盖上面有两个销孔，装配时难以观察销孔的对中情况，装配困难。如果改成如图 2-118（b）所示的结构，把两个销钉设计成不同长度，装配时依次装入，就比较容易；或将销钉加长，设计成端部有锥度以便对准，如图 2-118（c）所示。

很多时候还要考虑零件的拆卸问题。在设计销钉定位结构时，必须考虑到销钉容易从销

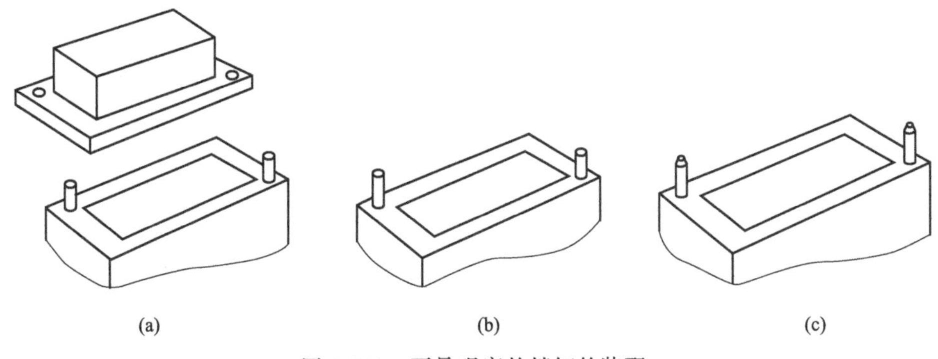

图 2-118　不易观察的销钉的装配

钉孔中拔出，因此就有了把销钉孔做成通孔的结构、带螺纹尾的销钉（有内螺纹或外螺纹）结构等。对不通孔，为避免孔中封入空气引起装拆困难，还应该有通气孔。图 2-119（a）的结构较差，图 2-119（b）的结构较好。

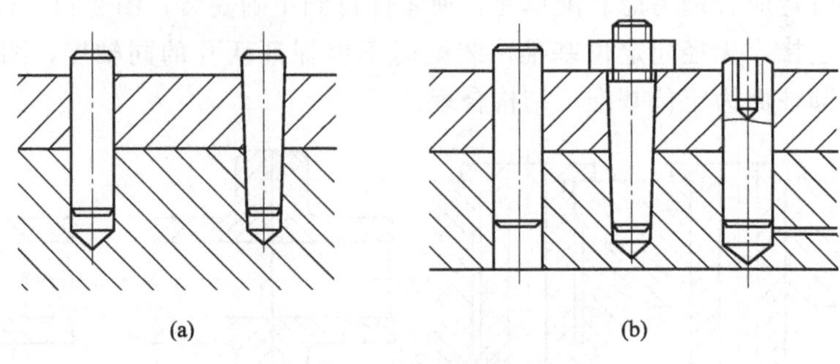

图 2-119　保证销钉容易装拆

密封圈安装的壳体上应有拆卸孔。图 2-120（a）所示的密封圈安装进壳体上容易，但如果想拆卸下来却很困难。因此，密封圈安装的壳体上应钻有 3～4 个 $d_1=3\sim6$mm 的小孔，以利于拆卸密封圈，拆卸孔有关尺寸如图 2-120（b）所示。

3）零件形状简单合理

结构设计往往经历着一个从简单到复杂，再由复杂到高级简单的过程。结合实际情况，化繁为简，体现精炼，降低成本，方便使用，一直是设计者所追求的。

例如，塑料结构的强度较差，用螺纹连接塑料零件很容易损坏，并且加工制造和装配都比较麻烦。若充分利用塑料零件弹性变形量大的特点，使搭钩与凹槽实现连接，装配过程简单、准确、操作方便。图 2-121（a）所示结构较差，图 2-121（b）所示结构较好。

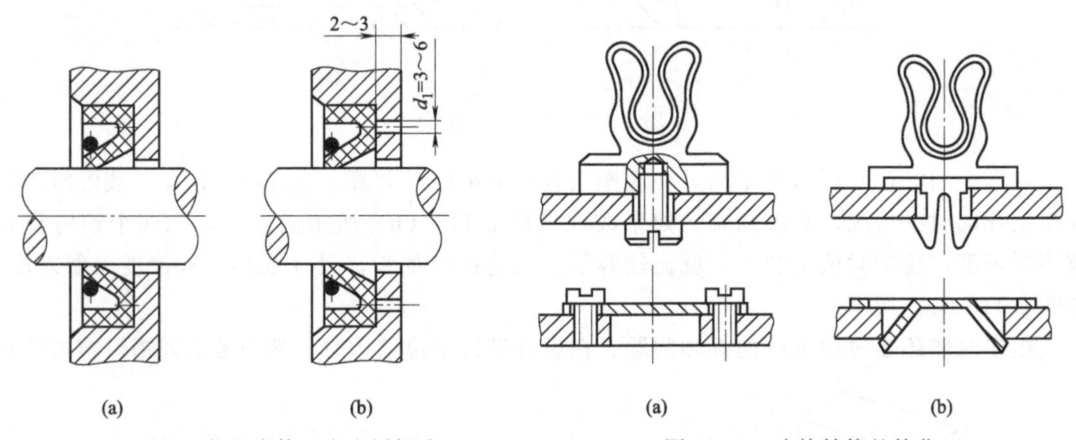

图 2-120　油封安装的壳体上应有拆卸孔

图 2-121　连接结构的简化

类似的简化连接结构还有很多。例如图 2-122 所示软管的卡子，由图 2-122（a）的螺栓连接机构改成图 2-122（b）的弹性结构，就会使结构变得简单多了。

图 2-123（a）所示的金属铰链结构，在载荷和变形不大时，改成用塑料制作，可大大简化结构，如图 2-123（b）所示。

图 2-124 所示为小轿车离合器踏板上固定和调节限位弹簧用的环孔螺钉，其工作要求是连接、传递拉力，并能实现调节与固定。图 2-124（a）是通过车、铣、钻等加工过程形成的零件；图 2-124（b）是用外购螺栓再进一步加工而成；图 2-124（c）是外购地脚螺栓直接

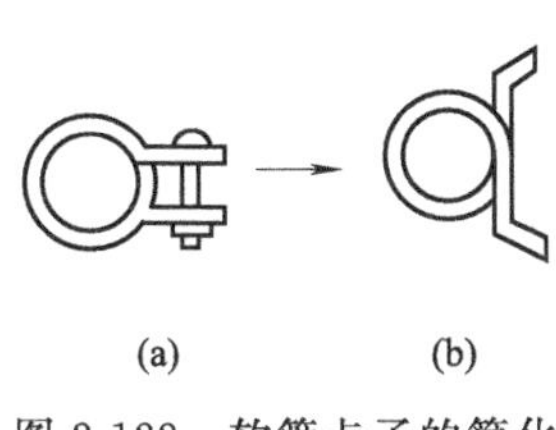

图 2-122 软管卡子的简化

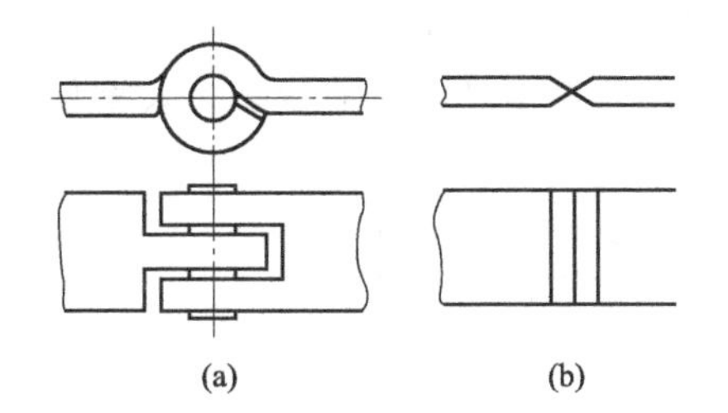

图 2-123 铰链结构的简化

使用，其成本由 100%降到 10%。

图 2-125 中用弹性板压入孔来代替原有老式设计的螺钉固定端盖，节省加工装配时间。图 2-126 所示为简单、容易拆装的吊钩结构。

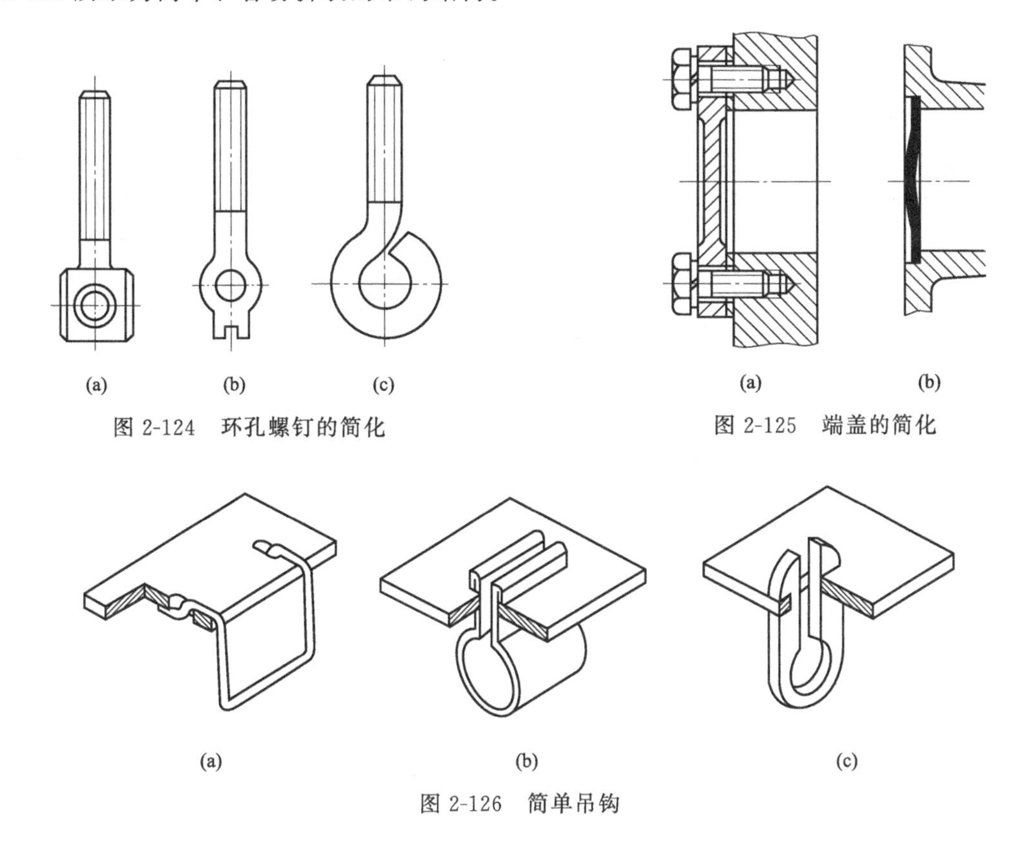

图 2-124 环孔螺钉的简化

图 2-125 端盖的简化

图 2-126 简单吊钩

(4) 满足人机学要求

在结构设计中必须考虑人机学方面的问题。机械结构的形状应适合人的生理和心理特点，使操作安全可靠、准确省力、简单方便，不易疲劳，有助于提高工作效率。此外，还应使产品结构造型美观，操作舒适，降低噪声，避免污染，有利于环境保护。

① 采用宜人结构。

宜人结构是指机械设备的结构形状应该满足人的生理和心理要求，使得操作安全、准确、省力、简便、减轻操作的疲劳，提高工作效率。

结构设计与构型时应该考虑操作者的施力情况，避免操作者长期保持一种非自然状态下的姿势。图 2-127 所示为各种手工操作工具改进前后的结构形状。图 2-127 (a) 的结构形状呆板，操作者长期使用时处于非自然状态，容易疲劳；图 2-127（b）的结构形状柔和，操作者在使用时基本处于自然状态，长期使用也不觉疲劳。

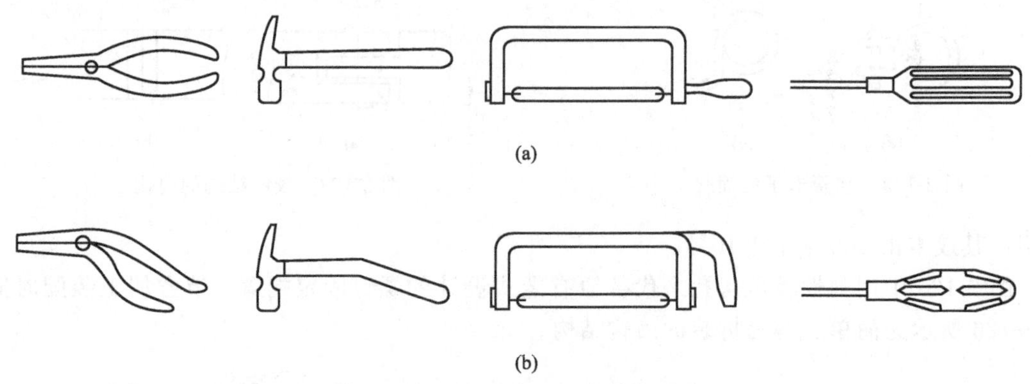

图 2-127　手工操作工具的结构改进

② 方便操作。

操作者在操作机械设备或装置时需要用力，人处于不同姿势、不同方向、不同手段用力时，发力能力差别很大。一般人的右手握力大于左手，握力与手的姿势与持续时间有关，当持续一段时间后，握力明显下降。推拉力也与姿势有关，站姿前后推拉时，拉力要比推力大，站姿左右推拉时，推力大于拉力。脚力的大小也与姿势有关，一般坐姿时脚的推力大，当操作力超过 50～150N 时宜选脚力控制。用脚操作最好采用坐姿，座椅要有靠背，脚踏板应设在座椅前正中位置。

用手操作的手轮、手柄或杠杆外形应设计得使手握舒服，不滑动，且操作可靠，不容易出现操作错误。图 2-128 所示为旋钮的结构形状与尺寸的建议。

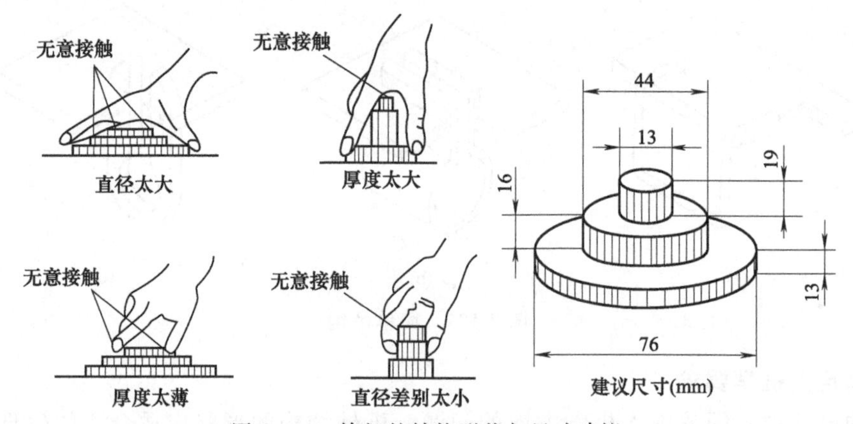

图 2-128　旋钮的结构形状与尺寸建议

在进行结构创新设计时，还应该考虑其他方面的要求。例如：采用标准件和标准尺寸系列，有利于标准化；考虑零件材料性能特点，设计适合材料功能要求的零件结构；考虑防腐措施，可实现零件自我加强、自我保护和零件之间相互支持的结构设计；为节约材料和资源，使报废产品能够回收利用的结构设计等。

2.2.4　机械结构创新设计与 TRIZ 的关联

应用 TRIZ 进行机械结构创新设计时，首先应注意从思维上打破传统结构的禁锢，力求使结构简单、实用、方便、灵活、不占空间、美观、经济，当然，重点是要与众不同、新颖独特。机械结构是任何有形产品都离不开的，TRIZ 方法也主要是针对有形产品的，因此，利用 TRIZ 的思维方法和解题工具进行机械结构创新设计效果非常明显。第 1 章中很多实例都属于 TRIZ 在机械结构创新设计中的应用，TRIZ 理论的发明原理、矛盾矩阵等都与机械结构创新设计关联十分密切，具体参见第 1 章，这里不再赘述。下面仅对应用 TRIZ 进行机械结构创新设计的未来发展几大趋势进行分析，为机械结构创新提供指导方向。

(1) TRIZ 与机械结构的集成化

机械结构的集成化设计是指一个构件实现多个功能的结构设计。功能集成可以是在零件原有功能的基础上增加新的功能，也可将不同功能的零件在结构上合并。集成化设计具有突出的优点：a. 简化产品开发周期，降低开发成本；b. 提高系统性能和可靠性；c. 减轻重量，节约材料和成本；d. 减少零件数量，简化程序。其缺点是制造复杂，需要较高的制造水平作为技术支撑，但随着我国制造业的快速发展，这方面问题正逐渐被解决。

TRIZ 的 40 个发明原理中的组合原理、局部质量原理、不对称原理、多用性原理等与机械结构集成化设计关系密切。下面的集成化结构创新体现了这些发明原理的应用。

图 2-129 所示是一种带轮与飞轮集成功能零件，按带传动要求设计轮缘的带槽与直径，按飞轮转动惯量要求设计轮缘的宽度及其结构形状。

现代滚动轴承的设计中也体现了集成化的设计理念。如侧面带有防尘盖的深沟球轴承［图 2-130（a)］、外圈带止动槽的深沟球轴承［图 2-130（b)］、带法兰盘的圆柱滚子轴承［图 2-130（c)］等。这些结构形式使支承结构更加简单、紧凑。

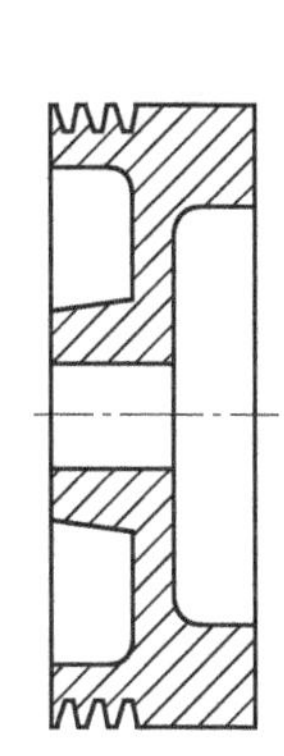

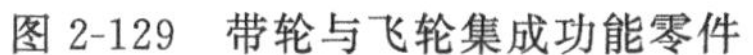

图 2-129　带轮与飞轮集成功能零件

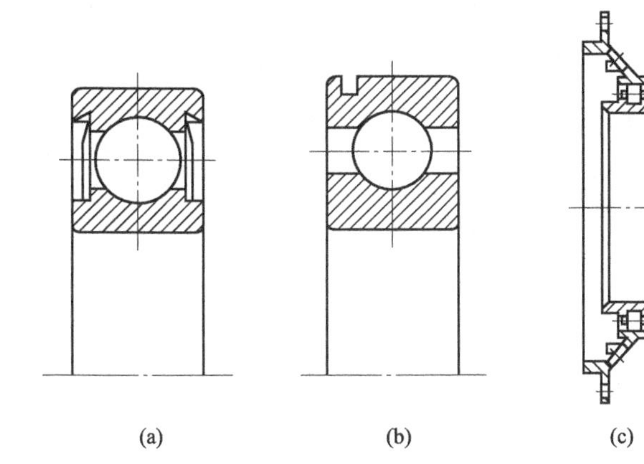

图 2-130　功能集成的滚动轴承

图 2-131 所示是航空发动机中应用的将齿轮、轴承和轴集成的轴系结构。这种结构设计大大减轻了轴系的质量，并对系统的高可靠性要求提供了保障。

机械结构的集成化设计不仅代表了未来机械设计的发展方向，而且在设计过程中具有非常大的创新空间。尽管我国目前的制造水平还落后于集成化设计的水平，但在不远的将来，我国在集成化设计与制造水平方面一定会进入世界先进行列。

(2) TRIZ 与机械结构的模块化

机械结构的模块化设计始于 20 世纪初。1920 年左右，模块化设计原理开始于机床设计。目前，模块化设计的思想已经渗透到许多领域，如机床、减速器、家电、计算机等。模块是指一组具有同一功能和接合要素（指连接部位的形状、尺寸、连接件间的配合或啮合

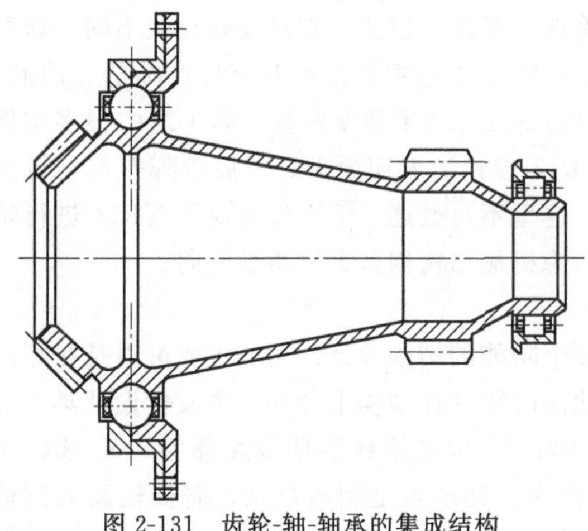

图 2-131 齿轮-轴-轴承的集成结构

等），但性能、规格或结构不同却能互换的单元。模块化设计是在对产品进行市场预测、功能分析的基础上，划分并设计出一系列通用的功能模块，根据用户的要求，对这些模块进行选择和组合，就可以构成不同功能，或功能相同但性能不同、规格不同的产品。模块化设计的优点表现在：a. 为产品的市场竞争提供了有力手段；b. 有利于开发新技术；c. 有利于组织大量生产；d. 提高了产品的可靠性；e. 提高了产品的可维修性；f. 有利于建立分布式组织机构并精心分布式控制。

TRIZ 的 40 个发明原理中的分离原理、组合原理、多用性原理、动态化原理、维数变化原理、自服务原理、气压和液压结构原理、反馈原理等与机械结构模块化设计关系密切。下面的模块化结构创新体现了这些发明原理的应用。

图 2-132 所示为数控车床和加工中心的模块化设计的例子。以少数几类基本模块部件，

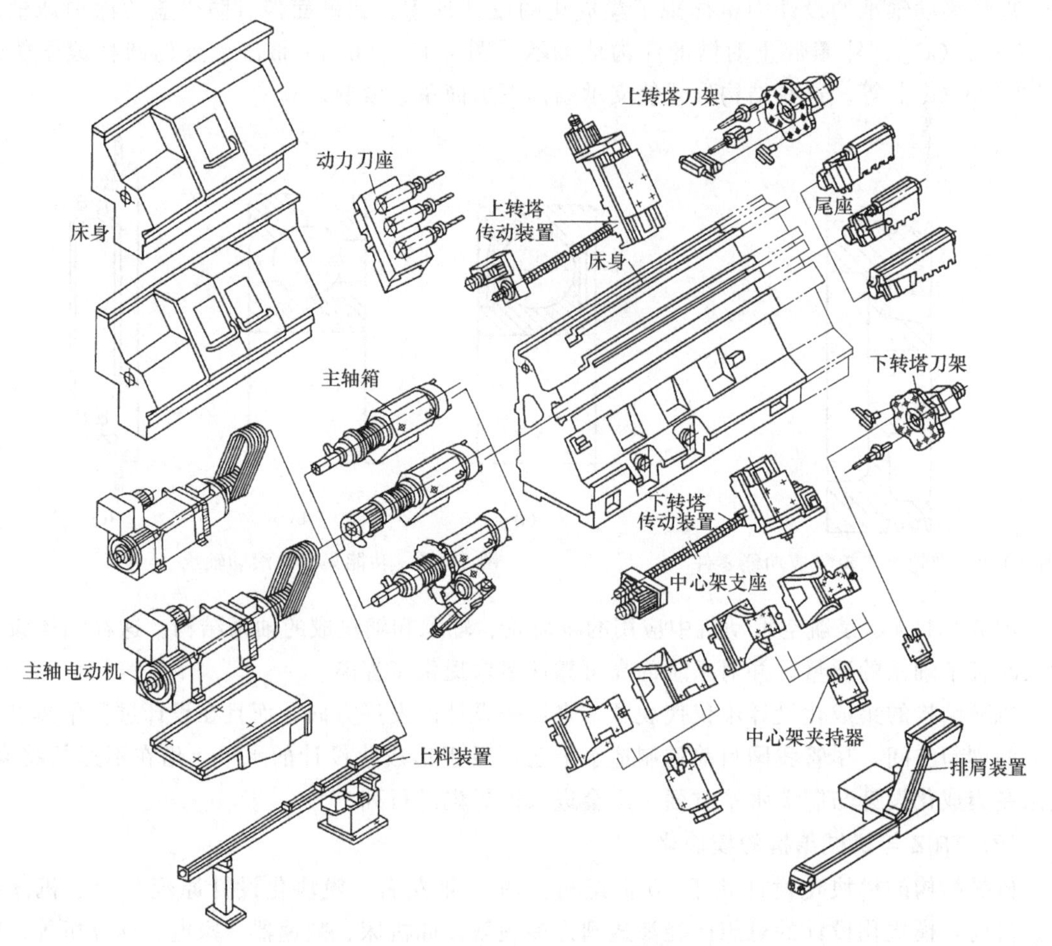

图 2-132 数控车床和加工中心的模块化设计

如床身、主轴箱和刀架等为基础，可以组成多种形式不同规格、性能、用途和功能的数控车床或加工中心。

除机床行业外，其他机械产品也渐趋向于模块化设计。例如，德国弗兰德厂（FLENDER）开发的模块化减速器系列；西门子公司用模块化原理设计的工业汽轮机；由关节模块、连杆模块等模块化装配的机器人产品。图 2-133 所示的笔记本电脑的模块结构包括中央处理器模块 CPU、电源供应器模块 PSU、图形控制器模块 GFX、硬盘模块、内存模块等。图 2-134 所示是由设计师 Alessandro De Dominicis 设计的模块化创意书架，采用了铝结构作为书架的骨架，然后用橡皮带（布带也可以）作为书架的搁板，想组合成什么样子的书架完全由个人喜好决定，非常有创意。

不同模块的组合为设计新产品提供了良好的前景。模块化设计提高了产品质量，缩短了设计周期，是机械设计的发展方向，机械结构设计作为模块化设计的重要组成部分，必将大有发展空间。

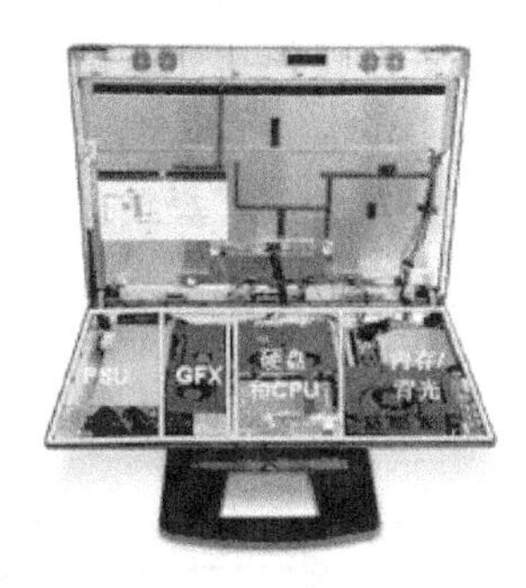

图 2-133　笔记本电脑的模块结构

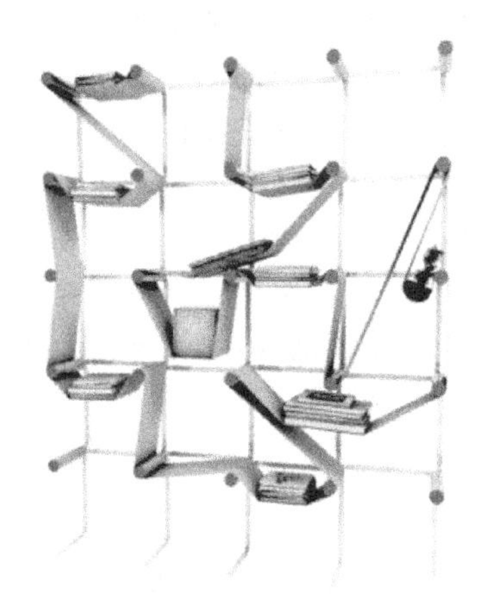

图 2-134　模块化创意书架

(3) TRIZ 与仿生机械结构

仿生机械学主要是从机械学的角度出发，研究生物体的结构、运动与力学特性，然后设计出类生物体的机械装置的学科。当前，主要研究内容有拟人型机器人、工业机械手、步行机、假肢以及模仿鸟类、昆虫和鱼类等生物的机械，领域涉及家用、医疗、军事、工业等，在国民生产中占很大的比重。

TRIZ 的 40 个发明原理中的复制原理、反馈原理、动态化原理、嵌套原理、维数变化原理、分离原理、组合原理、自服务原理、气压和液压结构原理、机械系统替代原理等与仿生机械结构设计关系密切。

仿生机械大多是机电一体化产品，在机构运动原理上较多采用空间开式运动链，运动复杂的仿生机械往往自由度较高，机械结构也越复杂。仿生机械在结构上大量采用杆状构件和回转副结构，也广泛采用齿轮、带、链、轴、轴承及其他常用机械零部件。图 2-135 所示为 Strider 爬壁机器人的结构示意图。

基于人类对自然界中生物所具有的非凡特性的羡慕和好奇，仿生机械的发展使人类不断实现着各种梦想，如飞机的发展使人们能像鸟儿一样在天上飞，潜艇使人类能像鱼一样深入海底，排雷机器人能代替我们完成危险的工作，但仿生机械的发展还有很多未知的领域等待人们去研究，TRIZ 的思维方法和创新工具在这方面有很大的施展空间。

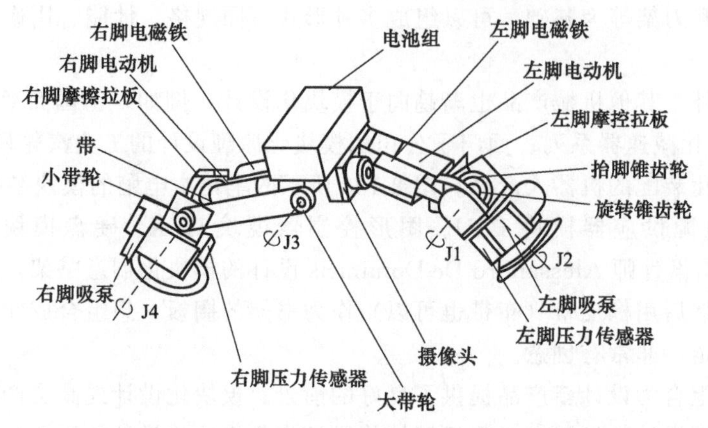

图 2-135　Strider 爬壁机器人结构示意图

(4) TRIZ 与新材料引发新结构

图 2-136 所示是美国通用汽车公司设计的双稳态闭合门（美国专利 3541370 号），采用挤压丙烯替代机械装置制成弹簧压紧装置，比一般金属零件组成的结构更为简单、方便，易于维护。这个发明中应用了 TRIZ 发明原理中的复合材料原理、廉价替代品原理、动态化原理。材料是机械结构的基本组成，很多新材料具有非常好的独特的物理特性，新材料的出现和使用必将引发很多新结构，再加上 TRIZ 的创新方法进行灵活设计，就容易产生出其不意的效果，从而使创新水平走上新的台阶。

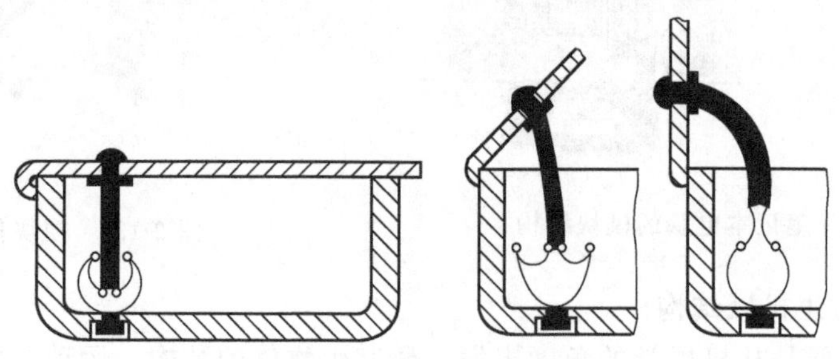

图 2-136　利用塑料件的双稳态闭合门

第3章 机械产品创新设计及其与TRIZ的关联

机械产品创新设计时，首先要选题正确，既要有新颖性、独创性、实用性，还要有可行性，并对社会发展有意义；其次要以一定的形式对产品设计进行表达，表明其功能原理和具体结构，使其被大家认可，并制造出真正的产品，服务于人或社会，才能最终体现机械产品创新设计的意义和价值。

3.1 机械产品创新设计的选题

3.1.1 选题的重要性

很多时候，当我们有创新的欲望，首先遇到的难题并不是不知道怎么去创新，而是根本不知道要创新什么，我们更需要一个目标提示，或一个灵感的火花，这就是选题，选题往往比解决问题更重要。好的选题使接下来的设计变得更有意义，可能获得更好的结果和回报，反之则不然。

正确地进行创新设计选题是迈出创新的第一步，也是整个创新过程的最重要一步；是保证产品具有新颖性、独创性和实用性的关键，也是确保设计内容可以实现并使所设计的产品具有市场竞争力的重要前提条件。

选题并不是一件容易的事情，它需要设计者不仅掌握一定的科学知识，还要有敏锐的洞察力和与众不同的思维，从寻常中发现不寻常，深入挖掘，抓住机会，提出挑战性问题。爱因斯坦曾经说过："提出一个问题往往比解决一个问题更重要，因为解决问题也许是一个数学上或实验上的技能而已，而提出新的问题、新的可能性，或从新的角度去看旧的问题，却需要具有创造性的想象力，而且标志着科学的真正进步。"

正确的选题可以促进科学技术的发展，错误的预见当然也会对科学技术的发展起到阻碍作用，很多历史事实都已经证明了这一点。

1900年，著名数学家希尔伯特（D. Hilbert）站在数学研究的前沿，提出23个有待解决的难题。这23个数学难题的提出引导了此后国际数学研究的方向，随着这些难题的解决，开创了一个个新的数学研究领域，促进了数学研究的发展。在19世纪末的一次物理学年会上，著名物理学家开尔文（L. Kelvin）勋爵在祝词中说：物理学的宏伟大厦已经建立起来了……物理学的美好天空有两朵小小的乌云。这两朵乌云一个是黑体辐射，另一个是麦克尔逊-莫雷实验。20 世纪物理学的发展证明：开尔文勋爵正确地预见了物理学发展的方向。在开尔文勋爵发表讲话后的第 6 年，爱因斯坦提出了狭义相对论，拨开了物理学天空的第一朵乌云。拨开第二朵乌云的是波尔、海森堡、薛定谔、迪拉克等建立的量子力学理论。相对论、量子力学和原子核理论构成了 20 世纪科学技术发展的三大理论基础。

历史上曾经的错误判断也有不少。例如，19 世纪末，很多人从事飞行器的发明工作，并得到一些商业机构的资助。但是当时有一些科学家提出了关于飞机的发明是根本不可能的，并作了科学论证，这使很多商业机构中止了对飞机发明探索工作的资助，一度使飞机的发明研究陷于停滞状态。又如，苏联国家科学院在发展人造卫星技术的过程中曾向 100 多位著名科学家咨询是否应该发展人造卫星技术，多数人表示想象不出人造卫星有什么用途，很多人明确表示反对发展这项技术，后来这方面的发展已经证明当时判断的错误性。

一个成功的创新设计产品会给设计者带来收益或利润，很多人都在寻觅有价值的选题，这使得那些具有明显开发潜力的项目都已经被开发，也极大地增大了选题的难度。要寻觅新的机械创新设计选题，就需要先于别人去发现那些具有潜在开发意义的产品，不但需要超前的预见性，还需要承担必要的风险，对所付出的时间、财力、物力、人力和后期收益等都要有所考虑。因此，对机械产品创新设计的选题——提出问题，应该给予充分的重视，切忌草率选题，或发明已经被人发明过的东西。

3.1.2 选题的来源

产品创新设计的选题来源有很多，可以从社会需求和科学技术发展中选题，也可以从现存事物的一些不足之处选题，或从生活中遇到的不方便选题，甚至是从意外发现中选题。

(1) 从社会需求和科学技术发展选题

机械创新设计的结果应具有实用性，应能够满足某种社会需求，正确地发现和捕捉社会需求，是确定机械创新设计选题的最基本的途径。社会需求包括人类社会在生产和生活中的各种需求，从人们的衣食住行到教育、娱乐、医疗等。

由于社会的变迁和发展，人类的社会需求也在不断变化，现代社会的机械产品需求向着自动化、网络化、高质量、高性能等特点的方向发展。例如，自动化家用机电产品有扫地拖地一体机器人、全自动电脑控制的电饭锅、洗衣机；制造业有网络化智能工厂、高精密自动加工中心、各种特种加工设备；医疗方面有各种诊疗机器人、手术机器人、康复机器人等。

科学技术的不断发展也使很多原来不能实现的设备功能变得能够实现，使原来笨重的机械变得更加精密轻巧。尤其是计算机技术的发展，给一度成熟的机械行业注入了新的活力。例如，普通机床嵌入计算机演变成数控机床，普通空调加入计算机成为智能空调，内燃机燃油喷射系统采用计算机控制成为电喷发动机。此外，在未来机械行业发展中，对机械创新设计起支持作用的还有电子信息技术、激光技术、超声技术、核技术、新材料技术和新能源技术等。

(2) 从现存事物的不足之处选题

每件事物在发展过程中总存在限制其进一步发展的不足之处，一旦发现这些不足之处，就发挥自己的优势进行有针对性的研究，就能取得好的创新成果。

爱迪生针对贝尔电话机中所使用的变阻器的缺陷进行研究，发明了碳粉变阻器，使电话的使用更方便。

瓦特针对纽可门蒸汽机热效率低、耗煤量大的缺点进行改进设计，发明了瓦特蒸汽机，使耗煤量减少 3/4。

卡尔森在发明复印机的过程中经历多次失败，他通过查阅资料发现，包括他在内的所有关于复印功能的研究都试图在化学功能领域中求解，没有人探索过在物理学领域中寻求答案。看到这一问题后，他开始在物理学领域中进行探索，并发明了应用光导电性原理的静电复印机。

(3) 从生活中遇到的不方便选题

我们在工作、生活和学习中经常会遇到一些感觉不方便的情况，存在着不方便也就预示着我们对某种事物存在需求，而这种需求还没有得到满足。如果针对其进行创新设计，则可以使创新设计结果既具有新颖性又具有实用性。根据“不方便”确定创新设计选题是一种成功率较高的方法。

一位美国发明家在上大学时为了能够免交房租，冬天取暖季节为房东照管取暖锅炉，他需要在每天早上 4 点起床打开锅炉门。他每天凌晨在闹钟的提示下迅速起床，打开炉门后还可以再睡一会儿。为了这种“不方便”，他曾试着用一根很长的绳子从卧室连接到锅炉房的炉门，希望能够在卧室里通过直接拉动绳子打开炉门，但因为绳子太长，中间转弯较多，没能成功。他没有灰心，继续研究，终于发明了一种利用时钟控制开启炉门的装置。他在炉门上设计了一套轻巧机构，可以通过机械闹钟响铃时振锤的摆动动作拉开炉门。

一位日本妇女在使用洗衣机清洗衣物时发现，用洗衣机清洗的衣物晒干后会在折皱处留下痕迹，这是由于水中残留的衣物纤维所致。为了解决这个问题，她制作了一个工具，在洗衣服时设法从水中过滤出纤维，为了能够省时、省力，她将过滤网用吸盘固定在洗衣机箱体壁上。经过多次试验，她发明了一种洗衣机滤毛器。

(4) 从意外发现中选题

我们在生活、生产和其他实践活动中，经常会遇到一些出乎意料的情况。这种意外发现说明实际情况中还存在一些未被我们认识的规律，这种意外也是一种机遇，有准备的头脑应抓住这种机遇，去探索未知的规律。

第一次世界大战期间，英国政府发现战场上使用的枪支的枪膛磨损严重，造成大量的枪支报废。英国政府委托亨利等多位冶金学家研制耐磨损钢，他们提出了很多合金钢的配方方案，经过冶炼试验，都无法达到预期的效果。大量失败的试验样品堆积在院子里，锈迹斑斑。他们在收拾这些废料时意外地发现，其中一块废料闪闪发光，完全没有生锈。他们立刻对这块废料进行了化验，发现钢中含有较多的元素“铬”。进一步的试验研究表明，当钢中的“铬”含量高于 12%时，钢具有较好的耐酸、耐碱、不易生锈的特性。他们虽然没有找到耐磨损的钢，却意外地发明了不锈钢。

英国的一家玻璃制造公司试图开发一种可以导电的玻璃，希望能够通过在现有玻璃表面镀锡的方法实现这种功能，通过多次试验均失败了。一次试验时突遇停电，试验人员不得已将炉中的液态玻璃和试验用的一些金属锡倒入垃圾池，第二天早上他们来到实验室时意外地从垃圾池中清理出一块表面异常光洁平滑的平板玻璃。他们虽然没有如愿地制造出导电玻璃，但却意外地发明了一种制造高质量平板玻璃的新工艺——浮法玻璃工艺。

另外，像 X 射线的发现、维生素的发现、青霉素的发明、干洗技术、防复印纸技术等都是发明者在偶然中得到的重大发现和发明。

无论从哪种途径选题，设计者都应该具有敏锐的观察力、深刻的洞察力和大胆的创造力，平时工作和学习过程中，要注意培养活跃的创新思维，养成善于发现问题的习惯。只有先发现问题，才可能提出好的选题。

3.1.3 选题原则及注意事项

(1) 选题的原则

① 具有社会意义和经济价值的创新才是成功的创新，这是机械创新设计的选题原则之一。如果能使创新设计的产品投人生产，形成一类产品，为人们的生活或工作提供帮助，提高了生活质量、工作效率或减轻了体力劳动，才能体现产品创新的社会意义；如果产品通过市场销售获得利润，并保持一定时间的市场占有率，就体现了产品创新的经济价值。

② 机械产品创新设计应采用健康的、有益于社会和谐发展的方式引导公众消费，这使机械产品创新设计的另一个重要的选题原则。有些社会需求是不应该得到满足的。少数对社会不负责任的设计人员，利用创新产品满足一些人不正当的社会需求，损害公众利益。例如，考试作弊工具、可以破译汽车防盗锁的技术、能复制他人银行卡的设备等。这样的创新是不正当的，在选题时就要拒绝诱惑，坚决抵制。

③ 机械产品创新设计选题与其他学科交叉以获得更强大的功能和更先进的技术是应该被充分重视的。现代机械产品与电、磁、液、气、光、声等工作原理组合越来越多，越是不可能产生联系的领域，越有可能获得新的产品和技术。

④ 最好选择对某一领域比较了解的题目，包括了解其国内外研究现状和发展趋势及当前存在的主要问题。只有做到充分了解所要研究问题的发展现状和未来趋势，才能正确确定创新的目标。

⑤ 产品复杂程度要与项目要求的时限相对应，不宜过于简单或过于复杂。任何产品设计在选题时都应该先制订设计计划，在计划时间内完成产品设计，保证产品及时制造，不要超期，超期完成的创新有可能失去新颖性或错过社会需求的最佳时期。所以，时限也是确定选题的一个原则。

(2) 注意事项

无数的发明实践证明，及时准确地捕捉选题信息是取得辉煌发明创造成果的关键。要做好选题工作，需要注意以下几个方面。

① 应努力培养强烈的发明创造意识。只有头脑时刻准备着，才不会使稍纵即逝的“机会”从眼前溜走。

② 应积极创造条件，努力把握机遇。人们要想得到发明创造机遇，就要努力扩大自己的活动范围和实践区域，而不能“守株待兔”。机遇特别垂青有志者，它只眷顾那些孜孜以求、敢于攀登、勇于思索的人。

③ 应养成勤于思索、乐于分析、善于观察的习惯。良好的工作态度和思维习惯有助于人们发现机遇并牢牢把握机遇。态度和习惯可以在长期的工作和学习过程中通过有意识的自我训练而培养出来。

④ 应保持对新事物、新问题的敏感性和好奇心。这是希望有所发现、有所发明的人们必须具备的重要心理素质。敏感和好奇心强的人，发明的欲望和探索的欲望常常也会很强烈，这就给他们在处理新鲜事、特殊事、意外事方面带来了驱动力。

⑤ 应密切注意那些意外发生的事情。人们习惯于有计划、有组织、有目的地去工作、去实验、去观察，因此往往关注那些预料中的现象、结论和成果，而对那些意外的事情则会显得漫不经心或重视不足，错失发明和发现的良机。

⑥ 应善于透过现象看本质，洞察事物的本来面目。机遇带给人们的信息和线索，有时很明显，有时很隐蔽，只有感受力强、洞察力好的人，才能从错综复杂的现象中将有用的线索突出并强化起来，为发明创造提供依据。

⑦ 应经常在头脑中储备发明创造的课题，使人们捕捉发明创造机遇的意识更强烈、更具体。这样，一旦有了机遇，就可以迅速反应，及时捕捉，为后期的工作提供根本条件。

⑧ 应重视团队或合作人在选题过程中的作用，通过两个或更多个人共同搜集资料、讨论及发起头脑风暴等，可以开阔眼界、互相启发、促进思维，很可能会激发更多灵感，从而获得好的选题。

3.2 机械产品创新设计的表达

从一个产品的概念出现到具体产品形成，其中一个重要环节是设计的表达。通过表达，可以辅助产品的设计和制造。也可以说，表达伴随着产品的整个生命周期，表达设计信息是设计工作的重要内容，因此必须有正确适当的表达方法。

3.2.1 表达在机械产品创新设计中的作用

设计构思需要表达，设计者在设计过程中需要向不同的对象表达自己的设计构思。按照表达信息接受对象的不同，可以将设计表达分为向设计者自己表达；向合作者表达；向实施者表达 3 类。

(1) 向设计者自己表达

认知心理学认为，在设计者进行设计构思的过程中，大脑进行两种基本操作，即信息存储和信息处理。另外，大脑使用两种不同的信息存储方式，即短期记忆和长期记忆，短期记忆就像计算机的内存，长期记忆像计算机的硬盘。信息处理器通过存、取短期记忆中的信息进行工作。短期记忆具有存取速度快的特点，但是其容量很小，限制了人脑对复杂问题的处理能力。为了提高这种能力，人们需要借助于外部条件，扩展短期记忆容量。例如，在设计构思的过程中，及时地将构思的中间结果用简单的文字、简略的草图等方式记录下来，输出到外部环境中，大脑会替换出宝贵的短期记忆模块进行更深入的思考。为了使输出到外部环境中的信息可以被方便地利用，这种信息存储方式应能够以最简单的方式包含最丰富的内容，应有利于以快捷的方式读取。

求解机械设计问题常需要处理复杂的空间结构和逻辑结构，需要处理的信息量大，结构复杂，增大了设计构思的难度。为了使设计构思顺畅地进行，设计者通常借助于机构草图、结构草图的方式输出构思结果，边构思、边输出，边输出、边修改，这种输出表达的目的是扩展短期记忆的容量，增大可以同时处理的信息量，适应对复杂问题的处理要求。这种表达只是表达给设计者自己的，不需要规范化和精确性，只需要直观、清晰地表达所构思的关键技术特征，只需要设计者自身可以读懂。

(2) 向合作者表达

激烈的市场竞争要求设计周期尽可能缩短，设计问题的复杂性对设计人员的知识水平和知识面的要求越来越高，这些因素使得通常的设计很难由一个人完成，而需要通过团队合作完成。团队合作不但可以集中力量，而且有利于能力互补。团队成员之间需要对设计对象的要求建立一致的理解，对设计方案的选择确立一致的标准，对各自的设计构思进度以及构思中所遇到关键问题都需要及时了解，自所完成的设计内容需要互相衔接，所有这些目标都需要团队成员之间通过不断地相互表达设计构思来实现。

在设计的不同阶段中工作的内容不同，随着设计的进行，对设计问题的理解不断深入和细化，需要互相表达的内容不断变化，因而表达的方法也不相同。在设计构思过程中，对团队合作成员的表达，不一定要求全面、精确、细致，其特点是需要正确、简洁、直观，利用示意图表达是比较有效的方式。

(3) 向实施者表达

设计的结果需要通过制造、装配、运输、调试等工序付诸实施，有些可能还需要售后服务人员、维修人员等参与。为了正确地实现设计构思，使负责实施的人员能够完整、全面、准确地理解设计者的意图，设计者需要对设计结果及其实施方法进行全面的表达。

将设计结果表达给制造和装配的工人需要非常精确的表达方式，不能产生歧义或缺失任何必要信息。机械产品设计的精确表达主要是通过设计计算说明书和工程图纸，借助现代计算机手段还可以进行虚拟装配和动态仿真等。

3.2.2 黑箱表示法与任务书确定

机械产品创新设计必须以一定的形式进行表达，表明其设计目的、设计要求、功能原理和结构，表达形式通常有文字、图纸、计算机仿真软件等，这些都是用来表达创新内容的载体。本节所侧重于在创新设计求解的过程中以什么方法对问题进行表示才能有利于获得更好的创新设计方案。

(1) 黑箱表示法

创新设计初始需要进行方案设计，要能够正确地实现功能要求，在原理方案设计开始之前，首先需要正确地定义功能要求“是什么”，而不应使设计过早地被局限于一种或少数几种可实现功能的具体方法的设计。对功能要求的表达方法应能做到只表达功能“是什么”，而不表达“怎么办”。

“黑箱”表示法是一种常用的功能表示方法。把待求系统看作“黑箱”，分析比较系统输入/输出的能量、物料和信息，则输入/输出的转换关系即反映系统的总功能。对设计对象功能的描述要准确、简捷，抓住本质，避免带有倾向性，这样可以是设计思路开阔，为原理方案设计提供一个宽松的范围，更有利于设计的创新。

图 3-1 所示为洗衣机“黑箱”表示法。洗衣机的目的是将污衣物变成干净衣物，其功能描述即“物料分离”。若将洗衣机功能描述为“通过搓洗实现将污衣物变成干净衣物”，则会限于搓洗方式的思维，而漏掉“捣洗、绞洗、振洗、溶洗”等方式，最终导致洗衣机结构复杂，甚至陷入难以实现的困境。

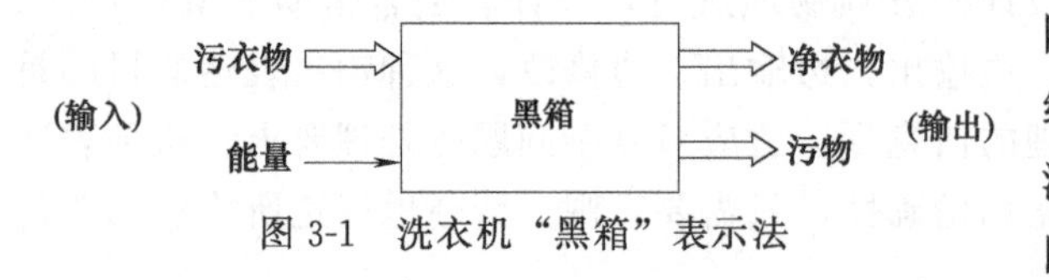

图 3-1 洗衣机“黑箱”表示法

图 3-2 所示为扫地机器人“黑箱”表示法。扫地机器人的目的是将地板或地毯上的灰尘和小杂物颗粒等除去并收集，使环境清洁，其功能描述为“物料分离”和“物料收集”，并要考虑对环境的要求和影响，不能形成过大噪声或对环境造成二次污染，现代智能型扫地机器人还能识别障碍、记忆路径、定时启停、自动归位和充电等。若将其功能描述为“用清扫的方式实现地板干净”，则会限于用扫、刷等方式的思维，而漏掉“吸尘、掸尘、超声、静

电”等方式，导致结构尺寸大、机构复杂、噪声大、缺乏智能性和功能单一等，创新性不强。

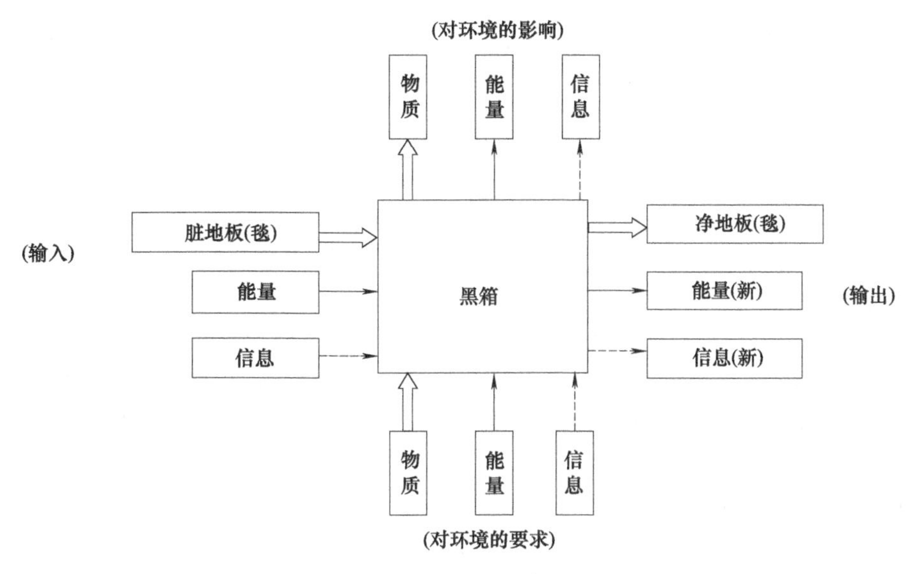

图 3-2　扫地机器人“黑箱”表示法

“黑箱”表示法可以确切地表达机械装置的功能要求，为后续的功能求解提供宽阔、准确的构思空间，因此常用来表达机械装置的总功能。通过进一步设计，当系统原理方案完全确定时，“黑箱”即变为“玻璃箱”，原理方案问题就得到了解决。

(2) 任务书确定

方案确定后，需要制定设计任务书，使方案要求和设计任务更加具体化。设计任务书中所写的内容作为后续设计、评价、审定和决策等的依据。其内容应该包括：①创新设计目的；②产品功能；③设计参数和性能指标；④使用条件；⑤制造和材料要求；⑥外观造型要求；⑦成本限制等。

以表格的形式给出设计任务书的表达形式比较清晰。例如，根据社会和市场需求，创新产品的选题确定为一种洗鞋机。洗鞋机的“黑箱”表示法类似于洗衣机，但功能和清洗原理与洗衣机有所区别，洗鞋机专门针对鞋子的内、外进行清洗，且清洗时不能损坏或磨损鞋子，也不能使鞋子、污物或砂土等损坏机器，该机器用于家庭或洗衣店，占地空间不能太大，成本不能太高，且使用方便、造型美观。针对该产品的设计要求确定一种小型自动洗鞋机的设计任务书，如表 3-1 所示。

设计要求分为“必答要求”和“期望要求”，“必答要求”是对产品给出的严格约束，只有满足了这些要求的方案才是可行方案。“期望要求”体现了所追求的产品目标，只有较好地满足了这些要求的方案才是较优的方案。

表 3-1　小型自动洗鞋机的设计任务书

项目	设计要求	备注
创新设计目的	改善生活中的不方便	使用方便
产品功能	清洗鞋子(水洗、可同时多双)	必达要求
产品性能	自动清洗、干燥;噪声低;自动定时	必达要求

续表

项目	设计要求	备注
设计参数和性能指标	容量:5～10 双 电源:220V 尺寸:长宽高均小于 600mm 寿命:10 年 成本:1000 元人民币以内	结构紧凑、安全可靠
制造和材料要求	免铸造;单件、小批量 材料:金属与非金属均可	防锈 外箱用 PVC
使用限制	水平放置	
外观造型	箱式	含数字显示

设计任务书以文字的形式表达也是比较常见的形式。例如，根据社会对办公用品的需求选题为设计档案袋压缩打包机（专利授权号为 ZL201620639738.7），设计任务书以文字形式表达如下。

① 创新设计目的。档案袋压缩并打包迅速、省力。

② 产品功能。高度较高的一摞档案袋压缩并打包。

③ 产品性能及参数。可对叠放高度在 50～100cm 的一摞档案进行加压，压后高度减小到原来的一半左右，然后用玻璃丝绳进行捆扎打包，一个人即可操作，方便快捷，省时省力，提高工作效率，打包质量高。成本在 800 元人民币以内，使用寿命 20 年。

④ 制造要求。免铸造；单件、小批量，材料为金属。

⑤ 材料要求。对于档案管、图书馆等纸制品集中区，禁止使用电器功能和有关材料，避免造成火灾。

⑥ 外观造型。框架式。

⑦ 使用场合。学校、档案馆、资料室、办公室、家庭等。

3.2.3 功能结构图表示法与功能分解

机械创新设计过程中，设计者通常不是根据设计任务书直接构思出完整的结构细节，而是首先选择功能原理，确定机构组合；然后进行结构细节设计；最终确定完整的机械结构。

产品和技术系统的总体功能称为产品的总功能。技术系统一般都比较复杂，难以直接求解，为了方便分析，需要将系统的功能按总功能、分功能、子功能乃至基本功能（功能元）进行分解，以便通过各功能元的有机组合求得满足总功能的原理解。其中功能元是可以直接求解的系统最小组成单元，另外有的分功能已经有了定型化的产品或已经研制出来，可以直接购置或拿来使用，没有必要再继续研制，如减速器、发动机、印制电路板等。

为了清楚地表达各级功能之间的逻辑和因果关系，以便为进一步设计提供充分的信息，通常将功能用结构框图表示，称为功能结构图。功能结构图可以表示为树状结构（称为功能树）、串联结构、并联结构及环形结构，如图 3-3 所示。

例如，齿轮减速器的总功能为降速增矩，是由输入动力、传递动力、润滑零件、密封零件、连接零件、支承与定位传动零件、输出动力等功能元组成，取每个功能元的一个解后得到该减速器的一种功能结构，其功能结构图可用图 3-4 所示的功能树表示。

前面所提到的小型自动洗鞋机的功能结构图如图 3-5 所示，属于串联与并联混合的类型。

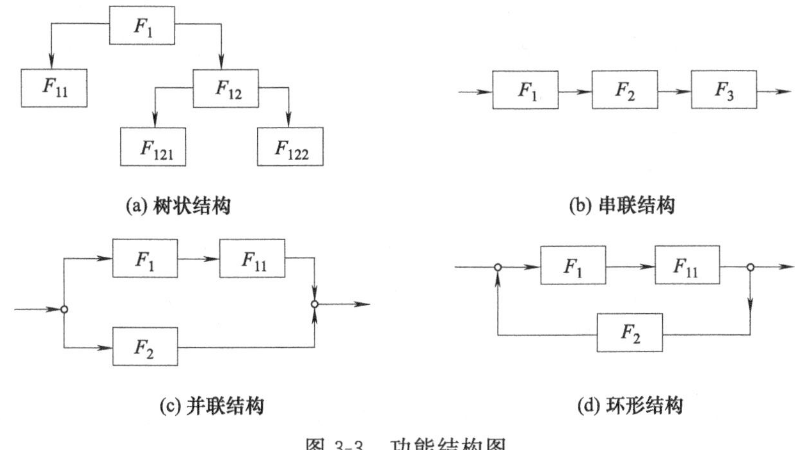

图 3-3 功能结构图

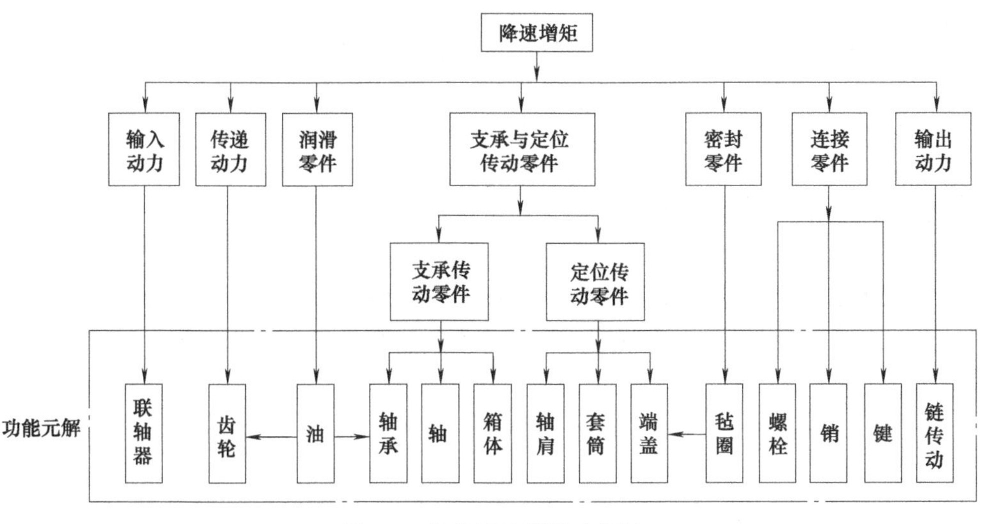

图 3-4 齿轮减速器的功能树

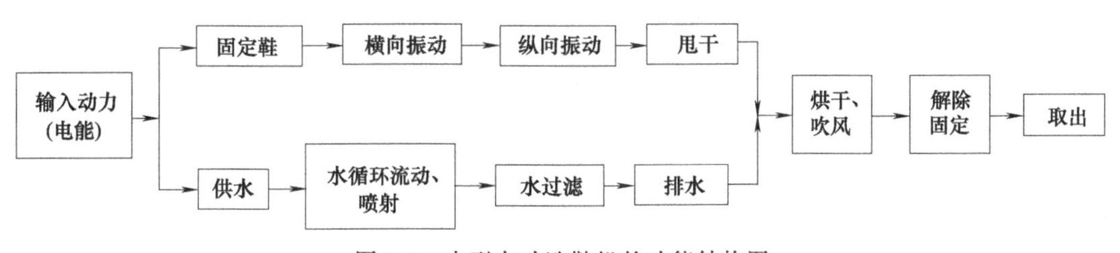

图 3-5 小型自动洗鞋机的功能结构图

通过功能结构图表达，就可将设计任务书给出的总功能划分为可解的分功能或基本功能，并把分功能或基本功能逻辑地连接起来，从而便于进行系统的细化设计。

功能结构图表达的系统分解实际上就是对机械产品不断进行创新的过程。总功能不断地分解得到众多的分功能，分功能深入分析又可拓展出子功能，直至分解到功能元后获得问题的解，这一过程要尽量突破各种思维定式的限制，拓宽思路，取得创新。

3.2.4 工程图纸与计算机模拟表示法

为使设计人员所设计的创新产品得到加工，绘制出符合国家制图标准要求的工程图纸是必不可少的。工程图纸首先必须规范，尤其要避免图纸上的某个尺寸缺失，或隐蔽结构被遮挡而表达不清，以及零件图与装配图不匹配等，这都将使所加工的产品无法加工或装配，导致创新设计不能及时转化成实物，其被外界接受的可能性被大打折扣，从而可能使创新由于未能充分展示而错失市场良机。

[案例] 创新设计一种自行车刹车动能回收助力装置（专利授权号为 ZL201620382349.0）。

问题提出：人骑自行车时，刹车是不可避免的，但每当刹车时，用于制动的动能都会被白白浪费掉，而后再次向前骑行时又需要人重新用力以对自行车施加动能，如果频繁刹车和重新启动，则人就比较辛苦和费力，尤其是在上坡、下坡多，红绿灯多以及交通拥堵时，这种情况更为突出，极容易使人疲劳，而且浪费了大量刹车动能。针对这一生活中的普遍问题，拟定创新设计的选题为一种自行车刹车动能回收助力装置，对自行车刹车时的动能进行回收和储存，并在自行车下一次启动或加速时释放动能，起到节约能量和省力的目的，提高骑行者的舒适度。

技术要求：

① 刹车动能回收助力自行车具有较好稳定性，其装置不影响自行车的正常使用，确保绝对安全。

② 刹车时能量利用率高，实现刹车时所消耗动能的能量转化。

③ 动力回收装置要占用空间小，安装方便，操作简单，能提高使用时的舒适性。

④ 结构要相对简单，提高其可维修性。

⑤ 储能装置要保证在自行车中的独立性，尽量减少对自行车其他部分的改变。

根据上述要求所做的创新设计总体结构示意图如图 3-6 所示；图 3-7 为图 3-6 的 A 向局部视图；图 3-8 为图 3-7 的轴系部件图；由图 3-8 可见位于后轴上的主体部分的结构组成。

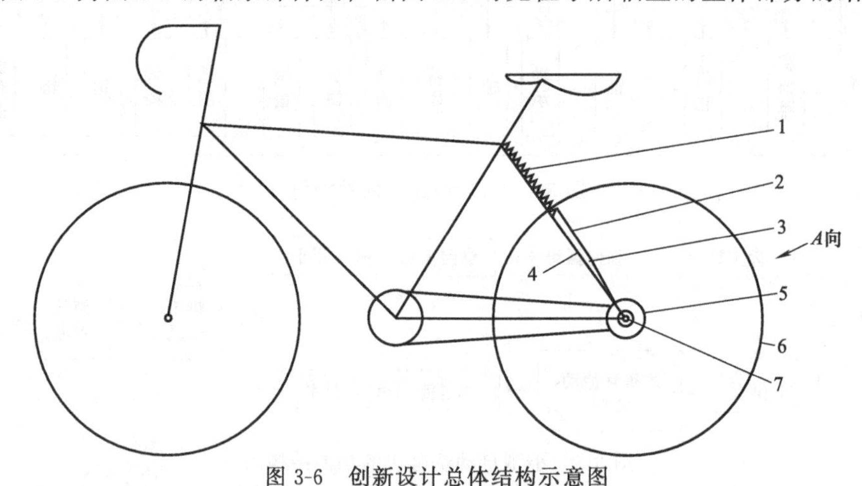

图 3-6　创新设计总体结构示意图

1—储能弹簧；2—钢丝绳；3—限位片；4—车架；5—绕线轮；6—车轮；7—车轮轴

为表达清楚，又设有 B—B 截面视图（图 3-9）、C—C 截面视图（图 3-10）、D—D 截面视图（图 3-11）以及 E 向视图（图 3-12）。以上各图仅表明了系统的结构组成，在标准工程图纸上，还要标注详细的加工尺寸以及公差配合关系。

平面三视图能较好地表达结构形状、尺寸大小以及装配关系，但对装配时零件间是否会互相干涉以及动态性能却不能很好体现。为此，可借助 Pro/E 和 Adams 等计算机软件进行模拟仿真，对辅助加工工人理解产品设计也会有更好的效果。图 3-13 为自行车刹车动能回收助力装置主体部分（后车轴处）的三维仿真图。

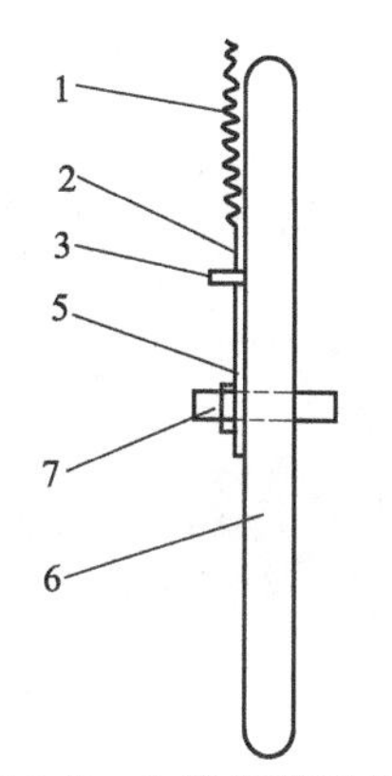

图 3-7　*A* 向局部视图

1—储能弹簧；2—钢丝绳；3—限位片；
5—绕线轮；6—车轮；7—车轮轴

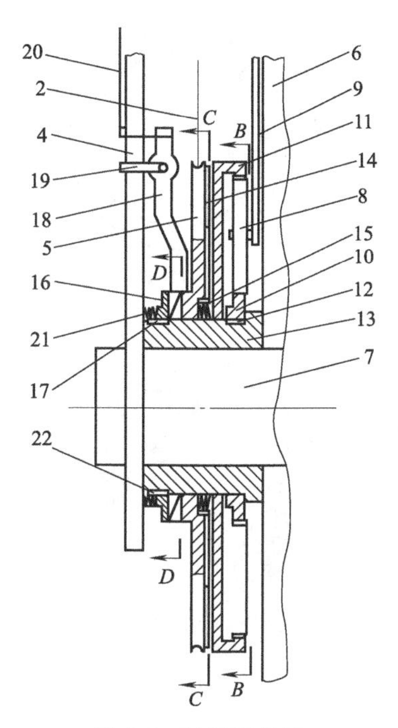

图 3-8　轴系部件图

2—钢丝绳；4—车架；5—绕线轮；6—车轮；7—车轮轴；
8—小齿轮；9—小齿轮架；10—内侧主齿轮；11—内齿轮；
12—键；13—轴套；14—橡胶摩擦片；15—复位弹簧；
16—外侧端面棘轮；17—键；18—拨叉；19—拨叉架；
20—刹车线；21—压力弹簧；22—键

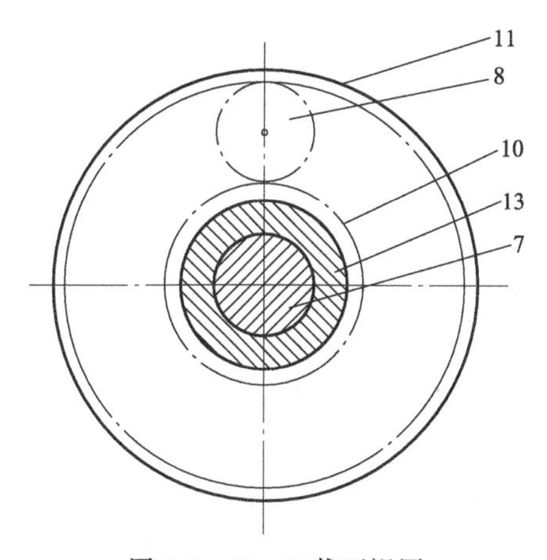

图 3-9　*B*—*B* 截面视图

7—车轮轴；8—小齿轮；10—内侧主齿轮；
11—内齿轮；13—轴套

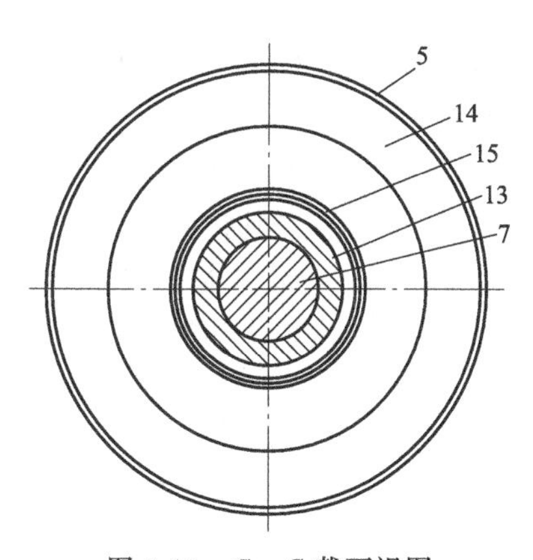

图 3-10　*C*—*C* 截面视图

5—绕线轮；7—车轮轴；13—轴套；
14—橡胶摩擦片；15—复位弹簧

各组成零件的连接关系如下。

如图 3-6 所示，储能弹簧 1 顶端固定于自行车架 4 上，储能弹簧 1 底端与钢丝绳 2 连接。限位片 3 固定于车架上 4，钢丝绳 2 从限位片 3 上的孔中穿过，钢丝绳 2 的底端与绕线轮 5 连接。车轮 6 安装在车轮轴 7 上。

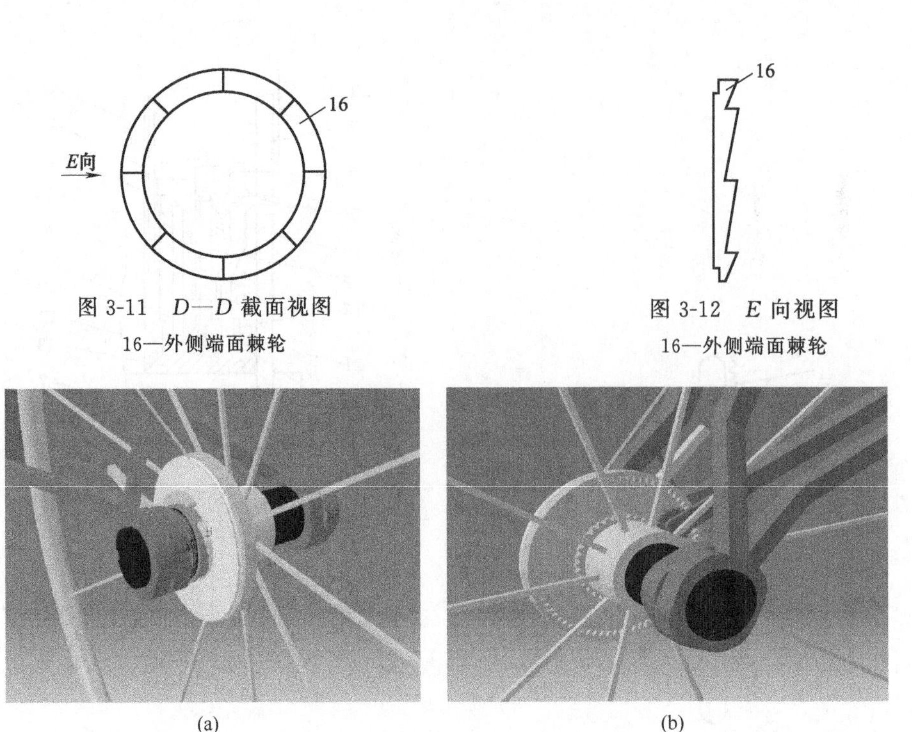

图 3-11　D—D 截面视图

16—外侧端面棘轮

图 3-12　E 向视图

16—外侧端面棘轮

图 3-13　自行车刹车动能回收助力装置主体部分（后车轴处）的三维仿真图

如图 3-8 所示，小齿轮 8 安装于小齿轮架 9 上，小齿轮架 9 固定于车架 4 上，小齿轮 8 绕其轴可自由旋转，小齿轮 8 与内侧主齿轮 10 以及内齿轮 11 啮合。内侧主齿轮 10 通过键 12 与轴套 13 连接。轴套 13 固定于车轮轴 7。绕线轮 5 以间隙配合套于轴套 13 上，绕线轮 5 内侧粘接有橡胶摩擦片 14，绕线轮 5 外侧端面有棘齿。绕线轮 5 与内齿轮 11 之间有复位弹簧 15。外侧端面棘轮 16 通过键 17 和键 22 与轴套 13 连接。拨叉 18 安装于拨叉架 19 上，拨叉架 19 安装于车架 4 上，拨叉 18 顶端与刹车线 20 连接。外侧端面棘轮 16 与车架 4 之间有压力弹簧 21。

该装置的工作原理如下。

① 自行车向前运动时，轴套 13 随车轮轴 7 及车轮 6 正向转动，内侧主齿轮 10 随轴套 13 一起正向转动，带动小齿轮 8 和内齿轮 11 做反向转动。复位弹簧 15 使橡胶摩擦片 14 与内齿轮 11 保持微小间隙，绕线轮 5 不转动。外侧端面棘轮 16 随轴套 13 正向转动，外侧端面棘轮 16 的棘齿在绕线轮 5 左侧的棘齿表面滑过，外侧端面棘轮 16 相对于键 17 和 22 以及轴套 13 做微小的左右移动。

② 当自行车刹车时，骑车人通过手刹对刹车线 20 施加拉力，控制拨叉 18 摆动，将绕线轮 5 推向内齿轮 11，复位弹簧 15 被压缩，橡胶摩擦片 14 与内齿轮 11 贴紧并带动绕线轮 5 随内齿轮 11 反向转动，钢丝绳 2 缠绕在绕线轮 5 上，同时储能弹簧 1 被拉伸，当储能弹簧 1 下端拉至限位片 3 处被卡住，则绕线轮 5 停止转动，同时内齿轮 11、小齿轮 8、内侧主齿轮 10 以及车轮 6 都停止转动。此时完成刹车，并将车子的刹车动能回收转换为储能弹簧 1 的弹性势能。

③ 自行车刹车过程中，外侧端面棘轮 16 与轴套 13 正向转动，绕线轮 5 反向转动，外侧端面棘轮 16 的棘齿在绕线轮 5 外侧的棘齿上滑过。压力弹簧 21 使外侧端面棘轮 16 与绕线轮 5 的外侧棘齿始终保持接触。

④ 当自行车达到刹车的目的后，骑车人撤去作用在刹车线 20 上的拉力，拨叉 18 对绕线轮 5 的压力消失，由于复位弹簧 15 的刚度比压力弹簧 21 的刚度大，复位弹簧 15 推动绕线轮 5 向外移使橡胶摩擦片 14 与内齿轮 11 分离，外侧端面棘轮 16 与绕线轮 5 的外侧棘齿紧密啮合。

⑤ 当自行车重新启动向前行进时，绕线轮 5 在储能弹簧 1 和钢丝绳 2 的拉力作用下正向转动，绕线轮 5 通过其外侧的棘齿带动外侧端面棘轮 16 正向转动，从而带动轴套 13 和车轮 6 正向转动，将储能弹簧 1 回收的弹性势能转换为动能释放出来，从而对自行车起到助力作用。

3.2.5 TRIZ 表示法与功能分析

TRIZ 的一些分析工具在机械产品创新设计过程中用于辅助表达也很有效，经常有可能获得意想不到的创新思路。

首先，我们在确定创新选题时有必要考虑一下 TRIZ 理论的系统进化法则。任何产品作为一个系统，它的发展都必然遵循着系统进化法则，所以，当决定要针对某一类产品进行设计和研究时，必须对其发展和进化的技术方向有所预期，发现系统中现存的问题，找准问题，进行创新研究。

例如，前述的自行车刹车动能回收助力装置，由系统进化法则中的子系统不均衡进化法则分析，发现自行车的发展虽然已有上百年的历史，但是自行车的刹车系统一直没有得到很好的优化，始终只是简单实现了自行车的刹车功能，并没有在能量利用的问题上得到很好的解决。刹车系统成为自行车系统的“短板”，也成为进化不均衡子系统，如图 3-14 所示。

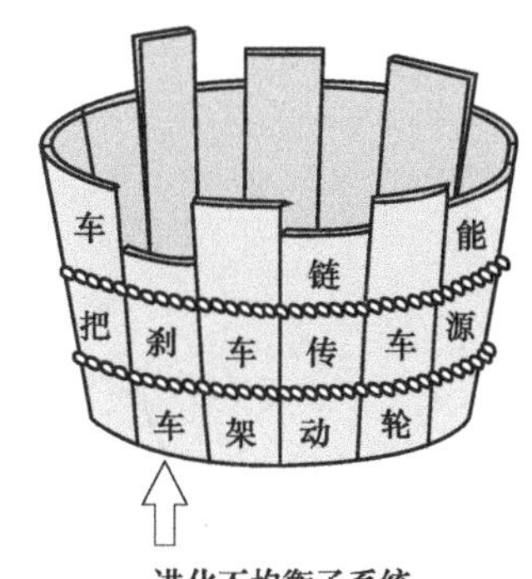

图 3-14　自行车的子系统“短板”

确定了研究对象是自行车的刹车系统，接下来可以对刹车系统利用鱼骨图进行因果分析，如图 3-15 所示。由鱼骨图分析可知：由于刹车时会消耗自行车所具有的动能，这一部分能量会浪费掉，如果研制一种能对自行车刹车时能量进行回收的装置，会起到省力的作用。

鉴于以上分析，决定对自行车进行如下改造。

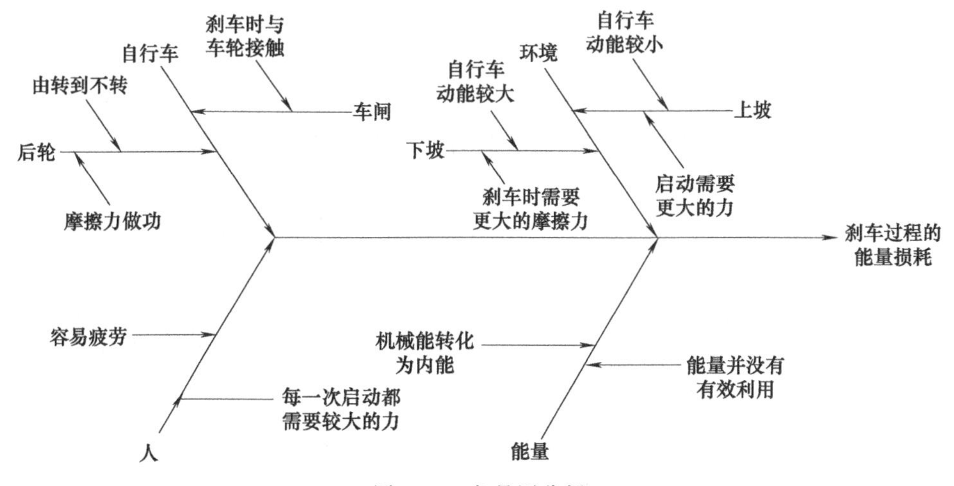

图 3-15　鱼骨图分析

① 改进自行车刹车系统结构。

② 添加能回收动能的助力装置。

自行车刹车动能回收助力装置设计任务书如表 3-2 所示。

其次，对所要设计的系统进行功能分析。TRIZ 的物-场模型分析方法对系统的功能和结构表达非常清晰，在系统进行功能原理的创新设计时是一种有效的工具。

下面对自行车刹车动能回收助力装置进行物-场模型分析，即系统的功能原理分析。

① 构建系统的物-场模型。自行车没有刹车储能装置，浪费了能量，骑行费力，其系统的物-场模型属于效应不足的完整模型，如图 3-16（a）所示。

选择解法：针对效应不足的问题，选择的解法是增加储能助力装置，产生另外一个场来强化有用效应。改进后的物-场模型如图 3-16（b）所示。

表 3-2　自行车刹车动能回收助力装置设计任务书

技术项目	技术系统	刹车动能回收助力自行车
	用途	减少刹车过程中的能量损耗
	技术功能	刹车时自行车本身具有的动能存储起来，在下次启动时再利用
	主要功能	刹车时自行车通过能量转化的形式减少能量损耗

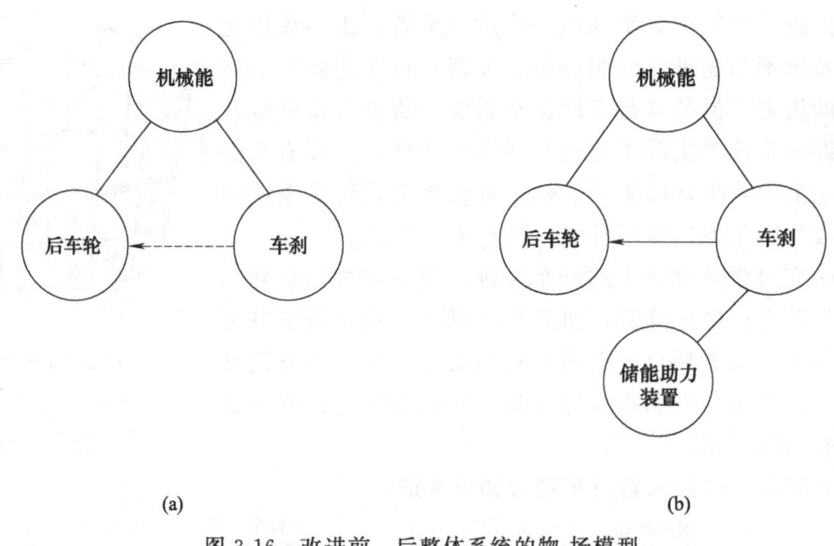

图 3-16　改进前、后整体系统的物-场模型

② 弹簧储能和释放的物-场模型。弹簧存储能量不能是无限的，弹簧被拉伸产生过大变形会引起弹簧拉断，其系统的物-场模型属于有害效应的完整模型，如图 3-17（a）所示。

选择解法：针对有害效应的问题，选择的解法是利用限位片使弹簧达到最大允许变形量时被卡住，增加的限位片对弹簧产生另外一个机械场，用来抵消有害场的效应。改进后的物-场模型如图 3-17（b）所示。

③ 摩擦盘离合作用的物-场模型。刹车时，内齿轮如直接与绕线轮贴合而带动绕线轮转动并不可靠，由于金属间摩擦力小，所以容易打滑，其系统的物-场模型属于效应不足的完整模型，如图 3-18（a）所示。

选择解法：针对效应不足的问题，选择的解法是橡胶摩擦片与内齿轮贴紧或分开，起到离合的目的。改进后的物-场模型如图 3-18（b）所示。

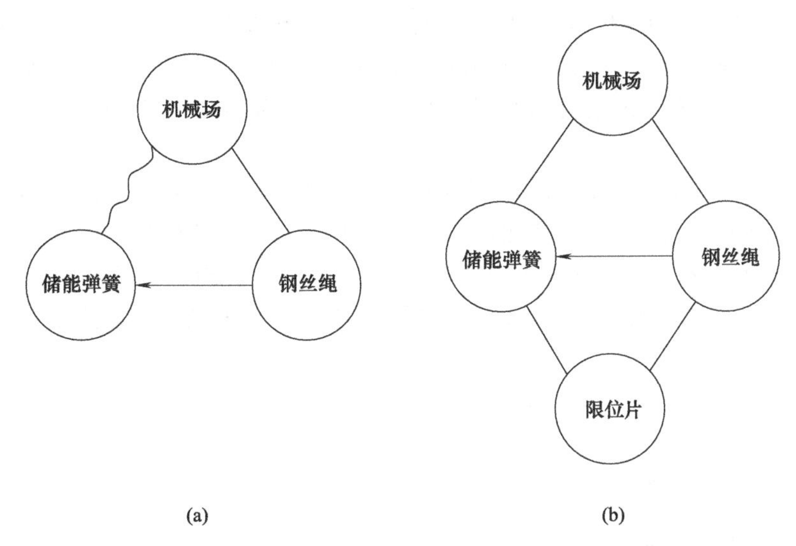

图 3-17　改进前、后弹簧储能和释放系统的物-场模型

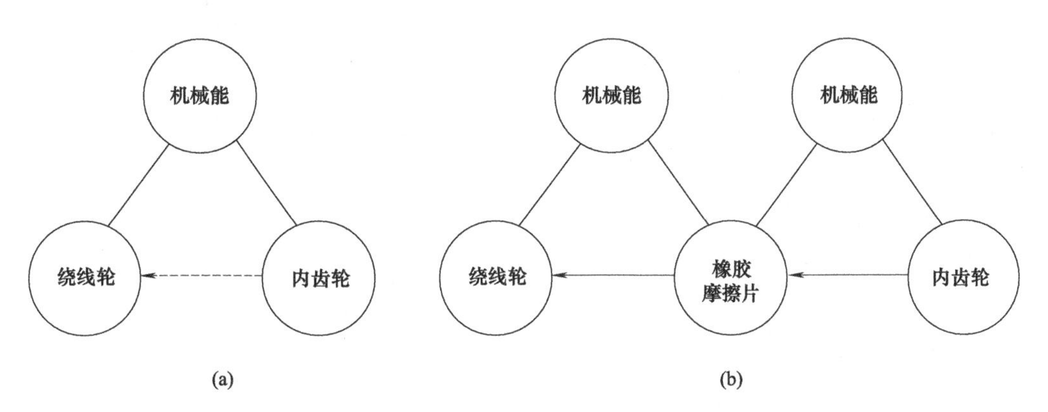

图 3-18　改进前、后摩擦盘离合系统的物-场模型

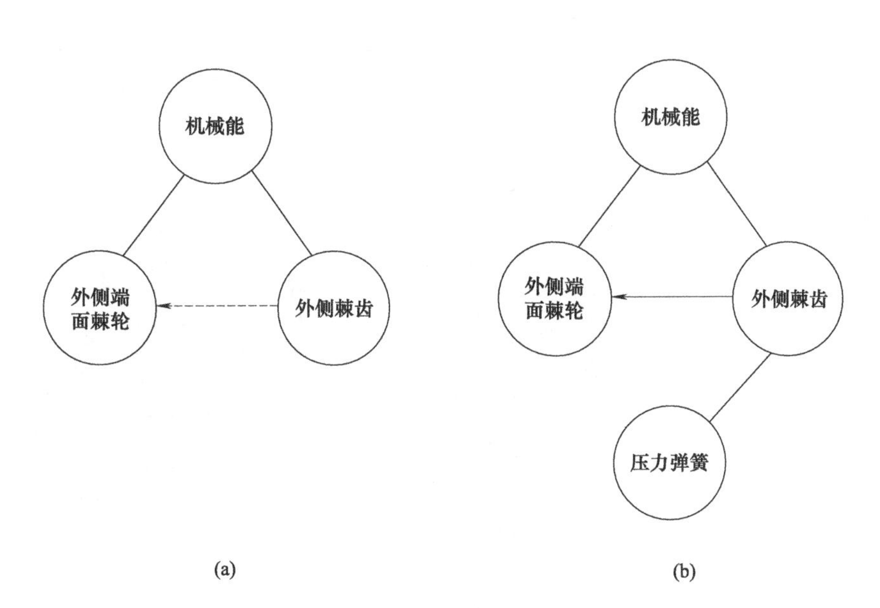

图 3-19　改进前、后棘轮系统的物-场模型

④ 棘轮离合的物-场模型。自行车刹车时车轮带动齿轮和绕线轮（摩擦片）一起制动，而助力时绕线轮反向转动，驱动车轮向前运动，此处应用棘轮机构，但无法保持棘轮棘齿在正、反行程都可靠接触，其系统的物-场模型属于效应不足的完整模型，如图 3-19（a）所示。

选择解法：针对效应不足的问题，选择的解法是增加压力弹簧，使外侧端面棘轮与绕线轮的外侧棘齿始终保持接触。改进后的物-场模型如图 3-19（b）所示。

经过物-场模型分析后，系统的组成和功能原理就比较明确了。自行车刹车动能回收助力装置的主要工作过程即刹车储能和再启动时的动能释放助力阶段，这两个功能分析可表达为图 3-20 和图 3-21。

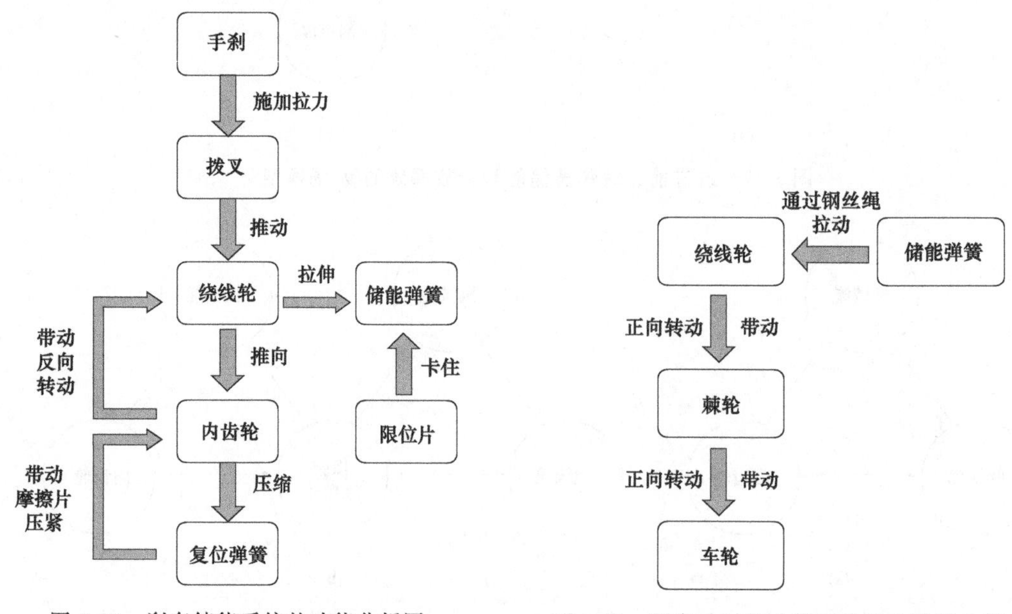

图 3-20　刹车储能系统的功能分析图　　图 3-21　再启动时的动能释放助力阶段功能分析图

自行车刹车动能回收助力装置主体部分（安装在后车轮轴上的产品）实物模型如图 3-22 所示。

图 3-22　自行车刹车动能回收助力装置主体部分实物模型

3.3 TRIZ 理论资源分析与机械产品创新设计

机械产品创新设计需要充分利用各种资源，TRIZ 理论资源分析方法是有效开发和利用资源的重要手段。

TRIZ 理论解决问题的实质就是对资源的合理利用。任何系统，只要没有达到最终理想解，就应该具有可用的资源使得系统理想化。TRIZ 理论要求问题解决者在解决问题时要详细全面地列出系统设计的所有资源，并加以合理利用。

3.3.1 资源的概念与分类

（1）资源的概念

资源是指系统及其环境中的各种要素，能反映诸如系统作用、功能、组分、组分间的联系结构、信息能量流、物质、形态、空间分布、功能的时间参数、效能以及其他有关功能质量的个别参数。

从技术创新的角度讲，资源是可获得的，但是又是闲置的及（通常是）不可见的物质、能量、性能等在系统中能够用来解决问题的东西。

资源分析就是要寻找并确定各种资源，使这些资源与系统中的元件组合来改善系统的性能，生成通往最终理想解的定向转换。

（2）资源的分类

设计中的产品是一个系统，任何系统都是超系统中的一部分，超系统又是自然的一部分。系统在特定的空间与时间中存在，要由物质构成，要应用场来完成某种特定的功能。按照自然、空间、时间、系统、物质、能量、信息和功能等，将资源分为 7 类，分别为物质资源、能量/场资源、信息资源、空间资源、时间资源、功能资源、系统资源，见表 3-3。

资源还可分为内部与外部资源。内部资源是在矛盾发生的时间、区域内存在的资源。外部资源是在矛盾发生的时间、区域外部存在的资源。内部与外部资源又可分为现成资源、派生资源及差动资源三类。

表 3-3　资源分类

类型	定义	实例
物质资源	任何用于有用功能的物质	瓦斯发电、北方冰雪艺术品
能量/场资源	系统自身存在的或能够产生的场或能量流	热电联产、潮汐发电、指南针
信息资源	系统自身存在的或能够产生的信号	加工中心正在加工中的零件的误差用于在线实时补偿
空间资源	位置、次序、系统本身及其超系统	立体车库、高架桥
时间资源	系统启动前、工作后，两个循环之间的时间	采煤机采煤和装运煤同步进行
功能资源	系统或环境能够实现辅助功能的资源	铅笔用于导电线
系统资源	当改变子系统之间的连接、超系统引进新的独立技术时，所获得的有用功能或新技术	连续采煤机将采煤机和装载机的功能结合

1）现成资源

现成资源是指在当前存在状态下可被应用的资源，包括物质、场（能量）、空间和时间资源都是可被多数系统直接应用的现成资源。例如，物质资源：煤可用作燃料；能量资源：汽车发动机既驱动后轮或前轮，又驱动液压泵，使液压系统工作；场资源：地球上的重力场及电磁场；信息资源：汽车运行时，发动机排出废气用于评价发动机的性能。

2）派生资源

通过某种变换，使不能利用的资源成为可利用的资源，这种可利用的资源为派生资源。原材料、废弃物、空气、水等经过处理或变换都可在设计的产品中采用，而变成有用资源。在变成有用资源的过程中，一般需要物理状态的变化或化学反应。

① 派生物质资源。由直接应用资源如物质或原材料变换或施加作用所得到的物质。

② 派生能量/场资源。通过对直接应用能量/场资源的变化或改变其作用的强度、方向及其他特性所得到的能量/场资源。

③ 派生信息资源。利用各种物理及化学效应将难以接受或处理的信息改造为有用的信息。

④ 派生空间资源。由于几何形状或效应的变化所得到的额外空间。

⑤ 派生时间资源。由于加速、减速或中断所获得的时间间隔。

⑥ 派生功能资源。经过合理变化后，系统完成辅助功能的能力。

3）差动资源

通常，物质与场的不同特性是一种可形成某种技术的资源，这种资源称为差动资源。差动资源分为差动物质资源及差动场资源两类。

① 差动物质资源

a. 结构各向异性。各向异性是指物质在不同的方向上物理性能不同。这种特性有时是设计中实现某种功能的需要。物质特性主要包括光学特性、电特性、声学特性、机械特性、化学性能和几何性能等。例如，光学特性：金刚石只有沿对称面做出的小平面才能显示出其亮度；电特性：石英板只有当其晶体沿某一方向被切断时，才具有电致伸缩的性能；声学特性：一个零件内部由于其结构有所不同，表现出不同的声学性能，使超声探伤成为可能；机械特性：劈木柴时，一般是沿最省力的方向劈；化学性能：晶体的腐蚀往往在有缺陷的点处首先发生。

b. 不同的材料特性。不同的材料特性可在设计中用于实现有用功能。例如，合金碎片的混合物可通过逐步加热到不同合金的居里点，之后用磁性分拣的方法将不同的合金分开。

② 差动场资源。场在系统中的不均匀可以在设计中实现某些新的功能。

a. 场梯度的利用。在烟囱的帮助下，地球表面与 3200m 高空中的压力差使炉子中的空气流动。

b. 空间不均匀场的利用。为了改善工作条件，工作地点应处于声场强度低的位置。

c. 场的值与标准值的偏差的利用。病人的脉搏与正常人不同，医生通过对这种不同的分析为病人看病。

3.3.2 资源的利用与寻找

（1）资源的寻找

为了便于寻找和利用资源，可以利用图 3-23 所示资源寻找的路径。

（2）资源的利用

设计过程中所用到的资源不一定明显，需要认真挖掘才能成为有用资源。通用的建议如下。

① 将所有的资源首先集中于最重要的动作或子系统。

② 合理地、有效地利用资源，避免资源损失、浪费等。

③ 将资源集中到特定的空间与时间。

④ 利用其他过程中损失的或浪费的资源。

⑤ 与其他子系统分享有用资源，动态地调节这些子系统。

⑥ 根据子系统隐含的功能，利用其他资源。

⑦ 对其他资源进行变换，使其成为有用资源。

不同类型资源的特殊性能帮助设计者克服资源的限制，主要资源类型如下。

1）空间资源

① 选择最重要的子系统，将其他子系统放在空间不十分重要的位置上。

② 最大限度地利用闲置空间。

③ 利用相邻子系统的某些表面或表面的反面。

④ 利用空间中的某些点、线、面或体积。

⑤ 利用紧凑的几何形状，如螺旋线。

⑥ 利用暂时闲置的空间。

2）时间资源

① 在最有价值的工作阶段，最大限度地利用时间。

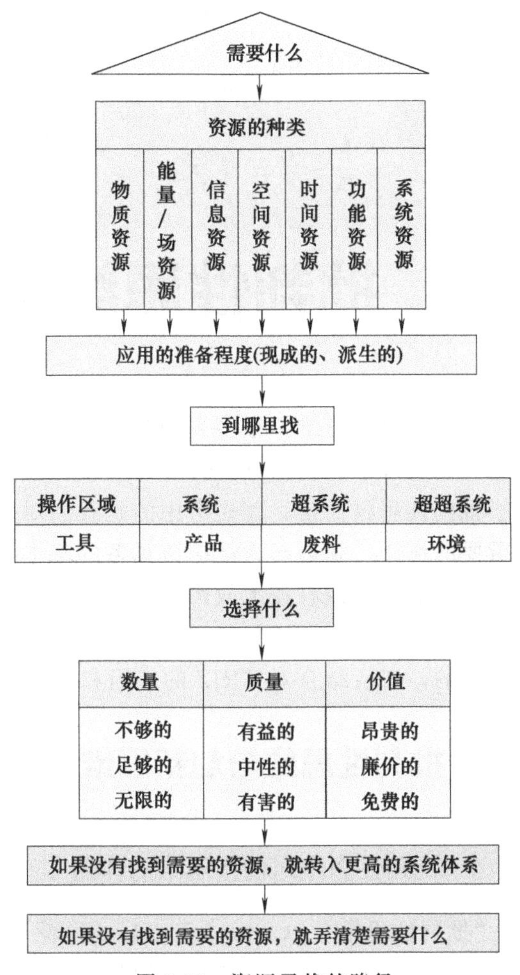

图 3-23　资源寻找的路径

② 使用过程连续，消除停顿、空行程。

③ 变换顺序动作为并行动作，以节省时间。

3）材料资源

① 利用薄膜、粉末、蒸气，将少量物质扩大到一个较大的空间。

② 利用与子系统混合的环境中的材料。

③ 将环境中的材料，如水、空气等，转变成有用的材料。

4）能量资源

① 尽可能提高核心部件的能量利用率。

② 限制利用成本高的能量，尽可能采用低廉的能量。

③ 利用最近的能量。

④ 利用附近系统浪费的能量。

⑤ 利用环境提供的能量。

设计者应集中于特定的子系统、工作区间、特定的空间与时间，在设计中认真考虑各种资源有助于开阔设计者的眼界，使其能跳出问题本身。

第4章 批判性思维与反求创新设计

提到批判性思维，很多人的第一感觉就是批判别人的观点、行为，然而，事实却截然相反。决定某件事或物是不是合理、该不该接受，并不由他人来决定，而是由我们自己决定，对于批判性思维而言，首先考虑的是我们对于自身设计观念的反思，它在创新设计中起着非常重要的作用，是创新人员应该具备的基本技能。另外，批判性思维在反求创新设计中也是非常必要的，对现有技术或产品必须以批判的眼光发现其缺点和不足，再进行反求，才能获得更高质量的创新，同时还能规避专利保护。而且，批判性思维与 TRIZ 理论在很多方面是有关联的，二者结合对 TRIZ 的应用和机械创新设计都将起到积极的促进作用。

4.1 批判性思维与创新思维的关系

4.1.1 批判性思维对创新思维的作用

“批判性思维”（Critical Thinking）泛指人类对某一事物与现象长短利弊、真伪对错的剖析和评断，即通过对认知对象的分析、质疑和论证，形成独立、异同和正确的见解。一方面，质疑可以促使问题的发现，从不同角度去分析，会创新过程中思维更活跃，使系统中的矛盾被挖掘和得以显现，可以说质疑是提出问题的开端，是求异和独创的起点；另一方面，批判不单是发现问题和错误，更不是盲目批判，打倒一切，而是要发现真正有创新价值的切入点，分析错误或不良设计之所以产生的原因，有针对性地去进行改进和提高，从而达到使系统进化的目的。批判性思维的形成需要综合运用各种知识，包括逻辑分析知识、专业知识和创新方法知识等，它源于各类基础知识，但又超越基础知识。从本质上讲，批判性思维是对多种知识的灵活运用，它包含逻辑推导、归纳类比、批判识别、综合分析和辩证推理等多方面的能力，是一种具有相当高度和复杂性的思维能力，这也正是高水平创新人才所应具备的，缺乏批判性思维能力的人难以取得大的突破。

(1) 批判性思维对创新思维的原动力作用

创新思维的本质在于“新”，即“奇”于“常”和“异”于“旧”。无论“出奇制胜”还是“立异标新”，都是批判性思维能力的体现。创新思维中的批判性思维具体表现为求异质疑能力、系统分析能力、探索求新能力和综合推理能力。求异质疑能力用于发现问题，系统分析能力用于解剖问题，探索求新能力用于探寻解决问题的新途径，综合推理能力则用于检验和确立新成果。显然，如果没有对现存事物现象的求异质疑，就不能发现问题、激起产生突变和创新的欲望；没有对存在问题的系统剖析，就不能去伪存真、找到谬误产生的原因；

没有对解决问题多条途径的探索，就不能破旧立新、产生新的认识和成果；没有对新成果的论证推理，就不能确定新思想、新观点和新理论，也不能发明新方法、新技术和新产品。

可见，创新思维的引发和进展离不开批判性思维的推动，没有批判性思维，就谈不上创新性思维。因此，从这种意义上讲，批判性思维是创新思维的原动力。任何事物的运动和状态变化都离不开力的作用，作用力的方向也决定了运动状态变化的方向。创新思维作为人体头脑一种复杂的思维活动，同样需要力的驱动，批判性思维恰恰提供了这种原动力驱动，而且是沿着去其糟粕取其精华和改善、提高的方向驱动，是十分“给力”的。

(2) 批判性思维对创新思维的催化剂作用

创新思维鲜有一蹴而就，往往费神耗时。如果说批判性思维的有与无决定了创新思维的能与否，那么批判思维能力的强与弱就决定了创新思维能力的高与低，也就决定了创新成果产出的快与慢。理论上说，凡是掌握了一定自然和社会科学知识的人，都或多或少地具备了一定程度的分析、质疑和论证的能力，但不是人人在有限的生命期内，都能搞出成功的发明创造。事实上，只有那些批判性思维综合能力强的人，才有可能在有限的时间内，获得重大的创新成果。很显然，批判性思维综合能力越强，创新思维的能力就越强，搞创造发明所需的时间周期就越短。从这个意义上说，批判性思维是创新思维的催化剂。

催化剂的作用可以改变化学反应过程和变化的途径，也可以从加快反应过程的速度。批判思维则可以像催化剂一样催生出更多的创新方案，同时也能加快问题的产生和矛盾的暴露，缩短问题的解决时间，获得更好的创新效果。

(3) 批判性思维与创新思维过程的契合作用

批判性思维对创新思维的形成过程有着不可分割的契合作用。可以说，“批判性思维”无时无刻都伴随着“创新思维”，配合完成创新的每一个步骤。

创新始于发现问题，经过剖析问题，终于解决问题。创新思维过程实际上是一个不断地发现问题、分析问题和解决问题的连续过程。英国心理学家瓦拉斯早在1926年就提出科学创造一般经历“准备—酝酿—明朗—验证”四个阶段。准备期是发现和提出问题；酝酿期是试探解决问题；明朗期是产生新的认识成果；验证期则是论证明朗期产出的新认识、新观念和新思想。这种四阶段模式符合创新思维活动的一般进程。其中，在第三阶段，人体头脑出现灵感、产生顿悟和形成新思想、新观念，是创新思维活动发生质变的关键阶段。但这一阶段是同其他阶段的思维活动环环相扣、不可分割的。因为没有充分准备，就发现不了问题；没有对问题的反复酝酿，就产生不出新思想；没有对新观点的科学论证，就无法确定新的认识成果。进而，各个阶段可以交叉渗透、跳跃穿插。例如：在酝酿对象时，可能发现针对的问题没有抓住实质，需要返回准备阶段，更多地查询和收集相关知识材料、对资料做进一步的梳理和加工；在明朗解决问题的方案时，可能产生新的矛盾和问题，需要重新准备和酝酿；在验证新认识成果时，可能证明新结论合理性不够或创造性不强。如此这般，形成一个不断发现问题、分析问题和解决问题的交互运作过程。可见，整个创新思维过程的每一个阶段和步骤，都有赖于分析、质疑和论证能力。也就是说，没有批判性思维能力贯穿于创新思维的全过程，就不可能产生成功的创新。

4.1.2 批判性思维简介

(1) 批判性思维的界定

“批判的”一词（critical）源于拉丁文 criticus，而 criticus 又源于希腊文 kritikos。kritikos 意指“有辨别或裁决能力的”。批判性思维的渊源可追溯到古希腊苏格拉底所倡导的一种探究性质疑（Probing Questioning），即“苏格拉底方法”。苏格拉底方法的实质是通过质疑通常的信念和解释，辨析它们中哪些缺乏证据或理性基础，强调思维的清晰性和一致性。这典型体现了批判性思维的精神，因此苏格拉底被尊为批判性思维的化身。批判性思维的现代概念直接源于杜威的“反省性思维”，即能动、持续和细致地思考任何信念或被假定的知识形式，洞悉支持它的理由及其进一步的结论。在教育体系中，批判性思维通常归属在通识教育中，与哲学、教育学、心理学均有所交叉。

批判性思维的定义有广狭之分。广义定义将批判性思维等同于决策、问题解决或探究中所包含的认知加工和策略。狭义的定义集中于评估或评价。不过，无论广义或是狭义批判性思维，都蕴含着好奇心、怀疑态度、反省和合理性。

（2）批判性思维倾向和能力的分类

批判性思维者具有探究信念、主张、证据、定义、结论和行动的倾向。批判性思维技能或能力是认知维度，批判性思维倾向或态度是情感维度。美国批判性思维运动的开拓者罗伯特·恩尼斯，他发展的批判性思维概念所包含的批判性思维倾向和能力，概括了其他批判性思维学者主张的批判性思维的特性及其定义。批判性思维能力和倾向的分类系统，囊括了批判性思维概念的各种表述中所包含的技能和倾向。

1）批判性思维倾向的分类

批判性思维倾向包括如下三大类，共13个子类。

① 关心他们的信念是真的，决策是正当合理的，即关心尽可能“做得正确”。包括：a. 寻求替代假说、说明、结论、计划、来源等，不限制它们；b. 认真考虑别人的观点，而非只是自己的观点；c. 努力成为见多识广的；d. 只有在被可利用的信息证明的情况下，才认可一个立场；e. 运用批判性思维能力。

② 愿意诚实和清晰地理解和提出自己和别人的立场。包括：a. 发现和倾听他人的看法和理由；b. 澄清所说、所写或其他所交流东西的意欲的意思，追求情境所要求的精确性；c. 确定结论或问题并保持将焦点集中于此；d. 寻找和提供理由；e. 考虑整个情境；f. 反省地了解自己的基本信念。

③ 关心每一个人（这是一个辅助的而非构成性的倾向。虽然对人们的关心不是组成部分，但缺少它的批判性思维可能是危险的）。有同情心的批判性思维者倾向于：a. 避免用他们的批判性思维威力胁迫别人或是把别人搞糊涂，考虑他人的情感和理解水平；b. 关切他人的福祉。

2）批判性思维能力的分类

批判性思维能力包括如下六大类，共15个子类。第①～③条为基础澄清；第④⑤条为决策基础；第⑥～⑧条为推论；第⑨⑩条为高级澄清；第⑪⑫条为推想和综合；第⑬～⑮条为辅助能力（不是批判性思维能力的必要组成部分，但极有助益）。

① 聚焦于问题。a. 识别和表述一个问题；b. 识别和表述对可能回答做出判断的标准；c. 牢记问题和情境。

② 分析论证。a. 辨识结论；b. 辨识理由或前提；c. 归属或识别简单假设（也见能力⑩）；d. 明了一个论证的结构；e. 概要。

③ 提问和回答的澄清以及挑战问题，例如：a. 为什么？b. 你的要点是什么？c. 你是何意思？d. 哪个东西将是一个实例？e. 哪个东西将（虽然接近，但）不是一个实例？f. 如何适用这个案例（描述一个看似反例的案例）？g. 它所形成的差异是什么？h. 事实是什么？

i. 这是你所说的东西吗？j. 你会对于它再多说什么吗？

④ 判断来源的可信性。主要标准（但非必要条件）包括：a. 专家意见；b. 没有利益冲突；c. 与其他来源一致；d. 声誉；e. 已确立程序的使用；f. 懂得声誉的风险（该来源知道，假如出错的话，声誉所具有的风险）；g. 给出理由的能力；h. 仔细的习惯。

⑤ 观察与判断观察报告。主要标准（但除了第一个，均为非必要条件）包括：a. 将推论降到最低；b. 观察和报告之间较短的时间间隔；c. 由观察者而非别人报告（即报告，并非传闻）；d. 提供记录；e. 确证；f. 确证的概率；g. 良好的观察机会；h. 在技术适用的情况下，技术的恰当使用；i. 观察者（以及报告者）满足上述能力；j. 可信性标准。

⑥ 演绎和对演绎的判断。包括：a. 类逻辑。b. 条件句逻辑。c. 逻辑术语的解释，包括否定和双重否定，必要和充分条件语言，“只有”“当且仅当”“或”“有些”“除非”和“并非都”。d. 量化演绎推理。

⑦ 进行实质推论（归纳）。包括：a. 概括。广泛考虑资料的典型性，如适合情境的有效抽样；大量实例；实例到概括的相符性；具有处理离群值（异常值）的原则性方法。b. 说明性假说（导致最佳说明的推论）。

⑧ 形成价值判断及对其做出判定。重要因素有：a. 背景事实；b. 接受或拒斥该判断的后果；c. 可接受原则的初步应用；d. 不同选择；e. 平衡、估量和决定。

⑨ 定义术语，使用合适的标准判断定义。三个基本维度是形式、功能（行为）和内容，第 4 个更为高级的维度是解决歧义。a. 定义的形式，包括：同义词、归类、外延（范围）、同义表达式、操作的定义形式、例证和非例证；b. 定义的功能（行为），包括：报告一个意义；规定一个意义；表达关于某一议题的立场（立场定义，如纲领性定义、有关定义对象应该是什么的定义、说服性定义）；c. 定义的内容；d. 辨识和处理歧义。

⑩ 归属未陈述的假设（属于基础澄清和推论之下的一种能力）。包括：a. 具有贬义含意的假设（可疑或虚假的假设），经常但并非总是某种程度上与不同类型相联系；b. 类型，预设（一个命题有意义的必要条件）、所需的假设（一个要达到最强但并非逻辑必然性的论证所需的假设，也称作论证的假设）、所用的假设（用假设检验标准判断，也称作论证者的假设）。

⑪ 考虑前提，根据前提、理由、假设、立场和他们不同意或怀疑的其他命题进行推理，没有让分歧或怀疑妨碍他们的思维（假设性或虚拟思维）。

⑫ 在形成和辩护一个决策的过程中将倾向和能力综合起来。

⑬ 以一种适合于情境的普通方式开始。包括：a. 遵循问题解决步骤；b. 监控自己的思维；c. 使用合理的批判性思维检核表。

⑭ 对他人的情感、知识水平和复杂程度保持敏感。

⑮ 在讨论和表达（口头和书面）中使用合适的修辞策略，包括以恰当的方式使用“谬误”标签，做出反应。

(3) 批判性思维对现代教育发展的重要意义

批判性思维有助于创新人才的培养，早在 20 世纪 60 年代，美国教育界曾兴起一场全国范围的“批判性思维”运动，提倡在大、中、小学都开设有关批判性思维的课程，以强化学生的批判性思维能力及精神，这场运动对当时直至今天美国教育的发展及创新人才的培养都具有深远的影响。从世界范围看，一场轰轰烈烈的“批判性思维运动”自 20 世纪 70 年代在美国、英国、加拿大等国教育领域兴起。20 世纪 80 年代，批判性思维成为教育改革的焦点，美国、英国、加拿大、澳大利亚、新西兰，甚至发展中国家菲律宾、委内瑞拉、埃及等大多数国家，都把“批判性思维”作为高等教育的目标之一。20 世纪 90 年代开始，美国教育的各层次都将批判性思维作为教育和教学的基本目标。从 20 世纪初到现在，批判性思维已成为世界公认的教育核心目标之一。美国总统奥巴马 2009 年 3 月 10 日在西班牙和葡萄牙商会发表演讲时也说：“解决考试分数低的办法并不是降低标准，而应是更硬更清晰的标准……。我号召我们国家的行政官员和教育领导人发展测量标准和评价方法，它们并不只是测量学生能否完成填空考试，而是测量他们是否拥有 21 世纪的技能，比如问题解决、批判性思维、创业和创造性等。”

可以毫不夸张地说，人们已公认批判性思维是 21 世纪的基本技能之一。在我国，受传统教育和思维方式的束缚，学生崇拜权威、迷信教材的现象比较严重。学生普遍认为老师说的都是对的，书本上写的都是好的。这种保守意识和固化观念严重阻碍了批判思维和求异思维的发展，制约了学生对知识的探求和创造欲望，妨碍了高素质创新人才的培养，减慢了国家科技创新发展的速度。因此，发展批判性思维是我国教育改革与培养创新人才的迫切需要，我国近年来大力提倡创新，积极推广创新方法的研究，尤其是 TRIZ 法。批判性思维与创新方结合法对提高创新人才能力和水平意义重大。

4.1.3 批判性思维与 TRIZ 的关联

批判性思维对现有事物或技术系统进行合理的批判和选择性接受，通过批判和反思发现问题，相对于传统的创新设计方法更容易获得思维灵感，若再结合 TRIZ 的创新方法进行深入分析，必将极大提高创新的水平。TRIZ 在很多方面都可以与批判性思维进行关联，二者融会贯通必将对创新起到很好的发酵作用，使创新另辟蹊径，开拓领域，取得更好的发展。

(1) 批判性思维与 TRIZ 思维方式的关联

批判性思维强调除旧立新，这与 TRIZ 打破思维惯性的思维方式是一致的，因此也是创新思维的基础。而且，批判性思维比 TRIZ 的思维方式综合性更强，对问题的思考更深刻、更有技术性。批判性思维是多种思维技能的综合运用，作为一种思维技能的组合，批判性思维包括归纳分析、演绎分析、推论分析、问题解决、假设、测定、可能和不足性确立等方面的技能，注重的是逻辑分析和判断作用，当然，这也是创新思维的基本内容。从这一点来说，批判性思维亦是创新思维的动力和基础。正如美国心理学家科勒所提出的，培养个人的创新思维，关键在于提高个人的知识结构水准，其中包括批判性思维和发散思维的能力。可见，开发批判性思维就是开发人的创新思维。

(2) 批判性思维与 TRIZ 最终理想解法的关联

批判性思维旨在通过批判寻求最佳设计方案，这与 TRIZ 的最终理想解法（IFR）有着明显的关联。最终理想解有 4 个特点：a. 保持了原系统的优点；b. 消除了原系统的不足；c. 没有使系统变得更复杂；d. 没有引入新的缺陷。以上特点与批判思维的原则相一致，批判的目的就是甄别原系统的优点和缺点，以批判的眼光找出原系统的不足甚至是错误，以批判性思维的思考方法进行推理、反思，分析出改进措施，使系统性能达到最佳或最理想的状态，同时没有使系统变得复杂或引入新的缺陷，且成本和能源消耗等最小。

(3) 批判性思维与 TRIZ 矛盾分析的关联

任何事物和系统的进步都是在不断发现矛盾和不断解决矛盾中进行的，没有矛盾就没有系统的进化，所以发现矛盾是进化的关键。批判性思维尤其有利于发现矛盾，通过质疑、批判和反思，发掘问题的本质，将现有系统中的矛盾暴露出来，才能使创新成为可能。TRIZ理论有管理矛盾、技术矛盾和物理矛盾，批判性思维可以与这3种矛盾相结合，从这三方面去进行批判，从而找到新的矛盾。3种矛盾还可以互相转化，通过批判性思维的演绎、推理、归纳和假设等，使矛盾进行转移，最好是从根本上产生变化，从而获得更高层次的创新。

(4) 批判性思维与TRIZ系统进化法则的关联

批判性思维与TRIZ的系统进化法则必须保持方向上的一致，尽管批判可能带来积极的创新，但任何事物的发展都不会违反事物进化的客观规律，所以批判的同时应以TRIZ的系统进化法则作为指导，不可胡批乱批，不可盲目浮躁，要进行科学合理的质疑和推理，批判的思考过程本身就是TRIZ“协调-失调进化法则”的体现。

(5) 批判性思维与TRIZ发明原理的关联

批判性思维主要与TRIZ的40个发明中的逆向法有着较强的关联关系。批判性思维要从现有事物的相反方向去思考，是一种逆向思维方式，与传统正向设计相对，一切都可能被倒置，反其道而行之。如同产品设计中的反求设计，即对现有产品进行技术性研究，反求其功能原理，规避专利保护，力求超越现有技术，获得在其之上的更高水平的创新。

(6) 批判性思维与TRIZ物-场分析的关联

TRIZ物-场分析对有害效应的完整模型、效应不足的完整模型和不完整模型采取一般解法和76个标准解法进行分析，以最终获得有效完整模型为目的，解题过程中要经过多种方向的试探和多次判断，则批判性思维是每次抉择所必须经过的，尤其是物质和场的选择，应根据科学最新的发展，对其选择的先进性、合理性等进行质疑，大胆创新，力求突破传统，取得彻底的改变。

4.2 反求创新设计

由于当今时代科技发展迅速，产品的更新换代越来越频繁，产品的生命周期越来越短，在现有产品或技术上进行反求创新设计，以提高产品性能和获得更高更好的新技术，已成为世界各国发展科学技术、开发新产品的重要设计方法之一。反求创新设计属于逆向思维的范畴，它与TRIZ的逆向原理有着一定的相关性，二者结合一定会在传统反求设计的基础上获得更佳的创新效果。

4.2.1 反求创新设计的作用

(1) 反求工程与反求设计的概念

新产品的问世通常有两种途径：一是依靠自己的科研力量独立开发，即自力更生；二是引进别国的先进技术或参考其他单位及个人的发明等，经过消化吸收，加以改进和提高，也就是进行反求设计。

反求工程（Reverse Engineering）也称为逆向工程，起源于20世纪60年代，它类似于反向推理，属于逆向思维体系，它以社会方法学为指导，以现代设计理论、方法、技术为基础，运用各种专业人员的工程设计经验、知识和创新思维，对已有的产品和技术进行剖析、重构和再创造。

反求工程的设计过程首先是明确设计任务，然后进行反求分析，在此基础上进行反求设计，最后进行施工设计及试制、试验。反求设计与一般正向设计的区别如图 4-1 所示。

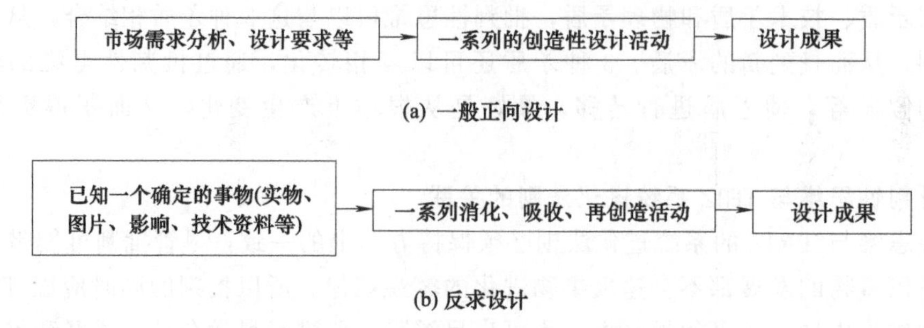

图 4-1　反求设计与一般正向设计的区别

反求分析是指对反求对象从功能、原理方案、零部件结构尺寸、材料性能、加工装配工艺等进行全面深入的了解，明确其关键功能和关键技术，对设计中的特点和不足之处作出必要的评估。针对反求对象的不同形式——实物、软件或影像，可采用不同的手段和方法。对于实物反求，可利用实测手段获取所需的参数和性能，尤其是掌握各种性能、材料、尺寸的测定及试验方法，这是关键；对于根据已有的图样、技术资料文件、产品样本等的软件反求，可直接分析了解有关产品的外形、零部件材料、尺寸参数和结构，但对工艺、实用性能则必须进行适当的计算和模拟试验；对应根据已有的照片、图片、影视画面等影像资料的反求，需仔细观察，分析和推力，了解其功能原理和结构特点，可用透视法与解析法求出主要尺寸间的相对关系，再用类比法求出几个绝对尺寸，进而推算出其他部分的绝对尺寸。此外，材料的分析必须联系到零件的功能和加工工艺，应通过试验和试制解决。

反求设计是在反求分析的基础上进行设计，也称为“二次设计”或“再设计”。首先要进行多方案分析，尽量利用先进的设计理论和方法，探索新原理、新机构、新结构、新材料，力争在原有设计的基础上有所突破，有所进步，开发出更具竞争力的创新产品。

反求设计包括仿造设计、变异设计和开发设计三种类型。

① 仿造设计。基本上是模仿原设计，无太大的变动，有时在材料国产化和标准件国际化方面作些改变，属最低水平。一些技术力量和经济力量比较薄弱的厂家在引进的产品相对比较先进时，常采用仿形设计的方法。

② 变异设计。是在现有产品基础上对参数、机构、结构、材料进行改进设计，或进行产品的系统化设计。我国大部分厂家都采取了这种反求设计。

③ 开发设计。是在分析原有产品的基础上，抓住其功能本质，从原理方案开始进行创新设计，充分运用创新的设计思维与创新技法，设计、制造出优于原产品的新产品。

以上三种类型的反求设计在创新程度和难度上是逐个提高的，在应用上可以灵活掌握，仿形设计比较快，成本相对较低；变异设计既保留了原有设计的可取之处，又有所改进，有所变化，除性能提高以外，还能避免专利侵权，是研究能力允许条件下的首选；开发设计对设计人员和研究条件要求较高，耗费的人力、财力、时间等都比较大，适合大型工程技术开发。利用反求设计进行创新是我国及其他发展中国家目前大力提倡的方法。

(2) 反求创新设计在技术引进和科技发展中的作用

随着科学技术的发展，充分利用世界上先进的科技成果，积极引进先进技术，在消化、吸收的基础上再进行创新，已成为快速发展新技术的重要途径。

很多国家在经济发展过程中都成功地应用了反求技术进行创新，甚至从低谷直接走上巅峰。很多企业通过反求创新在科技领域成功转型，迅速扭亏为盈，成为行业内的佼佼者。

在第二次世界大战刚结束时，日本的经济几乎处于崩溃状态，经济落后于欧美先进国家20～30年。但在此后的30多年中，日本经济以惊人的速度发展，一跃成为仅次于美国的世界第二大经济强国。日本在经济发展的过程中，正是采用了积极引进国外先进技术，并进行反求和提高的战略方针。1945～1970年日本投资60亿美元引进国外技术，投资150亿美元对这些技术进行研究，取得了26000多项技术成果。成功的技术引进和反求设计使日本节省了约65%的研究时间和90%的研究经费。

日本在消化、吸收引进技术的基础上，采用移植、组合、改造、再提高等方法，开发出很多新产品，再返销到原来引进技术的国家。

晶体管技术是由美国人发明的，最初只用于军事领域。日本的SONY公司引进了晶体管技术后，应用反求方法进行研究，并将这项技术应用于民用领域，开发出晶体管半导体收音机，占领了国际市场。

本田公司对全世界各国生产的500多种型号的摩托车进行了反求研究，对不同技术条件下的技术特点进行了对比分析，综合各种产品设计的优点，研制开发出耗油量小、噪声低、成本低、造型美观的新型本田摩托车产品，风靡全世界。

1957年，日本从奥地利引进氧气顶吹转炉技术，通过对其中的多项技术进行改造，研制出了新型转炉，作为专利技术向英、美等国出口。6年后，日本的转炉炼钢率居世界首位。

我国广州至深圳的高速列车就是引入日本子弹头机车的技术后，对其分析研究，进行反求设计，获得改进与创新。2007年的运行过程中，列车时速已经达到250km/h，广州至深圳的运行时间仅45min。

重视反求技术研究的国家很多，韩国的兴起也与开展反求工程研究有关，尤其是韩国的三星企业。三星的崛起过程一直围绕着对先进技术的学习和再创造，通过各种渠道从日本、美国的引进技术，同时还非常重视人才的引进，人才引进等同于技术软件的引进。经过两代人的努力，终于使三星从“跟随者”成为行业的“领跑者”。

近年来，随着计算机技术、信息技术和网络技术的快速发展，科技的发展迎来了工业4.0时代，新技术更新极快，世界各国间的竞争也异常激烈。因此，引进发达国家的先进技术，进行反求设计，是各国科学技术发展的重要途径。任何事情都不可能一蹴而就，纵观工业发展史，从瓦特发明的第一台蒸汽机开始，到现在的各种人工智能技术和“互联网+”技术，很多都是不断在旧产品、老技术基础上进行改进和提高，而反求在技术引进和科技发展中扮演着越来越重要的角色。从第一次工业革命到近几年一些人认为的第四次工业革命的科技进步发展示意图如图4-2所示，从中可以看出科技进步的发展过程和今后的发展趋势。

(3) 反求创新设计的知识产权保护作用

进行反求设计时，一定要懂得知识产权的法律常识，注意不能侵害别人的专利权、著作权、商标权等受保护的知识产权。同时，也要注意保护自己所作的创新部分的知识产权。

现代社会的信息传播非常快，因而世界各国都加强了对本国知识产权的保护。知识产权是无形资产，无形资产具有巨大的潜在价值，是客观存在的经济要素，具有有形资产不可替代的价值，甚至有可能超乎人们想象的价值，在各国间的经济战中有时甚至起决定性的作用。因此，对知识产权的专利保护越来越受到广大科技工作者的重视。

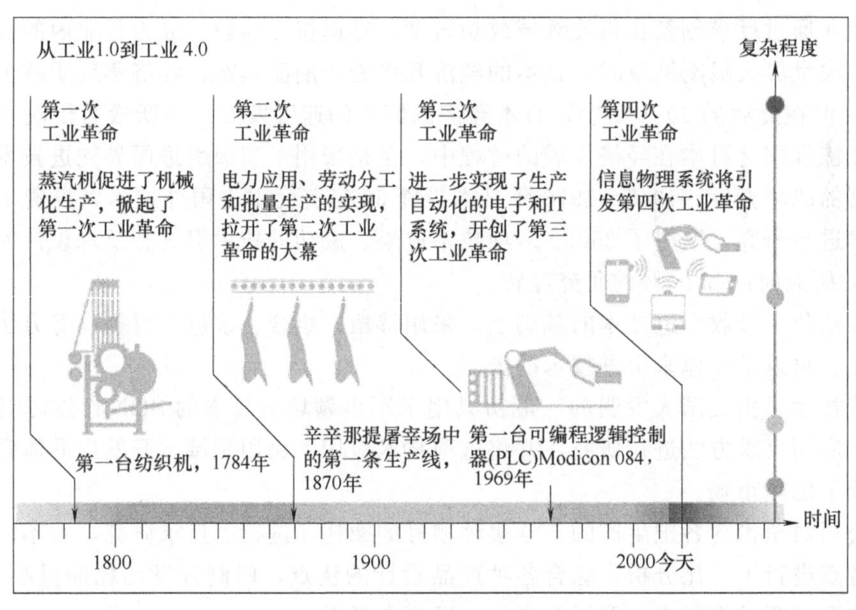

图 4-2 科技进步发展示意图

引进技术通常都申请过专利以对其知识产权进行保护，购买和转让关键技术往往关系不小的经费数字，如果通过反求设计后获得的成果与已注册的专利相同，则接下来的技术实现和产品制造都将遭遇现有专利的阻碍，所以，只有通过反求获得一定的技术改进，获得自主知识产权才能使先进技术本土化、国产化。而且，如果反求设计总是只停留在仿形层面，则必将导致技术落后，关键技术受到外国的牵制，处处掣肘，对一个国家的长期发展极其不利！所以，变异设计和开发设计是反求设计所更加侧重的方法。例如，日本在引入技术的同时，从不盲目地仿造，他们的口号是：第一台引进，第二台国产化，第三台出口。通过反求工程，从第二次世界大战结束到 20 世纪 70 年代初期间，日本的工业发展迅速，很快赶超了不少欧美发达国家，而且注册了大量专利进行技术保护。我国早年由于不注意专利申请和传统技术、传统品牌等的专利权保护，使不少产品的国际化发展都受到了不同程度的影响。

所以，一定要处理好引进技术与反求设计的知识产权关系。也就是说，从事反求设计的人员必须学习与知识产权相关的法律和法规，在设计过程中合理地规避专利保护，既不侵犯他人成果权益，不违反法律，同时也获得自己的创新技术，为人类和社会进步做出贡献。

4.2.2 反求创新设计的方法

(1) 反求创新设计的分类及基本方法

根据已知的研究对象，反求创新设计分为三大类：①实物反求创新设计；②软件反求创新设计；③影像反求创新设计。三类反求创新设计的基本方法简介如下。

1）实物反求创新设计

实物反求创新设计是指在已有产品实物的条件下，对产品的功能原理、设计参数、尺寸、材料、结构、装配工艺、使用、维护等进行分析研究，研制开发出与原型产品相似的新产品。这是一个从认识产品到再现产品或创造性开发产品的过程。实物反求创新设计需要尽量多地分析同类产品，博采众长，解决现存问题和不足。在设计过程中，需要触类旁通、举一反三，迸发出各种创造性的设计思想。

实物反求创新设计的一般流程如图 4-3 所示。

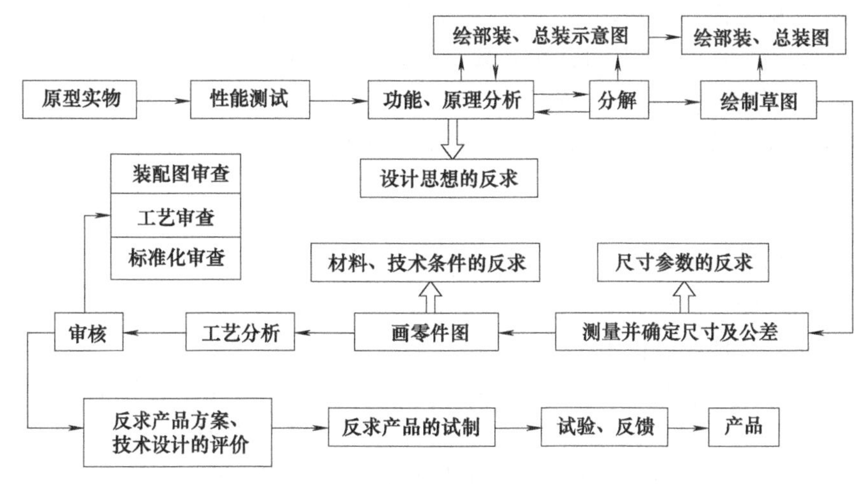

图 4-3　实物反求创新设计的一般流程

实物反求创新设计的特点：①具有直观、形象的实物，有利于形象思维；②可对产品直接进行测绘，以获得重要的尺寸参数；③可对产品的功能、性能、材料等直接进行试验及分析，以获得详细的设计参数；④引进的产品就是新产品的检验标准，有利于提高新产品的开发质量；⑤可缩短设计周期，提高产品的起点与生产速度。

机械产品实物反求主要有以下三种情况。

① 整机反求。反求对象是整台机器或设备。如一台发动机、一辆汽车、一架飞机、一台机床、成套设备中的某一设备等。

② 部件反求。反求对象是组成其的部件。这类部件是一组协同工作的零件所组成的独立装配的组合体。如机床的主轴箱、刀架等，发动机的连杆活塞组、机油泵等。反求部件一般是产品中的关键部件。

③ 零件反求。反求对象是组成机器的基本制造单元。如发动机中的曲轴、凸轮轴，机床主轴箱中的齿轮轴等零件。反求的零件一般也是产品中的关键零件。

实物反求中的重点和难点是关键零部件，其他部分的仿造相对比较容易。对关键零部件的反求一般会有一定的难度，需要研究人员具有较深的专业知识和较强的创新能力。关键零部件的有关技术通常也是世界各国向别国进行技术控制或技术封锁的先进技术，如果关键零部件反求成功，则在技术上有所突破，就产生了有价值的创新。

2）软件反求创新设计

在技术引进过程中，常把产品实物、成套设备或成套设备生产线等的引进称为硬件引进，而把产品设计、研制、生产及使用有关的技术图样、产品样本、产品标准、产品规范、设计说明书、制造验收技术条件、使用说明书、维修手册等技术文件的引进称为软件引进。硬件引进是以应用或扩大生产能力为主要目的，并在此基础上进行仿造、改造或创新设计新产品。软件引进则是以增强本国的设计、制造、研制能力为主要目的，它能促使技术进步和生产力发展。软件引进模式比硬件引进模式更经济，但需具备现代化的技术条件和高水平的科技人员。

软件反求设计的工作阶段，一般分为反求产品规划、原理方案反求、结构方案反求、反求产品的施工设计等阶段。软件反求设计主要是根据引进的技术软件合理地进行逻辑思维的过程，其反求设计的一般过程如下。

① 论证软件反求设计的必要性。对引进的技术软件进行反求设计要花费大量时间、人力、物力和财力。因此，反求设计之前，要充分论证引进对象的技术先进性、可操作性、市场预测等内容，否则会导致经济损失。

② 论证软件反求设计成功的可能性。并非所有的引进技术软件都能反求成功，因此，要进行论证，避免走弯路。

③ 分析原理方案的可行性、技术条件的合理性。

④ 分析零部件设计的正确性、可加工性。

⑤ 分析整机的操作、维修的安全性和便利性。

⑥ 分析整机综合性能的优劣。

软件反求设计的目的是为了对引进的技术软件进行破译以探求其技术奥秘，再经过消化、吸收、创新达到大力发展本国生产技术的目的。软件反求设计具有如下特点。

① 抽象性。由于引进的技术软件不是实物性产品，其可见性较差。因此，软件反求设计的过程主要是处理抽象信息的过程。

② 科学性。从引进的技术软件中提取信息，经过科学的转换、分析与反求，去伪存真，由低级到高级，逐步破译出反求对象的技术奥秘，从而获取接近客观的真值。因此，软件反求设计具有高度的科学性。

③ 智力性。由于软件反求设计过程主要是人的思维过程，是用逻辑思维分析引进的技术资料，最后返回设计出新产品的形象思维。由抽象思维到形象思维的不断反复，全靠人的脑力进行。因此，软件反求设计具有高度的智力性。

④ 综合性。由于软件反求设计要综合运用优化理论、相似理论、模糊理论、决策理论、预测理论、计算机技术等多学科的知识。因此，软件反求设计需集中各种专门人员共同工作，才能完成任务。

⑤ 创造性。软件反求设计是在引进的技术软件基础上的产品反设计，不是原产品设计过程的重复，而是一种发明创造、科技创新的过程，是加快发展国民经济的重要手段。

3）影像反求创新设计

既无实物，又无技术软件，仅有产品照片、图片、广告介绍、参观印象和影视画面等，设计信息量甚少，基于这些信息来构思、想象开发新产品，称为影像反求。这是反求设计中难度最大且最具创新性的设计。

在影像反求设计中，对图片等资料进行分析的技术是最关键的技术，包括透视变换原理与技术，以及阴影、色彩和三维信息技术等。随着计算机技术的飞速发展，图像扫描技术与扫描结果的信息处理技术已逐渐完善。通过色彩可辨别出橡胶、塑料、皮革等非金属材料的种类，也可辨别出铸件与焊接件，还可辨别出钢、铝、铜、金等有色金属材料。通过外形可辨别其传动形式和设备的部分内部结构。根据拍照距离可辨别其尺寸。当然，图像处理技术不能解决强度、刚度、传动比、振动、噪声、润滑等反映机器特征的详细问题，更进一步的技术问题，还需要专业人员去深入研究和解决。

影像反求设计过程一般可分为以下几个步骤：a. 收集影像资料；b. 根据影像资料进行原理方案分析，结构分析；c. 原理方案的反求设计与评估；d. 技术性能与经济性的评估。

影像反求设计技术目前还不成熟，一般要利用透视变换和透视投影，形成不同透视图，依据外形、尺寸、比例和专业知识，琢磨其功能和性能，进而分析其内部可能的结构，要求设计人员具有较丰富的设计实践经验。在进行影像反求时，可从以下几个方面来考虑。

① 可从影像资料得到一些新产品设计概念，并进行创新设计。例如，某研究所从国外一些给水设备的照片，看到喷灌给水的前景，并受照片上有关产品的启发，开发出经济实用、性能良好的喷灌给水栓系列产品。

② 结合影像信息，可根据产品的工作要求分析其功能和原理方案。如从执行系统的动作和原动机情况分析传动系统的功能和组成机构。例如，国外某杂志介绍一种结构小巧的“省力扳手”，可增力十几倍，这种扳手适用于妇女、少年给汽车换胎、拧螺母，根据其照片中输出、输入轴同轴及圆盘形外廓，分析它采用了行星轮系，以大传动比减速增矩，在此基础上设计的省力扳手效果很好。

③ 根据影像信息、外部已知信息、参照功能和工作原理进行推理，分析产品的结构和材料。例如，可通过判断材料种类，通过传动系统的外形判断传动类型。

④ 为了较准确地得到产品形体的尺寸，需要根据影像信息，采用透视图原理求出各尺寸之间的比例，然后用参照物对比法确定其中某些尺寸，通过比例求得物体的全部尺寸，参照物可为已知尺寸的人、物或景。如某产品旁边有操作工人，根据人平均身高约 1.7m，可按比例求得设备其他尺寸。

⑤ 可借助计算机图像处理技术来处理影像信息，可利用摄像机将照片中的图像信息输入计算机，经过处理得到三维 CAD 实体模型及其相关尺寸。

(2) 计算机辅助反求创新设计

随着计算机技术及测量技术的发展，利用 CAD/CAM 技术、先进制造技术实现产品实物的反求设计成为反求创新设计重要的现代工具和手段。在反求设计中应用计算机辅助技术，可大大减少人工劳动，有效缩短设计制造周期，尤其对一些复杂曲线、曲面，很难靠人工绘图方法去拟合和拼接出原来的曲面，如涡轮增压器的三维曲面、汽车车身外形曲面等。利用计算机技术可以精确测出特征点，从而实现精确反求。

1) 计算机辅助实物反求设计过程

计算机辅助实物反求设计一般包括以下几个过程。

① 数据采集。在反求设计过程中，数据的测绘与收集特别重要，一般利用三坐标测量仪、3D 数字测量仪、激光扫描仪、高速坐标扫描仪或其他测量仪器来测量原产品的形体尺寸以及位置尺寸，就是将原产品的几何模型转化为测量点数据组成的数字模型。

② 数据处理。利用计算机中的数字化数据处理系统，将大量的测量点数据进行编辑处理，删除奇异数据点，增加补偿点，进行数据点的优化、平顺等工作。如 CATIA 中的 CLOUD 功能就是对数据点进行处理的，其功能包括数据点的输入（Importing Point Data）、云点的分析（Analyzing the Imported Cloud of Points）、用多元段的方式显示云点（Displaying the Cloud of Points in Polyline Mode）、云点的光顺（Smoothing the Point Data）、云点的取样（Sampling the Point Data）、曲面的生成（Creating a Surface）。

③ 建立 CAD 模型。通过三维建模、曲线拟合、曲面拟合、曲面重构方法及理论建立相应的 CAD 几何模型。

④ 数控加工。通过数模编辑出 NC 代码后，对有关数据进行刀具轨迹编程，产生刀具轨迹，进行数控加工。为了保证 NC 加工质量，实现加工过程中的质量控制，CAM 系统可生成测头文件及程序，用于联机 NC 检验。

计算机辅助实物反求设计框图如图 4-4 所示。

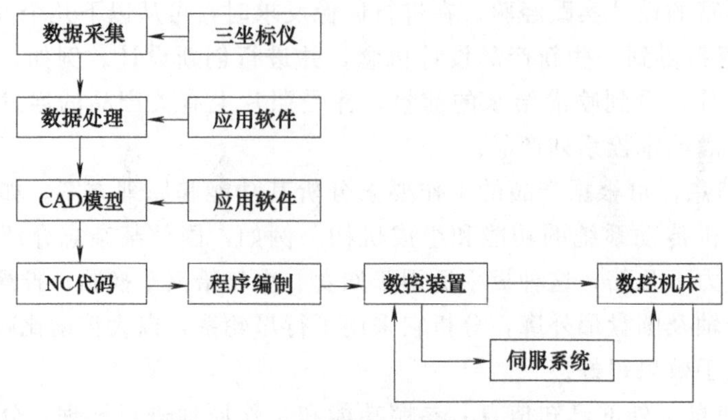

图 4-4　计算机辅助实物反求设计框图

2）应用软件的功能

在计算机的反求设计中，应用软件由三部分组成：产品设计和制造的数值计算及数据处理模块；图形信息交换和处理的交互式图形显示程序模块；工程数据库模块。它们的主要功能如下。

① 曲面造型功能。根据测量所得到的离散数据点和具体的边界条件，用来定义、生成、控制、处理过渡曲面与非矩形曲面的拼合能力，提供设计与制造某些由自由曲面构造产品模型的曲面造型方法。

② 实体造型功能。具有定义和生成体素的能力及用几何元素构造法（CSG）或边界表示法（B-rep）构造实体模型的能力，并且能提供用规则几何形体构造产品几何模型所需的实体造型技术。

③ 物体质量特性计算功能。根据产品几何模型能够计算其体积、表面积、质量、密度、重心等几何特性的能力，为工程分析和数值计算提供必要的参数与数据。

④ 三维运动分析和仿真功能。具有研究产品运动特性的能力及仿真的能力，提供直观的、仿真的交互设计方式。

⑤ 三维几何模型的显示处理功能。具有动态显示、消隐、着色浓度处理的功能，解决三维几何模型设计的复杂空间布局的问题。

⑥ 有限元网格自动生成功能。用有限元方法对产品结构的静态、动态特性、强度、振动进行分析，并能自动生成有限元网格和供设计人员精确研究产品的结构。

⑦ 优化设计功能。具有用参数优化法进行方案优选的功能。

⑧ 数控加工的功能。具有在数控机床上加工的能力，并能识别、数控刀具轨迹及显示加工过程的模态方针。

⑨ 信息处理与信息管理功能。实现设计、制造和管理的信息共享，达到自动检索、快速存取及不同系统的信息交换与输出的目的。

3）应用软件简介

CATIA 是法国达索系统公司与美国 IBM 公司联合开发的工程应用软件，集自动化设计、制造、工程分析为一体，应用在机械制造与工程设计领域。具有原理图形设计、三维设计、结构设计、运动模拟、有限元分析、交互式图形接口、模块接口、实体几何、高级曲面、绘图、形象设计、数控加工等多项功能，特别是采用1～15 次 Bezier 曲线、曲面和非均匀有理 B 样条计算方法，具有很强的三维复杂曲面造型功能和编程加工能力。

Pro/Engineer是美国PTC公司研制开发的机械设计自动化软件。它实现了产品零件或组件从概念设计到制造的全过程自动化，提供了以参数化设计为基础、基于特征的实体造型技术。Pro/Engineer是一套由设计至生产的机械自动化软件，是新一代的产品造型系统，是一个参数化、基于特征的实体造型系统，并且具有单一数据库功能。

I-DEAS是美国SDRC公司研制开发的高度集成化的CAD/CAE/CAM软件系统，是具有设计、绘图、机构设计、机械仿真工程分析、注塑模拟、数控编程和测试功能的综合机械设计自动化软件系统。它帮助工程师以极高的效率，在单一数字模型中完成从产品设计、仿真分析、测试直至数控加工的产品研发全过程。

UG是美国UGS（Unigraphics Solutions）公司的主导产品，是集CAD/CAE/CAM于一体的三维参数化软件，是面向制造行业的CAID/CAD/CAE/CAM高端软件，是当今最先进、最流行的工业设计软件之一。它集合了概念设计、工程设计、分析与加工制造的功能，实现了优化设计与产品生产过程的组合。

世界四大逆向工程软件包括Imageware、Geomagic Studio、CopyCAD、RapidForm。逆向工程系统软件能从已存在的零件或实体模型中产生三维CAD模型，该软件为来自数字化数据的CAD曲面的产生提供了复杂的工具。

4）计算机辅助几何造型方法

几何造型是CAD/CAM系统的核心技术，也是实现计算机辅助设计与制造的基本手段。除上述的系统应用软件外，还有很多用于几何造型的软件，如Solidworks、AutoCAD等。常见的计算机辅助几何造型主要包括线框造型、曲面造型、实体造型、特征造型。用户可根据计算机应用软件提供的界面选择几何造型技术，输入产品的数据，在CAD/CAM系统中建立物体的几何模型并存入模型数据库，以备调用。

① 线框造型。线框造型由一系列空间直线、圆弧和点组合而成，在计算机中形成三维影像，描述产品的外形轮廓，用线框建立的物体几何模型，只有离散的空间线段，没有实在的面，所以比较容易处理，但几何描述能力较差，不能进行物体的几何特性计算。

② 曲面造型。它能对给出的一系列离散点数据进行逼近、插值、拟合而构成曲面，为形体提供了更多的几何信息，可自动消隐，产生明暗图、计算表面积、生成数控加工轨迹。

③ 实体造型。是以立方体、圆柱体、球体、锥体、环状体等基本体素为单元体，通过集合运算生成所需要的真实、唯一的三维几何形体。实体造型可以对复杂的机械零件进行几何造型，提供完整的几何、拓扑信息，在CAD/CAM系统中的作用日益广泛。

④ 特征造型。特征造型包括几何、拓扑、尺寸、公差、加工、材料、装配等与产品设计、制造相关的系统。目前线框造型、曲面造型、实体造型功能只能提供支持产品的几何性质描述，不能充分反映设计意图和制造特性。特征造型不但能定义产品的几何形状，而且能描述公差、表面处理、表面粗糙度、材料信息，是实现CAD/CAM的理想途径。由于特征识别的难度较大，目前的特征识别系统仅是初级的，还有待于发展。

5）反求设计中CAD技术的作用

CAD技术具有强交互性，计算机在设计过程中需要不断与设计者交流，反馈设计信息，输入设计思维，直至完成产品设计。反求设计中CAD技术的作用包括：CAD技术具有高效率，可以加快设计的计算速度，快速绘图；设计规范，质量高；CAD技术能够快速进行产品的修改、变形、系列化；CAD技术使设计可视化；CAD技术资源可以共享；CAD技术可以智能化、网络化；CAD技术利于集成化（CIMS）；设计人员可以利用计算机进行运动分析、动力分析、应力分析、数控加工等；CAD技术具有建模参数化功能，如新的建模方法有虚拟场景建模、图形图像融合建模等。

(3) 快速成型技术对反求的技术支持

快速成型（Rapid Prototyping，RP），诞生于20世纪80年代后期，是基于材料堆积法的一种新型技术，被认为是近20年来制造领域的一个重大成果。它集机械工程、CAD、逆向工程技术、分层制造技术、数控技术、材料科学、激光技术于一身，可以自动、直接、快速、精确地将设计思想转变为具有一定功能的原型或直接制造零件，从而为零件原型制作、新设计思想的校验等方面提供了一种高效低成本的实现手段。快速成型是汽车和飞机行业多年来一直使用的常规方法。

近几年，3D打印技术在反求设计中得到广泛的应用，由于它使用简单、方便、便于维护，且3D打印机比快速成型机价格低很多，所以，在反求设计中越来越受到青睐。

目前国内传媒界习惯把快速成型技术叫作“3D打印”或者“三维打印”，显得比较生动形象，但是实际上，“3D打印”或者“三维打印”只是快速成型的一个分支，只能代表部分快速成型工艺。

3D打印技术出现在20世纪90年代中期，实际上是利用光固化和纸层叠等技术的最新快速成型装置。它与普通打印工作原理基本相同，打印机内装有液体或粉末等“打印材料”，与电脑连接后，通过电脑控制把“打印材料”一层层叠加起来，最终把计算机上的三维图形变成实物。这一打印技术称为3D立体打印技术。

一般来说，3D打印机紧凑且小于RP机器，它们非常适用于办公室，使用更少的能量和更少的空间，它们被设计用于由尼龙或其他塑料制成的真实物体的低体积再现，这也意味着3D打印机适宜制造较小的部件。3D打印机能够实现快速成型机的所有功能，例如验证和验证设计、创建原型、信息的远程共享等。虽然3D打印机比专业的快速成型机便宜，使用和维护都比较方便，但目前的缺点是不如快速成型机那么准确，材料选择也受到限制。

快速成型技术不受模型几何形状的限制，可以快速地将测量数据复原成实体模型，所以反求工程与快速成型技术的结合，实现了零件的快速三维复制。若经过CAD重新建模或快速成型工艺参数的调整，还可以实现零件或模型的变异复原。反求设计与快速成型技术的结合过程如图4-5所示。

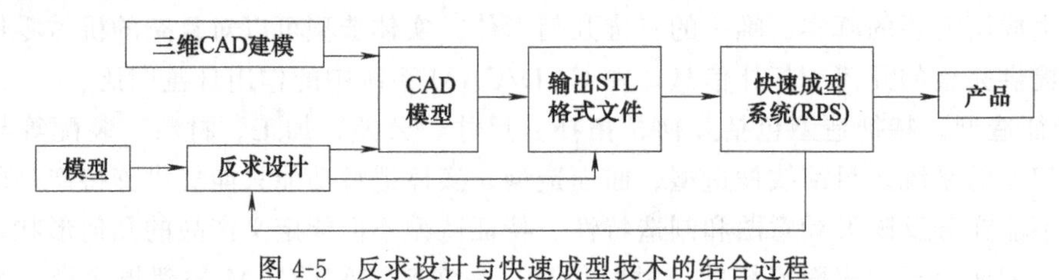

图4-5 反求设计与快速成型技术的结合过程

4.2.3 反求创新设计与TRIZ的关联

(1) 反求与TRIZ“再发明”

TRIZ理论是一门经验科学，经验来源于实践。应用TRIZ进行创新发明的最好方法就是“再发明”。“再发明”是TRIZ理论学习与实践的基础手段，它是用TRIZ的理论、工具和模型对已知的优秀专利技术进行分解和剖析，模拟发明过程的一种方法。在研究分析每一个现有发明时，就看作是建立在TRIZ理论基础上的，应用TRIZ的方法对其进行“重新发明”，以获得经验，这个过程就是“再发明”。

“再发明”是著名TRIZ理论专家米哈依尔·奥尔洛夫提出来的，他认为，TRIZ理论教学和运用的概念原理可以简单地表达为一个三段式——再发明、标准化和创新引导。所有TRIZ理论的经验都源于实践，源于对实际发明和高效率创新解法的分析。“再发明”正是研究和萃取这些创新解法中最主要的探索过程。“再发明”由趋势、简化、发明、延伸4个基本阶段构成，它们共同构成了“发明Meta-算法”。依据TRIZ理论的解题模式，“再发明”的过程可通过图4-6示意性表达。

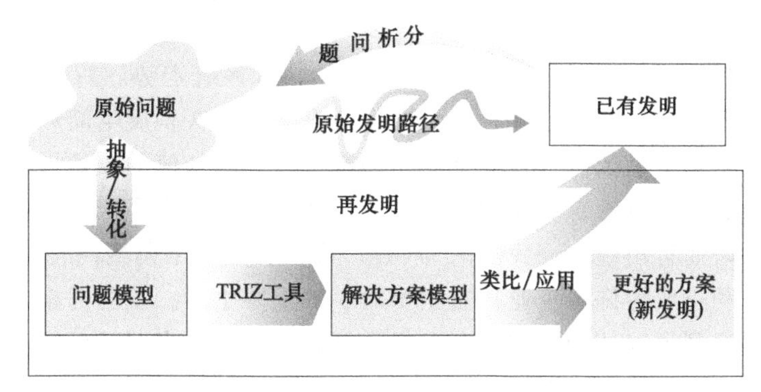

图4-6　TRIZ“再发明”过程示意图

由图4-6可见，“再发明”是利用TRIZ方法对已有发明进行改进，从而达到创新，属于反求创新设计中的变异设计。如果创新程度高，也可能属于反求创新设计中的开发设计。

(2) 反求与TRIZ思维

TRIZ的所有创新工具都可以应用于反求创新设计中。另外，TRIZ的思维方法，如逆向思维、九屏幕法、金鱼法思维等，都与反求创新设计体现着共有的特点。

逆向思维主要是利用TRIZ的40个发明原理中的反向作用原理（13）进行思维，反求设计就是不用传统正向设计方法，而是逆反设计过程，从现有实物或资料入手，对已经存在的实物进行研究，先进行学习和技术消化，而不是直接去自己搞创新，那样有可能“欲速则不达”，而反求创新则是将整个创新过程倒置，从创新的起点就利用了逆向思维和逆向原理，本着“他山之石可以攻玉”的原则，通过迂回，迅速反超，既缩短研发周期，又使研究的技术获得了高水准的基础，这是现代科技发展的必然结果，也是创新的重要途径。

TRIZ的九屏幕思维方法是从系统的“过去-现在-未来”、子系统的“过去-现在-未来”、超系统的“过去-现在-未来”形成9个屏幕的图解模型，目的是对现有产品进行详细的多角度分析，对现有先进技术首先要完全吃透，然后再去进行下一步的产品形成和改进、提高。可以说TRIZ的九屏幕分析是任何反求创新设计起始所必须做的工作，无论是以TRIZ的九屏幕法表示还是以其他形式表示，本质都是一样，都是对技术发展规律进行了解，对结构功能的拆分，对未来发展形态和未来功能的预测。可见，要想成功进行反求，首先经过TRIZ的九屏幕分析是非常有必要的。

金鱼法思维法又称情景幻想分析法。它对问题采取的“一分为二”的方法，能迅速“定位”问题的位置，寻找解决方案。它把问题分为“现实的”和“幻想的”两部分，幻想部分就是现在还未实现的技术，在这部分中再次分析，再次找到其中“现实的”和“幻想的”两部分，以此类推进行分析，直到找不到“现实的”部分为止，只要剩下的“幻想的”部分得到问题解决，就达到了创新的目的。反求设计过程中，对于现有技术和产品而言，首先要弄清楚哪些是设计人、企业和本国已具备和掌握的技术，是否可以购买或查询，不要作无谓开发，浪费时间，而应集中精力于现在还无法实现的关键技术上。尤其是，要想获得重大创新，就必须大胆想象，去除“现实情境”，找出“幻想情境”，哪怕是看似可笑的类似“让金鱼开口说话”这样的想法，都不要忽视，都可能带动灵感的产生，成为创新的“触发器”。

(3) 反求与 TRIZ 系统进化法则及专利布局

随着国内外技术市场的竞争愈发激烈，反求创新设计如果结合 TRIZ 的系统进化法则，以其作为产品和科研立项的方向指导，对产品研发和更新换代必能起到很好的促进作用。

TRIZ 的技术系统进化法则可以有效确定未来的技术系统走势，对于当前还没有市场需求的技术，可以进行有效的专利布局，以保证企业未来的长久发展空间和专利转让所带来的客观收益，有很多企业正是依靠有效的专利布局来获得高附加值的收益。我国的不少大企业每年会向国外公司支付大量的专利使用许可费，这不但大大缩小了产品的利润空间，而且经常还会因为专利诉讼而官司缠身，我国的 DVD 厂商们就是一个典型代表。

最重要的是专利正成为许多企业打击竞争对手的重要手段。我国的企业在走向国际化的道路上，几乎全都遇到了国外同行在专利上的阻挡，虽然有些官司最后以和解结束，但被告方却在诉讼期间丧失了大量的、重要的市场机会。同时，拥有专利权也是与其他公司进行专利许可使用互换，从而节省资源，节省研发成本。因此，专利布局是企业发展中的一项重要工作。

反求创新设计与专利布局有着非常密切的关系，结合 TRIZ 的系统进化法则进行合理的专利布局，既是对自己研究成果的保护，也是绕开同行围堵的有效手段。因此，每个工程技术人员都应该具有一定的专利意识，才能在反求创新设计中进行更加有效的创新。

4.2.4 反求创新设计实例

(1) 机构反求创新设计

[实例 1] 挑线刺布机构反求创新设计实例

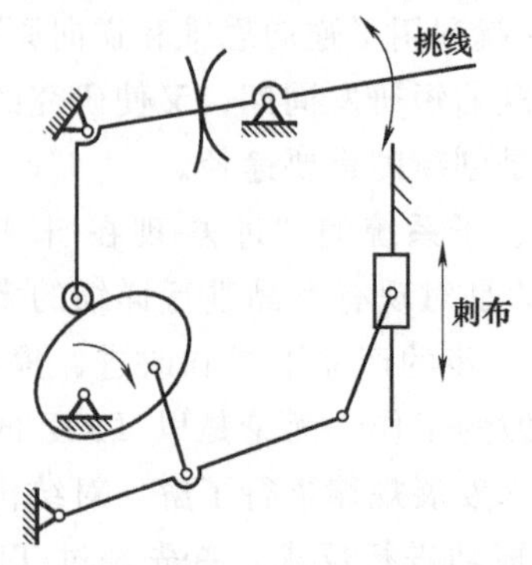

图 4-7 TMEF 的挑线刺布机构简图

电脑刺绣技术的典型产品有日本田岛的 TMEF 系列，其挑线刺布机构简图如图 4-7 所示，1988 年，上海某公司引进了该技术。由于 TMEF 的产品在一些国家申请了专利，所以上海这家公司的产品很难进入国际市场。针对这种情况，上海该公司提出了机构的改进设计，以生产新型的电脑多头绣花机系列产品。因为 TMEF 的产品专利申请建立在使用凸轮机构实现挑线的基础上，所以设计新产品时，应尽量避免使用凸轮。

该公司系统地分析、研究了机构中各部分功能对应的运动关系，如刺布对应机针的上下运动；挑线对应挑线杆供线与收线；钩线和送布对应梭子钩线和推动缝料。将普通家用缝纫机的各种相关运动机构与 TMEF 产品的相应机构进行比较，如图 4-8 与图 4-9 所示，然后运用自行开发的概念设计平台在各类原始方案的基础上研制出多种新的方案，如图 4-10 与图 4-11 所示。

最后，运用评价系统对各种方案进行评价、排序，上海公司创新设计的新型挑线刺布机构如图 4-12 所示。经样机试验表明，改进的机构具有较好的运动平稳性。

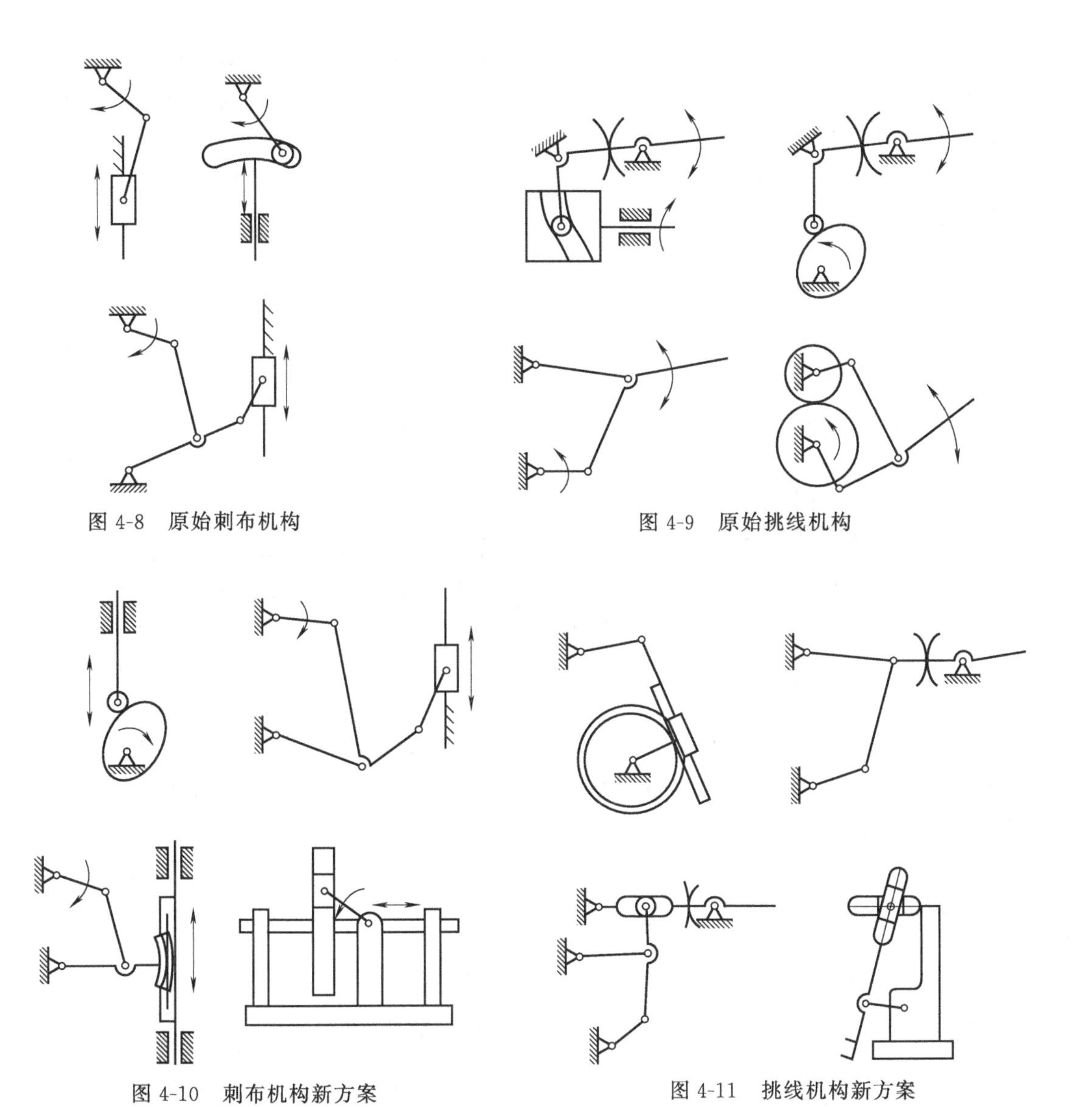

图 4-8　原始刺布机构

图 4-9　原始挑线机构

图 4-10　刺布机构新方案

图 4-11　挑线机构新方案

(2) 结构反求创新设计

[实例 2]　自激式超越弹簧离合器反求创新设计实例

潘承怡等人研制的首批收缩式自激式超越弹簧离合器结构如图 4-13 所示。结构简单、

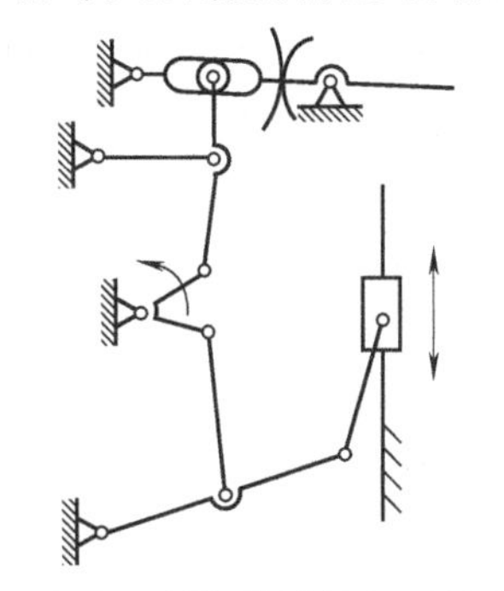

图 4-12　上海公司创新设计的新型挑线刺布机构

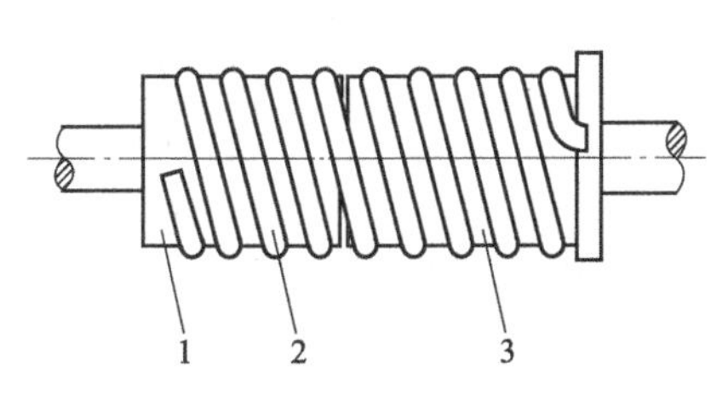

图 4-13　收缩式自激式超越弹簧离合器结构

1—主动轴；2—弹簧；3—从动轴

重量轻、操纵方便、接合平稳，适于正向转动时两轴自动接合、反向转动时自动超越的机械传动。该种离合器结构的工作原理为：主动轴正向转动时，当在满足自激接合条件（自激接合方程）时，弹簧卷紧在主、从动轴上，主、从动轴接合，主动轴驱动从动轴运动，带动负载；反向转动时，弹簧松弛，主、从动轴自动分离。该结构为收缩式结构，因此称为收缩式自激超越弹簧离合器。

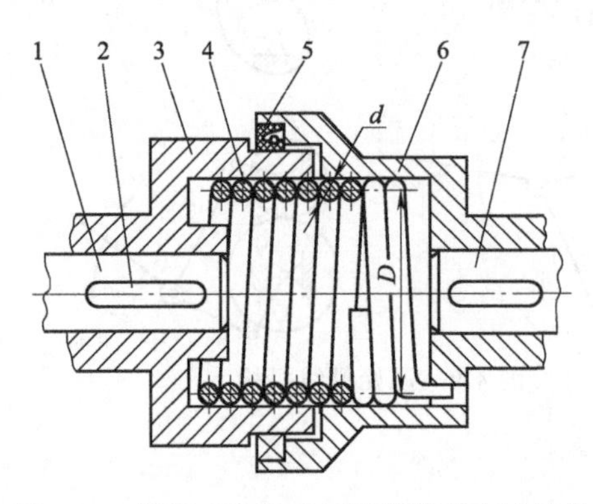

图 4-14　扩张式自激式超越弹簧离合器结构
1—主动轴；2—键；3—主动壳体；4—弹簧；
5—密封圈；6—被动壳体；7—被动轴

收缩式自激式超越弹簧离合器是一种开式离合器，存在一定不足，如外界灰尘易落入弹簧丝与轴之间的摩擦表面，极易磨损，润滑条件差，维护不便。针对上述不足，通过进一步研究，在原结构上进行原理方案的反求创新设计，将其改为扩张式，且为封闭式，如图 4-14 所示。

其工作原理为：当轴正向回转时，弹簧在转矩作用下自动径向扩张，弹簧压紧在主、从动壳体上，从而带动从动轴转动，反向转动则主、从动轴自动分离。由于改进后的离合器，增加了一个外壳体，这样既可以避免外界灰尘落入，又可储存适量的润滑油，且增加了离合器的散热面积，改善了工作条件，降低磨损，延长寿命，工作可靠，维护也更方便。经可靠性优化设计和计算，在满足强度可靠性指标的同时，取得一组最佳结构参数，从而使改进后的离合器，不但结构更完善，参数更合理。经物理样机试验，性能优于首批产品。

(3) 计算机辅助反求创新设计

［实例 3］　轿车风扇反求创新设计实例

图 4-15 所示为某品牌轿车的风扇，由基体和叶片两部分组成，基体形状比较规则，其表面为旋转曲面，叶片形状比较复杂，其表面为自由曲面。

图 4-15　轿车风扇实物

由于无法获得轿车风扇的准确工程图纸，所以只能从实物产品通过计算机辅助反求来获得其数字模型。首先采用高精度接触式三坐标测量机进行测量，采集能够反映风扇结构特性的离散点，然后利用计算机根据测量数据重构出实物的三维模型。

基体的 CAD 反求步骤：a. 测量数据点重定位变换。b. 数据点筛选。删除测量数据点中的杂点。c. 数据点曲线拟合。用直线或圆弧拟合，检验拟合精度是否达到 0.1mm，否则重新拟合。d. 特征线优化，由于基体是轴对称，实物变形会导致数据点不对称，所以对特征线进行优化，消除实物变形的影响。e. 基体曲面创建。利用特征线以中心轴为旋转轴旋转 360°，即可创建基体三维曲面，如 4-16 所示。

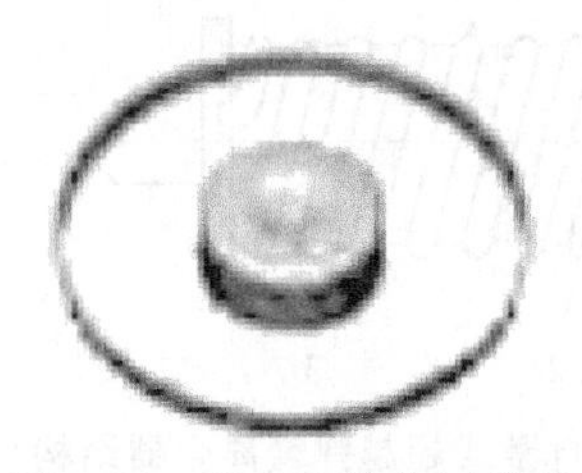

图 4-16　基本三维曲面创建

叶片的 CAD 反求步骤：a. 数据点定位、筛选［图 4-17 (a)］和曲线拟合［图 4-17 (b)］；b. 利用已优化的 3D 数据点拟合曲线构造拟合曲面，叶片正面［图 4-17 (c)］和反面［图 4-17 (d)］分别拟合，将正反面曲面四周进行延伸使二者相交，再进行曲面修剪［图 4-17（e）］；c. 将叶片曲面与基体曲面组合，检验叶片曲面与基体曲面是否沿上、下界面全线相交，如果不相交，则延长叶片曲面的上、下界面直到完全相交，利用相交曲线将曲面修剪整齐，即可创建基体和叶片的完整曲面造型［图 4-17（f）］。

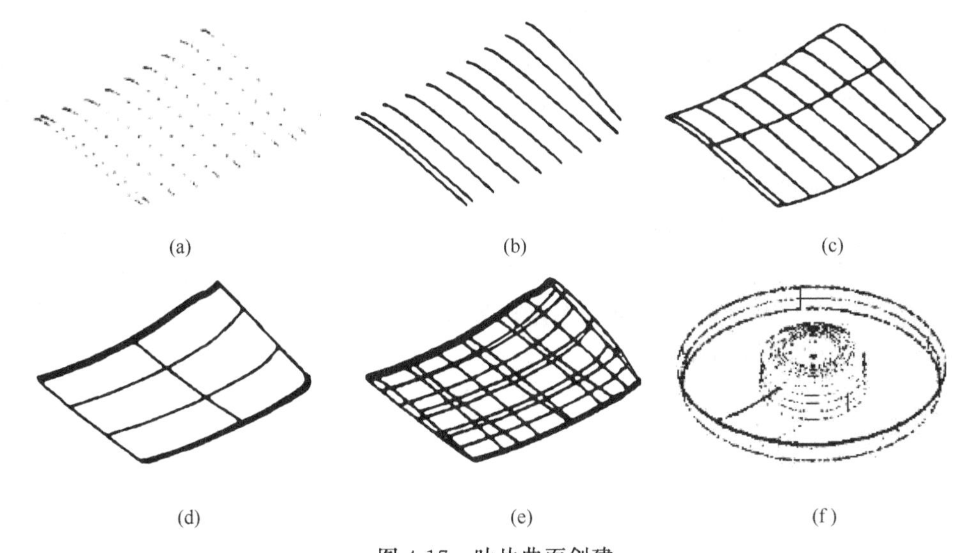

图 4-17 叶片曲面创建

在 CAD 系统中，以风扇中心轴为轴心，以 360°/7 为旋转角度，以阵列方式复制其他 6 个叶片，即可创建轿车风扇三维模型，如图 4-18 所示。

图 4-18 轿车风扇三维模型

(4) 基于 TRIZ 理论的反求创新设计

［实例 4］ 自行车反求创新设计实例

人们使用自行车时经常遇到存放不方便的情况，自行车的结构有很多种，关于自行车的创新设计也是由来已久，而且一直是人们所热衷的。下面运用 TRIZ 理论创新设计一种可以折叠且能手动推车进入超市的自行车。该设计获首届全国“TRIZ”杯大学生创新方法大赛一等奖（专利授权号为 ZL301588564）。

自行车存放不便，且容易丢失，人们在出行时会产生不便，这是一个典型的管理矛盾，那么现在要将这个管理矛盾转化成技术矛盾，即在减小自行车体积的同时，不改变它使用时的基本形态，保证它的强度、稳定性和使用时的可靠性。查阅 TRIZ 矛盾矩阵表得表 4-1。

表 4-1 自行车创新设计解决方案矛盾矩阵表

恶化的参数 / 改善的参数	形状(12)	稳定性(13)	强度(14)	可靠性(27)
静止物体的体积(8)	7,2,35	34,28,35,40	9,14,17,15	2,35,16

从表 4-1 中得知，解决这个问题可以从 2、7、14、15、16、17、28、35、40 号原理中找到解决方案。查阅 TRIZ 理论解决矛盾的 40 个发明原理可得：2 号抽取原理；7 号嵌套原理；14 号曲面化原理；15 号动态化原理；16 号未达到或过度作用原理；17 号维数变化原理；28 号机械系统替代原理；35 号物理或化学参数改变原理；40 号复合材料原理。

根据 TRIZ 理论中的系统完备性法则对自行车系统进行分析，在这个系统中包含动力装置、传动装置、执行装置和控制装置：

动力装置——脚蹬，把人的生物能，转化为机械能；

传动装置——链条、轴承、齿轮，传递机械能；

执行装置——车轮，滚动使车行驶；

控制装置——车把、脚蹬、车闸，控制方向和速度。

进而又将自行车的系统分为子系统进行考察和研究，对得到的 9 个标准解决方法进行评价和筛选。再根据产品创新设计中经济、美观、实用的原则，利用第 7、15、17、40 号解决原理，参考市场调研的结果，进行具体方案的设计与开发。对车把、脚蹬、车轮等部分进行折叠处理，将梁、车座进行套叠设计，改变使用的材料等，最终形成新的设计方案。

对自行车进行再设计：自行车前后轮折叠后，并行作为推车；车梁由一个平行四边形与两个三角形连接前后车轮架；车把部和车座部都可折叠；考虑稳定性，设计一个支架。自行车创新设计方案如图 4-19 所示。

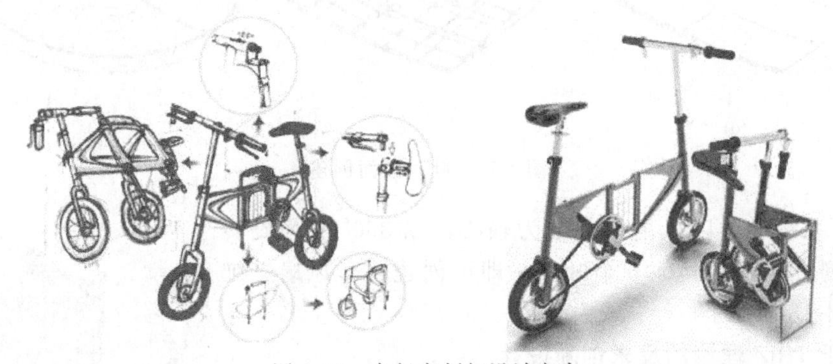

图 4-19　自行车创新设计方案

［实例 5］　多功能异形架椅反求创新设计实例

椅子的类型多种多样，但功能、形态一直没有太大的变化。下面运用 TRIZ 理论创新设计一种多功能异形架椅。该设计获首届全国“TRIZ”杯大学生创新方法大赛二等奖。

应用 TRIZ 理论改进传统座椅，在功能和结构上进行创新，使座椅具有多种形态，同时具有多种功能，尤其是架和梯的功能，可以代替现在人们使用的 A 字形梯，使用和存放更加方便，结构设计合理巧妙。

本产品的设计要解决的是“技术矛盾”和“物理矛盾”。

1）应用 TRIZ 解决技术矛盾

传统座椅如图 4-20（a）所示。

首先，将多功能异形架椅的技术参数抽象成 TRIZ 的 39 个通用参数中的参数，由椅到架的功能改进确定出问题的技术矛盾如下。

改善的参数为：适应性通用性（35）；

恶化的参数为：运动物体的重量（1）和系统的复杂性（36）。

由矛盾矩阵中查得发明原理号为 1、6、15、8 和 15、29、37、2。

经分析选取 1（分离原理）、6（多用性原理）、15（动态化原理）。

基于 TRIZ 的第 1、6、15 号发明原理，对传统座椅进行改进，改进后的台架结构如图 4-20（b）所示。将椅子座板设计成可拆分的，拆下座板后，在原座椅上增加一个与椅背对称的支架，该支架与座椅前腿用螺栓紧固连接，椅背与支架之间安装支撑台板，台板高度可根据椅背与支架上横杆的位置随意调整，支架和支撑台板有足够的强度和刚度，可满足人踩踏的工作要求。当人们需要在室内的高空工作时，如清理顶棚或灯具等，将平时用于坐的椅子变形为这样的台架，使用起来十分方便，而且由于此台架是四腿支承，比现在人们常使用的折叠式 A 字形梯在安全性上更加可靠。由于平时是座椅，所以不但功能多了一种，存放也比 A 字形梯方便，体现了 TRIZ 的一物多用原理；支架和支撑台板在不用时拆除放在其他位置，灵活方便，体现了 TRIZ 的分割原理和动态化原理。

2）应用 TRIZ 解决物理矛盾

改进后的架椅增加了支架和支撑台板，在结构上变得复杂，并增添了零件。多功能使椅子结构出现了物理矛盾，即要求这个因素向两个相反的方向发展，既要结构复杂，形成多功能、多形态，又要结构简单，使用方便。

TRIZ 理论采用四大分离原理解决物理矛盾：①空间分离原理；②时间分离原理；③基于条件的分离原理；④系统级别的分离原理。近年来，TRIZ 专家们对分离原理和 40 条发明原理进行研究的结果表明，二者之间存在着一定的关系，本设计中结构的物理矛盾可从前 3 个分离原理进行分析，找到适合的发明原理如下。

空间分离原理：分离（1 号）、抽取（2 号）、不对称（4 号）、嵌套（7 号）、维数变化（一维变多维）（17 号）；

时间分离原理：动态化（15 号）；

基于条件的分离原理：合并（5 号）、多用性（一物多用）（6 号）、变害为利（22 号）。

如图 4-20（c）所示，应用抽取原理、多用性（一物多用）原理、不对称原理和维数变化（一维变多维）原理，将新增加的支架放在座椅一侧，用螺栓或螺钉与椅身进行连接，形成扶手；将支撑台板用螺钉与支架顶部连接，并用两个支杆固定支撑台板，形成托架，可在托架上写字或放置书本、水杯等，既解决了添加零件的不利，又增加了第三种使用功能和方便性，也应用了变害为利原理。

如图 4-20（d）所示，进一步应用分割原理、嵌套原理、合并原理和动态化原理，当需要拆下托架时，可将其放置在座椅下面的横杆上，形成搁板，可存放书报等物品。此具有单侧扶手的第四种形态，使用方便、舒适，而且占地空间小，很好地解决了支架和支撑台板的存放问题，也很好地应用了变害为利原理。

以上基于 TRIZ 理论完成了一种具有四形态的多功能异形架椅的设计，是对椅子功能和结构的较大创新，体现了现代设计理念和 TRIZ 理论在机械创新设计中应用的高效性。

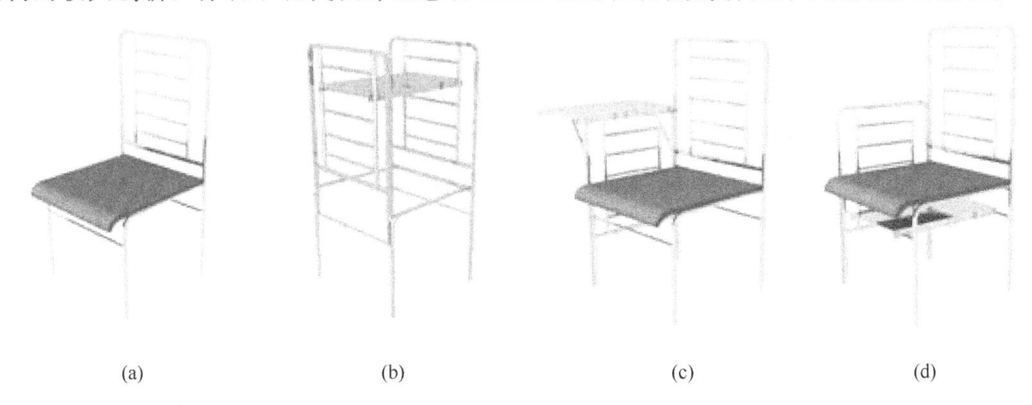

图 4-20　多功能异形架椅创新设计方案

第5章

创新思维与TRIZ理论的思维方法

5.1 创新思维

创新思维是指人们在认知世界过程中，创造具有独创性成果的过程中，表现出来的特殊的认识事物的方式，是人们运用已有知识和经验增长开拓新领域的思维能力，即在人们的思维领域中追求最佳，最新知识独创的思维。如爱因斯坦所说：“创新思维只是一种新颖而有价值的，非传统的，具有高度机动性和坚持性，而且能清楚地勾画和解决问题的思维能力。”创新思维不是天生就有的，它是通过人们的学习和实践而不断培养和发展起来的。

创新思维是为解决实践问题而进行的具有社会价值的新颖而独特的思维活动，也可以说，创新思维是以新颖独特的方式对已有信息进行加工、改造、重组从而获得有效创意的思维活动和方法，所以创新思维的客观依据是事物属性的多样性、联系的复杂多样性和事物变化的多种可能性——无穷复无穷：无穷多的数量、无穷多的属性、无穷多的变化。所以有无穷多的视角、无穷多的组合、无穷多的方法。

5.1.1 创新思维的特点和类型

(1) 创新思维的特点

想要更好地开发创新思维，应当首先对创新思维的主要特点和本质特征有一个明确的认识和准确的把握。创新思维的特点主要有以下几点。

① 开拓性和独创性。创新思维在思路的探索上、思维的方法上或者在思维的结论上，具有“前无古人”的独到之处，能从人们“司空见惯”或“完美无缺”的事物中提出怀疑，发表新的创见，做出新的发现，实现新的突破，具有在一定范围内的首创性和开拓性。创新思维不同于常规思维，其探索的方向是客观世界中尚未认识的事物的规律，所要解决的是实践中不断出现的新情况和新问题，从而为人们的实践活动开辟新领域、新天地。

② 灵活性和发散性。创新思维活动是一种开放的、灵活多变的思维活动，它的发生伴随有“想象”“直觉”“灵感”等非常规性的思维活动，因而具有极大的随机性、灵活性，不能完全用逻辑来推理。创新思维不局限于某种固定的思维模式、程序和方法，表现为可以灵活地从一个思路转向另一个思路，从一个意境进入另一个意境，多方位地试探解决问题的办法，因而具有多方向发散和立体型特征。

③ 探索性和风险性。创新思维的显著特点是在发展上求创新、求突破，是一种探索未知的活动。它是在探索中发现和解决问题的，没有成功的经验可以借鉴，没有现成的方法可

以套用。因此，创造性思维的过程是极其艰苦的探索过程，其结果也不能保证每次都取得成功，有时可能毫无成效，甚至可能得出错误的结论。这就是它本身所具有的风险性。但是，无论它取得什么样的结果，在认识论和方法论范畴内都具有重要的意义。即使是它的不成功结果，也向人们提供了以后少走弯路的教训。

④ 开放性和伸展性。创新思维的空间里，拥有着面向现代化、面向世界、面向未来的思维聚集点，充满着与世界对接的宽阔领域，充分展示着广阔性、开放性，不自我封闭，不固定模式，不简单定论。在思维的时空上，扩大比较的参照系，从多项比较中寻求最佳突破口。在判断是非的标准上，不唯书，不唯上，也不唯经验，而是从没有确定的标准中寻求新的标准，创造有生命力的新事物。

⑤ 综合性和概括性。创新思维的综合性和概括性是指善于选取前人智慧宝库中的精华，通过巧妙结合，形成新的成果，能把大量的概念、事实和观察材料综合在一起，加以抽象总结，形成科学的结论和体系；能对占有的材料进行深入分析，把握其中的个性特点，然后从这些特点中概括出事物的规律。没有综合，也就没有创新。创新思维的综合性，首先表现为"智慧杂交能力"，就是善于选取前人智慧宝库的精华，经过巧妙结合，形成新的富有创造性的成果；其次表现为"思维统摄能力"，把获取的大量概念、信息、事实、资料综合在一起，进行科学的概括整理，形成能够准确反映客观真理的概念和系统；再次表现为"辩证分析能力"，即对客观事物经过细微观察之后，进行深入分析，准确把握最能反映其本质属性的个性特点，从中概括出事物发展的规律。

另外，创新思维还具有突发性、突变性等特点，这里不再详细介绍。

(2) 创新思维的主要类型

创新思维包括创造思维、逻辑思维和批判思维等。创新思维中常用到的是创造思维。创造思维主要有以下几种类型。

① 发散思维。发散思维也叫扩散思维，它就是充分地想，由一点向四面八方想，找出解决问题的方法越多越好。衡量发散思维能力的强弱、大小的标准不仅仅是想出方案的数量，一般衡量的标准有三个，即流畅度、变通度和独特度。

现在我问："一个盆有什么用?"如果回答：和面、洗菜、泡茶、盛水、装菜，说了5个，很流畅，但是没有变通，不独特，这5个答案都属于容器类。如果这时你再说出：烧水、煮饭，不但是增加了2个，关键是有变通了，它又成了烹饪用具。还有人说可以做面点模，这又是模具了。又有人说可以做盾，它又成了防御工具。风沙很大时拿个盆挡着，此时它是防护类工具，可能别人看着很怪，但这就叫独特。

我们在工作、学习、生活中，要经常发挥发散思维的作用，需要注意的就是不能仅仅追求数量，要从流畅度、变通度和独特度三个方面下手。不但要流畅，还要有变通，特别是要新颖独特。

② 收敛思维。收敛思维与发散思维不同，二者的区别可用图5-1和图5-2形象地表示出来。

图5-1 发散思维　　图5-2 收敛思维

收敛思维也叫集中思维，它是以某个思考对象为中心，从不同的方向和不同的角度，将思维指向这个中心点，达到解决问题的目的。收敛思维和发散思维是相对应的。发散思维是由一点指向四面八方，收敛思维是由四面八方指向一点，所指向的、中心的这一点就是要解决的问题。收敛思维是有目的、方向和范围的，它是封闭性、集中性的思维模式。

实践应用中，往往是先发散思维，越充分越好，在发散思维的基础上，再收敛思维，从多个方案中选出一个最佳方案。同时，再把其他方案中的优点补充进来，让选出的方案更加完善。这就是人们常说的“从量求质”的一个策略。

③ 变通思维。所谓变通思维，就是能以不同类别或不同方式进行思维，能从某个思想转换到另一个思想，或者能以一种新方法去看一个问题。我们经常用到的几个词：“随机应变”“举一反三”“穷则变，变则通”，说的就是变通思维的作用。

④ 辩证逻辑思维。辩证逻辑思维就是用辨证的方法研究事物的内在矛盾，研究矛盾的各个方面及其性质，研究矛盾各方面的力量及其相互作用、矛盾发展的方向、趋势和结果，指导人们把认识不断推向前进，从而获得新的规律性认识。辩证逻辑思维居于指挥、统帅和协调的位置。

创新思维还有很多种类型，如逆向思维、形象思维、联想思维、多维思维、变异思维、超前思维和综合思维等，这里不再赘述。

5.1.2 创新思维形成的过程

我国现代著名学者王国维在谈及作诗和做学问时，曾谈到过三种境界：“古今之成大事业、大学问者。必经过三种境界‘昨夜西风凋碧树。独上高楼，望尽天涯路’，此第一境也；‘衣带渐宽终不悔，为伊消得人憔悴’，此第二境也；‘众里寻他千百度，回头蓦见（原作‘蓦然回首’），那人正（原作‘却’）在灯火阑珊处’，此第三境也。”在这里。王国维巧妙地借用了宋代词人晏殊、柳水、辛弃疾的三句词，形象地解释了作诗与做学问的三种境界。这种类比对我国今天推行的创新教育、培养学生的创造性思维能力有着重要的启发意义。

创造性思维是指创新主体在创新的动力因素（理想、信念、欲望、热情）的驱动下，运用创新的智能因素（观察力、注意力、记忆力、想象力、发现能力及操作能力），去探索与揭示客体的本质及其联系，并在此基础上形成新颖的、有别于前人的思维活动与思维成果的一种特殊的思维形式。创新思维能力是人类思维活动的最高表现形式，它是各种思维形式系统综合作用的结晶。下面从三种境界看创新思维的产生过程。

首先，我们用图 5-3 与图 5-4 分别表示三种境界与创新思维的产生过程。

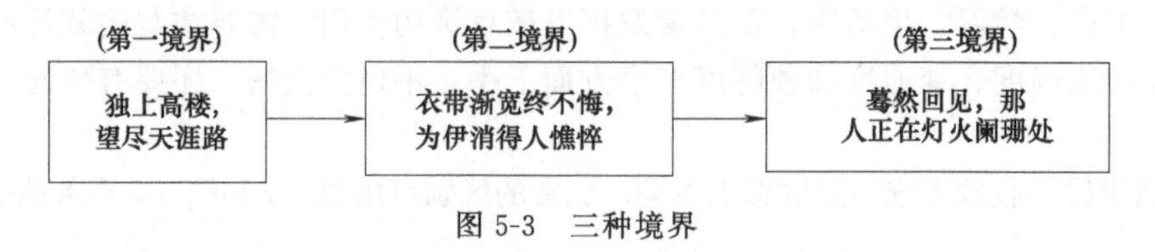

图 5-3　三种境界

由此可见，王国维先生提到的三种境界与创造性思维的产生似乎有着某种类似的过程，而三种境界则让我们能更清楚、更直观地认识与掌握它。

第一阶段：刺激产生，问题出现（“独上高楼，望尽天涯路”）。

在这一阶段，创新主体在创造动机的驱动下，开始产生创新的欲望。一般来说，创造动机的产生源于两种情境：一种是主体的主观因素，即内在需要；另一种是外在的客观因素，

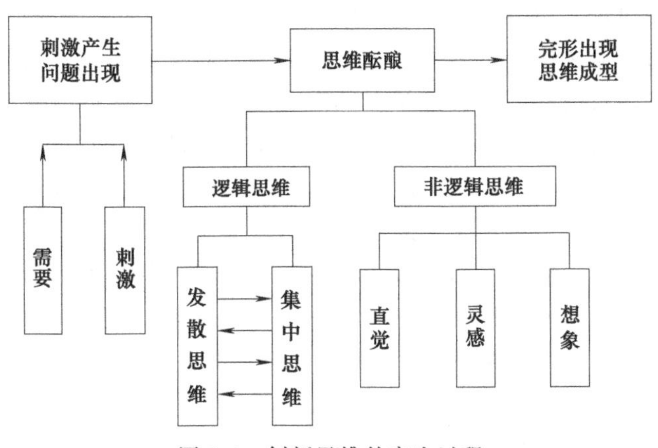

图 5-4 创新思维的产生过程

即外在刺激。在这两种动机的驱动下，主体开始用逆向思维分析与对待传统的思维定势，对现有的习惯性看法、解决问题的方式、方法产生了不满足。这样，主体的创造动机得以激发，问题出现。问题的出现，是创造性思维的开始。日本创造学家高桥浩在其所著的《怎样进行创造性思维》中指出："发现问题的意识是创造性思维的力量源泉"。美国心理学家阿瑞提在《创造的秘密》中，把"对一种需求或难点的观察"，"强调某个问题"列为创造过程的开始。由此可见：只有发现问题，创造主体才有可能调动其所有的知识与经验来围绕这一核心去努力探求解决问题的方法。

第二阶段：思维酝酿（"衣带渐宽终不悔，为伊消得人憔悴"）。

提出问题、明确了目标之后，创新主体开始有意识、有目的性地收集与积累和问题相关的资料与信息，通过各种途径弥补有关知识的缺陷，构想出假定的解决问题的多种方案。这一过程是创造性思维能否最终获得成功的决定性阶段。主体运用发散思维与集中思维等多种思维方式，时而分解，时而组合，时而发散，时而集中，大胆尝试，小心求证。在发散思维中，主体围绕思维的指向点，从不同的角度、不同的方向去寻求思维的最佳组合，主体可以不受原有的知识、常识与思维定势的限制，在方向上"异想天开""海阔天空"，对问题的思考可以突破常规、标新立异。主体运用集中思维，在大量的创造性设想的基础上，通过科学的比较与分析、合理的归纳与演绎、高度的抽象与概括，使其设想条理化、系统化与理论化。这一过程通常要经过从发散思维到集中思维，再从集中思维到发散思维的多次循环往复，才能最终形成。与此同时，创新主体由于对问题的百思不解而产生的焦虑，对问题出师不利或久攻不克产生的烦恼，也使这一过程成了主体在情感上最痛苦的过程。为了寻找答案，主体一旦投入其中，就会乐此不疲，废寝忘食，如痴如醉，即使因此而日渐消瘦也决不止步。正是主体这种全心全意的心理状态，而使创新思维得以最终成形。

在这一阶段，还有一点不能忽视的就是主体"直觉""灵感"与"想象"等非逻辑思维的参与。创造性思维由于具有极大的特殊性、随机性与技巧性，不存在普遍适用的、固定而规范化的方法与程序，因而必须重视直觉与灵感在创新思维中的重要作用。无数创造者在成功实践后均深有体会地谈到灵感的创造性是成功的关键所在，直觉在创造活动中，有助于人们在变幻莫测的环境中迅速确定目标而获得创造性成果。当然，直觉与灵感不是"神赐"或"天启"的，也不是什么"心血来潮"，是经过长期积累，艰苦探索和在创造性思维中作出积极努力的一种必然性与偶然性的统一。

第三阶段：完形出现，思维成形（蓦然回首，“人”在灯火阑珊处）。

在痛苦的思索与徘徊之中，创新主体无不在努力寻找出路，以求得创造性思维的最终成型。这一过程，可以用古典格式塔心理学派的观点来诠释。格式塔学派认为学习是有机体不断地对环境发生组织与再组织，不断形成一个又一个完形的过程。他们认为学习是因为出现了“完形”，出现了对情境的顿悟才得以成功的，因而认为顿悟在学习中起着决定性的作用。创造性思维的最终产生，也是创新主体通过不断的分解与组合，运用多种思维模式，通过对各种情境的不断的组织与再组织，而类似于在一种“顿悟”的情境中最终得以产生。虽然这一过程是一个艰难探索的过程，但其结果却往往带有偶然性，很多时候，“它”的出现，宛如“忽如一夜春风来，千树万树梨花开”，又如“山重水复疑无路，柳暗花明又一村”。从最终结果来看，创造性思维是在既往的知识与经验的基础上，寻求现有事物的新功能组合，而最终产生新知识与新经验的过程。从认识论的角度来看，创新思维的成型，就是对客观事物的认识产生了飞跃，从而在新的层次上认识事物与把握规律。这一飞跃的过程是长期而艰苦的，但结果很多时候却往往表现出随机性与偶然性的特点。

5.2 TRIZ 理论的思维方法

5.2.1 打破思维惯性

(1) 思维惯性的概念

物体保持原有运动状态的性质在物理学上称为惯性。人的思维也是如此，总是沿着前人已经开辟的思维道路去思考问题，这种沿着固定观念去思考问题的现象，我们称之为思维惯性，又称思维定势。

所谓思维惯性，是指当人的思想在一种环境下进入精力集中的状态时，环境突然的变化，却不会使思想意识一下子进入新的环境状态。就好比短跑运动员冲过终点后，仍然会向前冲一样。虽然已经更换了所处的环境，但却没有进入环境，而是保持在上一个环境中。

思维惯性是人们在长期的生活环境中形成的，例如有人问：如果把平底煎锅绑在狗的尾巴上，那么，狗以什么样的速度奔跑，才能听不到锅的撞击声？很多人想到的是，只有足够快的速度，才会把声音落在后面。事实上，只要狗奔跑，就一定能听到锅的撞击声。

(2) 思维惯性的表现形式

思维惯性有多种表现形式，常见以下几种。

① 功能惯性。有些东西一直用于某项功能，大家就习惯于使用它的这一项功能而忽略其他功能，这样就会产生功能思维惯性和功能趋向思维惯性。例如，手机除接打电话和收发短信外，还具备照相、摄像、照明、验钞、收听广播等大量功能。

② 术语惯性。术语思维惯性是一种典型的思维惯性，一些术语是在某个领域的实践中总结出来的，提到这些术语就会使思维局限在相应领域，或者局限在该领域的某个方向。包括：专业性很强的术语，如 F-117；工程通用术语，如传感器、对流器；功能术语，如支撑物、切割器、储存罐；日常生活术语、儿童术语，如锅、棍子、绳子、儿童能明白的词汇等。

③ 外表、形象惯性。人们往往根据一个人的外貌来判断该人的好坏，这就是外表、形象思维惯性。物体外表、形象思维惯性，总是通过物体的外形来判定物体的作用原理。为解

决与该物体有关的问题，可以改变已被人们习惯了的物体外表、形状。

④ 特性、状态、参数惯性。任何一个物体都有一些固有的能反映其内在本质的特性，例如重力、导热性、电阻、磁导率、尺寸等特性。物体的每个参数都有对应的意义。解决问题时，如果有必要，要验证每个参数，也可以改变每个物体主要的或显而易见的特性、参数及潜在的（隐性的）特性。解决创新问题时，需要找出其隐性的特性。

⑤ 作用、领域知识的惯性。新知识领域专家的相关建议，可以将问题引到一个新的领域对物体进行功能分析和技术系统分析，理想的技术系统经常需要在领先的领域中寻找技术功能。

⑥ 物质不可变惯性。物质不可变思维惯性往往忽略了物质的动态性和协调性。

⑦ 物质组件惯性。对于物质组件思维惯性而言，系统中一定要具备某个组件或者技术系统的组件不可更改，这都带来了很大的思维惯性。

⑧ 维数惯性。对于维数惯性而言，人们总是习惯于由点到线、面再到体，这样也形成了一种思维定势。例如传统打印机打印出的文字都是二维的，人们已经习惯了二维的思维；但是，随着快速成型技术的发展，三维打印技术迅速发展起来，人们可以通过三维打印机得到实物，这对人类社会的进步起到至关重要的作用。

⑨ 非实质性禁止惯性。非实质性禁止思维惯性包括：外在禁止，“所有人都知道，这样做是不行的”；客户禁止，“人所共知，这不可能”“人人皆知，不能这样做”；内在禁止，“我确信，这样不行”。另外，还有公认的、科学的权威品牌，已固定的不正确的物体模型的外形禁止。

⑩ 作用惯性。作用思维惯性包括触觉，行动（操作）的使用，习惯的作用（操作）次序，记忆马达等。唯一解决方案的思维惯性，总是认为只有这一种方法能够实现。其实，创新过程中是不能局限在一种解决方案上的，每一种结构或工艺都可以继续完善。

⑪ 物质价值惯性。物质价值思维惯性认为与物质相关的某个元素或特性，是最主要的、最重要的物质。习惯地认为它是最有价值的，始终都具有不可替代的作用。

⑫ 传统应用条件惯性。传统应用条件思维惯性又称生命周期阶段思维惯性。它认为设计、制造、调试、生产、包装、运输、储存、应用、废品回收等生产链条中的一个环节停滞，就会严重地影响到其他环节。

⑬ 类似方案惯性。类似方案思维惯性，已解决问题和需要解决问题的类比，陷入已解决问题的方案中不能自拔。

(3) 打破思维惯性的方法

① 棒喝自己，保持警觉。思维惯性是一种格式化的东西，具有隐蔽性、持续性、顽固性等特征。思维惯性一经形成，就会如影随形，紧紧地把你粘住。因此，要打破思维惯性，就要充分认识其危害，使自己时时保持对它的警觉。

思维惯性具有什么样的危害呢？我国明末思想家顾炎武在他所著《日知录》一书中，讲述了一个发生在洛阳的故事。

洛阳的钱思公非常富有，但他生性节俭，用钱谨慎。他有好几个儿子，尽管都已经长大成人，但除逢年过节之外，很难得到一点儿零花钱。

钱思公收藏有一个笔架。这个笔架是用珊瑚做成的，造型美观，雕工精细，极为珍贵，是他最心爱的东西。平时，他总是把笔架放在书桌上，每天都要欣赏一番。要是哪一天笔架不见了，他就会心绪不宁，坐卧不安，然后就会悬赏一万枚钱寻找这个笔架。钱思公的几个宝贝儿子很快就摸准了这一点。如果谁缺钱花了，谁就会偷偷地把笔架藏起来，等钱思公悬赏一万枚钱寻找的时候，就拿出来，说是从外面的小偷那里追查回来的，于是一万枚钱的赏金便轻易地到手了。过上一段时间，如果又有哪个儿子没钱花了，就又会如法炮制一番。这样的事，在钱思公家里，一年至少要发生六七次。

在讲完这个故事以后，顾炎武慨然道：钱思公纯洁无瑕的品德令人赞叹，可惜他常被不孝的儿子们所愚弄。

这个故事听起来显得滑稽而夸张。人们不禁要问：世界上怎么会有这么傻的人呢？其实，从行为科学的角度讲，这是一个典型的思维惯性的案例。也就是说，钱思公之所以会被他的儿子们所愚弄，是他头脑里的思维定势在作怪。钱思公心爱的珊瑚笔架一次又一次地失而复得，在他的头脑中已逐渐形成了这样一个无形的框框："我的这个笔架很值钱，外面的小偷总想把它偷走。只要我悬赏一万枚钱，我的儿子就一定能把它找回来。"由此可见，思维惯性的确害人匪浅。思维惯性形成之后，人在思考问题时，便会陷入"知其然而不知其所以然"的怪圈，难以看到事物的本来面目。

② 解放思想，更新观念。如果我说，天下乌鸦一般黑，您没有异议吧？"没错，打小儿我爷爷就这样告诉我啦！""对呀，文学作品中也是这样描述的。"事情真是这样吗？最近国内外有许多报刊报道说，在世界不少地方都发现了白乌鸦。"这是千真万确的吗？为什么直到现在才发现白乌鸦？"是呀，为什么直到现在才发现白乌鸦？究其原因，就在于"爷爷告诉的""书本上写的"等旧观念束缚了世人的头脑。因此，要打破思维定势，就需要从怀疑旧观念、发现新事物开始。

下面是一个因为观念变化而带动经济变化的事例。

某县领导班子研究如何发展经济，讨论来讨论去，都觉得第一难题是资金。会议的思路是：先筹集资金，再根据资金数额确定负责干部，组建工作班子，然后选择、论证项目方案。由于该县经济落后，连续开了3天会，资金问题仍难以落实。

该县领导班子成员决定到经济发达地区去学习考察。

外出参观学习，使他们受到不少启发，思维程式发生了很大变化。他们又聚在一起开会，决定"倒过来"想问题：先不考虑资金问题，而是先筛选资源、确定项目。于是，大家达成这样一个共识：开发本地一条难得的千米溶洞河，发展旅游事业。当然，资金问题依然要解决。怎么解决呢？对外发布消息，邀请各路人士来踏勘、来投资、来创业。

这是一个全新的方案。这一方案实施后，各路投资商纷纷登门，有的开路，有的整修河道，有的办饭店，各兴各的业，各发各的财。很快，旅游事业就发展起来了。在旅游业的带动下，该县的经济日益繁荣。

商界人士常说：观念一变天地宽。刚才这个故事再次印证了这一真理。这也充分说明，解放思想、转变观念的力量无比巨大。

当今，随着改革开放的日益深入，我们的思想当然已解放了不少，但跟迅猛发展的时代相比，其程度还远远不够。为打破思维定势，推动事业发展，我们必须进一步解放思想、更新观念。

③ 独立思考，坚持己见。思维惯性是怎样形成的？这个问题十分复杂，但一个不争的原因是，自身感知受到他人感知的影响。因此，要打破思维惯性，一个十分关键的环节，就是培育这样一种意志品质勇于独立思考，敢于坚持己见。必要的时候，即使是独木桥，也要坚定地走下去；即使是万丈深渊，也要坚定地跳过去。也就是说，作为思维的主体，要努力

克服自己的从众心理。美国学者所罗门·阿希通过调查，得出这样一个结论：人类有许多不幸，其中有33%在于错误地遵从别人。因此，唯有不“跟风”，不人云亦云，不盲目从众，自己的创新思维能力才能得到充分的释放和发挥。

物理学家福尔顿，由于研究工作的需要，测量出了固体氦的热传导度，但他测出的结果，比过去理论上计算出的数字高出500倍。福尔顿大吃一惊：“这差距也太大了?”该不该把这一结果公之于世呢？福尔顿想，如果将它公之于世，有可能引起科学界的轰动，但也可能会被人认为是标新立异、哗众取宠，以致招来一大堆怀疑、非议和指责。想来想去，福尔顿迟疑了，算了吧，何必自己去招惹那么多麻烦呢？于是，他把这一研究成果放在了一边。

可没过多久，一位年轻的美国科学家，在实验时也测出了热传导度，而且和福尔顿测出的结果一模一样，丝毫不差。一阵惊喜过后，这位年轻的科学家，采取和福尔顿截然相反的态度，很快将它公布出来，并马上引起了科学界的广泛关注和赞誉。更为可贵的是，这位科学家并没有就此止步，而是继续推陈出新，创造出一种全新的测量热传导度的方法。

听说此事后，福尔顿痛心疾首，追悔莫及。他感叹道：“如果我当时除去‘习惯’的帽子，而戴上‘创新’的帽子，那个年轻人决不可能抢走我的荣誉。”

对于福尔顿来说，这显然是一个悲剧。这个悲剧的发生，在于福尔顿因为意志力不坚强而掉入了从众心理的陷阱。而那位美国年轻科学家的成功，则恰恰是因为摆脱了从众心理的束缚。由此可见，防止盲目从众是多么重要！

独立思考，坚持己见，说起来容易做起来难。除要防止盲目从众之外，还要不唯书、不唯上、不迷信权威、不盲目信奉既有的知识和经验。

④ 保持自信，永不言败。思维惯性有利于我们的常规思考。早晨起来穿衣服，刷牙洗脸，吃早饭，代代如此，人人如此，何需打破思维惯性？按思维惯性行事，反而快捷、有效率。所以，我们最需要打破思维惯性的时候，往往是遇到挫折和困难的时候。然而，人类的顽疾在于惰性十足。人在遇到挫折和困难的时候，也最容易灰心丧气。特别是经过努力和探索，最终还是失败，更容易使我们产生放弃的念头。因此，要打破思维惯性，就必须勇往直前，无所畏惧。为此，我们必须保持高度的自信。体育界的“大腕”戴伟克·杜根说：“你认为自己被打倒，那你就是被打倒了；你认为自己屹立不倒，你就会屹立不倒……生活中，强者不一定是胜利者，但是，胜利迟早都属于有信心的人。”

毛笔是写字、绘画的重要工具，在我国已有上千年的历史，即使在今天这个高科技时代，毛笔依然为国人所喜爱，依然有它的市场。且不说书法家们需要大量的毛笔，仅说小学生描红，每年毛笔的销量就十分可观。但是，当今时代毕竟发生了重大变化，毛笔市场也呈萎缩之势。

某企业专门生产毛笔，眼看毛笔市场日益萎缩，产品库存积压，上上下下都很着急。怎样才能打开市场，扩大销售？该厂组织员工进行了大讨论。然而，讨论了几个月，依然找不到圆满的答案。是不是就真的山穷水尽了呢？就在大家都对企业局面的改观不再抱什么希望时，有位员工依然没有停止思考。终于有一天，他突发奇想：“我们能不能让不用毛笔的人也买毛笔?”

这位员工的奇想，使厂领导瞬间开了窍。于是，该厂重新思考经营战略，将传统意义上的毛笔改型为纪念笔——以婴儿胎发为原料制作“胎毛笔”，以新婚夫妇的头发为原料制作“结发笔”，以老年人的头发为原料制作“长寿笔”，此外，还开发“合家欢笔”“生日笔”

"友情笔"等。这一开发策略引起了人们的极大兴趣，顿时市场大开，财源滚滚而来。

到底是什么促成了这一成功？就是自信。试想，在大家都对企业局面的改观不再抱什么希望时，那位员工也丧失了信心，停止了思考，企业会是什么局面？英国学者塞缪尔·斯迈尔斯在《自己拯救自己》一书中写道："最穷苦的人也有位及顶峰的时候，在他们走向成功的道路上至今还没有被证明是根本不可战胜的困难。"由此可见，在挫折和困难面前，只要我们在任何情况下都不灰心、不气馁、不退却，就一定能够取得突破，迎来鲜花与掌声！

5.2.2 最终理想解

TRIZ 理论在解决问题之初，首先抛开各种客观限制条件，通过理想化来定义问题的最终理想解，以明确理想解所在的方向和位置，保证在问题解决过程中沿着此目标前进并获得最终理想解，从而避免了传统创新设计方法中缺乏目标的弊端，提升了创新设计的效率。不是永远都能达到最终理想解，但是它能给问题的解决指明方向，也有助于克服思维惯性。

(1) 最终理想解的概念

TRIZ 理论的一个基本观点是：技术系统是沿着提高其理想度，向最理想的系统方向进化——系统的质量、体积、面积消耗趋于零，实现的有用功能数量趋近于无穷大（其实质是：降低成本增加有用功能）。尽管在产品进化的某个阶段，不同产品进化的方向各异，但如果将所有产品作为一个整体，低成本、高功能、高可靠性、无污染等是产品的理想状态。产品处于理想状态的解称为理想化的最终结果，即最终理想解（Ideal Final Result，IFR）。IFR 来源于发明问题解决算法（ARIZ）。IFR 的作用是：指明通往解决方案之路；使问题尖锐化，不走折中之路。

阿奇舒勒对 IFR 做这样的比喻："可以把最终理想结果比做绳子，登山运动员只有抓住它才能沿着陡峭的山坡向上爬。绳子不会向上拉他，但是可以为其提供支撑，不让他滑下去。只要松开绳子，肯定会掉下来。"

(2) 理想化

理想化是科学研究中创造性思维的基本方法之一。它主要是在大脑之中设立理想的模型，通过思想实验的方法来研究客体运动的规律。一般的操作程序为：首先要对经验事实进行抽象，形成一个理想客体；然后通过想象，在观念中模拟其实验过程，把客体的现实运动过程简化和升华为一种理想化状态，使其更接近理想指标的要求。

理想化方法最为关键的部分是思想实验，或称理想实验。它是从一定的原理出发，在观念中按照实验的模型展开的思维活动，模型的运转完全是在思维中进行操作的，然后运用推理得出符合逻辑的实验结论。思想实验是形象思维和逻辑思维共同作用的结果，同时也体现了理想化和现实性的对立统一。

诚然，思想实验还不是科学实践活动，它的结论还需要科学实验等实践活动来检验，这并不能否认思想实验在理论创新中的地位和作用。新的理论往往与常识相距甚远，人们常常为传统观念所束缚，不易走向理论创新，因此，借助于思想实验来进行理论创新以及对新理论加以认同，不失为一种有效的手段。

理想化方法的另一个关键部分是如何设立理想模型。理想模型建立的根本指导思想是最优化原则，即在经验的基础上设计最优的模型结构，同时也要充分考虑到现实存在的各种变量的容忍程度，把理想化与现实性结合起来。理想中的优化模型往往具有超前性，这是创新的天然标志。但是，超前行为只有在现实条件所容许的情况下，其模型的构造才具有可行性。应当指出的是，理想模型的设计并不一定非要迁就现实的条件，有时候也需要改造现实，改变现实中存在的不合理之处，特别是需要彻底扭转人们传统的落后的思维方式和生活方式，为理想模型的建立和实施创造条件。

(3) TRIZ 理论中的理想化

技术系统理想化状态包括三个方面内容。

① 系统的主要目的是提供一定功能。传统思想认为，为了实现系统的某种功能，必须建立相应的装置或设备；而 TRIZ 理论则认为，为了实现系统的某种功能不必引入新的装置和设备，而只需对实现该功能的方法和手段进行调整和优化。

② 任何系统都是朝着理想化方向发展的，也就是向着更可靠、简单有效的方向发展。系统的理想状态一般是不存在的，但当系统越接近理想状态，结构就越简单、成本就越低、效率就越高。

③ 理想化意味着系统或子系统中现有资源的最优利用。

TRIZ 理论通过建立各种理想模型，即最优的模型结构，来分析问题，并以取得最终理想解作为终极追求目标。

理想化模型包含所要解决的问题中所涉及的所有要素，可以是理想系统、理想过程、理想资源、理想方法、理想机器、理想物质等。

理想系统就是没有实体，没有物质，也不消耗能源，但能实现所有需要的功能理想过程就是只有过程的结果，而无过程本身，突然就获得了结果。

理想资源就是存在无穷无尽的资源，供随意使用，而且不必付费。

理想方法就是不消耗能量及时间，但通过自身调节，能够获得所需的功能。

理想机器就是没有质量、体积，但能完成所需要的工作。

理想物质就是没有物质，但能实现物质的功能。

理想化模型指明了目标所在的方向，突出了主要矛盾，简化了分析问题的过程，降低了解决问题的难度。例如：数学中“点”“线”都是理想的模型，它们没有大小，没有质量，只有我们需要的最突出的属性；中国古代杰出的军事家孙武在《孙子兵法》中给出了战争的理想化结果——“不战而屈人之兵”，战争的过程是空的，但战争的功能存在，不需要战争的过程就获得战胜敌人的结果，这是兵法的最高境界，是战争的最终理想解。

理想化模型建立有时需要充分发挥我们的想象力，甚至是“不切实际”的幻想，例如，教师上课用的教鞭需要有一定的长度，但是，太不方便携带了，如果像孙悟空的如意金箍棒一样就好了。如意金箍棒？那只是幻想小说里的东西，现实生活中是没有的，但它给了我们什么启示？现在使用的拉杆式教鞭是不是和如意金箍棒有相似之处？如果再进一步发展教鞭的理想化模型：没有长度，但可实现任意长的功能。这可能吗？当然！激光教鞭，你可以站在讲台前使用，也可以站在教室的任意位置使用。

因为理想化包含多种要素，系统的理想化程度需要进行衡量，于是就引出了一个参数，那就是系统的理想化水平。

技术系统是功能的实现，同一功能存在多种技术实现方式，任何系统在完成人们所期望的功能时亦会带来不希望的功能。TRIZ 理论中，用正反两面的功能比较来衡量系统的理想化水平。

理想化水平衡量公式：

$$I=\frac{\sum U_F}{\sum H_F} \tag{5-1}$$

式中　I——理想化水平；

$\sum U_F$——有用功能之和；

$\sum H_F$——有害功能之和。

从理想化水平衡量公式可知：技术系统的理想化水平与有用功能之和成正比，与有害功能之和成反比。理想化水平越高，产品的竞争能力越强。创新中以理想化水平增加的方向作为设计的目标。

(4) 理想化的方法

TRIZ 理论中的系统理想化按照理想化涉及的范围大小，分为部分理想化和全部理想化两种方法。技术系统创新设计中，首先考虑部分理想化，当所有的部分理想化尝试失败后，才考虑系统的全部理想化。

① 部分理想化

部分理想化是指在选定的原理上，考虑通过各种不同的实现方式使系统理想化，部分理想化是创新设计中最常用的理想化方法，贯穿于整个设计过程中。部分理想化常用到以下 6 种模式。

a. 加强有用功能。通过优化提升系统参数、应用高一级进化形态的材料和零部件、给系统引入调节装置或反馈系统，让系统向更高级进化，获得有用功能作用的加强。

b. 降低有害功能。通过对有害功能的预防、减少、消除或消除，降低能量的损失、浪费等，或采用更便宜的材料、标准件等。

c. 功能通用化。应用多功能技术增加有用功能的数量。功能通用化后，系统获得理想化提升。

d. 增加集成度。集成有害功能，使其不再有害或有害性降低，甚至变害为利，以减少有害功能的数量，节约资源。

e. 个别功能专用化。功能分解，划分功能的主次，突出主要功能，将次要功能分解出去。例如，近年来专用制造划分越来越细，元器件、零部件制造交给专业厂家生产，汽车厂家只进行开发设计和组装。

f. 增加柔性。系统柔性的增加，可提高其适应范围，有效降低系统对资源的消耗和空间的占用。例如，以柔性设备为主的生产线越来越多，以适应当前市场变化和个性化定制的需求。

② 全部理想化

全部理想化是指对同一功能，通过选择不同的原理使系统理想化。全部理想化是在部分理想化尝试无效后才考虑使用。全部理想化主要有以下 4 种模式。

a. 功能的剪切。在不影响主要功能的条件下，剪切系统中存在的中性功能及辅助的功能，让系统简单化。

b. 系统的剪切。如果能够通过利用内部和外部可用的或免费的资源后可省掉辅助子系统，则能够大大降低系统的成本。

c. 原理的改变。为简化系统或使得过程更为方便，如果通过改变已有系统的工作原理可达到目的，则改变系统的原理，获得全新的系统。

d. 系统换代。依据产品进化法则，当系统进入第 4 个阶段——衰退期，需要考虑用下一代产品来替代当前产品，完成更新换代。

(5) 最终理想解的确定

最终理想解有 4 个特点：①保持了原系统的优点；②消除了原系统的不足；③没有使系统变得更复杂；④没有引入新的缺陷。

当确定了待设计产品或系统的最终理想解之后，可用这 4 个特点检查其有无不符合之处，并进行系统优化，以确认达到或接近 IFR 为止。

最终理想解确定的步骤如下。

① 设计的最终目的是什么？

② 最终理想解是什么？

③ 达到最终理想解的障碍是什么？

④ 出现这种障碍的结果是什么？

⑤ 不出现这种障碍的条件是什么？创造这些条件存在的可用资源是什么？

[实例 1] 在法国波尔多地区大面积的葡萄园里有许多的葡萄藤架，寒冬来临时，要把架子上的葡萄藤一一放倒，让雪将其掩埋防止冻伤，第二年春季还要将其扶起挂在葡萄藤架上，费工费力。这难题如何解决？

应用上面的 5 个步骤，分析并提出最终理想解。

① 设计的最终目的是什么？在放倒葡萄藤架的过程中能够提高效率，减少人工操作的强度。

② 最终理想解是什么？葡萄藤架能够自己放倒。

③ 达到最终理想解的障碍是什么？葡萄藤架是直立的。

④ 出现这种障碍的结果是什么？葡萄藤架不能倒，就不能带动葡萄藤倒。

⑤ 不出现这种障碍的条件是什么？葡萄藤架应能折叠弯曲，能立能倒。

解决方案：葡萄藤架的藤架立柱上装上折页，这样就可以整体放倒葡萄藤架。

5.2.3 九屏幕法

九屏幕法（多屏操作）是系统思维的方法之一，是 TRIZ 理论用于进行系统分析的重要工具，可以很好地帮助使用者进行超常规思维，克服思维惯性，被阿奇舒勒称为“天才思维九屏图”。

九屏幕法能够帮助人们从结构、时间以及因果关系等多维度对问题进行全面、系统的分析，使用该方法分析和解决问题时，不仅要考虑当前系统，还要考虑它的超系统和子系统；不仅要考虑当前系统的过去和未来，还要考虑超系统和子系统的过去和未来。简单地说，九屏幕法就是以空间为纵轴，用来考察“当前系统”及其“组成（子系统）”和“系统的环境与归属（超系统）”；以时间为横轴，用来考察上述 3 种状态的“过去”“现在”和“未来”。这样就构成了被考察系统至少有 9 个屏幕的图解模型，如图 5-5 所示。

当前系统是指正在发生当前问题的系统（或是指当前正在普遍应用的系统）。当前系统的子系统是构成技术系统之内的低层次系统，任何技术系统都包含一个或多个子系统。在底层的子系统在上级系统的约束下起作用，在底层的子系统一旦发生改变，就会引起级系统的改变。当前系统的超系统是指技术系统之外的高层次系统。

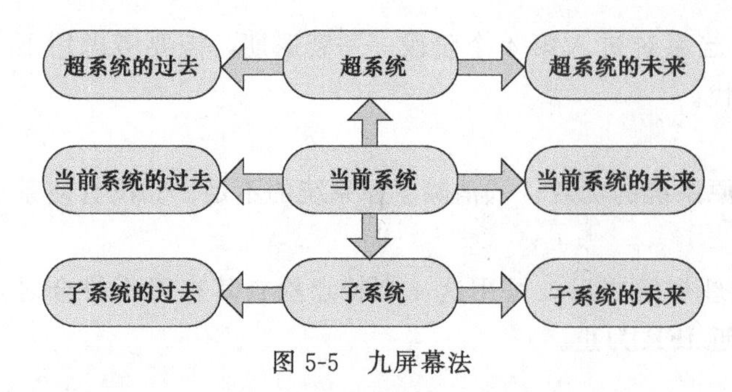

图 5-5　九屏幕法

当前系统的过去是指当前问题之前该系统的状况，包括系统之前运行的状况，其生命周期的各阶段的情况等。通过对过去事情的分析，找到当前问题的解决办法，以及如何改变过去的状况来防止问题发生或减少当前问题的有害作用。

当前系统的未来是指发现当前系统有这样的问题之后，该系统将来可能存在的状况，根据将来的状况，寻找当前问题的解决办法或者减少、消除其有害作用。

当前系统的“超系统的过去”和“超系统的未来”是指分析发生问题之前和之后超系统的状况，并分析如何改变这些状况来防止或减弱问题的有害作用。

当前系统的“子系统的过去”和“子系统的未来”是指分析发生问题之前和之后子系统的状况，并分析如何改变这些状况来防止或减弱问题的有害作用。如图 5-6 所示，九屏幕法的操作按下列步骤进行。

① 画出三横三纵的表格，将要研究的技术系统填入格 1。

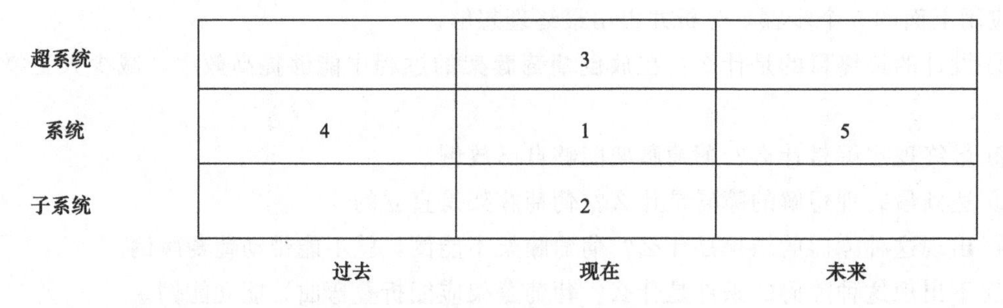

图 5-6　九屏幕法操作步骤示意图

② 考虑技术系统的子系统和超系统，分别填入格 2 和 3。

③ 考虑技术系统的过去和未来，分别填入格 4 和 5。

④ 考虑超系统和子系统的过去和未来，填入剩下格中。

⑤ 针对每个格子，考虑可用的各种类型资源。

⑥ 利用资源规律，选择解决技术问题。

[实例 2] 应用九屏幕法分析汽车系统

汽车系统九屏图如图 5-7 所示。

[实例 3] 应用九屏幕法分析白炽灯系统

白炽灯系统的九屏图如图 5-8 所示。

九屏幕法突破原有思维的惯性，从时间和系统两个维度看问题，根据现有资源，发现新的思路和解决办法。但值得注意的是，九屏幕法只是一种分析问题的手段，并非是一种解决问题的手段。它体现了更好地理解问题的思维方法，确定了解决问题的新途径。

另外，各个屏幕显示的信息并不一定都能引出解决问题的新方法。如果实在找不出来，就暂时空着，但对每个屏幕的问题都进行综合的总体的把握，这对将来解决问题都是有益的。练习九屏幕思维方式可以锻炼人们的创造能力和在系统水平上解决问题的能力。

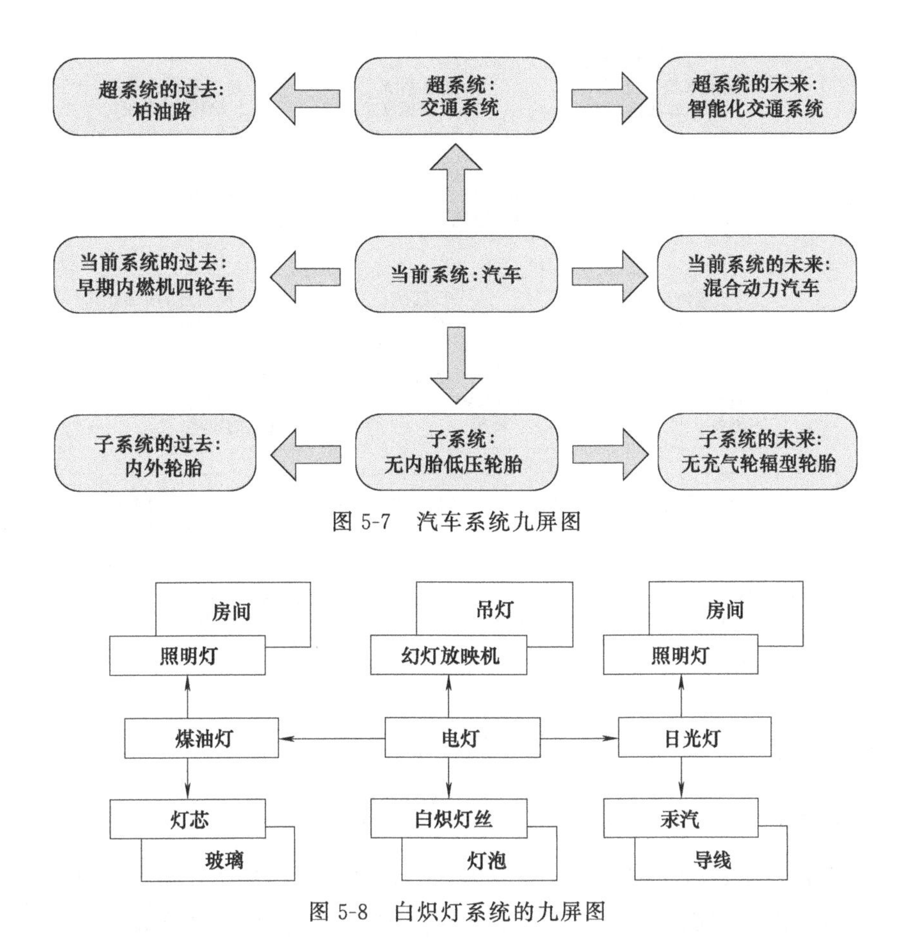

图 5-7　汽车系统九屏图

图 5-8　白炽灯系统的九屏图

为了更好地应用九屏幕法，可以在上述系统的基础上进行改进，不仅考虑当前系统，也可以同时考虑当前系统的反系统、反系统的过去和将来、反系统的超系统和子系统及它们的过去和将来。系统思维的改进如图 5-9 所示，当有 9 个以上的屏幕时，会对问题有更深入的理解。反系统可以理解为一个功能与原先的技术系统刚好相反的技术系统。例如，为了改进铅笔的特性，不仅需要考查铅笔的九屏幕方案，而且还要考查橡皮的九屏幕方案，如图 5-10 所示。这种方法获得的信息有助于找出十分有效的解决方案。

图 5-9　系统思维的改进

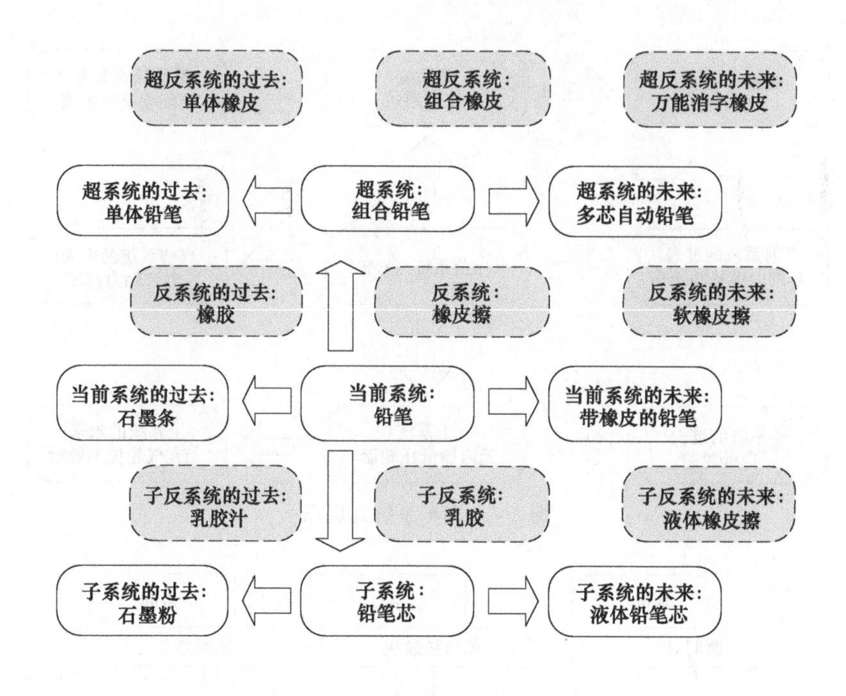

图 5-10　铅笔及其反系统（橡皮）九屏图

5.2.4　因果链分析

因果链分析是识别解析工程系统关键原因的分析手段。它是通过建立因果链的缺陷而完成的，试讲目标问题和关键原因联系起来。相比其他 TRIZ 工具，因果链分析具有其明显的特点：一是因果链分析虽然有较为明确的步骤和算法，但由于应用者的专业知识不同、分析问题的思维角度不同、出发点不同，往往分析的结果也不同；二是因果链分析是其他 TRIZ 解决问题的基础，只有通过因果链分析得到关键问题后，才能有针对性地解决问题；三是因果链分析是为了搜索识别目标问题的关键原因，通过解决关键原因可消除目标问题。而关键原因通常并没有被明确地表示出来，需要通过不断地分析才能找到。

因果链分析是通过分析造成问题出现的原因，对原因进行层层分析并构建因果链条，指出事件发生的原因和导致的结果的分析方法，通常由若干链条组成。应用因果链分析主要有以下几个目的：一是通过分析，寻找问题产生的关键原因。如果仅仅只是消除目标问题，所造成的问题会更为严重，因为问题仍然存在，但是识别、辨认和监控目标问题却不再容易。消除第一层或高层次原因时，或许固然可以短期缓解问题，但随着时间的推移，目标问题却往往会以其他问题的形式逐步显现出来，而消除目标问题的关键原因后，可以使目标问题不再出现。二是通过建立因果链条，可以分析链条中产生目标问题以及原因发展中的逻辑关系，寻找链条中的薄弱点和易控制点，在难以控制关键原因时，可以选择其他原因节点攻克目标问题。三是通过选择链条中的节点为解决问题寻找人手点，尽可能地采取对系统最小的变化，利用最小的成本完成解决问题的目的。四是为其他 TRIZ 工具的应用奠定基础，在因果链分析的基础上，针对关键链条可以转化为技术矛盾、物理矛盾、物-场模型等工具进行解决，更有针对性地解决问题。

因果链分析通常遵循下列步骤进行。a. 确定目标问题，并将其记录下来；b. 判定出现目标问题的原因，采取规范的表述将其记录下来；c. 重复第 b. 步，直到确定的原因为一个根本原因；d. 将每个原因与其结果用箭头连接，箭头从原因指向结果，构成因果链，并将同层次原因用“和”“或”等运算符进行表示；e. 根据因果链分析，确定造成目标问题的关键原因，根据关键原因提取关键问题；f. 针对关键问题提出初始解决方案假设，或者将关键问题转化为技术矛盾、物理矛盾等工具进行解决。因果链分析的步骤如图 5-11 所示。

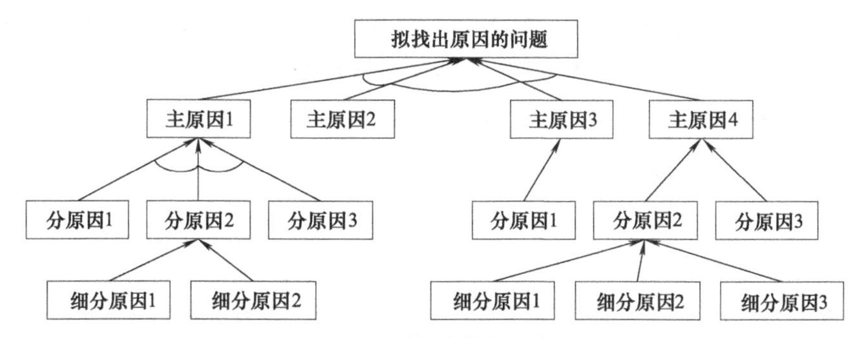

图 5-11　因果链分析的步骤

应用因果链分析时也应该注意以下几点。

① 注意因果关系之间的逻辑关系。在分析实际项目的过程中，一般一个结果由多个原因引起，这些同级别原因有不同的关系，一类是“和关系”，即几个原因同时存在，才会导致结果；另一类是“或关系”，即几个原因只要有一个存在，就会导致结果，这为识别关键原因提供了重要依据。

② 注意因果关系之间的分析与表述。一是通常在分析因果关系时，需要注意因果关系的成立是由于某个或多个参数发生了改变而导致结果的发生，如力作用的大小、时间的长短、温度的高低等。分析过程中尽可能地应用参数的变化来表述原因。二是注意从目标问题出发，一层一层地寻找原因，否则不用于挖掘出关键原因。三是在因果作用关系中，作用本身一般具有两个方面。

③ 注意确定根本原因。在一层一层分析原因时，当有下列原因出现时，不需要继续向下寻找。一是当不能继续找到下一层的原因时；二是当达到自然现象时；三是当达到制度、法规、权利等极限时；四是当遇到人的问题时；五是当遇到过大的成本时。

④ 注意识别关键原因。因果链分析完成后，需要识别关键原因。这时需要应用者结合问题特征和相关领域知识进行选取。如果能够从根本原因上解决问题，确定根本原因为关键原因，如果根本原因不可能改变或控制，那么沿着原因链从根本原因向问题逐个检查原因节点，找到第一个可以改变或控制的原因节点，确定为关键原因。通过清除关键原因从而清楚因果链中的大部分原因。根本原因可能是关键原因，也可能不是关键原因。

5.2.5　鱼骨图分析法

1953 年，日本管理大师石川馨提出的一种把握结果（特性）与原因（影响特性的要因）的极方便而有效的方法，名为“石川图”。因其形状很像鱼骨，是一种发现问题根本原因和透过现象看本质的分析方法，也称为“鱼骨图”（亦称“鱼刺图”“特性要因图”“因果图”）。问题的特性总是受到一些因素的影响，我们可以通过头脑风暴法找出这些因素，并将它们与特性值放在一起，按相互关联性整理而成层次分明、条理清楚，并标出重要因素的图形就构成“鱼骨图”。

鱼骨图是一个非定量的工具，可以帮助我们找出引起问题的潜在的根本原因，提示问题为什么会发生？使项目小组聚焦于问题的原因，而不是问题的症状。鱼骨图能够集中于问题的实质内容，以团队努力，聚集并攻克复杂难题。辨识导致问题或情况的所有原因，并从中找到根本原因。

鱼骨图有三种类型：a. 整理问题型，各要素与特性值间不存在原因关系，而是结构构成关系，对问题进行结构化整理。b. 原因型，鱼头在右，特性值通常以“为什么……”来写。c. 对策型，鱼头在左，特性值通常以“如何提高和改善……”来写。

如图 5-12 和图 5-13 所示，鱼骨图由特性（现象或待解决的问题）①、主骨②、要因③、大骨④、中骨⑤、小骨⑥、孙骨⑦构成。

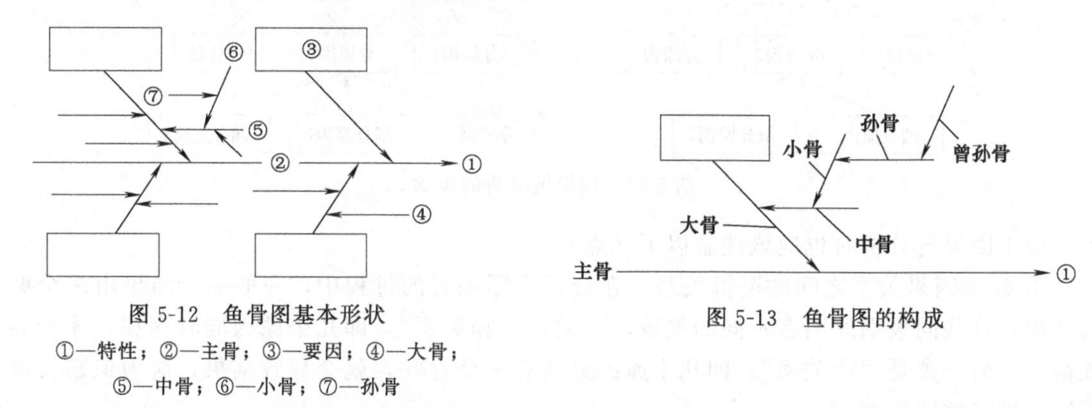

图 5-12　鱼骨图基本形状

①—特性；②—主骨；③—要因；④—大骨；
⑤—中骨；⑥—小骨；⑦—孙骨

图 5-13　鱼骨图的构成

特性①是指某种现象或待解决的问题，画在鱼骨图的最右端。

主骨②（也称为主刺），画在特性①的左端，可用粗线表示。

要因③，也称为大原因，一般鱼骨图有 3～6 个要因，并用大骨④将要因和主骨连接起来。绘图时，一般情况下应保证大骨与主骨成 60°夹角，中骨与主骨平行。要因一般用四方框圈起来。

中骨⑤要说明“事实”，小骨⑥要围绕“为什么会那样？”来描述，孙骨⑦要更进一步来追查“为什么会那样？”。

中骨、小骨、孙骨的记录要点：要围绕事实系统整理要因，要因一般使用动宾结构的形式。

要因的确定方法：召开头脑风暴研讨会，在最初的草案阶段，对于制造类鱼骨图的大骨，通常采用 6M 确定要因，如图 5-14 所示。6M 是指人员（Man）、测量（Measurement）、环境（Mother-nature）、方法（Methods）、材料（Materials）、机器（Machine）。6M 方法常规鱼骨图如图 5-15 所示。

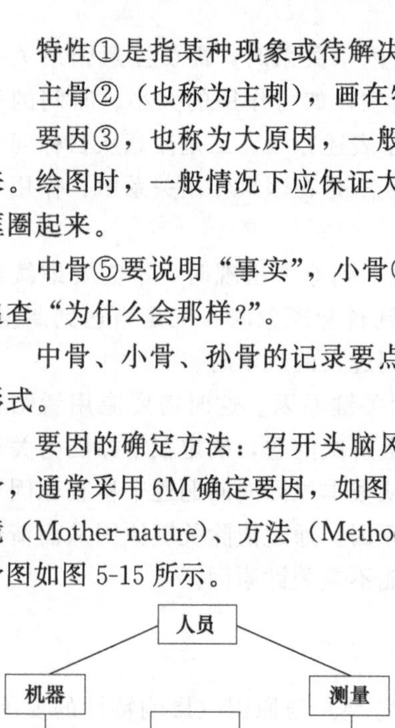

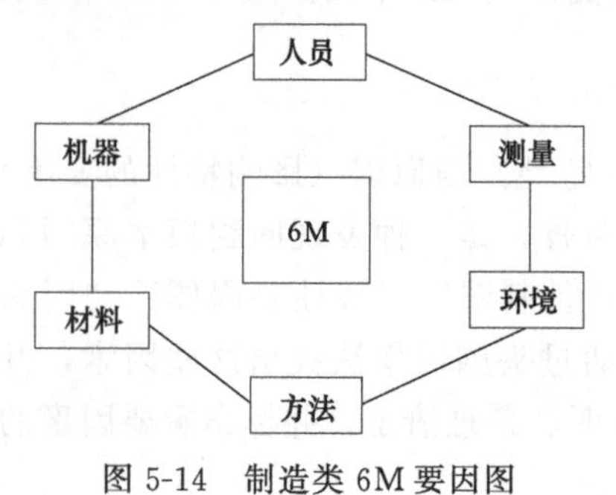

图 5-14　制造类 6M 要因图

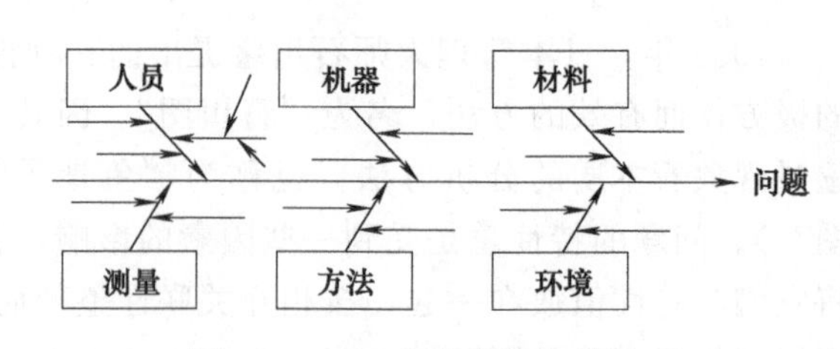

图 5-15　6M 方法常规鱼骨图

服务与流程类要因图和鱼骨图如图 5-16 和图 5-17 所示。

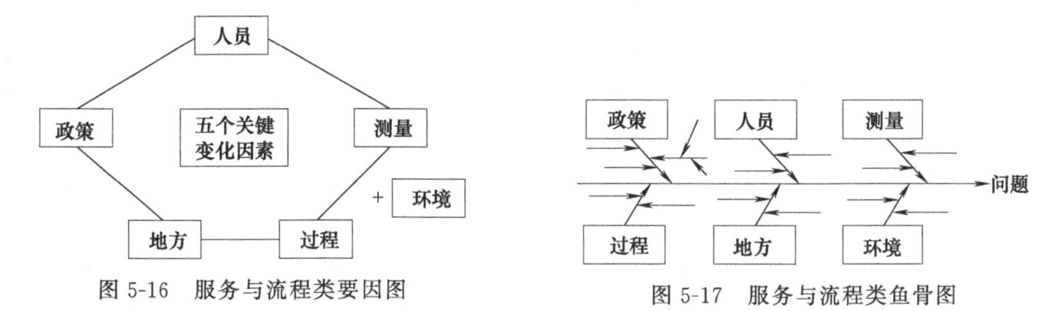

图 5-16　服务与流程类要因图

图 5-17　服务与流程类鱼骨图

5.2.6　小矮人法

应用 TRIZ 理论于自身发展的一个例子就是小矮人模型法，阿奇舒勒注意到西涅科金克·戈尔顿的移情方法（把自己比作变化的客体）存在的矛盾：优点是包括了用于促进想象力的幻想、感官，而缺点是在一些经常遇到分解客体，如分割、溶解、卷曲、爆破、冷凝、压缩、加热等的转换，该方法存在原则上的局限性。所以移情既应该存在，也不该存在。理想的解决方案是复制原理，让这个作用被模型化，但不是发明者本人，而是由具备某种条件的模型-小矮人，而且，最好用任何数量和任何出乎意外的和幻想性能的小矮人群来模型化。

当系统内的某些组件不能完成其必要的功能，并表现出相互矛盾的作用时，用一组小矮人来代表这些不能完成特定功能部件，不同的小矮人就表示执行不同的功能或具有不同的矛盾。通过能动的小矮人，实现预期的功能；然后根据小矮人模型对结构进行重新设计。

小人法适用于各部件功能明确的简单系统，对于复杂系统，需要与九屏幕法结合，先通过子系统提取转换为简单系统后，再建立问题的小人模型。而对于抽象性问题（如系统复杂性、稳定性等），则需要转换为具体矛盾问题，再建立问题的小人模型。

在一些创造性的解决问题的方法中，有很多都是基于小矮人法。如著名的化学家科古莱分析出苯（C_6H_6）的分子结构，就是源于猴子抓住笼子的金属条，同时前后爪子交互抓住形成环状。而在麦克斯韦思维试验中，需要从一个含有气体容器中，把高能气体部分传送到另一个容器中。麦克斯韦创意地想用一个带有“小门”的管子把两个容器连接起来，在高能快速气体来临时打开“魔力门”，而在低速气体来临时把门关闭。

小矮人模型建立的步骤如下。

① 在物体中划分出不能完成的非兼容的要求的部分，假设用许多小矮人表示这部分。

② 根据情况把小矮人分成若干组。在这个步骤需要描绘现有的或者曾经有过的情况。

③ 分析原始情况和重建（物体）模型，使模型符合所需的理想功能，并且使原始的矛盾被消除。在这个步骤需要描绘出应有情况。

④ 转向实际应用的技术解释和寻找实施手段。

[实例 4] 适应性抛光轮问题。使用普通抛光轮很难抛光复杂形状表面，因为当轮的厚度较大时，圆柱不能进入制品的窄缝中，而当轮的厚度较小时，抛光的效率下降。如何解决这一问题呢?

应用小矮人模型可以描述如下。

第一步：假设抛光轮由两部分组成，其中一部分与制成品密切接触，应该有所变化，而另一部分不需要变化［见图 5-18（a)]。

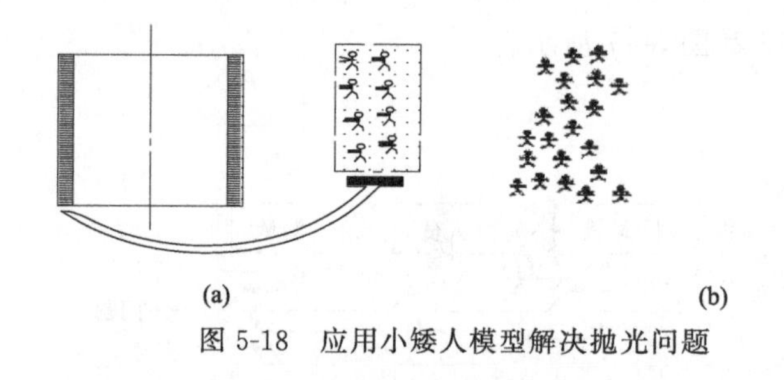

图 5-18　应用小矮人模型解决抛光问题

第二步：画出许多小矮人，代替希望改变［见图 5-18（b）］轮的圆柱形表面，而且让小矮人自己抛光零件，而让其他小矮人把住这些抛光的小矮人。

第三步：给出一个复杂形状表面的零件，当抛光轮旋转时，小矮人压向零件，但只限于与轮相接触的位置上。当与零件脱离接触后，小矮人集合成组，使轮获得旋转体的习惯形状。一切符合最大理想功能模型，抛光轮自动获得零件形状。

第四步：明确轮应该这样设计，使它的外部工作部分动力化，并能够适应零件表面形状。

第一种实现的技术：轮的外部由许多薄片组成。但是结构太复杂，而且会存在薄片的均匀磨损，得不到我们所需要的结果。

第二种实现的技术：抛光轮外表面由磁性抛光粉组成动力部分，而轮中心作为磁体。这时磁性抛光微粒将像小矮人一样是移动的，能适应零件的所有形状，并且磁性抛光微粒是坚硬的、独立的抛光部分。轮旋转时，非工作区段微粒根据抑制微粒内部磁场结构快速分布。

小矮人模型抑制了与形象概念和事物理解相关的惰性。所以非常重要的是所画物体要足够大，使物体中模型化的力用一群小矮人表现出来，这些小矮人不是小画面的拥挤线条，而是活生生的理想形象。

5.2.7　STC 算子法

TRIZ 创新思维中将尺寸-时间-成本（Size-Time-Cost，STC）法定义为 STC 算子法，意为将待改变系统从尺寸、时间和成本上进行改变，以打破人们的惯性思维。STC 算子法是一种让我们的大脑进行有规律的、多维度思维的发散方法。它比一般的发散思维和头脑风暴，能更快地得到我们想要的结果。

STC 算子法的规则：①将系统的尺寸从目前尺寸减少到 0，再将其增加到无穷大，观察系统的变化；②将系统的作用时间从当前值减少到 0，再将其增加到无穷大，观察系统的变化；③将系统的成本从当前值减少到 0，再将其增加到无穷大，观察系统的变化。

尺寸变化的过程反映系统功能的改变，而时间的变化过程反映系统功能的性能水平，成本则与实现功能的系统直接相关。一个产品由诸多因素组成，STC 算子法仅单一考虑相应因素，而不是统一考虑。STC 算子法不能给出一个精确的解决方案，应用 STC 算子法的目的是产生几个指向问题解的设想，帮助克服思维惯性。

［实例 5］ 摘苹果问题。使用活梯来采摘苹果是常规方法，但劳动量相当大。如何更加方便快捷地摘苹果呢？

为了解决这个问题，我们使用 STC 算子法，在尺才、时间和成本这 3 个角度上来考虑问题，做了 6 个思维的尝试，如图 5-19 所示。

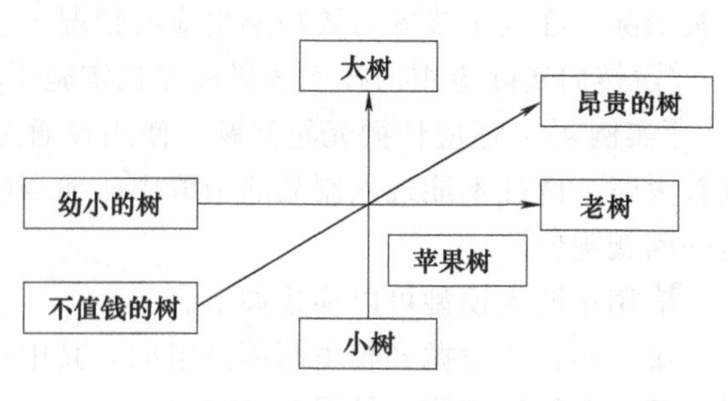

图 5-19　STC 算子法

尝试 1：让我们假设苹果树的尺寸趋于

零高度。在这种情况下是不需要活梯的。那么其中一种解决方案就是种植低矮的苹果树。

尝试 2：让我们假设苹果树的尺寸趋于无穷高，在折中情况下，可以建造通向苹果树顶部的道路和桥梁。将这种方法转移到常规尺寸的苹果树上，我们就可以得出一个解决方案：将苹果树的树冠变成可以用来够到苹果的形状（如带有梯子），这样就可以代替活梯。

尝试 3：让我们来假设收获的成本费用必须是不花钱（为零），那么最廉价的收获方法就是摇晃苹果树。

尝试 4：如果收获的成本费用可以无穷大，没有任何限制，我们就可以使用昂贵的设备。这种情况下的解决方案就是，可以发明一台带有电子视觉系统和机械手控制器的智能型摘果机。

尝试 5：如果收获的时间趋于零，则必须保证苹果在同一时间落地。这是可以实现的，如借助于轻微爆破或压缩空气喷射。

尝试 6：让我们来假设收获的时间没有任何限制，在这种情况下，我们没有必要采摘苹果，任由苹果自由落地而无损坏就好了。具体的方案可以是：在果树下铺设草坪或松软的土层，以防止苹果落下时摔伤，同时可以让果园的地面具有一定的倾斜角度，足以使苹果在地面滚动至某一位置，然后集中。

透过不同的角度看待问题，有助于我们突破思维习惯的束缚，让许多看似很难、无从下手的问题变得简便。

5.2.8 金鱼法

金鱼法又叫情境幻想分析法，金鱼法源自普希金的童话故事《渔夫和金鱼》，故事中描述了渔夫老伴的愿望通过金鱼变成了现实。映射到 TRIZ 创新思维法——金鱼法中，则是指从幻想式解决构想中区分现实和幻想的部分，然后再从解决构想的幻想部分分出现实与幻想两部分。通过这样不断地反复进行划分，直到确定问题的解决构想能够实现为止。

金鱼法的思维流程：a. 幻想情境 1－现实部分 1＝幻想情境 2；b. 得到了剩余的幻想部分——幻想情境 2，幻想部分 2 中还有没有现实的部分？c. 幻想情境 2－现实部分 2＝幻想情境 3；d. 得到了幻想部分 3，那么同样一直往下推论，到找不出现实的东西为止。这样就可以集中精力解决幻想部分，只要这个幻想部分解决，整个问题也就迎刃而解。

金鱼法的解题步骤：a. 将问题分成现实和幻想两部分；b. 问题 1——幻想为什么不能成为现实；c. 问题 2——在什么条件下，幻想部分可变为现实；d. 列出子系统、系统、超系统的可利用资源；e. 从可利用资源出发，提出可能的构想方案；f. 分解出构想中的不现实方案，再次回到第一步，以此重复。

［**实例 6**］ 一种可以在雪地和公路上骑行自行车的设计问题。雪地自行车只能在雪地骑行；普通自行车只能在公路上骑行，而在厚厚的雪地上则会寸步难行。幻想如何将公路自行车与雪地自行车的功能融合为一体，提供一种简易轻巧的两用自行车呢？

步骤 1：将问题分为现实和幻想两部分。现实部分：已有公路自行车和雪地自行车；幻想部分：公路自行车在短时间内可以改为雪地自行车。

步骤 2：幻想部分为什么不能成为现实？公路自行车有两个轮子不适合在雪地中行走，雪地自行车有一个轮子和一个滑板不适合在公路上行走。

步骤 3：在什么情况下，幻想部分可以变为现实？自行车既有轮子又有滑板；在公路上行走时用轮子；在雪地上行走时用滑板；自行车的轮子与滑板换卸方便。

步骤 4：列出所有可利用的资源。包括：超系统，如公路、雪地、城市街道、乡村小路；系统，如公路自行车与雪地自行车（体积、形状、重量、材质）；子系统，如螺钉、螺母、轮胎、雪扒、滑板、履带、支架。

步骤 5：利用已有资源，基于之前的构想考虑可能的方案。方案 1：滑雪板由硬塑料板改造，雪扒可由铁片、螺钉、螺母制成。雪地行走时将滑雪板和雪扒安装上，公路行走时卸下。此方案拆卸方便，适合所有普通自行车的改装。方案 2：雪地行走时将前轮去掉，换成滑雪板，后轮同方案 1。此方案涉及轮子的拆卸，比较麻烦。最终方案确定为方案 1。

这个案例展示了金鱼法的创造性问题分析原理：首先从幻想式构想中分离出现实部分，对于不现实部分，通过引入其他资源，将这些想法变为现实，然后继续对不现实部分进行分析，直到全部变为现实。

5.3 几种常用创新技法

5.3.1 头脑风暴法

(1) 头脑风暴法简介

头脑风暴法出自“头脑风暴”一词。所谓头脑风暴（Brain-storming），最早是精神病理学上的用语，指精神病患者的精神错乱状态而言的。而现在则成为无限制的自由联想和讨论的代名词，其目的在于产生新观念或激发创新设想。

头脑风暴法是由美国创造学家 A. F. 奥斯本于 1939 年首次提出，1953 年正式发表的一种激发性思维的方法。此法经各国创造学研究者的实践和发展，至今已经形成了一个发明技法群，如奥斯本智力激励法、默写式智力激励法、卡片式智力激励法等。

在群体决策中，由于群体成员心理相互作用影响，易屈于权威或大多数人意见，形成所谓的“群体思维”。群体思维削弱了群体的批判精神和创造力，损害了决策的质量。为了保证群体决策的创造性，提高决策质量，管理上发展了一系列改善群体决策的方法，头脑风暴法是较为典型的一个。

头脑风暴法可分为直接头脑风暴法（通常简称为头脑风暴法）和质疑头脑风暴法（也称反头脑风暴法）。前者是在专家群体决策尽可能激发创造性，产生尽可能多的设想的方法，后者则是对前者提出的设想、方案逐一质疑，分析其现实可行性的方法。

采用头脑风暴法组织群体决策时，要集中有关专家召开专题会议，主持者以明确的方式向所有参与者阐明问题，说明会议的规则，尽力创造融洽轻松的会议气氛。一般不发表意见，以免影响会议的自由气氛。由专家们“自由”提出尽可能多的方案。

(2) 头脑风暴法的激发机理

头脑风暴何以能激发创新思维？根据 A. F. 奥斯本本人及其他研究者的看法，主要有以下几点。

第一，联想反应。联想是产生新观念的基本过程。在集体讨论问题的过程中，每提出一个新的观念，都能引发他人的联想。相继产生一连串的新观念，产生连锁反应，形成新观念堆，为创造性地解决问题提供了更多的可能性。

第二，热情感染。在不受任何限制的情况下，集体讨论问题能激发人的热情。人人自由发言、相互影响、相互感染，能形成热潮，突破固有观念的束缚，最大限度地发挥创造性的思维能力。

第三，竞争意识。在有竞争意识情况下，人人争先恐后，竞相发言，不断地开动思维机器，力求有独到见解、新奇观念。心理学的原理告诉我们，人类有争强好胜心理，在有竞争意识的情况下，人的心理活动效率可增加50%或更多。

第四，个人欲望。在集体讨论解决问题过程中，个人的欲望自由，不受任何干扰和控制，是非常重要的。头脑风暴法有一条原则——不得批评仓促的发言，甚至不许有任何怀疑的表情、动作、神色。这就能使每个人畅所欲言，提出大量的新观念。

(3) 头脑风暴法的要求

① 组织形式

a. 参加人数一般为5～10人（课堂教学也可以班为单位），最好由不同专业或不同岗位者组成。

b. 会议时间控制在1h左右，设主持人一名，主持人只主持会议，对设想不作评论。设记录员1～2人，要求认真将与会者每一设想不论好坏都完整地记录下来。

② 会议类型

a. 设想开发型。这是为获取大量的设想、为课题寻找多种解题思路而召开的会议，因此，要求参与者要善于想象，语言表达能力要强。

b. 设想论证型。这是为了将众多的设想归纳转换成实用型方案召开的会议。要求与会者善于归纳、善于分析判断。

③ 会前准备工作

a. 会议要明确主题。会议主题提前通报给与会人员，让与会者有一定准备。

b. 选好主持人。主持人要熟悉并掌握该技法的要点和操作要素，摸清主题现状和发展趋势。

c. 参与者要有一定的训练基础，懂得该会议提倡的原则和方法。

d. 会前可进行柔化训练，即对缺乏创新锻炼者进行打破常规思考，转变思维角度的训练活动，以减少思维惯性，从单调的紧张工作环境中解放出来，以饱满的创造热情投入激励设想活动。

④ 会议原则

为使与会者畅所欲言，互相启发和激励，达到较高效率，必须严格遵守下列原则。

a. 禁止批评和评论，也不要自谦。对别人提出的任何想法都不能批判、不得阻拦。即使自己认为是幼稚的、错误的，甚至是荒诞离奇的设想，亦不得予以驳斥；同时也不允许自我批判，在心理上调动每一个与会者的积极性，彻底防止出现一些“扼杀性语句”和“自我扼杀语句”。诸如“这根本行不通”“你这想法太陈旧了”“这是不可能的”“这不符合某某定律”以及“我提一个不成熟的看法”“我有一个不一定行得通的想法”等语句，禁止在会议上出现。只有这样，与会者才可能在充分放松的心境下，在别人设想的激励下，集中全部精力开拓自己的思路。

b. 目标集中，追求设想数量，越多越好。在智力激励法实施会上，只强制大家提设想，越多越好。会议以谋取设想的数量为目标。

c. 鼓励巧妙地利用和改善他人的设想。这是激励的关键所在。每个与会者都要从他人的设想中激励自己，从中得到启示，或补充他人的设想，或将他人的若干设想综合起来提出新的设想等。

d. 与会人员一律平等，各种设想全部记录下来。与会人员，不论是该方面的专家、员工，还是其他领域的学者，以及该领域的外行，一律平等；各种设想，不论大小，甚至是最荒诞的设想，记录人员也要求认真地将其完整地记录下来。

e. 主张独立思考，不允许私下交谈，以免干扰别人思维。

f. 提倡自由发言，畅所欲言，任意思考。会议提倡自由奔放、随便思考、任意想象、尽量发挥，主意越新、越怪越好，因为它能启发人推导出好的观念。

g. 不强调个人的成绩，应以小组的整体利益为重，注意和理解别人的贡献，人人创造民主环境，不以多数人的意见阻碍个人新的观点的产生，激发个人追求更多更好的主意。

⑤ 会议实施步骤

a. 会前准备：参与人、主持人和课题任务三落实，必要时可进行柔性训练。

b. 设想开发：由主持人公布会议主题并介绍与主题相关的参考情况；突破思维惯性，大胆进行联想；主持人控制好时间，力争在有限的时间内获得尽可能多的创意性设想。

c. 设想的分类与整理：一般分为实用型和幻想型两类。前者是指目前技术工艺可以实现的设想，后者指目前的技术工艺还不能完成的设想。

d. 完善实用型设想：对实用型设想，再用脑力激荡法去进行论证、进行二次开发，进一步扩大设想的实现范围。

e. 幻想型设想再开发：对幻想型设想，再用脑力激荡法进行开发，通过进一步开发，就有可能将创意的萌芽转化为成熟的实用型设想。这是脑力激荡法的一个关键步骤，也是该方法质量高低的明显标志。

⑥ 主持人技巧

a. 主持人应懂得各种创造思维和技法，会前要向与会者重申会议应严守的原则和纪律，善于激发成员思考，使场面轻松活跃而又不失脑力激荡的规则。

b. 可轮流发言，每轮每人简明扼要地说清楚一个创意设想，避免形成辩论会和发言不均。

c. 要以赏识激励的词句语气和微笑点头的行为语言，鼓励与会者多出设想，如说：“对，就是这样!”“太棒了!”“好主意！这一点对开阔思路很有好处!”等。

d. 禁止使用下面的话语：“这点别人已说过了!”“实际情况会怎样呢?”“请解释一下你的意思。”“就这一点有用。”“我不赞赏那种观点。”等。

e. 经常强调设想的数量，如平均 3min 内要发表 10 个设想。

f. 遇到人人皆才穷计短，出现暂时停滞时，可采取一些措施，如休息几分钟，自选休息方法（如散步、唱歌、喝水等），再进行几轮脑力激荡，或发给每人一张与问题无关的图画，要求讲出从图画中所获得的灵感。

g. 根据课题和实际情况需要，引导大家掀起一次又一次脑力激荡的“激波”。如课题是某产品的进一步开发，可以从产品改进配方思考作为第一激波、从降低成本思考作为第二激波、从扩大销售思考作为第三激波等。又如，对某一问题解决方案的讨论，引导大家掀起“设想开发”的激波，及时抓住“拐点”，适时引导进入“设想论证”的激波。

h. 要掌握好时间，会议持续 1h 左右，形成的设想应不少于 100 种。但最好的设想往往是会议要结束时提出的，因此，预定结束的时间到了，可以根据情况再延长 5min，这是人们容易提出好的设想的时候。在 1min 时间里再没有新主意、新观点出现时，智力激励会议可宣布结束或告一段落。

(4) 头脑风暴法的原则

a. 庭外判决原则。对各种意见、方案的评判必须放到最后阶段，此前不能对别人的意见提出批评和评价。认真对待任何一种设想，而不管其是否适当和可行。

b. 欢迎各抒己见，自由鸣放。创造一种自由的气氛，激发参加者不惧怕地提出各种荒诞的想法。

c. 追求数量。意见越多，产生好意见的可能性越大。

d. 探索取长补短和改进办法。除提出自己的意见外，鼓励参加者对他人已经提出的设想进行补充、改进和综合。

e. 循环进行。

f. 每人每次只提一个建议。

g. 没有建议时说“过”。

h. 不要相互指责。

i. 要耐心。

j. 可以使用适当的幽默。

k. 鼓励创造性。

l. 结合并改进其他人的建议。

(5) 头脑风暴法中的专家小组

为提供一个良好的创造性思维环境，应该确定专家会议的最佳人数和会议进行的时间。经验证明，专家小组规模以 10～15 人为宜，会议时间一般以 20～60min 效果最佳。专家的人选应严格限制，便于参加者把注意力集中于所涉及的问题。

具体应按照下述三个原则选取参加会议的专家。

① 如果参加者相互认识，要从同一职位（职称或级别）的人员中选取。领导人员不应参加，否则可能对参加者造成某种压力。

② 如果参加者互不认识，可从不同职位（职称或级别）的人员中选取。这时不应宣布参加人员职称，不论成员的职称或级别的高低，都应同等对待。

③ 参加者的专业应力求与所论及的决策问题相一致，这并不是专家组成员的必要条件。但是，专家中最好包括一些学识渊博，对所论及问题有较深理解的其他领域的专家。

头脑风暴法专家小组应由下列人员组成：a. 方法论学者——专家会议的主持者；b. 设想产生者——专业领域的专家；c. 分析者——专业领域的高级专家；d. 演绎者——具有较高逻辑思维能力的专家。

头脑风暴法的所有参加者，都应具备较高的联想思维能力。在进行“头脑风暴”（即思维共振）时，应尽可能提供一个有助于把注意力高度集中于所讨论问题的环境。有时某个人提出的设想，可能正是其他准备发言的人已经思维过的设想。其中一些最有价值的设想，往往是在已提出设想的基础之上，经过“思维共振”的“头脑风暴”，迅速发展起来的设想，以及对两个或多个设想的综合设想。因此，头脑风暴法产生的结果，应当认为是专家成员集体创造的成果，是专家组这个宏观智能结构互相感染的总体效应。

(6) 头脑风暴法中的主持人

头脑风暴法的主持工作，最好由对决策问题的背景比较了解并熟悉头脑风暴法的处理程序和处理方法的人担任。头脑风暴主持者的发言应能激起参加者的思维“灵感”，促使参加者感到急需回答会议提出的问题。通常在“头脑风暴”开始时，主持者需要采取询问的做法，因为主持者很少有可能在会议开始 5～10min 内创造一个自由交换意见的气氛，并激起参加者踊跃发言。主持者的主动活动也只局限于会议开始之时，一旦参加者被鼓励起来以后，新的设想就会源源不断地涌现出来。这时，主持者只需根据“头脑风暴”的原则进行适当引导即可。应当指出，发言量越大，意见越多种多样，所论问题越广越深，出现有价值设想的概率就越大。

（7）头脑风暴法中的记录工作

会议提出的设想应由专人简要记载或录制下来，以便由分析组对会议产生的设想进行系统化处理，供下一（质疑）阶段使用。

（8）头脑风暴法结果的处理的流程

系统化的处理程序：a. 对所有提出的设想编制名称一览表；b. 用通用术语说明每一设想的要点；c. 找出重复的和互为补充的设想，并在此基础上形成综合设想；d. 提出对设想进行评价的准则；e. 分组编制设想一览表；f. 质疑头脑风暴法阶段。

在决策过程中，对上述直接头脑风暴法提出的系统化的方案和设想，还经常采用质疑头脑风暴法进行质疑和完善。这是头脑风暴法中对设想或方案的现实可行性进行估价的一个专门程序。这一程序包括以下几个阶段。

第一阶段，是要求参加者对每一个提出的设想都要提出质疑，并进行全面评论。评论的重点，是研究有碍设想实现的所有限制性因素。在质疑过程中，可能产生一些可行的新设想。这些新设想，包括对已提出的设想无法实现的原因的论证，存在的限制因素，以及排除限制因素的建议。其结构通常是“××设想是不可行的，因为……，如要使其可行，必须……”。

第二阶段，是对每一组或每一个设想，编制一个评论意见一览表，以及可行设想一览表。质疑头脑风暴法应遵守的原则与直接头脑风暴法一样，只是禁止对已有的设想提出肯定意见，而鼓励提出批评和新的可行设想。在进行质疑头脑风暴法时，主持者应首先简明介绍所讨问题的内容，扼要介绍各种系统化的设想和方案，以便把参加者的注意力集中于对所论问题进行全面评价上。质疑过程一直进行到没有问题可以质疑为止。质疑中抽出的所有评价意见和可行设想，应专门记录或录制下来。

第三阶段，是对质疑过程中抽出的评价意见进行估价，以便形成一个对解决所讨论问题实际可行的最终设想一览表。对于评价意见的估价，与对所讨论设想质疑一样重要。因为在质疑阶段，重点是研究有碍设想实施的所有限制因素，而这些限制因素即使在设想产生阶段也是放在重要地位予以考虑的。

由分析组负责处理和分析质疑结果。分析组要吸收一些有能力对设想实施做出较准确判断的专家参加。如果须在很短时间就重大问题做出决策时，吸收这些专家参加尤为重要。

（9）对头脑风暴法的评价

实践经验表明，头脑风暴法可以排除折中方案，对所讨论问题通过客观、连续的分析，找到一组切实可行的方案，因而头脑风暴法在军事决策和民用决策中得出了较广泛的应用。例如在美国国防部制定长远科技规划中，曾邀请 50 名专家采取头脑风暴法开了两周会议。参加者的任务是对事先提出的长远规划提出异议。通过讨论，得到一个使原规划文件变为协调一致的报告，在原规划文件中，只有 25％～30％的意见得到保留。由此可以看到头脑风暴法的价值。

当然，头脑风暴法实施的成本（时间、费用等）是很高的，另外，头脑风暴法要求参与者有较好的素质。这些因素是否满足会影响头脑风暴法实施的效果。

5.3.2 设问法

发明、创造、创新的关键是能够发现问题，提出问题。设问法就是对任何事物都多问几个为什么，就是提出了一张提问的单子，通过各种假设式的提问寻找解决问题的途径。

如何提问？常见的方法有奥斯本检核表法、5W2H提问法、和田十二法等。下面逐一进行介绍。

(1) 奥斯本检核表法

所谓的检核表法，是根据需要研究的对象的特点列出有关问题，形成检核表，然后一个一个地来核对讨论。从而发掘出解决问题的大量设想。它引导人们根据检核项目的一条条思路来求解问题，力求提交周密的思考。奥斯本的检核表法是针对某种特定要求制定的检核表，主要用于新产品的研制开发。奥斯本检核表法是指以该技法的发明者奥斯本命名、引导主体在创造过程中对照9个方面的问题进行思考，以便启迪思路，开拓思维想象的空间，促进人们产生新设想、新方案的方法。9个问题如表5-1所示。这9个问题对于任何领域创造性地解决问题都是适用的。

表5-1 奥斯本检核表

序号	检核项目	含　义
1	能否他用	现有的事物有无其他用途、保持不变能否扩大用途；稍加改变有无其他用途
2	能否借用	能否引入其他创造性设想；能否模仿别的东西；能否从其他领域、产品、方案中引入新的元素、材料、造型、原理、工艺、思路
3	能否改变	现有事物能否做些改变？如颜色 声音、味道、式样、花色、音响、品种、意义、制造方法，改变后效果如何
4	能否扩大	现有事物可否扩大适用范围；能否增加使用功能；能否添加零部件；延长它的使用寿命，增加长度、厚度、强度、频率、速度、数量、价值
5	能否缩小	现有事物能否体积变小、长度变短、重量变轻、厚度变薄以及拆分或省略某些部分(简单化)？能否浓缩化、省力化、方便化、短路化
6	能否替代	现有事物能否用其他材料、元件、结构、力、设备、方法、符号、声音等代替
7	能否调整	现有事物能否变换排列顺序、位置、时间、速度、计划、型号；内部元件可否交换
8	能否颠倒	现有的事物能否从里外、上下、左右、前后、横竖、主次、正负、因果等相反的角度颠倒过来用
9	能否组合	能否进行原理组合、材料组合、部件组合、形状组合、功能组合、目的组合

奥斯本检核表法是一种产生创意的方法。在众多的创造技法中，这种方法是一种效果比较理想的技法。由于它突出的效果，被誉为“创造之母”。人们运用这种方法，产生了很多杰出创意，以及大量发明创造。奥斯本检核表法的核心是改进，或者说关键词是：改进！通过变化来改进。

其基本做法是：第一步，选定一个要改进的产品或方案；第二步，面对一个需要改进的产品或方案，或者面对一个问题，从9个角度提出一系列问题，并由此产生大量思路；第三步，根据第二步提出的思路，进行筛选和进一步思考、完善。

利用奥斯本检核表法，可以产生大量的原始思路和原始创意，这对人们的发散思维有很大的启发作用。当然，运用此方法时要注意和具体的知识经验相结合。奥斯本检核表法只是提示了思考的一般角度和思路，思路的发展还要依赖人们的具体思考。运用此方法，要结合改进对象（方案或产品）来进行思考。运用此方法，还可以自行设计大量的问题来提问。提出的问题越新颖，得到的主意就越有创意。

奥斯本检核表法的优点很突出，它使思考问题的角度具体化。但它也有缺点，就是它是改进型的创意产生方法，具体而言，首先必须选定一个有待改进的对象，然后在此基础上设法加以改进。这种方法不是原创型的，但有时候也能够产生原创型的创意。例如，把一个产品的原理引入另一个领域，就可能产生原创型的创意。

奥斯本检核表法属于横向思维，以直观、直接的方式激发思维活动。该方法操作十分方便，效果也相当好。奥斯本检核表法可细分为 9 大类 75 个问题。这 75 个问题不是奥斯本凭空想象的，而是他在研究和总结大量近、现代科学发现、发明、创造事例的基础上归纳出来的。

第一类：①有无新的用途？②是否有新的使用方法？③可否改变现有的使用方法？

第二类：④有无类似的东西？⑤利用类比能否产生新观念？⑥过去有无类似的问题？⑦可否模仿？⑧能否超过？

第三类：⑨可否改变功能？⑩可否改变颜色？⑪可否改变形状？⑫可否改变运动？⑬可否改变气味？⑭可否改变音响？⑮可否改变外形？⑯是否还有其他改变的可能性？

第四类：⑰可否增加些什么？⑱可否附加些什么？⑲可否增加使用时间？⑳可否增加频率？㉑可否增加尺寸？㉒可否增加强度？㉓可否提高性能？㉔可否增加新成分？㉕可否加倍？㉖可否扩大若干倍？㉗可否放大？㉘可否夸大？

第五类：㉙可否减少些什么？㉚可否密集？㉛可否压缩？㉜可否浓缩？㉝可否聚合？㉞可否微型化？㉟可否缩短？㊱可否变窄？㊲可否去掉？㊳可否分割？㊴可否减轻？㊵可否变成流线型？

第六类：㊶可否代替？㊷用什么代替？㊸还有什么别的排列？㊹还有什么别的成分？㊺还有什么别的材料？㊻还有什么别的过程？㊼还有什么别的能源？㊽还有什么别的颜色？㊾还有什么别的音响？㊿还有什么别的照明？

第七类：51可否变换？52有无可互换的成分？53可否变换模式？54可否变换布置顺序？55可否变换操作工序？56可否变换因果关系？57可否变换速度或频率？58可否变换工作规范？

第八类：59可否颠倒？60是否颠倒正负？62可否颠倒正反？62可否头尾颠倒？63可否上下颠倒？64可否颠倒位置？65可否颠倒作用？

第九类：66可否重新组合？67可否尝试混合？68可否尝试合成？69可否尝试配合？70可否尝试协调？71可否尝试配套？72可否把物体组合？73可否把目的组合？74可否把特性组合？75可否把观念组合？

应用奥斯本检核表是一种强制性思考过程，有利于突破不愿提问的心理障碍。很多时候，善于提问本身就是一种创造。

(2) 5W2H 提问法

5W2H 分析法又叫七何分析法，如图 5-20 所示，是第二次世界大战中由美国陆军兵器修理部首创。它简单、方便，易于理解、使用，富有启发意义，广泛用于企业管理和技术活动，非常有助于决策和执行性的活动措施，也有助于弥补考虑问题的疏漏。

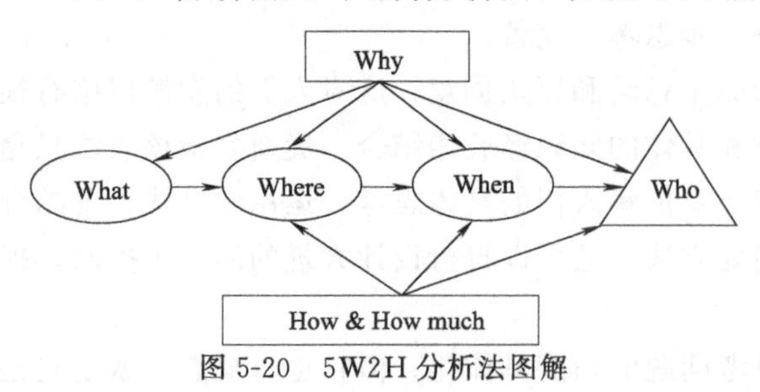

图 5-20 5W2H 分析法图解

发明者用 5 个以 W 开头的英语单词和 2 个以 H 开头的英语单词进行设问，发现解决问题的线索，寻找发明思路，进行设计构思，从而提炼出新的发明项目，这就叫作5W2H法。其操作步骤具体如下。

① 做什么（What）？条件是什么？哪一部分工作要做？目的是什么？重点是什么？与什么有关系？功能是什么？规范是什么？工作对象是什么？

② 怎样（How）？怎样做省力？怎样做最快？怎样做效率最高？怎样改进？怎样得到？怎样避免失败？怎样求发展？怎样增加销路？怎样达到效率？怎样才能使产品更加美观大方？怎样使产品用起来方便？

③ 为什么（Why）？为什么采用这个技术参数？为什么不能有响声？为什么停用？为什么变成红色？为什么要做成这个形状？为什么采用机器代替人力？为什么产品的制造要经过这么多环节？为什么非做不可？

④ 何时（When）？何时要完成？何时安装？何时销售？何时是最佳营业时间？何时工作人员容易疲劳？何时产量最高？何时完成最为适宜？需要几天才算合理？

⑤ 何地（Where）？何地最适宜某物生长？何处生产最经济？从何处买？还有什么地方可以作销售点？安装在什么地方最合适？何地有资源？

⑥ 谁（Who）？谁来办最方便？谁会生产？谁可以办？谁是顾客？谁被忽略了？谁是决策人？谁会受益？

⑦ 多少（How much）？功能指标达到多少？销售多少？成本多少？输出功率多少？效率多高？尺寸多少？重量多少？

提出疑问于发现问题和解决问题是极其重要的。创造力高的人，都具有善于提问题的能力，众所周知，提出一个好的问题，就意味着问题解决了一半。提问题的技巧高，可以发挥人的想象力。相反，有些问题提出来，反而挫伤我们的想象力。发明者在设计新产品时，常常提出：为什么（Why）；做什么（What）；何人做（Who）；何时（When）；何地（Where）；如何（How）；多少（How much），这就构成了5W2H法的总框架。如果提问中常有“假如……”“如果……”“是否……”这样的虚构，就是一种设问，设问需要更高的想象力。

在发明设计中，对问题不敏感，看不出毛病是与平时不善于提问有密切关系的。对一个问题追根刨底，有可能发现新的知识和新的疑问。所以从根本上说，学会发明首先要学会提问，善于提问。阻碍提问的因素：一是怕提问多，被别人看成什么也不懂的傻瓜；二是随着年龄和知识的增长，提问欲望渐渐淡薄。如果提问得不到答复和鼓励，反而遭人讥讽，结果在人的潜意识中就形成了这种看法：好提问、好挑毛病的人是扰乱别人的讨厌鬼，最好紧闭嘴唇，不看、不闻、不问，但是这恰恰阻碍了人的创造性的发挥。

5W2H法的优势如下。

① 可以准确界定、清晰表述问题，提高工作效率。

② 有效掌控事件的本质，完全地抓住了事件的主骨架，把事件打回原形思考。

③ 简单、方便，易于理解、使用，富有启发意义。

④ 有助于思路的条理化，杜绝盲目性；有助于全面思考问题，从而避免在流程设计中遗漏项目。

(3) 和田十二法

和田十二法，又叫和田创新法则或和田创新十二法，即指人们在观察、认识一个事物时，可以考虑是否能从12个方面提出问题并加以解决。和田十二法是我国学者许立言、张福奎在奥斯本检核表法基础上，借用其基本原理，加以创造而提出的一种思维技法。它既是对奥斯本检核表法的一种继承，又是一种大胆的创新。例如，其中的“联一联”“定一定”等，就是一种新发展。同时，这些技法更通俗易懂、简便易行、便于推广。

和田十二法提出的问题如下。

① 加一加：加高、加厚、加多、组合等。

② 减一减：减轻、减少、省略等。

③ 扩一扩：放大、扩大、提高功效等。

④ 变一变：变形状、颜色、气味、音响、次序等。

⑤ 改一改：改缺点、改不便、不足之处。

⑥ 缩一缩：压缩、缩小、微型化。

⑦ 联一联：原因和结果有何联系，把某些东西联系起来。

⑧ 学一学：模仿形状、结构、方法，学习先进。

⑨ 代一代：用别的材料代替，用别的方法代替。

⑩ 搬一搬：移作他用。

⑪ 反一反：能否颠倒一下。

⑫ 定一定：定个界限、标准，能提高工作效率。

如果按这12个“一”的顺序进行核对和思考，就能从中得到启发，诱发人们的创造性设想。所以，无论是和田十二法还是奥斯本检核表法，都是一种打开人们创造思路，从而获得创造性设想的“思路提示法”。

“和田十二法”由于简洁、实用，深受中小学生及工人的欢迎，我国普及这种方法以来已取得了丰硕的成果，下面以实例进行说明。

[案例] 和田十二法应用实例

1）加一加

南京的小学生丛小郁发现，上图画课时，既要带调色盘，又要带装水用的瓶子很不方便。她想要是将调色盘和水杯“加一加”，变成一样东西就好了。于是，她提出了将可伸缩的旅行水杯和调色盘组合在一起的设想，并将调色盘的中间与水杯底部刻上螺纹，这样，可涮笔的调色盘便产生了。

2）减一减

台湾少年于实明见爸爸装门扣时要拧六颗螺钉，觉得很麻烦。他想减少螺钉数目，提出了这样的设想：将锁扣的两边条弯成卷角朝下，只要在中间拧上一颗螺钉便可固定。这样的门扣只要两颗螺钉便可固定了。

3）扩一扩

在烈日下，母亲抱着孩子还要打伞，实在不方便，能不能特制一种母亲专用的长舌太阳帽，这种长舌太阳帽的长舌扩大到足够为母子二人遮阳使用呢？现在已经有人发明了这种长舌太阳帽，很受母亲们的欢迎。

4）变一变

河南省洛阳市第二中学的王岩同学看到瓶口的漏斗灌水时常常憋住气泡，使得水流不畅。若将漏斗下端口由圆变方，那么往瓶里灌水时就能流得很畅快，也用不着总要提起漏斗了。

5）改一改

一般的水壶在倒水时，由于壶身倾斜，壶盖易掉，而使蒸气溢出烫伤手，成都市的中学生田波想了个办法克服水壶的这个缺点。他将一块铝片铆在水壶柄后端，但又不太紧，使铝片另一端可前后摆动。灌水时，壶身前倾，壶柄后端的铝片也随着向前摆，而顶住了壶盖，使它不能掀开。水灌完后，水壶平放，铝片随着后摆，壶盖又能方便地打开盖子。

6）缩一缩

石家庄市第一中学的王学青同学发现地球仪携带不方便，便想到，如果地球仪不用时能把它压缩、变小，携带就方便了。他想若应用制作塑料球的办法制作地球仪就可以解决这个问题。用塑料薄膜制的地球仪，用的时候把气吹足，放在支架上，可以转动；不用的时候把气放掉，一下子就缩得很小，便于携带。

7）联一联

澳大利亚曾发生过这样一件事：在收获季节里，有人发现一片甘蔗田里的甘蔗产量提高了50%。这是由于甘蔗栽种前一个月，有一些水泥撒落在这块田地里。科学家们分析后认为，是水泥中的硅酸钙改良了土壤的酸性，而导致甘蔗的增产。这种将结果与原因联系起来的分析方法经常能使我们发现一些新的现象与原理，从而引出发明。由于硅酸钙可以改良土壤的酸性，于是人们研制出了改良酸性土壤的“水泥肥料”。

8）学一学

江苏省的学生臧荣华做了一个十分有趣的实验——让猫狗怕小鸡。这里十分巧妙地运用了学一学的方法。事情的经过是这样的：村子里许多人都养了猫和狗，这些猫和狗总是想偷吃小鸡。臧荣华的妈妈也买来了小鸡，但放在哪里都不放心。臧荣华想：要是能让猫狗自己自动不来就好了。一天，他上学时，看到一群飞舞的蜜蜂。他想：人比蜜蜂大多了，可是人怕蜜蜂，因为怕蜂蜇。那么我们能不能学一学蜜蜂的办法，让猫狗怕小鸡呢？他做了一个别出心裁的试验，他右手抓起一只小鸡，让鸡头从手的虎口处伸出来，拇指与食指捏着一枚缝衣针，针尖在鸡的嘴尖处稍露出一点。然后，他抓来猫、狗，用藏在鸡嘴处的针尖去扎猫或狗的鼻子、嘴，每天扎十几次。连扎三四天后，他发现猫狗见到小鸡就怕，他成功了！

9）代一代

山西省阳泉市小学生张大东发明的按扣开关正是采用了代一代的方法。张大东发现家中有许多用电池作电源的电器没有开关。使用时很不方便。他想出一个“用按扣代替开关”的办法：他找来旧衣服和鞋上面无用的按扣，将两片分别焊上两根电线头。按上按扣，电源就接通了；掰开按扣，电源又切断了。

10）搬一搬

上海市大同中学的刘学凡同学在参加夏令营时，感到带饭盆不方便，他很想发明一种新式的便于携带的饭盆。他看到家中能伸缩的旅行茶杯，又想到了充气可变大，放气可缩小的塑料用品。他想按照这些物品制造的原理，设计一个旅行杯式的饭盆，或是充气饭盆。可是，他又觉得这些设想还不够新颖。他陷入了冥思苦想之中。一天，他偶然看到一个铁皮匣子，是由十字状铁皮将四壁向上围成的。他想，我也可以将5块薄板封在双层塑料布中，用时将相邻两角用揿钮揿上，5块板就围成了一个斗状饭盆。这样，一个新颖的折叠式旅行饭盆就创造出来了。

11）反一反

反一反为逆向思考法，前面有较多的论述，请参见奥斯本设问法中逆向思考部分。

12）定一定

药水瓶印上刻度，贴上标签，注明每天服用几次，什么时间服用，服几格；城市十字路口的交通信号灯红灯停、绿灯行；学校里规定上课时学生发言必须先举手，得到教师允许才能起立发言。这些都是一些规定，有了这些规定，我们的行为才能准确而有序。我们应该运用定一定的方法发现一些有益的规定及执行“规定”。

简单的12个字“加”“减”“扩”“变”“改”“缩”“联”“学”“代”“搬”“反”“定”，概括了解决发明问题的12条思路。

5.3.3 焦点客体法

焦点客体法是美国人温丁格特于1953年提出的，目的在于创造具有新本质特征的客体。这种方法的主要想法是：为了克服与研究客体有关的心理惯性，将研究客体与各种偶然客体建立起一种联想关系。

焦点客体法的具体工作程序如下。

① 选择需要完善的客体（即焦点客体）。

② 制定完善客体目标。

③ 借助于任何书籍、字典或其他资料来选择偶然词（客体）。

④ 分出所选偶然客体的特征（性质）。

⑤ 将所选出的特征（性质）转向被研究客体。

⑥ 记下研究客体与偶然客体特征结合后得到的想法。

⑦ 分析得到的结合点，选择最合适的想法。

用此方法解决问题，使用表格形式是比较方便的。

[案例] 要提高锅的使用性能，可以通过翻阅书籍随便选择几个偶然词：书目、灯和香烟，利用焦点客体法进行创新设计。表5-2为焦点客体法综合资料及得到的想法。

表5-2 焦点客体法综合资料及得到的想法

焦点客体——锅		完善目的——增加品种	
偶然客体	偶然客体特征	焦点客体及特征	得到的想法
树木	高、裸露、软木、带根	高壁锅、软木锅、带根的锅	底部有支架、有高保温壁的锅
灯	有电、有裂痕、发光	电锅、有裂痕的锅、发光的锅	电子加热锅、有辅助照明、分成几部分的锅
香烟	冒烟的、带过滤嘴的、放盒里	冒烟锅、带过滤网锅、双壁锅	有气味显示器、内有笊篱、绝缘盖

根据对所获得想法的分析结果，可以建议厂家生产带电子加热，有支架，有高绝缘壁、内部分几部分、一部分可放笊篱的锅。

下面这个例子也可以说明焦点客体法的应用过程：有一个国外的发明家想要设计出一款新式的按摩椅子，他苦思冥想了很多天也没有好的主意，有一天他去附近公园散步，偶然之间看到了小刺猬在森林草丛间蹦跳嬉戏，他马上把小刺猬与自己设计的按摩椅联想到了一起并产生出了设计思路。这里偶然客体是刺猬，偶然客体最主要的特征是身上有刺，待完善的客体（即焦点客体）是按摩椅，完善目的是要增加按摩椅的新颖性和有用功能，发明家将其所选出的刺猬特征转向被研究客体，于是就给自己所要设计的按摩椅上增加了一些小的橡胶刺棒，不仅如此，还要达到给这些橡胶刺棒通电之后让它们热起来并震动的效果。这样的设计，使得需要按摩的人在坐了此椅后感到格外舒服惬意，从而达到了按摩放松的目的。

5.3.4 类比法

比较分析两个对象之间某些相同或相似之处，从而认识事物或解决问题的方法，称为类比法。

类比法以比较为基础，将陌生与熟悉、未知与已知相对比，这样由此物及彼物，由此类及彼类，可以启发思路，提供线索，触类旁通。

采用类比法的关键是本质的类似，但是要注意在分析事物间本质的类似时，还要认识到它们之间的差别，避免生搬硬套，牵强附会。

类比法需借助原有的知识，但又不能受之束缚，应善于异中求同，同中求异，实现创新。

(1) 基本类比方式

① 拟人类比。拟人类比就是让机械模仿人的某些动作，实现其特定的功能。应用拟人类比时，需要将自身思维与创新对象融为一体，将创作对象拟人化，把非生命对象生命化，感觉、体验问题，设身处地想象，探讨在要求条件下的感觉或动作，从而得到有益的启示。

［案例］ 机械手就是模仿人的手臂弯曲的功能；挖掘机就是模仿人使用铁锨的动作设计而成。图 5-21 所示的和面机中，搅面棒的 M 点能模仿人手搅面时的动作，同时容器绕 Z 轴不断旋转，从而使容器内的面粉得到充分的搅拌。

② 直接类比。直接类比是将创新对象直接与相似的事物或现象进行比较。类比对象的本质特征越接近，则成功率越大。直接类比具有简单、快速及可靠性强的优点。

［案例］ 在开发某种水上汽艇的控制系统时，可与已经存在的汽车控制系统相类比；在开发某种高速行驶的水翼艇的动力装置时，可与已经存在的航空发动机相类比。又如，照相机中的光圈机构是一种改变面积的机构，如图 5-22 所示。与之相类比，可将其应用在机械工程中有必要改变截面积的机械部分，而如果使用呆板的机械零件组成放大或缩小的结构就很难实现，而巧妙的照相机光圈机构简单、灵活、结构紧凑，非常实用。

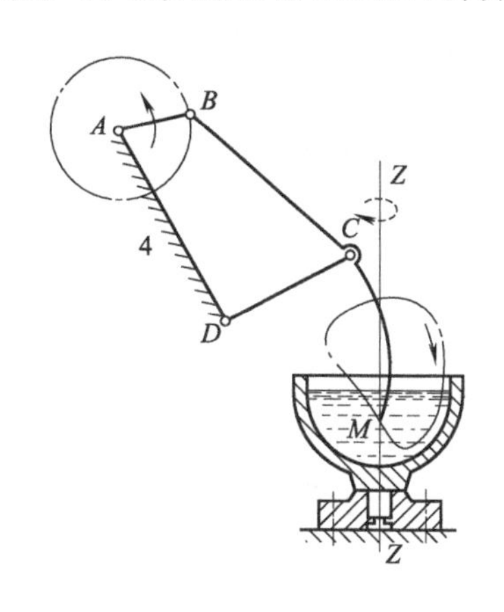

图 5-21　和面机

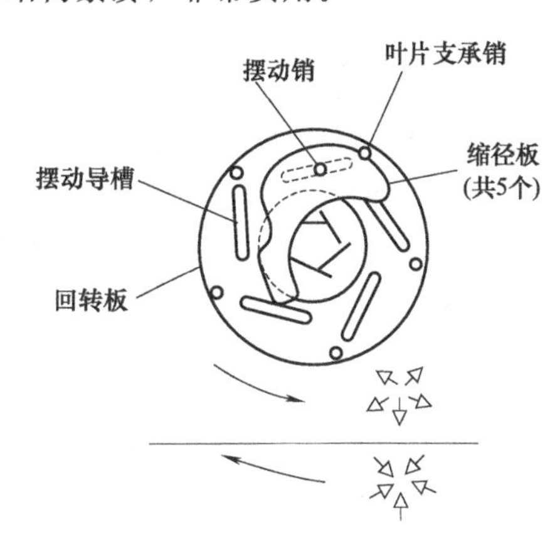

图 5-22　光圈的变径（面积可改变相机）

③ 象征类比。象征类比是借助事物形象和象征符号比喻某种抽象的概念或思想感情的方法。象征类比是直觉感知的，针对需要解决的问题，用具体形象的东西作类比描述，使问题关键显现并简化。象征类比在文学作品、建筑设计中应用广泛，对于其领域的创新很有启发作用。

［案例］ 玫瑰花象征爱情，绿色象征春天，钢铁比喻坚强；纪念碑要赋予“宏伟”“庄严”的象征格调，音乐厅、茶室要赋予“艺术”“优雅”的象征格调；世博会和奥运会等的建筑、装修以及吉祥物等的设计都要与本国的文化特色有关。

④ 幻想类比。幻想类比即运用在现实中难以存在或根本不存在的幻想中的事物、现象作类比，以探求新观念和新解法的方法。

[案例] 在一株植物上获得两种果实过去只能是在童话中的幻想，但德国的一位科学家用基因拼接技术培育出马铃薯番茄，这种新的植物在地面上的茎上结番茄，而地下土壤中生长马铃薯块茎，可谓一株双收，事半功倍。

(2) 仿生法

从自然界获得灵感，再将其用于人造产品中的方法称为仿生法。漫长的进化使形形色色的生物具有复杂的结构和奇妙的功能，赐予人类无穷无尽的创新思路和发明设想。自然界不愧为发明家的老师、探索者的课堂。

① 原理仿生。原理仿生是模仿生物的生理原理而创造新事物的方法。

[案例] 蝙蝠用超声波辨别物体位置的原理使人类大开眼界。经过研究发现，蝙蝠的喉内能发出十几万赫兹的超声波脉冲，这种超声波发出后，遇到物体就会反射回来，产生报警回波，蝙蝠根据回波的时间确定障碍物的距离，根据回波到达左右耳的微小时间差确定障碍物的方位。人们利用这种波的探测本领发明了雷达等探测设备。南极终年冰天雪地，行走十分困难，汽车业很难同行，科学家们发现平时走路很慢的企鹅，在紧急关头一反常态，将其腹部紧贴在雪地上，双脚快速蹬动，在雪地上飞速前进。由此受到启发，仿效企鹅动作原理，设计了一种极地汽车，使其宽阔的底部贴在雪地上，用轮勺推动，这种汽车能在雪地上快速行驶，时速可达 50 多公里。

② 结构仿生。结构仿生是模仿生物结构而创造新事物的方法。

[案例] 18 世纪初，巢房独特精确的结构形状引起人们的注意，每间巢房的体积几乎都是 0.25cm^3，壁厚都精确保持在（0.073±0.002）mm 范围内，巢房正面均为正六边形[图 5-23（a）]，背面的尖顶处由 3 个完全相同的菱形拼接而成，经数学计算证明，巢房的这一特殊结构具有在同样容积下最省材料的特点，经研究人们发现巢房单薄的结构还具有很高的强度，若用几张一定厚度的纸按蜂巢结构做成拱形板，竟能承受一个成年人的体重。据此，人们发明了各种质量小、强度高、隔声和隔热等性能良好的蜂窝结构材料，广泛用于飞机、火箭及建筑上。图 5-23（b）所示为飞机机翼剖面，它是用树脂胶接剂在加热加压的条件下，将铝制蜂窝状物体胶接到外壳上的办法制成的。

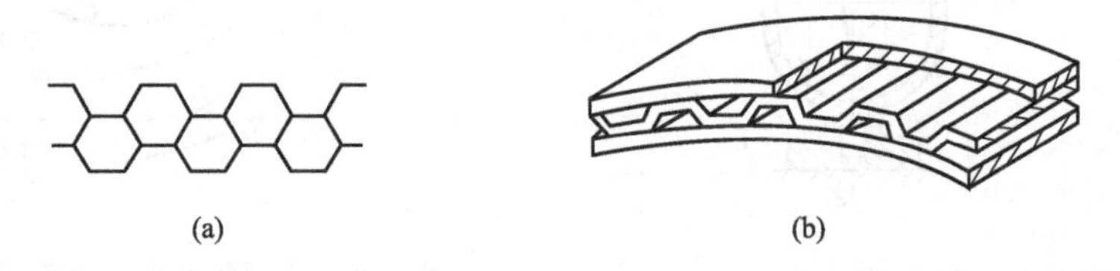

图 5-23　巢房与飞机机翼剖面

③ 外形仿生。外形仿生是模仿生物外部形状的创新方法。

[案例] 从猫、虎的爪子想到运动员的钉子鞋，从鲍鱼想到吸盘；传统交通工具的滚动式结构难以穿越沙漠，苏联科学家模仿袋鼠行走方式，发明了跳跃运动的汽车，从而解决了沙漠运输的难题；对爬越 45°以上的陡坡来说，坦克也只能望洋兴叹，美国科学家模仿蝗虫行走方式，研制出六腿行走式机器人，以 6 条腿代替传统的履带，可以轻松地行进在崎岖山路之中。

④ 信息仿生。信息仿生是通过研究生物的感觉、语言、智能等信息及其存储、提取、传输等方面的机理，构思出新的信息系统的仿生方法。

［案例］ 在狂风暴雨到来之前，海上还风平浪静时，浅水处的水母就会纷纷游向深海躲避。科学家研究发现，水母的“耳”腔内有一代小柄的球，当暴风产生的、频率为 8～13Hz 的声波传来时，便振动并刺激起“耳”神经，于是水母能比人类更早感受到即将来临的风暴。由此，人们发明了风暴预警器，可提前 15 小时预报风暴。又如，人们研制的“电鼻子”，模仿狗鼻子，但其灵敏度可达狗鼻子的 1000 倍，它是集智能传感技术、人工智能专家系统技术及并行处理技术等高科技成果于一体的高度自动化仿生系统，用于寻找藏于地下的地雷、光缆、电缆及易燃易爆品和毒品等。

(3) 移植法

移植法是将某个学科领域中已经发现的新原理、新技术和新方法，移植、应用或渗透到其他技术领域中去，用以创造新事物的创新方法。移植法也称渗透法。从思维的角度看，移植法可以说是一种侧向思维方法。

移植法的实质是借用已有的创新成果进行新的再创造。事物之间的相关性、相似性所构成的普遍联系，为学科间的移植、渗透提供了客观基础。移植法的运用多数要在类比的前提下进行，所类比的事物属性越接近目标，移植成功的可能性就越大。

① 原理移植。原理移植是指将某种科学技术原理向新的领域类推或外推。

［案例］ 二进制原理用于电子学（计算机）、机械学（二进制液压油缸、二进制二位识别器等）；超声波原理用于探测器、洗衣机、盲人拐杖等；激光技术用于医学的外科手术（激光手术刀），用于加工技术上产生了激光切割机，用于测量技术上产生了激光测距仪等。

② 结构移植。结构移植是指结构形式或结构特征的移植。

［案例］ 滚动轴承的结构移植到移动导轨上产生了滚动导轨，移植到螺旋传动上产生了滚动丝杠；积木玩具的模块化结构特点移植到机床上产生了组合机床，移植到家具上产生了组合家具等。

③ 方法移植。方法移植是指操作手段与技术方案的移植。

［案例］ 密码锁或密码箱可以阻止其他人进入房间或打开箱子，将这种方法移植到电子信箱或网上银行上，就是进入电子信箱或网上银行是必须先输入正确密码方可进入。另外的例子还有将金属电镀方法移植到塑料电镀上。

④ 材料移植。材料移植是指将某一领域使用的传统材料向新的领域转移，并产生新的变革，物质产品的使用功能和使用价值，除取决于技术创造的原理功能和结构功能外，也取决于物质材料。在材料工业迅速发展，各种新材料不断涌现的今天，利用移植材料进行创新设计更有广阔天地。

［案例］ 在新型发动机设计中，设计者以高温陶瓷支承燃气涡轮叶片、燃烧室等部件，或以陶瓷部件取代传统发动机中气缸内衬、活塞帽、预燃室、增压器等。新设计的陶瓷发动机具有耐高温的性能，可以省去传统的水冷系统，减轻了发动机的自重，因而大幅度地节省了能耗和增大了功效。

5.3.5 组合法

组合法是按照一定的技术需要，将两个或两个以上的技术因素通过巧妙的结合，获得具有统一整体功能的新技术产品方法。所说的技术因素是广义的，既包括相对独立的技术原理、技术手段、工艺方法，也包括材料、形态、动力形式和控制方式等表征技术性能的条件因素。组合法的特点是易于普及、形式多样、应用性强。常用的组合形式有以下几种。

(1) 功能组合

功能组合是将具有不同功能的产品组合到一起，使之形成一个技术性能更优或具有多功能的技术实体的方法。

[案例] 马路上行驶的混凝土搅拌车（图 5-24），它把搅拌功能和运输功能组合在一起，在运输的路上进行搅拌，到达工地后立即使用搅拌好的水泥，工作效率高，机动性强，减少了装卸料工序。又如，智能手表集手表、电话、播放音乐、电子邮件等多功能于一体，使用和携带非常方便（图 5-25）。

图 5-24 混凝土搅拌车

图 5-25 多功能智能手表

(2) 同类组合

同类组合是将若干相同事物进行组合，主要是通过数量上的变化来弥补功能上的不足，或得到新的功能。

[案例] 利用多楔带可以克服在一个带轮上采用多根 V 带的受力不均问题，提高了带的承载能力（图 5-26）。图 5-27 所示的立体组合插座，共有 12 组插孔，结构紧凑，不占空间，最大电流 16A，额定功率 2500W，为国际万能插座，可插接各种规格插头和电源适配器（变压器），即使插满，也互相不挤碰。

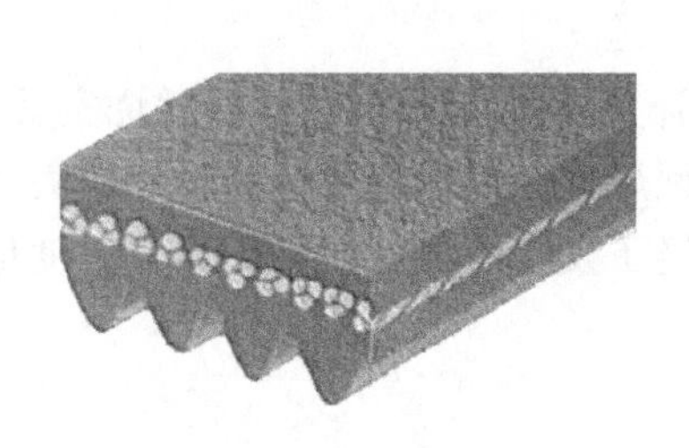

图 5-26 多楔带

图 5-27 立体组合插座

（3）异类组合

异类组合是将两个或两个以上异类事物进行组合，使参与组合的各类事物能从意义、原理、结构、成分、功能等任何一个方面或多个方面进行相互渗透，从而使事物的整体发生变化，产生出新的事物，获得创新。

［案例］ 带 U 盘的笔将 U 盘组合到笔上，获得新型笔，携带方便，如图 5-28 所示。老年人使用的折叠拐杖椅子，将拐杖与椅子组合，既能作拐杖，又能随时变形成椅子便于老年人休息，如图 5-29 所示。

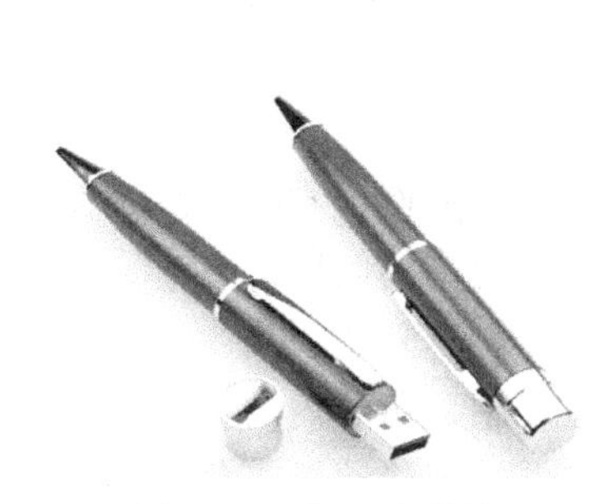

图 5-28 带 U 盘的笔

图 5-29 拐杖椅子

（4）技术组合

技术组合是将现有的不同技术、工艺、设备等加以组合，以此形成解决新问题的技术手段。随着人类实践活动的发展，在生产、生活领域里的需求也越来越复杂，很多需求都不能只通过一种技术手段而得到满足，通常需要使用多种技术手段的组合，才能实现一种新的复杂技术。

［案例］ 超声波技术与焊接技术组合就形成了超声波焊接技术；计算机技术、网络技术与各种机床组合就形成了网络集成化制造技术；视频识别技术、自动控制技术与医疗机械结合就形成了智能手术机器人技术。

（5）材料组合

材料组合是通过某些特殊工艺将多种材料加以适当组合，以制造出满足特殊需要的材料。

［案例］ 通过锡与铅的组合得到了比锡和铅熔点更低的低熔点合金；具有高磁感应强度的永磁材料；具有高温超导特性的超导材料；耐腐蚀的不锈钢材料；由锡、铅、锑、铜组成的轴承合金，以锡或铅为基体，悬浮锑锡及铜锡的硬晶粒，硬晶粒起耐磨作用，软基体则增加材料的塑性，硬晶粒受重载时可以嵌陷到软基体里，使载荷由更大的面积承担，常用于滑动轴承。

5.3.6 逆向转换法

逆向转换法就是为了达到某一目标而向事物的相反方向进行求索，也就是人们常说的“反过来想一想”的意思，即为了某一目标，不按正常的思路，而以悖逆常理或常识的方式去寻找解决问题的新途径。逆向转换实质上是一种逆向思维。

（1）原理逆向法

原理逆向法是从事物生成原理相反方向进行思考，从而产生新技术或新产品。

［案例］ 1877 年，爱迪生在进行改进电话试验时发现，传话器里的音膜随着声音能发生有规律的振动。那么，同样的振动是不是能转换成原来的声音呢？根据这一想法，爱迪生发明了世界上第一台会说话的机器——留声机。

(2) 过程逆向法

过程逆向法是指对事物过程进行逆向思考。

［案例］ 生产线上的输送带将工件自动输送到工人所在工位，而人不需要像以前一样主动去搬运和拿取，就属于运用了过程逆向的创新方法。又如，通常桌子上积了灰尘，可以用“吹”的方式清除，1901 年以前的除尘器只有“吹”的功能，但如果地面上积了灰尘，也用“吹”的办法清除，则势必要弄得尘土飞扬，于是英国人赫伯布斯想，“吹”不行，那就反过来改为“吸”是否可行？于是发明了吸尘器。

(3) 结构或位置逆向法

将某些已被人们普遍接受的事物中各结构要素或相互位置颠倒，有时可以收到意想不到的效果，在适当条件下，这种新方法可能解决常规方法不能解决的问题。

［案例］ 人们用火加热食物时，总是将食物放在火的上面，夏普公司生产的一种煎鱼锅开始也是这样设计的，但是在使用中发现，鱼被加热的过程中、鱼体内的油滴到下面的热源后会产生大量的烟雾。后来，改变热源和鱼的相对位置关系，把热源放在鱼的上方，煎鱼锅的盖子上，下落的鱼油不接触热源，也就不会产生烟雾了。

(4) 缺点逆用法

事物都有两重性，缺点和问题的一面可以向有利和好的方面转化，利用事物的缺点反向思考，通过改变一些相关条件，从原来的缺点生成意想不到的新的优点，从而达到变害为利的目的。

［案例］ 常用的套筒滚子链，当链节数为奇数时，必须加一个过渡链节［图 5-30 (a)］，但过渡链节的链板受有附加弯矩，最好不用，因此链传动应尽量设计成偶数个链节。然而过渡链节的这个缺点在特殊情况下却可以逆向演变成优点，即在重载、冲击、反向等繁重条件下工作时，采用全部由过渡链节构成的链，柔性好，能减轻冲击和振动，如图 5-30 (b) 所示。

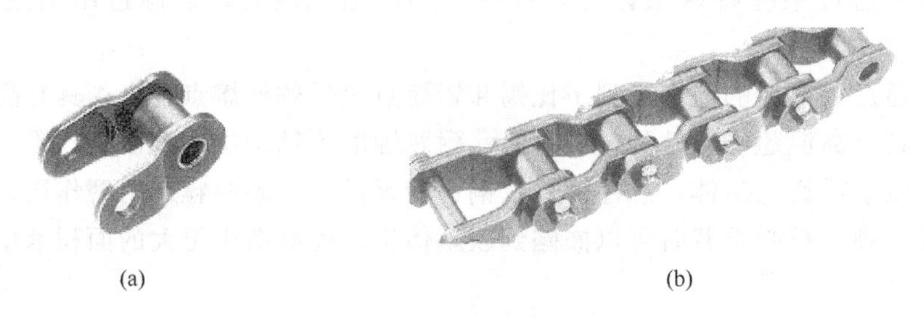

(a) (b)

图 5-30 过渡链节的应用

(5) 功能逆向法

功能逆向法是按事物或产品现有的功能进行相反的思考，以形成新的功能。

［案例］ 消防队员使用的风力灭火器。风吹过去，温度降低，空气稀薄，火就被吹灭了。一般情况下，风是助火势的，特别是当火比较大是时候，但在一定情况下，风可以使小的火熄灭，而且相当有效。又如，保温瓶可以保热，反过来也可以保冷。

(6) 顺序或方向逆向法

顺序或方向逆向法是指颠倒已有事物的构成顺序、排列位置而进行的思考。

[**案例**] 变仰焊为俯焊。最初的船体装焊时都是在同一固定的状态下进行的，这样，有很多部位必须作仰焊，仰焊的强度大，质量不易保障，后来改变了焊接顺序，在船体分段结构装焊时，将需要仰焊的部分暂不施工，待其他部分焊好后，将船体分段翻个身，变仰焊为俯焊位置，这样装焊的质量与速度都有了保证。

(7) 因果逆向法

在某些自然过程中，一种自然现象可以是另一种自然现象发生的原因，而在另一个自然过程中，这种因果关系可能会颠倒。探索这些自然现象之间的联系及其规律是自然科学研究的任务。

[**案例**] 数学运算中从结果倒推回来以检查运算过程和已知条件；反证法。

(8) 反求逆向法

反求逆向法是在现有技术或产品的基础上进行学习、研究或超越的创新方法，在现代工业技术发展中又称为“反求工程”。

第6章

TRIZ

TRIZ理论在机械创新设计中的设计实例

6.1 结构创新设计实例

6.1.1 楔形锁紧式便携生命支持系统

(1) 问题描述

严重创伤患者的现场急救与转运一直是医学急救领域的重要内容。研究发现，对于突发的急危重症患者，如果能在“黄金时间”进行救治，会使重症患者得到有效的治疗，救治率明显提高。对于战场受伤人员更是如此，据统计，战场上90%的死亡伤员是因其伤情没有在一定时间内获得稳定而造成的。因此，为了减少急危重症患者的死亡率，需要在现场和转运过程中对其实施有效的救治，这就要求配备多种用于急救复苏的设备、器械等。由于目前在进行现场急救和转运过程中，急救设备体积大，压缩氧气瓶供氧时间短，还具有危险性，急救设备的安装方式复杂，时间长。医疗器械占据了大量的空间，导致在有限的空间内其他担架和伤员无法安装，如图6-1所示。使得医护人员无法进行有效的战场治疗。

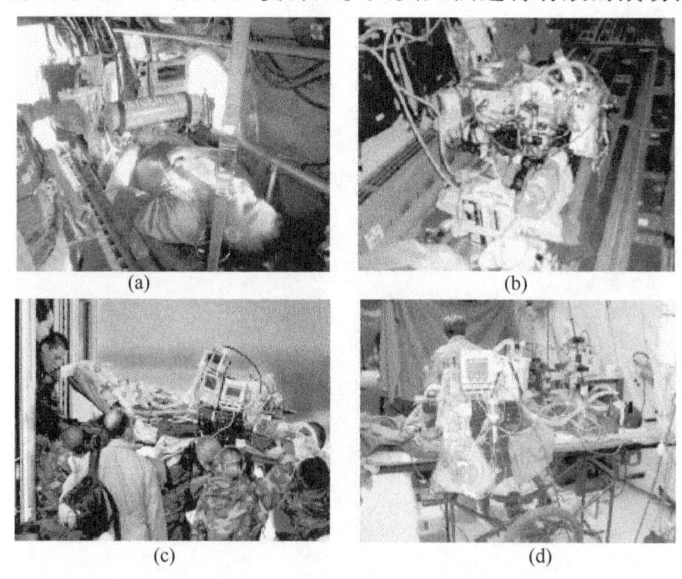

图6-1 战场急救、转运重症伤员受累于各种设备

(2) TRIZ 理论应用

1) 系统完备性法则

便携生命支持系统的系统完备性法则如图 6-2 所示。

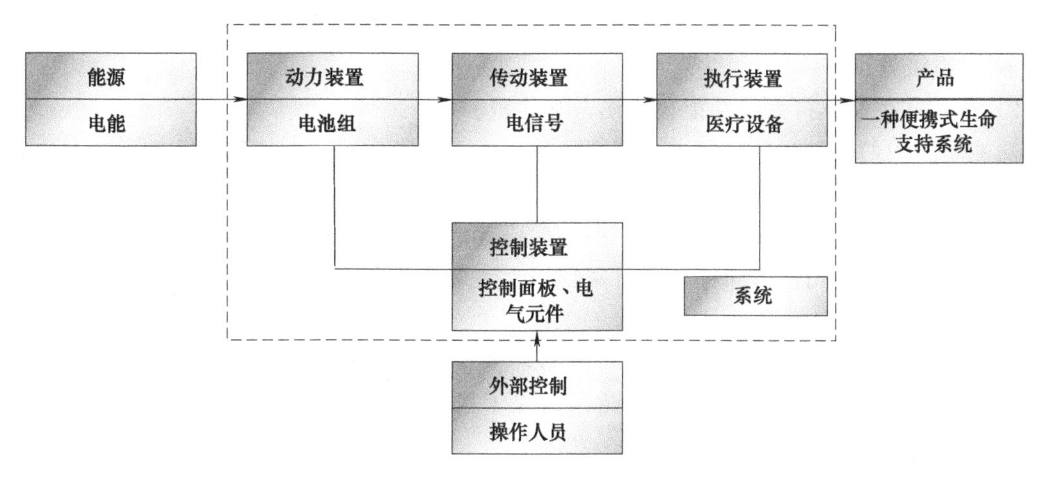

图 6-2 系统完备性法则

2) 因果链分析

通过如图 6-3 所示的因果链分析得到的所有存在的问题有 111、21、221、311、32。初步分析可知，问题 111 是客观存在的，以目前的科技水平是没有办法解决的。因此通过解决其他存在的问题可以得到如下的解决方案。

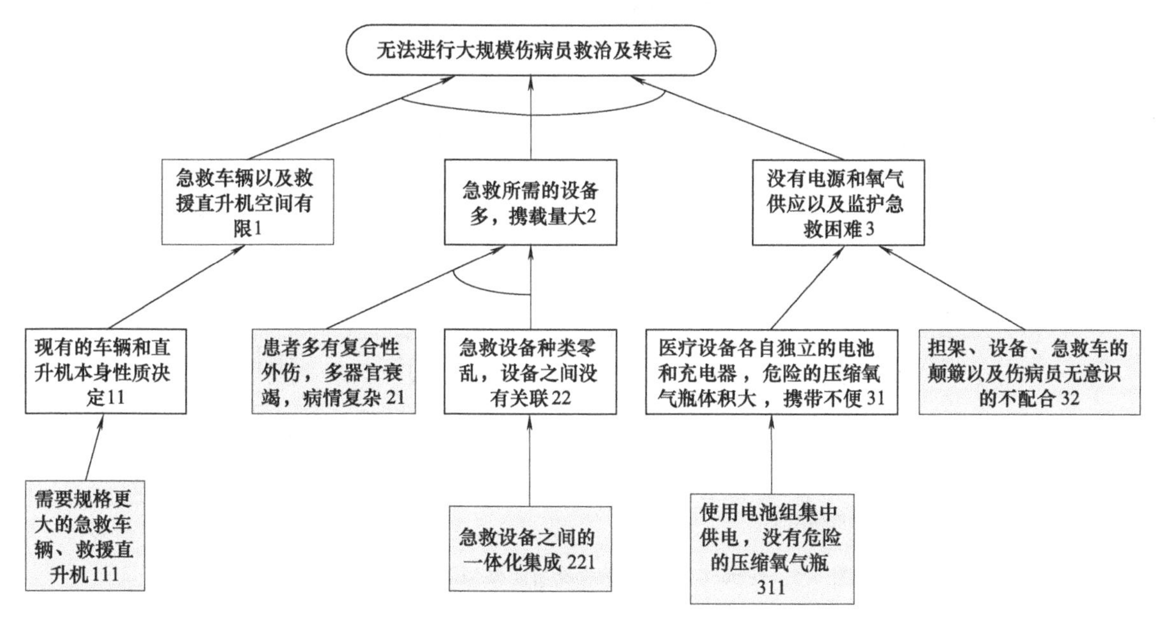

图 6-3 因果链分析

方案一：21，提高医护人员的治疗水平，即对医护人员进行相关的培训，但是由于不同伤病员受伤位置不同，而对于不同的伤情培训的内容也会不同。对于我国目前医护人员紧缺的情况来说，这是不现实的。

方案二：32，研发功能更加完善的急救车辆，提高车辆的稳定性，但是需要投入较大的财力和精力，研发过程难，付出和回报不成比例，因此该方案不可行。

方案三：221 或 311，即将现有的关键急救设备与器械进行微型化设计和一体化综合集成，无须氧气瓶，由集成式供氧机驱动，采用集中式供电电池组，是一种集多种急救设备于一体的综合急救系统。该方案不仅可以有效地解决存在的问题，而且不用投入很大的精力。

3）便携式生命支持系统功能模型图与功能裁剪

功能模型图如图 6-4（a）所示，用图形的方式表达了伤病员现场急救及转运过程中，便携式生命支持系统各子系统和超系统之间的相互关系。从超系统中医护人员的角度，可以发现目前伤病员转运过程中存在的问题，即伤病员转运过程中医护人员极易对伤病员造成二次伤害，伤病员与护士相互之间存在着有害作用。改进这些有害的作用是我们对产品创新设计的出发点。

改进后的功能模型图如图 6-4（b）所示，采用负压骨折固定装置对伤病员受伤处进行固定处理，裁剪掉的医护人员的功能，消除了医护人员在转运过程中对伤病员的二次伤害。

(3）解决方案及创新点

1）解决方案

解决方案是采用侧面悬挂式便携生命支持系统，如图 6-5 所示。该方案不仅从原理上能够实现伤病员的换乘转运，并且也解决了已有的生命支持系统的空间不合理设置问题。因此该方案可以很好地解决目前伤病员现场救治和转运中存在的问题。

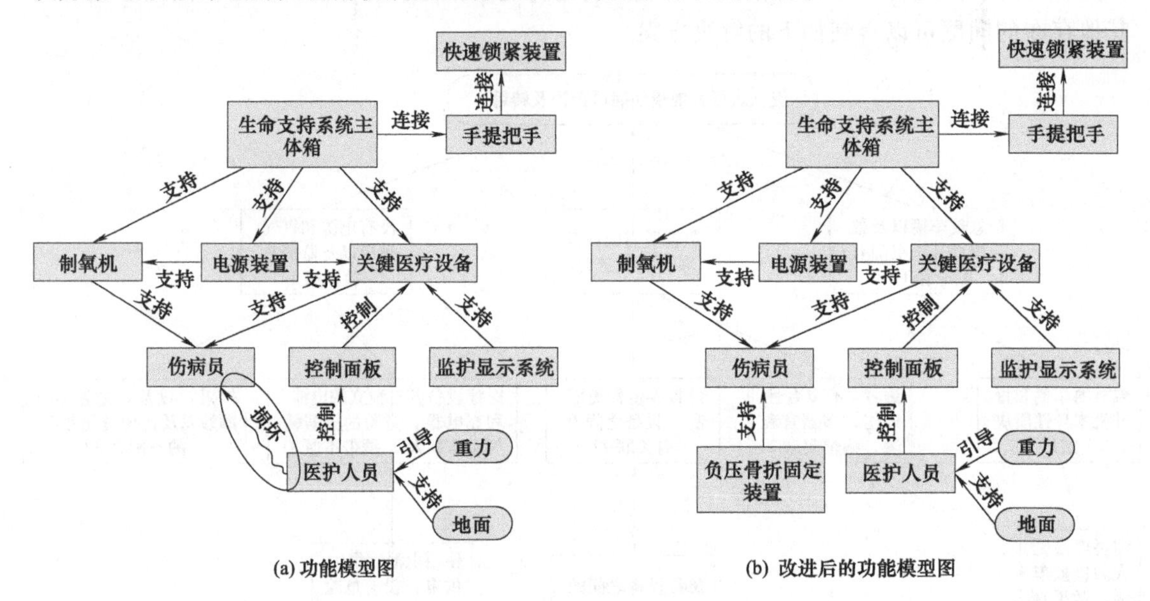

图 6-4　便携式生命支持系统功能模型图与功能裁剪

2）方案创新点

① 该应用实例合理地运用 TRIZ 理论，解决了实际问题。

② 结构巧妙，机构合理；操作简单，实用性强；具有良好的市场前景。

3）获奖情况

该应用实例获得第六届全国“TRIZ”杯大学生创新方法大赛创新设计类全国二等奖。

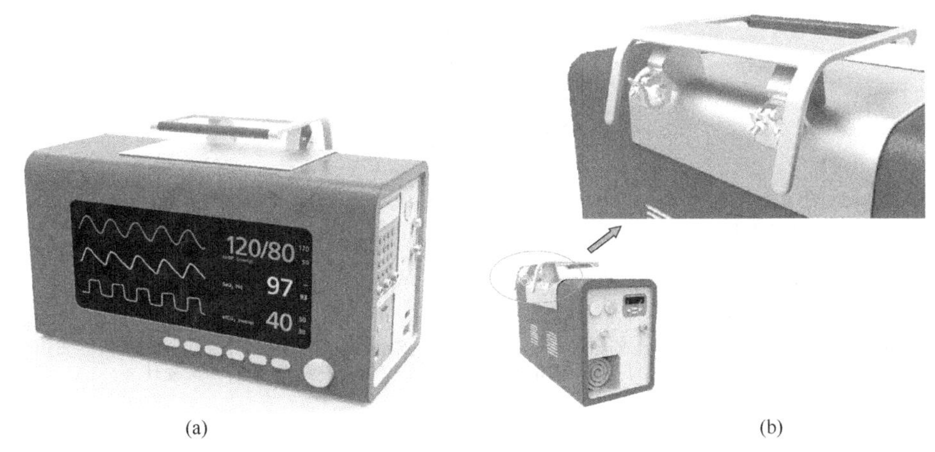

(a) (b)

图 6-5 生命支持系统具体实施方案

6.1.2 家用式多功能移动护理座椅

(1) 问题描述

根据《第四次中国城乡老年人生活状况抽样调查》显示，中国失能、半失能老年人已达4063万人。根据第六次全国人口普查我国总人口数，及第二次全国残疾人抽样，截至2010年末，我国共有各类残疾人约8502万人，占全国总人口比例的6.2%。如何护理此类老人成为热点的社会话题，目前相关器械主要以护理椅为主，但是，目前现有的一些护理椅存在功能单一、安全性不高，以及不易携带或存放等问题。并且在家庭的有限空间内，由于室内装修尺寸多为正常人设计，这限制了轮椅的使用。在大部分中国家庭中，浴室多为淋浴为主，护理人员在为病患洗浴时，病患很难保持正常的坐姿，这给护理人员带来许多不便。

(2) TRIZ 理论应用

1）因果链分析

因果链分析如图6-6所示，得到的所有存在的问题有11、121、211、221、31、321。初步分析可知问题11是客观存在的，以目前的科技水平是没有办法解决的。因此通过解决其他存在的问题可以得到如下的解决方案。

方案一：121，即提高护理人员的臂力，可以通过选择锻炼或者穿戴外骨骼助力装置。前者很难在短时间实现，后者由于可穿戴的助力装置目前处于科研阶段还未被推广，同时考虑到经济性，同样也不现实。

方案二：211，即辅助病患行走，可以通过在房间安装扶手或使用辅助行走器（如拐杖、轮椅等），前者需要在房间安装多个扶手，影响房间美观，使用也不是十分方便，后者房间尺寸限制了轮椅的使用，并且两项方案功能均比较单一。

方案三：221，即使病患保持一个舒适的姿势，可以在浴室安装浴缸，或者设计可调整座椅保持病患一个舒适的姿势，前者由于大部分家庭浴室空间小，多使用淋浴喷头，考虑现状及空间占用率，不是很现实。后者占用空间小，并且具有适用性，初步分析方案可行。

方案四：31、321，即缩小尺寸，增加安全辅助功能，设计一款小尺寸移动座椅，配有安全带，增加其使用功能。初步分析方案四是可行的。

2）九屏图法

传统护理座椅的九屏图如图6-7所示。

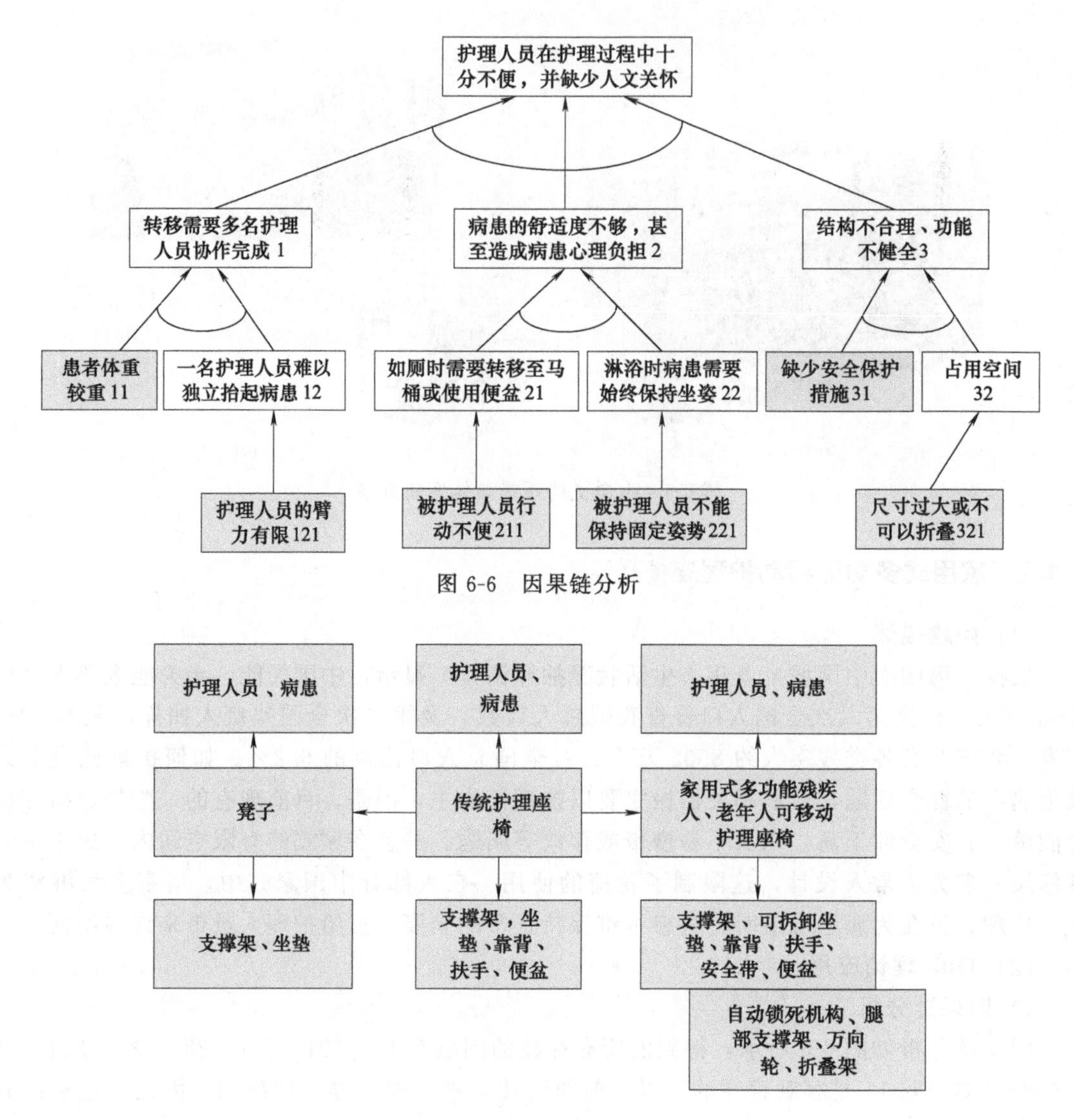

图 6-6　因果链分析

图 6-7　九屏图

3）技术矛盾

目前现有的一些护理椅功能单一、安全性不高，并且在家庭的有限空间内，无法使用轮椅来转移失能人员。因此必须考虑如何在保证家庭中自由活动的尺寸，增加护理椅的多功能性。但是要实现护理椅的适应性与多用性，势必会增加系统运动物体的重量。转化为 TRIZ 的标准工程参数是适应性，通用性（35）和运动物体的重量（1）之间的技术冲突。在矛盾矩阵中查到上述冲突的发明原理见表 6-1。

表 6-1　矛盾矩阵表 1

恶化参数 / 改善参数	运动物体的重量(1)
适应性,通用性(35)	1、6、15、8

通过对比，选择发明原理 1（分离）、6（多用性）、15（动态化）、8（重量补偿）作为解决办法。根据分离原理，将护理椅设计为具有可拆卸功能，在使用腿部支撑架时，将支撑

架与座椅主体配合，使用完毕后再拆卸支撑架。根据多用性原理，将座椅设计为：如厕时，更换如厕坐垫，即坐垫设置流线型开口并设有活动卡扣，可使用便盆安装在座椅下方或直接移动到马桶上方，在洗浴时，更换为舒适防水坐垫，病患可坐在座椅上，看护人员对病患进行淋浴。根据动态化原理，可将座椅的靠背设计为可调整调度，淋浴时，调整靠背角度，病患向后倾仰，由于腿部支撑架将腿部支撑，可以使患者保持舒适的姿势，也方便护理人员对病患进行洗浴。将座椅增添万向轮，使护理人员搀扶病患的重力传递给中介物车轮，车轮与地面接触，车轮承受的力与地面支撑力抵消，护理人员只需要提供向前的推力，这样，减轻了护理人员的工作强度，提升了效率。

当病患如厕时，需要护理人员将病患搀扶到卫生间如厕，如果病患不能行走，护理人员需要将病患抱起或者背起到卫生间如厕，这一过程十分缓慢，因此必须考虑如何使其移动速度增加。但是移动速度增加，势必会增加病患在移动过程中的危险。转化为 TRIZ 的标准工程参数是速度（9）和可靠性（27）之间的技术冲突。在矛盾矩阵中查到上述冲突的发明原理见表 6-2。

表 6-2　矛盾矩阵表 2

恶化参数 / 改善参数	可靠性(27)
速度(9)	11、35、27、28

通过对比，选择发明原理 11（预先防范）作为解决办法。在护理椅上设计安全带，当病患坐在座椅上时，用安全带绑好，同时，移动座椅设置自动锁死机构，当不使用时，保证座椅不能够移动，防止病患从座椅上摔下。

(3) 解决方案

1）方案一

利用发明原理 6（多用性）、15（动态性）、8（重量补偿）、24（借助中介物）、27（廉价替代品）作为解决办法。该设计可实现移动转移病患、降低护理人员工作强度，满足病患如厕，护理人员对病患洗浴等问题，具体结构如图 6-8 所示。

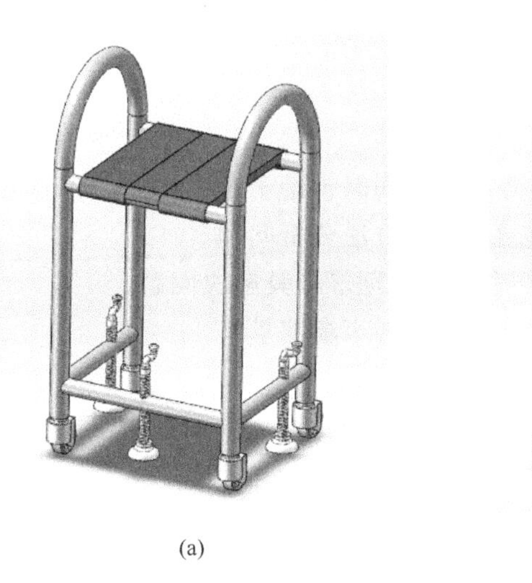

(a)

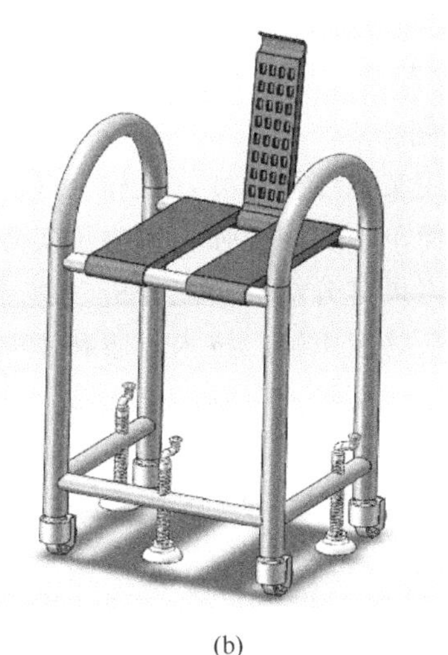

(b)

图 6-8　方案一结构示意图

2）方案二

利用发明原理 1（分离）、6（多用性）、15（动态性）、8（重量补偿）、11（预先防范）、7（嵌套）、17（维数变化）作为解决办法。通过灵活设计，如厕时，座椅有两种状态：一种是可调座椅与坐便尺寸相配合，病患坐在座椅上，由护理人员直接推到坐便上如厕；另一种是坐垫下设有活动卡扣，可更换便盆，病患坐在座椅上如厕。洗浴时，调整靠背角度，专用腿部支撑架与座椅配合，病患可以半躺保持舒适的姿势，护理人员对病患淋浴清洗身体。当不使用时，座椅可以折叠，节省作用空间。座椅设有安全带，并带有自动锁死机构，可保证座椅不需要移动时固定，保证病患安全。具体结构如图 6-9 所示。

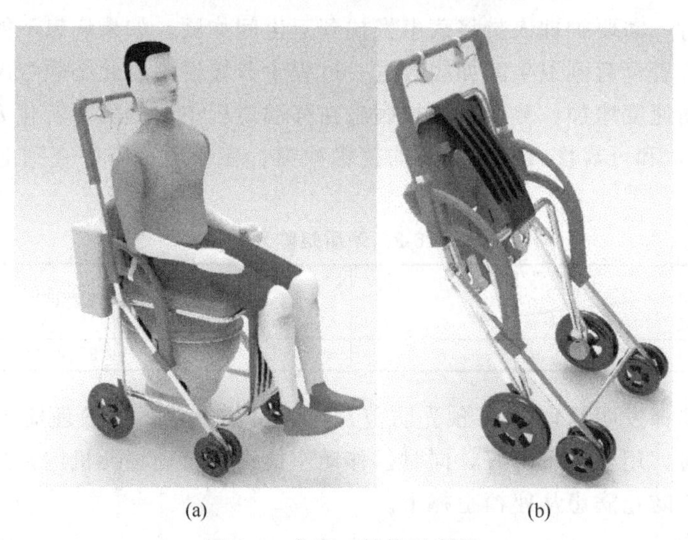

(a) (b)

图 6-9 方案二结构示意图

(4) 最终解决方案及创新点

1）最终解决方案

最终选取方案二作为解决方案，方案二能够完成对残疾人、老年人的正常如厕、淋浴的护理工作，在家庭中使用方便自如，并且具有可折叠功能，提升了空间利用率。当患者需要如厕时，座椅可更换便盆，或直接推送到马桶上，正常如厕。当患者洗浴时，车轮锁死，专用支架与座椅配合，患者半躺姿势可方便看护人员为患者洗浴。

2）方案创新点

① 该应用实例结构巧妙，机构合理。

② 操作简单，实用性强，解决了实际问题，同时也给予了人文关怀。

③ 运用因果链分析、功能分析、功能裁剪等方法分析问题。

④ 运用最终理想解、技术矛盾和 40 个发明原理等工具解决问题。

⑤ 该应用实例投入市场性价比高，具有良好的市场前景。

3）获奖情况

该应用实例获得第六届全国“TRIZ”杯大学生创新方法大赛生活创意类全国二等奖。

6.1.3 自动温控颈椎穴位艾灸理疗仪

(1) 问题描述

随着便携式电子产品的普及，越来越多的人成为“低头族”，由此产生的颈椎病患者也越来越多，在青少年和办公室白领中表现得尤为突出。艾灸疗法在我国已有上千年的历史，其治疗效果为无数临床实践所证实，对于颈椎病的治疗也有着显著的疗效。传统的艾灸理疗分为很多种方式，在过去最易被人们接受的是温和灸，即医生将艾条的一端点燃，对准应灸的穴位或患处，距皮肤 1.5～3cm，进行熏烤 5～7min，至皮肤红晕，如图 6-10 所示。现有的颈椎艾灸仍是采用普通的艾灸盒，并没有专用于颈椎穴位艾灸的理疗装置，其在治疗的过程中会存在艾灸盒不能完全贴附在相应的穴位上，不能一次对所有需要的穴位进行艾灸，效率较低，艾灸盒贴附之后位置调整不便，不能准确穴位艾灸，艾灸盒与穴位之间的距离不可调，容易发生烫伤等问题。

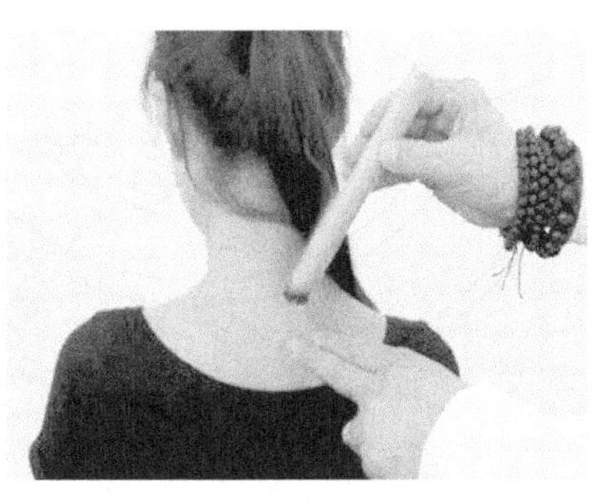

图 6-10　传统颈椎穴位艾灸

(2) TRIZ 理论应用

1）最终理想解

颈椎穴位艾灸的最终理想解分析如表 6-3 所示。

表 6-3　最终理想解分析表

问　　题	分析结果
设计最终目标	帮助颈椎病患者进行颈椎穴位艾灸理疗，提高治疗的效果
理想化最终结果	颈椎穴位艾灸理疗仪能够自己对患者进行艾灸理疗，实现全自动化
达到理想解的障碍是什么	艾灸盒自己不能进行位置调整，不能根据温度自己调节与穴位的距离
出现这种障碍的结果是什么	艾灸盒不能对准颈椎穴位实施有效的艾灸理疗，理疗效果差
不出现这种障碍的条件是什么	考虑人体工学，根据人体脖颈的结构，设计专用于颈椎理疗的艾灸盒调整机构
创造这些条件所用的资源是什么	电能、金属、塑料、棉布

2）技术矛盾

为了使艾灸盒能调节到任意需要的位置且能够根据艾灸盒的温度自动调节与穴位的距离，需要设计一个艾灸盒调整装置，可以实现艾灸盒在空间内 3 个方向上的移动和自动前后调节，这样增加了装置的设计难度，装置的复杂性大大提高，转化为 TRIZ 的标准工程参数是自动化程度（38）与系统的复杂性（36）之间的技术冲突。在矛盾矩阵中查到上述冲突的发明原理见表 6-4。

表 6-4　矛盾矩阵表 1

恶化参数 / 改善参数	系统的复杂性(36)
自动化程度(38)	15、24、10

经过对比，选择发明原理 15（动态化）和 24（借助中介物）作为解决方法。根据动态化原理，将物体分成彼此相对移动的几个部分，内外弧形槽（2、7）相对于内外连接卡槽（4、5）移动，可以使艾灸盒（8、1）上下移动，中空滑块（3、6）相对于弧形槽做弧形运动，可以使艾灸盒左右移动，艾灸盒相对中空滑块做前后移动；根据借助中介物原理，艾灸盒借助温度传感器监测艾灸盒的温度，实现其相对于颈椎穴位距离的调节，如图 6-11 所示。

为了提高颈椎艾灸的效率，在颈椎穴位艾灸调整装置上设置 3 个艾灸盒进行人体工学设计，令其符合颈部曲线特征，这样设计就使得脖颈处的空间变得更小，不利于安放整个装置，转化为 TRIZ 的标准工程参数是静止物体的体积（8）与物质的量（26）和生产率（39）

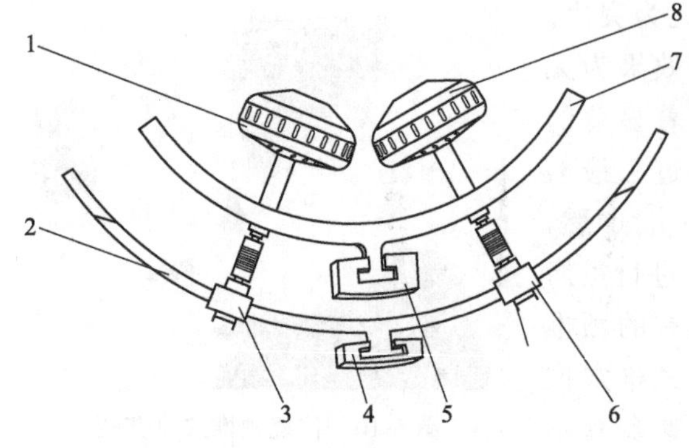

图 6-11　艾灸盒温控调节装置

1,8—艾灸盒；2—外弧形槽；3,6—中空滑块；
4—外连接卡槽；5—内连接卡槽；7—内弧形槽

之间的技术冲突。在矛盾矩阵中查到上述冲突的发明原理见表 6-5。

经过对比，选择发明原理 1（分离）、35（物理或化学参数改变）、10（预先作用）和 2（抽取）作为解决方法。根据分离原理，将 3 个艾灸盒调整分成两部分，上部的两个艾灸盒针对左右风池穴的艾灸，下部的艾灸盒针对大椎穴艾灸；根据物理或化学参数改变原理，改变艾灸盒的体积，可以充分利用脖颈处狭小的空间，使整体结构变得紧凑；根据预先作用原理调整装置，先将艾灸盒调整对准穴位，预先设定好上下和左右的位置，艾灸时再调节艾灸盒前后位置，即其与颈椎穴位之间的距离。

表 6-5　矛盾矩阵表 2

改善参数 / 恶化参数	物质的量(26)	生产率(39)
静止物体的体积(8)	1、13	35、37、10、2

(3) 解决方案

针对自动温控颈椎穴位艾灸理疗仪的设计，得到了如下两种方案。

1）方案一

利用发明原理 15（动态化）、1（分离）、35（物理或化学参数改变）、10（预先作用）、2（抽取）作为解决办法。该设计采用单层外壳、两个调整杆，完成对 3 个艾灸盒的位置调整，具体结构如图 6-12 所示。

2）方案二

利用发明原理 15（动态化）、24（借助中介物）、1（分离）、35（物理或化学参数改变）、10（预先作用）和 2（抽取）作为解决办法。该设计采用双层外壳，3 个调整机构和自动温控进给系统，通过双层外壳设计，保证了调整机构在外壳上安装的稳定性，自动温控进给系统保证了艾灸盒能实时根据艾灸盒温度调节与脖颈的距离，避免烫伤患者。具体结构如图 6-13 所示。

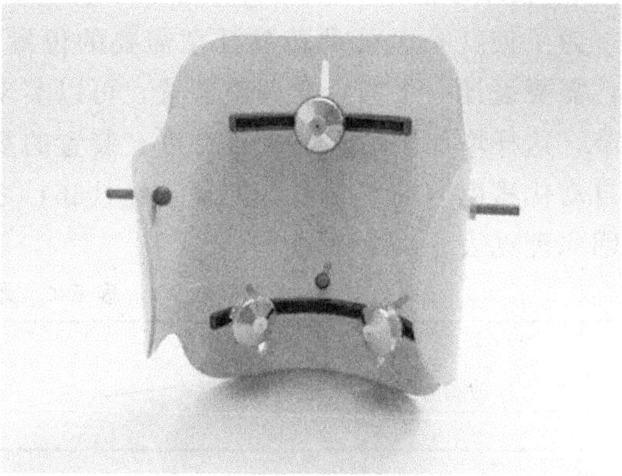

图 6-12　方案一结构示意图

(4) 最终解决方案及创新点

1）最终解决方案

方案一虽然实现了对艾灸盒的位置调整，但是采用单层外壳，安装在外壳上的调整杆不够稳定，当艾灸盒温度过高时，不能实现自动调节，容易烫伤艾灸患者。而方案二解决了方案一中的问题，机构设计更加合理，解决了颈椎穴位艾灸理疗的需要，是一种更加完善的方案。

2）方案创新点

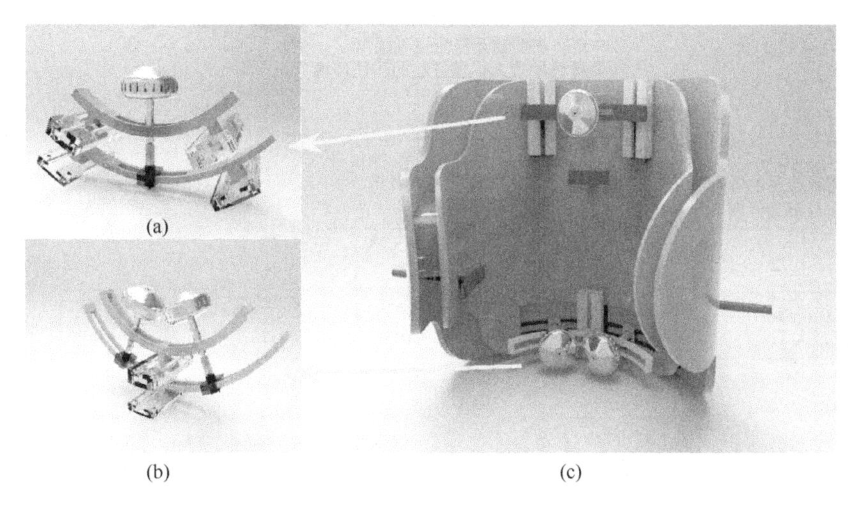
(a)
(b)
(c)

图 6-13 方案二结构示意图

a. 该装置能灵活地对艾灸盒进行位置调节，使用方便。

b. 该装置有自动温控调节功能，可以防止患者烫伤，安全可靠。

c. 可以同时进行 3 个穴位的艾灸，理疗效率高，结构新颖，前景广阔。

d. 运用系统完备性法则、因果链分析、九屏图等方法分析问题。

e. 运用最终理想解、技术矛盾和 40 个发明原理等工具解决问题。

3）获奖情况

该应用实例获得第六届全国“TRIZ”杯大学生创新方法大赛创新设计类全国三等奖。

6.1.4 移动式多功能加湿器

（1）问题描述

空气湿度状况近年来逐渐被人们所重视。干燥的室内空气会让人觉得皮肤紧绷、喉咙痒痛。空气干燥还会造成空气中的悬浮尘埃增多，加大了病毒微粒入侵人体的概率，甚至会导致各类传染性疾病的传播。所以，关注室内空气的湿度就显得尤为重要。然而传统的空气加湿器只能固定地放置在住宅的某个房间内，例如卧室、书房，这样的空气加湿器只能提高住宅内局部空间的湿度，进而会使住宅内各房间的湿度产生明显的差别，这样的湿度差更容易引起室内灰尘的产生，诱使支气管哮喘、过敏性皮炎等对空气湿度、灰尘变化较为敏感的疾病复发，危害使用者的身体健康。此外，空气加湿器的最主要作用就是调节和增加室内湿度，但室内空气的湿度并不是越高越好，较高的湿度容易滋生霉菌等微生物。

（2）TRIZ 理论应用

1）因果链分析

通过因果链法进行分析，如图 6-14 所示，得到的所有存在的问题有 11、211、221、311、32。通过解决其他存在的问题可以得到如下的解决方案。

方案一：11，使用者每天定时开启空气加湿器工作一段时间，且在空气加湿器工作的过程中，定时将空气加湿器移动到室内的不同位置，但是这样明显会耗费使用者大量的精力，对于目前工作节奏越来越快的使用者来说，这是不现实的。

方案二：32，不考虑成本问题，集合多种现有产品的功能，虽然这样的方案能够满足使

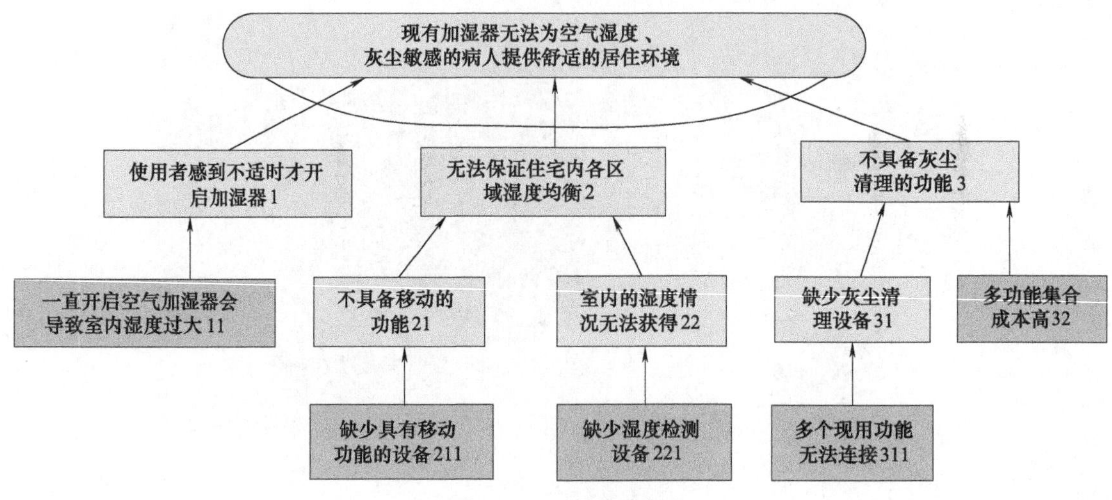

图 6-14　因果链分析

用者对环境舒适度的需求，但是这样无疑会大大提高成本，无法让普通消费者接受。

方案三：211＋221＋311，设计一种全新的空气加湿器，具备自主移动的功能，能够检测住宅内各区域的湿度情况，可以实现住宅内均衡加湿，且有效地集合多种功能，能够在加湿的过程中打扫灰尘，或具有独立加湿、清扫的功能，保证使用者居住环境的舒适度，此外所设计的空气加湿器要求结构简单，体积较小，成本较低。初步分析这一方案较为合理，可行性较高。

2）移动式多功能加湿器功能模型图与功能裁剪

功能模型图如图 6-15（a）所示，用图形的方式表达了一种全新的空气加湿器工作过程中，空气加湿器各子系统和超系统之间的相互关系。从子系统中加湿模块的角度，可以发现目前空气加湿器工作过程中存在的问题，即在空气加湿器的清扫模块单独工作时加湿模块，会对清扫模块增加多余的负载，在加湿模块固定放置在某个位置单独工作时，清扫模块也会对加湿模块增加多余的负载，清扫模块与加湿模块相互之间存在着有害作用。改进这些有害的作用是我们对产品创新设计的出发点。

通过以上分析，按 TRIZ 理论功能裁剪的原理，将有问题的功能元件，也就是清扫模块与加湿模块间原有的有害连接（即将清扫模块和加湿模块固定在一起的连接方式）裁剪掉，如图 6-15（b）所示。经过上述裁剪，其结果产生了一个问题，就是采用什么样的连接方式达到将清扫功能与加湿功能有效融合且两个功能可以独立作用而互不干扰的目的。

3）技术矛盾

想要同时实现室内均衡加湿和灰尘清扫，必定要设计一种多功能移动式加湿器，也就是要提高系统原有的适用性及多用性。但是，当提高系统的适用性和多用性时，又会使装置的可制造性变低。转化为 TRIZ 的标准工程参数是适用性，通用性（35）和可制造性（32）之间的技术冲突。在矛盾矩阵中查到上述冲突的发明原理如表 6-6 所示。

表 6-6　矛盾矩阵表 1

恶化参数 / 改善参数	可制造性(32)
适用性，通用性(35)	1、13、22、31

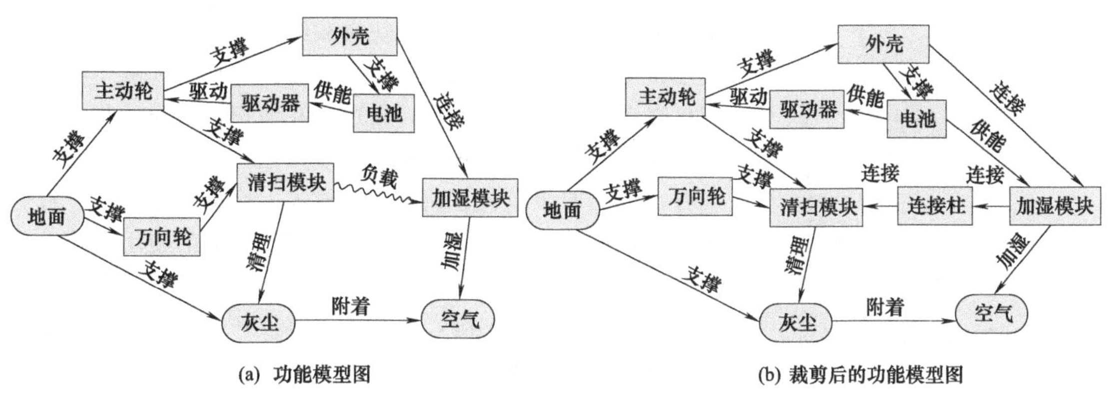

图 6-15　移动式多功能加湿器裁剪前后的功能模型图

进过对比，选择发明原理 1（分离）、13（反向作用）和 31（多孔材料）相结合作为解决办法。此处提出的移动式多功能空气加湿器需具备室内各区域均衡加湿的功能和一定的灰尘清扫功能，这两种功能的集成势必会对系统的可制造性提出更高的要求，因此考虑根据 40 个发明原理之一的发明原理 1（分离），将一个物体分成相互独立的几个部分，提高系统的可分性，将移动式多功能空气加湿器分割为空气加湿模块和清扫模块两个模块，空气加湿模块搭载有纯净型空气加湿器，采用分子筛蒸发技术，可以有效地消除水中的钙镁离子，彻底解决白粉问题，工程过程中产生的水幕可以洗涤空气，净化和过滤空气中的病菌、粉尘、颗粒物等，最终通过风动装置，将净化后的空气传送到室内，从而提高空气的湿度，达到净化空气的目的。

清扫模块由边扫、清扫辊、主动轮、万向轮、吸尘器、集尘盒、电池、碰撞检测模块组成，工作时由边扫将灰尘扫起，由置于边扫后面的吸尘器将灰尘吸入集尘盒。清扫模块与加湿模块间通过连接柱活动连接，通过使用发明原理 1（分离）将系统分为加湿模块和清扫模块后，系统产生了 4 种模式，以适应使用者在不同条件下的使用要求，如表 6-7 所示。

表 6-7　4 种工作模式

工作模式	使用条件		组合方式
	湿度	灰尘	
独立加湿模式	快速提高某区域湿度	满意	加湿模块独立工作
独立清扫模式	满意	不满意	清扫模块独立工作
均衡加湿模式	均衡提升各区域湿度	满意	清扫模块带动加湿模块沿规划的轨迹移动，在移动的过程中提升室内湿度
舒适模式	不满意	不满意	清扫模块与加湿模块共同工作，在移动清扫的过程中同时提升室内湿度

(3) 解决方案

1）方案一

搭载有吸尘器和电热式加湿器如图 6-16 所示。该方案虽然原理上能够实现室内各区域均衡加湿，并具有一定的灰尘清扫功能，但是该方案的吸尘器与加湿器无法分离，使用的灵活性较差，单独配备吸尘器对灰尘的清扫功能也较弱，电热式加湿器输出的蒸汽温度较高，使用不慎会烫伤使用者，因此该方案不能很好地解决现有问题。

2）方案二

使用发明原理 1（分离）、13（反向作用）、31（多孔材料），由可以自由组合的加湿模

图 6-16　方案一结构示意图

块和清扫模块组成，加湿模块搭载纯净型空气加湿器，使用安全，噪声小，清扫模块安装有边扫、清扫辊和吸尘器，边扫可以清扫角落里的灰尘，由边扫和清扫辊扫起的灰尘可由吸尘器吸入集尘盒，清扫效果更好，如图 6-17 所示。本方案有：独立加湿模式、独立清扫模式、均衡加湿模式、舒适模式 4 种模式，以适应使用者在不同条件下的使用要求。使用方式较为灵活，且在均衡加湿模式和舒适模式下均可实现室内各区域的均衡加湿，该方案能够较好地解决现有问题。

(4) 最终解决方案及创新点

1）最终解决方案

经过对比两种方案，采用方案二作为最终方案。通过加湿模块与清扫模块的自由组合，实现室内各区域均衡加湿及灰尘清扫，为支气管哮喘、过敏性皮炎等对空气湿度、灰尘变化较为敏感的病人提供舒适的居住环境。

(a)

(b)

图 6-17　方案二结构示意图

2）方案创新点

① 运用系统完备性法则、功能分析、功能裁剪运用最终理想解、技术矛盾和 40 个发明原理等工具、等方法分析问题。

② 利用物场分析模型，在系统中加入减振系统，使得系统能够稳定地通过台阶等复杂地形。

③ 不进行清扫作业时，边扫可以自动收回，不会对边扫产生不必要的磨损。

④ 利用分离原理，系统被分割为清扫模块和加湿模块，两个模块可以独立工作或组合工作。

⑤ 具有独立加湿模式、独立清扫模式、均衡加湿模式、舒适模式 4 种工作模式，能够适应不同环境下使用者的需求，使用方式较为灵活。

3）获奖情况

该应用实例获得第六届全国“TRIZ”杯大学生创新方法大赛创新设计类全国三等奖。

6.1.5 乒乓球自动拾球器

(1) 问题描述

随着人们生活水平的提高，以及“全民健身”计划的大力推广，人们对于体育运动的热情空前高涨。作为“国球”的乒乓球，因其自身所需场地条件不高，且参与运动者年龄跨度大的特点，成为人们热捧的一项体育运动。所以针对这种运动项目的配套设备改良设计以及补充设计显得十分重要。此项目针对乒乓球训练中需要大量乒乓球作为出发点，设计一件产品，在满足训练使用大量乒乓球的前提下，为人们省去人工捡球的麻烦。

(2) TRIZ 理论应用

1）问题分析

首先，进行问题分析，如表 6-8 所示。

表 6-8 问题分析

问　题	理想状态	优点	缺　点	存在矛盾
最方便的拾球的方式	不用人工拾取，拾球器自动收集	由机器做工代替人为做工	需要设计出性能更好的自动拾球器	节省人力，但需要设计出新的机器
效率最高的拾球方式	乒乓球分布在拾球器的周边	乒乓球分布在拾球器周边，提高拾球器工作效率	需要增加风力装置，使乒乓球聚集在拾球器周边	提高拾球器的工作效率，却增加了拾球器的能量消耗

2）技术矛盾

为了提高拾球器工作稳定性，将会导致拾球器的能量消耗，因此产生了稳定性（13）与能量损失（22）的技术冲突。另外，若想节省人力，就会导致装置的复杂性增加，因此产生了运动物体的能量消耗（19）与系统的复杂性（36）之间的技术冲突，在矛盾矩阵中查到上述冲突的发明原理如表 6-9 所示。

表 6-9 矛盾矩阵表

恶化参数 / 改善参数	能量损失(22)	系统的复杂性(36)
稳定性(13)	14、2、39、6	—
运动物体的能量消耗(19)	—	2、29、27、28

根据上述矛盾矩阵表，可以得出以下解决方案：a. 利用抽取原理，将传统拾球器的橡胶绳部分抽出，应用到自动拾球器中，作为防止乒乓球滑出拾球器的装置；b. 利用多元性原理，拾球器底部的方形设计，因在其表面设置了鼓风机通风口，使其作用从单一的挤压乒乓球进入拾球器，变为同时具有挤压作用和聚拢乒乓球的作用；c. 利用机械系统代替原理，将拾球器的工作方式由传统的人工操作转化为电子控制，利用电能等能量的消耗代替人力消耗。

(3) 解决方案

1）方案一

本方案通过两个前臂将乒乓球扫入机体内部，前臂带有静电，把内侧以及外侧的乒乓球粘带入机体，结构如图 6-18 所示。优点在于动力系统设计简单，同时拾球器体积较小，但是拾球器对于已经进入拾球器的乒乓球没有保护，可能会再次滑出拾球器。

2）方案二

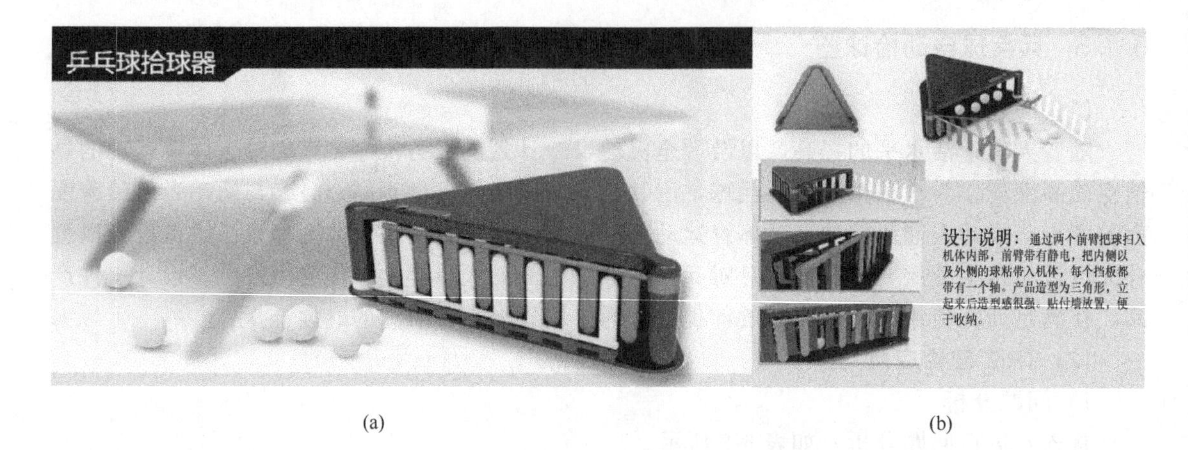

(a) (b)

图 6-18　方案一结构示意图

本方案是一种智能拾球机器人，该机器人由 3 个机械臂搭架而成，通过底部电动轮胎旋转带动机器人运动，可以实现 360°灵活转向。并设计了 3 个平行的吸风口产生空气漩涡，气压及对流的效应将乒乓球由底部吸入，从顶端喷出落入网中，结构如 6-19 所示。本方案设计拾球器造型新颖，且拾球器较为灵活，但拾球方式，以及拾球器内部储存部分仍存在问题。

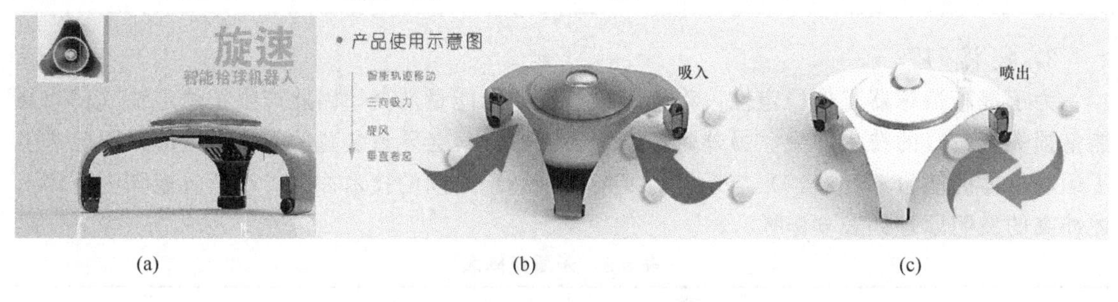

(a) (b) (c)

图 6-19　方案二结构示意图

3）方案三

本方案在扫地机器人的基础上，进行了改进，融合了传统的人力拾球器原理。主要使用的场合为大规模的多球训练场地，针对此类场地，该乒乓球智能拾球器能够快速收集散落在地面上的乒乓球，不会发生卡球的现象，人们可自行将中心的存球部分拉出，拧开下部的盖子，即可将球全部倒出，结构如图 6-20 所示。

(4) 最终解决方案及创新点

1）最终解决方案

综合对比，选取方案三作为最终解决方案。方案三可将地面散落的乒乓球通过先“吸”后“挤”的方式使其进入拾球器，并最终统一收集到拾球器中心的拾球桶中，使用者可以通过拾球桶上部的拉手将拾球桶拉出，后取出其中的乒乓球进行训练或比赛。

2）方案创新点

① 采用“TRIZ”创新方法和理论，具有较强的可实现价值。

② 拾球器内部结构巧妙地结合了传统拾球器，实用性强。

③ 产品细节较为精细，设定的场景应用合理。

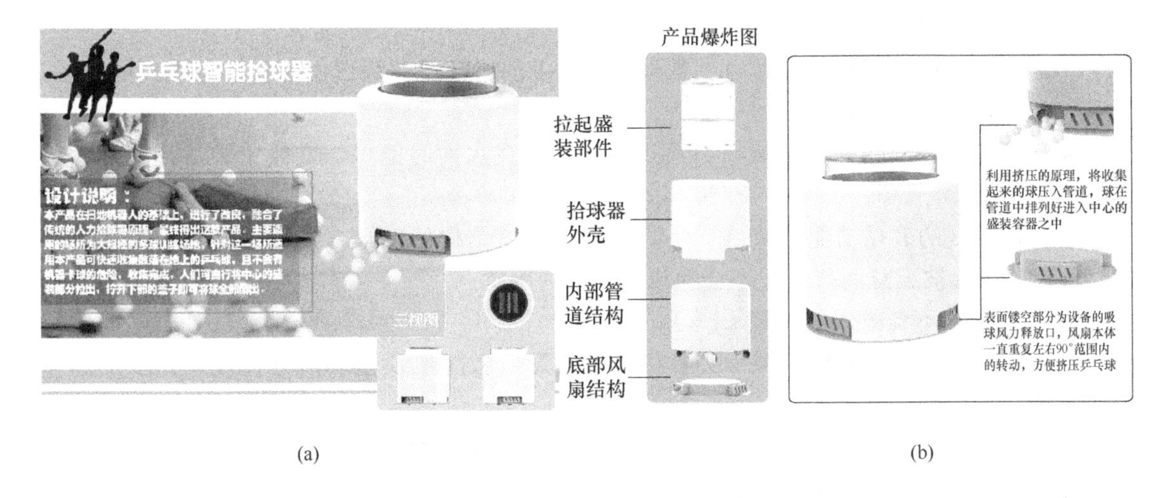

(a)　　　　　　　　(b)

图 6-20　方案三结构示意图

6.1.6　自动充气紧急救生装置

(1) 问题描述

随着时代的发展，海上旅游成为新兴产业，每年海上旅行的人不计其数，如何更好地保障旅行安全是至关重要的。而造成海难的事故种类很多，大致有船舶搁浅、触礁、火灾、爆炸、船舶失踪，以及船舶主机和设备损坏而无法自修以致船舶失控等，造成的人员救援不及时的溺亡更是数不胜数。如何快速地实现对遇险人员的及时救助，以及保证将救援设施的作用发挥到极致，在遇险情时操作简便，提高救援率成为本项目的来源。可将救生圈和救生艇相结合，并简化操作，弥补相互的不足。

(2) TRIZ 理论应用

1）系统矛盾分析

① 矛盾组 1

a. 如果改变救生艇的材质，让救生艇变得轻质，能够在水上展开的速度加快，则产品的质量和结构将遭到破坏，在水上产生的浮力则可能相应减弱。

b. 如果改变救生艇的材质，让船身变得重一点，来产生更加充足的浮力，则救生艇变得笨重，在水上的展开速度变得迟缓。

② 矛盾组 2

a. 如果在救生艇船身增加喷水灭火和自动扶正功能，则使得救生艇的设计和结构变得更加复杂，并且落水人士在船上的使用空间也会相应地减少。

b. 如果去掉较为复杂的功能结构，则救生艇不能及时有效地给予落水人士相应的保护，与当初设计的初衷相违背。

③ 矛盾组 3

a. 如果增加保险拉环等机械结构的设计，实现落水人士与救生艇的水中展开，则应急时刻需要人将手中的保险拉环拉动，才能展开，增加了人在水中的等待救援时间和不确定性。

b. 如果去掉保险拉环等机械结构的设计，则救生艇在不需要使用的时候，无法保证会不会被无意间打开，造成不必要的困扰。

④ 找出有用功能区域 A

a. 矛盾组 1 的有用功能区域 A：救生艇在水上的展开速度和选用的材质有很大的关系，所以应该改进材料的选用。

b. 矛盾组 2 的有用功能区域 A：通过喷水系统在水面时能保护其额定乘员经受油火包围不少于 8min。

c. 矛盾组 3 的有用功能区域 A：保险拉环等机械结构的设计，则救生艇在不需要使用的时候保证不会被无意间打开，不会造成不必要的困扰。

⑤ 找出消除不良效应的区域 B

a. 矛盾组 1 的不良效应区域 B：救生艇材质影响救生艇质量和展开速度，在水上漂浮的能力减弱。

b. 矛盾组 2 的不良效应区域 B：如果在救生艇船身增加喷水灭火和自动扶正功能，则使得救生艇的设计和结构变得更加复杂，并且落水人士在船上的使用空间也会相应地减少。

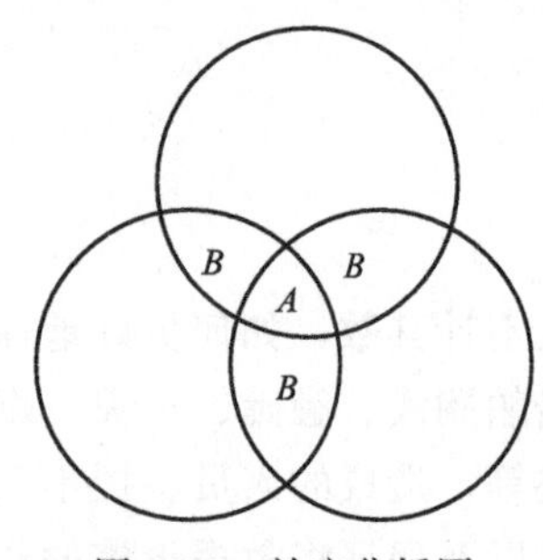

图 6-21　效应分析图

c. 矛盾组 3 的不良效应区域 B：落水人士与救生艇的水中展开，则应急时刻需要人将手中的保险拉环拉动，才能展开，增加了人在水中的等待救援时间和不确定性。

d. 确定 A 和 B 的关系以及区域类型：3 个矛盾组的区域 A 和 B 都是重叠的，如图 6-21 所示，属于第三种区域（相交）类型。

2）技术矛盾

为了改善救生装置的体积，将会恶化救生装置的强度，影响救生质量。因此产生了运动物体的体积（7）与强度（14）之间的技术冲突。在矛盾矩阵中查到上述冲突的发明原理如表 6-10 所示。

表 6-10　矛盾矩阵表

恶化参数 / 改善参数	强度(14)
运动物体的体积(7)	9、14、13、7

应用的 TRIZ 原理以及得到的解决方案如表 6-11 所示。

表 6-11　解决方案表

应用的创新原理	得到的解决方案
预先反作用原理(9)	采用疏水材料
曲面化原理(14)	整体造型曲面化
反向作用原理(13)	顶针刺破储气钢瓶迅速充气
嵌套原理(7)	将压缩气体室环在援助箱周围

(3) 解决方案

1）方案一

模块化救生装置，在未展开的时候体积较小，结构如图 6-22 所示。而展开之后会以绳索连接，形成环岛状。但这样的话，落水人员就有长时间处于水中的可能，有很多不确定的因素存在。

2）方案二

救生艇设计为圆环状，整体造型平衡性强，可以容纳多人，内部结构有相对较大的空间，如

图 6-23 所示。使得救生艇可以承载更多的功能，为落水人士提供更多的救援机会与可能。

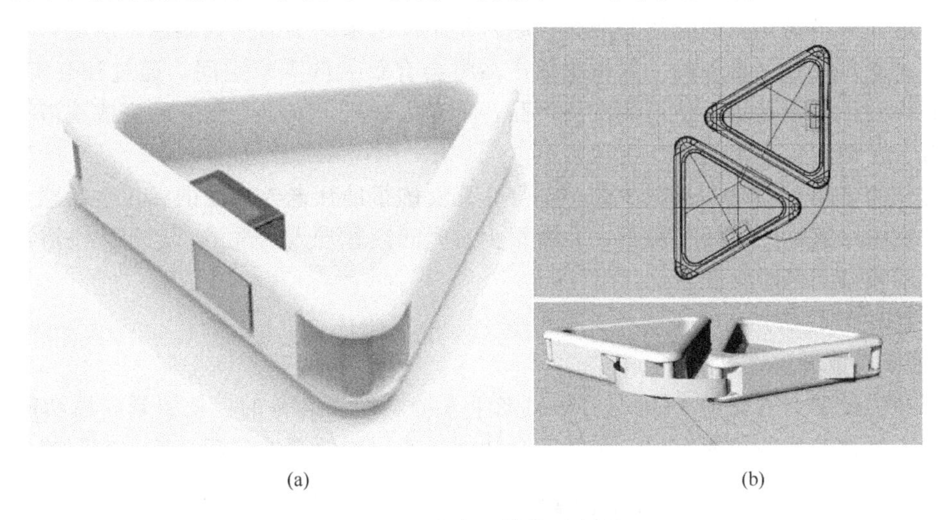

(a)　　(b)

图 6-22　方案一结构示意图

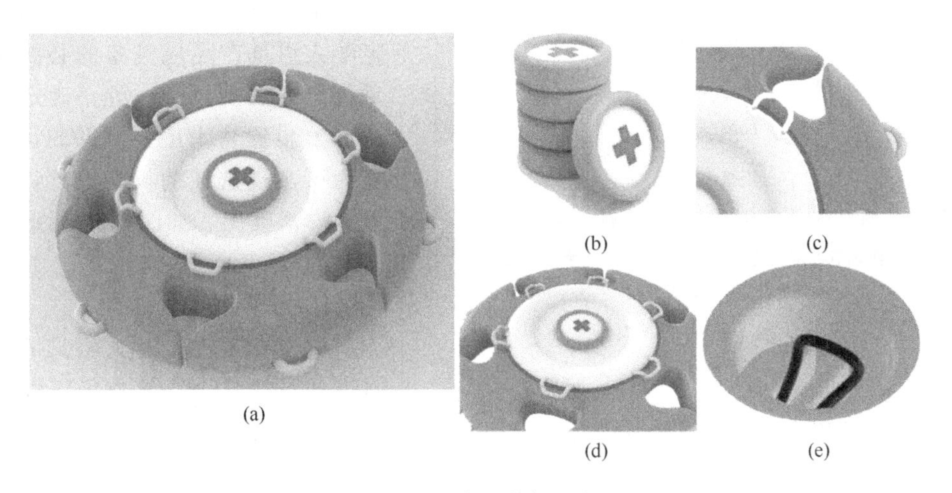

(a)　(b)　(c)　(d)　(e)

图 6-23　方案二结构示意图

(4) 最终解决方案及创新点

1）最终解决方案

选定方案二作为最终的设计方向。方案二能够很好地完成人机工程的结合，且操作简单方便，可以在短时间内完成救援任务，符合产品的设计初衷，也成功地利用与结合 TRIZ 的发明原理，使得问题能够得以完成，得到最终的解决方案。

2）方案创新点

① 将自动充气系统加入救生装置中，省时省力。

② 遇险时可供多人使用，使用效率高，节省占地面积。

③ 设有救援箱、自亮浮灯。

6.1.7　可折叠壁挂式老年人安全浴具

(1) 问题描述

近十年来，随着我国老龄化趋势不断加快，我国已步入老龄化社会，然而目前我国适老化产品的缺失，导致老年人在生活中遇到很多问题；未来社会私人生活将会向着独立和自理的方向发展，其中老年人的起居和照顾问题将是中国未来面临的一大难题，所以，对于设计和开发适合老年人独立自理的一般性生活产品将会有很大的需求空间。通过社会实践调查，构思并且设计出适合老年人使用的洗浴产品，让老人轻松、安全、独立地完成洗浴行为，让他们拥有一个健康、幸福的晚年生活。

洗浴作为老年人生活不可缺少的一部分，儿女的帮助让老人独立的私人生活感觉诸多不便；其次在未来繁忙的生活环境下，儿女很少有时间照顾老人的洗浴，老年人洗浴由于缺少帮助引起的安全问题时常发生。

(2) TRIZ 理论应用

1）系统功能模型图

系统功能模型如图 6-24 所示，可得出老年人浴具产品必备的模块要素，由功能模型图确定老年人浴具产品的功能定位，包括安全功能、使用的便捷性功能、节约空间的功能以及可折叠的功能。

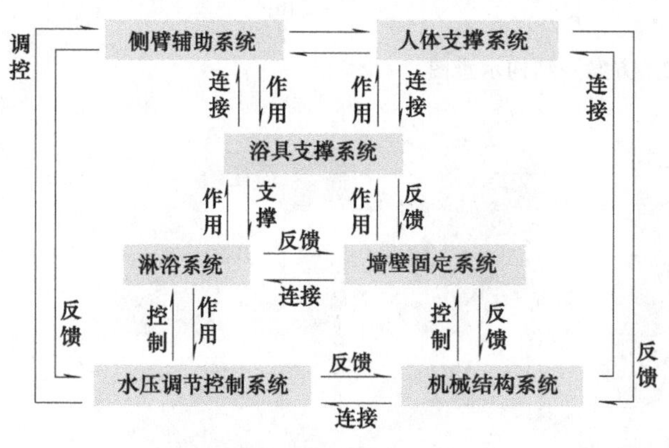

图 6-24 系统功能模型

2）系统完备性法则分析

由系统完备性法则分析可以得出，老年人浴具产品应具备的必要系统和系统之间的协调统一性，确定出产品的动力装置为水压控制系统，传动装置为可实现选装的机构设计，执行装置为淋浴喷头，如图 6-25 所示。

3）系统矛盾分析

① 矛盾组 1

a. 如果改变老年人浴具的结构连接方式，让整个浴具的稳定性变得更强，则老年人浴具的可折叠性遭到破坏，增加了浴具对整个空间的占有量。

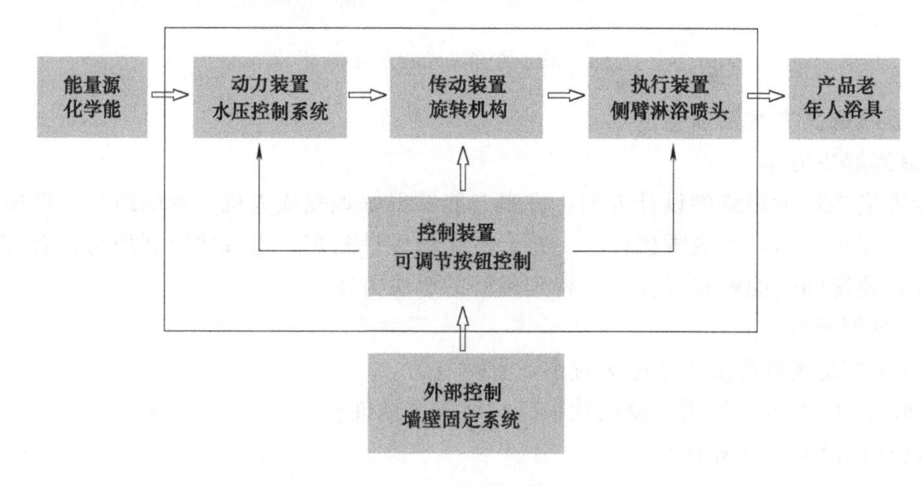

图 6-25 系统完备性法则

b. 如果增加老年人浴具的结构连接方式，以加强整个产品的稳定性，则浴具的制造成本增加，适用人群受到限制。

② 矛盾组 2

a. 如果在老年人浴具两侧增加可旋转的侧臂喷头，来保障老人淋浴的安全性，同时设计侧臂微型喷头来辅助老年人淋浴，则老年人浴具系统操作的复杂性增加，并且增加了对水资源的需求。

b. 如果去掉侧臂辅助结构的设计，则老年人洗浴时的安全性不能得到保障，并且洗浴时的方便性减弱，与设计初衷相违背。

③ 矛盾组 3

a. 如果增加侧臂和座椅可旋转机构和伸缩机构的设计，来保障浴具的安全性和可折叠性，则浴具系统操作的复杂性增加。

b. 如果去掉侧臂和座椅可旋转机构和伸缩机构的设计，则浴具的安全性能和可折叠功能减弱，不符合设计意愿。

(3) 解决方案

1) 方案一

采用全封闭舱内洗浴的方式，设计成为可开门式的打开方式，外形采用全曲面的造型设计，如图 6-26 所示，给人一种洗浴时的温馨感和安全感；其次内部采用座椅式设计，方便老人洗澡的时候坐下淋浴；但是该方案设计较为复杂，其次密闭空间的淋浴对老年人的心血管有较大的影响，容易引发高血压等突发事故的发生，其次较大的舱体设计占用空间较多，不能实现减少对空间的占用的初期设计目标，与设计初衷相违背。

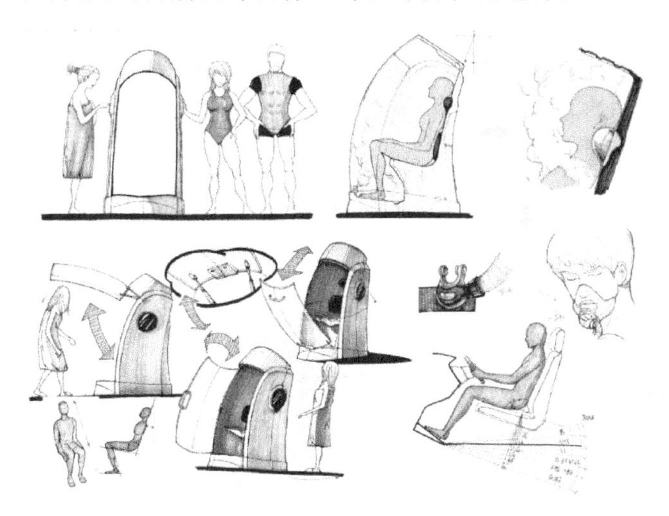

图 6-26 方案一构想图

2) 方案二

老年人浴具设计采用模块设计，将整个浴具通过腿部支撑部分、座椅部分、靠背部分、侧臂辅助系统和背部淋雨系统通过机械结构连接，实现可旋转以及侧臂角度的可调节功能；采用壁挂式的固定方式，收放的时候可以折叠，减少了对空间的占用，其次是材料的选择，整个浴具选择聚乙烯塑料，降低了整个浴具的重量，然后是背部采用了较为粗糙的尼龙材质，通过扭动身体可以实现搓澡取出身上的泥渍；侧臂的辅助机构不仅可以帮助老年人实现安全洗浴，其次微型喷头的设计可以实现全方位淋浴，减少了老人洗浴时身体的扭动和频繁的起坐，结构如图 6-27 所示。

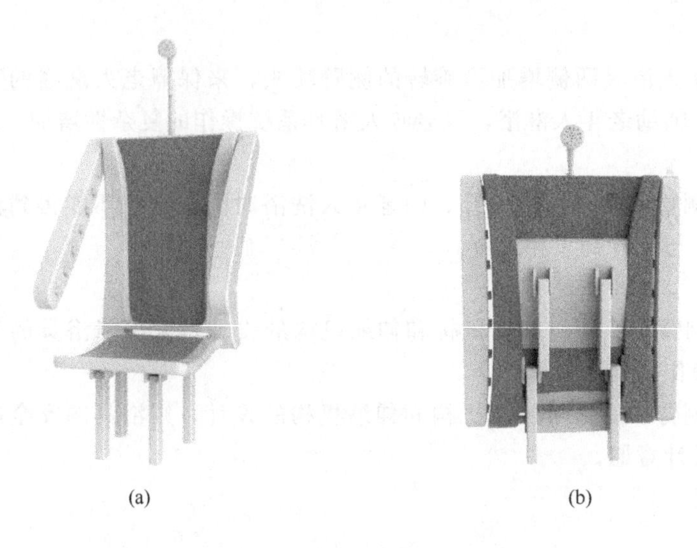

(a)　　(b)

图 6-27　方案二结构示意图

(4) 最终解决方案及创新点

1) 最终解决方案

综上所述，选取方案二作为最终解决方案。可折叠壁挂式老年人浴具以老年人淋浴的安全性、独立性和便携性为出发点进行设计，能够满足具体实际需求。

2) 方案创新点

① 老年人产品的切入点很好，具有很强的社会研究意义。

② 老年人浴具的设计采用了旋转机构，实现了可折叠功能，减少了对空间的占用。

③ 采用新材料实现了产品的安全保障。

④ 创新地提出了浴具产品的另外一种安装方式，壁挂式不仅便于携带，而且节约空间。

6.2 机构创新设计实例

6.2.1 用于前列腺介入的超声探头位姿调整装置

(1) 问题描述

目前临床上最常用的诊断方法是经直肠超声的前列腺穿刺活检，病人采用左侧卧位曲胸抱膝，医生将带穿刺架的超声探头缓缓放入直肠中，根据超声图像调整好穿刺针的位置，扣动穿刺枪扳机，然后把穿刺针拔出得到前列腺组织。该穿刺过程由医生手动完成，在调整探头的姿态时，容易引起抖动，降低穿刺精度，并造成患者不适，长时间操作又会引起医生的疲劳。另外，由于超声探头需要一直手持，所以该手术需要多名护士配合才能完成，造成人员浪费。

(2) TRIZ 理论应用

1) 系统完备性法则

用于前列腺介入的超声探头位姿调整装置的系统完备性法则如图 6-28 所示。

2) 因果链分析

用于前列腺介入的超声探头位姿调整装置的因果链分析如图 6-29 所示。

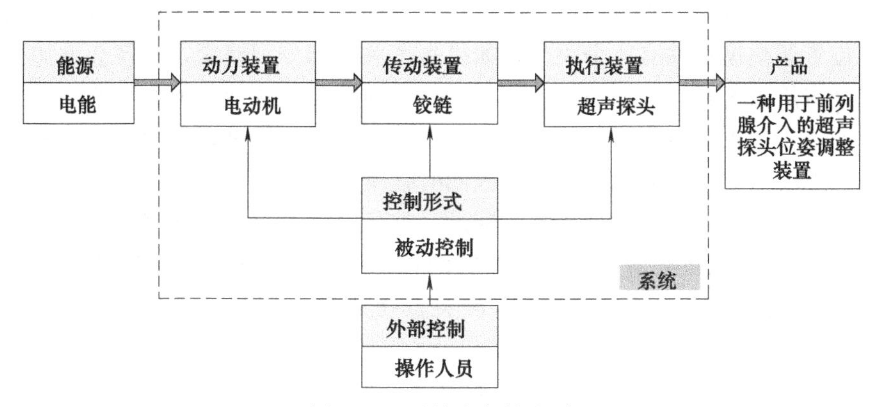

图 6-28　系统完备性法则

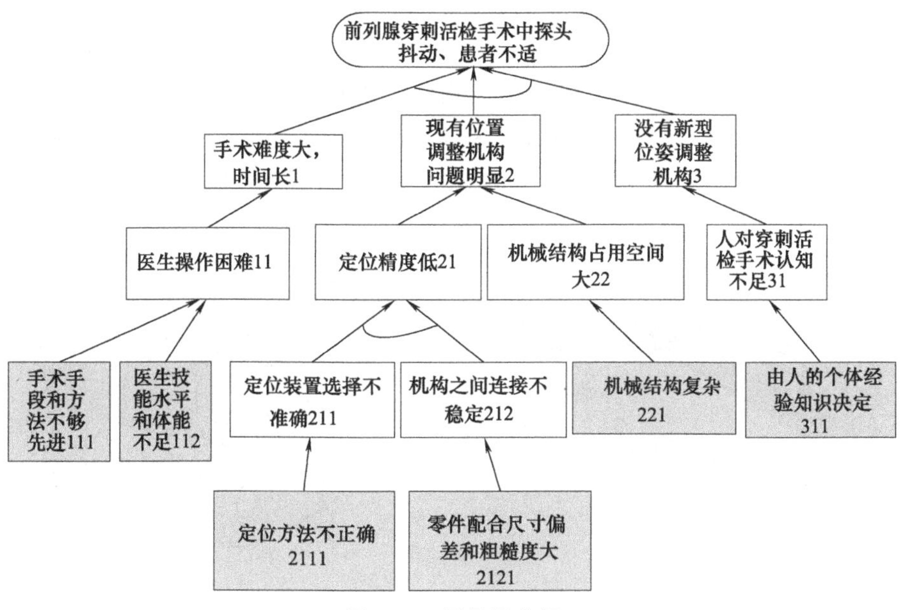

图 6-29　因果链分析

通过因果链分析得到的所有存在的问题有：111、112、2111、2121、221、311，通过解决存在的问题可以得到如下的解决方案：

方案一：111＋、112，整体提升医疗手术水平，增加医生技能培训，提高手术手段和手术方法。这种方案需要整个社会医疗水平和手术水平的突破，在较短时间内很难完成，受到很多不可控因素的影响，所以这种方案不可行。

方案二：2111＋、2121＋、221，改进机构连续运动能力和定位能力。这种方法不仅要研究手术的工作要求的精度，而且要选择对应的定位装置和定位精度。这种方案正是我们需要研究的方向，从手术入手，研究所需要工作空间，设计对应机构。

方案三：311，提高人的知识水平，改进机构类型，满足我们的需求。这种方案切实可行，对于科研人来说是创新，找到、设计或改进合适机构完成穿刺活检手术的要求，提高手术安全性等。

3）技术矛盾

在手术前，医生需要拖动位置调整模块，带动机构实现在竖直和水平方向的位置定位，从而使超声探头的末端到达患者的肛门外周中心点处并锁紧，从而保证定位精度以及后续的手术操作。位置调整模块共有 4 个关节，如果每个关节都分别锁紧，不仅会增加模块的整体重量，而且会占用医生操作机构的时间，使手术时间延长，从而增加患者的痛苦，并为医生带来疲劳；如果 4 个关节能同时锁紧，可以节约大量时间，但是会增加模块的复杂程度，而且提高了设计难度和成本。因此，如何既能同时锁紧 4 个关节，又能降低模块的复杂性，是进行该模块各关节锁紧设计时应当考虑的问题，该问题形成一个技术矛盾，可以通过 TRIZ 理论中的 39 个发明原理将其解决。把上述问题转化为 TRIZ 的标准工程参数是自动化程度（38）和系统的复杂性（36）之间的技术冲突，在矛盾矩阵中查到上述冲突的发明原理见表 6-12。

表 6-12　矛盾矩阵表

恶化参数 改善参数	系统的复杂性(36)
自动化程度(38)	15、2、10

经过对比，选择发明原理 24（借助中介物）作为解决办法，配合使用发明原理 1（分离），设计的关节联锁机构如图 6-30 所示。根据分离原理，把关节 1 和关节 3 的结构分离成上下两部分，上半部分中连接大臂连杆一侧继续分离成两部分，如图 6-31 所示。

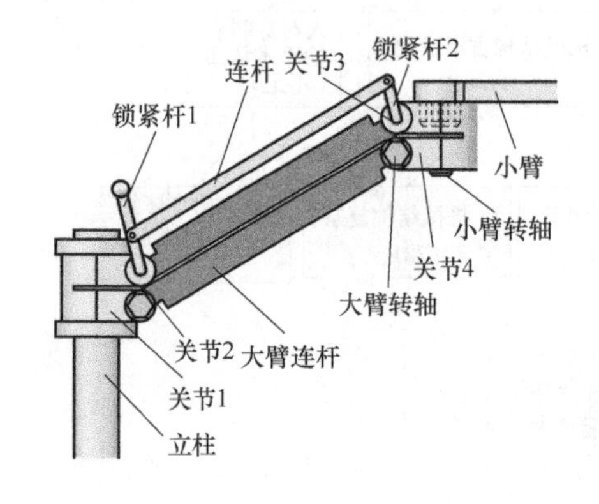

图 6-30　联锁机构

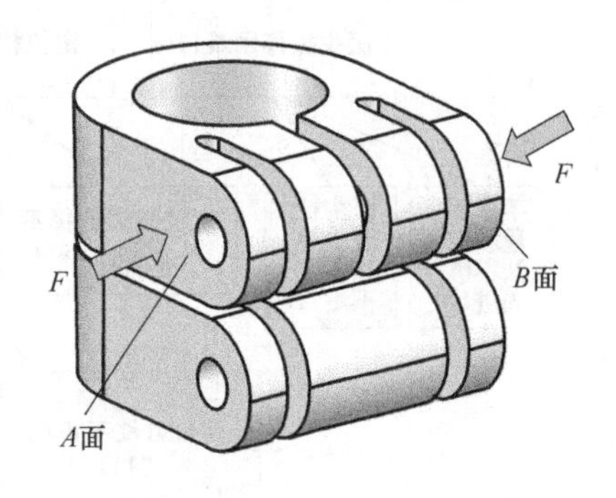

图 6-31　改进后的关节 1 结构

（3）解决方案

对于姿态调整机构，选择 2 自由度结构。为了使超声探头在手术操作过程绕肛门外周中心点做两个方向摆动的“定点”运动，此处考虑采用远心机构（Remote Center of Motion，RCM）。目前，实现远心定位的方法主要有两种：一种是通过多关节耦合方式实现远心运动，但是该方式是通过算法实现的，对算法稳定性和可靠性的要求很高，且安全性差，所以在这方面开展的研究较少；另一种是通过机构约束来实现远心运动，由于该方式的安全性高，所以广泛应用于微创医疗机器人的研究中。机构约束主要有球形机构、双弧形滑轨机构、单弧形滑轨机构、远心平行四边形机构 4 种方式，对比分析如表 6-13 所示。

同样的，针对探头自转及进给模块类型对比，提出两套结构方案：一个绕超声探头轴心旋转的转动自由度和一个沿肛门外周中心点探入的移动自由度。当两个自由度分别独立实现时，机构类型为独立式；当两个自由度通过圆柱配合一起实现时，机构类型为组合式，对比分析如表 6-14 所示。

表 6-13 远心机构对比分析

方案序号	机构类型	机构简图	机构特点
方案一	球形机构	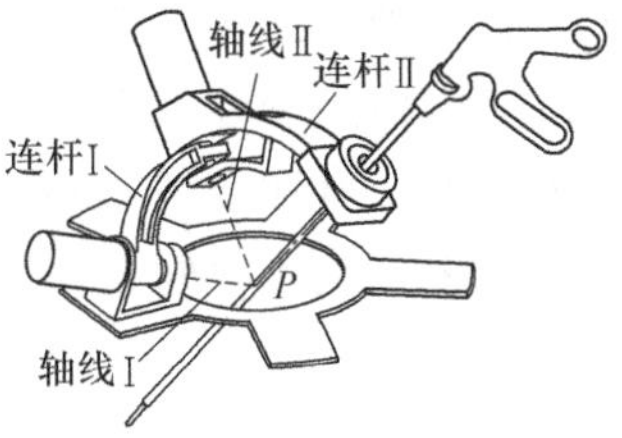 轴线Ⅱ 连杆Ⅱ 连杆Ⅰ P 轴线Ⅰ	结构简单、稳定性差、分析复杂、驱动方便
方案二	双弧形滑轨机构	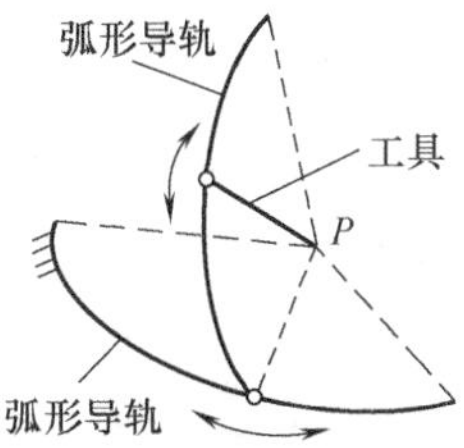 弧形导轨 工具 P 弧形导轨	结构复杂、体积庞大、加工困难、驱动困难
方案三	单弧形滑轨机构	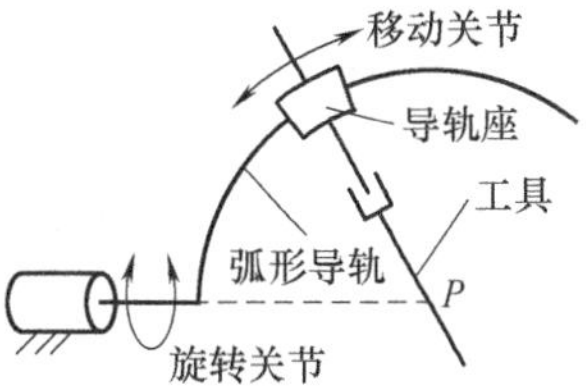 移动关节 导轨座 工具 弧形导轨 P 旋转关节	结构简单、占用空间体积较大、对加工精度要求高、驱动较困难
方案四	远心双平行四边形机构	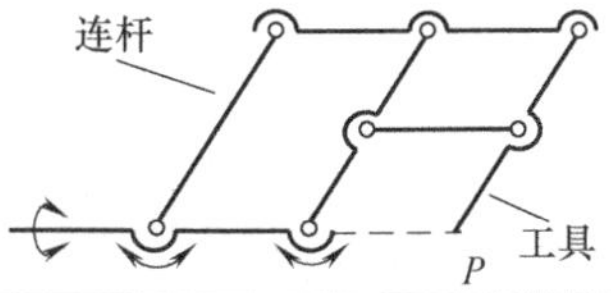 连杆 工具 P	结构简单、重量轻，构型多样，驱动方便，铰链连接精度较差

表 6-14 探头自转及进给模块类型对比分析

方案序号	机构类型	机构简图	机构特点
方案一	独立式	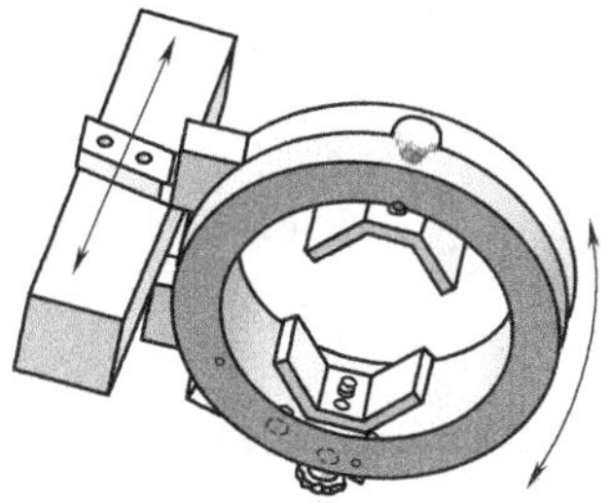	自转和进给分别独立，需要分别锁定，体积小、重量轻、加工简单
方案二	组合式	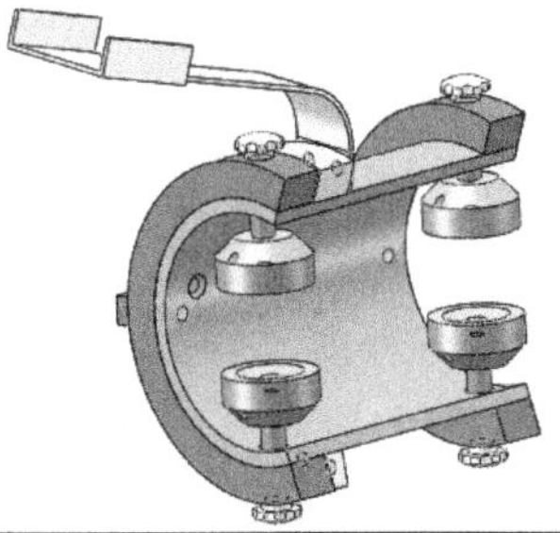	圆柱配合实现自转和进给，在一个位置锁定即可，半环结构方便穿刺针操作，两对夹紧块使夹紧更牢固，操作更灵活，但体积大、重量大

(4) 最终解决方案及创新点

1）最终解决方案

由于姿态调整模块位于位置调整模块的末端，那么 RCM 机构必须尽可能质量轻便，以降低负载。综合考虑后，选择双平行四边形机构用于姿态调整模块。由于超声探头自转及进给模块位于姿态调整模块的末端，那么超声探头自转及进给模块必须尽可能质量轻便，以降低负载。综合考虑后，选择独立式构型用于超声探头自转及进给模块。最终方案设计及装置实体样机如图 6-32 和图 6-33 所示。

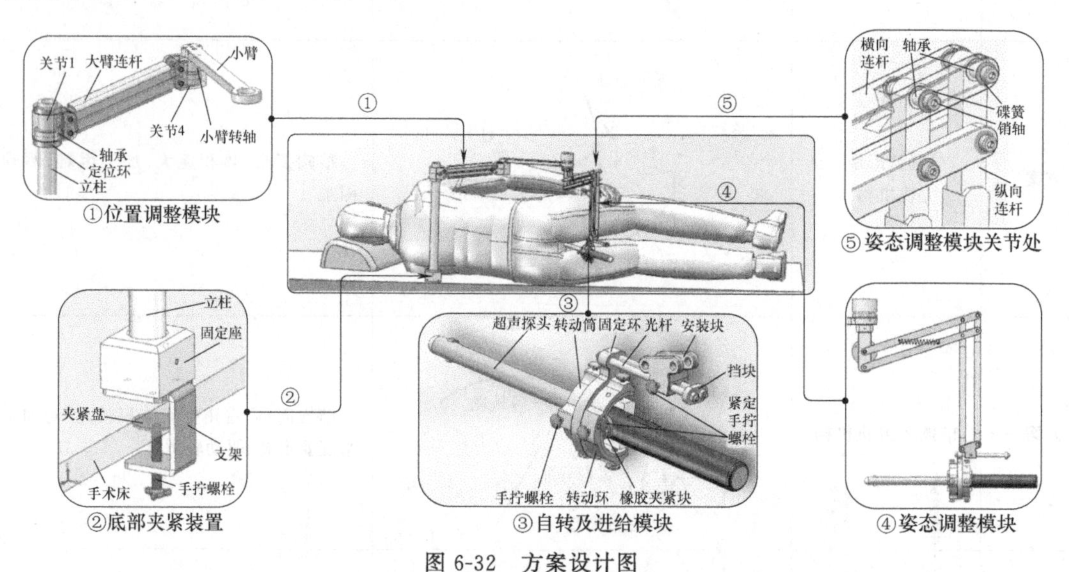

图 6-32 方案设计图

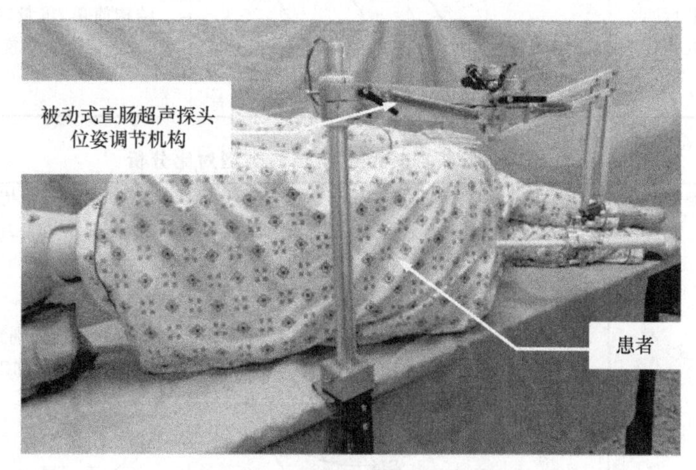

图 6-33 装置实体样机示意图

2）方案创新点

① 该机构特点在于被动式，无须电机，更加符合医生实际需求。

② 该机构结构灵活，可变，模块化。

③ 位姿调整效率高，缓解了医生的疲劳程度。

④ 运用了系统完备法则、九屏幕图、S 曲线等方法分析问题。

⑤ 运用最终理想解、技术矛盾和 40 个发明原理等工具解决问题。

3）获奖情况及专利申请情况

该应用实例获得第六届全国“TRIZ”杯大学生创新方法大赛发明制作类一等奖；已申请国家发明专利（申请号为201710368267.X）。

6.2.2 多自由度的脚踝康复训练器

（1）问题描述

踝关节是人体主要的活动关节，人在行走时，身体的重量都落在踝关节上面。此外，进行跑、跳等动作时，依赖踝关节各方向的转动协调完成。由于人体能够完成的很多动作都有踝关节参与，使得踝关节扭伤是一种常见的骨科疾病，踝关节受伤恢复慢，造成脚部浮肿和慢性疼痛，踝关节不能长时间受力，进行踝关节康复机构的研究对于帮助患者完成各种运动功能的恢复性训练极为重要。

（2）TRIZ理论应用

1）九屏图

多自由度脚踝康复训练器的九屏图如图6-34所示。

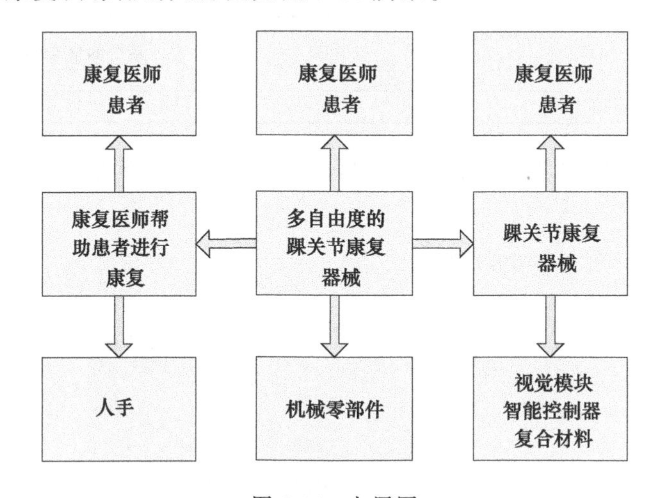

图6-34 九屏图

2）因果链分析

多自由度脚踝康复训练器的因果链分析如图6-35所示。

通过因果链分析得到的所有存在的问题有：11、211、221、231、32，通过解决存在的问题可以得到如下的解决方案。

方案一：11，患者通过针灸、电击疗法等代替运动康复治疗，方案一显然不可取。

方案二：211＋、221＋、231，即设计一种全新的踝关节康复器械，器械结构简单使用方便，制造成本低，并且可以调整下肢运动方式，满足不同的人群。初步分析方案二是可行的。

方案三：32，即采取一些方法来减少康复医师培训的时间，如降低康复医师入门门槛、政府加大对康复医师培训的投入，以此来缩短培训周期，方案三周期比较长，不可行。

3）技术矛盾

现在国内康复医院中的康复器械自由度少，康复效果不理想。但要增加康复器械的自由度，将增加器械结构的复杂性，而且提高了设计的难度和产品的成本。转化为TRIZ的标准工程参数是适用性，通用性（35）和系统的复杂性（36）之间的技术冲突，在矛盾矩阵中查

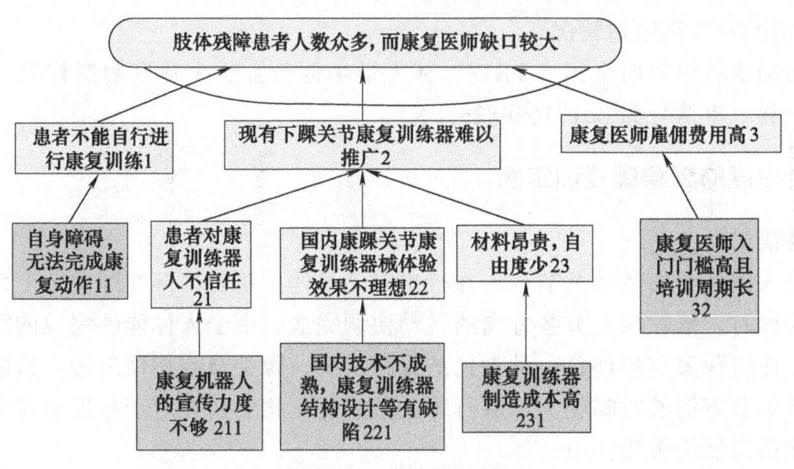

图 6-35　因果链分析

到上述冲突的发明原理见表 6-15。

表 6-15　矛盾矩阵表

改善参数 \ 恶化参数	系统的复杂性(36)
适用性，通用性(35)	1、5、15、19、24

经过对比，选择发明原理 5（组合）和 24（借助中介物）作为解决办法，设计如图 6-36 所示的机构示意图。

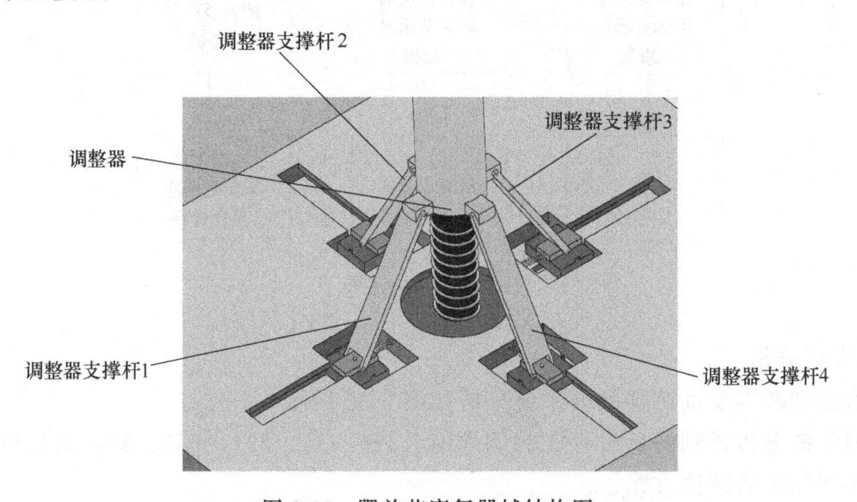

图 6-36　踝关节康复器械结构图

在设计踝关节康复训练器械时，除了要考虑机构自由度问题，更应该注重康复器械的使用安全问题，将器械设计得更加稳定安全，避免患者在使用器械时造成二次损伤。转化为 TRIZ 的标准工程参数是适用性，通用性（35）稳定性和（13）之间的技术冲突，在矛盾矩阵中查到上述冲突的发明原理见表 6-16。

表 6-16　矛盾矩阵表

改善参数 \ 恶化参数	适用性，通用性(35)
稳定性(13)	5、13、24

经过对比，选择发明原理 5（组合）、24（借助中介物）作为解决办法。

（3）解决方案

1）方案一

设计一种全新的踝关节康复器械，器械结构简单、使用方便、制造成本低，并且自由度可调，满足不同的人群。患者下肢作为动力源，克服弹簧的弹力来进行康复训练，且具有防护装置的多自由度踝关节康复训练器械，方案结构如图 6-37 所示。

该结构具有两个自由度。这种方案虽然可以实现踝关节的两个自由度的运动，但无法改变踝关节的运动模式，康复效果不理想。同时该结构驱动结构不稳定，且没有保护装置，易造成患者的二次伤害。因此该方案存在较多的问题。

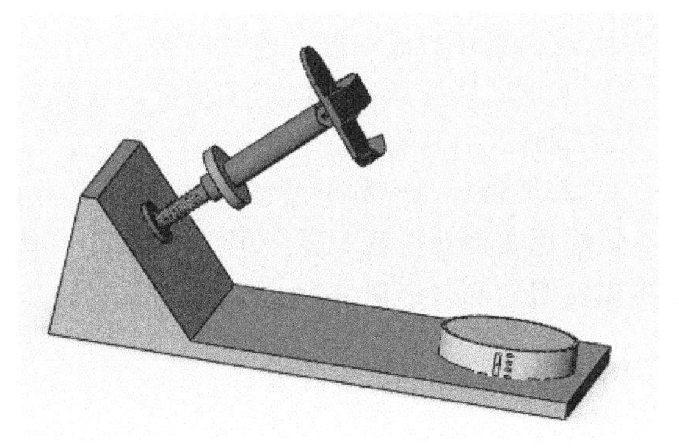

图 6-37　方案一结构图

2）方案二

当患者需要进行康复训练时，患者将一只脚踩在升降座上，根据身高调节外卡件与内卡件的相对位置，以此来调整外座与内座的相对位置，然后另一只脚踏在脚踏板上，并用魔术贴固定带固定，患者的脚踝可以进行左右转动，旋转连接台下端的两根拨柱分别置于驱动棒上部的两个弧形凹槽中，并且分隔弧形凹槽中的两个弯曲弹簧。当脚踝顺时针或逆时针转动时，脚踝通过两个拨柱克服弯曲弹簧的弹力进行康复训练。同时患者可以进行脚踝的仰俯运动，鳄鱼夹扭力弹簧的两个连接端之间的夹角为 45°，鳄鱼夹扭力弹簧的连接上端至于脚踏底面的凹槽，鳄鱼夹扭力弹簧的连接下端至于旋转连接台上表面的凹槽，脚踝通过克服鳄鱼夹扭力弹簧的弹力进行康复训练。患者每进行一次脚踝的仰或俯左右旋转训练，计数器计数一次，以此来达到定量训练，提高康复的速度，方案结构如图 6-38 所示。

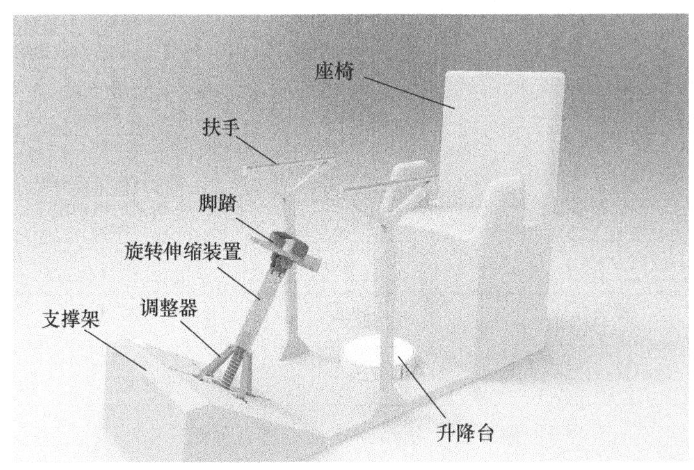

图 6-38　方案二结构图

（4）最终解决方案及创新点

1）最终解决方案

经过综合比较考虑，决定采用方案二。多自由度的脚踝康复训练器最多具有 4 个自由度，该器械由支撑台、升降座、扶手、座椅、伸缩旋转装置、调整器、脚踏和稳定磁盘组成，患者可以进行脚踝的背伸、跖屈、内收、外展、内翻、外翻和平衡能力康复训练。康复器械的应用可降低康复护理人员的工作压力，提高医护人员的工作效率，解决我国目前康复护理人员短缺的问题。

2）方案创新点

① 运用系统完备性法则、功能分析、功能裁剪等方法分析问题。

② 运用最终理想解、技术矛盾和 40 个发明原理等工具解决问题。

③ 结构新颖，成本低，前景广阔。

④ 上下肢协同运动，以产生更好的康复效果。

⑤ 节省人力和物力。

3）获奖情况及专利申请情况

该应用实例获得第六届全国“TRIZ”杯大学生创新方法大赛创新设计类二等奖，已申请国家发明专利（申请号为 2017109647684）。

6.2.3 小型铅笔切削机

(1) 问题描述

伴随着设计师行业的发展，设计师为了满足设计的需求，进行了许多产品的创意设计以及再设计。设计师的工作十分繁重，画图作为设计过程中不可取少的一部分，也被大家所重视，而设计最为头痛的就是削铅笔的过程，一般的削铅笔过程较为麻烦，怎么能将削铅笔这个过程简单化，是值得人们深思的过程。通过对削铅笔机器的再设计，能够有效地解决这个麻烦，使设计工作变得更加简约、更加高效化。

(2) TRIZ 理论应用

1）九屏图

小型铅笔加工机九屏图如图 6-39 所示。

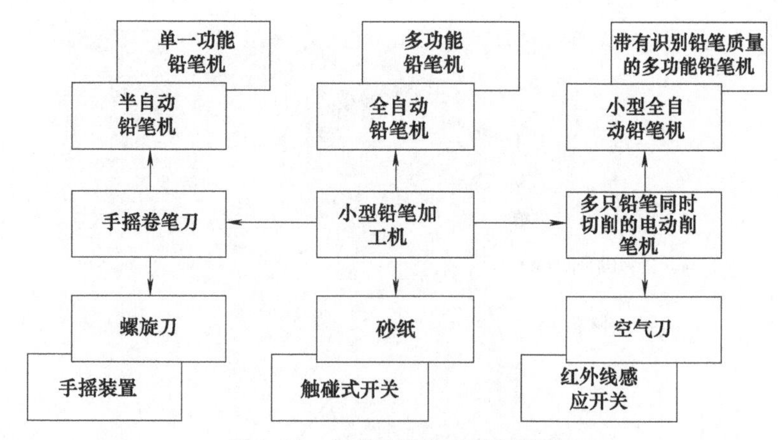

图 6-39　小型铅笔加工机九屏图

2）因果分析——鱼骨图

通过对图 6-40 所示鱼骨图进行分析，能够找到潜在的问题，集中于问题的实质内容，聚集并且攻克设计师削铅笔程序复杂并且耗时长这一问题，辨识导致设计师削铅笔程序复杂并且耗时长这一问题的所有原因，从中找到问题的根本原因，通过这些来准确找到解决设计

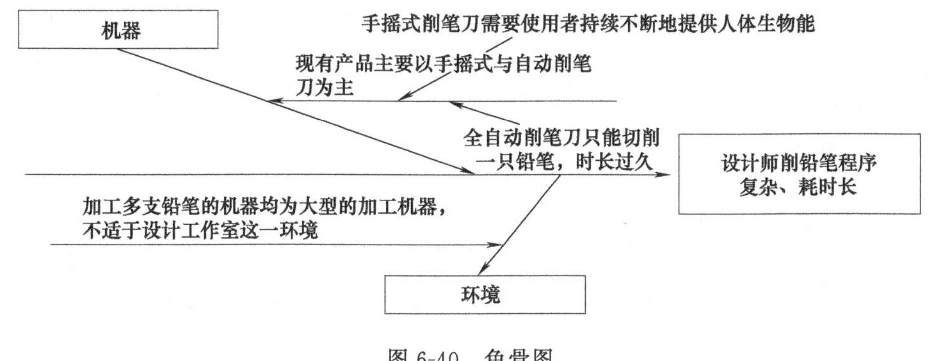

图 6-40　鱼骨图

师削铅笔程序复杂并且耗时长这一问题的全部解。

3）技术矛盾

在传送机构的设计上，由于需要多支铅笔有序地排列进行切削，如果传送机构被设计成同时装夹多支铅笔，则在设计时，如果装夹面积大，则可维护性大大降低，因此构成了运动物体的面积（5）与可维修性（34）之间的技术冲突，在矛盾矩阵中查到上述冲突的发明原理见表 6-17。

表 6-17　矛盾矩阵表

恶化参数 / 改善参数	运动物体的体积(5)
可维修性(34)	15,13,32

最终采用原理 15（动态化）将传送装置分成多个带有夹具的可随传送带移动的零件，便于维修和更换。

4）物-场分析

图 6-41 所示是普通的物-场分析后的结果，不可能实现所需要的功能。我们需要一个带有固定铅笔和传送铅笔功能的机械结构来实现吸附的功能，方案模型如图 6-42 所示。

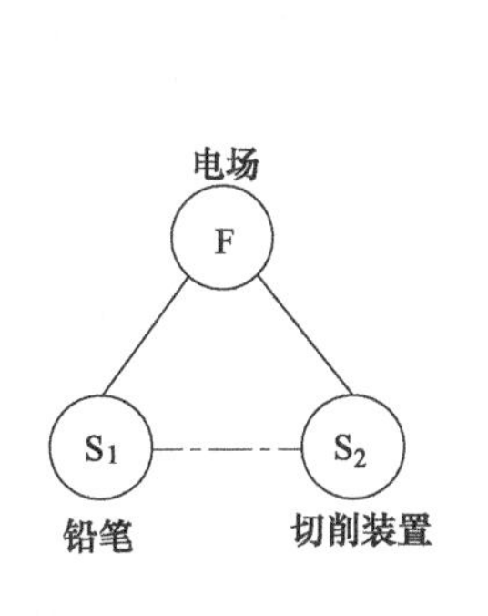

图 6-41　问题模型

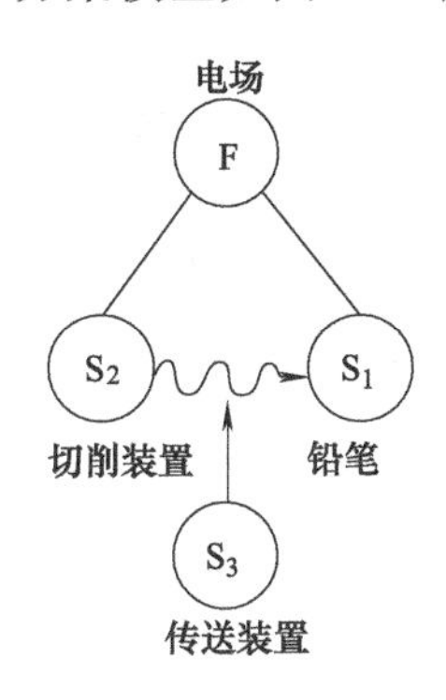

图 6-42　方案模型

(3) 解决方案

1）方案一

仿照手摇式削铅笔机，运用组合原理将铅笔机设计成由多个手摇式削铅笔机中螺旋刀组成的刀组，从而切削铅笔，如图 6-43 所示。

图 6-43　手摇式削铅笔机

方案评价：此方案成本较高，且不能高效地完成作业。

2）方案二

根据物-场分析，分别设计出传送装置和切削装置。方案评价：初步分析可行。

(4) 最终解决方案及创新点

1）最终解决方案

为了更方便使用者操作，提出简化铅笔切削过程，实现多支铅笔共同加工的构思，在外观上延续了北欧简洁设计的风格；结构上采用齿条和皮带反方向运动结构，保证了铅笔的直线运动和自转。削铅笔部分依旧采用砂纸加速打磨方式；将变压器和整流器放置在废料收集区的后部，不仅使结构感更强，而且使下部的体重比更大，防止在使用时，产品产生晃动摇摆的情况，产品在摆放时也更加稳定。采用一个大型电机，分布在铅笔加工结构的下方。废料收集区可以直接从侧面抽取出来。产品内部结构及效果图如图 6-44 和图 6-45 所示。

2）方案创新点

① 运用 TRIZ 原理将铅笔切削机进行实体设计，将理论和实际相结合。

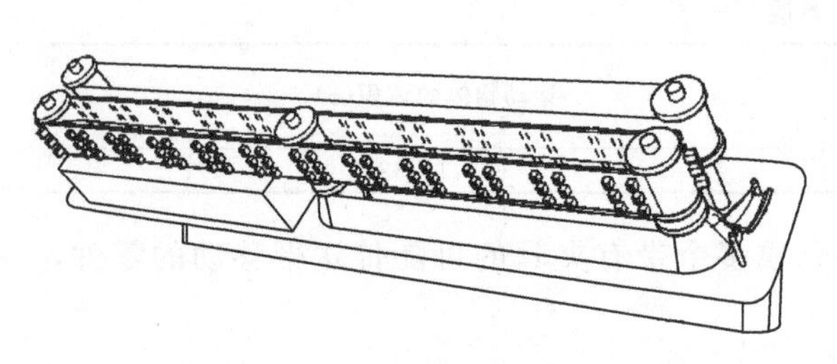
图 6-44　产品内部结构

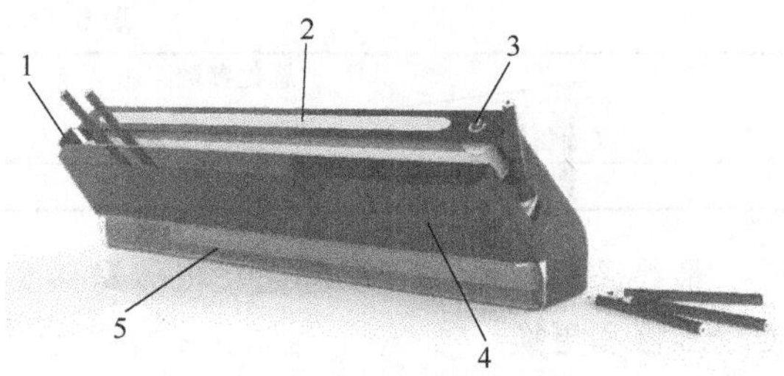

图 6-45　产品效果图

1—铅笔投放处；2—指示灯；3—触磁式开关；4—外壳；5—铅笔废屑收集装置

② 针对具体的技术矛盾，基于矛盾解决原理，结合工程实际，寻求具体的解决方案。

③ 本产品有很大的发展空间，在设计师简化铅笔切削过程，实现多支铅笔共同加工的设计领域有很大的实用性、创新性和推广性。

6.2.4　玻璃清洁设备

(1) 问题描述

玻璃是室内建筑必备可少的结构设施，其干净程度不仅影响室内的整洁性，而且还影响人们的视野。现有擦拭玻璃的方式是将抹布浸湿，或将 T 形玻璃刷的刷头浸湿来对玻璃表面进行手动擦拭，擦拭过程中，需要反复蘸水，操作烦琐、费时费力，尤其对于高层户外的玻璃，不仅清洁难度大，而且伴有极高的危险性。

(2) TRIZ 理论应用

1）最终理想解

玻璃清洁设备的最终理想解分析如表 6-18 所示。

表 6-18 最终理想解分析表

问题	分析结果
设计最终目标	解决特殊场合的玻璃清洗费时费力问题
理想化最终结果	实现玻璃清洁装置的实时自动清洁
达到理想解的障碍是什么	①现有清洁设备的改进和优化 ②实现清洁装置的程控设计
出现这种障碍的结果是什么	①清洁区域的信息采集 ②清洁装置的结构设计和程序实现
不出现这种障碍的条件是什么	①市场上信号采集器的多样化 ②基于单片机的程序设计
创造这些条件所用的资源是什么	电能、金属、传感器

2）技术矛盾

现有的清洗设备对玻璃只是野蛮操作，事先都没有对污点表层信息进行获取和分析，单纯靠人力的清洗，不仅费时，而且费力。由于玻璃材质的特殊性，故不规律的清洁，会导致使用寿命缩短，使用效果的降低。因此就要考虑如何在玻璃在不受破损的情况下进行高效清洁，并满足用户自动调节的需求。但是要实现玻璃的不破损和污点的自动清理，势必会增加结构和系统的复杂性，而且提高了设计的难度和产品的成本。转化为 TRIZ 的标准工程参数是自动化程度（38）和系统的复杂性（36）之间的技术冲突，在矛盾矩阵中查到上述冲突的发明原理见表 6-19。

表 6-19 矛盾矩阵表 1

恶化参数 改善参数	系统的复杂性(36)
自动化程度(38)	15、28、10、13、4

经过以上对比，选择发明原理 13（反向作用）和 15（动态化）相结合作为解决办法。根据反向作用，先去获取污点信息，确定污点的区域，再进行除污操作。在区域的锁定方面，采用 CCD 图像传感器，在清洁过程中，实时获取清洁区域的污点情况和污点种类；针对污点的形成面积和种类是泥、冰霜、雾气等的污点判断，进行相应的程序设计，并进行除污操作。假设根据动态化原理，将不动的物体变为可动的，污点的随意性和清洁设备的可移动性，使设计的清洁装置可以上下移动，从而满足不同的清洗需求。

装置的复杂性得到解决的同时，带来了一个新的问题，系统的可制造性恶化，为了使得设备的制造成本降低，力求结构紧凑。为了减小整套设备的体积，眼镜清洁装置容易出现故障，转化为 TRIZ 的标准工程参数是系统的复杂性（45）和可制造性（32）之间的技术冲突，在矛盾矩阵中查到上述冲突的发明原理见表 6-20。

表 6-20 矛盾矩阵表 2

恶化参数 改善参数	可制造性(32)
系统的复杂性(45)	3、13、1、28、26、35、10、6

经过对比选择发明原理 1（分离）、10（预先作用）和 6（多用性）作为解决办法。首先根据发明原理 1（分离），本次设计的清洁装置采用模块化设计，各个模块之间通过机架连接为一个整体，实现完整的功能。对于清洁装置采用发明原理 6（多用性），实现模糊点的实时确定和精准清洗这两个功能。

(3) 解决方案

1）方案一

利用发明原理 15（动态化）、19（周期性作用）、23（反馈）、22（变害为利）和 6（多用性）作为解决办法。该结构的清洁装置设计为轨道式，电动机带动雨刷和加热装置对玻璃进行清洁。但是，这种方案虽然能实现玻璃的清洁，但是由于不能实现自动调节的功能，对于不同的模糊点，没有好的对应分类处理，因此该方案存在较多问题。

2）方案二

利用发明原理 15（动态化）、19（周期性作用）、23（反馈）、22（变害为利）、18（机械振动）、1（分离）、10（预先作用）和 6（多用性）作为解决办法。通过程序调控基值，利用控制板接收和分析传感器的数据，得出玻璃的污点情况，实现自动调节，有污点出现，先分类再采取相应的应对手段。最终得到干净整洁的玻璃环境。通过清理装置的前放，尽量简化结构的设计，整个设备采用模块化设计，结构紧凑，制造成本低，使用和维护非常方便，具有较高的作业效率和采净率，大大节省人力和物力。

(4) 最终解决方案及创新点

1）最终解决方案

经过对比两种方案，决定采用方案二，具体使用方法如下。

当玻璃表面的污物需要冲洗时，控制器控制阀的开关使供水软管的水喷出以对玻璃表面进行冲洗。此外，控制器可通过温度传感器检测玻璃表面的温度。若温度过低，也可启动微型加热风机为玻璃表面进行加热，适用于在寒冷的冬季因玻璃表面温度过低而降低室内的温度时。在进行室内玻璃擦拭时，也可将刷柄连接到座上，取下它通过手动完成对玻璃的擦拭。设计专利图如图 6-46 所示。

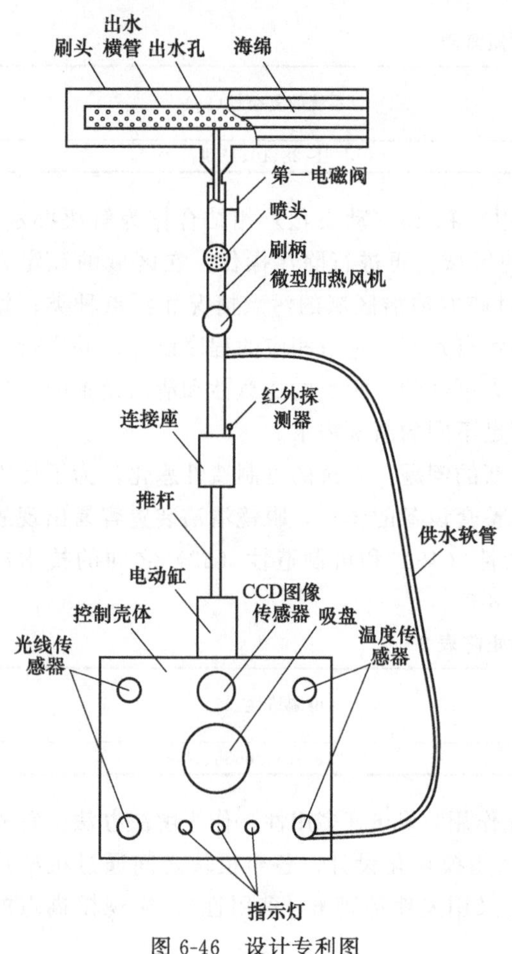

图 6-46　设计专利图

2）方案创新点

① 运用 TRIZ 理论并结合用户的要求，对实际问题进行求解。

② 采用自动控制机制，实现器件的自动调节进行。

③ 采用先有的控制板，实现程序化控制，保证实时的精准清洁操作。

④ 采用传感器获取实时的数据，做到清洁区域的精准定位。

⑤ 结构设计简单，迎合用户要求，市场前景好。

3）专利申请情况

该应用实例授权实用新型专利一项（授权公告号为 CN206836834U)。

6.2.5 乳腺癌术后康复训练装置

(1) 问题描述

乳腺癌是女性最常见的恶性肿瘤之一，其发病率位于女性癌症疾病的首位，给女性的身心健康造成极大伤害。外科手术是治愈乳腺癌的主要方法，但术后多发生上肢淋巴水肿、肩关节功能障碍等并发症。对患者进行全面的乳腺癌术后康复训练，有助于恢复乳腺的功能和外观形态，改善患者的肢体功能，提高术后生活质量。

乳腺癌术后康复训练主要包括两个方面：上肢功能训练和消除上肢水肿。目前的乳腺癌术后康复训练主要以做乳腺康复操为主，通过手臂及肩关节的反复运动促进血液、淋巴液的回流，康复过程需要医护人员在患者身旁进行实时指导，专业医生指出康复过程应尽早开展，但康复初期，不恰当的康复训练也会对患者造成二次伤害，且治疗效果完全依赖于康复操的完成质量，康复效率较低。

(2) TRIZ 理论应用

1）因果链分析

通过如图 6-47 所示因果链分析，得到的所有存在的问题有 111、211、22、231、311。初步分析可知，问题 111 和问题 231 是客观存在的，以目前的科技水平是没有办法解决的。因此通过解决其他存在的问题可以得到的解决方案：设计一种乳腺癌术后康复训练装置是目前解决患者康复效果不理想这一难题的最可行措施，康复训练装置能够辅助患者，同时能够调整康复训练过程的动作顺序及每个动作的运动范围、训练强度及训练时间，因人而异的康复训练满足不同患者的不同康复需求，使康复过程全面、保障康复效果。

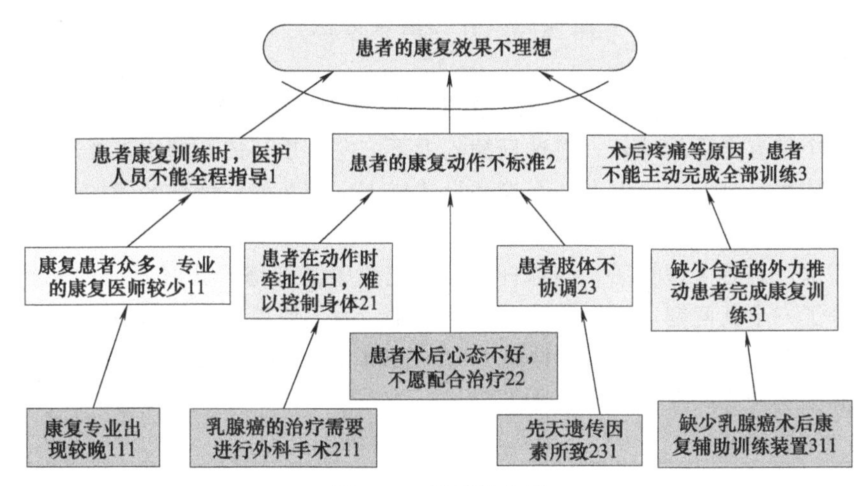

图 6-47 因果链分析

2）九屏图

九屏幕法（多屏操作）是系统思维的方法之一，是 TRIZ 理论用于进行系统分析的重要工具，可以很好地帮助使用者进行超常规思维，克服惯性思维。九屏幕法能够帮助人们从结构、时间以及因果关系等多维度对问题进行全面、系统的分析。在使用该方法分析和解决问题时，不仅要考虑当前系统，而且要考虑它的超系统和子系统。此外，还要考虑其超系统和子系统的过去和未来。以空间为纵轴，时间为横轴，构成被考察系统的九屏图，如图 6-48 所示。

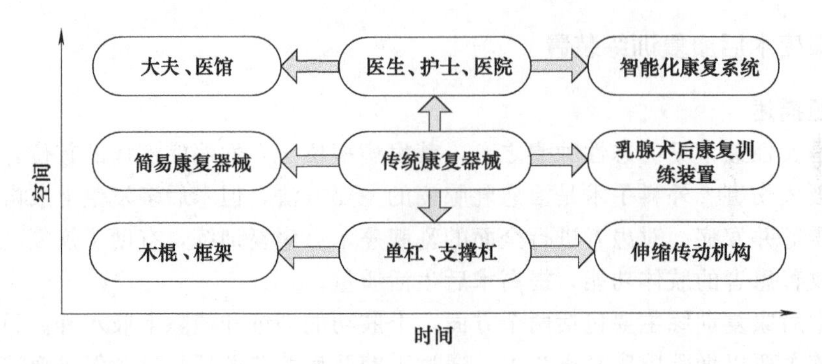

图 6-48　九屏图

3）技术矛盾

想要实现乳腺癌术后患者被动且安全地完成康复训练，必定要设计一种自动化的康复训练装置，也就是要提高系统原有的自动化程度。乳腺癌患者众多，康复装置的需求量大，医院空间有限，这就要求所设计的装置也需要尽可能地节省空间，占地面积小。转化为 TRIZ 的标准工程参数是自动化程度（38）和运动物体的面积（5）之间的技术冲突，在矛盾矩阵中查到上述冲突的发明原理见表 6-21。

表 6-21　矛盾矩阵表 1

恶化参数 / 改善参数	运动物体的面积(5)
自动化程度(38)	17、14、13

经过对比选择发明原理 14（曲面化）作为解决办法。将末端处的直线运动改成摆动，减小占地面积。

乳腺癌术后康复训练装置需要对患者提供一种外力，能够实现患者被动地完成康复训练，拟设计一个带有把手的球杆，将球杆插入上下、左右摆环的开槽中，摆环在摆动的同时对球杆有力的作用，将上下、左右两个摆环设置成十字交叉型，增加装置的稳定性，同时模拟坐标合成的原理，两个摆杆能够同时作用于球杆，使球杆做多方位运动，以满足康复训练患者的不同需求，患者手握把手，随球杆的运动完成康复训练，此时外力的来源得到解决，但是同时带来了一个新问题，系统的可制造性恶化，为了使得设备的制造成本降低，力求结构紧凑。转化为 TRIZ 的标准工程参数是力（10）和可制造性（32）之间的技术冲突，在矛盾矩阵中查到上述冲突的发明原理见表 6-22。

表 6-22　矛盾矩阵表 2

恶化参数 / 改善参数	运动物体的面积(32)
力(10)	15、37、18、1

选择发明原理 1（分离），将球杆分为两部分，在球杆下部设置螺纹，与底部球关节通过螺纹连接，方便将球杆插入摆环开槽的同时，更方便装置的安装与拆卸。

（3）解决方案

方案一：研究一种新的无创或微创的方式治愈乳腺癌。短期内难以实现。

方案二：患者周围人的陪伴与开导，以抚平患者术后身心创伤。需要时间治愈。

方案三：设计一种乳腺癌术后康复训练装置，能够达到辅助患者完成康复训练的目标，同时能够在保障患者人身安全的前提下，让患者被动的完成乳腺康复训练。最可行方案。

方案四：在系统中添加一个用来代替医生搀扶康复患者的辅助把手及一个安全防护装置，来取代系统中的有害部分。初步判定为可行方案。

方案五：在设计及制造乳腺癌术后康复训练装置时，优先使用空气、地球重力场、电能、金属及塑料等资源。方案可行。

方案六：应用曲面化原理，在乳腺癌术后康复训练装置底部安装滚轮，更方便移动。可行方案。

方案七：应用曲面化原理，将装置末端的直线移动改成旋转滚动，减小摩擦力，但并未有效达到减小装置占地面积的目的。为非最优可行方案，需设计新的可行方案。

方案八：应用曲面化原理，将末端处的直线运动改成摆动，有效减小占地面积。可行方案。

方案九：根据发明原理 1（分离），将球杆分为两部分，方便将球杆插入摆环开槽的同时，更方便装置的安装与拆卸。方案可行。

方案十：依照改进后的物-场模型，在乳腺癌术后康复训练装置上加入安全防护限位装置，限制球杆的移动范围，保障患者在自身允许的范围内完成康复运动，为患者的安全提供保障。方案可行。

专利预案：方案三、方案四、方案五、方案六、方案八、方案九和方案十均为依照 TRIZ 工具设计的可行方案，能够针对某一具体问题，给出较为合理的解决方法，将这些可行方案的优点进行汇总后，可确定最终方案。

(4) 最终解决方案及创新点

1）最终解决方案

应用 TRIZ 工具，最终确定设计一种十字交叉型乳腺癌术后康复训练装置，如图 6-49 所示。移动底座两端对称安装球关节驱动装置，球关节驱动装置如图 6-50 所示。球关节驱

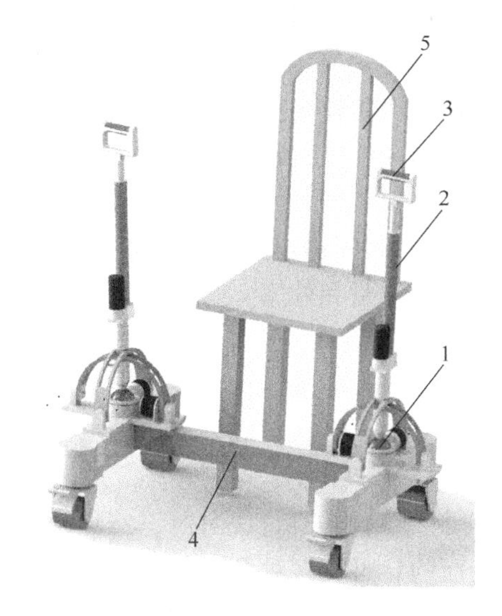

图 6-49 基于 TRIZ 理论的乳腺癌术后康复训练装置整体结构示意图

1—球关节驱动装置；2—电动推杆；3—把手；4—移动底座；5—座椅

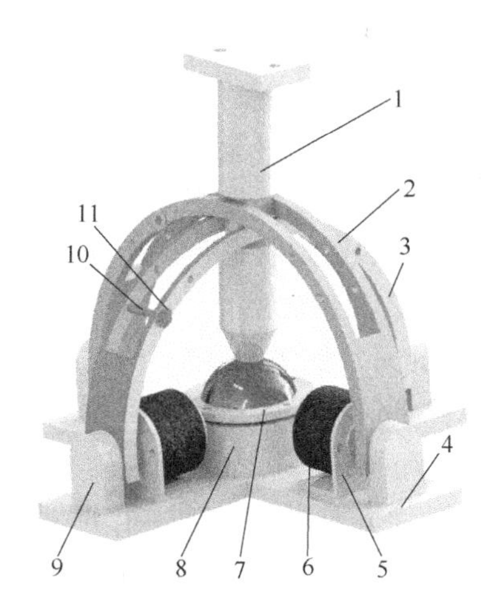

图 6-50 球关节驱动装置示意图

1—万向球关节；2—外摆环；3—内摆环；4—十字底座；5—摆动电机支架；6—摆动电机；7—球关节盖；8—球关节底座；9—摆环固定架；10—限位螺钉；11—限位螺母

动装置上的内摆环和外摆环呈十字交叉型布置，内、外摆环均由摆动电机驱动，球关节驱动装置上方连接电动推杆，电动推杆上接把手，下连球杆，球杆贯穿内、外摆环的开槽，使内、外摆环在摆动时对球杆有力的作用，通过控制摆动电机的转角使内、外摆环做不同程度的摆动，通过内、外摆环的协同运动实现球杆的多方位摆动，该装置能够灵活且有效地实现患者主、被动地对上肢、肩关节及乳腺周围组织反复拉伸及运动康复，从而锻炼乳腺周围的腺体和肌肉，促进血液及淋巴液的回流，消除水肿，恢复肢体功能。

2）方案创新点

a. 运用功能分析、物-场模型等 9 种 TRIZ 工具分析并解决问题，共获得 10 种技术方案。

b. 设计思路清晰，逻辑严谨。

c. 结构巧妙，操作简单，实用性强，具有良好的市场前景。

3）专利申请情况

该应用实例申请国家发明专利（申请号为 2018102222635）。

6.2.6 纺丝角度可调的高压静电纺丝机

（1）问题描述

高压静电纺丝是一种特殊的纤维制造技术，聚合物溶液在强电场作用下进行喷射纺丝，最终可得到纳米级直径的聚合物丝状物，因其制造装置简单、纺制成本低以及可纺种类多等优点广泛用于制备纳米纤维材料。现有的高压静电纺丝设备的产业化规模较小，纺丝设备的结构单一，参数调节大多局限于纺丝溶液的配比和电场的强弱，生产效率较低。

纺丝角度是影响纺丝效果的一个重要因素，规定纺丝角度是指发射装置喷射的角度与竖直方向的夹角，发射装置喷射的角度不当会造成溶液滴落、重力干扰电场作用等现象，降低纺丝质量，而对于不同配比的溶液，其最佳的喷射角度也不同，因此需要连续地调节发射装置的角度，以得到适应溶液的最佳喷射角度。纺丝距离是指发射装置的发射端与纺丝接收装置接收端之间的距离，纺丝距离过大，会造成收集困难；而纺丝距离过小，会使得聚合物堆积。因此需要调节合适的纺丝距离，以纺出连续致密的纳米纤维材料。除此之外，还需要能够调节收集装置的收集能力，以适应不同的纺丝量要求。

为克服上述问题，需要设计一种参数调节简单便捷的高压静电纺丝机，能调节多种参数，寻求最优的纺丝状态，以不同的纺丝要求，提高纺丝质量和效率。

（2）TRIZ 理论应用

1）系统完备性法则

高压静电纺丝机的系统完备性法则如图 6-51 所示。

2）因果链分析

因果链分析如图 6-52 所示，得到的所有存在的问题有 111、2111、2121、2211、23，通过解决存在的问题可以得到的解决方案：搭建功能全面的、可调多种参数的高压静电纺丝机是解决问题的有效途径，在保证角度可调的情况下，还应考虑读数的便捷和准确性，除此之外，还应考虑其他参数的影响，做出适当调节，构建最优的实验环境。

3）功能分析

高压静电纺丝机结构矩阵如图 6-53 所示。

高压静电纺丝机的功能模型图如图 6-54 所示。

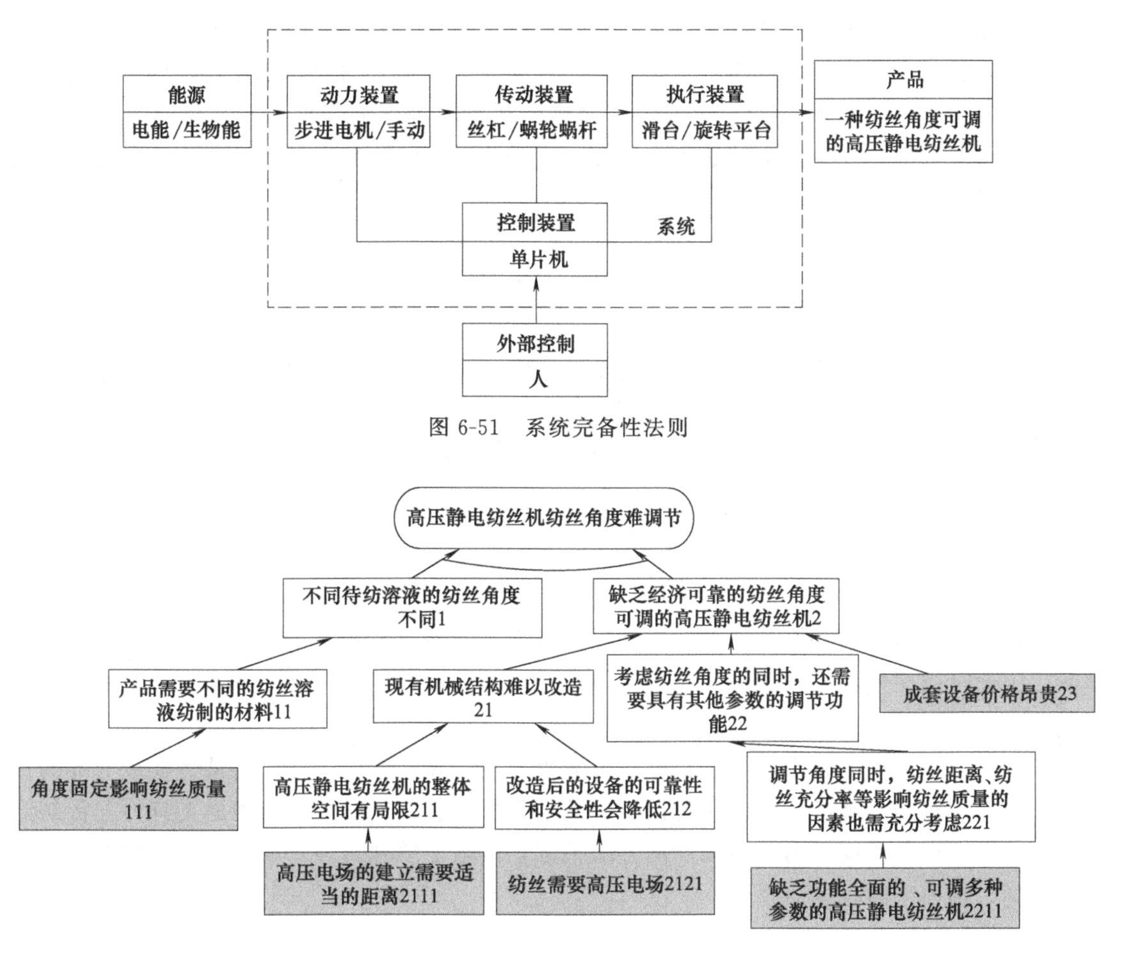

图 6-51　系统完备性法则

图 6-52　因果链分析

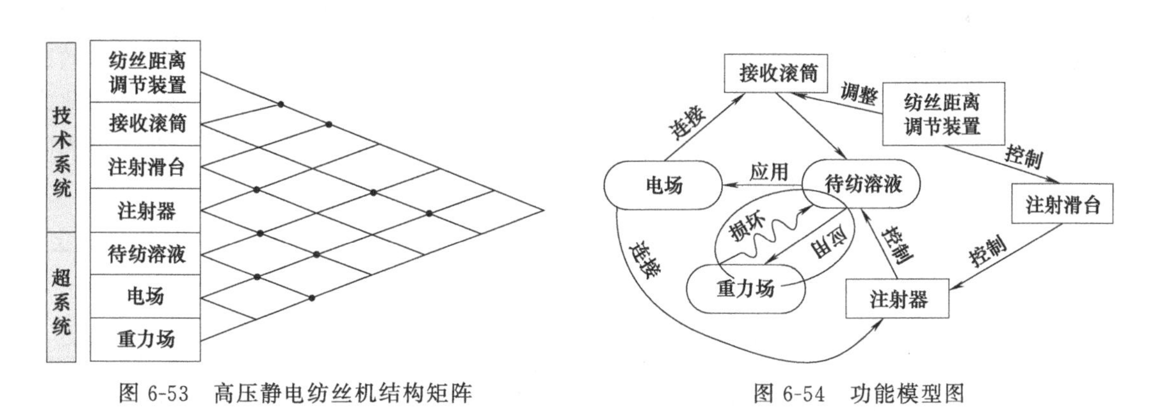

图 6-53　高压静电纺丝机结构矩阵

图 6-54　功能模型图

该功能模型图用图形的方式表达了纺丝过程中，高压静电纺丝机各子系统和超系统之间的相互关系。从超系统中待纺溶液的角度，可以发现现有重力场存在的问题，即纺丝过程中重力的作用会干扰电场的作用，甚至会造成溶液滴落等现象，影响纺丝的结果。此外，重力场对不同配比、不同种类的待纺溶液不尽相同，需要调节不同的角度，用来克服重力的影响，达到最优的纺丝条件。

功能裁剪：通过上面的分析，按 TRIZ 理论功能裁剪的原理，将有问题的功能元件，也就是重力场裁剪掉，最理想的效果就是完全裁剪掉重力场，但在一般实验条件下，重力场无法消除，在特殊空间下消除成本较大，无法解决存在的问题。根据 TRIZ 理论 40 个发明原理中的发明原理 8（重量补偿），使物体与介质相互作用以抵消其重量，即裁剪掉重力单独作用于待纺溶液部分。经过上述裁剪，其结果如图 6-55 所示，此时产生了一个问题，就是要怎么样借助介质抵消重力的作用。

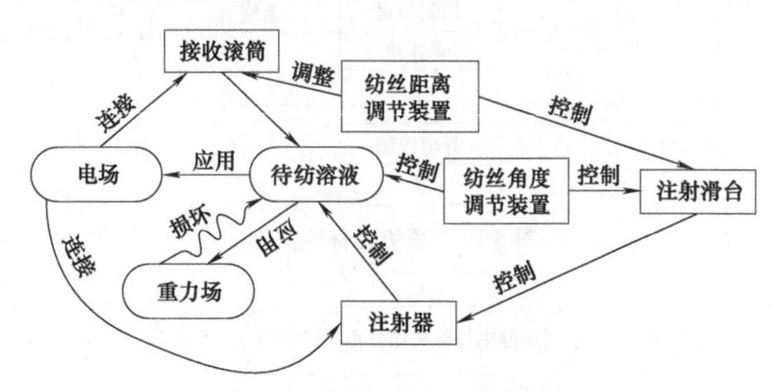

图 6-55　裁剪后的功能模型图

根据前面的因果链分析的结果可以知道，重力场对纺丝过程有影响，且重力场无法轻易消除。因此可以采用在系统中添加角度调节装置与重力场共同作用来代替原有的重力场单独作用的情况。

改进后的功能模型，采用纺丝角度调节装置与重力场一同作用纺丝溶液替代裁剪掉的重力场单独作用待纺溶液的功能。角度调节至适当位置，注射器对待纺溶液的支持力与待纺溶液相抵消，抵消的程度可由调节角度的方法控制，消除了单独重力场在纺丝过程中对纺丝结果的损坏，提高了纺丝的质量。

4）技术矛盾

不同待纺溶液受重力影响的程度不同，需要针对不同的条件调整纺丝角度，因此需要加入纺丝角度调整装置，用来调整发射装置与收集装置的夹角，现有的最普遍的接收装置采用滚筒状设计，利用滚筒的外表面接收纺丝，如果仍然采用接收滚筒的外表面来接收纺丝的话，需使发射装置绕接收滚筒转动，需要的运动空间较大，会限制设备整体的形状。转化为 TRIZ 的标准工程参数是适应性，通用性（35）和形状（12）之间的技术冲突，在矛盾矩阵中查到上述冲突的发明原理见表 6-23。

表 6-23　矛盾矩阵表 1

改善参数 \ 恶化参数	形状(12)
适应性,通用性(35)	15、2、24、30、5、7、30、17、13

进过对比，选择发明原理 2（抽取）作为解决办法。只要将接收滚筒的筒壁作为接收特性抽取出来即可，选用接收滚筒内壁作为接收面，发射装置在滚筒内径范围内运动，减少了角度调节所需运动空间，如图 6-56 所示。

纺丝过程中，为适应不同的纺丝量要求，可以更换不同直径的接收滚筒以调整接收面积，则装夹收集滚筒的支架需具有可调节性，支架调节就会改变自身形状，转化为 TRIZ 矛盾是适应性，通用性（35）和形状（12）之间的技术冲突，在矛盾矩阵中查到上述冲突的发明原理见表 6-24。

表 6-24 矛盾矩阵表 2

改善参数 \ 恶化参数	形状(12)
适应性,通用性(35)	15、2、24、30、5、7、30、17、13

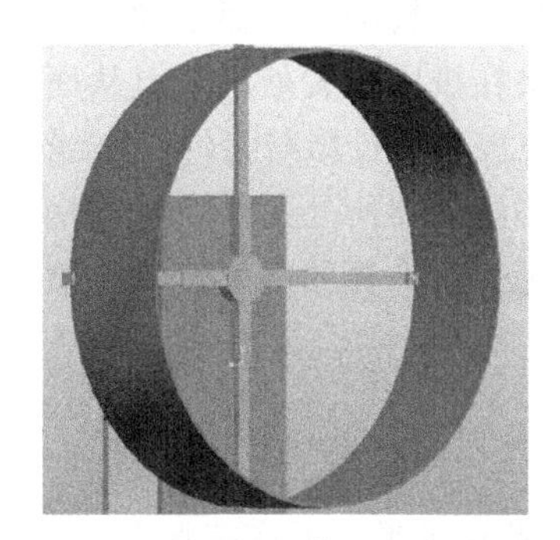

图 6-56 内壁为工作面的接收滚筒

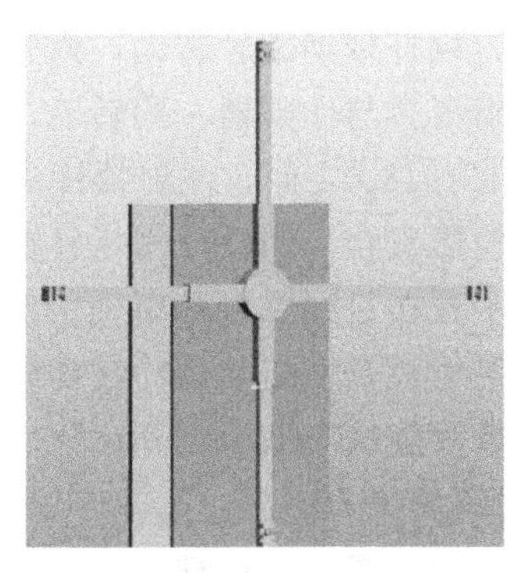

图 6-57 伸缩杆支架

经过对比选择发明原理 15（动态化）作为解决办法，将物体分成彼此相对移动的几个部分，设计一种伸缩杆支架，该支架子杆可相对运动，实现伸缩的状态，可根据收集滚筒大小调整伸缩杆支架的展开范围，具体结构如图 6-57 所示。

为了能够直观准确地读取实时纺丝角度，需要降低测量的难度，由于测量的空间较小，易产生机械干涉，在避免干涉的同时，还需要完整测量，则会使装置变得更加复杂，转化为 TRIZ 矛盾是测量精度（28）和系统的复杂性（36）之间的技术冲突，在矛盾矩阵中查到上述冲突的发明原理见表 6-25。

表 6-25 矛盾矩阵表 3

改善参数 \ 恶化参数	系统的复杂性(36)
测量精度(28)	28、37、10、15、3、24、25、32

经过对比选择发明原理 3（局部质量），物体的不同部分应当具有不同的功能，设计了特殊的非自然连续刻度的刻度盘以及配套的带有两个指针的蜗轮，两个指针中心对称，刻度盘量程 180°，顺时针方向上依次均匀刻有 0°～90°和 90°～180°两块区域，其中 0°与 180°位置重合，除 90°位置外，两个指针都在刻度盘上，其余位置始终只有一个指针在刻度盘上，如图 6-58 所示。

(3) 解决方案

1）方案一

采用调整其他参数对重力作用进行补偿的方法，这种方法需要获得其他参数组合对纺丝结果明确的作用关系，由于影响纺丝结果的参数众多，组合复杂，尚不能明确作用关系，大量的实验成本难以控制，因此并不适用于普通的实验环境，应采用改进机械装置的方法。

2）方案二

此处采用的高压静电纺丝机，主要包括伸缩杆支

图 6-58 刻度盘与指针位置示意图

架、弹簧夹板、接收滚筒、旋转平台、注射滑台、注射器、蜗轮、蜗杆、旋钮、纺丝距离调节滑台、进给滑台、指针、刻度盘等装置。其工作原理是：调节进给滑台滑块位置，并调节伸缩杆支架的夹合直径，使之适应接收滚筒的安装，再调节进给滑台滑块位置，使接收滚筒与注射器位置配合，调节纺丝距离滑台，从而改变注射器到接收滚筒的距离，转动旋钮带动蜗杆转动，蜗杆带动蜗轮转动，蜗轮带动同轴的旋转平台一同转动，从而带动纺丝距离调节滑台、注射滑台与注射器一同转动，指针挡块与刻度挡块在极限位置处干涉，从而将转动范围限制在0°～180°之间，注射器针尖所在直线在旋转轴立板上的投影与指针中心线在旋转轴立板上的投影重合，因此可用指针在刻度盘上的读数代替注射器所处角度，通过蜗轮蜗杆自锁，转动平台在目标位置处精确定位，纺丝过程中，通过弹簧夹板的中弹簧的压缩夹紧接收滚筒，滚筒电机带动接收滚筒转动收集纺丝。

(4) 最终解决方案及创新点

1）最终解决方案

最终采用方案二，这种方案有效地解决了纺丝角度调节问题，可连续调节，定位准确，读数方便快捷，并且可以调节纺丝距离，适应不同纺丝量要求。最终效果如图6-59所示。

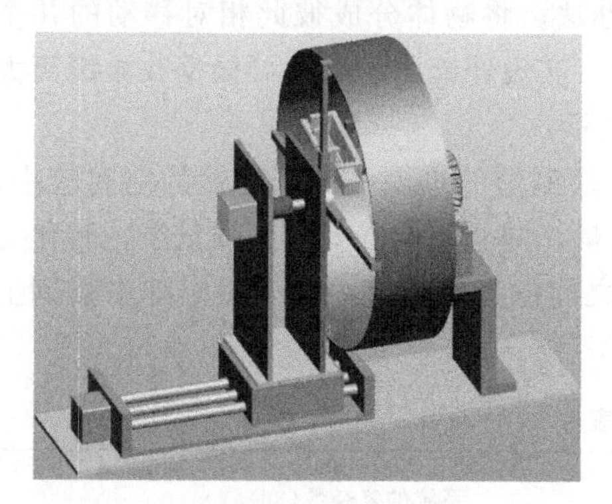

图6-59　最终效果图

2）方案创新点

① 蜗轮蜗杆传动，角度调节连续准确。

② 非自然连续读数刻度盘，实时直观读取调节角度。

③ 进给滑台可提高收集滚筒轴向利用率。

④ 纺丝距离、角度可调，适应不同纺丝要求。

⑤ 可安装多种规格收集滚筒，适应不同纺丝量。

3）专利申请情况

该应用实例已获得授权发明专利（专利号为ZL2015107463140）。

6.3 机电一体化产品创新设计实例

6.3.1 酿肉辣椒加工制作机

(1) 问题描述

酿肉辣椒作为餐桌上的一道美食，深受广大食客的喜爱，其制作方法为将洗干净的辣椒大端切开并且去籽，然后将肉馅装入辣椒腔内，再以淀粉包裹大端，最后将其下锅进行油炸。综合了辣椒和肉类的双重营养，为我们的健康生活带来调节。

酿肉辣椒制作过程较为复杂，其制作的关键步骤是去籽和装馅，但是由于辣椒本身具有刺激性，在手工将肉馅装入辣椒腔的过程中，需要人工与辣椒的大量接触，这样容易对人体皮肤和眼睛产生刺激，同时由于人手装馅需要大量的时间，而目前市场上又没有针对酿肉辣椒加工的机器设备，这就使得酿肉辣椒这一美食的推广受到一定限制。目前酿肉辣椒的制作主要是利用人工手工加工完成，图6-60（a）～（d）所示为手工制作酿肉辣椒的流程，图6-60（e）为制作好的酿肉辣椒。

(a) (b) (c)

(d) (e)

图 6-60 手工制作酿肉辣椒流程

(2) TRIZ 理论应用

1）因果链分析

因果链分析如图 6-61 所示，得到的所有存在的问题有 11、211、212、22、231、311、32，通过解决存在的问题可以得到如下的解决方案。

方案一：11，通过技术手段培育辣椒的新品种，使其成熟后内部无籽，这一方案在短时间内显然无法实现。

方案二：211＋212＋22＋231，设计一种全新的价格便宜、结构简单、能自动化为辣椒装馅、适合批量生产的酿肉辣椒加工制作机显得尤为重要。如此一来，可大大改善目前手工装馅存在的卫生条件差、安全系数低的问题，避免辣椒对人体的刺激，还可以在很大程度上降低劳动者的工作强度，提高劳动效率。初步分析这一方案较为合理，可行性较高。

方案三：311＋32，即采取一些保护措施，以减少去籽过程可能对人造成的伤害，如戴手套等，但这样也会造成手指灵活度下降，对加工效率没有任何提高，而且劳动力成本短期内不会下降，所以该方案不可行。

2）最终理想解

酿肉辣椒加工制作机的最终理想解分析见表 6-26。

表 6-26 最终理想解分析表

问　题	分析结果
设计最终目标	解决酿肉辣椒加工装馅过程中耗时费力、效率低下
理想化最终结果	实现酿肉辣椒的批量自动化装馅
达到理想解的障碍是什么	①去籽过程中可能会切除果肉 ②设备运行时可能会卡辣椒柄
出现这种障碍的结果是什么	①造成辣椒果肉的浪费 ②设备无法正常运行
不出现这种障碍的条件是什么	①所设计的零件尽量符合辣椒实际尺寸 ②去核装置采用合理的机械结构
创造这些条件所用的资源是什么	电能、金属

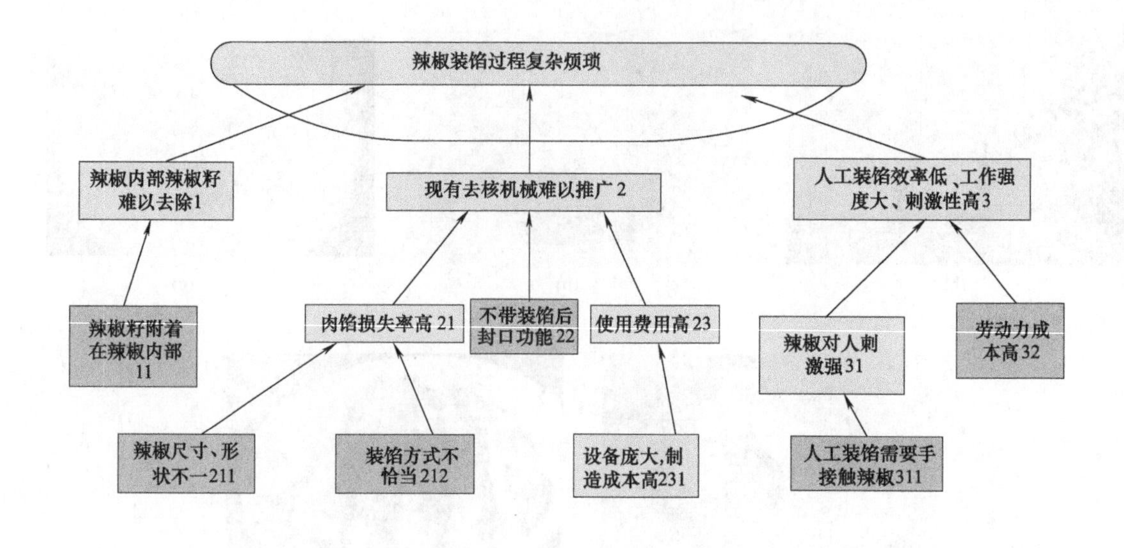

图 6-61 因果链分析

3）技术矛盾

由于辣椒大小尺寸不一、根部大小有所区别且果肉质地较软，而目前的机械会造成果肉的损失。因此必须考虑如何在减少果肉损失的情况下完成高效去籽和装馅。但要实现辣椒自动去籽和装馅，势必会使系统的复杂性增加，同时也提高了设计的难度和产品制造成本。转化为 TRIZ 的标准工程参数是系统的复杂性（36）和自动化程度（38）之间的技术冲突。在矛盾矩阵中查到上述冲突的发明原理见表 6-27。

表 6-27 矛盾矩阵表 1

恶化参数 / 改善参数	系统的复杂性(36)
自动化程度(38)	15、24、28、10、13、4、17

通过对比，选择发明原理 15（动态化）和 17（维数变化）相结合作为解决办法。根据动态化原理，使物体或其环境在操作的每一个阶段自动调整，由于辣椒大小不一，装馅时不易定位，为了适应这一现状，将容椒孔设计成弹簧式，从而满足对不同辣椒的夹紧；根据维数变化原理，设置多排容椒孔和输椒带，可根据实际生产规模需求增加或减少输椒带，如图 6-62 所示。使设备灵活性大大增加；同时根据发明原理 19（周期性作用），在电动机的驱动下，装馅滚筒做周期旋转运动，气动夹椒爪在气缸作用下做往返运动。

4）物-场模型分析

系统中存在的问题：辣椒在输椒带上，由于辣椒大小尺寸不同，很难整齐、有序地运行。为了使辣椒整齐、有序地在输椒带上运行，对于这一问题，采用物-场模型分析来解决。

① 元素识别。S_1——待处理辣椒；S_2——气动挡板；F——伸缩力。

② 构建模型。经分析，该物-场模型属第 3 类模型——效应不足的完整模型，如图 6-63 所示。

③ 选择解法。第 3 类模型——效应不足的完整模型有 3 个一般解法：一般解法 4，一般解法 5，一般解法 6。针对本问题选择的解法是 5。增加另外一个场 F_2 来强化有用的效应，

即在挡板上安装气缸，强化伸缩力。改进后物-场模型如图 6-64 所示。

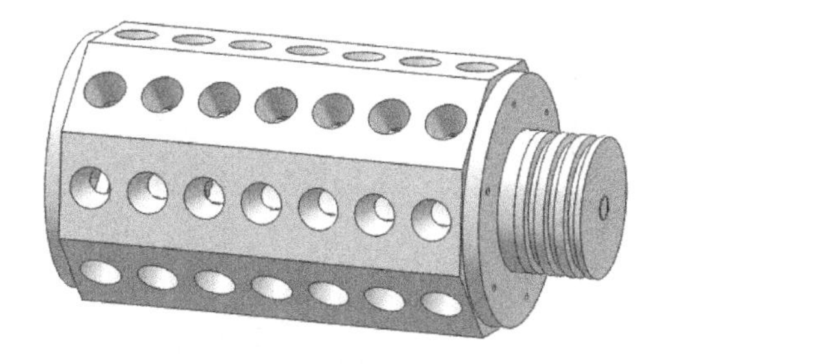

图 6-62 滚筒及容椒孔

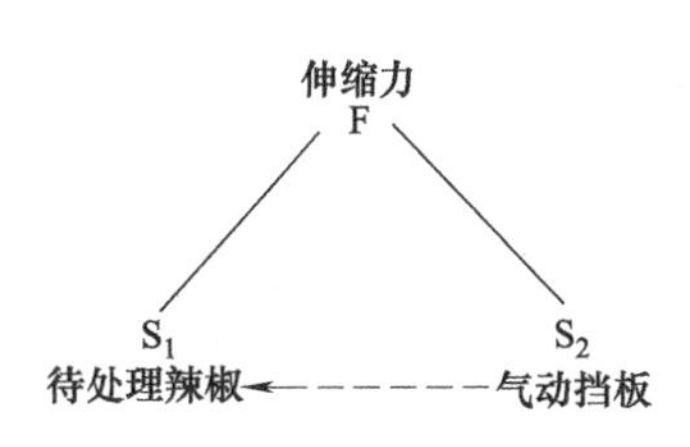

图 6-63 最初物-场模型

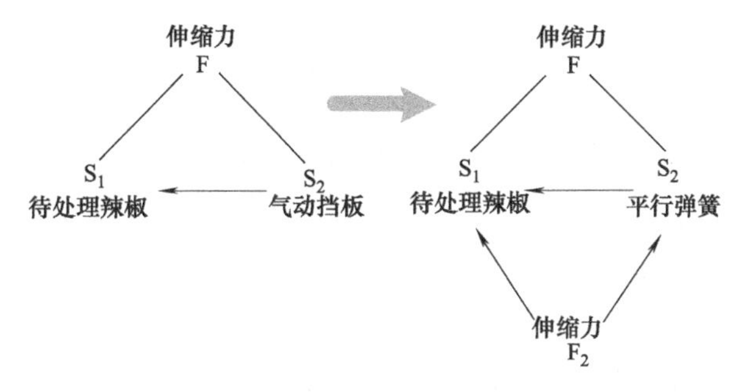

图 6-64 改进后物-场模型

改进后的挡板隔离装置如图 6-65 所示。

(3) 解决方案

1）方案一

利用发明原理 15（动态化）、17（维数变化）、19（周期性作用原理）、23（反馈）、22（变害为利）和 6（多用性）作为解决办法。该设计采用一条输椒带与单排滚筒和容椒孔。

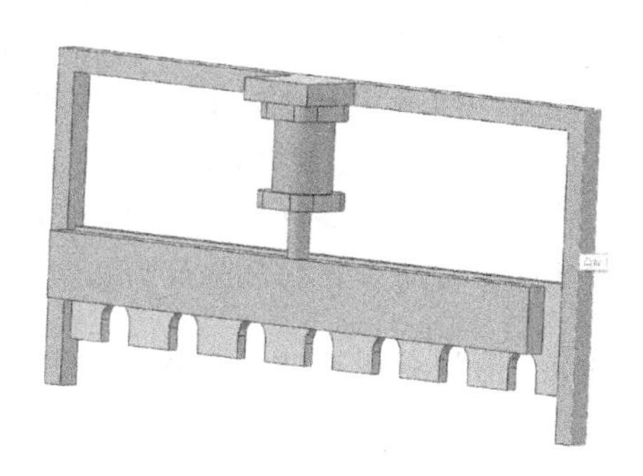

图 6-65 改进后的挡板隔离装置

该方案虽然实现了辣椒自动化装馅，但是加工效率较低，对气缸的利用率较低，会造成一部分能量的浪费。

2）方案二

利用发明原理 15（动态化）、17（维数变化）19（周期性作用）、23（反馈原理）、22（变害为利）、18（机械振动）、1（分离）、10（预先作用）和 6（多用性）作为解决办法。通过灵活设计，根据用户生产规模需求可自由改变滚筒、容椒孔和输椒带的数量，这样不仅改善了加工效率，也满足了更多用户的需求。大大提高了气缸的利用效率，该方案克服了方案一的不足，结构灵巧、紧凑，加工效率高，可大大减轻劳动者的劳动强度，具体结构如图 6-66 所示。

(4) 最终解决方案及创新点

1）最终解决方案

综上所述，选择方案二为最终方案，该方案的储椒器出口下方为水平放置的输椒带，八面形装馅滚筒在输椒带下方，其内部固定有电磁出椒板，其上方为出馅器，出馅推杆在出馅器内，气动夹椒爪与电磁滑块安装于磁悬浮导轨，磁悬浮导轨与大气缸连接。本产品可快

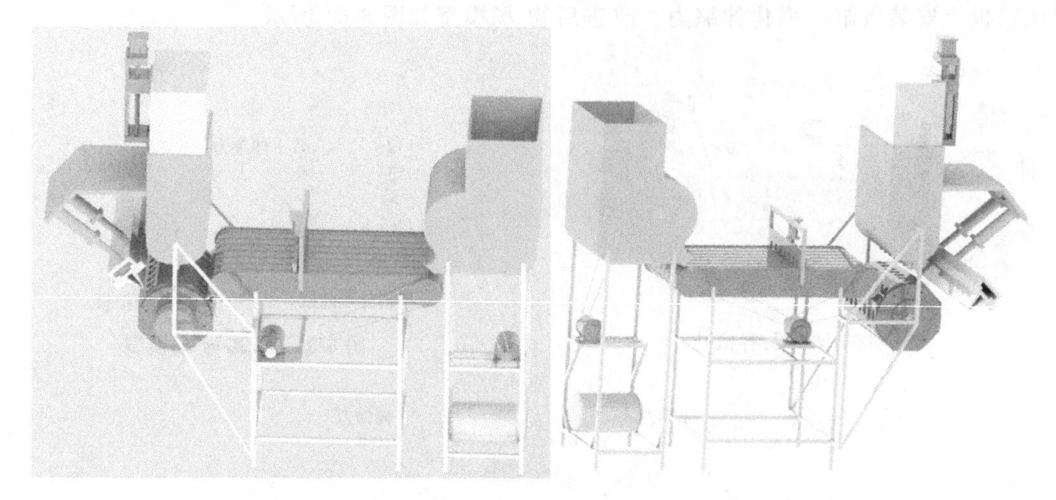

图 6-66 方案二结构示意图

速、成批量地实现酿肉辣椒的加工制作，安全卫生，减轻人的劳动，避免辣椒对人眼部的刺激。

2）方案创新点

① 该机器可实现酿肉辣椒加工过程中装馅的关键操作。

② 该机器结构灵活、可变、模块化，客户可根据产能调整结构。

③ 加工效率高，极大地降低了劳动强度，安全、卫生。

④ 运用系统完备性法则、功能分析、功能裁剪等方法分析问题。

⑤ 运用最终理想解、技术矛盾和40个发明原理等工具解决问题。

3）获奖情况及专利申请情况

该应用实例获得第六届全国“TRIZ”杯大学生创新方法大赛生活创意类全国一等奖，已申请国家发明专利（申请号为2017111121889）。

6.3.2 棒状原料或成品在线自动整理装置

(1) 问题描述

火腿肠生产流程可以简单概括为原料解冻、绞制、搅拌、腌制、斩拌、灌肠、熟制杀菌、冷却、成品、检验及贴标等环节，目前大部分过程都可以实现自动化或半自动化。但是在火腿肠制成成品环节，存在如下问题：当火腿肠制成，准备进入下一环节时，因为火腿肠成棒状，在传送带上比较容易发生滚动。同时，因为上一环节大量送料，所以在传送带上火腿肠出现不整齐的情况，此时就需要多名工人在这个环节通过人工摆正的方式使其对齐，然后再到下一环节进行检验装盒。人工操作极大地影响了生产效率。

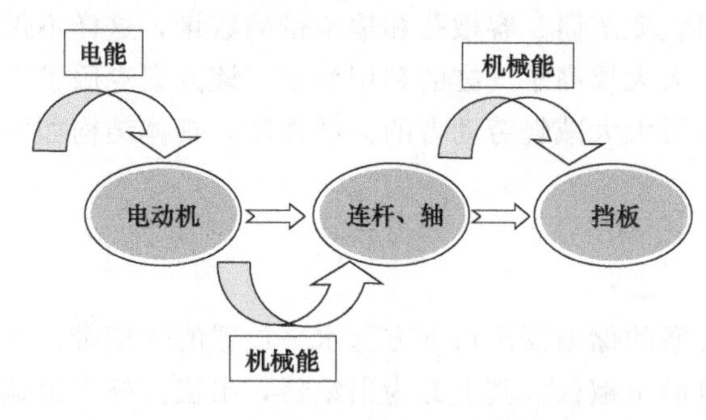

图 6-67 能量传递法则示意图

(2) TRIZ 原理应用

1）能量传递法则

棒状原料或成品在线自动整理装置的能量传递法则示意图如图 6-67 所示。

2）鱼骨架分析图

棒状原料或成品在线自动整理装置的鱼骨架分析如图 6-68 所示。

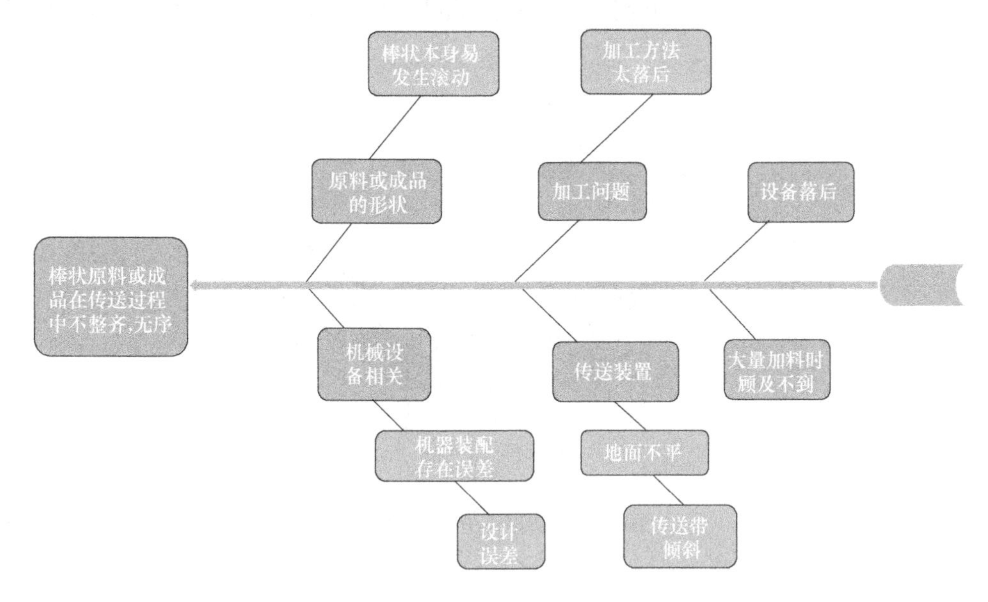

图 6-68　鱼骨架分析

通过鱼骨架分析得到的所有存在问题有：a. 原料或成品形状特殊；b. 机器设备有缺陷；c. 加工方式落后；d. 传送装置有问题；e. 设备落后过时；f. 人工加料时顾及不到。

表 6-28　最终理想解分析表

问　　题	分析结果
设计最终目标	棒状原料或成品在传送带上整齐有序
理想化最终结果	原料或成品能自动对齐
达到理想解的障碍是什么	①大量上料时顾及不到对齐 ②如果刻意对齐耗时费力 ③有时机器振动无法避免
出现这种障碍的结果是什么	棒状原料或成品在传送过程中不齐、聚堆影响工作效率
不出现这种障碍的条件是什么	①在进料端次序进料，出料端次序出料 ②增加一个装置能使棒状原料或成品经过时自动对齐
创造这些条件所用的资源是什么	电能、机械能、控制装置

3）最终理想解

棒状原料或成品在线自动整理装置的最终理想解分析如表 6-28 所示。

(3) 解决方案

1）方案一

利用发明原理 10（预先作用）、11（预先防范）、20（有效作用的连续性）作为解决办法。在原料进料端增加该装置，使原料能按顺序进入传送带，方案一结构示意图如图 6-69 所示。

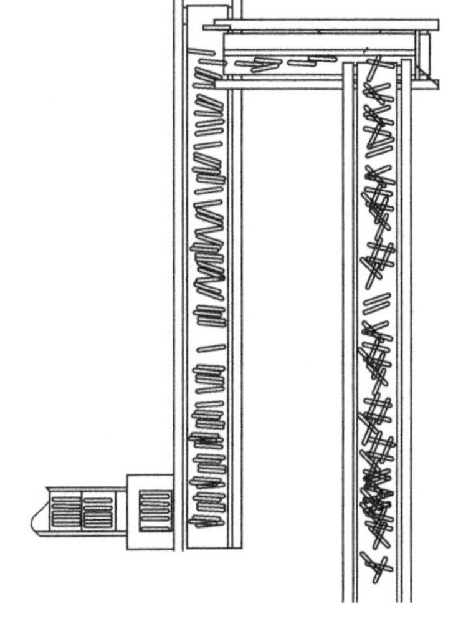

图 6-69　方案一结构示意图

2）方案二

利用发明原理 4（不对称）、10（预先作用）、11（预先防范）、24（借助中介物）、25（自服务）作为解决办法，在传送原料或成品时，在传送带一侧加装固定的挡板，另一侧的挡板能做周期性往复运动，棒状原料或成品在经过运动的挡板以后受到运动挡板的力，同时因为传送带宽度变窄，迫使棒状原料或成品能向一侧对齐。方案二结构示意图如图 6-70 所示。

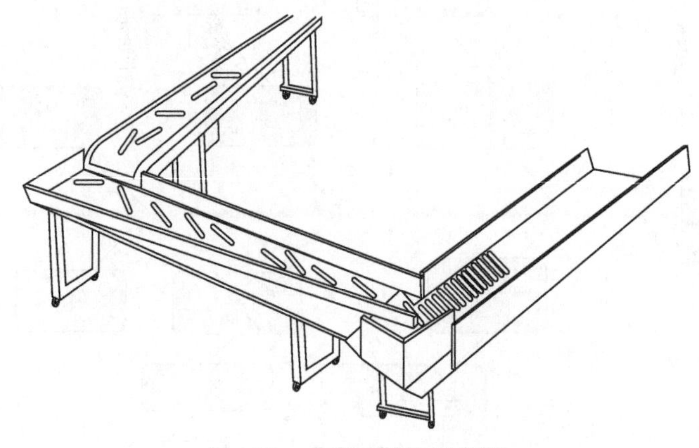

图 6-70　方案二结构示意图

3）方案三

利用发明原理 1（分离）、5（组合）、6（多用性）、10（预先作用）、19（周期性作用）、20（有效作用的连续性）、24（借助中介物）作为解决办法，在传送带靠近末端处增加一个装置，该装置具有两块挡板，两块挡板均能做周期性往复运动，棒状原料或成品在经过该运动挡板时，受到一个合适的挤压力的作用，使其横向对齐，方案三结构示意图如图 6-71 所示。

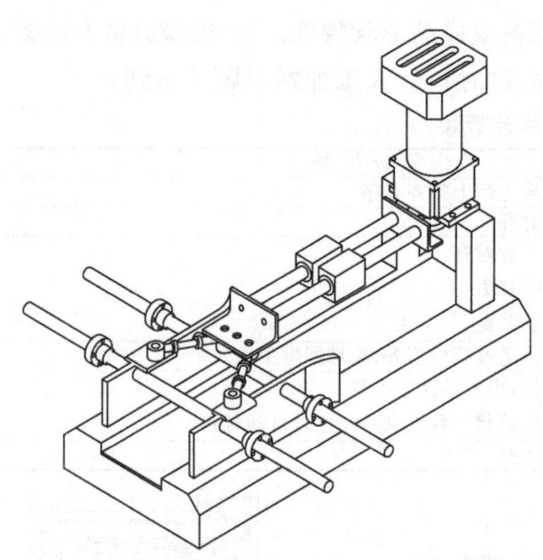

图 6-71　方案三结构示意图

(4) 最终解决方案及创新点

1）最终解决方案

选取方案三作为最终解决方案。利用 TRIZ 原理设计一个装置，能使棒状原料或成品在经过该装置时变得整齐，同时该装置能适用于多种生产场合。一种能够使棒状原料或成品在传送过程中自动摆放整齐的装置，其组成包括：电动机，其特征是电动机连接传动装置，此传动装置由连杆、凸轮组成，当电机转动时，通过传动装置使电动机的机械能传递给工作机构，使工作机构能够做规律性的开合运动；此工作机构由挡板、支撑轴组成，挡板设计成弧形，方便原料或成品进入。最终方案实物如图 6-72 所示。

2）方案创新点

① 运用 TRIZ 理论逐步分析，思想脉络明确。

② 可适用于绝大部分的棒状原料或成品，通用性强。

③ 有很大的发展空间，在对棒料进行整理方面具有很大的实用性和可推广性。

3）获奖情况及专利申请情况

该应用实例获得第六届全国“TRIZ”杯大学生创新方法大赛发明制作类全国二等奖，已申请国家发明专利（申请号为 201810244112.X）。

图 6-72　最终方案实物

6.3.3　圆柱滚子表面缺陷自动检测机

（1）问题描述

随着铁路行业的迅猛发展，列车大幅度提速和增加运行距离，对车轮轴承的稳定性和可靠性提出了新的要求，对其定期维护中的检测方法也提出了更高的要求。传统的圆柱滚子表面缺陷检测方法是人工检测法，人工检测受人的熟练程度和经验影响大，对于细微裂纹，凭人工挑选非常困难，很容易造成视觉疲劳和视力损害，随机性较强，检测过程中容易产生漏检和误判，自动化程度低，增加了检测环节人工成本与管理成本。

（2）TRIZ 原理应用

1）功能分析

圆柱滚子表面缺陷自动检测机的功能分析见表 6-29。

表 6-29　圆柱滚子表面缺陷自动检测机的功能分析

技术系统	圆柱滚子表面缺陷自动检测机
用途	检测圆柱滚子表面缺陷
技术功能	采用机器视觉对圆柱滚子表面质量进行检测，检测过程中使用导链上的齿轮传动机构对圆柱滚子进行展开，待检测完成后，通过分选系统对圆柱滚子进行分拣
主要功能	检测圆柱滚子表面是否存在缺陷，并对其进行分拣

圆柱滚子表面缺陷自动检测机的功能模型如图 6-73 所示。

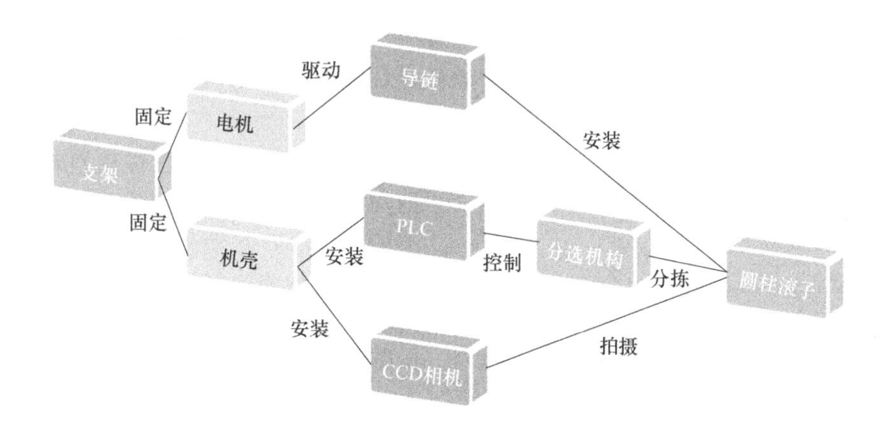

图 6-73　圆柱滚子表面缺陷自动检测机的功能模型

2）最终理想解

圆柱滚子表面缺陷自动检测机的最终理想解分析见表 6-30。

表 6-30　最终理想解分析表

问　　题	分析结果
设计最终目标	检测圆柱滚子表面是否存在缺陷并对其进行分拣
理想化最终结果	采用 CCD 相机高效地对圆柱滚子表面缺陷进行检测，并对检测完成后的滚子进行分选
达到理想解的障碍是什么	①结构冗长，体积大 ②在用 CCD 相机对圆柱滚子表面缺陷进行检测时，由于光照不足和滚子运动的状态不稳定，检测时会存在较大误差 ③在对检测完毕后的圆柱滚子进行分选时，在高效和结构简化的前提下，很难达到分选
出现这种障碍的结果是什么	①机体笨重，造成资源浪费 ②无法对圆柱滚子表面进行精确检测 ③不能对检测完毕后滚子进行有效分装
不出现这种障碍的条件是什么	①对整个机构进行参数化设计 ②采用合理光源，并使圆柱滚子稳定自转 ③采用计算机辅助程序设计分选装置，并进行运动仿真 ④采用计算机控制系统合理控制各部分的运动
创造这些条件所用的资源是什么	电能、控制系统、材料、设计人员

3）技术矛盾

由于圆柱滚子表面缺陷自动检测机采用链轮带动导链的链传动来搭载圆柱滚子进行表面缺陷检测，其中圆柱滚子又要绕中心轴线自转，从而整个装置应该在高效检测的同时保证运行平稳。但却构成了稳定性（13）和速度（9）、运动物体作用时间（15）之间的技术冲突，在矛盾矩阵中查到上述冲突的发明原理如表 6-31 所示。

表 6-31　矛盾矩阵表 1

恶化参数 / 改善参数	稳定性(13)
速度(9)	28、33、1、18
运动物体作用时间(15)	13、3、35

选用发明原理 28（机械系统替代）和 1（分离）将圆柱滚子表面缺陷自动检测机的检测机构采用机器视觉替代，将分选系统与检测系统设计为相互独立而又协同作用的两部分，如图 6-74 所示。

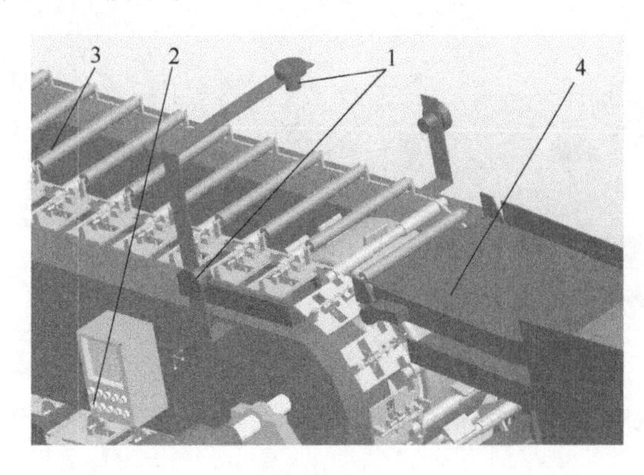

图 6-74　根据技术矛盾设计的方案图

1—CCD 相机；2—控制装置；3—圆柱滚子；4—分装装置

由于圆柱滚子表面缺陷自动检测机是一种代替人的自动化检测设备，从而它应尽可能的能耗小，自动化程度高，结构简单。但却构成了系统的复杂性（36）和自动化程度（38）、功率（21）之间的技术冲突，在矛盾矩阵中查到上述冲突的发明原理如表 6-32 所示。

选用发明原理 15（动态化）、24（借助中介物）和 10（预先作用），将圆柱滚子表面缺陷自动检测机的检测机构设计成可以让圆柱滚子在导链上自由转动的形式，将检测机构设计成由齿轮带动顶针旋转，并通过滑块将转动的顶针与滚子暂时结合，从而带动滚子在导链上转动的结构，将圆柱滚子一端预先加工一个内花键，并且将顶针一端也设计成能与之配合的花键，如图 6-75 所示。

表 6-32 矛盾矩阵表 2

恶化参数 改善参数	装置的复杂性(36)
自动化程度(38)	15、24、10
功率(21)	20、19、30、24

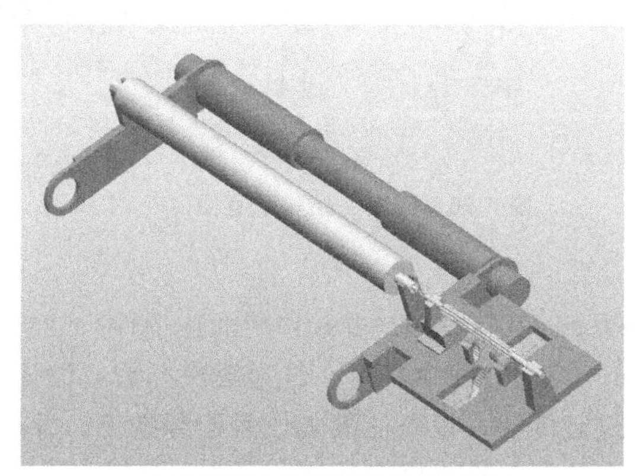

(a) 根据技术矛盾2设计的导链方案

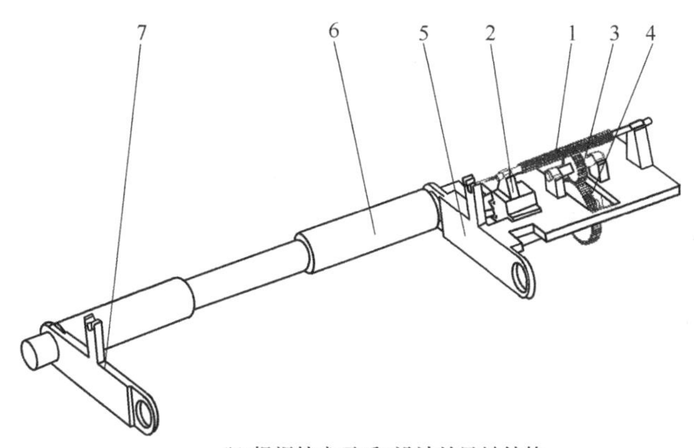

(b) 根据技术矛盾2设计的导链结构

图 6-75 导链结构

1—顶针；2—滑块；3—齿轮Ⅰ；4—齿轮Ⅱ；5—链片Ⅰ；6—轴；7—链片Ⅱ

(3) 解决方案

1）方案一

根据发明原理 19（周期性作用）、28（机械系统替代）、20（有效作用的连续性）、23（反馈）、32（颜色改变）、7（嵌套）、6（多用性）、24（借助中介物）作为解决办法。设计了一种通过链传动，将圆柱滚子放置于导链上，并通过 CCD 相机对自转的圆柱滚子进行表面缺陷检测的自动检测机，如图 6-76 所示。其特点在于，导链上设计了一种可使圆柱滚子自转的导链结构，并且同时设计其与导链装置相配合的齿条滑块装置。

缺点：该方案中的齿条滑块装置虽然增加了圆柱滚子自转时的稳定性，但是会造成整个导链的张紧力增大，增加整个机械系统的振动，容易造成导链断裂，从而不易于检测。

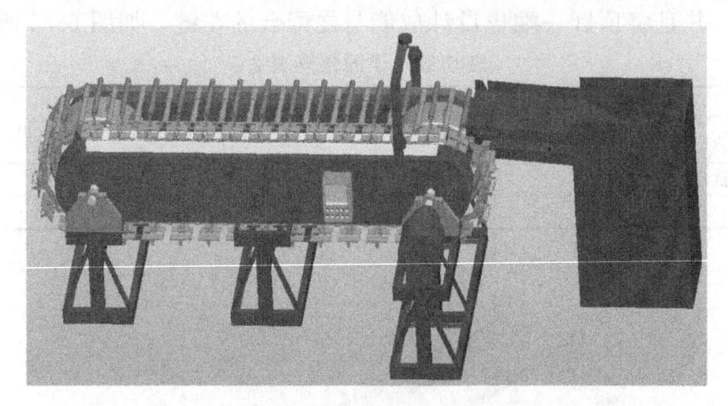

图 6-76 方案一结构示意图

2）方案二

根据发明原理 28（机械系统替代）、20（有效作用的连续性）、23（反馈）、32（颜色改变）、7（嵌套）、6（多用性）、24（借助中介物）作为解决办法。设计了一种圆柱滚子表面缺陷检测机构，这是一种通过链传动，将圆柱滚子放置于导链上，并通过 CCD 相机对自转的圆柱滚子进行表面缺陷检测的自动检测机。其特点在于，导链上设计了一种可使圆柱滚子自转的装置，如图 6-77 所示。其分选系统包含支架，设计成为一体。

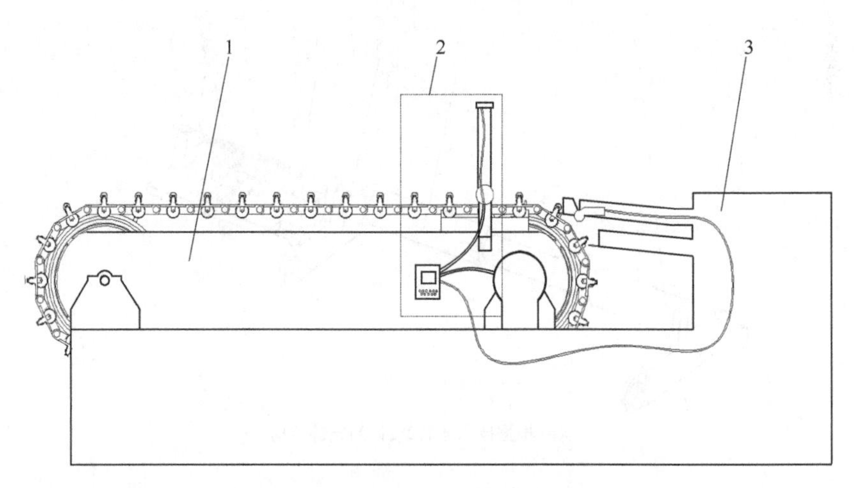

图 6-77 方案二结构示意图

1—传动系统；2—检测系统；3—分选系统

缺点：该方案虽然检测效率得到提高，保证了检测机构在工作时圆柱滚子自转时的稳定性，也安装了分选系统，但是它将分选系统和支架设计成为一体，这样虽然可以增加稳定性，但是浪费材料，增加成本，不便于安装。

3）方案三

根据发明原理 28（机械系统替代）、20（有效作用的连续性）、23（反馈）、32（颜色改变）、7（嵌套）、6（多用性）、24（借助中介物）、1（分离）作为解决办法。设计了一种通过链传动，将圆柱滚子放置于导链上，并通过 CCD 相机对自转的圆柱滚子进行表面缺陷检测的自动检测机，如图 6-78 所示。其特点在于导链上设计了一种可使圆柱滚子自转的装置，拥有一个分选系统，还有一个控制装置对整个检测机的传动系统、检测系统和分选系统进行整体控制，不但增加了圆柱滚子在检测过程中的稳定性，节约人工成本，而且提高了生产效率。还便于将检测完成的圆柱滚子进行分拣，使整个机构便于拆卸，方便灵活。

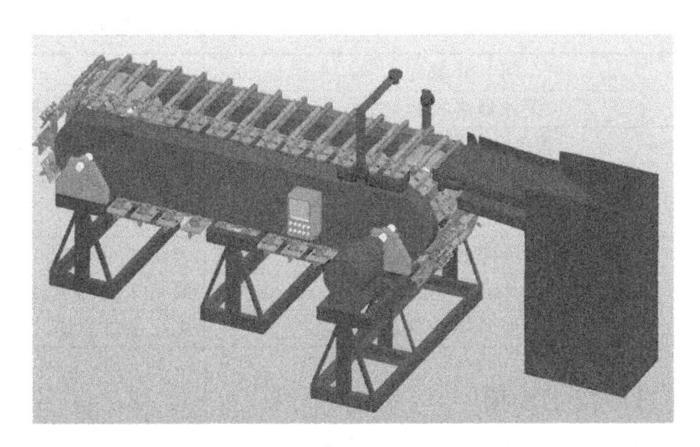

图 6-78　方案三结构示意图

(4) 最终解决方案及创新点

1）最终解决方案

选取方案三作为最终解决方案。方案三解决了方案一和方案二中的问题，生产效率大大提高，包括传动系统、检测系统和分选系统 3 部分组成。可以有效地检测圆柱滚子表面缺陷，并对其进行分拣，降低成本，便于安装，工作时振动小，检测精度高。满足大批量检测的需求，是一种更加完善的方案。

2）方案创新点

① 运用 TRIZ 理论进行设计，解题流程清晰。

② 运用技术矛盾解决原理设计合理的解决方案。

③ 运用 TRIZ 分割原则把整体设计成 3 个部分。

④ 在柱类工件表面质量检测领域具有很高的实用性。

3）获奖情况

该应用实例获得第六届全国“TRIZ”杯大学生创新方法大赛工艺改进类全国三等奖。

6.3.4 无轨管体焊接机器人

(1) 问题描述

目前我国对管体的焊接基本采用传统的人工焊接方式，但许多管件为达到工艺质量要求在焊接之前必须预热到上百摄氏度，因此工人身穿厚厚的石棉服蹲在一个小小的铁笼里，然后铁笼被吊车吊进罐内。上百摄氏度的高温使水一下就变成了水蒸气，工人们硬是要在这里坚持十几分钟。灼人的高温使狭小的空间里聚集了大量有害气体，救护车必须一直在场，随时准备抢救休克的工人。

(2) TRIZ 原理应用

1）功能分析

永磁板吸附系统的功能分析见表 6-33。

表 6-33　功能分析

技术系统	永磁板吸附系统
用途	通过磁体使机器人吸附到焊接件上，实现管件焊接机械化、自动化，提高焊接效率，降低焊接成本，解放辛苦作业的焊接工人
技术功能	可浮动中轮带动磁板上下浮动，对不同尺寸的管体焊接件，都有很好的适应能力
主要功能	通过磁力吸附于管状焊件之上，再由步进电机驱动进行自动环绕式焊接

2）最终理想解

无轨管道焊接机器人的最终理想解分析见表 6-34。

表 6-34 最终理想解分析表

问题	分析结果
设计最终目标	完全代替人工进行管件焊接作业
理想化最终结果	快速、精确、高质量地对管件进行焊接
达到理想解的障碍是什么	机器人零部件体积缩小困难和机器人自身体积的限制使机器人最小适应尺寸偏大
出现这种障碍的结果是什么	无法对小于550mm直径的管件进行焊接
不出现这种障碍的条件是什么	调整车的高度，缩小轴承座尺寸
创造这些条件所用的资源是什么	更小的轴承座

3）技术矛盾

无轨道管体焊接机器人经常要在野外使用，既要满足焊接要求，还要简单便于携带，构成了形状（12）与静止物体的体积（8）之间的技术冲突。改善参数为静止物体的体积（8），恶化参数为形状（12），在矛盾矩阵表查到上述冲突的发明原理如表 6-35 所示。

表 6-35 矛盾矩阵表 1

恶化参数 / 改善参数	形状(12)
静止物体的体积(8)	15、24、10

采用原理 15（动态化）将静止物体变为可动的或使物体具有自适应性，将底部磁板设计为可动的，并随中轮浮动，以适应不同半径的管体。

为了使机器人的焊接变得高效，既需要短的作业时间，又要满足作业的自动化，构成了运动物体的作用时间（15）和自动化程度（38）之间的技术冲突，在矛盾矩阵表查到上述冲突的发明原理如表 6-36 所示。

表 6-36 矛盾矩阵表 2

恶化参数 / 改善参数	自动化程度(38)
运动物体的作用时间(15)	6、10

采用原理 10（预先作用），理论上焊接机器人可以通过左右侧轮差速实现在管件上转弯，从而做到顺着管体的方向运动，但是，为了节省时间，我们采取了人为移动机器人到焊缝位置的方法，减少了机器人的作用时间，但牺牲了机器人的自动化程度。

(3) 解决方案

1）方案一

采用前后两轮浮动方式，使用电磁铁提供吸引力使小车与管体抱合。后经实验发现，电磁铁的磁力随与吸附体的距离增大而损耗，且损耗非常大，故电磁铁不适合作为提供吸引力的物体。

2）方案二

采用前后两轮浮动方式，使用永磁板提供吸引力使小车与管体抱合。后发现中轮作为驱动轮可能会造成动力不足，前后轮由于处于浮动状态，轮体与管体摩擦力损失严重，故也不适合作为驱动轮。

3）方案三

采用中轮浮动方式，使用永磁板提供吸引力使小车与管体抱合。永磁体的隔空吸附能力表现比电磁铁好很多，可以为小车提供吸引力，中轮浮动前后四轮驱动不仅满足了机器人的自适应性，同时还满足机器人的动力需求。

(4) 最终解决方案及创新点

1）最终解决方案

选取方案三作为最终解决方案。机器人采用中轮浮动前后四轮驱动方式，吸附力由7块规则分布永磁铁和被其磁化的铁板提供，磁组随中轮浮动而运动，与车轮配合实现与管件抱合，磁阻上部使用光杠和光杠直线轴承，作为滑动轴配合中间的加厚工业合页，使磁组可以自由地绕轴运动。机器人上部的焊接装置由焊枪夹持器夹持，丝杠直线滑台可调节焊枪位置，从而使焊枪对准焊缝，最后由步进电机驱动，机器人绕管爬行，对管体进行环绕式焊接，如图6-79所示。

图6-79　机器人结构示意图

2）方案创新点

① 能代替传统人工焊接方式，解放辛苦作业的焊接工人。

② 成本低，取材简单，设计巧妙。

③ 设计新颖，应用范围广泛，市场前景良好。

6.3.5 MRI环境下乳腺介入机器人

(1) 问题描述

目前的乳腺手术治疗主要采用X射线或超声引导的介入治疗，随着手术越来越复杂，操作时间越来越长，X射线给患者以及操作者带来的放射性损害较大。超声因不能提供精确的解剖信息而难以满足许多复杂手术的安全实施。核磁共振成像（MRI）具有优良的软组织分辨力和精确的几何学特性，无电离辐射，对病人和医生都没有伤害。同时机器人的高精度、高效率和高智能，能够避免因医务人员个人因素所带来的随机性、局限性和专家因疲劳、疾病、情绪、疏忽等原因造成的失误。因此，MRI导航的机器人介入手术，可以大大提高手术的准确性和安全性。

然而，MRI环境下的乳腺介入机器人设计必须满足磁兼容要求与结构兼容要求。磁兼容性要求是指要保证机器人在MRI扫描仪内的强磁场中正常工作，不受强磁场的影响。此外，还要保证机器人工作时，不影响核磁共振成像质量。磁共振成像要求良好的磁场均匀性，而在磁共振设备的强磁环境下，传统机器人中的铁磁材料会产生涡电流，这使得磁共振设备自身磁场的均匀性受到影响，从而影响到成像质量。

(2) TRIZ原理应用

1）机器人结构矩阵

以矩阵形式绘出乳腺介入机器人位姿控制系统结构，系统结构矩阵如图6-80所示。

2）机器人功能列表

根据乳腺介入机器人位姿控制系统结构矩阵，建立系统的功能列表，如表6-37所示。

3）机器人功能模型图

绘制功能模型图，如图6-81所示。应用TRIZ理论功能分析发现，Z方向丝杠螺母滑台与俯卧支架间存在干涉使得机构运动受阻，同时各种滑台与丝杠的配合精度以及末端执行器的准确度都会对手术的精确性产生影响，使得手术精度无法保证。此外，该系统中没有确定驱动装置，驱动类型的不同对该系统的总体精度会产生不同程度的影响。

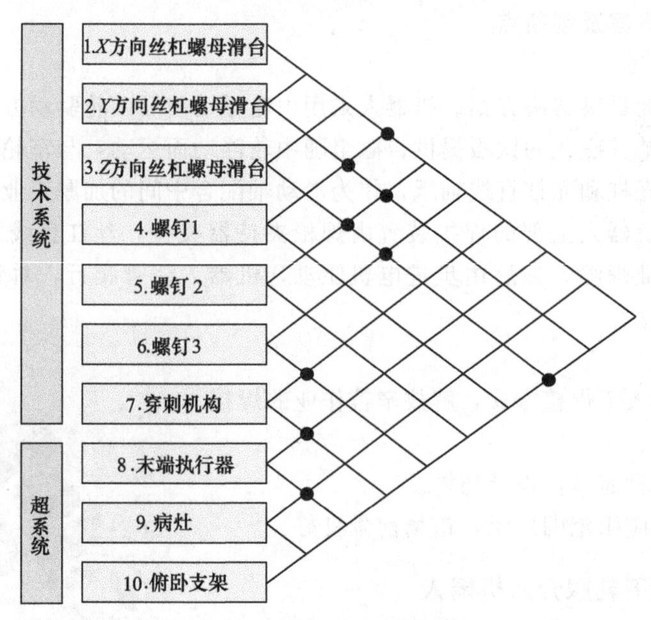

图 6-80 乳腺介入机器人位姿控制系统结构矩阵

表 6-37 系统功能列表

序号	主动组件	作用	被动组件	参数	功能类型
1	X 丝杠螺母	支撑、移动	Y 丝杠螺母	强度、导程	充分
2	螺钉 1	连接	X 丝杠螺母	强度	充分
3	Y 丝杠螺母	支撑、移动	Z 丝杠螺母	强度、导程	充分
4	螺钉 2	连接	Y 丝杠螺母	强度	充分
5	Z 丝杠螺母	支撑、移动	穿刺机构	强度、导程	充分
6	螺钉 3	连接	Z 丝杠螺母	强度	充分
7	穿刺机构	支撑、移动	末端执行器	强度	充分
8	俯卧支撑架	支撑	病灶	强度	充分
9	末端执行器	进入	病灶	强度	充分
10	Z 丝杠螺母	有害	俯卧支撑架	强度	有害
11	螺钉 1	连接	Y 丝杠螺母	强度	充分
12	螺钉 2	连接	Z 丝杠螺母	强度	充分
13	螺钉 3	连接	穿刺机构	强度	充分

综上所述，所设计的乳腺介入机器人位置控制系统上存在以下不足。

① 在 Z（垂直）方向上空间不足。

② 手术精度无法得到保证。

③ 需选择合适的驱动方式。

4）生命曲线

一个技术系统的进化过程经历婴儿期、成长期、成熟期和衰退期 4 个阶段，每个阶段会呈现出不同的特点。根据 TRIZ 理论，从性能参数、发明数量、发明水平、经济利润 4 个方面描述技术系统在各个阶段所表现出来的特点，可以帮助我们有效地了解和判断产品所处的阶段，从而制定有效的产品策略。

任何产品的性能随不同时期的变化如图 6-82 所示，专利数量随不同时期的变化如图 6-83 所示。

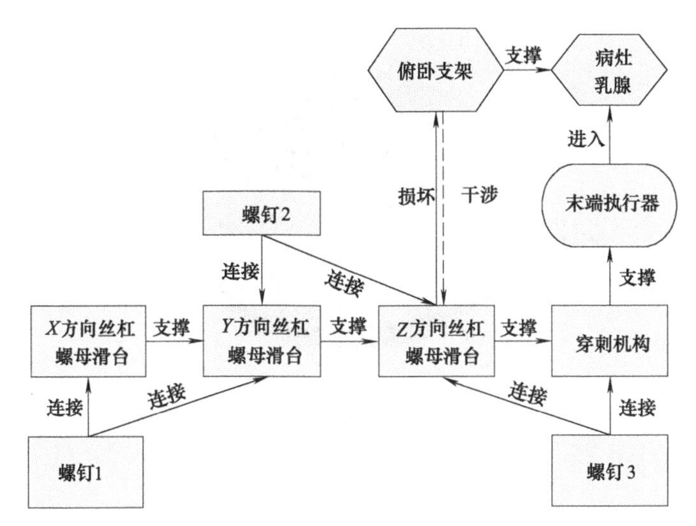

图 6-81 功能模型图

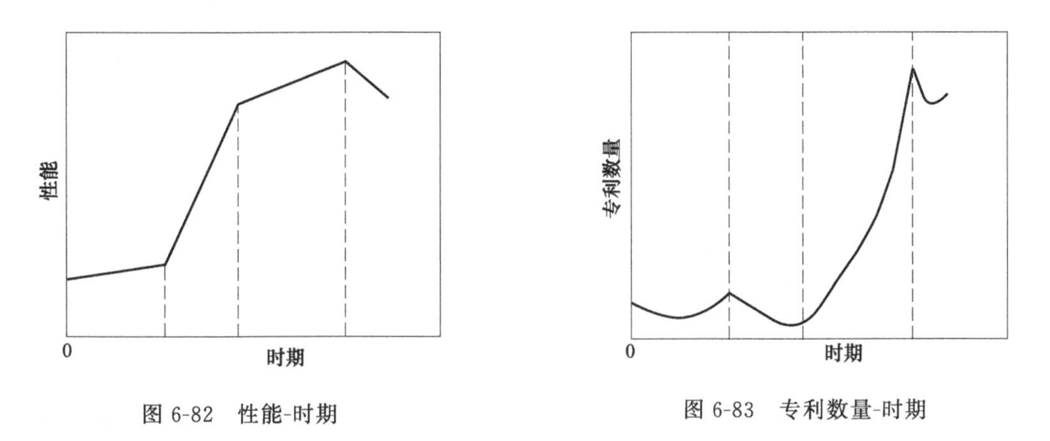

图 6-82 性能-时期

图 6-83 专利数量-时期

通过对国内专利数据库检索，检索出 2009 年到 2018 年与“核磁共振介入机器人”有关的专利共计 12 项。对专利数量、涉及学科进行分析，如图 6-84、图 6-85 所示。

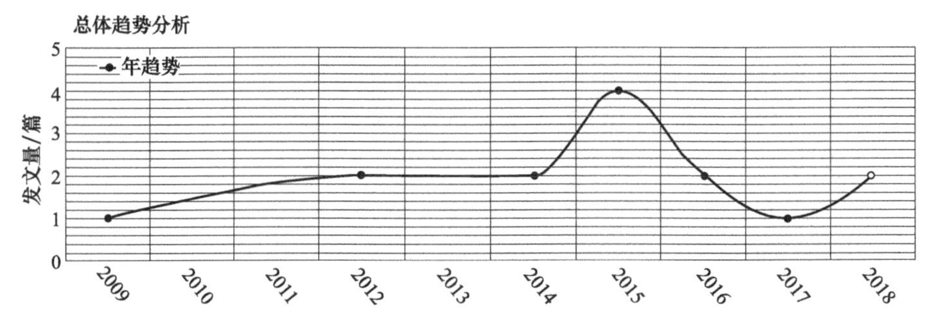

图 6-84 专利数量总体趋势

经过分析可知，该技术相关的专利较少，总体趋势比较稳定，涉及的学科范围主要与医学有关，发明专利明显多于实用新型专利，参照图 6-86 所示的专利级别-时期图可知，该技术系统正处于婴儿期或成长期。根据生命曲线中的利润与不同时期的关系（图 6-87）可知，MRI 环境下乳腺介入机器人将会有广阔的市场前景和较大的经济效益。

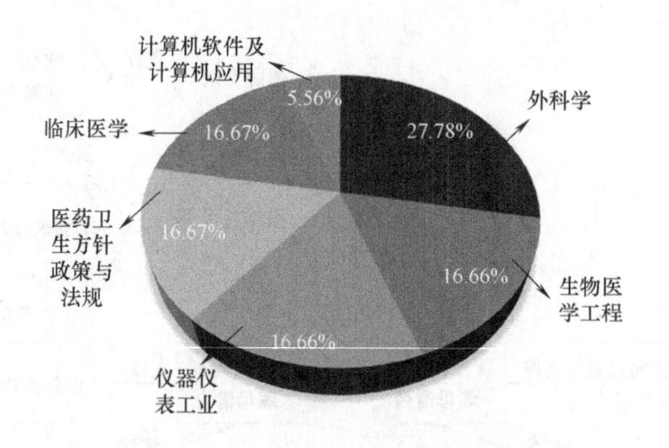

图 6-85　专利涉及的学科分布

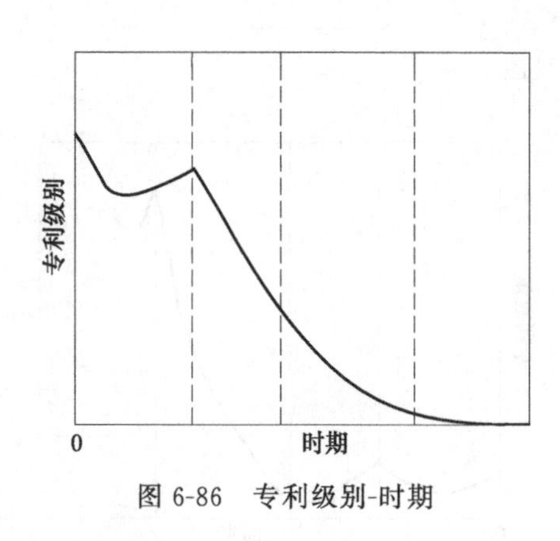

图 6-86　专利级别-时期

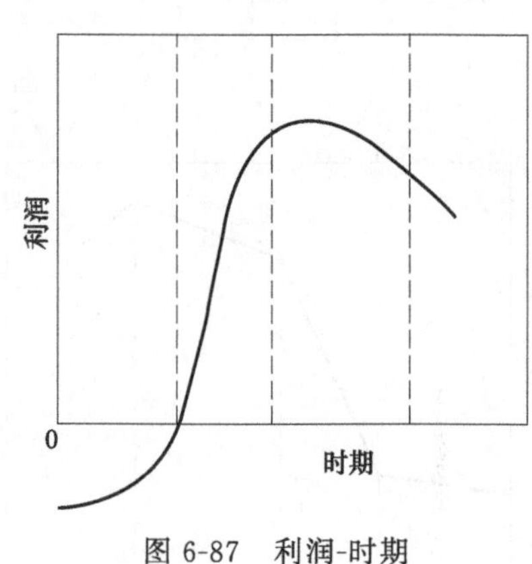

图 6-87　利润-时期

5）物理矛盾

运用 TRIZ 理论解决物理矛盾的核心思想是——实现矛盾双方的分离。针对动力电机与 MRI 设备的强磁环境相冲突的问题分析，此处应选择空间分离法解决这一问题。

解决物理矛盾——空间分离

步骤 1：定义物理矛盾

参数：铁磁材料、磁场。

要求 1：存在铁磁材料，动力电机转动，驱动构建运动。

要求 2：不存在铁磁材料，MRI 设备成像质量受磁场影响。

步骤 2：若要实现技术系统的理想状态，这个参数的不同要求应该在什么空间得以实现？

空间 1：外部空间。

空间 2：内部空间。

步骤 3：分析以上两个空间区域是否交叉？

经分析，以上两个空间不交叉，因此，可选用空间分离。

空间分离原理与 40 个发明原理之间的对应关系如表 6-38 所示。

经分析，选择发明原理 2（抽取）。结合实际，有两种方法：a. 将电机作为独立的部分分离出来，置于 MRI 扫描仪外部，通过传动软轴与机器人连接，这样，电机的磁场与 MRI 扫描仪磁场在空间上分离，互不干扰；b. 采取适当的磁屏蔽措施，将电机磁场与 MRI 扫描仪磁场分离，将电机置于 MRI 设备的内部无磁环境中，但是用于磁屏蔽的材料会占据较大

表 6-38 空间分离原理与 40 个发明原理之间的对应关系

分离方法	原理序号	发明原理
空间分离	1	分离原理
	2	抽取原理
	3	局部质量原理
	17	维数变化(一维变多维)原理
	13	反向作用原理
	14	曲面化(曲率增加)原理
	7	嵌套原理
	30	柔性壳体或薄膜原理
	4	不对称原理
	24	借助中介物原理
	26	复制原理

空间，减小了机器人的可用空间。将这两种方法结合，在离磁场 1.5m 远的距离上放置电机，并采取磁屏蔽措施。乳腺介入机器人驱动系统结构方案如图 6-88 所示。

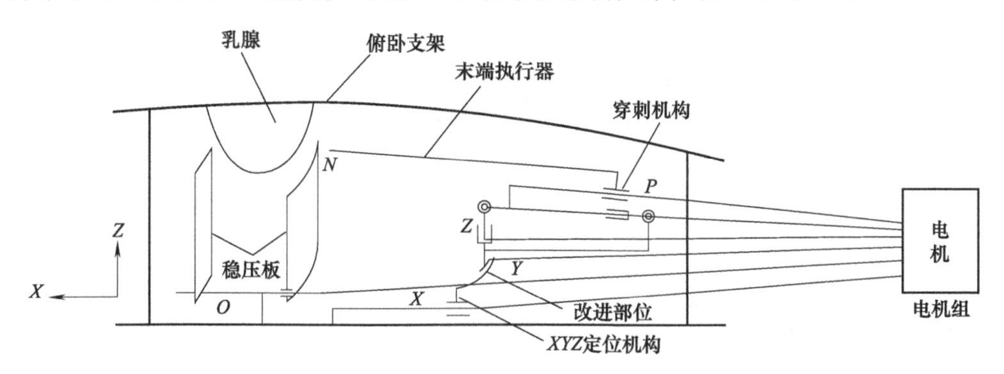

图 6-88 乳腺介入机器人驱动系统结构方案

(3) 解决方案

1）方案一

采用剪刀式升降台，如图 6-89 所示。剪刀式升降台，虽然在升降台收缩时可以节省部分空间，但剪刀式升降台一般由液压缸顶起两组撑杆，使平台升起，升降台几乎都采用手动油泵驱动，使用此方案，需在外部设置供油系统，增添了整个系统的复杂性。

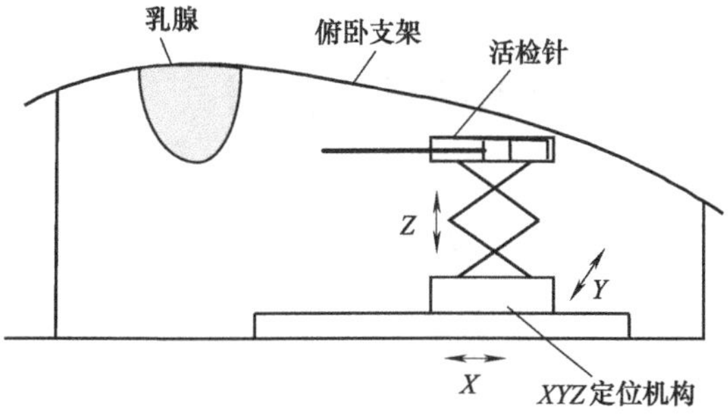

图 6-89 方案一示意图

2）方案二

用丝杠螺母及齿轮传动，如图 6-90 所示。丝杠螺母传动，动力装置为步进电机，与其他方式的驱动方式相同，并且可以保证在不影响系统复杂性的情况下满足系统要求。

(4) 最终解决方案及创新点

1）最终解决方案

经过对比两种方案，采用方案二作为最终解决方案。利用丝杠螺母及齿轮传动实现机器人位置及姿态调整，通过步进电机实现远程驱动，如图 6-91 所示。

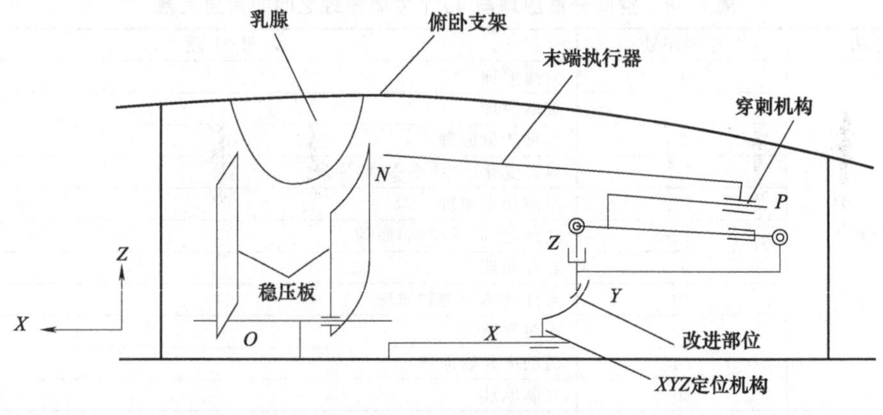

图 6-90 方案二示意图

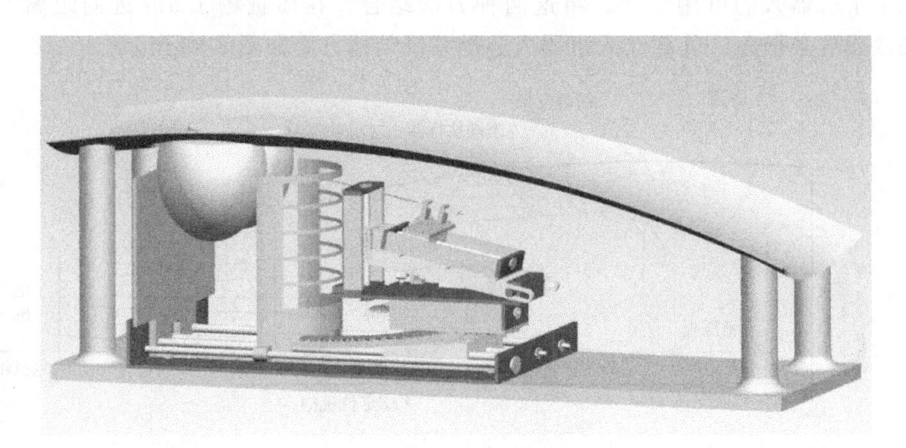

图 6-91 最终方案效果图

2）方案创新点

① 结构新颖，机构合理，适用于 MRI 环境下的狭小空间。

② 该应用实例合理地运用 TRIZ 理论，解决了实际问题。

3）专利申请情况

该应用实例已被授权国家发明专利（专利号为 ZL 201610381054.6）。

6.4 外观创新设计实例

6.4.1 多功能婴儿手推车

(1) 问题描述

城镇化的节奏加快使得婴儿手推车顺势而生，但在特殊环境下，婴儿手推车会给使用者带来不便。现在婴儿手推车为了节省空间，方便携带，普遍是以折叠为主，虽然婴儿手推车可以折叠，但储物空间有限，并且可被折叠之后的婴儿车就不再作为另外的工具进行使用，因此该问题不仅没有解决，还带来了新的矛盾。与此同时，婴儿成长过程中产品需求丰富，婴儿本身成长快，使得产品周期较短，材料浪费、空间浪费、价格昂贵，是当前婴儿产品发展中遇到主要问题之一。

(2) TRIZ 理论应用

1）最终理想解

多功能婴儿手推车的最终理想解分析见表 6-39。

表 6-39 最终理想解分析表

问题	分析结果
设计最终目标	可以延长产品生命周期并且方便家长携带宝宝日常出行
理想化最终结果	可以满足宝宝在婴儿成长阶段对产品的不同需求
达到理想解的障碍是什么	宝宝婴儿阶段需要很多产品，使用周期短，携带出行产品不方便又占用空间
出现这种障碍的结果是什么	产品多，空间有限，不方便携带
消除这种障碍的条件是什么	新颖独特的组合方式
创造这些条件所用的资源是什么	连接轴，把手，碳纤维，学步车上盘座椅，婴儿提篮

2）技术矛盾

将一个物体改变成另一个物体，在满足其基本功能的同时还要保证其安全性，这是典型的管理矛盾。那么现在要将这个矛盾转化成为技术矛盾，即在不改变婴儿车的基本功能的同时，还能轻易地转化成为婴儿提篮和婴儿学步车，目的是保障它的稳定性、强度以及在使用过程中的安全可靠性。在矛盾矩阵中查到上述冲突的发明原理见表 6-40。

表 6-40 矛盾矩阵表

恶化参数 改善参数	形状(12)	稳定性(13)	强度(14)	可靠性(27)
静止物体的体积(8)	7、2、35	34、28、40、35	9、14、17	2、35、16

根据表 6-40 可以得出，如果需要解决这个问题，能够从 2、7、14、16、17、35、40 号等原理中寻求产品问题的解决方案。进而又将婴儿车的系统分为子系统进行考察和研究，对得到的 9 个标准解决方法进行评价和筛选，使用第 7、13、17、18、40 号等原理，然后依据产品改良设计中的实用、经济、外观原则，参考市场调研的结果，开始具体的设计解决方案开发。对车座、车架等部分进行架构梳理，对车座和车架进行嵌套设计处理，改变使用的材料等。

(3) 解决方案及创新点

1）解决方案

根据分析结果，得出婴儿车设计的基本方案，婴儿车原有车篮没有发生特别明显的改变，车篮底部是可以拆卸的，车篮与学步车的连接件是核心部件，需要有很高的压缩强度，车架主要采用拆卸结构，对婴儿手推车的二次设计，将它的整体结构模块做了详细的规整：整个婴儿车拆开后，能够成为一个婴儿学步车和婴儿提篮。婴儿车的改良设计产品分解如图 6-92 所示，方案细节，如图 6-93 所示。依据 TRIZ 理论的科学引导对市场上普遍存在的婴儿车进行了二次设计，并取得了十分有效的成果。

2）方案创新点

① 通过改变产品的形态和功能，可以改善室内室外条件下的易操作性。

② 产品的多样性满足了婴儿成长期间的不同需求。

③ 运用了一物多用法，也称多元性原理，是使一个物体能够执行多种不同的功能，以取代其他物体介入。

④ 运用了组合合并原理，在不同的物体内部的各部分之间建立的一种联系。

3）获奖情况

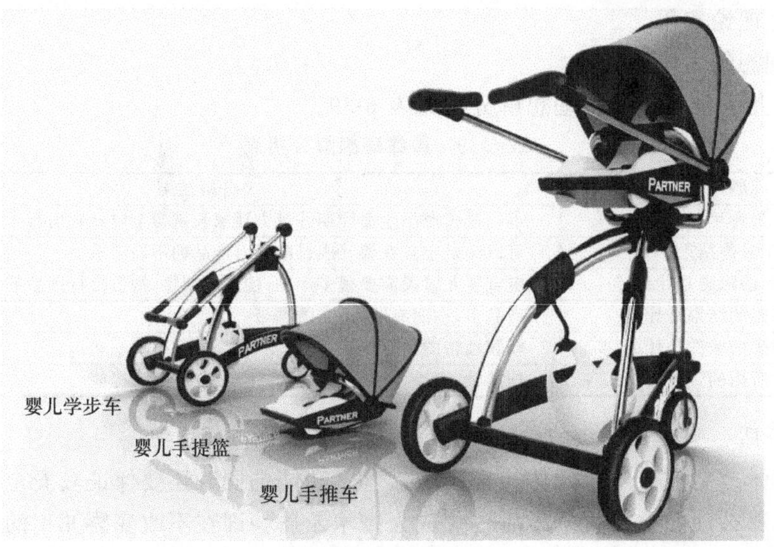

图 6-92　产品分解

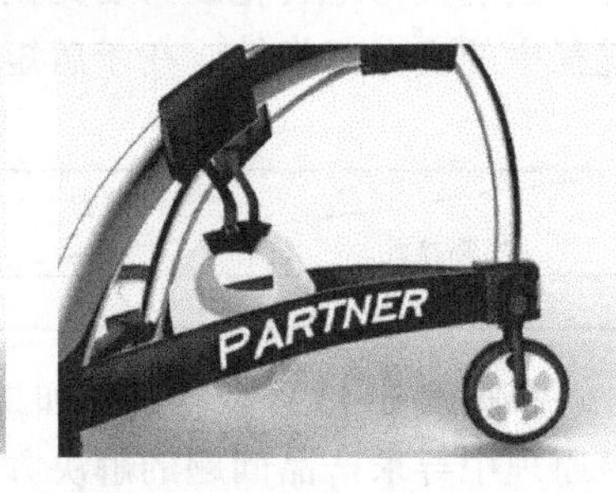

图 6-93　方案细节

该发明获得第六届全国“TRIZ”杯大学生创新方法大赛生活创意类发明三等奖。

6.4.2　多功能组合垃圾桶

(1) 问题描述

垃圾露天造成大量氨、硫化物等有害气体释放，严重污染了大气和城市的生活环境和水体，垃圾在堆放过程中，还会产生大量酸性、碱性有机物质，重金属和病原微生物三位一体的污染源，雨水淋入产生的渗滤液必然会造成地表水和地下水的严重污染。垃圾只有混在一起的时候是垃圾，一旦分类回收都是宝贝。

(2) TRIZ 理论应用

1）最终理想解

多功能组合垃圾桶的最终理想解分析见表 6-41。

表 6-41　最终理想解分析表

问题	分析结果
设计最终目标	垃圾分类、节约空间
理想化最终结果	厨余垃圾可以自动进行分类，不散发异味
达到理想解的障碍是什么	垃圾桶不具备分类垃圾的系统、生厨垃圾、熟厨垃圾混合成堆混淆、垃圾桶没有具体地模块化分类
出现这种障碍的结果是什么	垃圾分类混淆、人们嫌弃丢垃圾、垃圾桶脏且散发异味
不出现这种障碍的条件是什么	垃圾桶有明显分类、人们有进行分类的意识
创造这些条件所用的资源是什么	厨房的垃圾桶的位置安放、垃圾桶具备自动分类系统、湿度探测仪、空间、容器

2）技术矛盾

一个垃圾桶首先要实现它最基本的功能——装垃圾，其次就是垃圾桶的形状尽量节省占地面积，那么需要改变物体的形状，即形状与物体的形状可制造性之间技术冲突。改善参数为形状(12)，恶化参数为可制造性（32），在矛盾矩阵中查到上述冲突的发明原理见表6-42。

表6-42　矛盾矩阵表1

恶化参数 / 改善参数	可制造性(32)
形状(12)	1、32、17、28

我们采用发明原理1（分离）、32（颜色改变），将整体的形状体积分割成多个静止的体积，可随意摆放来更改体积的大小，改变物体外部的颜色，以进行改良设计。

垃圾桶要方便随处摆放，给使用者一种清新脱俗的感觉，垃圾桶不能太过重，否则不方便倾倒垃圾，那么就构成物体重量与物体体积之间的技术冲突。改善参数为运动物体的重量，恶化参数为运动物体的体积，在矛盾矩阵中查到上述冲突的发明原理见表6-43。

表6-43　矛盾矩阵表2

恶化参数 / 改善参数	运动物体的体积(7)
运动物体的重量(1)	5、35、14、2

我们采用发明原理5（组合）使垃圾桶与垃圾桶之间形成相互移动的部分，个体之间可以罗列、套叠起来完成系统功能。

(3) 解决方案

1）方案一

形状不对称的垃圾桶，通过基础图形的组合，增大了垃圾桶装载垃圾的体积，桶盖与桶身的颜色形成鲜明的对比，从而达到节省空间的目的，如图6-94所示。

图6-94　方案一

使用这种方法形成的方案，体积过于庞大，在家中占地面积较大，不易于摆放，桶盖与桶身结构不稳定，很容易形成错位。

2）方案二

此款设计采用分离原理，桶盖内壁可以单独拿出来，桶盖与桶身分开，如图6-95所示。

这种装置可以实现垃圾的快速倾倒，但两个桶盖的大小不同，使用者难以仔细分辨，会在使用方面造成一定的影响。

3）方案三

此款垃圾桶采用较为稳定的三角体造型，结构简单易懂，组合使用，如图6-96所示。

首先，使用这种垃圾桶可以实现任意位置和角度的随意摆放，满足普通家庭的一般功能；其次，不同颜色的桶身可投倒不同种类的垃圾，钢架可以单独使用，悬挂在柜门上，但是不同材质的结合会加大企业人力和资金的投入。

(4) 最终解决方案及创新点

1）最终解决方案

经过综合比较，决定采用方案三作为最终方案。利用TRIZ原理设计一款创新型多功能垃圾桶，产品是由垃圾桶外壳、垃圾桶内壁、垃圾桶架、垃圾桶盖组成；桶架上有挂钩，可以随意放在柜门上，把垃圾桶内壁套上塑料袋便可以单独使用，方便厨房做饭时倾倒厨余垃圾的烦恼，垃圾桶的第三部分是桶盖，可以有效地阻止部分垃圾散发的异味；此外，垃圾桶的下方有凹槽，在倾倒垃圾时，可以直接抠住凹槽进行倾倒，使用方便。三角体的外形，减少占地面积，节省使用空间。

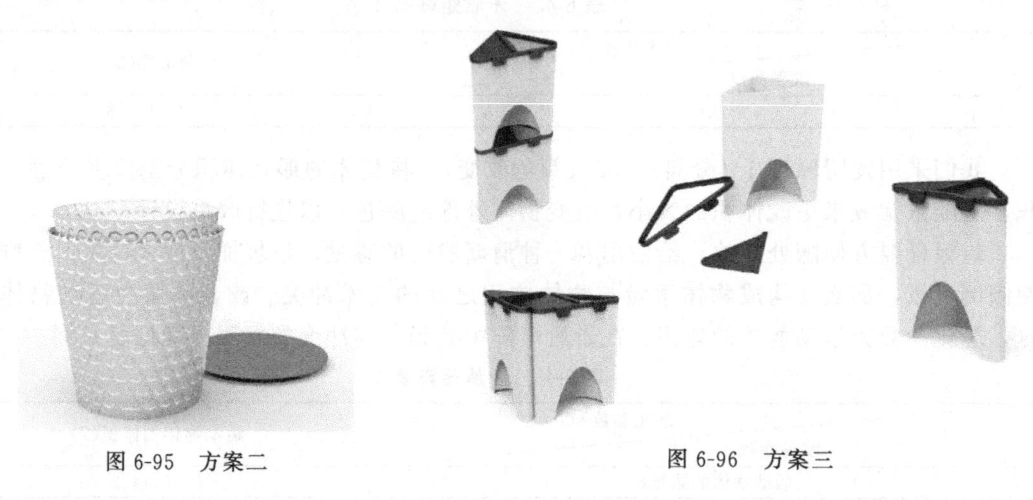

图 6-95 方案二

图 6-96 方案三

2）方案创新点

① 新型组合垃圾桶打破了生活中以往的圆形、方形垃圾桶，让使用者远离“倒垃圾脏”的烦恼。

② 此款新型垃圾桶功能齐全，不仅可以放在地面上常规使用，还可以随意组合，极大地方便了家庭生活。

6.4.3 高效清洁牙刷

(1) 问题描述

随着信息技术的不断发展和物联网时代的到来，电动牙刷作为一种用户日常高频使用的产品，也出现了智能化的趋势。不少高科技初创公司及传统电动牙刷企业都纷纷推出了通过连接手机应用来进行口腔健康数据管理的智能电动牙刷产品。目前的智能电动牙刷产品虽然具有巨大的潜在市场空间，但在实际用户场景中的使用还存在一些问题，电动牙刷刷牙至少需要两分钟的刷牙时间，这对于一些用户来说，还是过于漫长，这会大大降低用户对刷牙这件事的好感度，从而引发各种牙科疾病。

(2) TRIZ 理论应用

1）最终理想解

高效清洁牙刷的最终理想解分析见表 6-44。

表 6-44 最终理想解分析表

问题	分析结果
设计最终目标	降低刷牙时间，满足牙齿高效清洁 如何督促没有较强的牙齿健康意识、懒惰不爱刷牙的用户按时每天刷牙
理想化最终结果	减少刷牙时间且满足刷牙的效果 从快捷、方便的方式解决人们不愿意刷牙的问题，提高刷牙速度
达到理想解的障碍是什么	牙刷刷头的改变是否易于让使用者接受，牙刷时的稳定性是否良好

续表

问题	分析结果
出现这种障碍的结果是什么	导致使用者无法接受产品或没有达到清洁效果
消除这种障碍的条件是什么	新颖独特的组合方式
创造这些条件所用的资源是什么	优化牙刷刷头的大小符合人机工程学，加强产品使用过程中的稳定性

2）技术矛盾

为了提高刷牙的效率，缩短刷牙时间，这就引起了刷牙力（10）与刷牙稳定性（13）之间的技术冲突。在矛盾矩阵中查到上述冲突的发明原理见表 6-45。

表 6-45 矛盾矩阵表

恶化参数 改善参数	稳定性(13)
力(10)	35、10、21

根据表 6-45 中的技术冲突，采用发明原理 10（预先作用），通过预先将牙刷设计成特殊的形状，实现基本的牙刷功能的同时，还能缩短刷牙时间这一设计目标。

(3) 解决方案

1）方案一

设计一款手动三面牙刷，对刷头进行再设计，这一方案与常规手动牙刷相比，可以清洁牙齿的不同表面，工作高效，结构如图 6-97（a）所示。

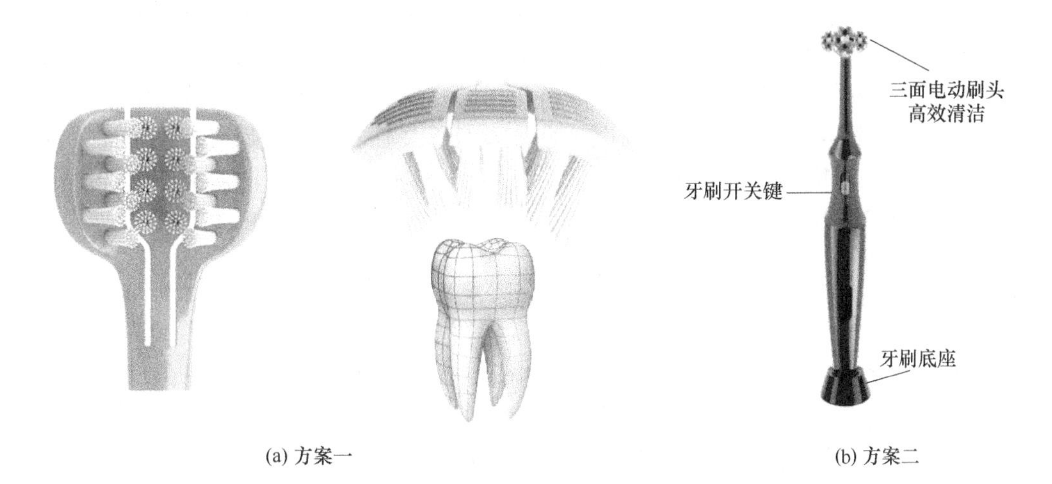

图 6-97 方案一与方案二产品效果图

2）方案二

设计一款电动三面牙刷，可以同时清洁牙齿的不同表面，电动牙刷节省人力，并加快了清洁速度，如图 6-97（b）所示。

(4) 最终解决方案及创新点

1）最终解决方案

该方案利用超声波能量在牙周产生空化效应，达到清除牙周的病菌和不洁物的目的，通过人机工程学原理改变常规牙刷刷头的大小造型，实现了增大刷头和牙齿的接触面积，从而缩短刷牙的时间，且改造后的刷头清洁范围能覆盖牙周各个部位，为现代快节奏的生活提供了一种新的刷牙方式。牙刷刷头材质选择了健康环保耐用的食品级硅胶，牙刷配有能量电源、充电线以及牙刷收纳盒，操作简单、方便使用，如图 6-98 所示。

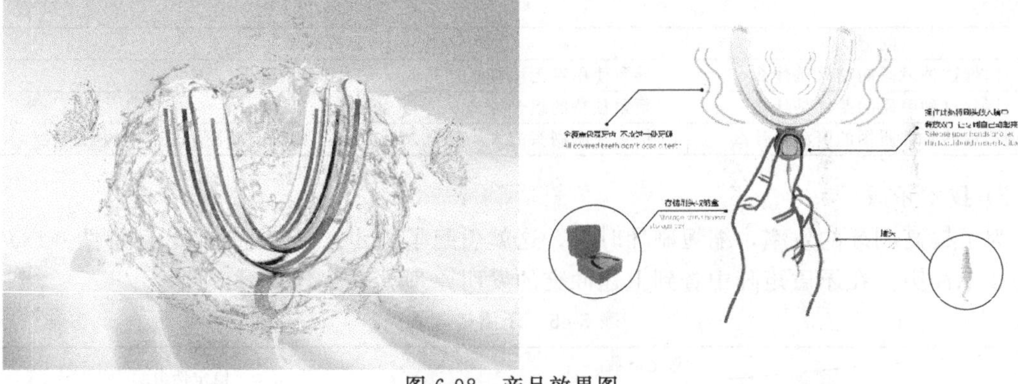

图 6-98　产品效果图

2）方案创新点

① 打破了传统牙刷形态，实现快速清洁牙齿且满足洁牙效果，具有创新性。

② 设计过程中，将人的生活习惯很好地融入设计之中，高效清洁。

③ 产品性价比高，易于生产推广，普及后会有更大的增长空间。

6.4.4　激光警示线防风安全锥

(1) 问题描述

在社会经济的飞速发展下，无论是交通拥挤的一线城市，还是疏松稀散的乡镇县城，都会出现各种各样的交通问题。同时，各种施工场地、大型活动现场都需要安全指示。安全锥是在事故现场及各种公共场所起到警示、隔离作用的一种交通设施。随着高事故率的产生以及大型活动现场踩踏事件不断，安全问题一直是人们所关心的，需要反思一下市面现有的警示设施是否完善，是否需要进行一系列的创新设计。

(2) TRIZ 理论应用

1）最终理想解

防风安全锥的最终理想解分析见表 6-46。

2）技术矛盾

安全锥在空地使用时，所受外界环境影响较大，如在高温暴晒、低温严寒、强烈大风等情况下易损坏安全锥，构成了 13（稳定性）与 30（作用于物体的有害因素）之间的技术冲突。改善参数为 13（稳定性），恶化参数为 30（作用于物体的有害因素）。在矛盾矩阵表中查到上述冲突的发明原理如表 6-47 所示。

表 6-46　最终理想解分析表

问题	分析结果
设计最终目标	安全锥防风性能提高,警示性能增强
理想化最终结果	安全锥本身重量减轻,但在强风的作用下也不会吹倒,即使在夜晚,也能警示旁人
达到理想解的障碍是什么	重量减轻会降低稳定性,警示线使用低劣材料很容易损坏
出现这种障碍的结果是什么	因为安全锥本身的材质是轻便的易搬运的塑料,在空间中占有一定体积,在强风的作用下受力容易翻倒
不出现这种障碍的条件是什么	加重安全锥的配重,改变结构使安全锥能抵御大风,加设灯光警示
创造这些条件所用的资源是什么	化学能、水、泥土、沙石

表 6-47　矛盾矩阵表 1

恶化参数 改善参数	作用于物体的有害因素(30)
稳定性(13)	30、35

由于安全锥需从车内拿出并安置到要放置处，整个系统因为人的影响，增加了搬运难度，即 33（操作流程的方便性）与 19（运动物体的能量消耗）之间构成了技术冲突。改善参数为 33（操作流程的方便性），恶化参数为 19（运动物体的能量消耗）。在矛盾矩阵表中查到上述冲突的发明原理如表 6-48 所示。

表 6-48　矛盾矩阵表 2

改善参数＼恶化参数	运动物体的能量消耗(19)
操作流程的方便性(33)	1、13、24

通过对比，最终采用发明原理 1（分离）、30（柔性壳体或薄膜）、35（物理或化学参数改变），即设计一款可以将安全锥上下部分分离，同时将材料性能转换，下部壳体使用柔性壳体（硅胶材质、PE 塑料等）的壳体，达到防风、抗晒、防冻的效果，上部壳体同时附带照明警示作用。

(3) 最终解决方案及创新点

1）最终解决方案

防风警示安全锥，锥体顶部设计为灯头，添加了用于警告的可闪烁的警示灯，以及用于夜晚或能见度低环境下显示红色可视光线，两者可以通过开关控制；锥体中间，增加了圆形镂空的通风孔；锥体底部采用弹性橡胶，卷曲部分有空腔，可以利用周围环境调节进行增重，加强安全锥的稳定性。

① 灯罩部分。灯头部分增加红外线指示灯，一字线射到地面起到隔离带的作用。中央有红色警示灯，夜间可起到增强警示作用，灯头展示如图 6-99 所示。

安全锥的顶部警示灯内部结构有激光灯、电池槽以及电源线。警示灯所实现的功能直接决定了警示灯的内部结构。对此，在改进过程中有卡扣式灯罩内部结构，如图 6-100 所示。

② 锥身部分

a. 防风性能。最终选择底部镂空孔，它是采用渐变式圆孔设计，由小到大、而后由大到小的一种渐变，跟随曲线的分布。由于安全锥的底部承重更多，且对于锥体的稳定性有极大的决定性作用，所以安全锥的底部镂空孔分布较少，且由小到大分布，因锥体顶部占重量比较少，所以选择锥体中间部分孔较大，如图 6-101 所示。

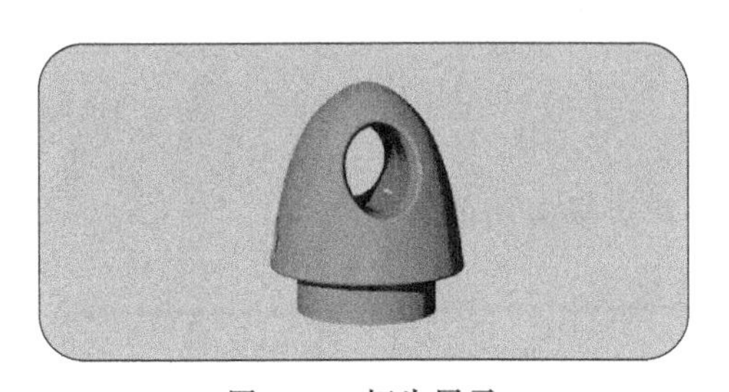

图 6-99　灯头展示

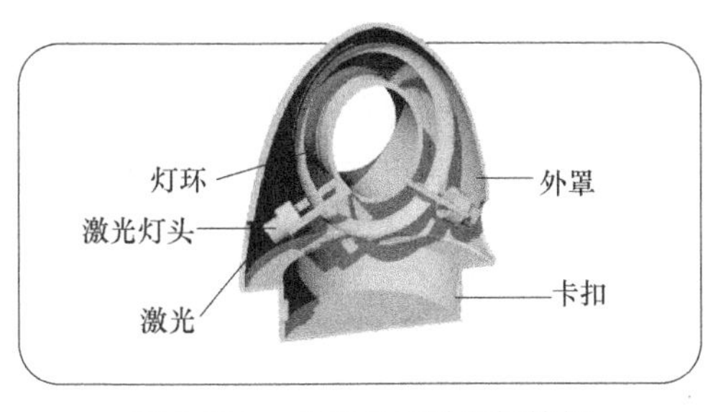

图 6-100　卡扣式灯罩内部结构

b. 稳定性能。安全锥底部采用圆管形软槽设计，有效利用外界因素（如水、沙石等）增重，使重心下移来增加锥体的稳定性。灌入填充物时，由于底部硅胶材质较软，灌入后可以直接撑起底部，如图 6-102 所示。

c. 警示性能。因安全锥的国际标准，红色安全锥更加适用于公共场合，无论是交通拥挤城市，还是大型活动现场，红色都是极为醒目的颜色，相比于蓝色、黄色警示性更加明显，配合白色反光膜，可将安全锥的作用发挥到极点。安全锥大部分采用白色反光带，夜间警示效果加强。整体分为 5 部分，根据黄金分割法则分布隔断，整体效果明显，如图 6-103 所示。

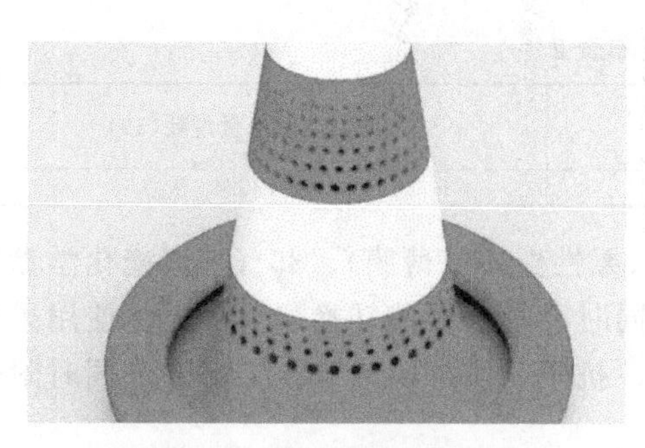

图 6-101 锥体镂空孔细节图

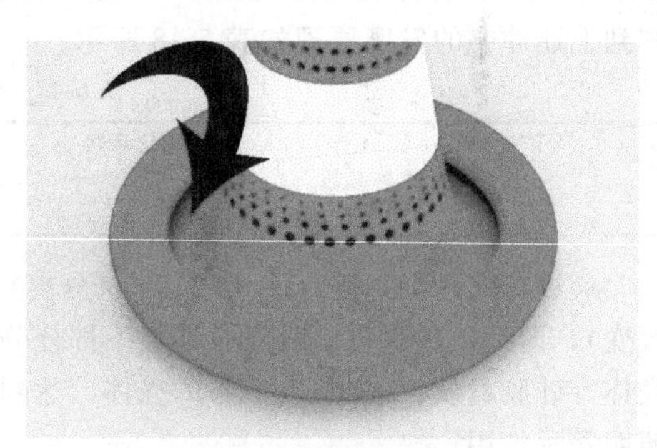

图 6-102 底部设计

图 6-103 黄金分割

人性化改进：安全锥的人性化设计所着重考虑的问题是如何实现人性化，在改进过程中，务必针对特定的使用者，并且根据周围其他设施以及工作环境做出相应调整，如此才能达到人性化设计的目的。安全锥的人性化改进需要以人机工程学作为重要的基础理论，以此来更好地解决人与安全锥及其工作环境之间的关系。除此之外，由于使用环境的特殊性，安全锥视觉传达性的优劣也直接影响着安全锥的人性化改进的效果。

通过对于国标的研究分析，以及产品使用场景的定位，选择高度为 60cm 的安全锥，适用于各种公共场合，如大型活动现场、施工现场、事故现场。底部占地面积约为 17.34cm^2，可适当加大底部占地面积，进而增加安全锥的稳定性。

2）方案创新点

① 合理运用 TRIZ 理论，解决了实际问题。

② 增加安全锥警示功能。

③ 增强安全锥的防风性，提高整体的稳定性。

④ 实用性强，操作简单，具有良好的社会效益和市场应用前景。

6.4.5 冰雪滑行车

(1) 问题描述

现代的人们生活繁忙，越来越多的人因为各方面的压力而变得抑郁，所以，如何减轻压力是当代人都在追求的目标，运动是一种有效的减压方式，所以健身馆的市场日渐壮大，户外运动项目也逐渐增多，北方四季分明，冬天的时候会有美丽的雪花相伴，随着雪花的堆积，就会形成雪场、冰场，在雪地和冰地上的运动，会给人们带来别样的乐趣。现有的冰雪娱乐产品的类型大多都是滑雪板、滑冰鞋、雪圈等，为了增加冰雪娱乐活动的乐趣，设计师肩负着创新冰雪娱乐器材的重任，因此要充分了解现有产品的功能和结构，改善现有产品的不足。

(2) TRIZ 理论应用

1) 最终理想解

冰雪滑行车的最终理想解分析见表 6-49。

表 6-49　最终理想解分析表

问题	分析结果
设计最终目标	冰雪滑行车可以在雪地和冰场上滑行
理想化最终结果	通过人的脚部的开合方式,驱动滑行车
达到理想解的障碍是什么	实现传动的方式
出现这种障碍的结果是什么	除用马达传输动力外,还可用生物能转换成机械能的方式
不出现这种障碍的条件是什么	能用机械传动方式使生物能成为动力来源
创造这些条件所用的资源是什么	主轴传动装置和可控制的旋转冰刀

2) 技术矛盾

在使用滑雪板或者滑冰鞋的时候，需要很强的技术支撑，稍不留意就有摔倒的危险，所以应采用生物能作为能源。改善参数为形状（12），恶化参数为速度（9）。在矛盾矩阵中查到上述冲突的发明原理见表 6-50。

表 6-50　矛盾矩阵表

恶化参数 / 改善参数	速度(9)
形状(12)	2、3、4、7、15、17、18、35

根据表 6-50 可以得出，如果需要解决这个问题，能够从 2、3、4、7、15、17、18、35 号等原理中寻求产品问题的解决方案，进而对冰雪滑行车进行考察和研究，对得到的 8 个标准解决方法进行评价和筛选，使用第 3、7、17 号原理，然后依据产品改良设计中的实用、经济、外观原则，参考市场调研的结果，开始具体的设计解决方案开发。

(3) 解决方案及创新点

1) 解决方案

借鉴雨伞的可折叠设计，增加产品的便携性，根据用户的不同需求，可以调整产品的使用高度，与地面接触面积增大，通过卡扣装置可以实现整个产品的折叠设计，使用时效果如图 6-104 所示。

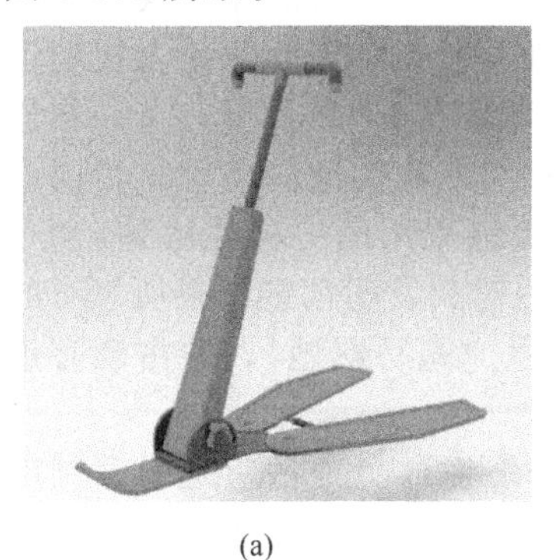

(a)

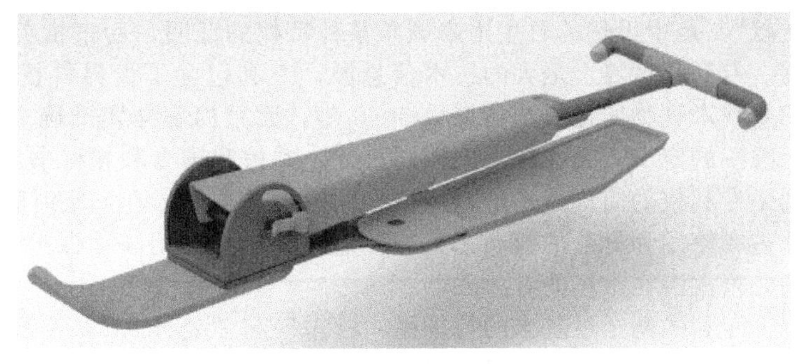

(b)

图 6-104　使用时效果

2) 方案创新点

① 合理地运用 TRIZ 理论，提出一种新型娱乐用具。

② 结构合理，产品可以实现。

③ 娱乐性强，具有良好的市场潜力。

第7章 TRIZ与机械方面专利申请方法及实例

如今，科技迅猛发展，产品更新换代越来越快，我们正处于一个新的创造时代。为了适应日益严峻的市场，企业对创新的要求越来越高，对知识产权的利用和保护也越来越重视。专利权是一种重要的知识产权。众所周知，专利既可以保护自己的发明成果，又可以防止科研成果流失。专利申请者可以通过申请专利的方式占据新技术及其产品的市场空间，获得相应经济利益，如通过生产销售专利产品、转让专利技术、专利入股等方式获利。TRIZ 理论来源于对海量高水平专利的分析与总结，是一门基于知识、面向人的发明问题解决理论。作为一种技术创新理论，TRIZ 也可以与企业专利战略相结合，直接为企业的技术创新服务。基于 TRIZ 的专利战略能够帮助科技人员提高技术创新能力，增强科技人员的专利开发和保护技能，从而催生科技创新成果服务于科技创新需要，对于推进企业发展具有深远的意义。

7.1 专利基础

7.1.1 专利的概念

“专利”（patent）一词来源于拉丁语 Litterae Patentes，意为“公开的信件”或“公共文献”，是中世纪的君主用来颁布某种特权的证明，后来指英国国王亲自签署的独占权利证书。专利是世界上最大的技术信息源，专利包含了世界科技技术信息的 90%～95%，相比一般技术刊物所提供的信息早 5～6 年，而且内容翔实准确。对“专利”这一概念，目前尚无统一的定义，其中较为人们所接受，并被我国专利教科书所普遍采用的一种说法是：“专利是专利权的简称，是国家按照专利法授予申请人在一定时间内对其发明创造成果所享有的独占、使用和处分的权利，是一种财产权，是运用法律保护手段‘跑马圈地’，独占现有市场，抢占潜在市场的有力武器。”

专利的两个最基本的特征是“独占”与“公开”，以“公开”换取“独占”是专利制度最基本的核心，这分别代表了权利与义务的两面。“独占”是指法律授予技术发明人在一段时间内享有排他性的独占权利；“公开”是指技术发明人作为对法律授予其独占权的回报而将其技术公之于众，使社会公众可以通过正常的渠道获得有关专利技术的信息。

7.1.2 专利的特点

专利作为知识产权的一部分，是一种无形的财产，具有与其他财产不同的特点。专利主要具有三大特点：独占性、时间性和地域性。

独占性，也称排他性、垄断性、专有性等。它是指在一定时间（专利权有效期内）和区域（法律管辖区）内，被授予专利权的人（专利权人）享有独占权利，未经专利权人许可，任何单位或者个人都不得以生产经营为目的制造、使用、许诺销售、销售、进口其专利产品，或者使用其专利方法以及使用、许诺销售、销售、进口依照该专利方法直接获得的产品。如果要实施他人的专利，必须与专利权人签订书面实施许可合同，向专利权人支付专利使用费。未经专利权人许可而擅自实施他人专利，将构成法律上的侵权行为。

时间性，是指专利权人对其发明创造所拥有的专利权只在法律规定的时间内有效，期限届满后，专利权人就不再对其发明创造享有制造、使用、销售和进口的专有权。这样，原来受法律保护的发明创造就成了社会的公共财富，任何单位和个人都可以无偿使用。各国专利法对专利权的有效保护期限都有自己的规定，计算保护期限的起始时间也各不相同。我国新《专利法》第四十二条规定："发明专利权的期限为二十年，实用新型专利权和外观设计专利权的期限为十年，均自申请日起计算。"专利权超过法定期限或因故提前失效，任何人都可自由使用。

地域性，即空间限制，指一个国家依照其专利法授予的专利权，仅在该国法律管辖的范围内有效，对其他国家没有任何约束力，外国对其专利权不承担保护的义务。如果一项发明创造只在我国取得专利权，那么专利权人只在我国享有独占权或专有权。因此，一件发明若要在许多国家得到法律保护，必须分别在这些国家申请专利。弄清楚专利权的地域性是非常有意义且有必要的，这样，如果我国企业或个人研制出了具有国际市场前景的发明创造，就不应该仅仅申请国内专利，而应不失时机地在拥有良好市场前景的其他国家和地区也申请专利，以得到国外市场的法律保护。

7.1.3 专利的作用

专利制度是国际上通用的一种利用法律手段和经济手段来保护发明创造、推动科技进步、促进经济发展的管理制度。专利制度通过授予发明创造专利权，让专利权人能够独占市场，获得应有的回报，有利于激发人们的创造积极性。同时，专利制度也可以防止发明创造者重复他人劳动，从而造成智力资源浪费。随着科技的发展，市场竞争激烈，专利制度能够促使发明创造者将其新技术尽快转化为生产力，并能保护技术市场竞争的公平有序。总的来说，专利具有以下作用。

① 通过法定程序确定发明创造的权利归属关系，从而有效保护发明创造成果，独占市场，以此换取最大的利益。

② 在市场竞争中争取主动，确保自身生产与销售的安全性，防止竞争对手拿专利状告侵权。

③ 国家对专利申请有一定的扶持政策，会给予部分政策、经济方面的帮助。

④ 专利权受到国家专利法保护，未经专利权人许可，任何单位或个人都不能使用。

⑤ 对于自己的发明创造，应及时申请专利，得到国家法律保护，防止他人模仿本企业开发的新技术、新产品，构成技术壁垒。

⑥ 对于自己的发明创造，如果不及时申请专利，你的劳动成果会被别人窃取而提出专利申请，反过来还会向法院或专利管理机构告你侵犯专利权。

⑦ 可以促进产品的更新换代，提高产品的技术含量和质量，降低成本，使企业的产品在市场竞争中立于不败之地。

⑧ 专利质量和数量是一个企业强大实力的体现，是一种无形资产和无形宣传（拥有自主知识产权的企业既是消费者对其产品趋之若鹜的强力企业，同时也是政府各项政策扶持的主要目标群体）。世界未来的竞争，就是知识产权的竞争。

⑨ 专利技术可以作为商品出售（转让），比单纯的技术转让更有法律和经济效益，从而达到其经济价值的实现。

⑩ 专利的宣传效果好。

⑪ 避免会展上撤下展品的尴尬。

⑫ 专利除具有以上功能外，拥有一定数量的专利还可作为企业上市和其他评审中的一项重要指标，例如：高新技术企业资格评审、科技项目的验收和评审等，专利还具有科研成果市场化的桥梁作用。

总之，专利既可用作盾，保护自己的技术和产品；也可用作矛，打击对手的侵权行为。充分利用专利的各项功能，对企业的生产经营具有极大的促进作用。

7.1.4 专利申请的时机与条件

专利申请是实施知识产权保护的基础内容之一，也是企业在市场竞争日益激烈的环境中占领市场的重要手段。专利申请并不是一个简单的程序问题，其中正确把握专利申请的时机是专利申请中重要环节之一。

世界上大多数国家在专利确权上都采用先申请原则或申请在先原则，我国专利制度中也是采用先申请原则。所谓先申请原则是指就同样的发明创造有两人或两人以上提出专利申请，专利权授予最先提出申请的人。先申请原则的作用：一方面有利于发明创造尽早公开，避免重复研究；另一方面起到禁止重复授予专利权的目的。

正确把握专利申请的时机，不仅要依据《专利法》《专利法实施细则》及《专利审查指南》对专利申请相关方面的规定，而且要综合考虑企业技术创新成果的状况以及企业的专利申请战略。下面从不同的视角就如何正确把握专利申请的时机作简要阐述。

① 做好申请前技术成果的保密工作，避免丧失新颖性。专利法对专利申请新颖性规定要求申请人的技术创新成果在申请日前一定要做好保密工作。具体来说，在完成一项技术创新后，在申请专利前，不要急于在科技期刊上发表文章，在一般科技会议上公开召开新闻发布会、成果鉴定会以及展览会上公开技术细节。即使出于商业上的考虑，许可自己的合作伙伴实施该技术成果，也要与其签订保密协议或试用协议，约定保密责任。即便签订保密协议，也应该尽快申请专利，因为《专利法》第二十四条规定的不丧失新颖性的宽限期只有6个月，即申请日前6个月内他人未经申请人同意而泄露其技术内容的不丧失新颖性，而如果超过该期限泄露技术内容的专利申请，就不再受到《专利法》第二十四条规定的新颖性宽限期的保护。

② 不要急于申请专利，一定要在形成完整的技术方案后再去申请专利。有的申请人的专利保护意识很强，非常希望能够通过取得专利保护的方式在竞争激烈的市场上占据优势。然而由于其对专利法的不了解，在一项技术成果的雏形刚刚具备还没有形成完整的技术方案时就急于申请专利，这样的专利申请由于存在技术方案不完整或无法实施的实质性缺陷会最终导致申请失败，不仅白白浪费了时间和金钱，而且使得一项可能很有市场前景的技术成果无法获取专利保护。《专利法》第二十六条第三款规定，说明书应当对发明或实用新型做出清楚、完整的说明，以使所属领域的技术人员能够实现为准。所以，申请人申请专利时不能

操之过急，一定要在形成完整的技术方案后再去申请专利。

③ 专利申请的时间要综合考虑专利申请的种类和产品投向市场的时间。完成技术创新成果后，在没有特别情况下，一旦提出专利申请，即将按照前面的规定公开其技术成果。那么，如何安排专利申请的提出时间和相应产品的推出时间才符合专利保护的最大利益呢？这一问题需要结合专利申请的类别考虑。对实用新型和外观设计专利而言，从递交专利申请到授权公告大约需要 1 年时间，在制订生产计划时，要考虑上述期限，最好在授权公告后及时推出其专利产品，这样可以避免在实用新型或外观设计专利授权之前推出其专利产品至授权公告期间内被他人无偿实施其专利的可能。对于发明专利而言，发明专利申请在公开后，还需要经实质审查，符合专利性要求的，才能授予发明专利权，虽然专利法规定了专利申请公开后的临时保护，但获取临时保护的前提是取得发明专利权，也就是说，对于发明专利申请来说，其技术方案的公开有可能因最后不能得到专利权而无偿提供了专利申请的技术方案。虽然申请发明专利存在上述在公开后不能得到授权的可能，但申请发明专利有其必要性，发明专利有效期为 20 年，发明专利申请经过实质审查，其专利权的稳定性强，发明专利还能够保护方法类技术方案。对于发明专利而言，在制订生产计划时，同样要考虑专利公开的期限，如果产品急于上市，还可以要求提前公开其专利申请并提前实审，在专利授权后，可以延长发明专利的公开至授权期间专利法所规定的临时保护。

④ 对于基础专利申请的时机，还要综合考虑其应用研究和周边研究的成熟度。尽快取得基础专利对于占领市场无疑是至关重要的，但基础专利申请的时机需要同时考虑基础专利与外围研究技术成果的协调，避免在应用研究和周边研究还不成熟的情形下因过早公开其基础专利使得他人围绕其基础专利开发外围专利，反过来使得基础专利的拥有者受到外围专利的限制。应该尽早围绕基础专利做好专利布局，在基础专利的外围形成自身的“技术壁垒”，使得他人无法抢先开发外围专利构成对基础专利的包围。

所以，在完成一项重大的发明创造后，特别是在完成了开辟全新技术领域的发明创造后，应该尽快围绕其核心技术做好外围技术的专利布局，在提出基础专利申请后，应该配合外围专利的申请，在该技术领域尽快占领市场。

7.1.5 专利申请的类型与所需文件

(1) 专利申请类型

在中国，发明创造目前包括 3 种类型，分别是发明、实用新型和外观设计。在申请阶段，分别称为发明专利申请、实用新型专利申请和外观设计专利申请。获得授权之后，分别称为发明专利、实用新型专利和外观设计专利，此时，申请人就是相应专利的专利权人。

发明是指对产品、方法或者其改进所提出的新的技术方案。它又分为产品发明和技术方案的方法发明。产品发明是指一切以有形形式出现的发明，即用物品来表现其发明，例如机器、设备、仪器、用品等。方法发明是指发明人提供的技术解决方案是针对某种物质以一定的作用、使其发生新的技术效果的一种发明。方法发明是通过操作方式、工艺过程的形式来表现其技术方案的。

实用新型是指对产品的形状、构造或者其结合所提出的适于实用的新的技术方案。实用新型专利只保护具有一定形状的产品，没有固定形状的产品和方法以及单纯平面图案为特征的设计不在此保护之列。实用新型专利及申请具有无须进行实质审查、审批周期短、收费低的特点。

外观设计是指对产品的形状、图案或者其结合以及色彩与形状、图案的结合所作出的富有美感，并适于工业应用的新设计，即产品的样式。它也包括单纯平面图案为特征的设计。

(2) 专利申请所需文件及要求

申请发明、实用新型专利所需文件：请求书（必须）；说明书摘要；摘要附图；权利要求书（必须）；说明书（必须）；说明书附图（实用新型必须）；其他文件。

申请外观设计所需文件：请求书（必须）；图片或照片（必须）；简要说明；其他文件。

1）专利申请所需文件

① 请求书。请求书是确定发明、实用新型或外观设计 3 种类型专利申请的依据，应谨慎选用；建议使用专利局统一表格。请求书应当包括发明、实用新型的名称或使用该外观设计产品名称；发明人或设计人的姓名、申请人姓名或者名称、地址（含邮政编码）以及其他事项。

其他事项包括如下几项。

a. 申请人的国籍。申请人是企业或其他组织的，其总部所在地的国家。

b. 申请人委托专利代理机构应当注明的有关事项。申请人为两人以上或单位申请，而未委托代理机构的，应当指定一名自然人为代表人，并注明联系人姓名、地址、邮政编码及联系电话。

c. 分案专利申请（已驳回、撤回或视为撤回的申请，不能提出分案申请）类型应与原案申请一致，并注明原案申请号、申请日，否则，不按分案申请处理。要求本国优先权的发明或实用新型，在请求书中注明在先申请的申请国别、申请日、申请号，并应于在先申请日起一年内提交。

d. 申请文件清单。

e. 附加文件清单。

f. 当事人签字或者盖章。

g. 确有特殊要求的其他事项。

② 说明书。说明书应当对发明或实用新型专利作出清楚、完整的说明，以所属技术领域的技术人员能够实现为准。

③ 权利要求书。权利要求书应当以说明书为依据，说明发明或实用新型的技术特征，清楚、简要地表述请求专利保护的范围。

④ 说明书附图。说明书附图是实用新型专利申请的必要文件。发明专利申请如有必要，也应当提交附图。

附图应当使用绘图工具和黑色墨水绘制，不得涂改或易被涂擦。

⑤ 说明书摘要及摘要附图。发明、实用新型专利应当提交申请所公开内容概要的说明书摘要（限 300 字），有附图的还应提交说明书摘要附图。

⑥ 外观设计的图片或者照片。外观设计专利申请应当提交该外观设计的图片或照片，必要时应有简要说明。

提交专利申请文件应当使用知识产权局制订的统一表格，使用计算机中文打字或者印刷（包括表格中文字），一式两份。

2）书面技术资料要求

① 申请项目所属技术领域及应用的范围，以及现有技术中实现与申请项目相同或相似效果的技术措施、技术手段，方法或方式。

② 所申请项目的发明目的，需要解决哪些技术问题。

③ 用文字以及附图详细描述实现所申请项目发明目的的技术措施、技术特征。如所申请项目的是一种产品，技术措施及技术特征是指产品的结构、各零件的连接、布局、相互关系及它们在所申请项目中所起的作用，各零部件间的组合方式和详细的动态方式，所申请的是一种方法，技术措施和技术特征是指的工艺、工艺参数及工艺中有关细节。此外，还应提供所申请项目的至少一个具体实例（这里的具体实例不是指模型或实物，而是表现具体实例的附图和文字说明，只有在通过图纸和文字仍无法说明所申请项目的技术措施时，才可能提供模型或实物，用以说明所申请的主题）。

所提供的图纸应当绘制于 A4 纸上，图面上不应有文字、图框线和尺寸线、尺寸标注，各零件及部件可用数字（1、2、3……）标出，并在另一张纸上写出各标号所代表的零件名称。

④ 所申请项目的实验数据、结果，或者试验中所产生的现象。

⑤ 结合具体实例和实（试）验结论，客观地说明发明的优点和缺点。如无实验数据，或实验结论，发明人应当对发明进行客观分析，推断发明可能有的优缺点。

⑥ 发明人认为的所申请项目与现有技术在技术特征上的不同之处。

⑦ 发明人认为应当属于技术秘密的内容。

7.2 专利的电子申请流程与方法

(1) 办理电子申请用户注册手续

办理注册的方式有当面注册、邮寄注册和网上注册 3 种方式。其中，当面注册包括专利局受理大厅注册和代办处注册。用户注册应具备的材料包括电子申请用户注册请求书、电子申请用户注册协议和相关证明文件（如加盖公章的代理机构注册证的复印件等）。

(2) 制作电子申请文件前的准备

首先，下载、安装客户端系统。下载地址为网站首页上的【工具下载】栏。下载并安装完成后，还需根据具体环境进行网络设置。其次，下载用户数字证书。下载地址为网站首页的【证书管理】栏。

(3) 制作电子申请文件

首先，用户应了解并学会使用电子申请客户端系统的功能，即电子申请文件制作（客户端编辑器）、案卷管理、通知书管理、数字证书管理、系统设置等功能。其次，使用客户端编辑器，选择表格模板进行编辑，步骤为单击【选择表格模板】→【填写或修改文件内容】→【保存】命令。最后，对于普通的发明专利申请和实用新型专利申请，可以使用客户端编辑器导入部分 Word、PDF 格式的文件。

(4) 提交前检查文件

保存文件后，用户可以使用编辑器重新打开文件进行检查，以确保文件内容完整、准确，图片显示正常。

(5) 使用数字证书签名

用户在客户端首界面的【签名】选项中，选择签名证书并单击【签名】选项，则成功完成签名操作，文件进入待发送目录。

(6) 提交文件并接收回执

用户在待发送目录下选择要提交的文件，在客户端首界面上选择【发送】选项，并单击【开始上传】选项，则文件提交成功并进入已发送目录。文件提交成功后，用户可以接收并查看回执，回执的内容主要包括接收案件编号、发明创造名称、提交人姓名或名称、国家知识产权局收到时间、国家知识产权局收到文件情况等。

(7) 接收电子申请通知书

用户在客户端首界面上单击【接收】选项，选择签名证书并单击【获取列表】选项，选择要下载的通知书后，单击【开始下载】选项，即可查看该通知书。

(8) 提交证明文件

根据专利法及其实施细则、专利审查指南规定的应当以原件形式提交的相关文件，申请人可以只提交原件的电子扫描文件；确因条件限制无法提交电子扫描文件的，可以提交原件。对前一情形，必要时审查员可以要求申请人在指定期限内提交原件。

(9) 登录网站查询相关信息

首先，可进行提交案件情况查询，包括基本信息、案件提交信息、通知书信息等。其次，可进行电子发文查询，包括申请号、发明创造名称、通知书名称等。

7.3 专利权的保护

专利权的法律保护就是依照专利法的规定打击专利侵权行为，保护专利权人的合法权利的活动。

7.3.1 专利侵权的概念

专利侵权行为是指在专利权的有效期内，未经专利权人许可，以生产经营为目的，实施专利权人的发明创造的行为。侵权行为的构成必须具备以下条件。

(1) 侵害的对象必须是有效的专利

专利侵权必须以存在有效的专利为前提，实施专利授予以前的技术、已经被宣告无效、被专利权人放弃的专利或者专利权期限届满的技术，不构成侵权行为。对于在发明专利申请公布后专利权授予前使用发明而未支付适当费用的纠纷，专利权人应当在专利权被授予之后，请求管理专利工作的部门调解，或直接向人民法院起诉。

(2) 必须有侵害行为

侵害行为是指行为人在客观上未经许可实施了侵害他人专利的违法行为。侵害行为多种多样，主要包括对专利产品的侵权行为和对专利方法的侵权行为两大类。

(3) 以生产经营为目的

是否以生产经营为目的，是判断行为人侵权与否的重要标志，是构成专利侵权的重要条件之一。这是因为，以生产经营为目的实施他人专利的结果，会占领本属于专利权人的市场，给专利权人带来一定的损害，因此构成侵权。非生产经营为目的的实施，如专为科学研究和实验而使用的有关专利，则不构成侵权行为。

专利侵权行为可以从不同的角度，以不同的标准分类。理论上常以侵权行为是否由行为人本身行为所造成为标准进行分类，将专利侵权行为分为直接侵权行为和间接侵权行为两大类。

① 直接侵权行为。这是指专利侵权行为是由行为人本身的行为直接造成的。其表现形式包括：制造发明、实用新型、外观设计专利产品的行为；使用发明、实用新型专利产品的行为；许诺销售发明、实用新型专利产品的行为；销售发明、实用新型或外观设计专利产品的行为；进口发明、实用新型、外观设计专利产品的行为；使用专利方法以及使用、许诺销售、销售、进口依照该专利方法直接获得的产品的行为。

② 间接侵权行为。这是指行为人本身的行为并不直接构成对专利权的侵害，但实施了诱导、怂恿、教唆、帮助他人侵害专利权的行为。间接侵权行为通常是为直接侵权行为制造条件，常见的表现形式有：行为人销售专利产品的零部件、专门用于实施专利产品的模具或者用于实施专利方法的机械设备；行为人未经专利权人授权或者委托，擅自转让其专利技术的行为等。

7.3.2 专利侵权判定

我国现有的专利侵权判定依据主要是《专利法》第五十九条的规定："发明或者实用新型专利权的保护范围以其权利要求的内容为准，说明书及附图可以用于解释权利要求。"该规定表达了两层含义：①专利保护范围以权利要求书记载的内容为准，而不是由专利产品确定的。②在上述前提下，允许利用说明书和附图对权利要求的保护范围做出一定的修正，这种修正是以专利权人对自己的发明创造做出具体说明为依据。

我国以发明和实用新型的独立权利要求书中记载的全部必要技术特征作为一个整体技术方案来确定专利权的保护范围。因此，在判定被控侵权物是否构成侵犯他人发明专利权时，应当将被控侵权物的全部技术特征与专利的必要技术特征逐一进行比较，以判断被控侵权物的全部技术特征是否落入发明专利权利要求书中独立权利要求的保护范围。

专利侵权判定因与其他的一般的民事侵权、合同违约等有很多不同，因此一直是各国司法实践中的一个难点问题。专利侵权判定需要与权利要求书进行比较，被控产品很多情况下与权利要求书都是不一致的。不一致达到什么程度构成侵权，不一致达到什么程度不构成侵权？这是一个比较难解决的问题。一般来说，在具体进行专利侵权判定时，应当结合以下几个主要原则加以综合运用。

(1) 全面覆盖原则

全面覆盖原则是专利侵权判定中的一个最基本的原则，也是首要原则。全面覆盖原则又称为全部技术特征覆盖或者字面侵权原则。如果被控侵权物（产品或方法）的技术特征包含了专利权利要求中记载的全部必要技术特征，则落入专利权的保护范围。当专利独立权利要求中记载的必要技术特征采用的是上位概念特征，而被控侵权物采用的是下位概念特征时，则被控侵权物落入专利权的保护范围。被控侵权物在利用专利权利要求中的全部必要技术特征的基础上，增加了新的技术特征，仍落入专利权的保护范围。

(2) 等同原则

等同原则是专利侵权判定中的一项重要原则，也是法院在判定专利侵权时适用最多的一个原则。在专利侵权判定中，当适用全面覆盖原则判定被控侵权物不构成侵犯专利权的情况下，应当适用等同原则进行侵权判定。等同原则，是指被控侵权物中有一个或者一个以上技术特征经与专利独立权利要求保护的技术特征相比，从字面上看不相同，但经过分析可以认定两者是相等同的技术特征。这种情况下，应当认定被控侵权物落入专利权的保护范围。专利权的保护范围也包括与专利独立权利要求中必要技术特征相等同的技术特征所确定的范围。适用等同原则判定侵权，仅适用于被控侵权物中的具体技术特征与专利独立权利要求中相应的必要技术特征是否等同，而不适用于被控侵权物的整体技术方案与独立权利要求所限定的技术方案是否等同。

(3) 禁止反悔原则

禁止反悔原则，是指在专利审批、撤销或无效程序中，专利权人为确定其专利具备新颖性和创造性，通过书面声明或者修改专利文件的方式，对专利权利要求的保护范围作了限制承诺或者部分地放弃了保护，并因此获得了专利权，而在专利侵权诉讼中，法院适用等同原则确定专利权的保护范围时，应当禁止专利权人将已被限制、排除或者已经放弃的内容重新纳入专利权保护范围。当等同原则与禁止反悔原则在适用上发生冲突时，即原告主张适用等同原则判定被告侵犯其专利权，而被告主张适用禁止反悔原则判定自己不构成侵犯专利权的情况下，应当优先适用禁止反悔原则。

(4) 多余指定原则

多余指定原则，是指在专利侵权判定中，在解释专利独立权利要求和确定专利权保护范围时，将记载在专利独立权利要求中的明显附加技术特征（即多余特征）略去，仅以专利独立权利要求中的必要技术特征来确定专利权保护范围，判定被控侵权物是否覆盖专利权保护范围的原则。实际上，这个原则并不是一个侵权判断上的标准，而只是在判断前确定专利保护范围的一个准则。对于发明程度较低的实用新型专利，一般不适用多余指定原则确定专利权保护范围。适用多余指定原则时，应适当考虑专利权人的过错，并在赔偿时予以体现。

7.3.3 专利侵权的法律责任

根据有关法律的规定，专利侵权行为人应当承担的法律责任包括民事责任、行政责任与刑事责任。

① 专利侵权的民事责任。专利法对专利侵权主要是追究侵权人的民事责任，管理专利工作的部门或者人民法院在处理专利侵权时，主要采取责令侵权人停止侵权、赔偿损失和消除影响等措施来解决。

② 专利侵权的行政责任。专利权还可以适用行政法律程序加以保护，即通过国家行政管理机关以行政手段加以保护。对专利侵权行为，管理专利工作的部门有权依法对侵权人的侵权行为进行行政处理，责令侵权人承担停止侵权行为、赔偿损失，承担行政处分等行政责任。

③ 专利侵权的刑事责任。我国《专利法》规定，假冒他人专利的行为，不仅可以以专利侵权处理，要求停止假冒行为并赔偿损失，情节严重的，还可追究直接责任人的刑事责任。

7.4 TRIZ与专利战略

7.4.1 专利战略概述

专利战略是指企业面对激烈变化、严峻挑战的环境，主动地利用专利制度提供的法律保护及其种种方便条件有效地保护自己，并充分利用专利情报信息，研究分析竞争对手状况，推进专利技术开发、控制独占市场；为取得专利竞争优势而进行的总体性谋划。专利战略的目标是打开市场、占领市场、最终取得市场竞争的有利地位，占领市场是专利战略目标的核心内容。

根据企业技术竞争的需要，企业专利战略可分为进攻战略和防御战略两种基本战略。

(1) 专利进攻战略

专利进攻战略是指积极、主动、及时地申请专利并取得专利权，以使企业在激烈的市场竞争中取得主动权，为企业争得更大的经济利益的战略。专利进攻战略主要包括以下几种。

① 基本专利战略，这是指准确地预测未来技术的发展方向，将核心技术或基础研究作为基本方向的专利战略。

② 外围专利战略，即采用具有相同原理并环绕他人基本专利的许多不同的专利，加强自己与基本专利权人进行对抗的战略。或者在自己的基本专利受到冲击时，在基本专利周围编织专利网，采取层层围堵的办法加以对抗。

③ 专利转让战略，即在自己众多技术领域取得的专利权中，对自己并不实施的专利技术，积极、主动地向其他企业转让的战略。

④ 专利收买战略，即将竞争对手的专利全部收买，用来独占市场的战略。

⑤ 专利与产品结合战略，即在许可他人使用本企业专利的同时，将自己的产品强加于对方，提高自己在市场竞争中地位的战略。

⑥ 专利与商标结合战略，即把专利的使用权和商标的使用权相互交换的战略。

⑦ 资本、技术和产品输出的专利权运用战略，即在资本、技术和产品输出前，先在输入国申请专利，保护资本、技术和产品的独占权的战略。

⑧ 专利回输战略，即对引进专利进行消化吸收、创新后，形成新的专利，再转让给原专利输出企业的战略。

(2) 专利防御战略

专利防御战略是指防御其他企业专利进攻或反抗其他企业的专利对本企业的妨碍，而采取的保护本企业将损失减少到最低程度的一种战略。专利防御战略主要有以下几种。

① 取消对方专利权战略，即针对对方专利的漏洞、缺陷，运用撤销以及无效等程序，使对方所取得的专利不能成立或者无效的战略。

② 公开战略，即本企业没有必要取得专利权但若被其他企业抢先取得专利又不利于本企业时，采取抢先公开技术内容而阻止其他企业取得专利的一种战略。

③ 交叉许可战略，即企业间为了防止造成侵权而采取的相互间交叉许可实施对方专利的战略。

④ 利用失效专利战略，企业可以无偿使用失效专利，或将其作为研发与创新的起点。

⑤ 绕过障碍专利战略，即绕过已有的专利权保护范围。

⑥ 对持战略，当遇到专利纠纷且所涉及的技术界定不清晰时，专利权人和被控侵权人可以利用等同原则和公知技术抗辩原则，相互对峙。

7.4.2 专利规避

专利规避设计是一项源起美国的合法竞争行为（Legitimate Competitive Behavior）。起初专利规避只是企业在遭遇侵权诉讼时采取的一种被动保护策略，但随着人们对知识产权的日益重视，规避设计已经成为一种积极的防御和进攻战略。所谓的专利规避设计，就是指研究他人的某项专利，然后设计一种不同于受专利法保护的他人专利的新方案，以规避他人的专利权。专利规避设计是一种常见的知识产权策略，其目的是从法律的角度来绕开某项专利的保护范围，以避免专利权人进行专利侵权诉讼，专利规避是企业进行市场竞争的合法行为。

专利规避设计包含了两个不同层次的内容：第一个层次比较简单，同时也比较危险，是利用专利文书自身的信息漏洞来进行规避，即一些专利的权利要求未能精准地概括其具体的实施方案，如果能找出这些不相对应的地方，就可以加以合法利用；第二个层次则是对专利的核心原理进行规避或再发展，即对专利技术本身进行挖掘，找到专利方案区别于其他方案的创新点，分析其尚存在的技术缺陷及改进方向，从而有针对性地继承和发展专利，真正地实现专利规避设计。一个成功的规避设计包含两个要求：一是要在专利侵权案中不会被判定为侵权；二是在市场竞争中不会因成本高而失去竞争力。

7.4.3 TRIZ与专利规避

TRIZ 理论是一套供研发人员解决问题的系统化理论方法，其研究始于对先进技术创造性的发明存在普遍适用的原则，而当这些原则一旦能够为人所定义和应用，它们就能指导人们去解决问题，实现技术突破与科学发明，并使发明的过程更具预见性。TRIZ 理论是从专利分析中得来的创新理论，用于指导设计者进行有创新；创新一方面需要以 TRIZ 理论等为支撑来辅助进行设计，另一方面也需要专利来保护创新的成果，因此通过创新方法作为指导规避设计，可以有效开发出新技术来打破现有专利的垄断。

专利规避设计的关键是找到规避现有专利的技术突破口，市场需求提升和技术发展是推动创新的根本动力，专利规避设计的创新是将市场需求的变化作为主导，根据客户需求的变化来明确现有专利技术在新市场需求下存在的问题，确定新的专利规避设计的创新方向，同时吸收现有专利技术中的优势技术特征，将现有技术与新技术进行有机集成，形成一个全新的技术产品，并申请专利保护，开辟新的市场网格。因此，专利规避设计的前提是，要应用 TRIZ 理论对待规避专利的相关技术分析，充分理解该专利技术的创新过程，以专利规避设计原则为指导，分析现有技术的性能指标与客户需求之间的差距，明确新的技术研发方向所要解决的核心技术问题，应用 TRIZ 理论的知识库工具解决该发明问题，实现最终产品创新，从而在整个专利规避设计中引入 TRIZ 理论，指导规避专利的创新设计。

(1) 专利规避设计原则与 TRIZ 分析问题方法相结合的专利规避方向分析方法

① 借鉴专利文件中背景技术的规避设计。综合分析现有专利文件的背景技术所描述的一种或多种相关现有技术，并指出不足，应用冲突、物-场将该技术的不足转化为 TRIZ 标准问题，通过发明原理或者标准解组合形成新的技术方案来规避该专利，或者根据背景中技术发展趋势的分析，应用技术进化分析专利相近的技术文献，明确替代技术的研发方向。

② 借鉴专利文件中发明内容和具体实施方案的规避设计。应用功能模型或物-场模型建立现有技术的功能与需求之间对应关系，根据权利要求和技术内容之间的不对应性，确定权利要求的概括疏漏，并根据该疏漏进行技术方案的裁剪变形，或通过标准解建立不同于权利要求保护的技术方案。

③ 借鉴专利审查相关文件的规避设计。针对专利权人在答复审查意见过程中所做的限制性解释和放弃的部分反悔的权利要求，以该权利要求为研发目标，通过效应分析选择实现该功能的新的技术原理，以规避原有技术方案，能够高效地规避现有专利技术。

④ 借鉴专利权利要求的规避设计。构建待规避专利技术方案的功能模型，通过分

析权利要求中的必要技术特征，找出权利要求各技术特征中最易缺省或替代的技术特征，应用功能裁剪对必要技术特征进行重组，或选择效应来实现对某核心技术的替代。

⑤ 借鉴专利文件中技术问题的规避设计。通过专利文件了解新产品的性能指标或技术方案解决的技术问题，应用技术进化对该核心技术问题进行多专利的技术发展过程分析，明确该核心技术问题的发展趋势，据此选择合理的效应，从而实现技术的升级。

(2) 基于 TRIZ 的专利规避设计的设计步骤

① 面向规避的专利检索与筛选。通过市场调研确定待开发产品的类似产品，根据类似产品的技术特征定义关键词和关键策略，进行专利的检索；通过对专利权利人的分析发现该产品的主要竞争公司，通过国际专利分类 IPC 分析明确主要技术部类、重要专利和基础专利等信息；根据这些信息确定该领域的主要专利文献。

② 面向规避的专利信息分析。从技术层面了解某专利技术的技术演变、扩散状况和研发策略，确定该专利设置的专利陷阱，即待规避的专利；分析专利权利要求书，确定专利的必要技术特征和从属技术特征；根据该专利技术对提高现有产品性能所做的贡献以及在市场中的占有率，结合 TRIZ 创新级别的划分确定专利的等级。

③ 基于 TRIZ 的专利技术创新性分析。根据待规避设计的技术特征进行专利筛选和级别划分，外围专利应用 TRIZ 理论的冲突、物-场、功能模型等描述方法对专利技术的研发背景、技术特征、权利要求等进行分析，充分了解设计者的创新思路和解决问题的方法；基本专利应用 TRIZ 的技术成熟度预测方法，对相关专利群进行技术成熟度预测，确定现有专利技术所处的生命周期；由技术所处的生命周期明确研发策略，并选择合理的技术进化路线对该技术的未来发展潜力进行分析。

④ 专利规避设计发明问题的确定。分析专利权利要求书所描述的各技术特征的功效，确定产品的专利空白区、疏松区、密集区、地雷禁区等；根据专利分区划分应用市场，结合专利规避设计原则与 TRIZ 描述问题工具之间的对应关系，确定专利规避设计的研发目标；通过分析当前的技术特征与对应的市场需求发展趋势以及研发目标之间的差距来定义发明问题。

⑤ TRIZ 辅助产品创新过程。应用 TRIZ 的分析问题工具建立发明问题的标准问题模型，并选择合理的解决问题工具解决该发明问题，明确解决问题的原理解；基本专利的技术替代方向，是在利用现有专利的技术的基础上，引入新的效应来实现产品的功能目标，形成全新的技术方案。外围专利的技术改进方向，是通过应用冲突分析、物-场模型对现有的专利技术进行标准化描述，将其转化为冲突或标准解来解决，或者利用功能裁剪对产品的结构进行重组，在满足功能要求的前提下，选择替代的产品结构。

7.5 机械方面专利申请实例

要想使专利顺利申请并授权，在申请文件中，必须将自己的发明表达清楚，对自己要求的权利表达正确、合理，作图要规范，用于要符合专利的常规形式要求。为使读者了解如何撰写专利申请文件和熟悉书写格式，以下专利申请实例内容均按照专利申请标准文件格式排版。

7.5.1 可折叠白板专利申请实例

说明书摘要：

本发明涉及一种可折叠白板，由白板组、折叠机构、锁合装置组成，可以使用 3 种书写面积。白板组由高度相同的一块大白板和两块小白板组成，且大白板、小白板均为长方形，但小白板宽度为大白板一半。两块小白板分别位于大白板两侧，大白板与每块小白板之间由两个合页连接，分别安装于白板组背面的折弯处上下两端，这样共用 4 个合页把 3 块白板连接起来，这 4 个合页组成折叠机构。锁合装置由卡销、卡座组成，安装于白板组正面，位于大白板与每块小白板之间的折弯处，上下两端安装，用于保持白板处于展开状态。

摘要附图：

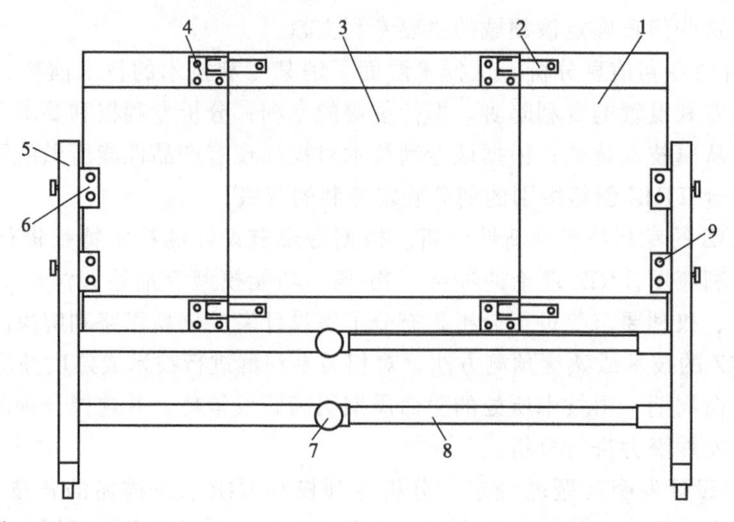

权利要求书：

一种可折叠白板，包括白板组、折叠机构、锁合装置。其特征在于：所述白板组，由一块大白板、两块小白板组成，大白板、小白板均为长方形，且小白板宽度为大白板一半，小白板高度与大白板相同，两块小白板分别位于大白板两侧；所述折叠机构，由 4 个合页组成，大白板与每块小白板之间由两个合页连接，分别安装于白板组背面的折弯处上、下两端；所述锁合装置，由卡销、卡座组成，安装于白板组正面，位于大白板与每块小白板之间的折弯处，上下两端安装。

说明书：

一种可折叠白板

技术领域：

本发明涉及一种可以根据使用面积的需求折叠使用或者展开使用的可折叠白板。

背景技术：

白板因为具有易书写、易擦除又不会产生粉笔灰的使用特性，所以已被广泛使用。目前白板的尺寸大小是固定的，大尺寸的白板使用面积虽大，但是占用空间，而且大尺寸的白板储存、搬运也不方便，而小尺寸的白板虽然储存、搬运方便，可使用面积小。

发明内容：

针对以上不足，提出一种可折叠白板，可以根据使用面积的需求，折叠起来使用或者展开使用。储存、搬运时折叠起来也方便搬运和储存。

基本技术方案是：可折叠白板由白板组、折叠机构、锁合装置组成。白板组由一块大白板和两块小白板组成、大白板、小白板均为长方形，且小白板高度与大白板相同，但小白板宽度为大白板一半。两块小白板分别位于大白板两侧，大白板与每块小白板之间由两个合页连接，分别安装于白板组背面的折弯处上下两端，这样共用4个合页把3块白板连接起来，这4个合页组成折叠机构。锁合装置由卡销、卡座组成，安装于白板组正面，位于大白板与每块小白板之间的折弯处，上下两端安装。

本实用新型的有益效果是：

(1) 由于白板可折叠，可以使用3种不同的书写面积；

(2) 锁合装置可以锁合展开的白板，使其保持展开状态，保证书写质量。

附图说明：

下面结合附图和实施例对本实用新型做进一步说明

附图1：白板正面。

图中：1—小白板；2—卡销；3—大白板；4—卡座；5—白板架；6—白板保持架；7—白板架调整手柄；8—伸缩横梁；9—白板固定手柄。

附图2：白板背面。

图中：10—合页。

附图3：白板俯视图。

附图4：锁合装置及合页与白板的连接示意图。

具体实施方式：

下面结合附图进一步说明本实用新型的具体结构及实施方式。

本实用新型的结构组成如附图1、附图2、附图3、附图4所示。可折叠白板由白板组、折叠机构、锁合装置组成。白板组由一块大白板（3）和两块小白板（1）组成，大白板（3)、小白板（1）均为长方形，且小白板（1）高度与大白板（3）相同，但小白板（1）宽度为大白板（3）一半。两块小白板（1）分别位于大白板（3）两侧，大白板（3）与每块小白板（1）之间由两个合页（10）连接，分别安装于白板组背面的折弯处上、下两端，这样共用4个合页（10）把3块白板连接起来，这4个合页（10）组成折叠机构。锁合装置由卡销（2)、卡座（4）组成，安装于白板组正面，位于大白板（3）与每块小白板（1）之间的折弯处，上下两端安装，用于保持白板处于展开状态。每个卡座（4）用3个螺栓与白板连接在一起，每个合页（10）用6个螺栓与白板连接在一起，一侧3个螺栓孔，卡座（4）上的螺栓孔与合页（10）一侧的螺栓孔等直径且同轴，方便同时固定卡座（4）和合页（10)；每个卡销（2）用一个螺栓与白板连接，其螺栓孔与合页（10）另一侧右上角的螺栓孔等直径且同轴，方便同时固定卡销（2）和合页（10)。

本实用新型工作过程如下。

需使用最大书写面积时，先将小白板（1）展开，并用锁合装置锁合，使白板保持住展开状态。拧松白板架伸缩横梁（8）上的白板架调整手柄（7)，调整好白板架（5）长度后，再拧紧白板架调整手柄（7)，以保持固定长度。拧松白板固定手柄（9)，留出一个白板厚度的空间，将白板放置到白板架（5）的横梁（8）上，并穿过白板保持架（6)，拧紧白板固定手柄（9）以固定白板。

需使用最小书写面积时，两边的小白板（1）处于折叠状态，此时白板厚度为全展开时的两倍，拧松白板架伸缩横梁（8）上的白板架调整手柄（7），调整好白板架（5）长度后，再拧紧白板架调整手柄（7），以保持固定长度。拧松白板固定手柄（9），留出两倍白板厚度的空间，将白板放置到白板架（5）的横梁（8）上，并穿过白板保持架（6），拧紧白板固定手柄（9）以固定白板。

需使用中间书写面积时，可将一边的小白板（1）折叠，另一边的小白板（1）展开，用锁合装置锁合展开的那一侧小白板（1），拧松白板架伸缩横梁（8）上的白板架调整手柄（7），调整好白板架（5）长度后，再拧紧白板架调整手柄（7），以保持固定长度。拧松白板固定手柄（9），一侧留出一个白板厚度的空间，另一侧留出两倍白板厚度的空间，将白板放置到白板架（5）的横梁（8）上，并穿过白板保持架（6），拧紧白板固定手柄（9）以固定白板。

说明书附图：

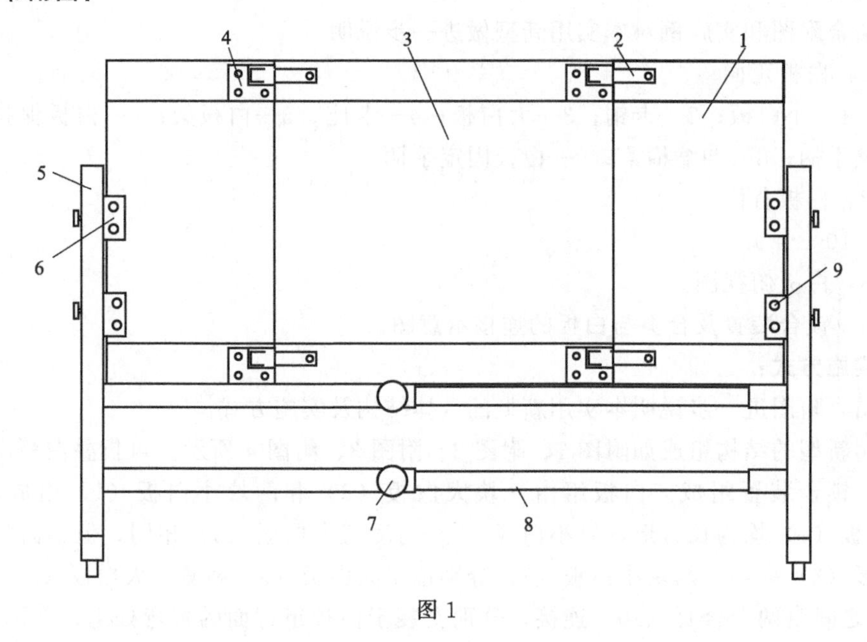

图 1

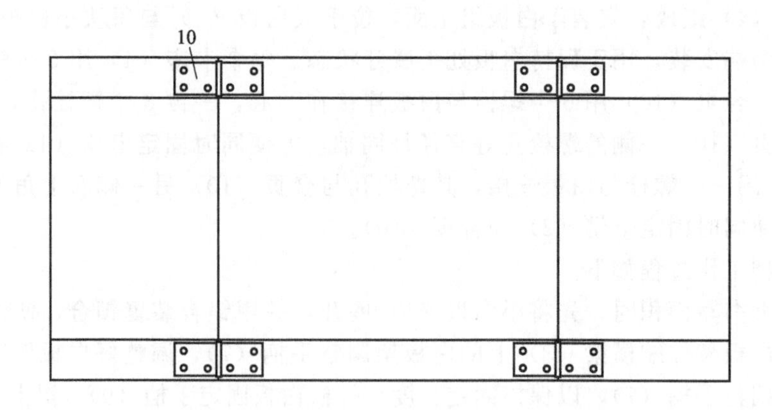

图 2

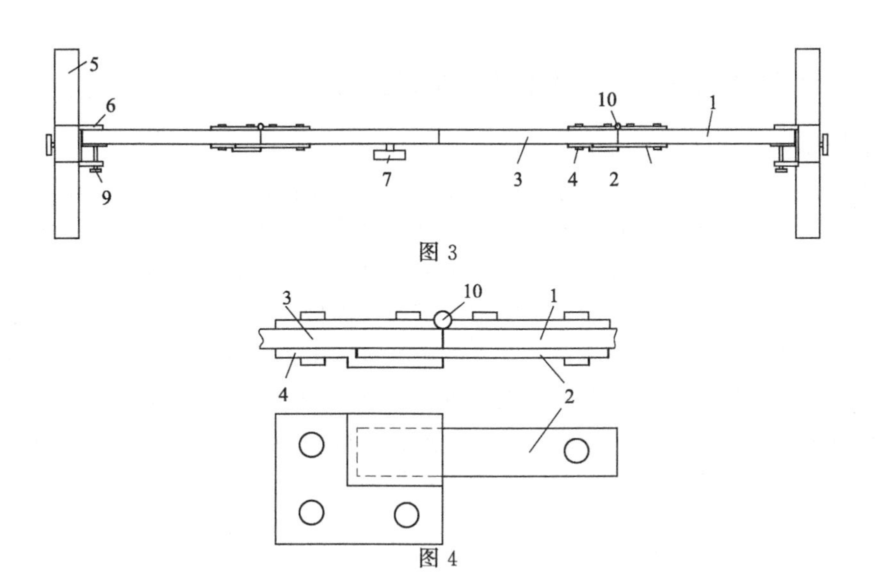

图 3

图 4

该专利的实用新型专利证书如图 7-1 所示。

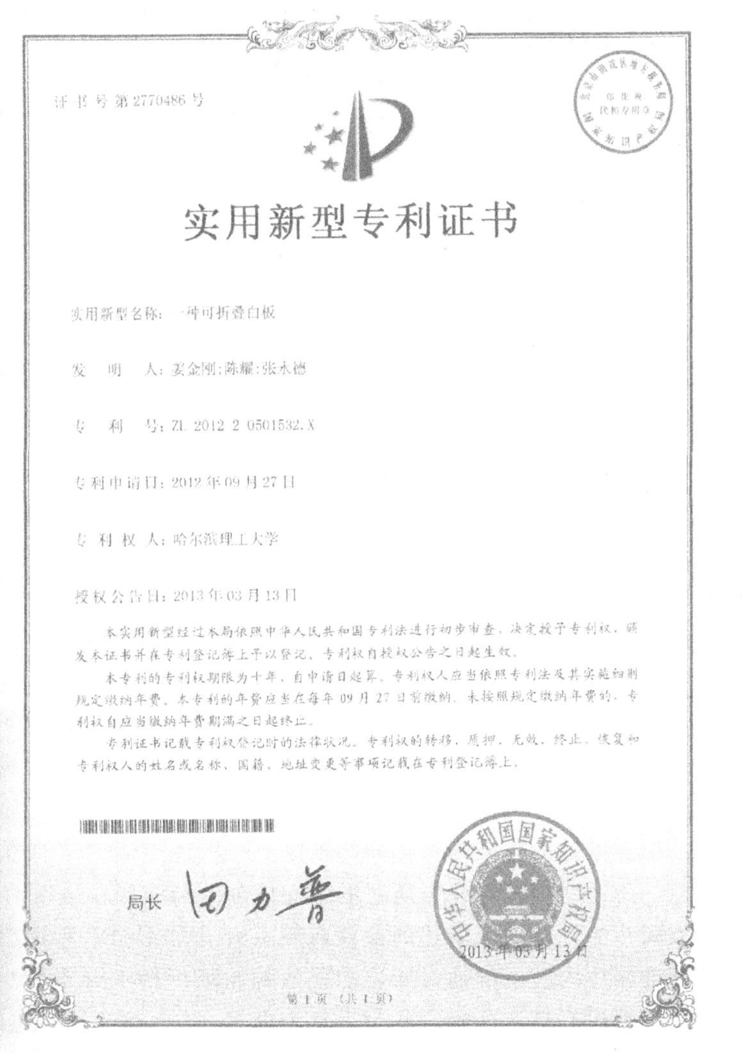

证书号第2770486号

实用新型专利证书

实用新型名称：一种可折叠白板

发　明　人：姜金刚；陈耀；张永德

专　利　号：ZL 2012 2 0501532.X

专利申请日：2012年09月27日

专 利 权 人：哈尔滨理工大学

授权公告日：2013年03月13日

本实用新型经过本局依照中华人民共和国专利法进行初步审查，决定授予专利权，颁发本证书并在专利登记簿上予以登记，专利权自授权公告之日起生效。

本专利的专利权期限为十年，自申请日起算。专利权人应当依照专利法及其实施细则规定缴纳年费。本专利的年费应当在每年09月27日前缴纳。未按照规定缴纳年费的，专利权自应当缴纳年费期满之日起终止。

专利证书记载专利权登记时的法律状况。专利权的转移、质押、无效、终止、恢复和专利权人的姓名或名称、国籍、地址变更等事项记载在专利登记簿上。

局长 田力普

2013年03月13日

第1页（共1页）

图 7-1　实用新型专利证书

7.5.2 患者手控更换输液的机械装置专利申请实例

说明书摘要：

本发明涉及一种患者手控更换输液的机械装置，属于医用器械领域。滑轮支撑架安装在基座左侧，带支撑轴的药液漏斗半嵌入基座右侧，滑块轨道安装在基座中部，基座上滑轮支撑架左侧设置手控绳孔，换液棘轮与带支撑轴漏斗的轴铰链链接，安装在漏斗上部，输液管固定盘安装在换液棘轮上方，与漏斗支撑轴上部螺纹连接，输液总管从基座下方插入漏斗至内腔底部，输液管从上方插入固定盘上开设的通孔至固定盘底面，复位弹簧的一端勾连在滑轮支架底部，另一端勾连在滑块上，换液棘爪 a、b 的一端分别铰接在滑块的两侧，收缩弹簧的两端勾连在换液棘爪 a、b 中部的内侧，换液棘爪 a、b 的另一端与换液棘轮可靠地接触。本发明可稳定、准确控制输液顺序，通过手控绳自行控制换液，减轻医务人员工作量。

摘要附图：

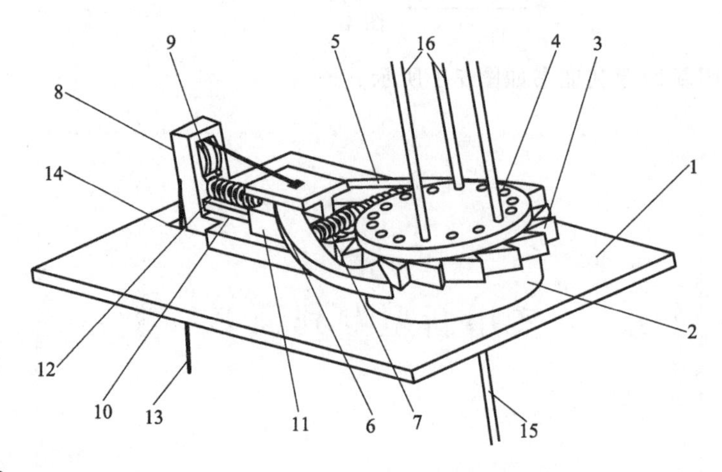

权利要求书：

一种患者手控更换输液的机械装置，其组成包括基座、带支撑轴的药液漏斗、换液棘轮、输液管固定盘、换液棘爪 a、换液棘爪 b、棘爪间收缩弹簧、滑轮支撑架、定滑轮、滑块轨道、滑块、复位弹簧、手控绳、手控绳孔、输液总管、输液管，所述的基座右侧设置所述的带支撑轴的药液漏斗，所述的带支撑轴的药液漏斗半嵌入在所述的基座右侧部分，所述的带支撑轴的药液漏斗的漏斗部分穿过基座，使带支撑轴的药液漏斗内腔下部与外界相通；所述的输液总管连接在所述的基座底部，与所述的带支撑轴的药液漏斗内腔的下部相通；所述的基座左侧设置所述的滑轮支撑架，所述的滑轮支撑架一体连接在所述的基座左侧部分；所述的基座左侧位于所述的滑轮支撑架的左侧开有所述的手控绳孔，所述的手控绳孔位于所述的基座上，在所述的滑轮支撑架的左侧；所述的基座中部位于所述的滑轮支撑架的右侧、所述的带支撑轴的药液漏斗的左侧设置所述的滑块轨道，所述的滑块轨道固定链接在所述的滑轮支撑架与所述的带支撑轴的药液漏斗之间的基座上；所述的带支撑轴的药液漏斗的轴上安装所述的换液棘轮，所述的换液棘轮与所述的带支撑轴的药液漏斗采用销钉连接，可绕所述的带支撑轴的药液漏斗的轴转动；所述的换液棘轮上开有环形槽，环形槽上开有一小孔，所述的带支撑轴的药液漏斗内腔上部通过所述的换液棘轮环形槽上开设的小孔与外界相通；所述的输液管固定盘下端设有环形凸台，凸台上均匀开设 16 个通孔；所述的输液管插入所述的输液管固定盘环形凸台上开设的通孔中，至输液管固定盘下一平面止，所述的输液管固定盘环形凸台上开设的16个孔均可插入所述的输液管；所述的带支撑轴的药液漏斗的轴顶部安装所述的输液管固定盘，所述的输液管固定盘安装在所述换液棘轮的上方，所述的输液管固定盘下部的环形凸台沉入所述的换液棘轮的环形槽内，与所述的带支撑轴的药液漏斗的轴采用螺纹连接；所述的滑块安装在所述的滑块轨道上；所述的定滑轮安装在所述的滑轮支撑架上；所述的复位弹簧的一端勾连在所述的滑轮支撑架的下部，另一端勾连在所述的滑块的一端，所述的复位弹簧整体半嵌入所述的滑块轨道上开设的弹簧槽内；所述的手控绳的一端系在所述的滑块的上部，绕过所述的定滑轮，穿过所述的手控绳孔，自然下垂，另一端由患者操控；所述的换液棘爪a、换液棘爪b的一端铰接在所述的滑块的两侧，所述的棘爪间收缩弹簧的两端勾连在所述的换液棘爪a、换液棘爪b中部的内侧，通过棘爪间收缩弹簧的收缩力，使所述的换液棘爪a、换液棘爪b的另一端与所述的换液棘轮可靠地接触。

说明书：

一种患者手控更换输液的机械装置

技术领域：

本发明涉及一种患者手控更换输液的机械装置，属于医用器械领域。

背景技术：

医院的静点室或病房里通常会有很多患者同时进行输液，在一袋药液输净后，大都需要换瓶或换袋输液，而换药这一工作往往是由一名或少数护士完成，由于患者过多，所以经常出现几个不同病房的患者同时换药的情况，医务人员需携带药液奔走于各个病房之间，工作量很大，而在这一过程中患者需关闭输液装置等待换药，势必会影响部分患者急躁的心情，如何能让患者通过简单的操作自行实现更换药液，减少医务人员的工作量，改善患者心情，是一个需要解决的问题。

发明内容：

本发明的目的是针对上述问题，提供一种患者手控更换输液的机械装置。

本发明是通过以下技术方案实现的。

一种患者手控更换输液的机械装置，其组成包括基座、带支撑轴的药液漏斗、换液棘轮、输液管固定盘、换液棘爪a、换液棘爪b、棘爪间收缩弹簧、滑轮支撑架、定滑轮、滑块轨道、滑块、复位弹簧、手控绳、手控绳孔、输液总管、输液管。

所述的基座右侧设置所述的带支撑轴的药液漏斗，所述的带支撑轴的药液漏斗半嵌入在所述的基座右侧部分，所述的带支撑轴的药液漏斗的漏斗部分穿过基座，使带支撑轴的药液漏斗内腔下部与外界相通。

所述的输液总管连接在所述的基座底部，与所述的带支撑轴的药液漏斗内腔的下部相通。

所述的基座左侧设置所述的滑轮支撑架，所述的滑轮支撑架一体连接在所述的基座左侧部分。

所述的基座左侧位于所述的滑轮支撑架的左侧开有所述的手控绳孔，所述的手控绳孔位于所述的基座上，在所述的滑轮支撑架的左侧。

所述的基座中部位于所述的滑轮支撑架的右侧、所述的带支撑轴的药液漏斗的左侧设置所述的滑块轨道，所述的滑块轨道固定链接在所述的滑轮支撑架与所述的带支撑轴的药液漏斗之间的基座上。

所述的带支撑轴的药液漏斗的轴上安装所述的换液棘轮，所述的换液棘轮与所述的带支撑轴的药液漏斗采用销钉连接，可绕所述的带支撑轴的药液漏斗的轴转动。

所述的换液棘轮上开有环形槽，环形槽上开有一小孔，所述的带支撑轴的药液漏斗内腔上部通过所述的换液棘轮环形槽上开设的小孔与外界相通。

所述的输液管固定盘下端设有环形凸台，凸台上均匀开设16个通孔。

所述的输液管插入所述的输液管固定盘环形凸台上开设的通孔中，至输液管固定盘下一平面止，所述的输液管固定盘环形凸台上开设的16个孔均可插入所述的输液管。

所述的带支撑轴的药液漏斗的轴顶部安装所述的输液管固定盘，所述的输液管固定盘安装在所述换液棘轮的上方，所述的输液管固定盘下部的环形凸台沉入所述的换液棘轮的环形槽内，与所述的带支撑轴的药液漏斗的轴采用螺纹连接。

所述的滑块安装在所述的滑块轨道上。

所述的定滑轮安装在所述的滑轮支撑架上。

所述的复位弹簧的一端勾连在所述的滑轮支撑架的下部，另一端勾连在所述的滑块的一端，所述的复位弹簧整体半嵌入所述的滑块轨道上开设的弹簧槽内。

所述的手控绳的一端系在所述的滑块的上部，绕过所述的定滑轮，穿过所述的手控绳孔，自然下垂，另一端由患者操控。

所述的换液棘爪a、换液棘爪b的一端铰接在所述的滑块的两侧，所述的棘爪间收缩弹簧的两端勾连在所述的换液棘爪a、换液棘爪b中部的内侧，通过棘爪间收缩弹簧的收缩力，使所述的换液棘爪a、换液棘爪b的另一端与所述的换液棘轮可靠地接触。

本发明的有益效果是：

本发明采用改进型曲柄滑块机构带动双棘爪棘轮机构单向转动，能够通过手控绳控制不同输液孔输液，减少人工换液次数，从而减轻了医务人员的工作量，降低了工作人员的工作强度；

本发明采用手控绳控制，患者可在任意姿势下实施换液操作，进行换药时，只需拉动手控绳，操作方便，简单易行；

本发明的换液棘轮采用双棘爪控制，实现单向有级转动，换液棘轮可稳定转动，可准确控制输液顺序，进行换液操作；

本发明外形整体尺寸为130mm×80mm×30mm，此装置占用空间较小，可通过简易夹紧装置固定在点滴架上。

附图说明：

附图1为本发明的整体轴测示意图。

附图2为本发明的主视图。

附图3为本发明的俯视图。

图中，1—基座；2—带支撑轴的药液漏斗；3—换液棘轮；4—输液管固定盘；5—换液棘爪a；6—换液棘爪b；7—棘爪间收缩弹簧；8—滑轮支撑架；9—定滑轮；10—滑块轨道；11—滑块；12—复位弹簧；13—手控绳；14—手控绳孔；15—输液总管；16—输液管。

具体实施方式：

以下结合附图进一步说明本发明的具体结构及实施方式。

本发明的结构组成如图1、图2、图3所示。一种患者手控更换输液的机械装置，其组成包括基座（1）、带支撑轴的药液漏斗（2）、换液棘轮（3）、输液管固定盘（4）、换液棘爪

a (5)、换液棘爪 b (6)、棘爪间收缩弹簧 (7)、滑轮支撑架 (8)、定滑轮 (9)、滑块轨道 (10)、滑块 (11)、复位弹簧 (12)、手控绳 (13)、手控绳孔 (14)、输液总管 (15)、输液管 (16)。

所述的基座 (1) 右侧设置所述的带支撑轴的药液漏斗 (2)，所述的带支撑轴的药液漏斗 (2) 半嵌入在所述的基座 (1) 右侧部分，所述的带支撑轴的药液漏斗 (2) 的漏斗部分穿过基座，使带支撑轴的药液漏斗 (2) 内腔下部与外界相通。

所述的输液总管 (15) 连接在所述的基座 (1) 底部，与所述的带支撑轴的药液漏斗 (2) 内腔的下部相通。

所述的基座 (1) 左侧设置所述的滑轮支撑架 (8)，所述的滑轮支撑架 (8) 一体连接在所述的基座 (1) 左侧部分。

所述的基座 (1) 左侧位于所述的滑轮支撑架 (8) 的左侧开有所述的手控绳孔 (14)，所述的手控绳孔 (14) 位于所述的基座 (1) 上，在所述的滑轮支撑架 (8) 的左侧。

所述的基座 (1) 中部位于所述的滑轮支撑架 (8) 的右侧、所述的带支撑轴的药液漏斗 (2) 的左侧设置所述的滑块轨道 (10)，所述的滑块轨道 (10) 固定链接在所述的滑轮支撑架 (8) 与所述的带支撑轴的药液漏斗 (2) 之间的基座 (1) 上。

所述的带支撑轴的药液漏斗 (2) 的轴上安装所述的换液棘轮 (3)，所述的换液棘轮 (3) 与所述的带支撑轴的药液漏斗 (2) 采用销钉连接，可绕所述的带支撑轴的药液漏斗 (2) 的轴转动。

所述的换液棘轮 (3) 上开有环形槽，环形槽上开有一小孔，所述的带支撑轴的药液漏斗 (2) 内腔上部通过所述的换液棘轮 (3) 环形槽上开设的小孔与外界相通。

所述的输液管固定盘 (4) 下端设有环形凸台，凸台上均匀开设 16 个通孔。

所述的输液管 (16) 插入所述的输液管固定盘 (4) 环形凸台上开设的通孔中，至输液管固定盘 (4) 下一平面止，所述的输液管固定盘 (4) 环形凸台上开设的 16 个孔均可插入所述的输液管 (16)。

所述的带支撑轴的药液漏斗 (2) 的轴顶部安装所述的输液管固定盘 (4)，所述的输液管固定盘 (4) 安装在所述换液棘轮 (3) 的上方，所述的输液管固定盘 (4) 下部的环形凸台沉入所述的换液棘轮 (3) 的环形槽内，与所述的带支撑轴的药液漏斗 (2) 的轴采用螺纹连接。

所述的滑块 (11) 安装在所述的滑块轨道 (10) 上。

所述的定滑轮 (9) 安装在所述的滑轮支撑架 (8) 上。

所述的复位弹簧 (12) 的一端勾连在所述的滑轮支撑架 (8) 的下部，另一端勾连在所述的滑块 (11) 的一端，所述的复位弹簧 (12) 整体半嵌入所述的滑块轨道 (10) 上开设的弹簧槽内。

所述的手控绳 (13) 的一端系在所述的滑块 (11) 的上部，绕过所述的定滑轮 (9)，穿过所述的手控绳孔 (14)，自然下垂，另一端由患者操控。

所述的换液棘爪 a (5)、换液棘爪 b (6) 的一端铰接在所述的滑块 (11) 的两侧，所述的棘爪间收缩弹簧 (7) 的两端勾连在所述的换液棘爪 a (5)、换液棘爪 b (6) 中部的内侧，通过棘爪间收缩弹簧 (7) 的收缩力，使所述的换液棘爪 a (5)、换液棘爪 b (6) 的另一端与所述的换液棘轮（3）可靠地接触。

说明书附图：

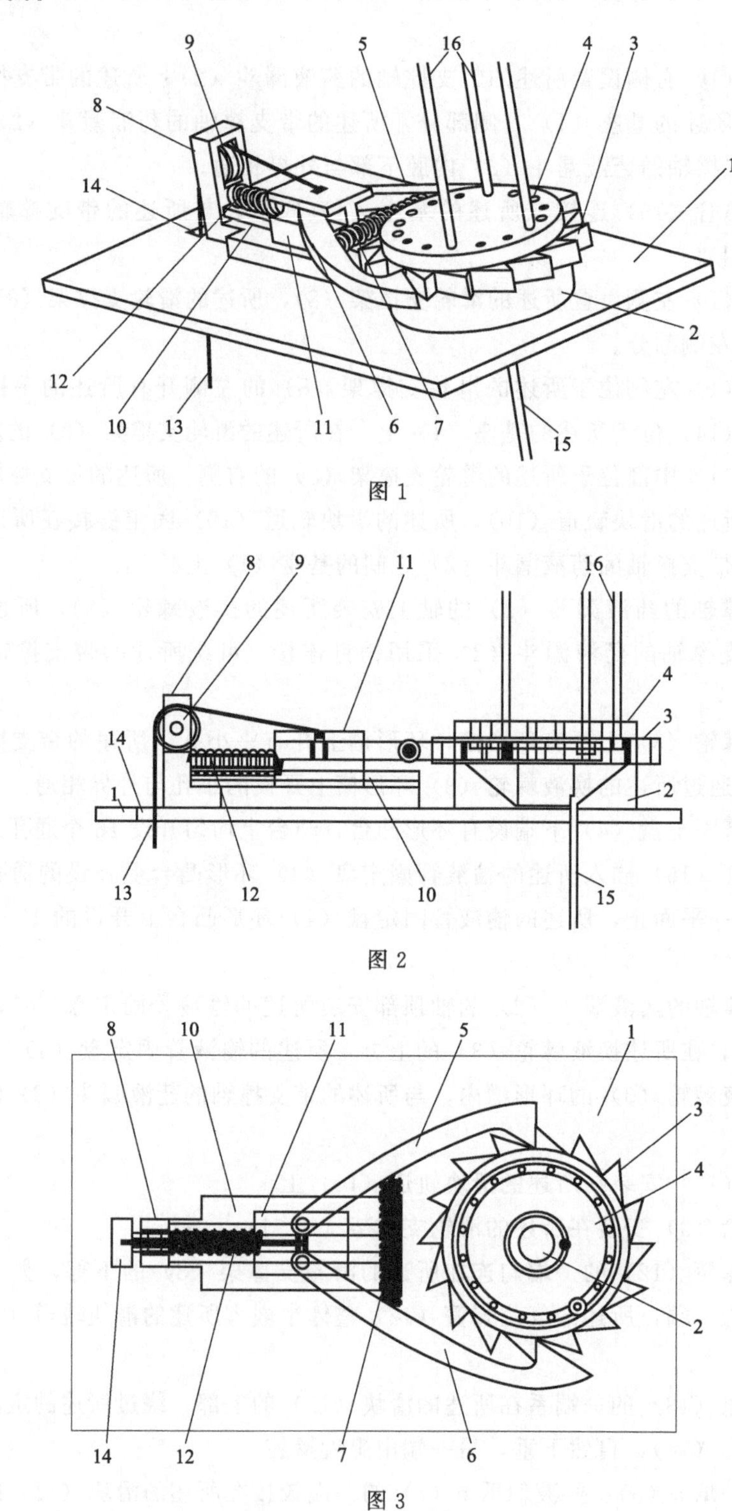

该专利的专利证书如图 7-2 所示。

证书号第2297853号

发明专利证书

发明名称：一种患者手控更换输液的机械装置

发　明　人：姜金刚；王钊；赫天华；王开瑞

专　利　号：ZL 2014 1 0394279.6

专利申请日：2014年08月12日

专利权人：哈尔滨理工大学

授权公告日：2016年11月23日

本发明经过本局依照中华人民共和国专利法进行审查，决定授予专利权，颁发本证书并在专利登记簿上予以登记。专利权自授权公告之日起生效。

本专利的专利权期限为二十年，自申请日起算。专利权人应当依照专利法及其实施细则规定缴纳年费。本专利的年费应当在每年08月12日前缴纳。未按照规定缴纳年费的，专利权自应当缴纳年费期满之日起终止。

专利证书记载专利权登记时的法律状况。专利权的转移、质押、无效、终止、恢复和专利权人的姓名或名称、国籍、地址变更等事项记载在专利登记簿上。

局长
申长雨

2016年11月23日

图 7-2　发明专利证书

附 录

TRIZ

附录1 观察想象能力测试

（1）附图1-1中各有多少个三角形？

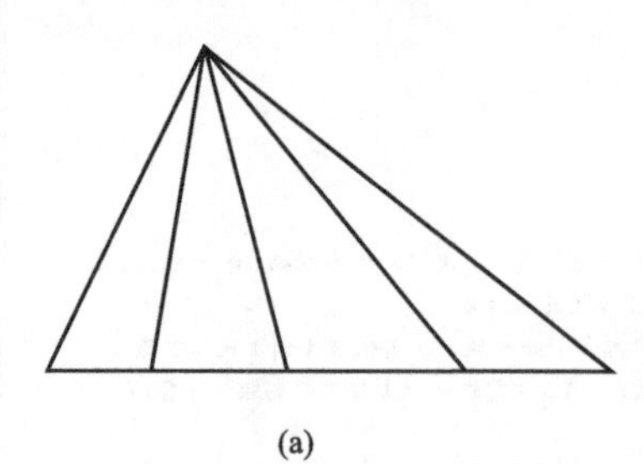

(a)

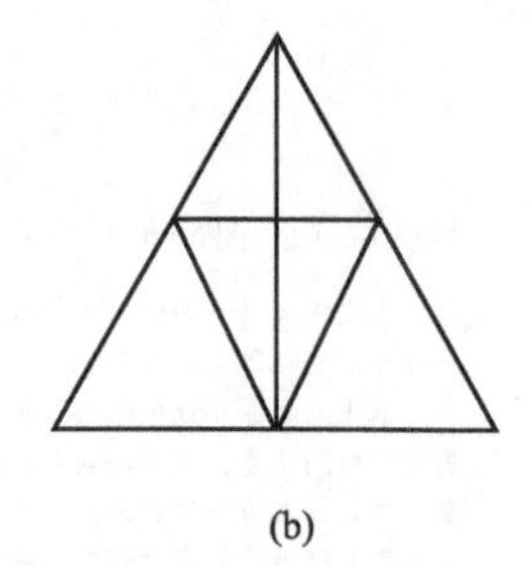

(b)

附图1-1

（2）如附图1-2所示，附图1-2（a）中的三角形里排满了三角形和圆圈，请观察有什么规律，并按同一规律将附图1-2（b）的图形填满。

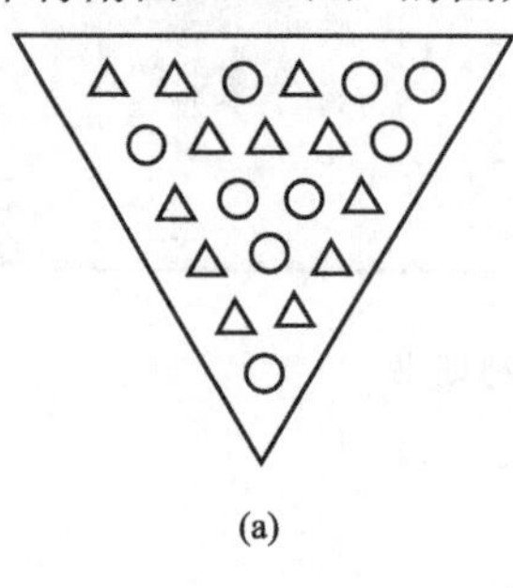

(a)

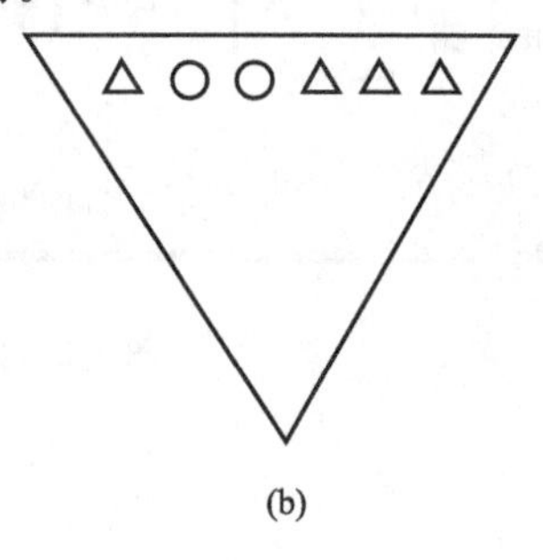

(b)

附图1-2

（3）观察分析如附图1-3所示图形的排布规律，从给出的4个选项中选出1个填入问号处。

（4）观察附图1-4中前两个算式，发现规律，在待选的图形中选择一个填到第三个等式右边。

（5）观察分析如附图1-5所示图形的排布规律，将图第二排的哪一个填到第一排的空格里能使第一排的图案最合理？

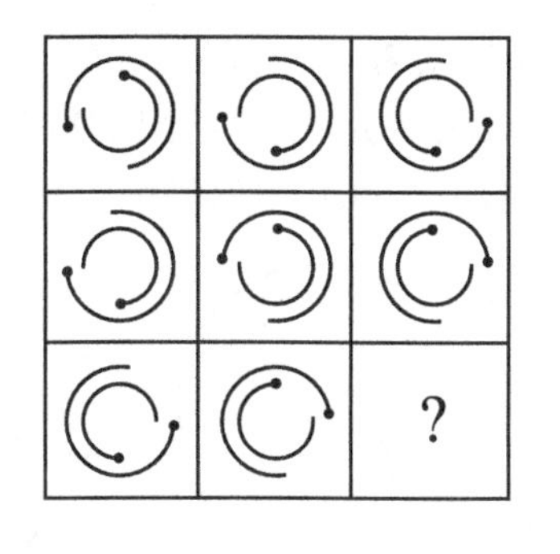

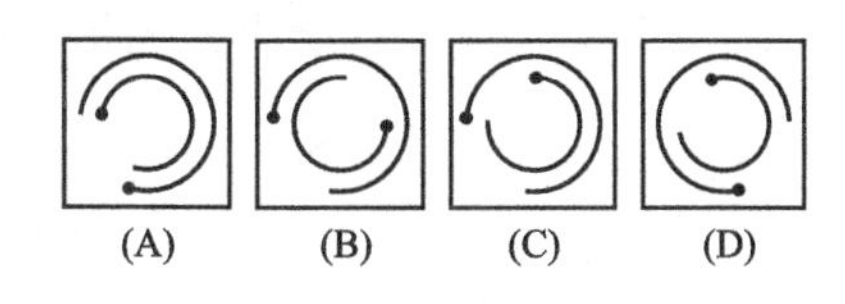

附图 1-3

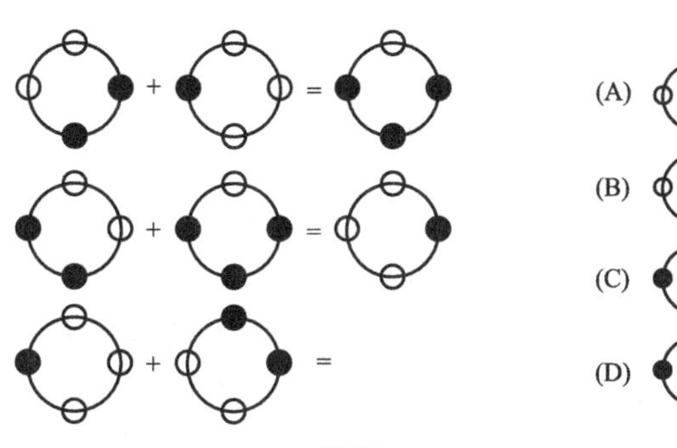

附图 1-4

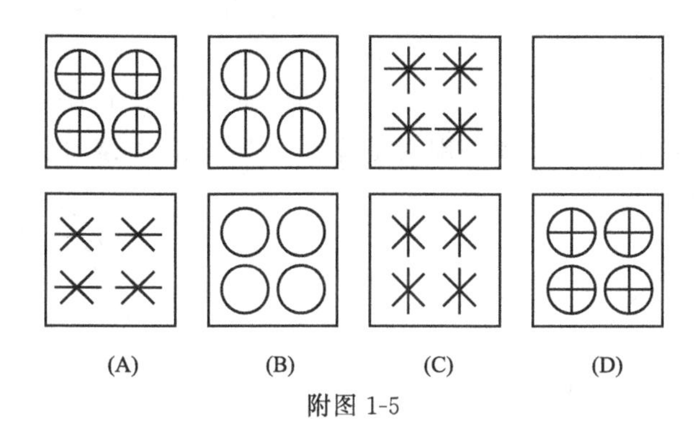

附图 1-5

（6）观察分析如附图 1-6 所示图形的排布规律，选择合理的图形填空。

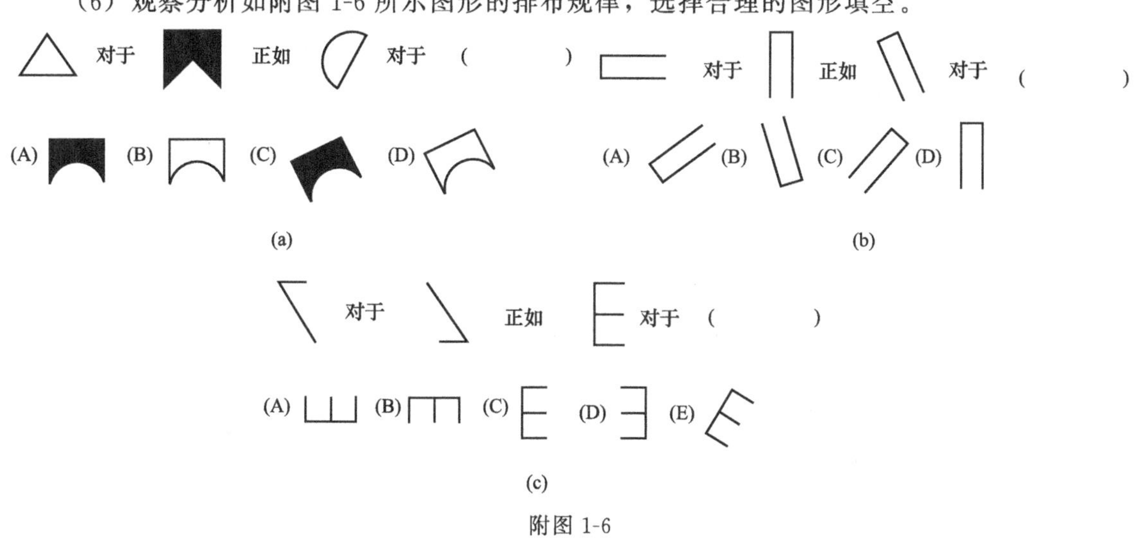

附图 1-6

（7）如附图 1-7（a）所示，一个直径为 1mm 的小圆沿着直径为 2mm 的大圆内壁的逆时针方向滚动，M 和 N 是小圆的一条固定直径的两个端点。那么，当小圆这样滚过大圆内壁的一周，点 M、N 在大圆内所绘出的图形大致是附图 1-7（b）中的哪个？

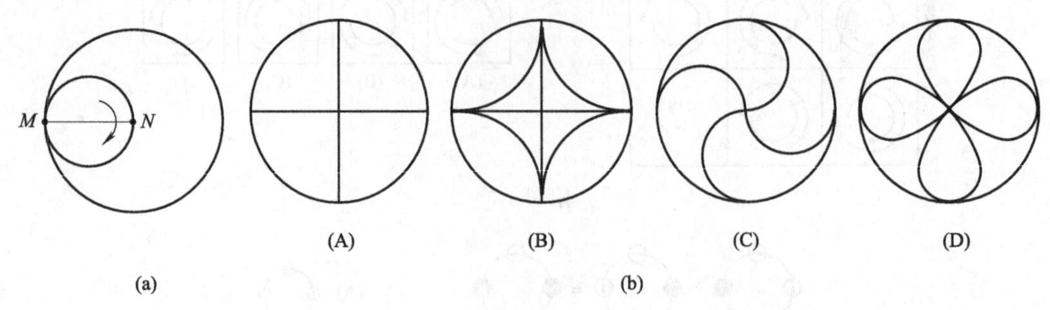

附图 1-7

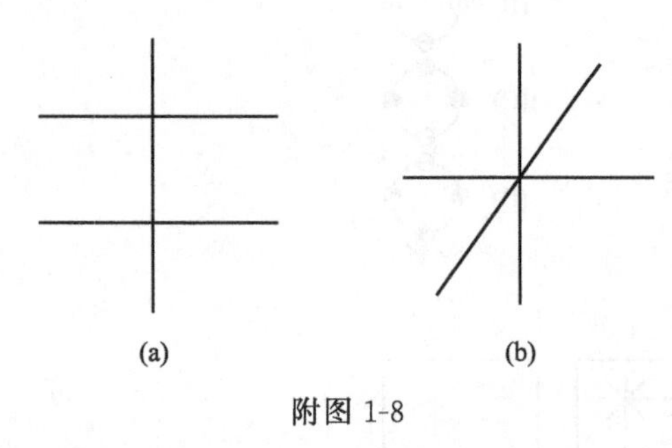

附图 1-8

（8）甲乙二人谈论用 3 根木棒可构成多少个直角，如附图 1-8 所示，甲说："两两相交可构成 8 个直角，3 根都交叉在一起能构成 2 个直角。"乙说："3 根交叉在一起能构成 12 个直角。"乙的说法可能吗？怎样构成？

（9）如附图 1-9 所示，以 B 为圆心的 1/4 圆，半径为 100mm，求 AC 的长度。

（10）如附图 1-10 所示，硬币 B 固定不动，硬币 A 紧贴硬币 B 并绕 B 做纯滚动一周（无滑动），则硬币 A 绕自身圆心转动了几圈？

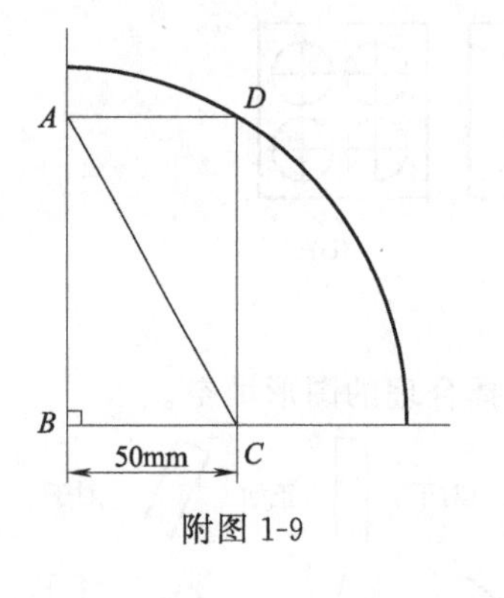

附图 1-9

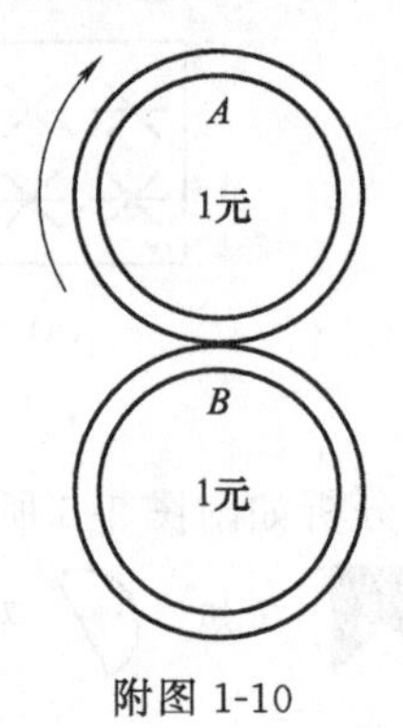

附图 1-10

答　　案

（1）附图 1-1（a）中有 13 个；附图 1-1（b）中有 15 个。（2）如附图 1-11 所示。（3）C。（4）C。（5）C。（6）（a）C；（b）C；（c）D。（7）A。（8）可能。先使两根木棒相交成一平面，然后使第三根木棒垂直于前两根木棒相交的平面，构成三维空间，即可得到 12 个直角。（9）$AC = 100\text{mm}$。（10）2 圈。

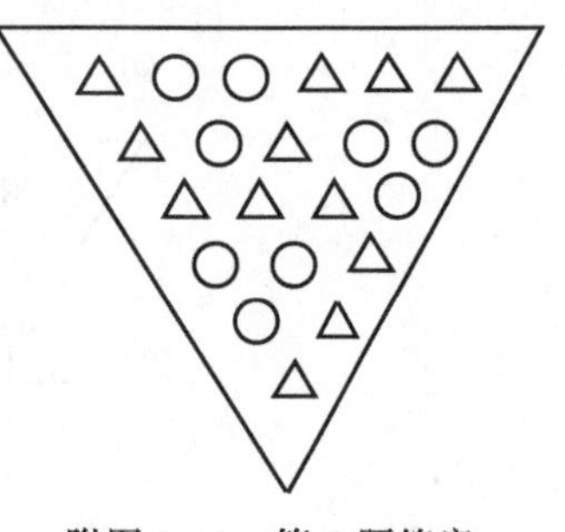

附图 1-11　第 2 题答案

附录2 辨识与计算能力测试

（1）将下列词汇描写的事物具体化，每词写出3个对应事物，如红色——红领巾、警报灯、热情。

（A）绿色——　　（D）高声——

（B）闪光——　　（E）芳香——

（C）升高——　　（F）透明——

（2）对下列事物进行分类，将3个作为一类，剩下的一个与其他事物不属于同一类，分出至少3种类型，并说明以什么原则进行的分类。

（A）水　（B）水泥　（C）汽油　（D）风

（3）对正三角形、正方形、矩形、正五边形、正六边形各举一个产品应用实例。

（4）用发散思维提出硬币的功用，越多越好。

（5）用联想思维提出杯子的用途，越多越好。

（6）用逆向思维针对以下信息提出解决办法。

（A）跑步锻炼　（B）人上楼梯　（C）为防尘进室内时脱鞋

（7）你能用9根火柴组成4个正三角形吗？有多少种方法？你还能用6根火柴组成4个正三角形吗？画图表示。要求火柴不能折断、不能交叉。

（8）按数字排列的规律填出接下来的数字：10，11，22，44，（　）…

（A）66　（B）88　（C）33　（D）58

（9）按数字排列的规律填数字：11，12，13，14，17，18，（　），20，23…

（A）18　（B）19　（C）20　（D）21

（10）用1，2，6，6，6分别组成两个四则运算式，使结果均为24。

（11）如何填四则运算符号使　6　6　6　6=1成立？

（12）如何填四则运算符号使　6　6　6　6=5成立？

（13）某个由三位数字组成的开锁密码，根据如下已知的5个条件推断出正确的开锁密码是（　）。

2	4	6	1个号码正确，位置正确。
2	5	8	1个号码正确，位置不正确。
6	9	2	2个号码正确，位置都不正确。
1	7	4	没有1个号码正确。
4	1	9	1个号码正确，位置不正确。

（14）如果甲的个子高于乙和丙，乙又高于丙但低于丁，那么下面结论正确的是（　）。

（A）甲不高于丙和丁　（B）丙高于乙

（C）丙高于丁　（D）丁高于丙

（15）某人急需用钱，不得不把刚买的两条地毯又卖掉了。他把每条地毯各卖了6000

元，其中一条赔了 20%，另一条赚了 20%。下面说法正确的是（　　）。

（A）既没赔，也没赚　（B）赔了 500 元　（C）赚了 500 元　（D）赚了 300 元

（16）如附图 2-1 所示，填出“?”处的数字。

附图 2-1

（17）桌上一共点燃着 12 支蜡烛，小明吹灭了 5 支，问桌上最后还剩多少支蜡烛？

（18）一条路上行驶的汽车，去时速度为 40km/h，回来时为 60km/h，问平均速度是否是 50km/h?

（19）一位顾客来到表店，拿出一张 100 元钱的纸币买一块价格为 70 元的手表。店主找不开零钱，就去对门的食品店兑换零钱，兑换回来后，将 30 元零钱给了这位顾客，过了一会儿，食品店主找来说这是一张假钞，表店主只好自认倒霉，另换一张真钱给食品店主。请问上述过程中，表店主总共损失了多少钱？

（20）如附图 2-2 所示，10 只玻璃杯排成一行，左边 5 只装着汽水，右边 5 只是空的。如何只移动两只杯子使这排杯子变成实杯与空杯交替排列？

附图 2-2

答　案

（1）（A）绿色——树、军装、生命力；（D）高声——讲话、朗诵、喇叭；

（B）闪光——金属、电焊、闪电；（E）芳香——花、花园、香水；

（C）升高——气温、产值、成绩；（F）透明——玻璃、水、管理。

（2）（A）水、水泥、汽油。它们都是实际可见的物质。

（B）水、汽油、风。它们都可以流动。

（C）水、水泥、风。它们都不能燃烧。

（D）水泥、汽油、风。它们都不能引用或灌溉。

（3）正三角形——三棱镜；正方形——手帕；矩形——A4 纸；正五边形——美国五角大楼；正六边形——铅笔。(答案不唯一)

（4）购物、投币、当砝码、量长度、当武器、当垫脚、做支点、挡光、画圆、做艺术品、取金属、冶炼金属、做毽子、当印模、做教具、做扣子、当骰子、做铅坠、当信物、奏乐、做模型、挖土、刮痧做装饰品、导电、做散热片……

（5）喝水、画圆、音乐、武器、模具、量具、保温、透镜、礼物、装饰物、放蜡烛、写字、作笔筒、打碎切割、做化学实验、做冰花、养花、擀碎药片、拔火罐、变魔术、排列比赛、思维训练……

（6）（A）跑步锻炼——跑步机；（B）人上楼梯——电动滚梯、电梯；（C）为防尘进室内时拖鞋——鞋套。

（7）能，用 9 根火柴组成 4 个正三角形的方法有 3 种，如附图 2-3（a）所示。用 6 根火柴能组成 4 个正三角形是在立体化空间形成，如附图 2-3（b）所示。

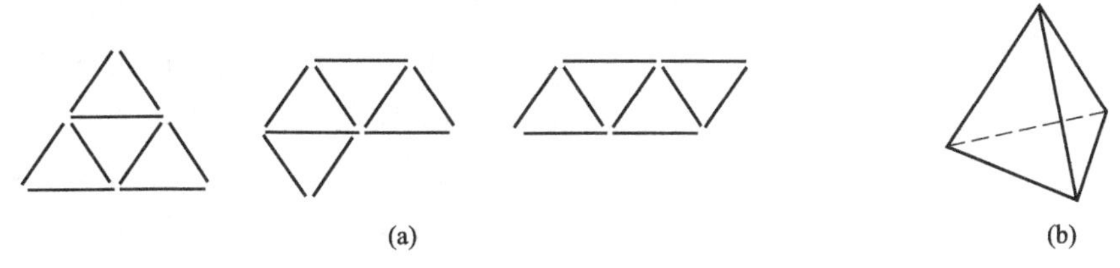

附图 2-3　第 7 题答案

（8）B。（9）B。

（10）①1×2×6＋6＋6＝24；②6×6－1×2×6＝24。

（11）①6－6＋ 6÷6 ＝ 1；②66÷66 ＝ 1。（答案不唯一）

（12）（6×6－6）÷6 ＝ 5。

（13）密码是[9|8|6]。（14）D。（15）D。（16）？＝5。（17）剩 5 支。（18）不是。（19）表店主总共损失了 100 元钱。

（20）将左数第 2 杯的水倒给右数第 2 杯，将左数第 4 杯的水倒给右数第 4 杯。

附录 3　创新技法能力测试

（1）类比创新技法测试

下面给出几种创新产品，试分析并说明各产品采用了何种类比方式，其类比对象是什么，将分析结果填于附表 3-1 中。

附表 3-1　产品类比创新技法分析

序号	产品名称	类比方式	类比对象
1	爬杆机器人		
2	人造海豚皮		
3	摆式钟表与电子钟表		
4	密珠支承		
5	动植物基因移植		
6	悉尼歌剧院		

① 爬杆机器人

附图 3-1 为一种创新设计的爬杆机器人原理及自锁锥套简图。这种机器人模仿尺蠖的动作向上爬行，其爬行机构只是简单的曲柄滑块机构。其中电机与曲柄固接，驱动装置运动。上下两个自锁套是实现上爬的关键结构。当自锁套有向下运动的趋势时，锥套钢球与圆杆之间会形成可靠的自锁，使装置不下滑，而上行时自锁解除。

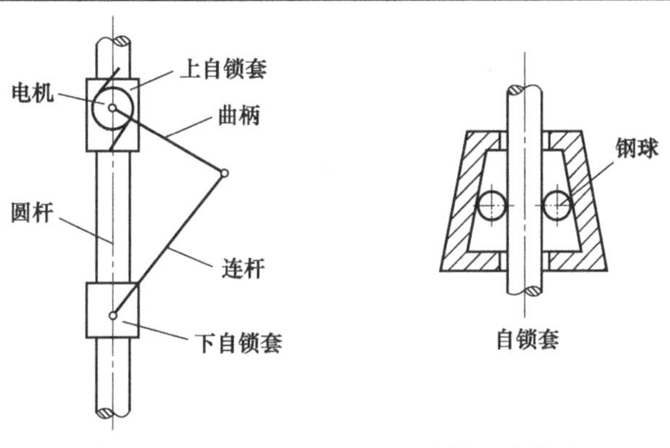

附图 3-1　爬杆机器人原理及自锁锥套简图

爬行机器人的爬行过程如附图3-2所示。附图3-2（a）为初始状态，上下自锁套位于最远极限位置，同时锁紧；附图3-2（b）状态曲柄逆时针方向转动；上自锁套锁紧，下自锁套松开，被曲柄连杆带动上爬；附图3-2（c）状态曲柄已越过最高点，下自锁套锁紧，上自锁套松开，被曲柄带动上爬。如此周而复始，实现向上爬行。

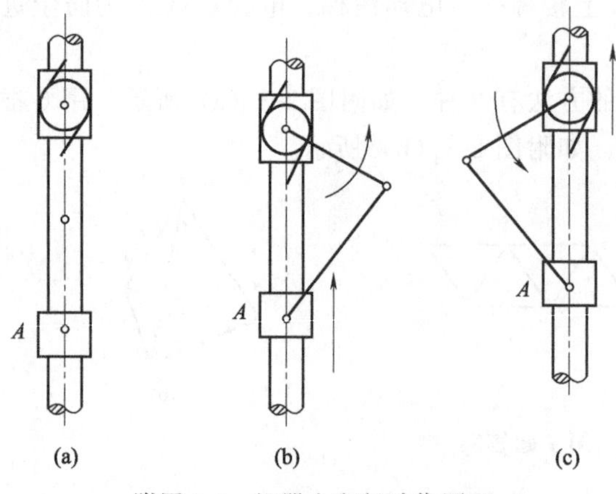

附图3-2　机器人爬行动作原理

② 人造海豚皮

船在水中航行时，船身附近的湍流形成巨大的阻力，而海豚却能轻而易举地超过开足马力的船只，分析发现，除海豚具有流线型体形外，其特殊的皮肤结构还具有优良的减小水的阻力的作用。海豚皮分为内外两层［附图3-3（a）］，外层薄且光滑柔软，内层为脂肪层，厚且富有弹性。当海豚游动时，在漩涡形成的压力和振动下，皮下脂肪层呈波浪式运动［附图3-3（b）］，具有很好的消振作用，减少了高速运动时产生的漩涡。根据海豚皮肤结构的特点，制造了一种"人造海豚皮"［附图3-3（c）］。这种"人造海豚皮"厚3.5mm，由3层橡胶组成。外层厚0.5mm，质地光滑柔软，好像海豚皮外层；中层厚2.5mm，有许多橡胶乳头，乳头之间充满黏滞硅胶树脂液体，好像吸振的脂肪层；里层厚0.5mm，为支承层。将这种"人造海豚皮"覆盖在鱼雷或船体上，可减小50%的阻力，从而能使船速显著提高。

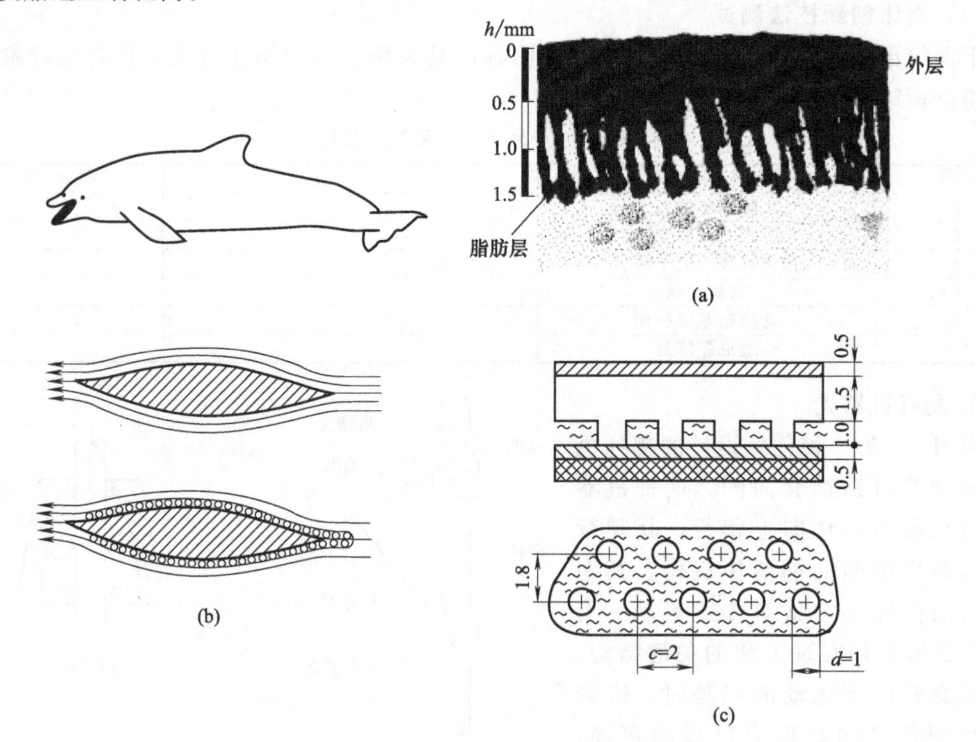

附图3-3　海豚皮肤仿生示意图

③ 摆式钟表与电子钟表

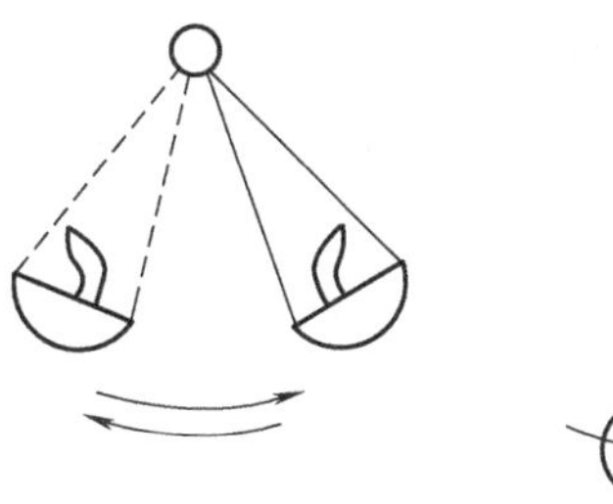
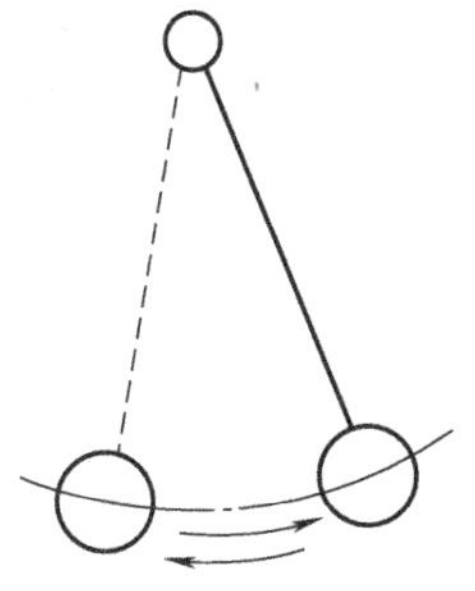

附图 3-4　挂灯与钟摆

人们最早利用滴漏等装置来计时。由于这种装置不稳定，常需日晷来校正，因此人们一直想解决这个问题。有人注意到教堂中的挂灯随风摆动时，不论摆幅大还是小，其频率是恒定的。人们对这种自然现象进行了探索并得到了启发，通过类比，发明了用摆做定时装置的钟表，使钟表的计时精度大为提高，如附图 3-4 所示。直到现在，电子钟表也是利用这种原理，只是将机械摆的振荡改为更精确的原子振荡。

④ 密珠支承

密珠支承是一种非标准的滚动摩擦支承，座圈上均无滚动体的滚道［附图 3-5（a)］。支承的保持架如附图 3-5（b)、(c）所示，滚珠放在保持架的孔内。由附图 3-5 可见，密珠支承滚珠的排列与标准滚动轴承不同，其上的滚珠有规律地、均匀地分布在内、外圈表面上。与滚动轴承相比，密珠支承的滚珠数量多，每粒滚珠在运动时的滚道互不重复，所以内、外圈和滚道的局部误差对支承旋转精度的影响较小。此外，滚珠经过研磨选配，使其与内、外圈之间有微量的过盈配合，因此密珠支承可达到很高的旋转精度，常用于精密机械装置中。

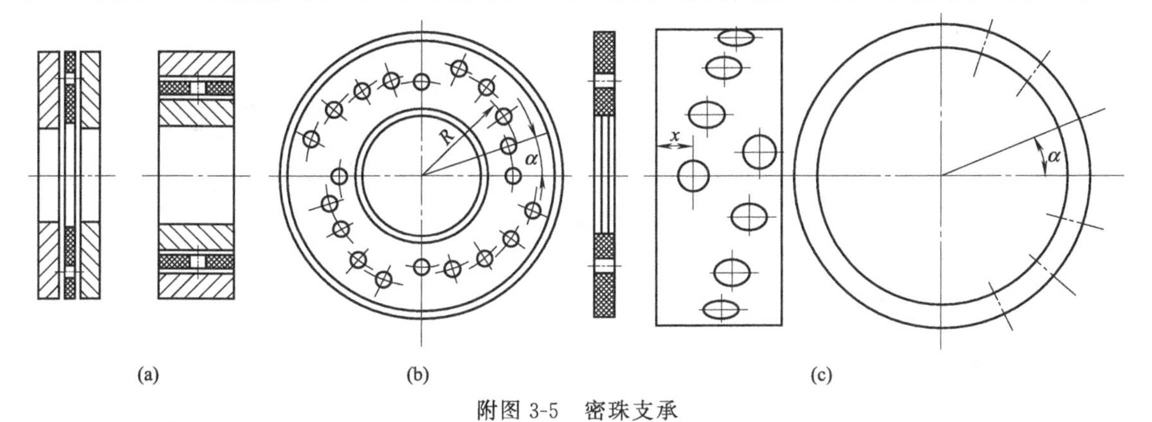

附图 3-5　密珠支承

⑤ 动植物基因移植

欧美“愚人节”上，有人取乐说可以把牛体内的基因移植到番茄上，吃番茄时口内充满香喷喷的牛肉味，这个荒诞不经的玩笑被加拿大生物学家丹莱弗伯夫博士知道后，通过两年的研究，真的把哺乳动物体内的基因成功地移植到植物上，开创了动植物之间基于移植的先例。

⑥ 悉尼歌剧院

悉尼歌剧院（附图 3-6）是澳大利亚悉尼市的地标建筑，其独特的设计风格（外形像橙子瓣、风帆、贝壳）和周边的美景为世人所赞叹，2007 年被联合国教科文组织评为世界文化遗产建筑，是难得的人文与自然的完美结合。

附图 3-6　悉尼歌剧院

(2) 设问创新技法测试

下面给出几种创新产品，请用设问法中的检核表法分析各检核项目中的新设想，按检核项目将创新产品归类，并将其填入附表 3-2 中。

附表 3-2　设问法（检核表法）分析

序号	检核项目	新设想简要说明	产品名称
1	能否借用		
2	能否他用		
3	能否替代		
4	能否组合		
5	能否调整		

① 多孔不锈钢

多孔的性质可以改变气体、液体或固体的存在形式。糕点的多孔结构改善了口感，使味道变得更好［附图 3-7（a)］。采用类似结构，用多孔不锈钢材料［附图 3-7（b)］制成的过滤器，可以吸附通过的杂质。

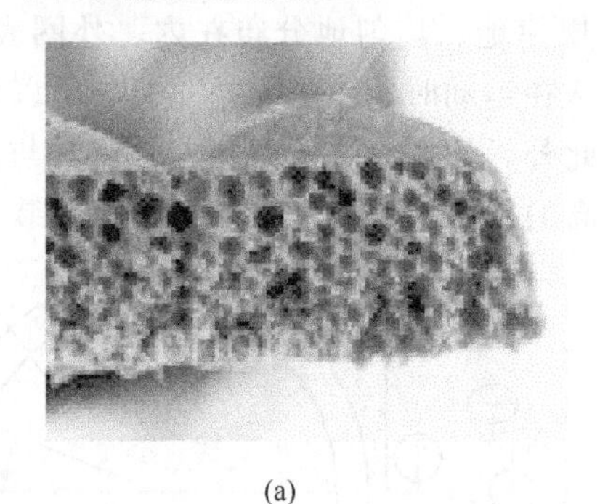

(a)

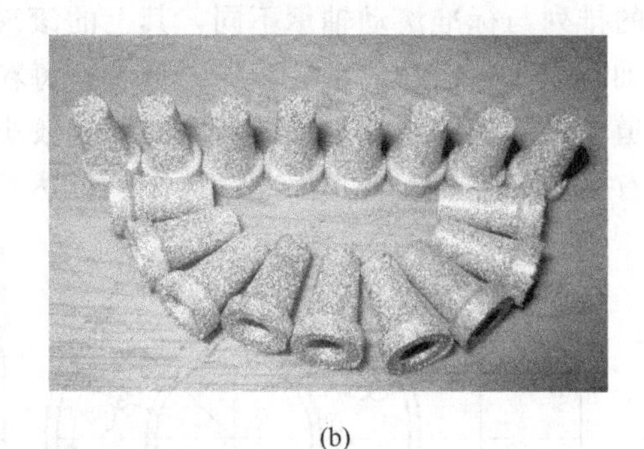

(b)

附图 3-7　多孔蛋糕与多孔不锈钢

② 可拆茶几

可拆茶几利用重力原理做成倾斜支柱的不对称结构，外观非常有艺术感［附图 3-8（a)］。但其拆开后可作为盾牌和棍棒［附图 3-8（b)］，在家庭中作为防身武器，随手可得，对较为偏远的独栋居所来说，作为安全措施是一种不错的选择。

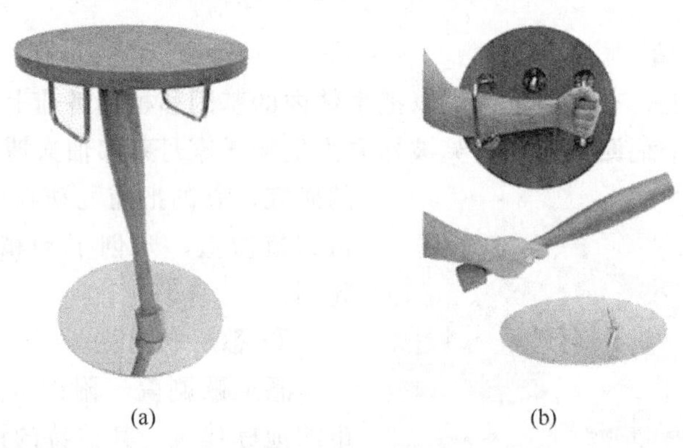

(a)　　(b)

附图 3-8　可拆茶几

③ 电磁笔和电子书写板

老师在教室上课时，用粉笔在黑板上写字，有粉尘污染，有害于师生的身体健康，针对上述问题，为减少粉尘的飞扬，可采用无尘粉笔或采用电磁笔和电子书写板。

④ 自动牙膏牙刷

人们在旅行时，最好能携带体积小且使用方便的牙膏、牙刷，如附图 3-9 所示的新型一体式牙刷，牙膏在刷柄内，扭动底部的旋钮则牙膏自动从刷头挤出，方便卫生。

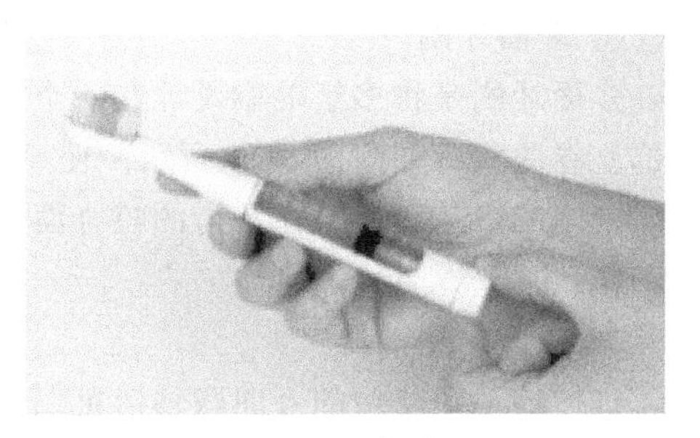

附图 3-9　一体式牙刷

⑤ 可变后掠翼战斗机

早期的飞机机翼都是平直的，后来随着飞行速度迅速提高（很快接近音速），机翼上出现“激波”，这种“激波”比低速飞行时大十几倍甚至几十倍，减缓了飞行速度，即所谓的“音障”。于是出现了后掠翼，一举突破“音障”。但是，向后掠的机翼比不向后掠的平直机翼，在同样的条件下产生的升力小，这对飞机的起飞、着陆和巡航都带来了不利的影响，浪费了很多不必要的燃料。针对此问题，人们又设计出可变后掠翼战斗机和轰炸机，使机翼成为活动部件，并且在飞行的时候，有效地控制机翼的形态，使之能够在比较大的范围内改变“后掠角”，获得从平直翼到三角翼的优点，来获得从低速到高速不同的飞行状态。处在起飞阶段，机翼呈平直状［附图 3-10（a）］，获得较大的升力，良好的低速特性，避免长距离滑行所浪费的能量，从而有效地解决了飞机在低速度状态下速度与能量之间的矛盾。在云层之上高速飞行，两翼后掠减小阻力［附图 3-10（b）］，从而减小了能耗，延迟“激波”的产生，缓和飞机接近音速时的不稳定现象，使飞机能够达到更高的速度，适应于不同速度下的巡航，在不同的速度之下采用不同的后掠角，以适应当前的飞行速度。

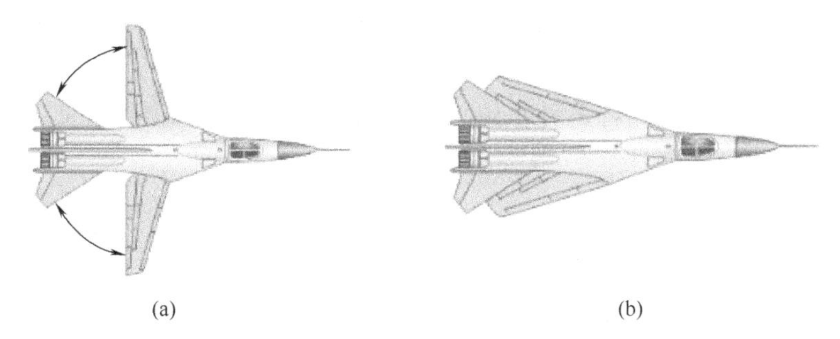

(a)　　(b)

附图 3-10　可变后掠翼战斗机

(3) 组合创新技法测试

下面给出几种创新产品，试按组合创新技法的分类将其所属类型填入附表 3-3 中。

附表 3-3　组合创新技法分析

序号	产品名称	组合方式	创新内容
1	多面牙刷		
2	双万向联轴器		
3	车铣钻多功能机床		
4	多功能厨用工具		
5	热双金属片簧		
6	太阳能气流发电厂		

① 多面牙刷

多面牙刷是将多组毛刷设计在一个牙刷上，两侧的毛刷向中间弯曲，中间的一束毛刷的顶部呈卷曲状，如附图 3-11 所示。使用这种牙刷刷牙时，两侧的毛刷可以包住牙的两个侧面，中间的短毛可以抵住牙齿的咬合面，可以同时将牙的内侧、外侧及咬合面刷干净，提高了工作效率。

② 双万向联轴器

机械传动中使用的万向联轴器可以在两个不平行的轴之间传递运动与动力，但是万向联轴器的瞬时传动比不恒定，会产生附加动载荷。将两个同样的单万向联轴器按一定方式连接，组成双万向联轴器，如附图 3-12 所示，既可实现在两个不平行轴之间的传动，又可实现瞬时传动比恒定。

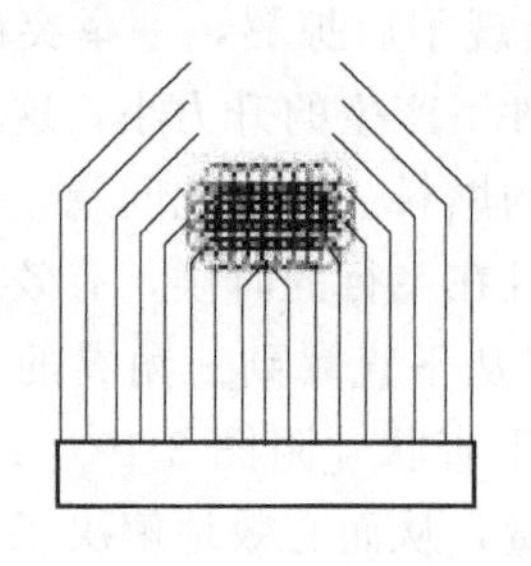

附图 3-11 多面牙刷

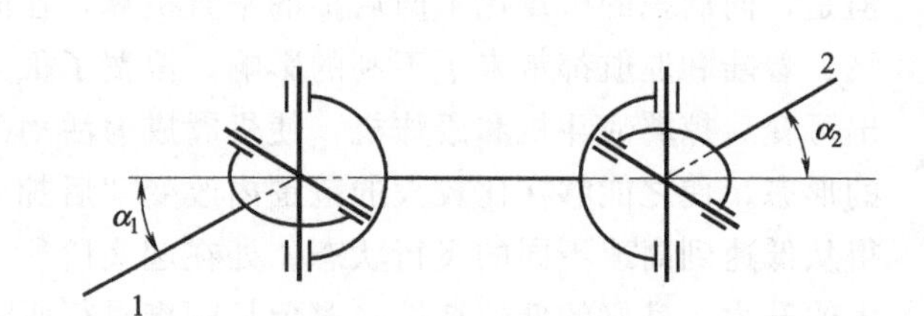

附图 3-12 双万向联轴器

③ 车铣钻多功能机床

附图 3-13 所示为将车、铣、钻进行组合的多功能机床，将多种机械切削加工机床的功能加以组合，共用床身、动力、传动及电气部分，提高了工作效率，节省空间，降低成本。

④ 多功能厨用工具

附图 3-14 所示的多用工具将多种常用工具的功能集于一身，携带方便，受到旅游和出差人员的欢迎。

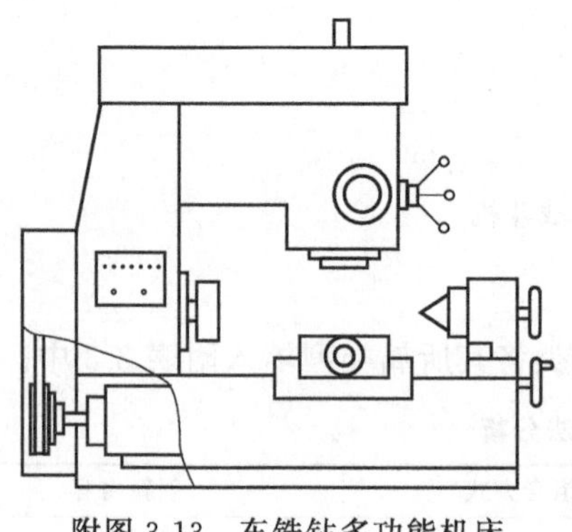

附图 3-13 车铣钻多功能机床

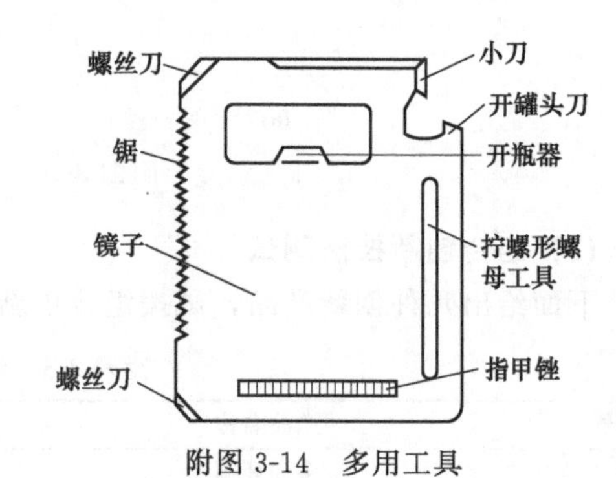

附图 3-14 多用工具

⑤ 热双金属片簧

热双金属片簧是用两个具有不同线胀系数的薄金属片钎焊而成（附图 3-15），其中线胀系数高的一层叫作主动层，低的一层叫作被动层。受热时，两金属片因线胀系数不同，而有不同数量的伸长。由于两片金属彼此焊在一起，所以使热双金属片产生弯曲变形。热双金属片簧一般常作为温度测量元件，也可用作温度控制元件和温度补偿元件。

⑥ 太阳能气流发电厂

前些年，西班牙要修建新的太阳能发电站，需要解决的最重要的技术问题是如何提高太阳能的利用效率。针对这一要求，他们广泛寻求与之有关的技术手段。经过对温室技术、风力发电技术、排烟技术、建筑技术等的认真分析，最后形成一种富于创造性的新的综合技术——太阳能气流发电技术。这种太阳能气流发电厂如附图 3-16 所示，发电厂的下部是一个宽大的太阳能温室，温室中间耸立一个高大的风筒，风筒下安装风力发电机，结构简单，这里应用的各个单项技术本身都是很成熟的，经过组合就形成了世界上最先进的太阳能技术。

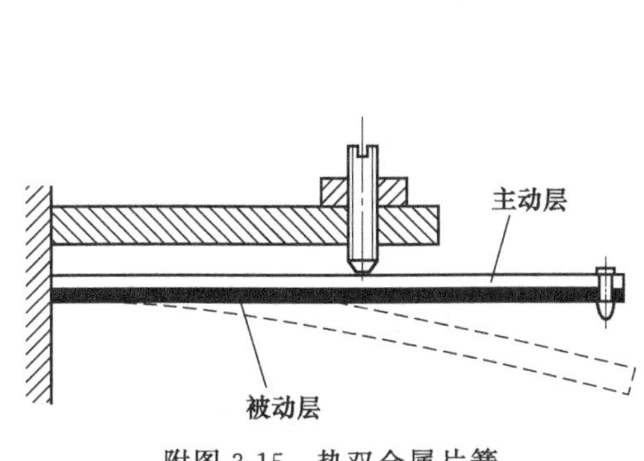

附图 3-15 热双金属片簧

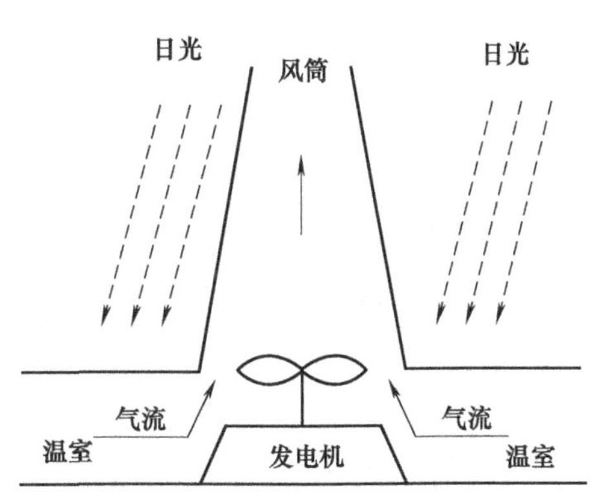

附图 3-16 太阳能气流发电厂

(4) 逆向转换创新技法测试

下面给出几种创新产品，试按逆向转换创新技法的分类，分析用了什么类型的逆向转换(原理、反求、结构或位置、功能、因果、顺序或方向、过程、缺点逆用等)，并作简要说明，填入附表 3-4 中。

附表 3-4 逆向转换创新技法分析

序号	产品名称	逆向类型	简要说明
1	创意管道旅馆		
2	海洋世界水下观光通道		
3	逆向水流游泳池		
4	跑步机		
5	直接饮水器		
6	发电机		

① 创意管道旅馆

市政建设后留下了废弃管道，不仅无用，而且又大又占地，如果专门找运输车运走，还比较费力，因此，人们将之就近放到旁边的游览区树林中，装饰成美观的创意形管道旅馆，节省了空间和成本，别有一番情趣，如附图 3-17 所示。

② 海洋世界水下观光通道

为了使人们观看海洋动物时能有身临其境之感，发明了海洋世界水下观光通道，使得人从水的上方观看视角，改变为在水的下方及中间观看，多视角体验，感受更美好，如附图 3-18 所示。

③ 逆向水流游泳池

家用游泳池希望长度小，同时还要满足人能不停游动的使用要求，所以有人发明了水能够流动的游泳池［附图 3-19（a）］，利用蜗轮机使水循环流动，人游动方向与水流方向逆反［附图 3-19（b）］，则使人虽然不断游动，却能一直保持在游泳池的中间，这样极大地节省了空间。

附图 3-17　利用废弃的市政管道建造的旅馆

附图 3-18　海洋世界水下观光通道

(a)

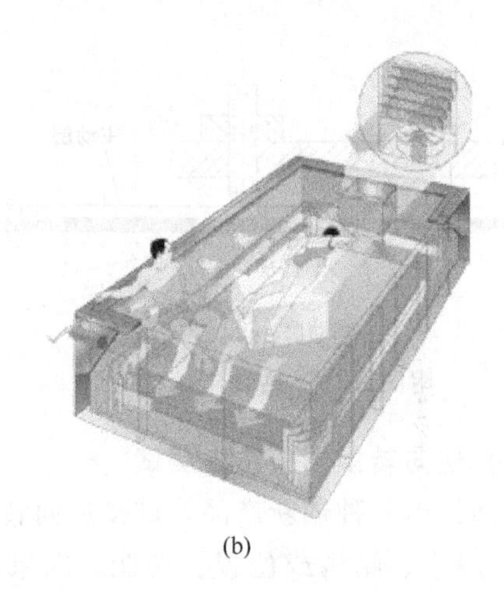

(b)

附图 3-19　逆向水流游泳池

④ 跑步机

利用跑步机可以使人在原地完成不停跑动，如附图 3-20 所示。

⑤ 直接饮水器

直接饮水器从下向上喷水，便于人们饮用，如附图 3-21 所示。

附图 3-20　跑步机

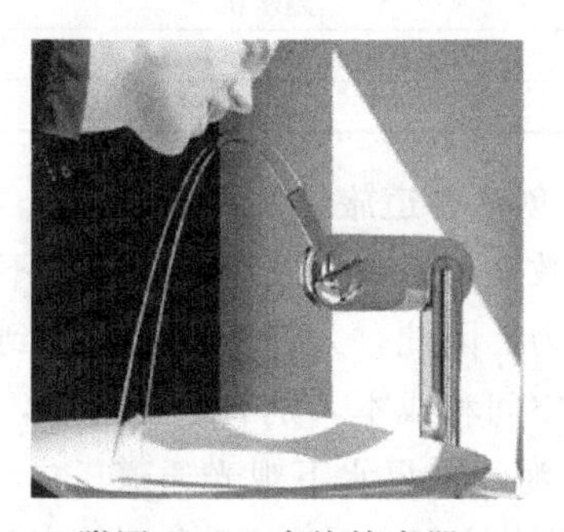

附图 3-21　直接饮水器

⑥ 发电机

英国物理学家法拉第根据已有的电动机工作原理（线圈内有电流流动时，在磁场内会发生偏转），发明了世界上第一台发电机（线圈运动切割磁力线，则在线圈里会产生电流）。

答　案

附表 3-1～附表 3-4 中类比法、设问法、组合法和逆向转换法等创新技法的能力测试题参考答案见附表 3-5～附表 3-8。

附表 3-5　产品类比创新技法分析参考答案

序号	产品名称	类比方式	类比对象
1	爬杆机器人	拟人类比	尺蠖
2	人造海豚皮	仿生类比(结构仿生)	海豚
3	摆式钟表与电子钟表	直接类比(功能模拟)	摆的振荡频率
4	密珠支承	移植类比	滚动轴承
5	动植物基因移植	幻想类比	番茄味和牛肉味
6	悉尼歌剧院	象征性类比	橙子瓣、风帆、贝壳

附表 3-6　设问法（检核表法）分析参考答案

序号	检核项目	新设想简要说明	产品名称
1	能否借用	借用多孔蛋糕的多孔结构制成多孔不锈钢	多孔不锈钢
2	能否他用	茶几拆卸后各部分可作防身武器	可拆茶几
3	能否替代	用电磁技术产品替代传统粉笔，防止粉尘污染	电磁笔和电子书写板
4	能否组合	两个产品合并为一个产品，方便使用	自动牙膏牙刷
5	能否调整	机翼后掠角可根据不同飞行状态随时调整	可变后掠翼战斗机

附表 3-7　组合创新技法分析参考答案

序号	产品名称	组合方式	创新内容
1	多面牙刷	同类组合	提高工作效率
2	双万向联轴器	同类组合	实现两个不平行轴间瞬时传动比恒定
3	车铣钻多功能机床	异类组合	提高工作效率，节省空间，降低成本
4	多功能厨用工具	功能组合	集多种功能于一身，携带方便
5	热双金属片簧	材料组合	利用两种材料热胀系数不同获得元件变形
6	太阳能气流发电厂	技术组合	结构简单，提高太阳能利用率

附表 3-8　逆向转换创新技法分析参考答案

序号	产品名称	逆向类型	简要说明
1	创意管道旅馆	缺点逆用法	废弃管道的缺点是：无用、占地。逆向利用后使缺点变成优点：美观、节省空间、就地取材、节省成本
2	海洋世界水下观光通道	结构或位置逆向法	人本来在水的上方，逆向后变成在水的下方及中间
3	逆向水流游泳池	过程逆向	人相对于水向前改为水相对于人向后，人保持在游泳池中间
4	跑步机	过程逆向	人相对于地面向前跑改为地面相对于人向后走，人在原地不停跑动
5	直接饮水器	结构或位置逆向法	水向下流动改为水向上喷出
6	发电机	原理逆向	电动机原理：线圈内有电流流动时，在磁场内会发生偏转 发电机原理：线圈运动切割磁力线，则在线圈里会产生电流

附录4 TRIZ创新实战综合能力测试

测试题一

一、单项选择题（本大题共15小题，每小题1分，共15分）

1. TRIZ理论矛盾矩阵中，改善的参数和恶化的参数相同时，在表中对应的位置是“+”，查不到发明原理号，是因为参数的矛盾是（　　），不在矛盾矩阵解决范围。

（A）技术矛盾　（B）物理矛盾　（C）管理矛盾　（D）无解矛盾

2. 物-场模型分析中，所有功能都可以分解为3个基本元素，把功能用（　　）来模型化，称为物-场分析模型。

（A）三角形　（B）正方形　（C）六边形　（D）九屏幕

3. 用锥子砸坚果（如榛子、核桃等）时，将果壳和果仁一同砸碎，这种情况是人们所不希望得到的，则其物-场模型是（　　）。

（A）有效完整模型　（B）不完整模型

（C）效应不足的完整模型　（D）有害效应的完整模型

4. 17号发明原理维数变化原理属于物理矛盾四大分离原理中的（　　）。

（A）空间分离　（B）时间分离

（C）基于条件的分离　（D）系统级别的分离

5. 某一新产品或新技术刚出现时，处于技术系统进化过程的婴儿期，通常其形成的专利等级和专利数量是（　　）。

（A）专利等级高，专利数量高　（B）专利等级低，专利数量低

（C）专利等级高，专利数量低　（D）专利等级低，专利数量高

6. 下列思维方式中不属于创新思维的是（　　）。

（A）发散思维　（B）逆向思维　（C）联想思维　（D）惯性思维

7. 下列不属于创新思维特征的是（　　）。

（A）新颖性　（B）独特性　（C）多样性　（D）不变性

8. 奥斯本智力激励法的其他称法中，不正确的是（　　）。

（A）试错法　（B）头脑风暴法　（C）智暴法　（D）BS法

9. 汽车在行驶过程中自动产生电能存储在蓄电池中，用来维持汽车的电能消耗，采用的发明原理是（　　）。

（A）空间维数变化原理　（B）自服务原理　（C）等势原理　（D）复制原理

10. 卫星发射升空后，助推火箭自动分离落下，在大气层摩擦燃烧，碎片不会落到地面，采用的发明原理是（　　）。

（A）重量补偿原理　（B）嵌套原理　（C）抛弃与再生原理　（D）反馈原理

11. 在系统的操作中，将系统、子系统、超系统，以及它们的过去、现在和未来的进化关系进行分析，画成框图，称为（　　），是TRIZ理论的思维方法之一。

（A）完备性分析　（B）九屏幕法　（C）理想化　（D）设问法

12. 按数字排列的规律填出接下来的数字：0，1，1，2，4，8，（　　）…

（A）16　　　　　　（B）24　　　　　　（C）10　　　　　　（D）8

13. 下列机构中不能将转动转换为移动的是（　　）。

（A）曲柄滑块机构　　（B）凸轮机构　　（C）齿轮齿条机构　　（D）棘轮机构

14. 图 1 所示周转轮系中，各轮参数相同，1 轮为固定件，系杆 H 绕 1 轮顺时针转动一圈，则轮 2 绕自身圆心转动了（　　）圈。

（A）0　　　　　　（B）1　　　　　　（C）2　　　　　　（D）3

15. 取 16 枚小钉，按图 2 所示的图案将它们钉在一块木板上，以钉子为端点，最多能用橡皮筋围成（　　）个正方形。

（A）9　　　　　　（B）14　　　　　　（C）18　　　　　　（D）20

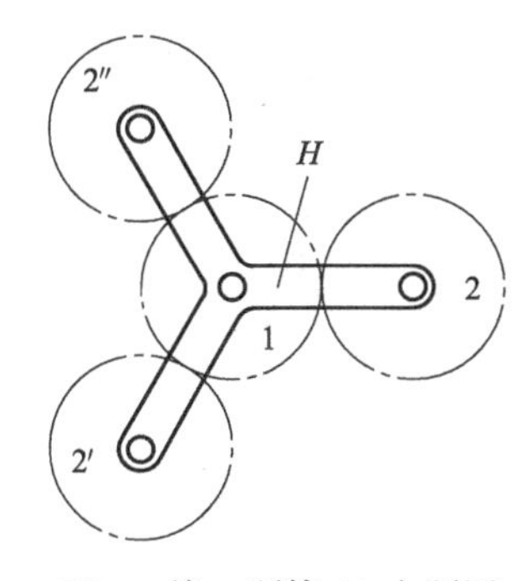

图 1　第一题第 14 小题图
1，2，2′，2″—轮；H—系杆

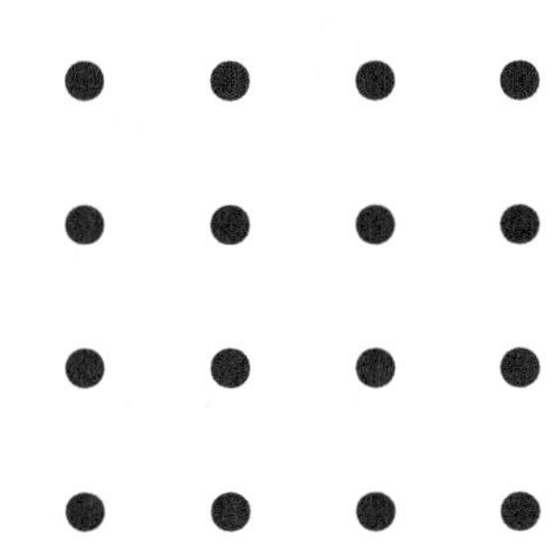

图 2　第一题第 15 小题图

二、简答题（本大题共 9 小题，前 5 小题每小题 3 分，后 4 小题每小题 5 分，共 35 分）

1. 举出哪些产品上使用了正六边形，越多越好（至少 3 种）。

2. 举出空气的用途，越多越好（至少 3 种）。

3. 举出钉有哪些种类，越多越好（至少 3 种）。

4. 举出运用逆向思维的生活、生产中的实例（至少 3 种）。

5. 使用下列词语写出 3 个合乎逻辑的句子（每句都包含以下 4 个词，3 个句子不相关）：放大镜、金属、创新、时间。

6. 技术系统的 S 曲线进化法则将一个技术系统的进化过程分为哪几个阶段？示意性地画出 S-曲线进化图。

7. 什么是技术矛盾？什么是物理矛盾？分别用 TRIZ 的什么办法解决？

8. TRIZ 的中文意思什么？它起源于哪个国家？创始人是谁？是在研究了世界各国 250 多万份什么的基础上提出来的？

9. 简述利用 TRIZ 解决问题的过程。

三、分析题（本大题共 6 小题，每小题 5 分，共 30 分）

1. 采用 TRIZ 的 40 个发明原理创新发明新型拐杖，说明采用什么发明原理发明了什么新型拐杖。（至少写出 5 种新型拐杖）

2. 根据缝纫机的系统完备性分析，将各部分名称填到图 3 的图框中。

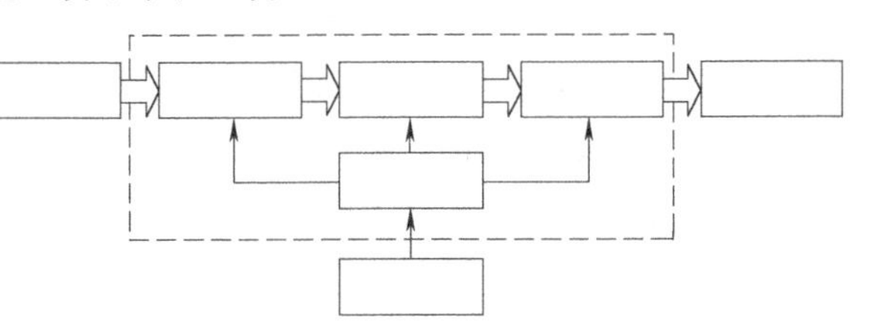

图 3　第三题第 2 小题图

能源：生物能　　动力装置：踏板　　传动装置：皮带、齿轮　　执行装置：针

控制装置：手轮、踏板　　产品：衣服、布料　　外部控制：人

3. 对渐开线单级圆柱齿轮传动画出系统进化的九屏图。

4. 大雪过后，传统的人工清雪非常费力，运用创新思维提出改进措施，并画出物-场分析的有效完整模型。

5. 图 4（a）所示机构的运动简图如图 4（b）所示，请在图 4（b）中标出与图 4（a）对应的各构件和运动副，并说明机构中有哪些变异。

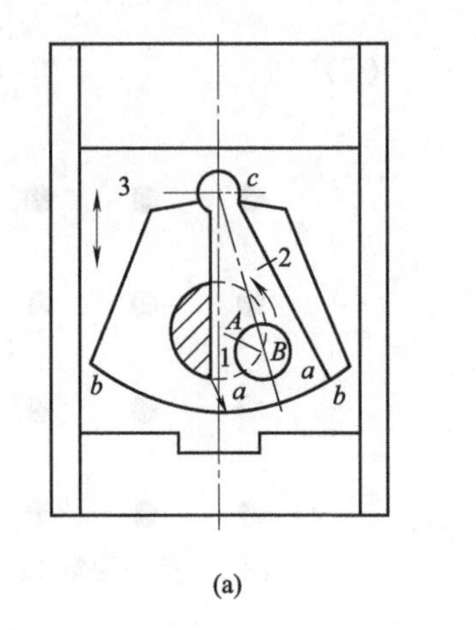

(a)

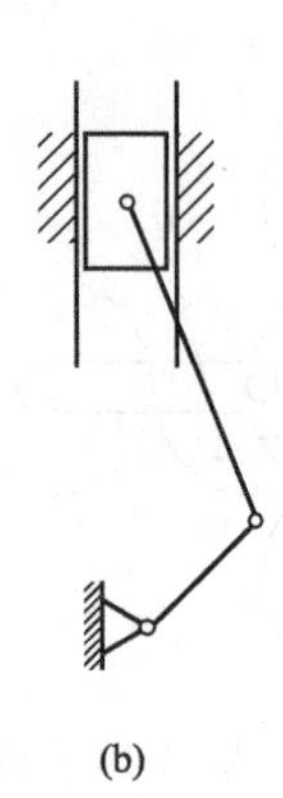

(b)

图 4　第三题第 5 小题图

6. 图 5 中接触处为球面和平面，从受力的角度分析，图 5（a）和图 5（b）哪种方案更合理？为什么？

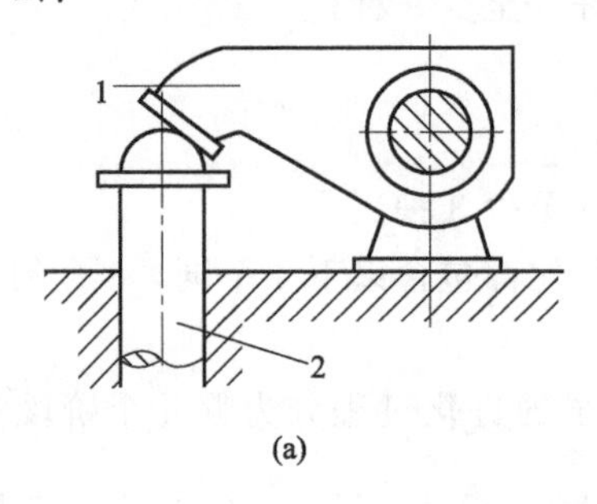

(a)

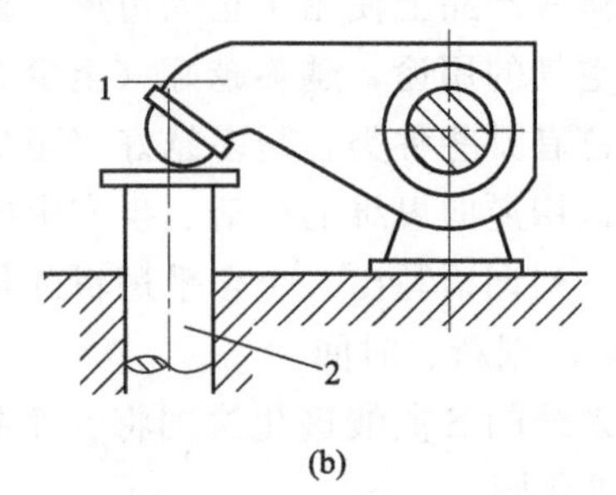

(b)

图 5　第三题第 6 小题图

1—主动摆杆；2—从动推杆

四、设计题（本大题共 2 小题，每小题 10 分，总计 20 分）

1. 某初拟机构运动方案如图 6 所示，欲将构件 1 的连续转动转变为构件 4 的往复移动，分析该机构是否合理，如不合理，简单说明原因，并提出修改措施，画简图表示。

2. 自选几个常用机构（如连杆机构、凸轮机构、齿轮机构等）或常用传动（如带传动、链传动、齿轮传动等）进行机械创新设计，设计一个小型送料装置，实现图 7 所示 A、B 两个工位的交替推送，即先将工件 A 推到 A'，再将工件 B 推到 B'，如此循环运动，对速度无要求。可以采用机构、结构的组合或变异等创新方法，画出机构运动简图或示意图，标出构件号及名称，并说明设计中采用了 TRIZ 理论的什么发明原理或理论方法。

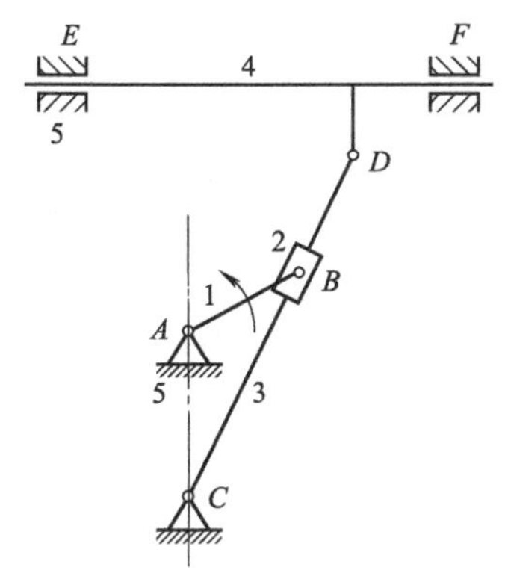

图 6　第四题第 1 小题图

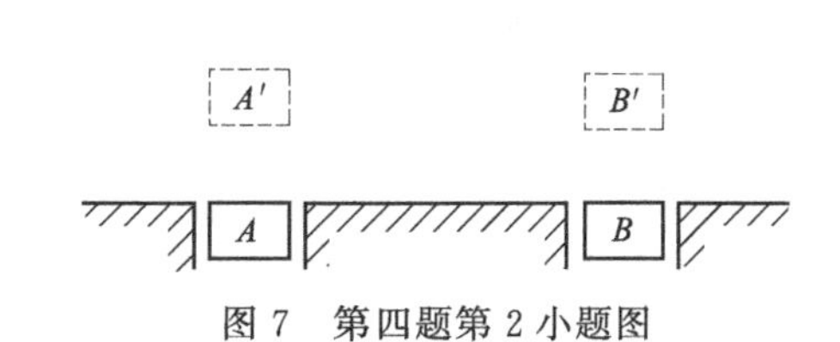

图 7　第四题第 2 小题图

测试题二

一、单项选择题（本大题共 15 小题，每小题 1 分，总计 15 分）

1. 下列属于创新思维特征的是（　　）。

(A) 一致性　　(B) 独特性　　(C) 均衡性　　(D) 不变性

2. 头脑风暴法的其他称法中，不对的是（　　）。

(A) 试错法　　(B) 奥斯本智力激励法

(C) 智暴法　　(D) BS 法

3. 奥斯本检核表法与和田十二法都属于（　　）。

(A) 设问法　　(B) TRIZ 法

(C) 头脑风暴法　　(D) 焦点客体法

4. TRIZ 理论的九屏幕法将系统、子系统、超系统，以及它们的过去、现在和未来的进化关系作图分析，称为（　　）。

(A) 九宫格　　(B) 九屏图　　(C) 完备性图　　(D) 标准解图

5. 宇航员训练时用模拟驾驶舱替代真实驾驶舱，采用的发明原理是（　　）。

(A) 抛弃或再生原理　　(B) 机械系统替代原理

(C) 等势原理　　(D) 复制原理

6. 在车削细长轴时，由于刀具对轴的径向作用力使轴产生了过大的弹性变形，被切削的轴尺寸误差超过了公差要求，则其物-场模型是（　　）。

(A) 有效完整模型　　(B) 不完整模型

(C) 效应不足的完整模型　　(D) 有害效应的完整模型

7. 阿奇舒勒矛盾矩阵中，不包括（　　）。

(A) 发明原理号　　(B) 科学效应号

(C) 改善的参数号　　(D) 恶化的参数号

8. 一种新产品在市场上刚刚出现不久，有少数相关发明专利，专利数量很少，它处于 TRIZ 技术系统进化法则的 S-曲线法则的（　　）阶段。

(A) 成长期　　(B) 挑战期　　(C) 婴儿期　　(D) 模糊期

9. 一个人用 600 元买了一匹马，以 700 元卖了出去，又用 800 元买了回来，以 900 元卖了出去，下面说法正确的是（　　）。

（A）既没赔也没赚　　（B）赚了 100 元

（C）赚了 200 元　　（D）赚了 300 元

10. 按数字排列的规律填出接下来的数字：10，11，13，17，25，（　　）…

（A）31　　（B）32　　（C）33　　（D）34

11. 观察图 1 所示的 4 种容器，从上向下倒水时，（　　）容器盛水量随水面高度的变化规律与左图曲线相符。

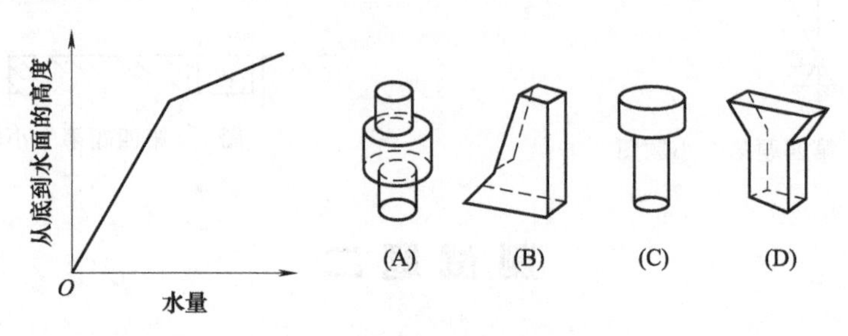

图 1　第一题第 11 小题图

12. 下列机构中能将转动转换为移动的是（　　）。

（A）曲柄摇杆机构　　（B）螺旋机构　　（C）蜗轮蜗杆机构　　（D）棘轮机构

13. 连杆机构、凸轮机构、不完全齿轮机构、槽轮机构，以上 4 种机构中能实现间歇运动的有（　　）个。

（A）1　　（B）2　　（C）3　　（D）4

14. 凸轮机构从动件末端的形状变异有尖顶、滚子、平面、球面，是为了（　　）。

（A）获得各种美观的外形　　（B）获得不同的运动特性

（C）适应不同的材料特性　　（D）便于加工

15. 下列不属于机构并联组合的类型的是（　　）。

（A）叠加式　　（B）并列式　　（C）时序式　　（D）合成式

二、简答题（本大题共 9 小题，前 5 小题每小题 3 分，后 4 小题每小题 5 分，共 35 分）

1. 用发散思维写出纸的功用，越多越好（至少 6 种）。

2. 举出运用发散思维的机械产品中的实例（至少 6 种）。

3. 举出哪些产品上使用了三角形？（至少 6 种）

4. 机构组合的方式有哪几种基本类型？

5. 常用的增力机构有哪几种？

6. TRIZ 的思维方法有哪些？举出至少 5 种。

7. 利用 TRIZ 解决问题的过程中，可利用的 TRIZ 工具或方法有哪些？（至少 5 种）

8. 技术矛盾与物理矛盾本质区别是什么？以切削速度为参数对这两种矛盾进行举例说明。

9. 作图说明技术系统进化中 S-曲线族的意义。

三、分析题（本大题共 6 小题，每小题 5 分，共 30 分）

1. 根据图 2 所示自行车系统完备性分析图，写出与下面各名词对应的图中各部分的名称。

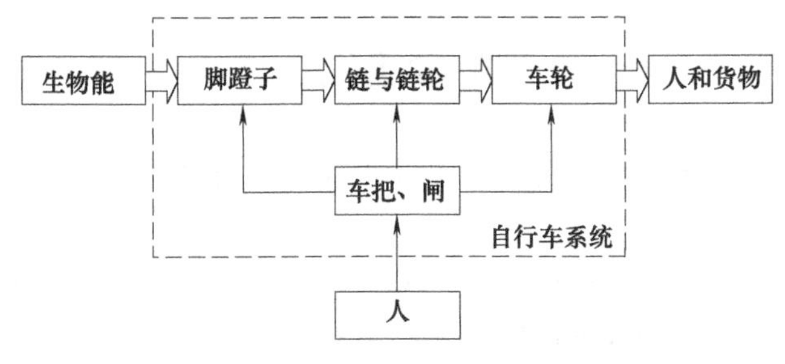

图 2　第三题第 1 小题图

能源：

动力装置：

传动装置：

执行装置：

控制装置：

产品：

外部控制：

2. 对电子计算机画出其系统进化的九屏图。

3. 建立砂轮磨削工件的物-场分析有效完整模型，绘图并进行简要说明。

4. 采用 TRIZ 的 40 个发明原理创新发明智能家居用品，并写出所用的发明原理。例如：人脸识别防盗门——机械系统替代原理。(写出至少 5 种新型智能家居产品)

5. 笔记本电脑从台式电脑发明，找出解决的技术矛盾，应用矛盾矩阵表确定改善的参数和恶化的参数分别是什么，查表得到哪些发明原理号？采用的发明原理是什么？有什么相应的改进之处。

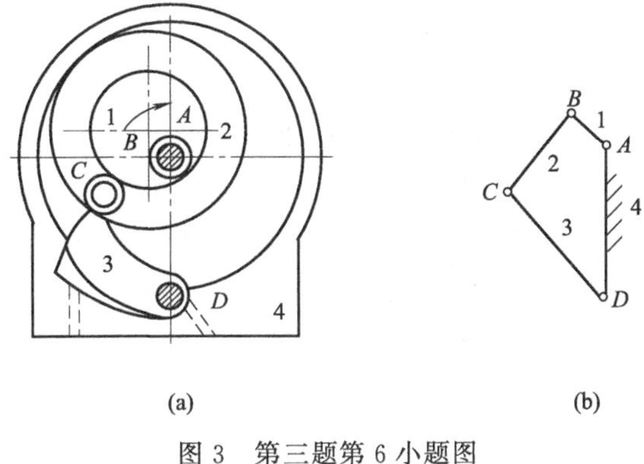

图 3　第三题第 6 小题图

6. 图 3 (a) 所示的旋转泵机构运动简图如图 3 (b) 所示，分析并说明何处有何运动副变异。

四、设计题（本大题共 2 小题，每小题 10 分，总计 20 分）

1. 图 4 所示为一机架用螺栓［图 4 (a)］或双头螺柱［图 4 (b)］固定在底座上，底座用地脚螺栓固定在地基上。从便于拆卸机架方面考虑，哪种结构合理？说明理由。

2. 创新设计一个能快速逐个夹碎若干核桃壳的省力机械装置，画出机构原理图或装置的结构示意图，说明工作原理和使用方法。

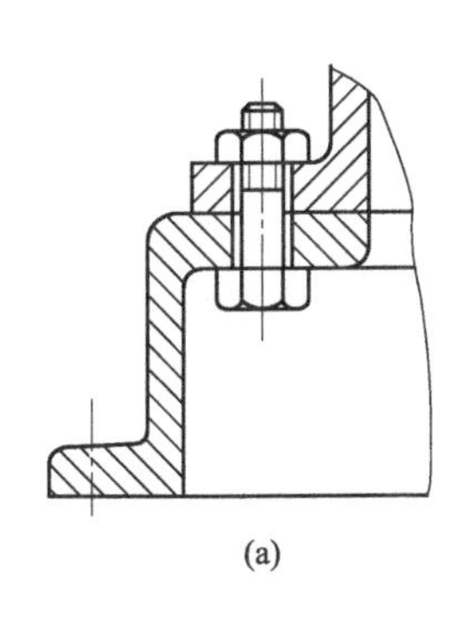

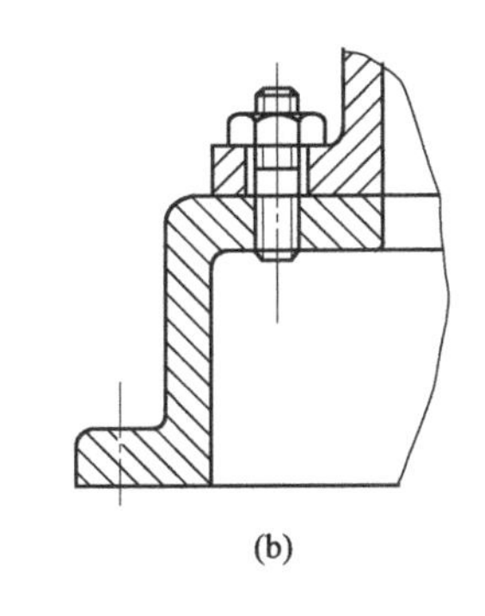

图 4　第四题第 1 小题图

测试题三

一、单项选择题（本大题共 20 小题，每小题 1 分，总计 20 分）

1. 5W2H 法不包括（　　）。

(A) Which　　(B) Why　　(C) What　　(D) Who

2. 处于技术系统进化过程成熟期的产品，通常其专利等级和专利数量是（　　）。

(A) 专利等级高，专利数量高　　(B) 专利等级低，专利数量低

(C) 专利等级高，专利数量低　　(D) 专利等级低，专利数量高

3. 汽车的安全气囊和备用轮胎采用的发明原理是（　　）。

(A) 预先反作用原理　　(B) 预先作用原理

(C) 预置防范原理　　(D) 抛弃或再生原理

4. 轴所采用材料的硬度越高，则强度越好，但轴对应力集中越敏感，强度与应力之间的矛盾属于 TRIZ 理论中的（　　）。

(A) 技术矛　　(B) 物理矛盾　　(C) 管理矛盾　　(D) 标准矛盾

5. 采用金属模进行薄壁零件的冲压加工时，在被加工零件上产生了微小裂纹，这种情况是人们所不希望的，其物-场模型如图 1 所示，该模型属于（　　）。

(A) 有效完整模型　　(B) 不完整模型

(C) 效应不足的完整模型　　(D) 有害效应的完整模型

6. 螺钉与螺母采用螺纹相连接，增加了结合力和稳定性，采用的发明原理是（　　）。

(A) 等势原理　　(B) 动态原理　　(C) 曲面原理　　(D) 抛弃或再生原理

7. 如图 2 所示，不带螺纹的钉子和全螺纹钉各有优缺点，改为一半带螺纹、一半不带螺纹的钉子，则兼有两者的优点，这应用了（　　）进化法则。

(A) 向微观级　　(B) 向超系统

(C) 子系统不均衡　　(D) 完备性

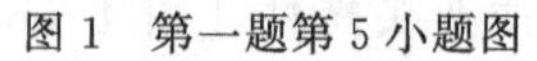

图 1　第一题第 5 小题图

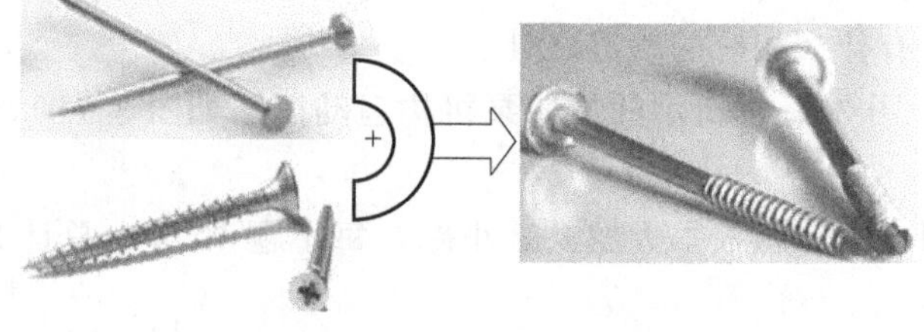

图 2　第一题第 7 小题图

8. 下列不属于常用机构的组合方法的是（　　）。

(A) 串联组合　　(B) 并联组合　　(C) 变异组合　　(D) 叠加组合

9. 通常摇头电风扇机构是在双摇杆机构上附加一个蜗轮蜗杆机构，它属于机构组合类型中的（　　）组合。

(A) 串联　　(B) 并列式并联　　(C) 合成式并联　　(D) 叠加

10. TRIZ 对系统、子系统、超系统以及它们的过去、现在和未来画成框图进行分析，该方法被称为（　　）。

(A) 框图法　　(B) 九屏幕法

(C) 向超系统进化法　　(D) 发散思维法

11. 焦点客体法是美国人温丁格特于1953年提出的，目的在于创造具有新本质特征的客体，其主要想法是将焦点客体与（　　）建立联想关系。

(A) 交叉客体　　(B) 未来元素　　(C) 偶然客体　　(D) 必然元素

12. TRIZ是由（　　）发明家阿奇舒勒及其领导的一批研究人员提出的一套具有完整体系的发明问题解决理论和方法。

(A) 美国　　(B) 德国　　(C) 捷克　　(D) 苏联

13. 如图3所示，一辆公共汽车在正常行驶，A、B两个车站都有人在候车，那么这辆公共汽车是驶向（　　）站。

(A) A　　(B) B　　(C) 无法确定

图3　第一题第13小题图

14. 创新人才培养除了注意培养创新意识外，还要注意排除影响创新的障碍，例如有些人有从众倾向，容易人云亦云，缺乏自信，缺乏勇敢精神、独立思考能力和创新观念，这属于影响创新的障碍中的（　　）。

(A) 认知障碍　　(B) 心理障碍　　(C) 获取信息障碍　　(D) 环境障碍

15. 用我国现代著名学者王国维所谈的作诗和做学问的3种境界类比创新的3个阶段，如图4所示，则三个境界所对应的创新的3个阶段排序为（　　）。

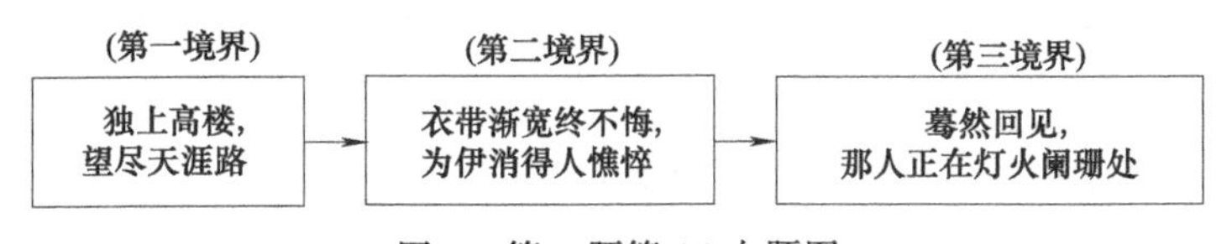

图4　第一题第15小题图

(A) 刺激产生，问题出现→思维酝酿→完形出现，思维形成

(B) 思维酝酿→完形出现，思维形成→刺激产生，问题出现

(C) 思维酝酿→刺激产生，问题出现→完形出现，思维形成

(D) 刺激产生，问题出现→完形出现，思维形成→思维酝酿

16. 下列不出现技术矛盾情况是（　　）。

(A) 在一个子系统中引入一种有用功能，导致另一个子系统产生一种有害功能，或加强了已存在的一种有害功能

(B) 消除一种有害功能导致另一个子系统有用功能变坏

(C) 有用功能的加强或有害功能的减少使另一个子系统或系统变得太复杂

(D) 在一个系统中引入一种有用功能的同时，未对其他功能或子系统产生有害影响，

也没有使系统或子系统变得太复杂

17. 技术系统由多个实现各自功能的子系统（元件）组成，每个子系统以不同的速率进化，“木桶效应”中的“短板”导致整个系统的发展缓慢，应用（　　）可以帮助人们及时发现，并改进系统中最不理想的子系统，从而提升整个系统的进化。

（A）S-曲线法则　　（B）子系统不均衡进化法则

（C）提高理想度法则　　（D）系统完备性法则

18. TRIZ 理论中的 IFR 是指（　　）。

（A）最终理想解　　（B）标准解

（C）通用工程参数　　（D）发明问题解决算法

19. 头脑风暴法应遵守的原则包括（　　）。

①庭外判决原则；②欢迎各抒已见，追求意见的数量；③不要相互指责或批评，可以使用适当的幽默；④鼓励创造性，不允许在他人已经提出的设想之上进行补充和改进。

（A）①②③④　　（B）①②③　　（C）②③④　　（D）①②④

20. 培养创新思维首先应树立创新意识，遇到问题注意从创新的角度思考，尤其是考虑不同于一般的、非常规的、新颖的解决办法，避免思维定势，这是形成创新思维的基础，即培养创新思维首先应注意（　　）。

（A）换位思考　　（B）辩证推理

（C）思维规范　　（D）打破思维惯性

二、填空题（本大题共 5 小题，每空 1 分，总计 15 分）

1. 机构并联组合的类型有并列式，__________与__________。

2. TRIZ 的中文意思______________，是在研究了世界各国大量的__________的基础上提出来的，TRIZ 理论的核心是______________。

3. 在机械设计中，主要的增力机构有_______、_______、________与________。

4. TRIZ 理论中，常见的物-场模型的类型包括有效完整模型、________________、____________与____________。

5. 现代 TRIZ 理论归纳的四大分离原理，包括空间分离原理、________________、____________与____________。

三、简答题（本大题共 6 小题，每小题 5 分，总计 30 分）

1. 列举几种传统创新技法（至少 5 种）。

2. 用发散思维写出水的用途或应用场合（除饮用和清洗外至少 5 种）。

3. 织布印花过程中送布速和印花质量之间是 TRIZ 理论中的什么类型的矛盾？该种矛盾的定义是什么？

4. 解决交叉路口的交通问题，利用分离原理提出至少 3 种解决方法（要求写出原理及相对应的办法）。

5. 对书籍画出其系统进化九屏图。

6. 采用 TRIZ 的 40 个发明原理创新发明新型扳手，写出至少 5 种新型扳手，并分别说明所采用的发明原理和原因。例如：带夜光的扳手——采用颜色改变原理，用夜光材料做扳手；电磁控制扳手——机械系统替代原理，用电磁系统控制扳手卡口夹紧。

四、分析题（本大题共 3 小题，每小题 5 分，共 15 分）

1. 图 5 为蜗杆减速器散热片的两种布置方式。图 5（a）在蜗杆轴端部无风扇，散热片竖向布置；图 5（b）在蜗杆轴端部装有风扇，散热片横向布置。这两种布置方式对吗？分析并说明原因。

2. 绘出图 6 所示机构的运动简图，并说明何处有何运动副变异。

3. 在手机自拍杆的发明中找出要解决的技术矛盾，应用矛盾矩阵表确定改善的参数和恶化的参数分别是什么，查表得到哪些发明原理号？采用的发明原理是什么？针对所采用的发明原理说明相应的发明或改进之处。

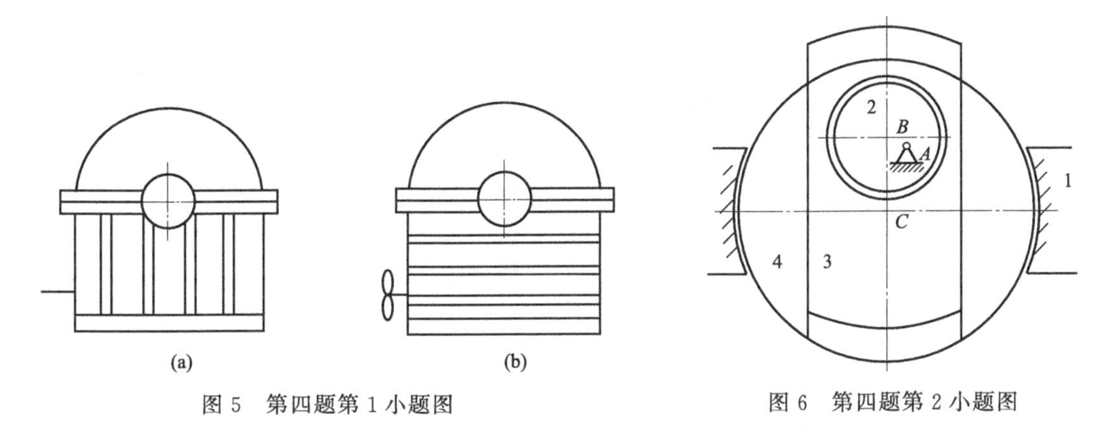

图 5　第四题第 1 小题图

图 6　第四题第 2 小题图

五、设计题（本大题共 2 小题，每小题 10 分，总计 20 分）

1. 设计水陆两用自行车，画出原理示意图，说明功能是如何实现的，采用了什么创新思维方法或创新技法，以及如何应用的。

2. 利用动态化原理创新设计一个新产品，产品名称自拟，画出结构原理示意图，说明工作原理和使用方法。

答　　案

测试题一答案

一、单项选择题

1. B　2. A　3. D　4. A　5. C　6. D　7. D　8. A　9. B　10. C　11. B　12. A　13. D　14. C　15. D

二、简答题

1. 足球、铅笔、螺母、步道砖、瓷砖、宫灯、徽章、墩座、旋钮、铁丝网、新疆帽、盒子、窗子、冰棍、吊灯……

2. 呼吸、风扇、冷却、帆船、压缩机、燃烧、爆炸、气球充气、轮胎充气、气垫船、传播声音、振动形成音乐等声音、形成气泡、气泡泳池、产生飞机浮力、空气阻尼器……

3. 图钉、普通光杆钉、普通螺钉、自攻螺钉、木工螺钉、四棱柱钉、枕木道钉、大头钉（针）、钉书钉、倒刺钉、铆钉、射钉、胀钉、耳钉、开尾钉……

4. 跑步机、电动滚梯、鞋套、水能流动的游泳池、抽水机、自来水系统、滚动字幕、旋转餐桌、机场行李运送带、煤厂或农用送料带、生产线自动传送、水果削皮机……

5. 答案不限，此外举例超过 3 个：

放大镜的金属框材料的创新在短时间内即可完成。

通过放大镜观察这种创新型金属材料的微观结构需要长时间细致地进行。

创新实验室订购的金属柄放大镜将在第一时间送达。

新型放大镜和金属加工方法创新两个研究项目在同一时间下达。

请用放大镜、金属、创新、时间四词造句。

6. 技术系统的S-曲线进化法则将一个技术系统的进化过程分为婴儿期、成长期、成熟期、衰退期。S-曲线进化图答案图1所示。

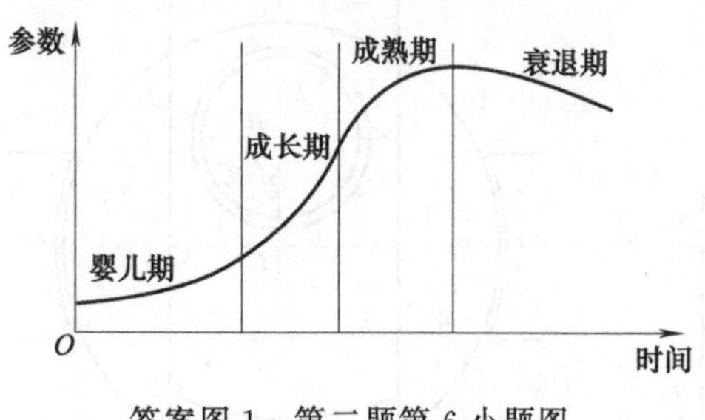

答案图1 第二题第6小题图

7. 技术矛盾：如果改善系统的一个参数，就得恶化另一个参数，系统就存在着技术矛盾。

物理矛盾：对系统中的一个元件提出互为相反的要求的时候，存在物理矛盾。

技术矛盾用矛盾矩阵解决，物理矛盾用分离原理解决。

8. TRIZ的中文意思是发明问题解决理论，它起源于苏联，创始人是阿奇舒勒，是在研究了世界各国250多万份专利的基础上提出来的。

9. 设计者首先将待设计的产品表达成为TRIZ问题，然后利用TRIZ中的工具，如40个发明原理、矛盾矩阵等，求出TRIZ问题的标准解，最后再把该问题转化为领域的解或特解。

三、分析题

1. (1) 嵌套原理——可伸缩的拐杖；(2) 组合原理——带照明灯的拐杖；(3) 动态化原理——能变形成椅子的拐杖；(4) 周期性作用原理——有喇叭或振铃的拐杖；(5) 颜色改变原理——夜光拐杖。(不限于以上答案)

2. 如答案图2所示。

3. 如答案图3所示。

4. 可采用的措施：用融雪剂(或自动清雪车、大功率吹风机、路面下铺设电热管……)。

S_1—雪；S_2—融雪剂；F_1—化学反应（化学场）

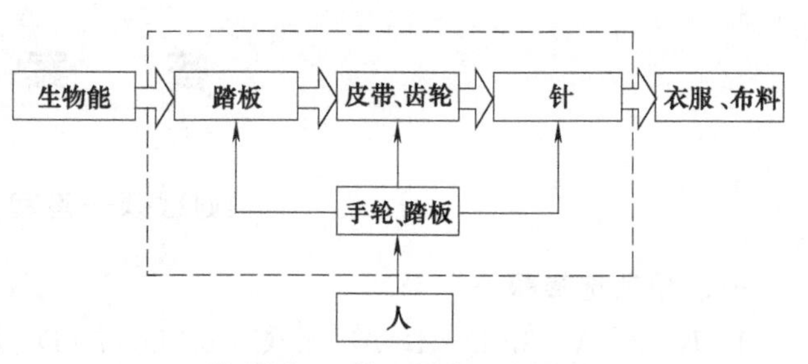

答案图2 第三题第2小题图

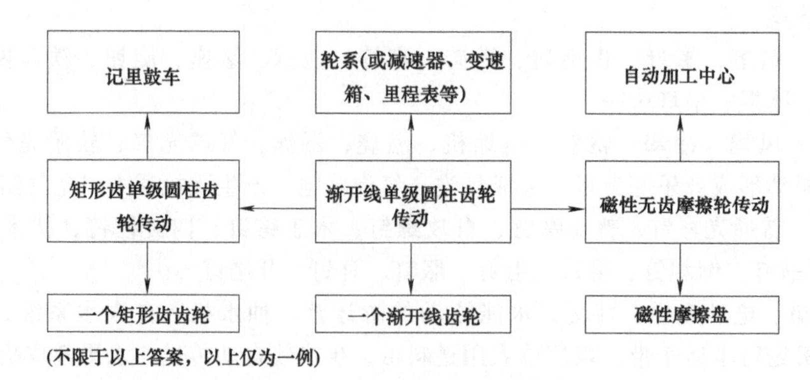

答案图3 第三题第3小题图

[S_1—雪；S_3—铲雪机；F_2—铲雪（机械场）]

有效完整模型如答案图 4 所示。

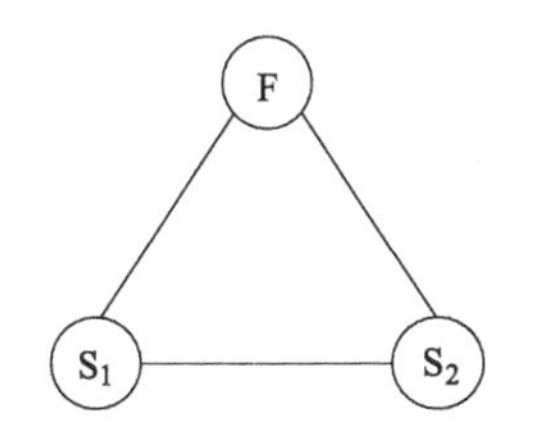

答案图 4　第三题第 4 小题图

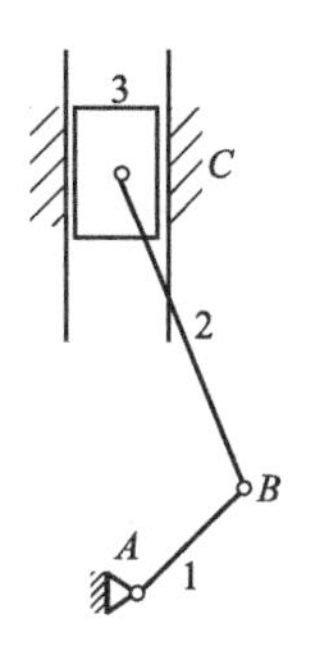

答案图 5　第三题第 5 小题图

1—曲柄；2—连杆；3—滑块

5. 运动简图中构件和运动副如答案图 5 所示。通过扩大移动副，将滑块 3 扩大到将转动副 A、B、C 均包含在其中。连杆 2 的端部圆柱面 a—a 与滑块 3 上的圆柱孔 b—b 相配合，它们的公共圆心为 C 点，使 C 点处的转动副扩大，C 为铰链中心。1 是由曲柄变异的圆形盘，是通过扩大回转副形成的，轮心 A 为回转副中心，B 为铰链中心，B 处回转副也有一定扩大。

6. 答案图 5（b）方案更合理，因为构件 2 的受力方向沿 1 和 2 接触处的公法线方向，即垂直于构件 2 顶端的平面且通过构件 1 末端的球心，1 对 2 的驱动力对构件 2 不会产生横向推力（有害分力）；而答案图 5（a）方案则相反，构件 2 受到横向分力，使其被压向导路侧壁，产生摩擦力，阻碍其运动。

四、设计题

1. 不合理。因为机构不能动，D 点的运动轨迹不能随摆杆摆动的同时又随推杆水平移动。

改正后的结果如答案图 6 所示。(答案不唯一)

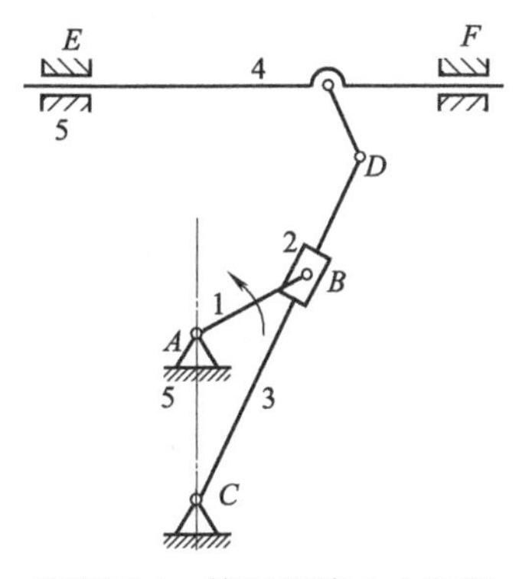

答案图 6　第四题第 1 小题图

2. 略。

测试题二答案

一、单项选择题

1. B　2. A　3. A　4. B　5. D　6. D　7. B　8. C　9. C　10. B　11. C　12. B　13. D　14. B　15. A

二、简答题

1. 写字、绘画、印书籍、报纸、纸巾、包物品、拧纸绳、剪纸、做手工折纸、糊窗户、做衣服纸样、切割软物品，做风筝、引火、烟花引信、纸灯笼等。（每写 1 个得 0.5 分，多于 6 个得 3 分）

2. 滚动轴承的类型运用发散思维形成多种类型：深沟球轴承、圆柱滚子轴承、滚针轴承、调心球轴承、调心滚子轴承、推力球轴承、角接触球轴承、双列球轴承、双列滚子轴承等。（每写 1 个得 0.5 分，多于 6 个得 3 分）

3. 红领巾、三棱镜、三角板、三棱尺、旗、桁架、三角形蛋糕、扁铲、弹弓、三角铁乐器、金字塔、箭头、三角帽、屋顶、商标、积木、装饰物等。（每写 1 个得 0.5 分，多于 6 个得 3 分）

4. 串联组合、并联组合、叠加组合、混合组合。

5. 杠杆机构、肘杆机构、螺旋机构、二次增力机构。

6. 打破思维惯性、最终理想解法、九屏幕法、STC 算子法、小矮人模型法、金鱼法等。

7. 40 个发明原理、技术矛盾与矛盾矩阵、物理矛盾与分离原理、物-场模型分析、6 个一般解法、76 个标准解、ARIZ 算法、系统进化法则、科学效应和现象等。（每写 1 个得 1 分，多于 5 个得 5 分）

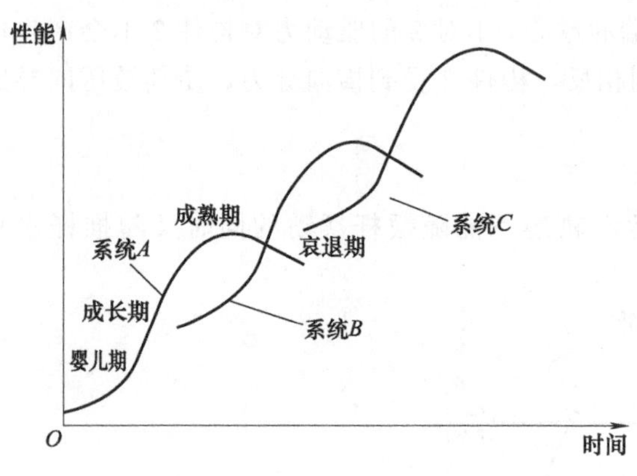

答案图 7 第二题第 9 小题图

8. 技术矛盾是两个参数间的矛盾，物理矛盾是一个参数自身的矛盾。例如，切削速度与被切削工件的表面质量是技术矛盾；要求切削速度既高（为提高工作效率）又低（为提高工件表面质量）是物理矛盾。

9. 当一个技术系统进化到一定程度后，必然会出现一个新的技术系统来替代它，如此不断地替代，就形成 S-曲线族，如答案图 7 所示。

三、分析题

1. 能源：生物能　　动力装置：脚蹬子　　传动装置：链与链轮

执行装置：车轮　　控制装置：车把、闸　产品：人和货物

外部控制：人

2. 如答案图 8 所示。（答案不唯一，此仅为一例）

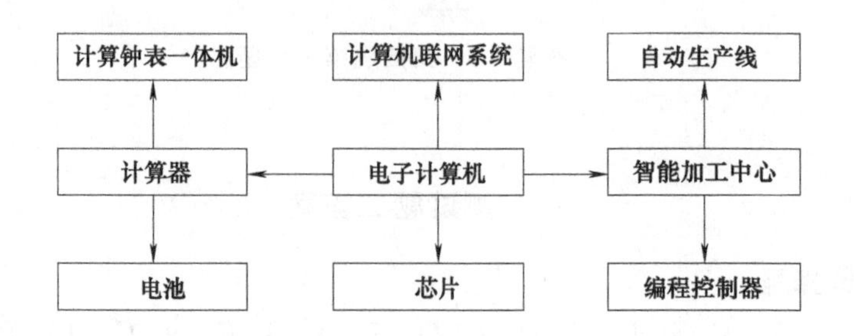

答案图 8 第三题第 2 小题图

3. S_1——工件；S_2——砂轮；F_1——机械场。

有效完整模型如答案图 9 所示。

4. 手机遥控开门、开空调等——机械系统替代原理。

光线自动感应变色窗帘——颜色改变原理、反馈原理。

温度、湿度自动调控一体机——组合原理、反馈原理。

多功能自动折叠伸缩晾衣架——动态化原理、维数变化原理。

污水处理循环再利用系统——变害为利原理、自服务原理。

家庭服务机器人——自服务原理、多用性原理、反馈原理、替代原理。

（不限于以上答案，每写出 1 个得 1 分，多于 5 个得 5 分。）

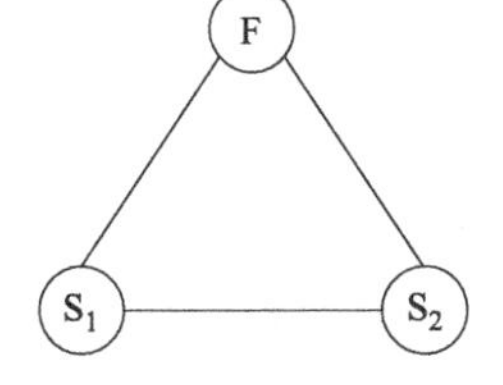

答案图 9　第三题第 3 小题

5. 技术矛盾：尺寸变小与功能的全面和使用的方便程度之间的矛盾。

改善的参数：静止物体的长度（4）、静止物体的体积（8）、操作流程的方便性（33）、适应性，通用性（35）等。

恶化的参数：可制造性（32）、可维修性（34）、系统的复杂性（36）等。

查表得到的发明原理号：（略）。

采用的发明原理和相应的改进之处：采用 15 号动态化原理，屏幕可折叠，笔记本电脑比台式电脑体积小；采用 2 号抽取原理，鼠标在键盘上；采用 1 号分离原理，鼠标还可另插等。

6. A、B、C、D 处均有回转副扩大。

四、设计题

1. 图 4（a）要想拆下和重新安装上面的机架，必须先拆下地脚螺栓和底座，因此不合理。

图 4（b）是双头螺柱连接，无须拆底座，只需拆上面的螺母，即可拆下机架，拆卸和安装都很方便，因此结构合理。

2. 略。

测试题三答案

一、单项选择题

1. A　2. D　3. C　4. A　5. D　6. C　7. B　8. C　9. D　10. B　11. C　12. D　13. A　14. B　15. A　16. D　17. B　18. A　19. B　20. D

二、填空题

1. 时序式、合成式。

2. 发明问题解决理论、专利、技术系统进化法则。

3. 杠杆机构、肘杆机构、螺旋机构、二次增力机构。

4. 不完整模型、效应不足的完整模型、有害效应的完整模型。

5. 时间分离原理、基于条件的分离原理、整体与部分的分离原理。

三、简答题

1. 头脑风暴法、设问法、焦点客体法、奥斯本检核表法、5W2H 提问法、和田十二法等。

2. 灌溉、加湿器、水射流切割、液压、冷却液、冻冰块、泼水节、水枪、喷泉、虹吸实验、加热暖气、做饭等。

3. 是技术矛盾。技术矛盾定义：如果改善系统的一个参数，就得恶化另一个参数，则这两个参数之间的矛盾即为技术矛盾。

4. (1) 运用空间分离原理：利用桥梁、隧洞把道路分成不同层面。

(2) 时间分离：信号灯。

(3) 基于条件的分离原理：基于条件的分离环岛。

5. 书籍的九屏图如答案图 10 所示。(答案不唯一，此仅为一例)

6. 可伸缩手柄的扳手——采用的是嵌套原理，手柄分成相互嵌套的两节或三节，能调整手柄长短，获得更大的拧紧力矩。

开口可调的扳手——动态化原理，调整开口大小，以拧不同大小的螺栓、螺钉或螺母。

具有几种不同大小的开口的扳手——多维化原理，具有多种尺寸的开口，无须调整开口大小，用不同的口拧不同大小的螺栓、螺钉或螺母。

与钳子、锉、螺丝刀组合的扳手——组合原理，具有多种功能。

带柔软保护胶套的扳手——柔化原理，胶套用于保护操作人员的手，使操作更舒适。

(不限于以上答案，每写出 1 个得 1 分，多于 5 个得 5 分。)

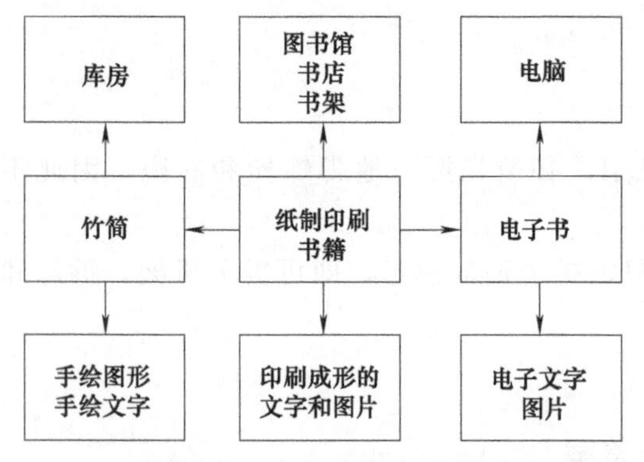

答案图 10 第三题第 5 小题图

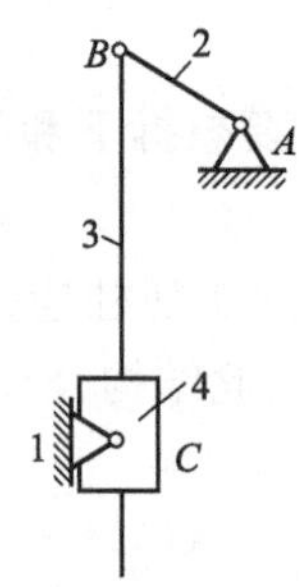

答案图 11 第四题第 2 小题图

四、分析题

1. 布置方向对。蜗杆减速器外散热片的方向与冷却方法有关。当没有风扇而靠自然通风冷却时，因为空气受热后上浮，散热片应取上下方向；有风扇时，风扇向后吹风，散热片应取水平方向，以利于热空气被风扇排走。

2. 运动简图如答案图 11 所示。B 处有回转副扩大；构件 3 和 4 之间有移动副扩大；构件 4 和 1 之间有回转副扩大。

3. 略。

五、设计题

1. 略。

2. 略。

附录 5　创新潜力自测

(1) 创新思维优异标准

以下作为推荐创新思维能力超常学生的标准，仅供参考。

(1) 是一个好学不倦的人。

(2) 科学、艺术或文学方面受过奖赏。

(3) 对于科学或文学有浓厚的兴趣。

(4) 能非常机敏地回答问题。

(5) 数学成绩突出。

(6) 有广泛的兴趣。

(7) 是一个情绪非常稳定的人。

(8) 大胆，敢于做新的事情。

(9) 能够控制局面或左右同年龄的人。

(10) 很会经营企业。

(11) 喜欢自己一个人工作。

(12) 对别人的感情是敏感的，或者对周围情景是敏感的。

(13) 对自己有信心。

(14) 能控制自己。

(15) 善于观赏艺术表演。

(16) 用创造性的方法解决问题。

(17) 善于洞察事物之间的联系。

(18) 面部与姿态富于表情。

(19) 急躁——容易发怒或急于完成一件工作。

(20) 有胜过别人的强烈愿望。

(21) 有丰富多彩的语言。

(22) 能讲富有想象力的故事。

(23) 坦率地说出对成人或长辈的看法。

(24) 具有成熟的幽默感（双关语、联想等）。

(25) 好奇、好问。

(26) 仔细地观察事物。

(27) 急于把发现的东西告诉别人。

(28) 能在显然不相关的观念中找出关系。

(29) 遇到新发现兴奋异常，甚至叫出声来。

(30) 有忘记时间的倾向。

(2) 创新潜力自测

(1) 与别人发生意见分歧时，你是：

①考虑别人意见的合理性（A）；②怀疑自己的观点（B）；③千方百计维护自己的观点（C）。

(2) 对老师、领导和长者的意见，你是：

①原封不动地接受（C）；②有些疑问和想法（B）；③同自己原先的想法结合起来（A）。

（3）当有人向你提出没有用的建议时，你是：

①不予理睬（C）；②看看有无可取之处（B）；③问他还有无别的建议并鼓励他多提（A）。

（4）做错了事情之后，你是：

①长久懊悔（C）；②找客观原因（B）；③寄希望于下次（A）。

（5）你买了比较贵重的东西后，常常是：

①舍不得用（C）；②为了方便，不惜稍做改变（A）；③直接使用（B）。

（6）你对做智力游戏：

①无所谓（B）；②不喜欢（C）；③很喜欢（A）。

（7）休闲时你喜欢：

①打桥牌、下围棋、下象棋（A）；②看侦探小说、惊险影片（B）；③看滑稽有趣的闹剧，同别人聊天（C）。

（8）星期天上公园，你喜欢：

①总是上某个公园（C）；②经常变换场所（A）；③听听爱人和孩子的意见（B）。

（9）针对眼前的某种东西，例如茶杯、书本、铅笔等，你能想出它的几个新用处？

①3个以上（C）；②8个以上（B）；③15个以上（A）。

（10）假若刷牙时发现牙出血，你是：

①抱怨牙刷不好（C）；②担心是牙周炎（B）；③设法使牙不出血（A）。

评价标准：

这10道自测题中，（A）多最好，说明你的创新能力不错；（B）多也可以；（C）多就不理想了，说明你的创新能力还处于潜在状态，需要开发。当然，各人的情况千差万别，而上述测试问题难免有所疏漏，因此只能作为参考。

参考文献

[1] ALTSHULLER G S. To find an idea: introduction to the theory of inventive problem solving [M]. 2nd ed. Novosibirsk: Nauka, 1991.

[2] 成思源，周金平，郭钟宁．技术创新方法——TRIZ理论及应用 [M]．北京：清华大学出版社，2014.

[3] 潘承怡，姜金刚，张简一，张永德．TRIZ理论与创新设计方法 [M]．北京：清华大学出版社，2015.

[4] 曹俊强．TRIZ理论基础教程与创新实例 [M]．哈尔滨：黑龙江科学技术出版社，2013.

[5] 刘训涛，曹贺，陈国晶．TRIZ理论及应用 [M]．北京：北京大学出版社，2011.

[6] 曹福全．创新思维与方法概论——TRIZ理论与应用 [M]．哈尔滨：黑龙江教育出版社，2009.

[7] 赵敏，张武城，王冠殊．TRIZ进阶及实战-大道至简的发明方法 [M]．北京：机械工业出版社，2016.

[8] 王春生．创新方法基础教程与应用案例 [M]．哈尔滨：黑龙江科学技术出版社，2018.

[9] 李梅芳，赵永翔．TRIZ创新思维与方法 [M]．北京：机械工业出版社，2017.

[10] 檀润华．TRIZ及应用——技术创新过程与方法 [M]．北京：高等教育出版社，2010.

[11] 沈萌红．TRIZ理论与机械创新实践 [M]．北京：机械工业出版社，2012.

[12] 张春林，李志香，赵自强．机械创新设计 [M]．第3版．北京：机械工业出版社，2017.

[13] 张美麟．机械创新设计 [M]．北京：化学工业出版社，2005.

[14] 张有忱，张莉彦．机械创新设计 [M]．北京：清华大学出版社，2011.

[15] 杨家军．机械创新设计与实践 [M]．武汉：华中科技大学出版社，2014.

[16] 高志，刘莹．机械创新设计 [M]．北京：清华大学出版社，2009.

[17] 高志，黄纯颖．机械创新设计 [M]．第2版．北京：高等教育出版社，2010.

[18] 王红梅，赵静．机械创新设计 [M]．北京：科学出版社，2011.

[19] 李立斌．机械创新设计基础 [M]．北京：国防科技大学出版社，2002.

[20] 潘承怡，向敬忠．常用机械结构选用技巧 [M]．北京：化学工业出版社，2016.

[21] 潘承怡，向敬忠．机械结构设计技巧与禁忌 [M]．北京：化学工业出版社，2013.

[22] 于惠力，潘承怡，向敬忠．机械零部件设计禁忌 [M]．第2版．北京：机械工业出版社，2018.

[23] 袁剑雄，李晨霞，潘承怡．机械结构设计禁忌 [M]．北京：机械工业出版社，2008.

[24] 周建武，武宏志．批判性思维教程——逻辑原理与方法 [M]．北京：清华大学出版社，2015.

[25] 李喜桥．创新思维与工程训练 [M]．北京：北京航空航天大学出版社，2005.

[26] 王传友，王国洪．创新思维与创新技法 [M]．北京：人民交通出版社，2006.

[27] 胡飞雪．创新思维训练与方法 [M]．北京：机械工业出版社，2009.

[28] 陈光．创新思维与方法（TRIZ的理论与应用）[M]．北京：科学出版社，2011.

[29] 王哲．创新思维训练500题 [M]．北京：中国言实出版社，2009.

[30] 潘承怡，张简一，向敬忠，等．基于TRIZ理论的多功能异形架椅创新设计 [J]．林业机械与木工设备，2008，10：29-31.

[31] 潘承怡，王健，赵近川，等．基于TRIZ理论的自返式运输车创新设计 [J]．林业机械与木工设备，2009，7：40-42.

[32] 潘承怡，周阳，孙岩，等．基于TRIZ理论的曲柄滑块机构演化与创新 [J]．林业机械与木工设备，2014，5：32-34.

[33] 潘承怡，曲建华，苏颜丽，等．收缩式自激超越弹簧离合器超越摩擦力矩计算 [J]．煤矿机械，2001，6：5-7.

[34] 潘承怡．扩张式自激超越弹簧离合器强度可靠性优化设计 [J]．煤矿机械，2002，1：12-13.

[35] Jiang Jin-gang, Tang Ze-xu, Li Peng-jie. Structural design of assisted washing-hand device for a one-armed man using TRIZ theory [J]. Key Engineering Material, 2014, 621: 675-680.

[36] Jiang Jin-gang, Han Ying-shuai, Zhang Jian-yi. Engineering Undergraduate' s science and technology

competition system construction and engineering practice ability cultivation based on TRIZ-CDIO theory [C]. The 10th International Conference on Computer Science & Education (ICCSE 2015), July 22-24, Fitzwilliam College, Cambridge, UK, 2015: 910-913.

[37] Jiang Jin-gang, Zhang Yong-de, Shao Jun-peng. Education and cultivation research of engineering undergraduate' s innovative ability based on TRIZ-CDIO theory [C]. The 9th International Conference on Computer Science & Education (ICCSE 2014), August 22-24, UBC, Vancouver, Canada, 2014: 963-968.

[38] 江屏，王川，孙建广，檀润华. IPC聚类分析与TRIZ相结合的专利群规避设计方法与应用 [J]. 机械工程学报，2015，51 (7)：144-154.

[39] 刘江南，姜光，卢伟健，张晓东. TRIZ工具集用于驱动产品创新及生态设计方法研究 [J]. 机械工程学报，2016，52 (5)：12-21.

[40] 江屏，罗平亚，孙建广，檀润华. 基于功能裁剪的专利规避设计 [J]. 机械工程学报，2012，48 (11)：46-54.

[41] 江屏，张瑞红，孙建广，檀润华. 基于TRIZ的专利规避设计方法与应用 [J]. 计算机集成制造系统，2015，21 (4)：914-923.

[42] 李辉，刘力萌，赵少魁，于菲，檀润华. 面向机械产品专利规避的功能裁剪路径研究 [J]. 计算机集成制造系统，2015，26 (19)：2581-2589.